从·入·门·到·精·通·系·列

新手学

AutoCAD 室内装潢设计经典案例完全精通

柏松 刘旭东 主编

- 内容精炼实用、容易掌握
- 全程图解教学、一看就会
- 特色教学体例、轻松自学
- 附赠超值光盘、视频教学

上海科学普及出版社

图书在版编目（CIP）数据

新手学 AutoCAD 室内装潢设计经典案例完全精通 / 柏松 刘旭东主编. — 上海：上海科学普及出版社，2014.4
（从入门到精通系列）
ISBN 978-7-5427-5959-7

Ⅰ.①新… Ⅱ.①柏… ②刘… Ⅲ.①室内装饰设计－计算机辅助设计－AutoCAD 软件 Ⅳ.①TU238-39

中国版本图书馆 CIP 数据核字（2013）第 288733 号

策　　划　胡名正
责任编辑　刘湘雯

新手学 AutoCAD 室内装潢设计经典案例完全精通
柏松 刘旭东 主编
上海科学普及出版社出版发行
（上海中山北路 832 号　邮政编码 200070）
http://www.pspsh.com

各地新华书店经销			北京市燕山印刷厂印刷
开本 787×1092	1/16	印张 18.75	字数 306000
2014 年 5 月第 1 版			2014 年 5 月第 1 次印刷

ISBN 978-7-5427-5959-7　定价：39.80 元
ISBN 978-7-89418-030-8/G.25（附赠 DVD 光盘 1 张）

内 容 提 要

本书为一本 AutoCAD 建筑设计案例精通实战手册，书中从新手的角度，介绍了建筑设计的基础知识和 AutoCAD 软件的入门操作，还通过大量典型案例的实战演练，帮助读者完全精通 AutoCAD 建筑设计绘图方法，从新手成为 AutoCAD 建筑设计高手。

全书共分为 13 章，具体内容包括：建筑设计新手入行、AutoCAD 快速入门、配套设施构件绘制、公共设施构件绘制、建筑平面图设计、建筑立面图设计、建筑剖面图设计、建筑详图设计、建筑水电工程图设计、建筑总平面图设计、建筑景观图设计、建筑鸟瞰图设计，以及规划效果图设计，让读者融会贯通、举一反三，逐步精通使用 AutoCAD 2014 绘制建筑设计图纸的方法。

本书结构清晰、语言简洁，尤其适合有一定 CAD 软件基础，并希望通过大量典型实例演练提高的建筑及环境设计等相关行业人员，同时也可作为高等院校相关专业、各类 AutoCAD 建筑设计培训班学员的学习参考书。

前　言

AutoCAD 2014 在室内装潢设计领域的应用非常广泛，受到广大从业者的一致好评，为了让大家能够快速掌握使用 AutoCAD 2014 绘制室内装饰设计图纸的方法，我们经过精心策划，面向广大 AutoCAD 建筑和装饰设计人员编写了这本《新手学 AutoCAD 室内装潢设计经典案例完全精通》，本书以案例实战的方式展现室内装饰设计的魅力，帮助读者轻松入门，让大家快速成为 AutoCAD 室内装饰设计绘图高手。

本书特色

作为一本面向 AutoCAD 建筑和装饰设计人员的典型案例手册，《新手学 AutoCAD 室内装潢设计经典案例完全精通》具有以下几大特色：

1. 内容精练实用、容易掌握

本书在内容和知识点的选择上更加精练、实用且浅显易懂；在内容和知识点的结构安排上逻辑清楚、由浅入深，符合读者循序渐进、逐步提高的学习规律。

首先精选适合初学者快速入门、轻松掌握的必备知识与技能，再配合相应的实例操作与技巧说明，阅读轻松、易学易用，起到事半功倍、一学必会的效果。

2. 全程图解教学、一看就会

本书使用“全程图解”的讲解方式，以图解方式将各种操作直观地表现出来，并配以简洁的文字对内容进行说明，更准确地对各知识点进行演示讲解。初学者只需“按图索骥”地对照图书进行操作练习和逐步推进，即可快速掌握常用 AutoCAD 绘图操作的丰富技能。

3. 特色教学体例、轻松自学

我们在编写本书时，非常注重初学者的认知规律和学习心态，每章都安排了“章前知识导读”、“重点知识索引”、“效果图片赏析”等特色栏目，并将平时工作中总结的 AutoCAD 软件的使用方法与操作技巧，以“专家指点”的形式呈现给读者，让大家可以方便、高效地学习，必将学有所成。

4. 附赠超值光盘、视频教学

本书随书赠送一张超值的多媒体 DVD 教学光盘，由专业人员精心录制了本书重点操作案例的操作视频，并伴有语音讲解，读者可以结合书本，也可以独立观看视频演示，像看电影一样进行学习，让整个过程既轻松又高效。

此外，光盘中还提供了书中案例所涉及的相关素材与效果文件，方便大家上机练习实践，达到举一反三、融会贯通的学习效果。

内容编排

本书为一本 AutoCAD 室内装潢设计案例精通实战手册，书中既从新手的角度，介绍了室内装潢设计的基础知识和 AutoCAD 软件的入门操作，又通过大量典型案例的实战演练，帮助读者完全精通 AutoCAD 室内装饰设计的绘图方法，从新手成为室内装饰设计高手。

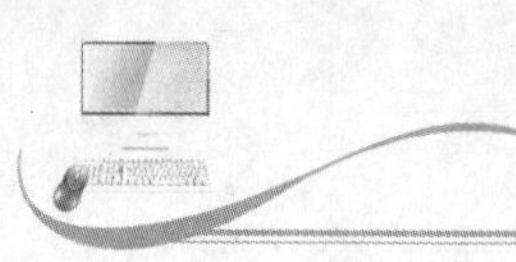

全书共分为 13 章，具体内容包括：室内设计新手入行、AutoCAD 快速入门、常用家具构件绘制、常用家电构件绘制、土建结构图的设计、客厅装潢图的设计、厨房装潢图的设计、餐厅装潢图的设计、接待室透视图的设计、室内天棚图的设计、供电给水图的设计、图书馆公装图设计，以及欧式别墅空间设计，让读者融会贯通、举一反三，逐步精通使用 AutoCAD 2014 绘制室内装潢设计图纸的方法。

适用读者

本书结构清晰、语言简洁，尤其适合有一定 CAD 软件基础，并希望通过大量典型实例演练提高的建筑及室内装饰设计等相关行业人员，同时也可作为高等院校相关专业、各类 AutoCAD 建筑与装饰设计培训班学员的学习参考书。

编者信息

本书由柏松、刘旭东主编，参与编写的人员还有江雄、谭贤、黄岿、刘嫔、罗林、苏高、宋金梅、曾杰、罗权、罗磊、田潘、黄英、刘志燕、孙秀芬、郭领艳等，在此对他们的辛勤劳动深表感谢。由于编写时间仓促，书中难免存在疏漏与不妥之处，恳请广大读者来信咨询并指正，联系网址：http://www.china-ebooks.com。

版权声明

本书及光盘中所采用的图片、模型、音频、视频和赠品等素材，均为所属公司、网站或个人所有，本书引用仅为说明（教学）之用，特此声明。

编　者

目 录

Chapter 01

室内设计新手入行

章前知识导读

现代室内设计，也称室内环境设计，它是建筑设计的重要组成部分，旨在创造合理、舒适、优美的室内环境，以满足使用和审美要求。室内设计的主要内容包括：建筑平面设计和空间组织，围护结构内表面的处理，自然光和照明的运用以及室内家具、灯具、陈设的选型和布置。

重点知识索引

- 室内装潢设计概述
- 室内装潢设计基础
- 室内装潢的设计原则
- 室内装潢设计制图内容
- 室内装潢设计制图规范
- 室内装潢设计欣赏

效果图片赏析

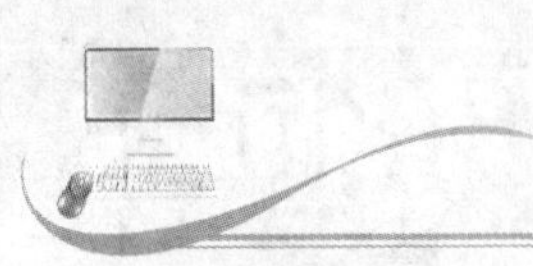

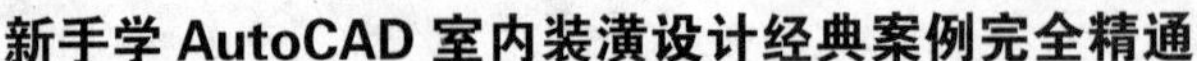

1.1 室内装潢设计概述

室内设计是人类创造更好的生存和生活环境条件的重要活动，它通过运用现代的设计原理进行“适用、美观”的设计，使空间更加符合人们的生理和心理的需求，同时也促进了社会中审美意识的普遍提高，从而不仅对社会的物质文明建设有着重要的促进作用，而且对于社会的精神文明建设也有了潜移默化的积极作用。

1.2 室内装潢设计基础

现代室内设计是一门实用艺术，也是一门综合性学科，其所包含的内容同传统意义上的室内装饰相比较，内容更加丰富、深入，涉及的相关因素更为广泛。

随着社会生活发展和科技的进步，室内设计需要考虑的方面，还会有许多新的内容，对于从事室内设计的人员来说，虽然不可能对所有涉及的内容全部掌握，但是根据不同功能的室内设计，应尽可能熟悉相关的基本内容，了解与该室内设计项目关系密切、影响最大的环境因素，使设计时能主动地和自觉地考虑诸项因素，也能与有关工种专业人员相互协调、密切配合，有效地提高室内设计的内在质量。

1.2.1 室内空间设计

室内空间设计是在建筑提供的室内空间基础上对其进行重新组织，对室内空间加以分析及配置，并应用人体工程学的尺度对室内加以合理安排。进行空间设计时，首先需要对原有建筑设计的意图充分理解，对建筑物的总体布局、功能分析、人流动向以及结构体系等有深入的了解，在室内设计时对室内空间和平面布置予以完善、调整或再创造。

现代室内空间的比例、尺度常常考虑与人的亲切关系，往往借助抬高或降低顶棚和地面，或采用隔墙、家具、绿化和水面等的分隔，来改变空间的比例、尺度，从而满足不同的功能需要，或组织成开、合及断续等空间形式，并通过色彩、光照和质感的协调或对比，取得不同的环境气氛和心理效果，如下图所示。

商业广场的空间设计

1.2.2 室内陈设设计

室内陈设设计主要强调在室内空间中，对家具、灯具、陈设艺术品以及绿化等方面进行规划和处理。其目的是使人们在室内环境工作、生活以及休息时感到心情愉快、舒畅。

室内陈设设计包括两大类，一类是生活中必不可少的日用品，如家具、日用器皿和家用电器等；另一类是为观赏而陈设的艺术品，如字画、工艺品、古玩和盆景等。

做好室内陈设设计是室内装修的点睛之笔，而做好陈设设计的前提是了解各种陈设物品的不同功能和房屋主人的爱好与生活习惯，这样才能恰到好处地选择、摆设日用品和艺术品。

室内绿化是指把自然界中的植物、水体和山石等景物移入室内，经过科学的设计和组织而形成具有多种功能的自然景观。

室内绿化在现代室内设计中具有不可代替的特殊作用。室内绿化具有改善室内小气候和吸附粉尘的功能，更为重要的是，室内绿化使室内环境生机勃勃，带来自然气息，令人赏心悦目，起到柔化室内人工环境、协调人们心理平衡的作用。

室内绿化按其内容大致分为两个层次。一个层次是盆景和插花，这是一种以桌、几和架为依托的绿化，这类绿化一般尺度较小；另一个层次是以室内空间为依托的室内植物、水果和山石景，这类绿化在尺度上与所在空间相协调，人们既可静观又可游玩其中，如右图所示。

室内绿化

1.2.3 室内色彩设计

色彩是室内设计中最为生动、最为活跃的因素，室内色彩往往给人们留下室内环境的第一印象。色彩最具表现力，通过人们的视觉感受产生的生理、心理和类似物理的效应，形成丰富的联想、深刻的寓意和象征。

1. 色彩的作用

色彩的作用主要体现在以下 4 个方面。

- 色彩的物理作用：指通过人的视觉系统所带来的物体物理性能上的一系列主观感觉的变化。它又分为温度感、距离感、体量感和重量感 4 种主观感受。
- 色彩的生理作用：主要表现在对人的视觉本身的影响，同时也对人的脉搏、心率和血压等产生明显的影响。
- 色彩的心理作用：主要表现在它的悦目性和情感性两个方面，它可以给人以美感，引起人的联想，影响人的情绪，因此它具有象征的作用。
- 色彩的光线调节作用：不同的颜色具有不同的反射率，因此色彩的运用对光线的强弱有着较大的影响。

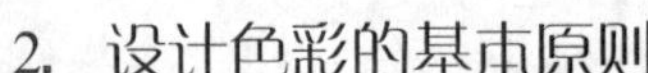

2. 设计色彩的基本原则

设计师在设计色彩时要综合考虑功能、美观、空间和材料等因素。由于色彩的运用对于人的心理和生理会产生较大的影响，因此在设计时首先应考虑功能上的要求，如医院常用白色或中性色；商店的墙面应采用素雅的色彩；客厅的色彩宜用浅黄、浅绿等较具亲和力的浅色；卧室常采用乳白、淡蓝等具有安静感的色彩。

3. 色彩的界面处理

不同的界面采用的色彩各不相同，甚至同一界面也可以采用几种不同的色彩。如何使不同色彩交接自然，这是一个关键问题。

- 墙面与顶棚：墙面是室内装修中面积较大的界面，色彩应以明快、淡雅为主。而顶棚是室内空间的顶盖，一般采用明度高的色彩，以免产生压抑感。
- 墙面与地面：地面的明度可以设计得较低，这样使整个地面具有较好的稳定性。而墙面的色彩可以设计得较亮，这时可以设置踢角来进行色彩的过渡。

1.2.4 室内照明设计

“正是由于有了光，才使人眼能够分清不同的建筑形体和细部”，光照是人们对外界视觉感受的前提。

室内光照是指室内环境的天然采光和人工照明，光照除了能满足正常的工作生活环境的采光、照明要求外，还能有效地起到烘托室内环境气氛的作用。人工照明设计包括功能照明和美学照明两个方面。前者是合理布置光源，可采用均匀布置或局部照射的方法，使室内各部位获得应有的照度；后者则利用灯具造型、色光、投射方位和光影取得各种艺术效果。

1.2.5 室内家具设计

家具包括固定家具（壁橱、壁柜和影剧院的座椅等）及可移动家具（床、沙发、书架和酒柜等），家具不仅可以创造方便舒适的生活和工作条件，而且可以分隔空间，为室内增添情趣。家具的设计除了考虑舒适、耐用等使用功能外，还要考虑它们的造型、色彩、材料和质感等，以及对室内空间的整体艺术效果。

许多建筑师在进行建筑设计的同时，还从事家具设计，使家具成为建筑的有机组成部分。例如德国建筑师密斯·凡德罗为巴塞罗那展览馆设计的椅子，被称为巴塞罗那椅，成为家具设计的杰作之一。中国的明式家具风格独特，在国内外享有盛誉。

随着社会分工的发展和生活水平的提高，已经出现了专业的家具设计师。室内设计师除特殊情况外，大多选用定型的成品家具。

1.2.6 室内材料设计

室内材料除了过去常用的竹、木、砖、石、陶瓷、玻璃、水泥、金属、涂料和编织物以外，近年来涌现出大量美观的轻质材料，如矿棉制品、合金及人工合成材料等。这些材料由于本身物理化学性能的差异而具有疏松、坚实、柔软、光滑、平整和粗糙等不同质地，以及呈现条纹、冰裂纹、斑纹和结晶颗粒的肌理，可满足不同使用要求。

粗糙的外表，吸收较多的光而呈暗调，使人产生温暖之感和迫近之势；光滑的外表，对光的反射较多而呈明调，使人产生寒冷之感和后退之势。质地和肌理如运用得当，不仅可调节空间感，还可使视觉在微观中产生更多的情趣；如运用不当，则会带来相反的效果。丝绸、棉麻和毛绒等纺织品有不同的纹理和色彩，在室内常大面积使用，应分别认真选择和设计。

材料质地的选用，是室内设计中直接关系到实用效果和经济效益的重要环节，巧妙用材是室内设计中的一大学问。饰面材料的选用，同时具有满足使用功能和人们身心感受这两方面的要求，例如坚硬、平整的花岗石地面，平滑、精巧的镜面饰面，轻柔、细柔的室内纺织品，以及自然、亲切的本质面材等。

1.2.7 室内物理环境设计

在室内空间中，还要充分地考虑室内良好的采光、通风、照明和音质效果等方面的设计处理，并充分协调室内环控、水电等设备的安装，使其布局合理。

专家指点

室内物理环境的内容有以下 3 个方面。

- 设计对象周围的设施、建筑物等物质系统。
- 室内空气的影响，改善住宅内部的空气环境主要靠通风换气，而通风不仅能为室内提供新鲜空气，排除污染空气，还能够调节室内温度、湿度。
- 影响健康及疾病过程中所有的疾病因素，如清洁、空气、光、水、排水设备、温暖、被褥、食品和噪音等。

简而言之，室内设计就是为了满足人们生活、工作和休息的需要，为了提高室内空间的生理和生活环境的质量，对建筑物内部的实质环境和非实质环境的规划和布置。

1.3 室内装潢的设计原则

随着社会居住文明发展进步到一定高度，室内装潢设计必然产生，它强调的是艺术同科学的和谐融合。室内装潢设计主要是运用有关艺术手段和技术来打造一种环境，目的是满足居民工作及劳动之余的文化需求以及物质需求。

1.3.1 功能性原则

这一原则的要求是室内空间、装饰装修、物理环境及陈设绿化等应最大限度地满足功能所需，并使其与功能相和谐、统一。

任意一个室内空间在没有被人们利用之前都是无属性的，只有当人们入住之后，它才具有个体属性，如一个 15m^2 的空间，既可以作为卧室，也可以作为书房。而赋予它不同的功能之后，设计就要围绕这一功能进行，也就是说，设计要满足功能需求。在进行室内设计时，要结合室内空间的功能需求，使室内环境合理化、舒适化，同时还要考虑到人们的活动规律，处理好空间关系、空间尺度、空间比例等，并且要合理配置陈设与家具，妥善解决室内通风、采光与照明等问题。

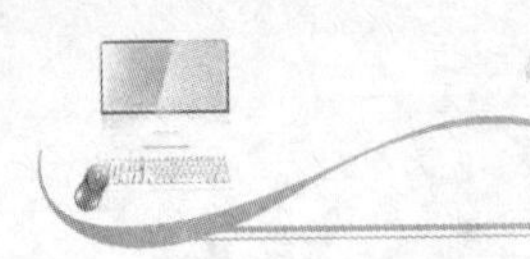

1.3.2 舒适性原则

各个国家对舒适性的定义各有所异，但从整体上来看，舒适的室内设计离不开充足的阳光、清新的空气、安静的环境、丰富的绿地、宽阔的室外活动空间及标志性的景观等。

阳光可以给人以温暖，满足人们生产、生活的需要，阳光也可以起到杀菌、净化空气的作用。人们从事的各种室外活动应在有充足的日照空间中进行。当然，除了充足的日照以外，清新的空气也是人们选择室外活动的主要依据，我们要杜绝有毒、有害气体和物质的侵袭，而进行合理的绿化设计是最有效的办法。

绿地景园是人们生活环境的重要组成部分，它不仅可以提供遮阳、隔声、防风固沙、杀菌防病、净化空气及改善小环境气候等诸多功能，还可以通过绿化来改善室内设计的形象，美化环境，满足使用者物质及精神等多方面的需要。

1.3.3 经济性原则

广义来说，就是以最小的消耗达到所需的目的。一项设计要为大多数消费者所接受，必须在“代价”和“效用”之间谋求一个均衡点。但无论如何，降低成本不能以损害施工质量和效果为代价。

1.3.4 美观性原则

求美是人的天性。当然，美是一种随时间、空间及环境而变化的适应性极强的概念。所以，在设计中美的标准和目的也会大不相同。我们既不能因强调设计在文化和社会方面的使命及责任，而不顾及使用者需求的特点，同时也不能把美庸俗化，这需要有一个适当的平衡。

1.3.5 安全性原则

人的安全需求包括个人私生活不受侵犯，个人财产和人身安全不被侵害等。所以，在室内外环境中的空间领域性的划分，空间组合的处理，不仅有助于密切人与人之间的关系，而且有利于环境的安全保卫。

1.3.6 方便性原则

根据使用者的生活习惯、活动特点采用合理的分级结构和宜人的尺度，使小空间内的公共服务半径最短，使用者来往的活动线路最顺畅，并且有利于经营管理，这样才能创造出良好的、方便的室内设计。

1.4 室内装潢设计制图内容

室内装潢设计具体牵涉到建筑设计、结构设计、电气设计、暖通设计和给排水设计专业工种，它包含了建筑专业、结构专业、照明专业、空调专业、供暖专业、给排水专业、消防系统、综合布线系统、智能化系统、交通系统、标志广告系统和陈设艺术系统等专业和系统。

1.4.1 施工图和效果图

装饰施工图完整、详细地表达了装饰结构、材料构成以及施工的工艺技术要求等，是木工、油漆工及水电工等相关施工人员进行施工的依据，一般使用 AutoCAD 进行绘制。效果图是在施工图的基础上，把装修后的效果用彩色透视图的形式更好地表现出来，一般使用 3ds Max 绘制。下图所示分别为施工图和效果图。

专家指点

根据室内装潢设计的进程可分为以下 4 个阶段。

- 设计准备阶段。
- 方案设计阶段。
- 施工图设计阶段。
- 设计施工阶段。

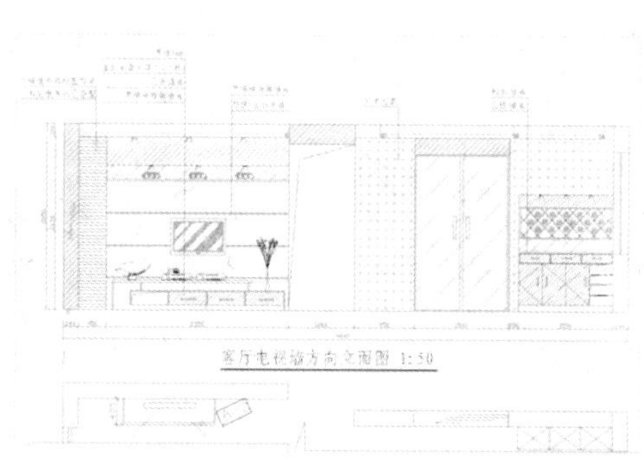

装饰施工图和效果图

1.4.2 施工图的分类

施工图可以分为立面图、剖面图和节点图 3 种类型。

- 立面图：立面图是室内墙面与装饰物的正投影图，它标明了室内的标高；吊顶装修的尺寸以及梯次造型的相互关系尺寸；墙面装饰的样式及材料和位置尺寸；墙面与门、窗、隔断的高度尺寸；墙与顶、地的衔接方式等。
- 剖面图：剖面图是将装饰面剖切，以表达结构构成的方式、材料的形式和主要支承构件的相互关系等。剖面图中标注有详细的尺寸、工艺做法以及施工要求等。
- 节点图：节点图是两个以上装饰面的交汇点，按垂直或水平方向切开，以标明装饰面之间的对接方式和固定方式。节点图详细表现出装饰面连接处的构造，注有详细的尺寸和收口、封边的施工方法。

1.4.3 施工图的组成

一套完整的室内装潢施工图包括原始结构图、平面布置图、顶棚造型图、地面铺装图、立面结构图以及电气和给排水图等。

- 原始结构图：在经过实地量房之后，设计师需要将测量结果用图纸表示出来，包括房屋结构、空间关系、相关尺寸等，利用这些内容绘制出来的图纸，即为原始结构图。

- 平面布置图：平面布置图是室内装潢施工图纸中至关重要的图纸，是在原始建筑结构的基础上，根据业主的需要，结合设计师的创意，同时遵循基本设计原则，对室内空间进行详细的功能划分和室内装饰的定位，从而绘制的图纸。
- 顶棚造型图：顶棚造型图主要是用来表示顶棚的造型和灯具的布置，同时也反映了室内空间组合的标高关系和尺寸等。内容主要包括各种装饰图形、灯具、尺寸、标高和文字说明等。
- 地面铺装图：地面铺装图是用来表示地面铺设材料的图样，包括用材和形式。地面铺装图的绘制方法与平面布置图相同，只是地面铺装图不需要绘制室内家具，只需要绘制地面所使用的材料和固定于地面的设备与设施图形。
- 立面结构图：立面结构图是一种与垂直界面平行的正投影图，它能够反映垂直界面的形状、装修做法以及陈设布置等，是一种非常重要的图样。
- 电气图：电气图主要是反映室内的配电情况，包括配电箱规格、配置、型号以及照明、开关和插座等线路铺设和安装等。
- 给排水图：给排水施工图主要是用于描述室内给水（包括热水和冷水）和排水管道、阀门等用水设备的布置和安装情况。

1.5 室内装潢设计制图规范

室内设计制图多沿用建筑制图的方法和标准。但室内设计图样又不同于建筑图，因为室内设计是室内空间和环境的再创造，空间形态千变万化、复杂多样，其图样的绘制有其自身的特点。

1.5.1 常用图幅及格式

为了使图纸整齐，便于装订和保管，国家标准对建筑工程及装饰工程的幅面作了规定。设计师应根据所画图样的大小来选定图纸的幅面及图框尺寸，幅面及图框尺寸应符合如下表所示的规定。

<table>
<tr><th>幅面代号</th><th>A0</th><th>A1</th><th>A2</th><th>A3</th><th>A4</th><th>A5</th></tr>
<tr><td>B（宽）×L（长）</td><td>841×1189</td><td>594×841</td><td>420×594</td><td>297×420</td><td>210×297</td><td>148×210</td></tr>
<tr><td>a</td><td colspan="6">25</td></tr>
<tr><td>c</td><td colspan="2">10</td><td colspan="4">5</td></tr>
<tr><td>e</td><td>20</td><td colspan="5">10</td></tr>
</table>

在表中 B 和 L 分别代表图幅短边和长边的尺寸，其短边与长边之比为 1:1.4，*a*、*c*、*e* 分别表示图框线到图纸边线的距离。图纸以短边作垂直边称为横式，以短边作水平边称为立式。一般 A1～A3 图纸宜横式，必要时，也可立式使用。单项工程中每个专业所用的图纸，不宜超过两种幅面。目录及表格所采用的 A4 幅面，可不在此限。

如果有特殊需要，允许加长 A0～A3 图纸幅面的长度，其加长部分应符合下表中的相关规定。

幅面代号	长边尺寸	长边加长后尺寸
A0	1189	1486、1635、1783、1932、2080、2230、2378

续　表

幅面代号	长边尺寸	长边加长后尺寸
A1	841	1051、1261、1471、1682、1892、2102
A2	594	743、891、1041、1189、1338、1486、1635、1783、1932、2080
A3	420	630、841、1051、1261、1471、1682、1892

1.5.2 制图线型要求

工程图样，主要采用粗、细线和线型不同的图线来表达不同的设计内容，并用以分清主次。因此，熟悉图线的类型及用途，掌握各类图线的画法，是室内装饰制图最基本的技术。下面就主要讲述一下线型的种类和用途。

为了使图样主次分明、形象清晰，建筑装饰制图采用的图线分为实线、虚线、点划线、折断线、波浪线等几种；按线宽度不同又分为粗、中、细三种。

- 对于表示不同内容的图线，其宽度（称为线框）*b* 应在下列线框系列中选取：0.18、0.25、0.5、0.7、1.0、1.4、2.0（mm）。

画图时，每个图样应根据复杂程度与比例大小，先确定基本线框 *b*，后中粗线 0.5*b* 和细线 0.35*b* 的线框也随之而定。

- 在同一张室内图纸内，相同比例的图样，应选用相同的线宽组，同类线应粗细一致。
- 相互平行的图线，其间隔不宜小于其中的粗线宽度，且不宜小于 0.7mm。
- 虚线、点划线或双点划线的线段长度和间隔，宜各自相等。
- 点划线或双点划线，在较小图形中绘制有困难时，可用实线代替。
- 点划线或双点划线的两端，不应是点。点划线与点划线交接或点划线与其他图线交接时，应是线段交接，如下图所示。
- 虚线与虚线交接或虚线与其他图线交接时，应是线段交接，如下图所示。虚线为实线的延长线时，不得与实线连接，如下图所示。

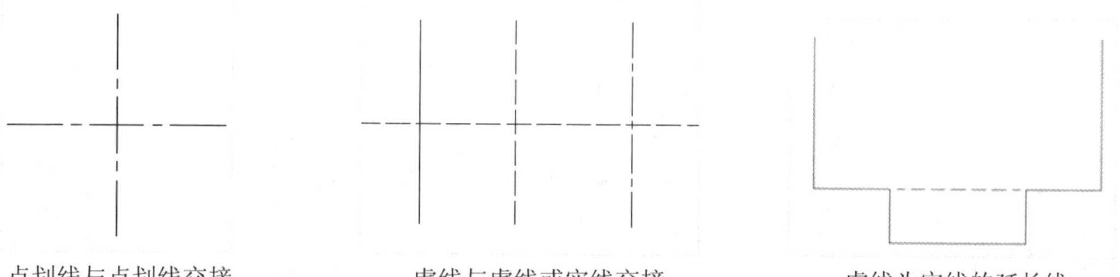

点划线与点划线交接　　　　虚线与虚线或实线交接　　　　虚线为实线的延长线

- 图线不得与文字、数字或符号等重叠、混淆，不可避免时，应首先保证文字或符号等的清晰。

1.5.3 尺寸和文字说明

在施工的时候，为了让施工人员明白设计人员的意图，在制作图纸的过程中都会相应地标注上尺寸和文字说明。

- 尺寸标注：在图样中除了按比例正确地画出物体的图形外，还必须标出完整的实际尺寸，施工时应以图样上所注的尺寸为依据，与所绘图形的准确度无关，更不得从图形上量取尺寸作为施工的依据。图样上的尺寸单位，除了另有说明外，均以毫米（mm）为单位。

图样上一个完整的尺寸一般包括：尺寸线、尺寸界线、尺寸起止符号、尺寸数字四个部分，如右图所示。

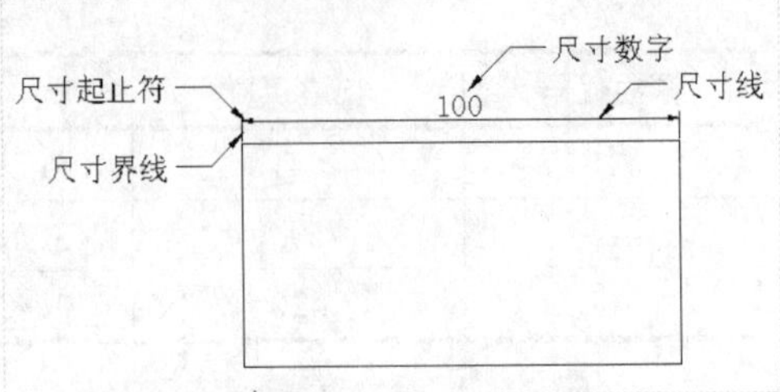

尺寸标注的构成

✿ 文字说明：在一幅完整的图样中，用图线方式表现得不充分和无法用图线表示的地方，就需要进行文字说明，如材料名称、构配件名称、构造做法、统计表及图名等。文字说明是图样内容的重要组成部分，制图规范对文字标注中的字体、字的大小及字体字号搭配方面作了具体规定。

1.5.4 常用图示标注

在室内装潢设计中，通常可以见到图示标注。

✿ 详图索引符号及详图符号：在室内平面图、立面图和剖面图中，可在需设置详图表示的部位标注一个索引符号，以表明该详图的位置，这个索引符号就是详图的索引符号。详图索引符号采用细实线绘制，A0、A1、A2 图幅索引符号的圆直径为 12mm，A3、A4 图幅索引符号的圆直径为 10mm，如下图所示。

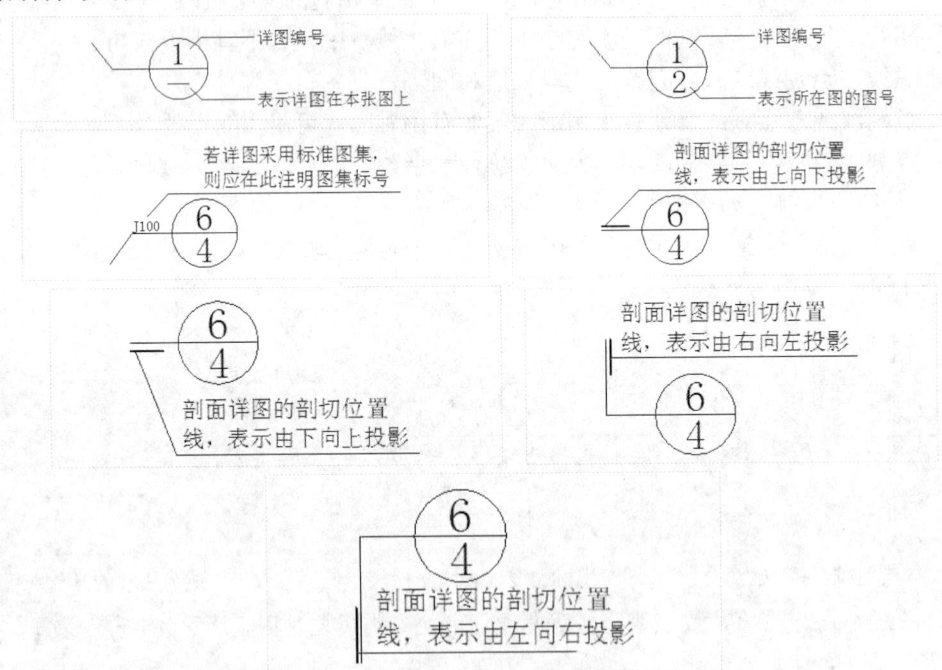

详图的索引符号

详图符号即详图的编号，用粗实线绘制，圆直径为 14mm，如下图所示。

详图符号

✿ 立面指向符：在房屋建筑中，一个特定的室内空间领域是由竖向分隔来界定的。因此，根据具体情况，就有可能出现绘制 1 个或多个立面来表达隔断、构配件、墙体及家具的设计情况。立面索引符号标注在平面图中，包括视点位置、方向和编号三个信息，用于建立平面图和室内立面图之间的联系。图中立面图编号可用英文字母或阿拉伯数字表示，黑色的箭头指向表示立面的方向，如下图所示。

立面指向符

✿ 引出线：引出线可用于详图以及标高等符号的索引，箭头圆点直径为 3mm，圆点尺寸和引线宽度可根据图幅及图样比例调节。常见的几种引出线标注方式，如下图所示。

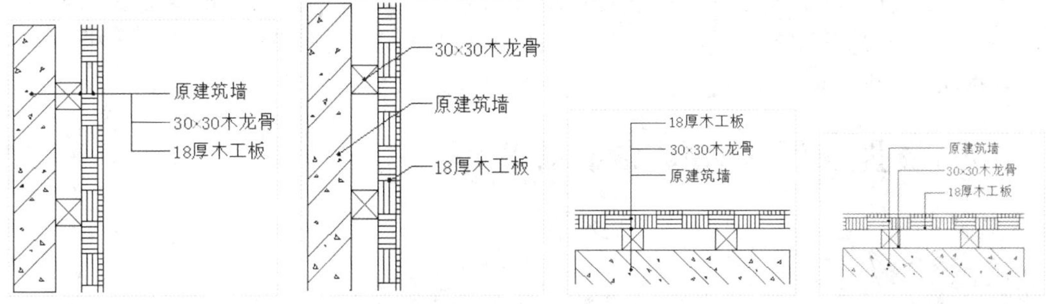

常见的几种引出线标注方式

1.5.5 了解经典室外设计图

室内设计中经常应用材料图例来表示材料，在无法用图例表示的地方则采用文字注释，如下表所示。

材料图例	说明	材料图例	说明
	混凝土		钢筋混凝土
	石材		多孔材料
	金属		玻璃
	液体		砂、灰土
	木材		砖

1.5.6 常用绘图比例

比例是指图样中的图形与所表示的实物相应要素之间的线性尺寸之比，比例应以阿拉

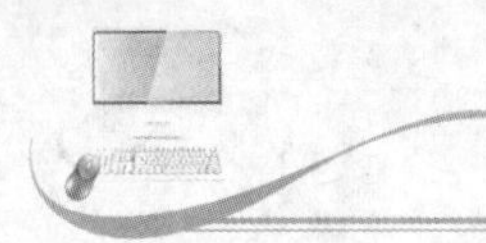

伯数字表示，写在图名的右侧，字高应比图名字高小一号或两号。一般情况下，应优先选用下表中的比例。

比例类型	比例大小
常用比例	1:1、1:2、1:5、1:25、1:100、1:200
	1:500、1:1000、1:2000、1:5000、1:10000
可用比例	1:3、1:15、1:60、1:150、1:300、1:400
	1:600、1:1500、1:2500、1:3000、1:4000、1:6000

1.6 室内装潢设计欣赏

室内装饰设计是根据室内的使用性质、环境和相应的标准，运用物质手段和建筑美学原理，给人创造一种合理、舒适及优美，能满足人们物质和精神需要的室内环境。用户通过设计这一手段，使室内空间不仅具有使用价值，而且能满足相应的功能要求，同时用户也要通过设计表达一种文化、风格和气氛等精神因素。

1.6.1 公共建筑空间室内装潢效果赏析

下面是几个公共建筑空间的室内设计效果。

商场装饰效果

首饰店装饰效果

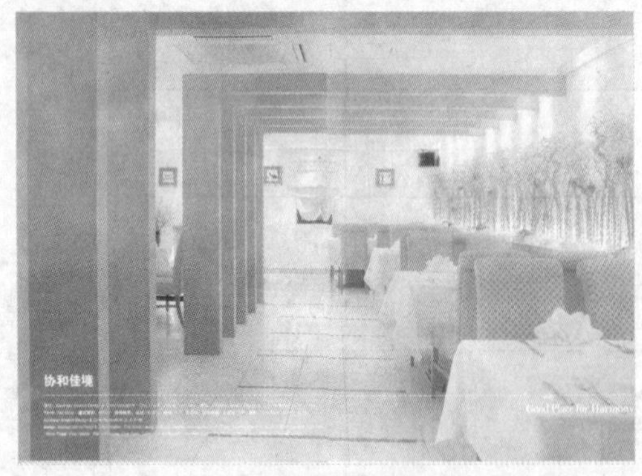

餐厅装饰效果

理发店装饰效果

1.6.2 住宅建筑空间室内装潢效果赏析

下面是几个住宅建筑空间的室内设计效果。

卧室装饰效果

书房装饰效果

玄关装饰效果

客厅装饰效果

厨房装饰效果

卫生间装饰效果

Chapter 02

章前知识导读

在进行室内绘图之前，首先应确定绘图环境所需要的环境参数，本章目的是让读者尽快熟悉 AutoCAD 2014 的基本功能，这些都是室内装潢设计的基础，用户可以根据需要捕捉对象绘图等，提高绘图效率。

AutoCAD 快速入门

重点知识索引

- 感受 AutoCAD 2014 全新界面
- 体验 AutoCAD 2014 新增功能
- 掌握 AutoCAD 2014 常用操作
- 设置室内设计系统参数
- 室内设计辅助功能
- 室内图纸视图显示

效果图片赏析

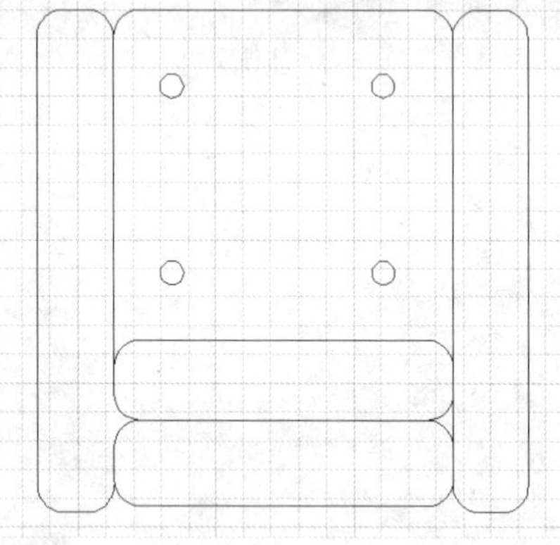

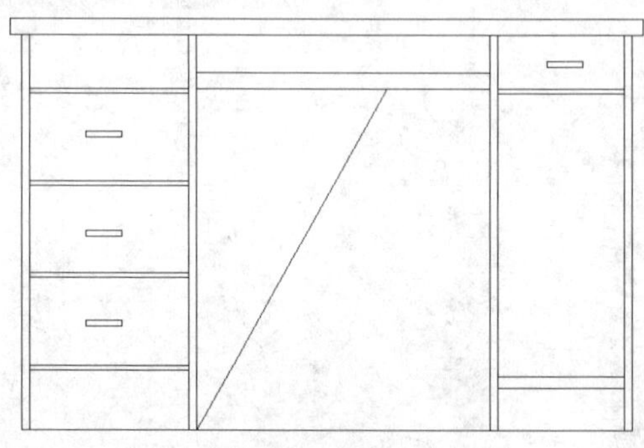

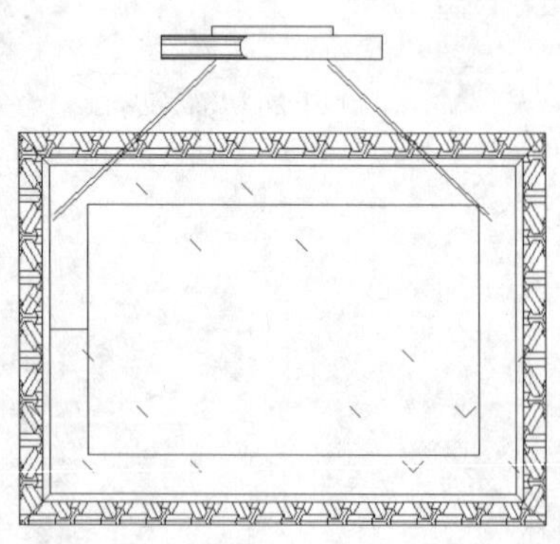

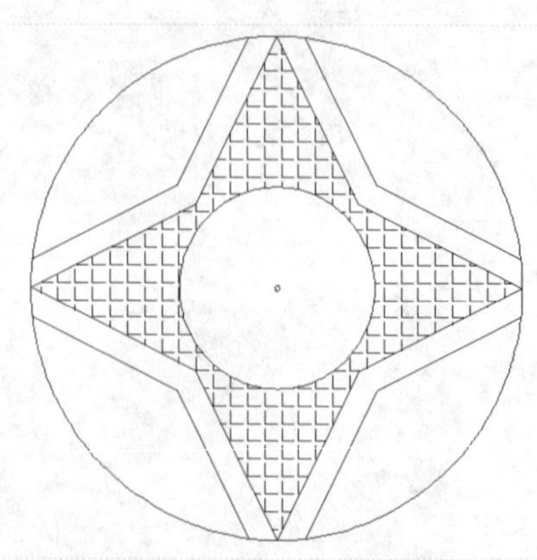

2.1 感受 AutoCAD 2014 最新界面

启动 AutoCAD 2014 后，在默认情况下，用户看到的是“草图与注释”工作空间，选择不同的工作空间可以进行不同的操作。下图所示为 AutoCAD 2014 的“草图与注释”工作界面。

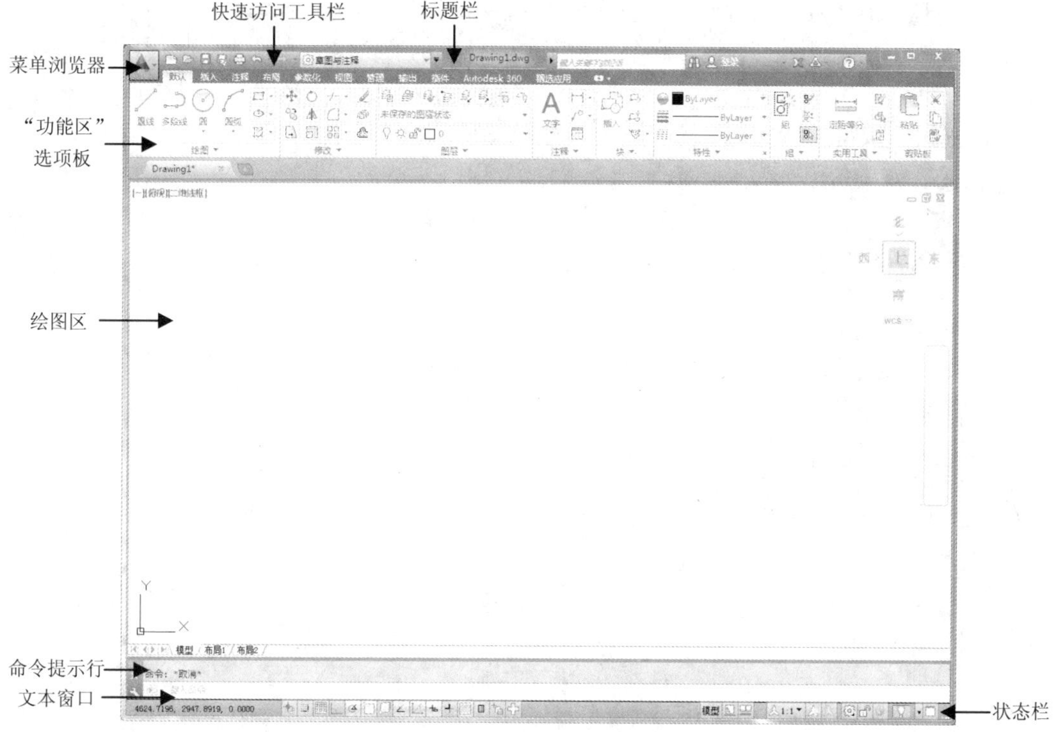

AutoCAD 2014 的操作界面

2.1.1 标题栏

标题栏位于 AutoCAD 2014 软件窗口的最上方，显示了系统当前正在运行的程序名及文件名等信息。AutoCAD 默认的图形文件，其名称为 DrawingN.dwg（N 表示数字），第一次启动 AutoCAD 2014 时，在标题栏中，将显示在启动时创建并打开的图形文件的名称 Drawing1.dwg。

标题栏中的信息中心提供了多种信息来源。在文本框中输入需要帮助的问题，单击“搜索”按钮，即可获取相关的帮助；单击“登录”按钮，可以登录 Autodesk Online 以访问与桌面软件集成的服务；单击“交换”按钮，显示“交流”窗口，其中包含信息、帮助和下载内容，并可以访问 AutoCAD 社区；单击“帮助”按钮，可以访问帮助，查看相关信息；单击标题栏右侧的按钮组，可以最小化、最大化或关闭应用程序窗口。

2.1.2 菜单浏览器

“菜单浏览器”按钮位于软件窗口左上角，单击该按钮，系统将弹出程序菜单（如

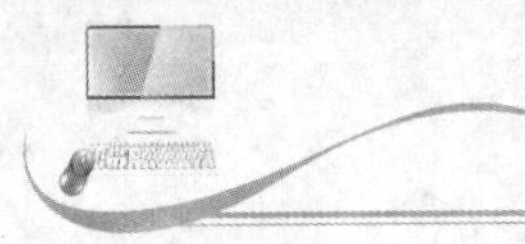

下图所示），其中包含了 AutoCAD 的功能和命令。单击相应的命令，可以创建、打开、保存、另存为、输出、发布、打印和关闭 AutoCAD 文件等。此外，程序菜单还包括图形实用工具。

2.1.3 快速访问工具栏

AutoCAD 2014 的快速访问工具栏中包含了最常用的操作快捷按钮，方便用户使用。默认状态下，快速访问工具栏中包含 8 个快捷工具，分别为“新建”按钮、“打开”按钮、“保存”按钮、“另存为”按钮、“打印”按钮、“放弃”按钮、“重做”按钮和“工作空间”按钮草图与注释，如下图所示。

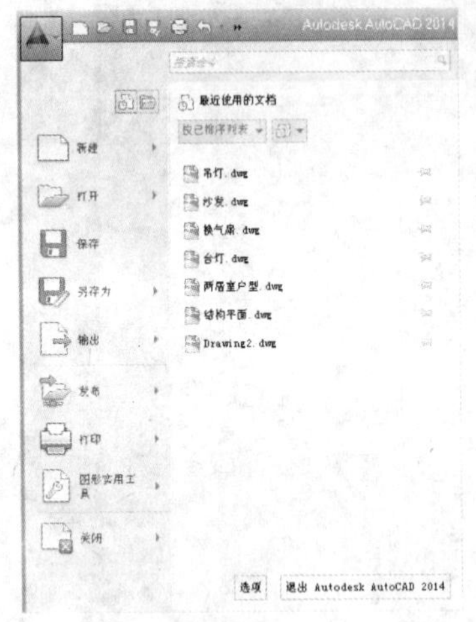

菜单浏览器

快速访问工具栏

2.1.4 “功能区”选项板

“功能区”选项板是一种特殊的选项板，位于绘图区的上方，是菜单和工具栏的主要替代工具。默认状态下，在“草图与注释”工作界面中，“功能区”选项板包含“默认”、“插入”、“注释”、“布局”、“参数化”、“视图”、“管理”、“输出”、“插件”、Autodesk 360 和“精选应用”11 个选项卡，每个选项卡中包含若干个面板，每个面板中又包含许多命令按钮，如下图所示。

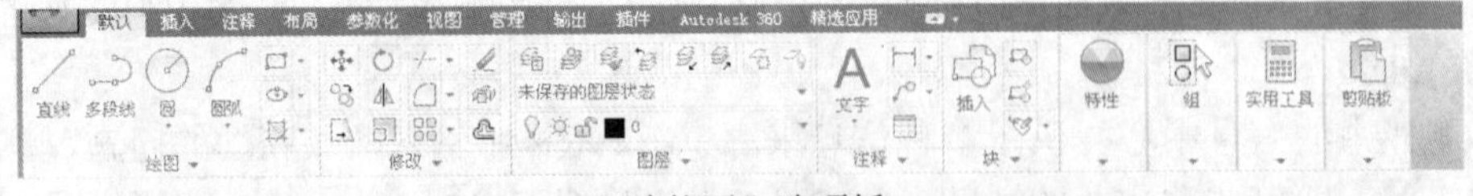

“功能区”选项板

专家指点

如果需要扩大绘图区域，则可以单击选项卡右侧的下拉按钮，使各面板最小化为面板按钮；再次单击该按钮，使各面板最小化为面板标题；再次单击该按钮，使“功能区”选项板最小化为选项卡；再次单击该按钮，可以显示完整的功能区。

2.1.5 绘图区

软件界面中间位置的空白区域称为绘图区，也称为绘图窗口，是用户进行绘制工作的区域，所有的绘图结果都反映在这个窗口中。如果图纸比例较大，需要查看未显示的部分时，可以单击绘图区右侧与下侧滚动条上的箭头，或者拖曳滚动条上的滑块来移动图纸。

在绘图区中除了显示当前的绘图结果外，还显示了当前使用的坐标系类型、导航面板以及坐标原点、X/Y/Z 轴的方向等，如下图所示。

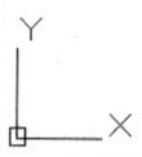

绘图区

其中，导航面板是一种用户界面元素，用户可以从中访问通用导航工具和特定于产品的导航工具。

2.1.6 命令提示行和文本窗口

命令提示行位于绘图窗口的下方，用于显示提示信息和输入数据，如命令、绘图模式、坐标值和角度值等，如下图所示。

按【F2】键，弹出 AutoCAD 文本窗口，如下图所示，其中显示了命令提示行的所有信息。

命令: 指定对角点或 [栏选(F)/圈围(WP)/圈交(CP)]:
命令: *取消*
命令: *取消*
命令: *取消*
键入命令

命令提示行

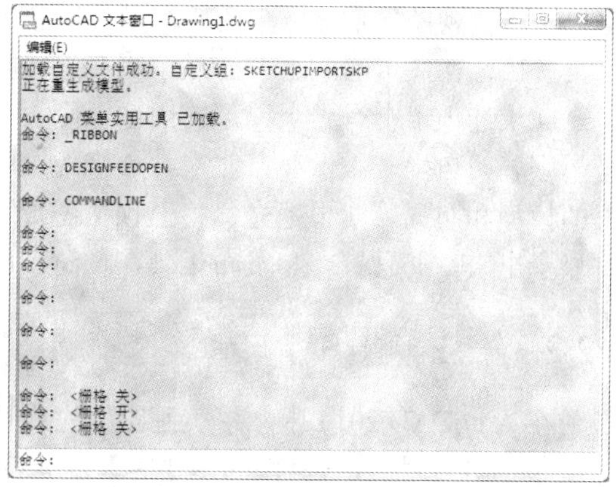

AutoCAD 文本窗口

文本窗口用于记录在窗口中操作的所有命令，如单击按钮和选择菜单项等。在文本窗口中输入命令，按【Enter】键确认，即可执行相应的命令。

2.1.7 状态栏

状态栏位于 AutoCAD 2014 窗口的最下方，如下图所示，用于显示当前光标状态，如 X、Y 和 Z 坐标值，用户可以用图标或文字的形式查看图形工具按钮。通过捕捉工具、极轴工具、对象捕捉工具和对象追踪工具的快捷菜单，可以轻松地更改这些绘图工具的设置。

状态栏

2.2 体验 AutoCAD 2014 新增功能

AutoCAD 2014 新增了一些功能，新功能的增加顺应了时代的发展。AutoCAD 2014 在以前版本的技术基础上，进行了大量的升级优化，增加了许多新功能，从而使工作和学习更加方便、简单，支持 Windows 8 以及触屏操作等可以让设计人员更加智能、方便地对室内设计图纸进行操作。

2.2.1 绘图增强

AutoCAD 2014 对绘图功能进行了增强，以帮助用户更高效地完成建筑制图。

- 圆弧：按住【Ctrl】键来切换所要绘制的圆弧的方向，这样可以轻松地绘制不同方向的圆弧。
- 多段线：在 AutoCAD 2014 中，多段线能通过自我圆角来创建封闭的多段线。
- 图纸集：当在室内图纸集中创建新图纸时，保存在关联模板（*.dwt）中的 CreatDate 字段将显示新图纸的创建日期而非模板文件的创建日期。
- 打印样式：CONVERTPSTYLES 命令使用户能够切换当前图纸到命名的或颜色相关的打印样式。

2.2.2 文件选项卡

AutoCAD 2014 提供了图形选项卡，它在打开的图形间切换或创建新图形时非常方便，可以使用“视图”功能区中的“图形选项卡”控件来打开图形选项卡工具条。当文件选项卡打开后，在图形区域上方会显示所有已经打开的图形的选项卡。

如果选项卡上有一个锁定的图标，则表明该文件是以只读的方式打开的；如果有个冒号，则表明自上一次保存后此文件被修改过。当把光标移到文件标签上时，可以预览该图形的模型和布局。如果把光标移至预览图形上，则相对应的模型或布局就会在图形区域临时显示出来，并且打印和发布工具在预览图中也是可用的。

2.2.3 注释增强

在 AutoCAD 2014 中，建筑制图的注释功能进行了以下增强。

- 属性：插入带属性的图块时，默认行为是显示对话框，且 ATTDIA 设置为 1。
- 文字：单行文字增强了，它将维持其最后一次的对齐设置直到被改变。
- 标注：当创建连续标注或基线标注时，新的 DIMCONTINUEMODE 系统变量提供了更多的控制。

当 DIMCONTINUEMODE 设置为 0 时，DIMCONTINUE 和 DIMBASELINE 命令是基于当前标注样式创建标注；而当其设置为 1 时，将基于所选择标注的标注样式创建。

- 图案填充：功能区的 Hatch 工具将维持之前的方法对选定的对象进行图案填充，即拾取内部或选择对象。

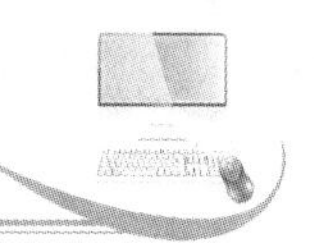

2.2.4 命令行增强

在 AutoCAD 2014 中，命令行得到了增强，可以提供更智能、更高效的访问命令和系统变量，而且可以使用命令行来找到其他如阴影图案、可视化风格以及联网帮助等内容。

- 自动更正：如果命令输入错误，不会再显示“未知命令”，而是会自动更正成最接近且有效的 AutoCAD 命令。例如，如果输入了 TEbal，那么会自动启动 TABLET 命令，如下图所示。
- 自动完成：自动完成命令增强了支持中间字符搜索。例如，用户在命令行中输入 SETTING，那么显示的命令建议列表中将包含任何带有 SETTING 字符的命令，而不是只显示以 SETTING 开始的命令，如下图所示。

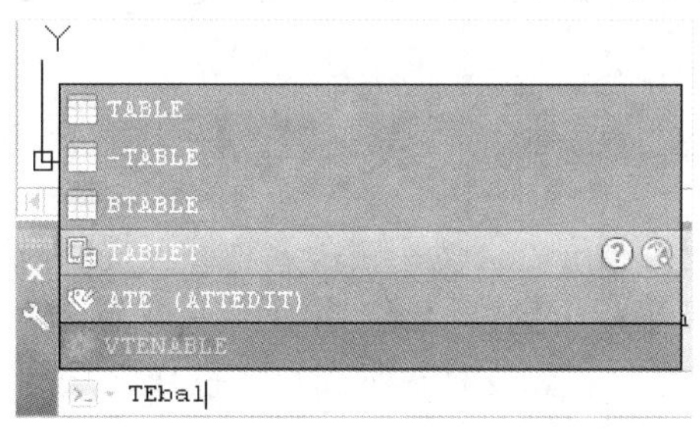

自动更正功能

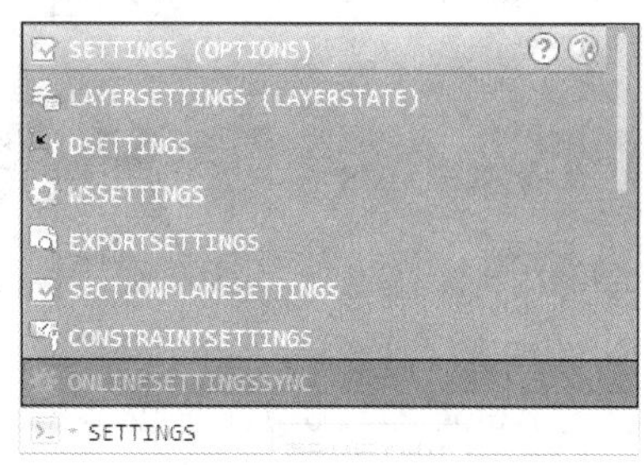

自动完成功能

- 自动适配建议：命令在最初建议列表中显示的顺序使用基于通用客户的数据。当你继续使用 AutoCAD 时，命令的建议列表顺序将适应你自己的使用习惯。命令使用数据存储在配置文件并自动适应每个用户。
- 同义词建议：命令行已建成一个同义词列表。在命令行中输入一个词，如果在同义词列表中找到匹配的命令，它将返回该命令。例如，如果输入 SYMBOL，AutoCAD 会找到 INSERT 命令，这样就可以插入一个块；如果输入 ROUND，AutoCAD 会找到 FILLET 命令，这样就可以为一个尖角增加圆角了。
- 互联网搜索：可以在建议列表中快速搜索命令或系统变量的更多信息。移动光标到列表中的命令或系统变量上，并选择帮助或网络图标来搜索相关信息，AutoCAD 自动返回当前词的互联网搜索结果。
- 内容：可以使用命令行访问图层、图块、阴影图案/渐变、文字样式、尺寸样式和可视样式。
- 分类：使建议列表更容易导航，系统变量和其他内容可被组织成可展开的分类。
- 输入设置：在命令行中单击鼠标右键，可以通过输入设置菜单中的控件来自定义命令行。在命令行中除了可以启用自动完成和搜索系统变量外，还可以启用自动更正、搜索内容和字符搜索，所有这些选项都是默认打开的，如右图所示。

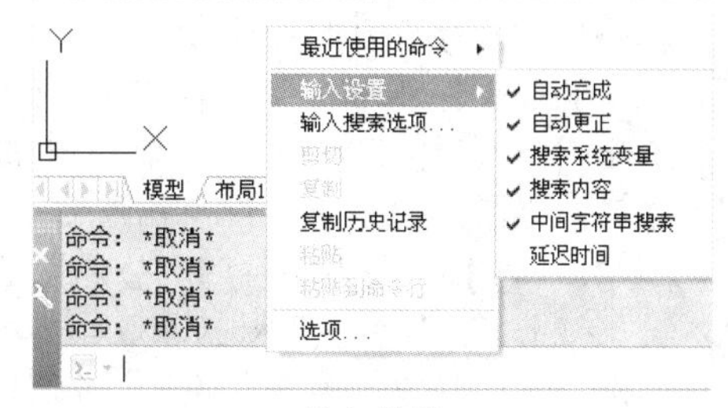

输入设置

2.2.5 AutoCAD 点云支持

点云功能在 AutoCAD 2014 中得到增强，除了以前版本支持的 PCG 和 ISD 格式外，还

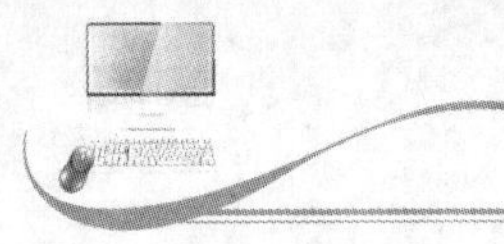

支持插入由 Autodesk ReCap 产生的点云投影（RCP）和扫描（RCS）文件。

2.2.6 图层与外部参照增强

在 AutoCAD 2014 中，在显示功能区上的图层数量增加了，图层现在是以自然排序显示出来，外部参照图形的线型和图层的显示功能加强了。

- 图层管理器：在图层管理器上新增了合并选择功能，它可以从图层列表中选择一个或多个图层并将在这些图层上的对象合并到另外的图层上，而被合并的图层将会被自动清理掉。
- 外部参照增强：在 AutoCAD 2014 中，外部参照线型不再显示在功能区或属性选项板上的线型列表中，外部参照图层仍然会显示在功能区中以便可以控制它们的可见性，但已不在属性选项板中显示。

2.2.7 Windows 8 以及触屏操作

Windows 8 操作系统，其关键特性就是支持触屏。当然，它需要软件也提供触屏支持才能使用它的新特性。现在使用智能手机以及平板电脑，已经习惯用手指来移动视图了，试一试新的 AutoCAD 2014，它在 Windows 8 中，已经支持这种超炫的操作方法。

2.3 掌握 AutoCAD 2014 常用操作

在安装好 AutoCAD 2014 之后，如果要使用 AutoCAD 进行室内制图或者绘制和编辑图形，首先需要掌握 AutoCAD 2014 的一些常用操作。

2.3.1 图形文件的管理

在安装好 AutoCAD 2014 之后，如果要使用 AutoCAD 绘制和编辑图形，首先需要启动软件。

1. 新建图形文件

在启动 AutoCAD 2014 后，系统将自动新建一个名为 Drawing1.dwg 的图形文件，且该图形文件默认以 acadiso.dwt 为模板，用户还可以根据需要，创建新的图形文件。

STEP 01 单击“图形”命令

单击软件界面左上角的“菜单浏览器”按钮，在弹出的程序菜单中单击“新建”|“图形”命令，如下图所示。

STEP 02 选择“无样板打开-公制”选项

弹出“选择样板”对话框，在列表框中选择合适的样板，单击“打开”右侧的下拉按钮，在弹出的列表框中选择“无样板打开-公制”选项，如下图所示。

STEP 03 新建图形文件

执行操作后，即可新建图形文件，如下图所示。

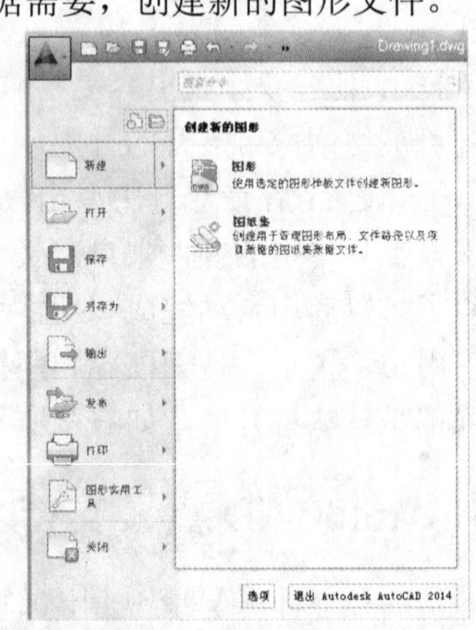

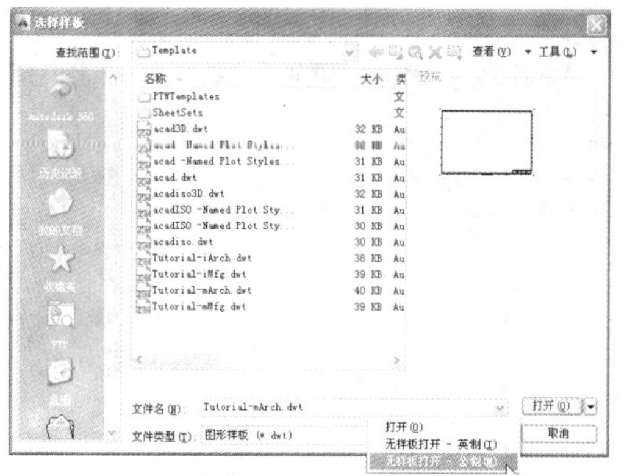

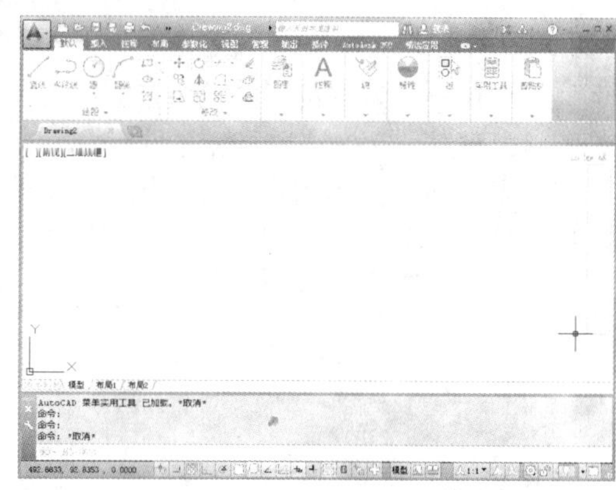

2. 打开图形文件

在 AutoCAD 2014 中，常常需要对图形文件进行编辑或者重新设计，这时就需要打开相应的图形文件以进行相应操作。

素材文件	第 2 章\电视机.dwg	效果文件	第 2 章\电视机.dwg

STEP 01 单击“打开”按钮

单击快速访问工具栏中的“打开”按钮，如下图所示。

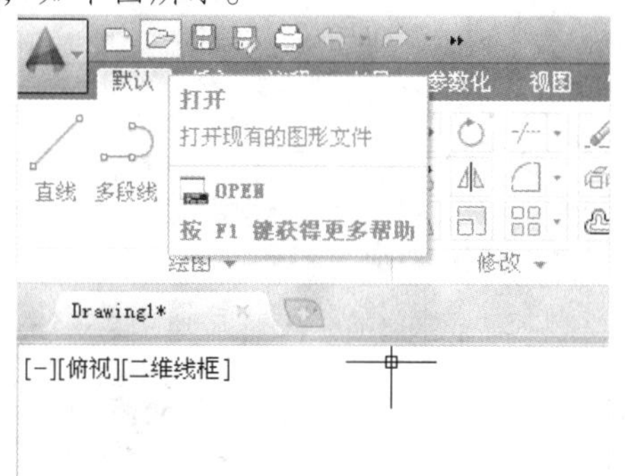

STEP 02 选择图形文件

弹出“选择文件”对话框，在其中用户可根据需要选择要打开的图形文件，如下图所示。

STEP 03 打开图形文件

单击下方的“打开”按钮，即可打开图形文件，如下图所示。

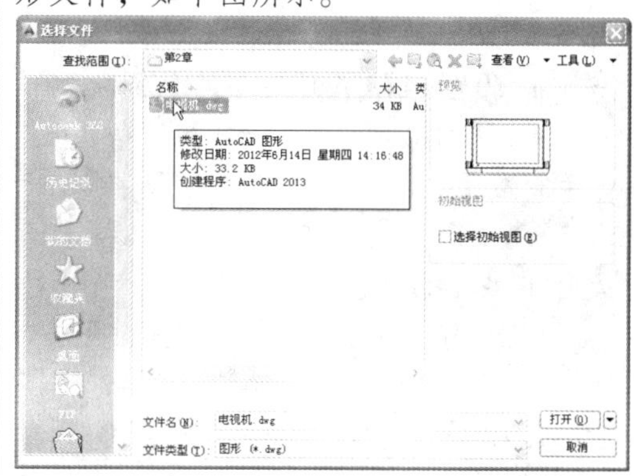

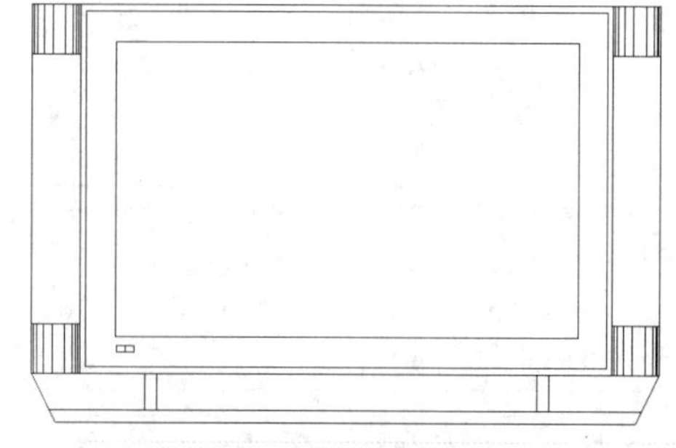

专家指点

除了使用上述方法可打开图形文件外，还可以通过以下方式实现。

- 输入 OPEN 命令。
- 按【Ctrl + O】组合键。

3. 图形文件的另存为与输出

在 AutoCAD 2014 中，用户可以使用当前文件名保存图形文件，也可以使用新的文件

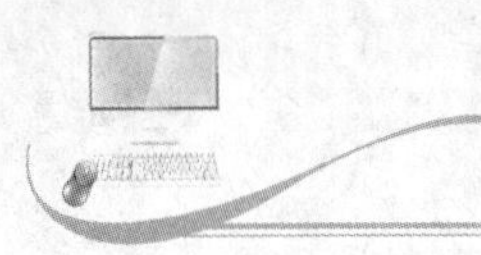

名另存图形文件。

STEP 01 单击“另存为”命令

以上例效果为例，单击软件界面左上角的“菜单浏览器”按钮，在弹出的程序菜单中单击“另存为”命令，如下图所示。

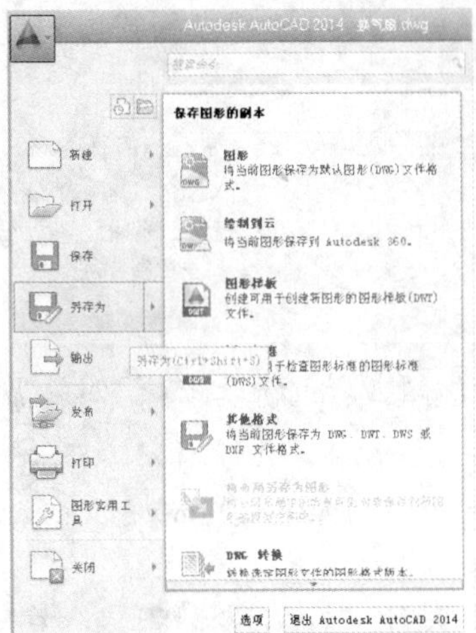

STEP 02 设置保存路径与文件名称

弹出“图形另存为”对话框，在其中用户可根据需要设置图形文件的保存路径与文件名称，如下图所示。

STEP 03 保存图形文件

单击“保存”按钮，即可完成图形文件的保存操作。

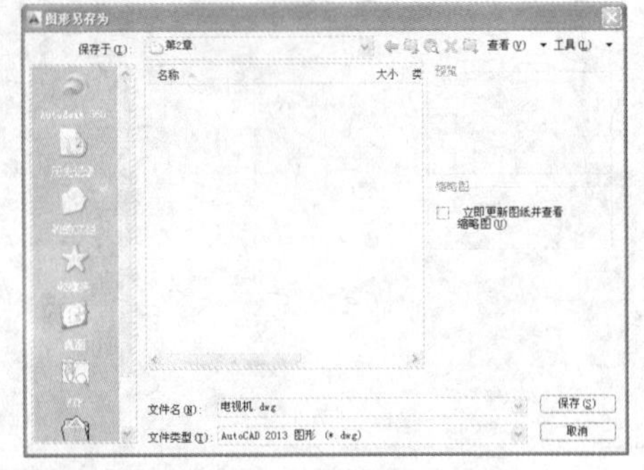

STEP 04 设置文件名和保存路径

在命令行中输入 EXP（输出）命令，按【Enter】键确认，弹出“输出数据”对话框，设置文件名和保存路径，如下图所示。

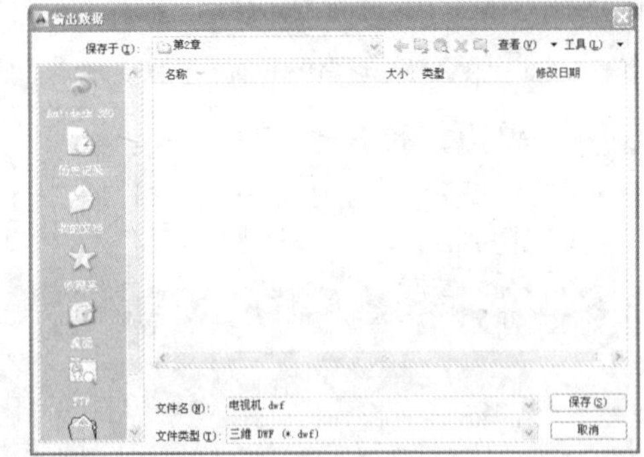

STEP 05 输出图形文件

单击“保存”按钮，即可输出图形文件。

专家指点

在编辑图形之后，单击“保存”命令除了首次保存时会弹出“图形另存为”对话框，在以后再次保存时是将修改后的图形直接进行保存，不弹出“图形另存为”对话框，不需要指定保存路径。而单击“另存为”命令保存图形文件时，每次都会弹出“图形另存为”对话框，需要指定保存路径和文件名。

专家指点

常用输出文件类型有三维 DWF（*.dwf）、图元文件（*.wmf）、块（*.dwg）、位图（*.bmp）和 V8DGN（*.dgn）等。

2.3.2 常用的 5 种命令调入方法

在 AutoCAD 中，菜单栏、工具栏按钮、命令和系统变量都是相互的。用户可以通过选择某一菜单、单击某个工具按钮或在命令行中输入命令和系统变量，来在命令行中输入相应命令。

1. 使用鼠标操作

在绘图窗口中，光标通常显示为“+”字线形式。当光标移至菜单选项、工具或对话

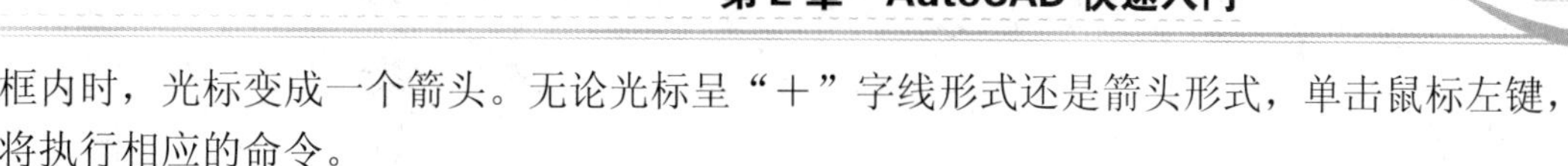

框内时，光标变成一个箭头。无论光标呈“＋”字线形式还是箭头形式，单击鼠标左键，将执行相应的命令。

在 AutoCAD 中，鼠标键是按照以下 3 种形式定义的。

- 拾取键：通常指鼠标的左键，用户可以用来指定屏幕上的点，也可以用来选择 Windows 对象、AutoCAD 对象、工具按钮和菜单命令等。
- 回车键：指鼠标右键，相当于【Enter】键，用于结束当前使用的命令，此时系统将根据当前绘图状态而弹出不同的快捷菜单。
- 弹出菜单：在按住【Shift】键的同时单击鼠标右键，系统将弹出一个快捷菜单，用于设置捕捉对象。

2. 使用键盘输入

在 AutoCAD 2014 中，大部分的绘图、编辑功能都需要通过键盘输入来完成。通过键盘可以输入命令、系统变量。此外，键盘还是输入文本对象、数值参数、点的坐标或进行参数选择的唯一方法。

3. 使用命令行

在 AutoCAD 2014 中，默认情况下“命令行”是一个固定的窗口，可以在当前命令行提示下输入命令和对象参数等内容。对于大多数命令，“命令行”中可以显示执行完的两条命令提示，而对于一些输出命令，则需要在放大的“命令行”或“AutoCAD 文本窗口”中显示。

在“命令行”窗口中右击，AutoCAD 将弹出一个快捷菜单，如下图所示。通过快捷菜单可以选择最近使用过的 6 个命令、复制选定的文字或全部命令历史、粘贴文字以及打开“选项”对话框。

4. 使用菜单栏

菜单栏几乎包含了 AutoCAD 中全部的功能和命令，使用菜单栏执行命令，只需单击菜单栏中的主菜单，在弹出的子菜单中选择要在命令行中输入的命令即可。例如，要执行“多段线”命令，可以单击菜单栏中的“绘图” | “多段线”命令，如下图所示。

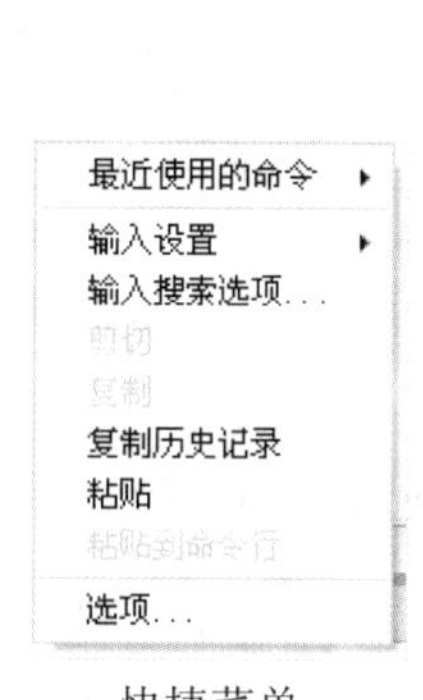

快捷菜单

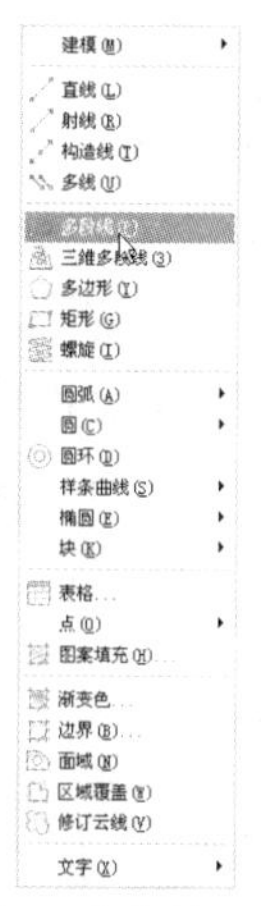

单击“多段线”命令

5. 使用工具栏

大多数命令都可以在相应的工具栏中找到与其对应的图标按钮，单击该按钮即可快速在命令行中输入 AutoCAD 命令。例如要在命令行中输入“圆”命令，只需单击“绘图”面板中的“圆”按钮⊘，再根据命令提示进行操作即可。

2.3.3 精确绘制图形的 6 种操作

在绘图过程中，为了精确地绘制图形，需要利用捕捉、追踪和动态输入等功能，来提高绘图效率。

1. 栅格

栅格的作用如同传统纸面制图中使用的坐标纸，按照相等的间距在屏幕上设置了栅格点，用户可以通过栅格点数目来确定距离，从而达到精确绘图的目的。栅格不是图形的一部分，打印时不会被输出。

控制栅格是否显示，有以下两种常用的方法。

- 功能键：连续按功能键【F7】，可以在开、关状态间切换。
- 单击按钮：单击状态栏中的“栅格显示”按钮▦。

将鼠标指针移至“栅格显示”按钮▦上，单击鼠标右键，选择“设置”选项，在打开的“草图设置”对话框中选择“捕捉和栅格”选项卡，如右图所示。选中或取消“启用栅格”复选框，也可以控制显示或隐藏栅格。

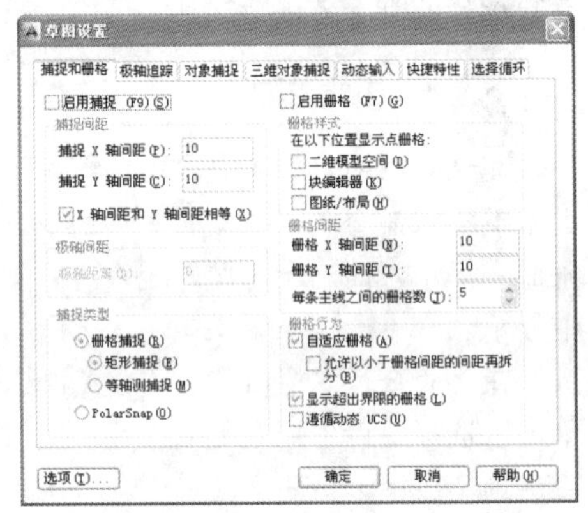

打开“捕捉和栅格”选项卡

在“栅格间距”选项区中，可以设置栅格点在 X 轴方向（水平）和 Y 轴方向（垂直）上的距离。此外，在命令行中输入 GRID（栅格）命令，按【Enter】键确认，也可以设置栅格的间距和控制栅格的显示。

2. 捕捉

捕捉功能（不是对象捕捉）经常和栅格功能联用。当捕捉功能打开时，光标只能停留在栅格点上。这样只能绘制出栅格间距整数倍的距离。

打开和关闭捕捉功能有以下两种方法。

- 功能键：连续按功能键【F9】，可以在开、关状态间切换。
- 单击按钮：单击状态栏中的“捕捉模式”按钮⊞。

3. 正交

在室内设计绘图中，有相当一部分直线是水平或垂直的。针对这种情况，AutoCAD 提供了一个正交开关，以方便绘制水平或垂直直线。

打开和关闭正交开关有以下两种方法。

- 功能键：连续按功能键【F8】，可以在开、关状态间切换。
- 单击按钮：单击状态栏中的“正交模式”按钮。

正交开关打开以后，系统就只能画出水平或垂直的直线。更为方便的是，由于正交功能已经限制了直线的方向，所以要绘制一定长度的直线时，不再需要输入完整的相对坐标，只需在命令行中直接输入长度值即可。

4. 对象捕捉

使用对象捕捉可以精确定位现有图形对象的特征点，例如直线的中点、圆的圆心等，从而为精确绘图提供了条件。打开和关闭对象捕捉功能有以下两种方法。

- 功能键：连续按功能键【F3】，可以在开、关状态间切换。
- 单击按钮：单击状态栏中的“对象捕捉”按钮。

单击“工具”｜“草图设置”命令，或者在命令行中输入 OS（设置对象捕捉）命令，按【Enter】键确认，打开“草图设置”对话框。单击“对象捕捉”选项卡，选中或取消“启用对象捕捉”复选框，也可以打开或关闭对象捕捉，但由于操作麻烦，在实际工作中并不常用。

在使用对象捕捉之前，需要设置好对象捕捉模式，也就是确定当探测到对象特征点时，哪些点可以捕捉，而哪些点可以忽略，从而避免视图混乱。对象捕捉模式的设置在如右图所示的“草图设置”对话框中进行。

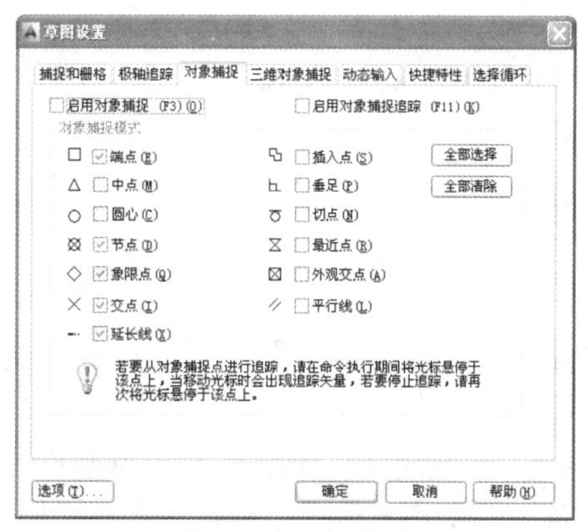

设置对象捕捉模式

在“草图设置”对话框中，各对象捕捉模式的含义如下表所示。

对象捕捉模式	含　义
端点	捕捉到几何对象的最近端点或角点
中点	捕捉到几何对象的中点
圆心	捕捉圆、椭圆或圆弧的中心点
节点	捕捉使用 PO（多点）命令绘制的点对象、标注定义点或标注文字原点
象限点	捕捉位于圆、椭圆或圆弧上 0°、90°、180°和 270°处的点
交点	捕捉几何对象的交点
延长线	捕捉直线或曲线延长线上的点
插入点	捕捉图块、标注对象或外部参照的插入点
垂足	捕捉到垂直于选定对象的点
切点	捕捉圆、圆弧及其他曲线的切点
最近点	捕捉处在直线、圆弧、椭圆或样条曲线上而且距离光标最近的特征点
外观交点	在三维视图中，可以使用“外观交点”捕捉从某个角度观察两个对象似乎相交，但实际并不一定相交的点
平行线	选定路径上一点，使通过该点的直线与已知直线平行

5. 自动追踪

自动追踪可按指定角度绘制对象，或者绘制与其他对象有特定关系的对象。自动追踪功能分极轴追踪和对象捕捉追踪两种，是非常有用的辅助绘图工具。

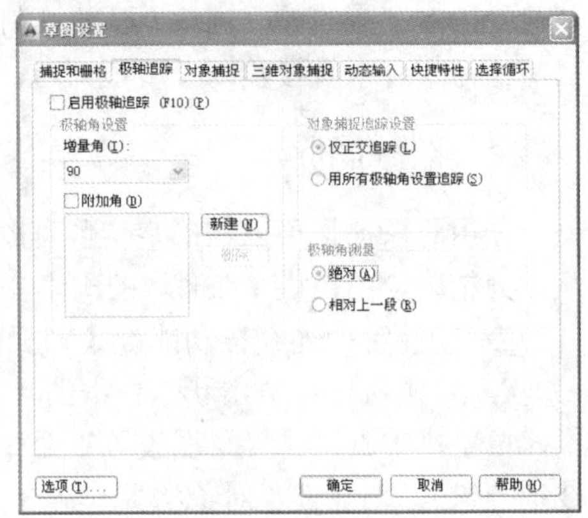

设置极轴追踪

- 极轴追踪：极轴追踪是按事先给定的角度增量来追踪特征点。极轴追踪功能可以在系统要求指定一个点时，按预先设置的角度增量显示一条无限延伸的辅助线，这时就可以沿辅助线追踪得到光标点，可以在“草图设置”对话框的“极轴追踪”选项卡中对极轴追踪进行设置，如右图所示。
- 对象捕捉追踪：对象捕捉追踪是按照与对象的某种特性关系来追踪，不知道具体角度值，但知道特定的关系，可以在“极轴追踪”选项卡中设置对象捕捉追踪的对应参数。

6. 动态输入

使用动态输入功能可以在指针位置处显示标注输入和命令提示等信息，从而极大地方便了绘图。

- 启用指针输入：在“草图设置”对话框的“动态输入”选项卡中，选中“启用指针输入”复选框可以启用指针输入功能。在“指针输入”选项区中单击“设置”按钮，弹出“指针输入设置”对话框，可以设置指针的格式和可见性，如下图所示。
- 启用标注输入：在“草图设置”对话框的“动态输入”选项卡中，选中“可能时启用标注输入”复选框可以启用标注输入功能。在“标注输入”选项区中单击“设置”按钮，弹出“标注输入的设置”对话框，在其中可以设置标注的可见性，如下图所示。

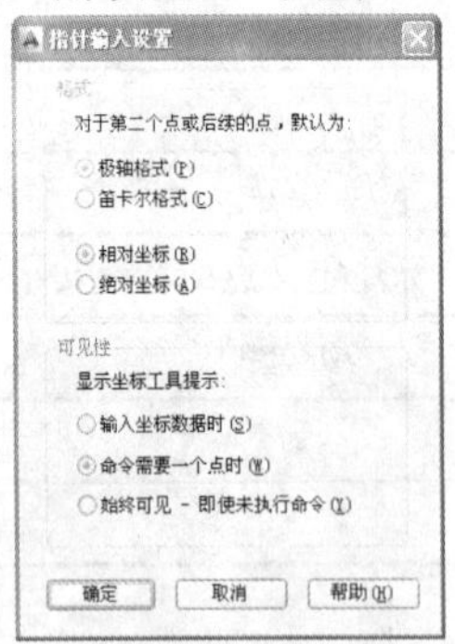

“指针输入设置”对话框

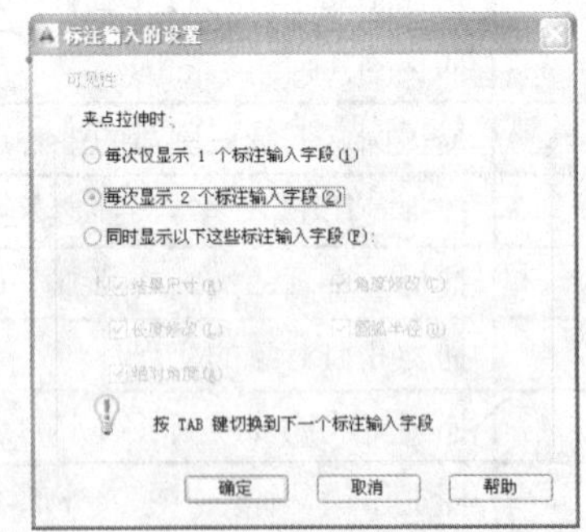

“标注输入的设置”对话框

2.4 设置室内设计系统参数

在 AutoCAD 2014 中，单击“菜单浏览器”按钮，在弹出的程序菜单中单击“选项”按钮，在弹出的“选项”对话框中，用户可以对系统和绘图环境进行各种设置，以满足不同用户的需求。

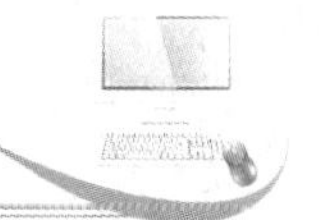

2.4.1 设置文件路径

在“选项”对话框中，单击“文件”选项卡，在该选项卡中可以设置 AutoCAD 2014 支持文件、驱动程序、搜索路径、菜单文件和其他文件的目录等。

STEP 01 单击“选项”按钮

单击“菜单浏览器”按钮，在弹出的程序菜单中单击“选项”按钮，如下图所示。

STEP 02 单击“文件”选项卡

弹出“选项”对话框，单击“文件”选项卡，如下图所示。

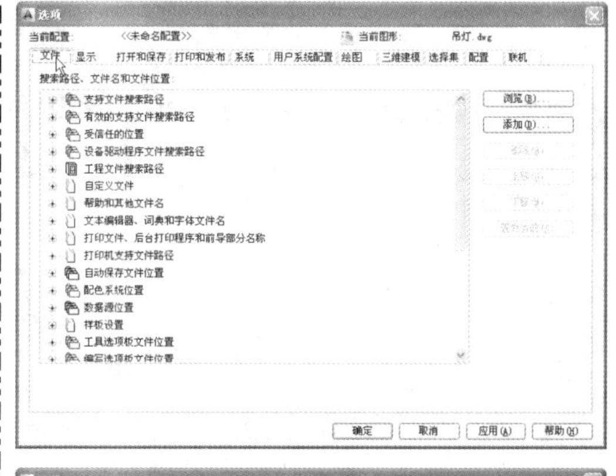

STEP 03 选择路径

单击“支持文件搜索路径”选项前的“+”号，在展开的列表中选择 D:\program files\autodesk\autocad 2014\support 选项，如下图所示。

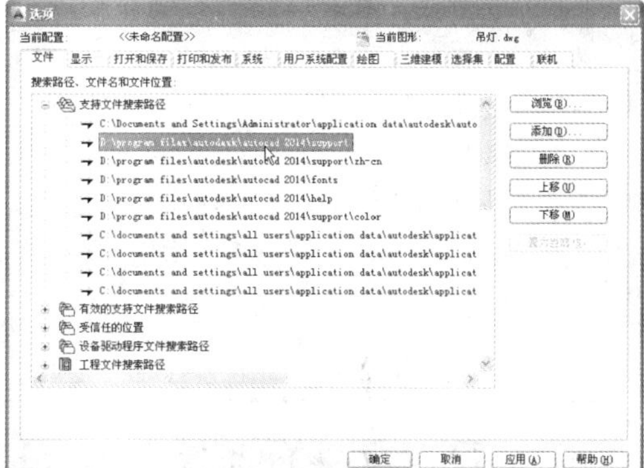

STEP 04 设置文件路径

操作完成后，单击“确定”按钮，完成文件路径设置。

专家指点

用户只需在没有执行任何命令也没有选择任何对象的情况下，在绘图窗口中单击鼠标右键，在弹出的快捷菜单中选择“选项”选项，即会弹出“选项”对话框。单击“草图设置”对话框中的“选项”按钮，也会弹出“选项”对话框。另外，在命令行中输入 OPTIONS（选项）命令，按【Enter】键确认，也会弹出“选项”对话框。

2.4.2 设置窗口元素

在“选项”对话框中，切换至“显示”选项卡，该选项卡用于设置 AutoCAD 2014 的显示情况。

素材文件	第 2 章\门剖面.dwg	效果文件	无

STEP 01 打开素材

按【Ctrl+O】组合键，打开素材图形，如下图所示。

STEP 02 选择相应选项

单击“菜单浏览器”按钮，在弹出的程序菜单中单击“选项”按钮，弹出“选项”对话框，切换至“显示”选项卡，单击“配色方案”右侧的下拉按钮，在弹出的列表框中选择“明”选项，如下图所示。

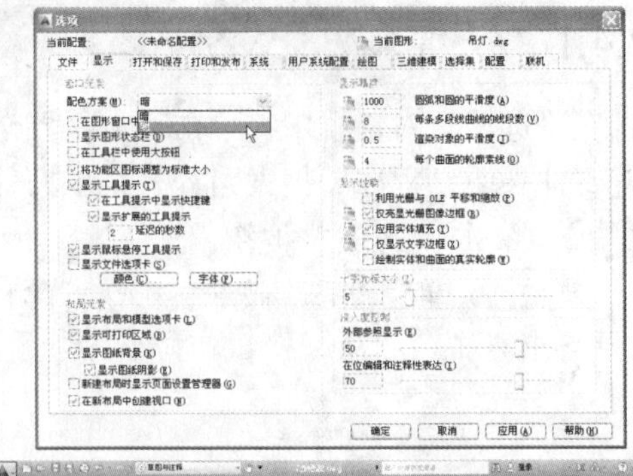

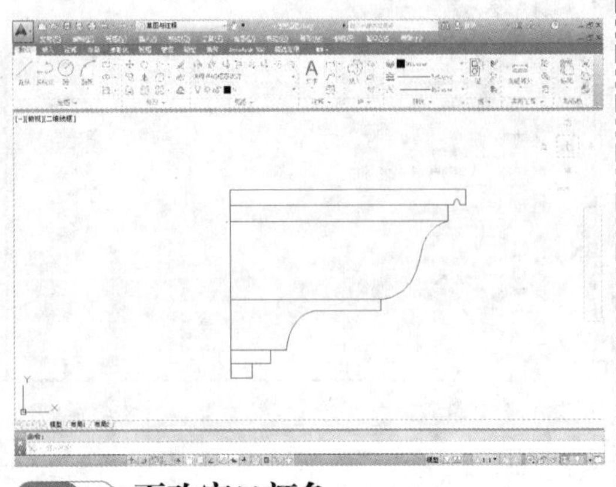

STEP 03 更改窗口颜色

设置完成后，单击“确定”按钮，即可更改窗口的颜色显示状态，如下图所示。

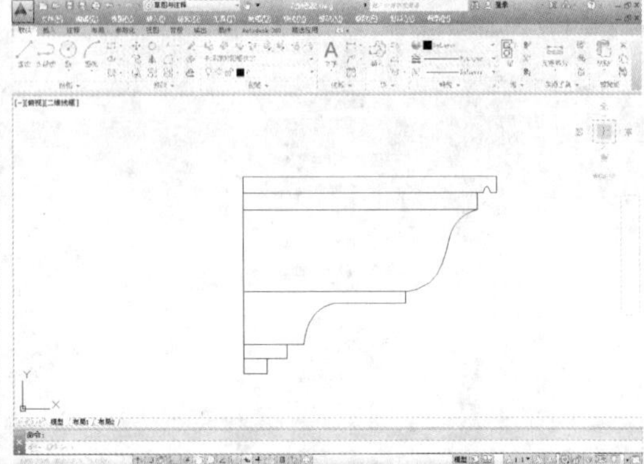

专家指点

在“选项”对话框的“显示”选项卡中，用户可以进行绘图环境显示设置、布局显示设置以及控制十字光标的尺寸等。

2.4.3 设置文件自动保存时间间隔

在“选项”对话框中，切换至“打开和保存”选项卡，在其中用户可以设置在 AutoCAD 2014 中保存文件的相关选项。

素材文件	第 2 章\玻璃门.dwg	效果文件	无

STEP 01 打开素材

按【Ctrl+O】组合键，打开素材图形，如下图所示。

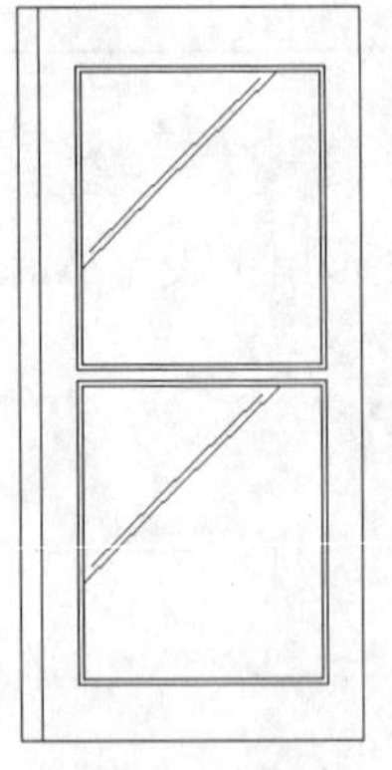

STEP 02 选中复选框

单击“菜单浏览器”按钮，在弹出的程序菜单中单击“选项”按钮，弹出“选项”对话框。切换至“打开和保存”选项卡，选中“自动保存”复选框，在其下方设置自动保存的间隔分钟数，如下图所示。

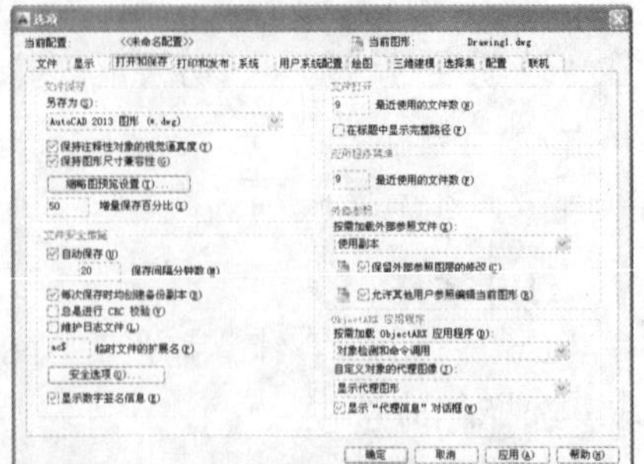

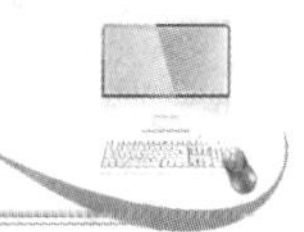

STEP 03 完成文件自动保存时间设置

设置完成后，单击“确定”按钮，即可完成文件自动保存时间的设置。

专家指点

在“选项”对话框的“打开和保存”选项卡中，用户可根据需要设置保存文件的格式，对要保存的文件采取安全措施，以及最近使用的文件数目、是否需要加载外部参照文件。

2.4.4 设置打印与发布

在“选项”对话框中，单击“打印和发布”选项卡，该选项卡用于设置 AutoCAD 打印和发布的相关选项。

素材文件	第 2 章\窗户.dwg	效果文件	无

STEP 01 打开素材

按【Ctrl+O】组合键，打开素材图形，如下图所示。

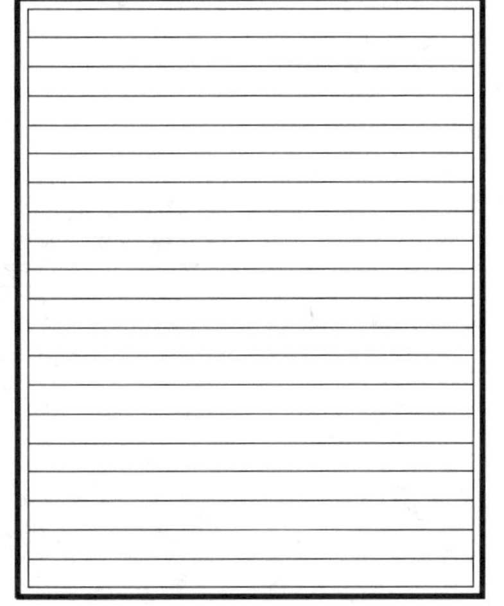

STEP 02 单击“打印样式表设置”按钮

单击“菜单浏览器”按钮，在弹出的程序菜单中单击“选项”按钮，弹出“选项”对话框，切换至“打印和发布”选项卡，单击下方的“打印样式表设置”按钮，如下图所示。

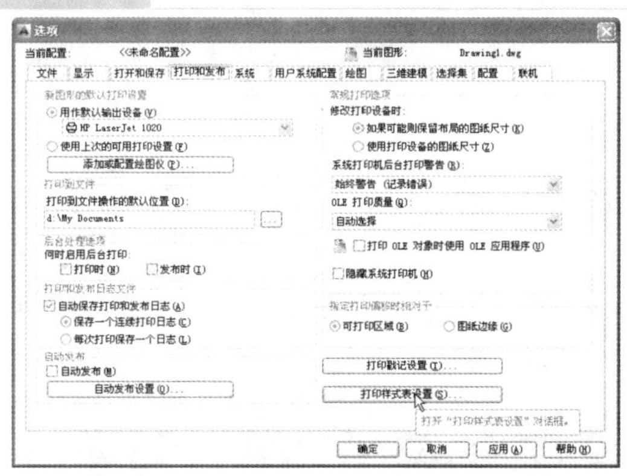

STEP 03 选中单选按钮

弹出“打印样式表设置”对话框，选中“使用颜色相关打印样式”单选按钮，如下图所示。

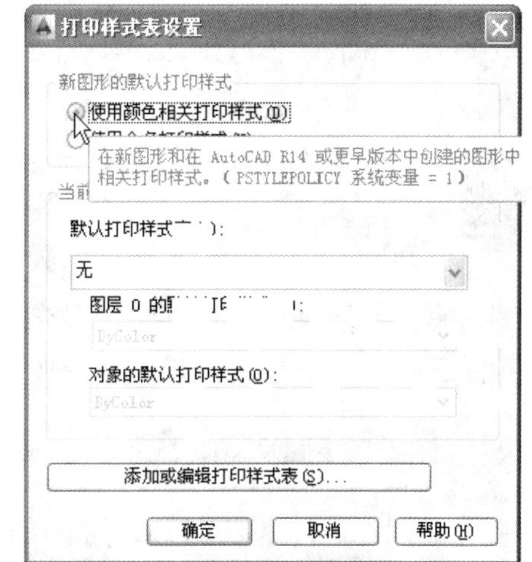

STEP 04 完成打印样式表设置

单击“确定”按钮，返回“选项”对话框，单击“确定”按钮，即可完成打印样式表的设置。

2.4.5 设置三维性能

在“选项”对话框中，单击“系统”选项卡，在其中可以进行当前三维图形的显示效果、模型选项卡和布局选项卡中的显示列表如何更新等设置。

素材文件	第 2 章\灯具.dwg	效果文件	无

STEP 01 打开素材

按【Ctrl+O】组合键，打开素材图形，如下图所示。

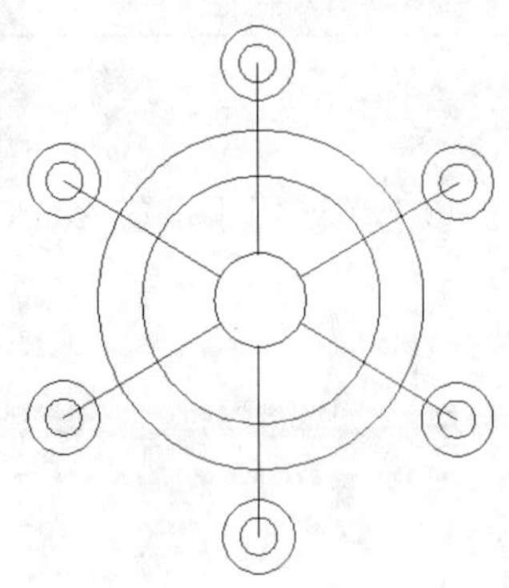

STEP 02 单击“性能设置”按钮

单击“菜单浏览器”按钮，在弹出的程序菜单中单击“选项”按钮，弹出“选项”对话框，切换至“系统”选项卡，在“三维性能”选项区中单击“性能设置”按钮，如下图所示。

STEP 03 设置相关参数

弹出“自适应降级和性能调节”对话框，在其中设置相关参数，如下图所示。

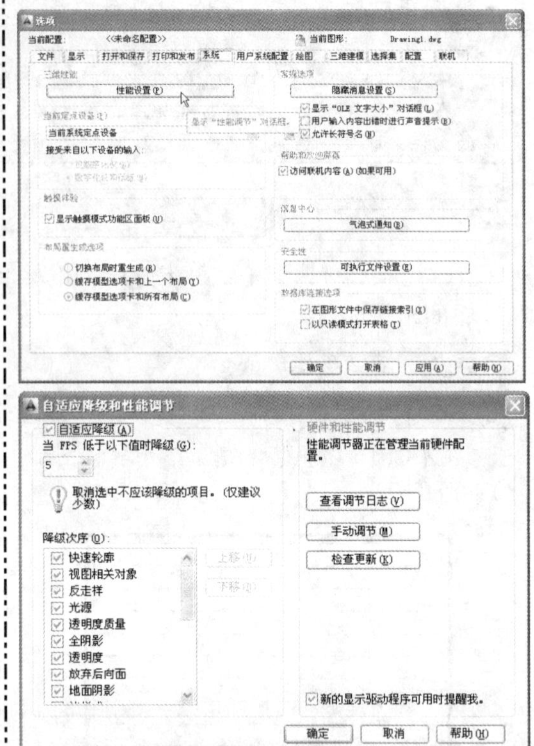

STEP 04 完成三维性能设置

设置完成后，依次单击“确定”按钮，完成三维性能的设置。

2.5 设置室内设计辅助功能

在绘制图形时，用鼠标定位虽然方便快捷，但精度并不是很高，绘制的图形也不够精确，不能满足工程制图的要求。为了解决这些问题，AutoCAD 提供了一些辅助绘图工具，用于帮助用户精确绘图，提高工作效率。

2.5.1 设置捕捉和栅格

在绘制图形时，尽管可以通过光标来指定点，但却很难精确地指定某一点。因此，要精确定位点，必须启动捕捉和栅格功能。“捕捉”用于设定鼠标光标移动的间距，“栅格”是一些标定位置的小点，可以提供直观的距离和位置参照。

素材文件	第 2 章\沙发.dwg	效果文件	第 2 章\沙发.dwg

STEP 01 打开素材

按【Ctrl+O】组合键，打开素材图形，如下图所示。

STEP 02 选择“设置”选项

在“捕捉模式”按钮上，单击鼠标右键，在弹出的快捷菜单中选择“设置”选项，如下图所示。

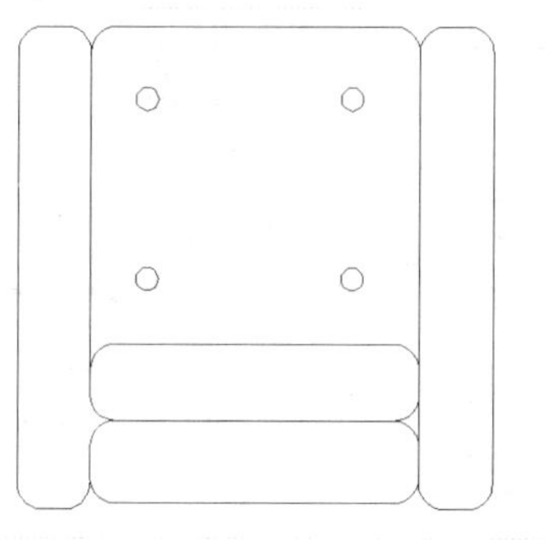

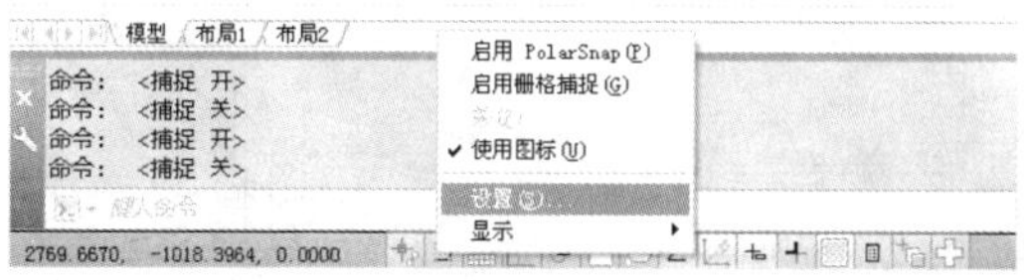

STEP 03 **选中相应复选框**

弹出“草图设置”对话框，在“捕捉和栅格”选项卡中，依次选中“启用捕捉”和“启用栅格”复选框，如下图所示。

STEP 04 **启用捕捉和栅格功能**

单击“确定”按钮，即可启用捕捉和栅格功能，如下图所示。

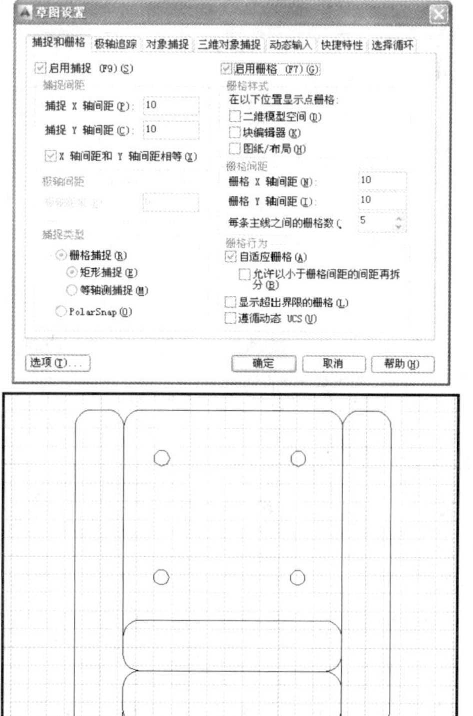

专家指点

LIMITS 命令和 GRIDDISPLAY 系统变量可控制栅格的界限。

在“草图设置”对话框的“捕捉和栅格”选项卡中，各主要选项区的含义如下。

- 捕捉间距：用于控制捕捉位置的不可见矩形栅格，以限制光标仅在指定的 X 轴和 Y 轴间隔内移动。
- 极轴间距：用于控制极轴距离。
- 捕捉类型：用于设定捕捉样式和捕捉类型。
- 栅格样式：用于在二维空间中设定栅格样式。也可以使用 GRIDSTYLE 系统变量设定栅格样式。
- 栅格间距：用于控制栅格的显示，有助于直观显示距离。
- 栅格行为：用于设置“视觉样式”下栅格线的显示样式（三维线框除外）。选中“自适应栅格”复选框，可以限制缩放时栅格的密度。

2.5.2 设置正交和极轴追踪

正交取决于当前的捕捉角度、UCS 坐标或等轴测栅格和捕捉设置，可以帮助用户绘制平行于 X 轴或 Y 轴的直线。启用正交功能后，只能在水平方向或垂直方向上移动十字光标，而且只能通过输入点坐标值的方式，在非水平或垂直方向绘制图形。

素材文件	第 2 章\书桌.dwg	效果文件	第 2 章\书桌.dwg

STEP 01 **打开素材**

按【Ctrl + O】组合键，打开素材图形，如下图所示。

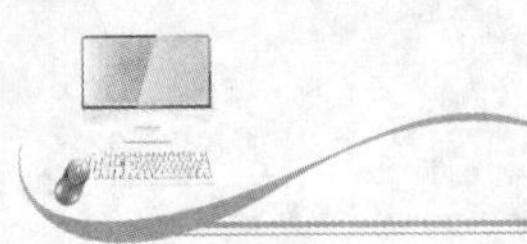

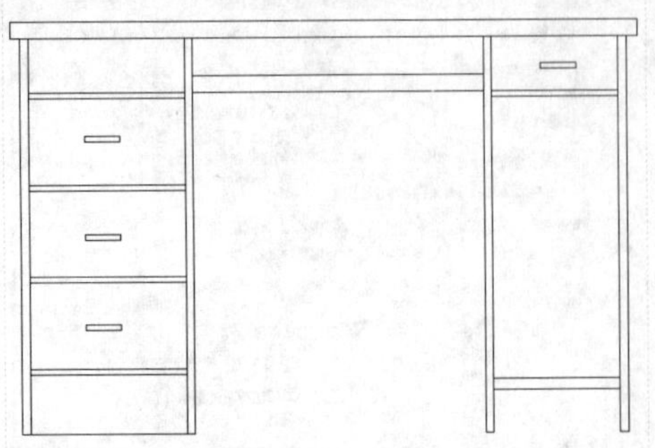

STEP 02 选择开（ON）选项

在命令行中输入 ORTHO（正交）命令，按【Enter】键确认，根据命令行提示进行操作，选择开（ON）选项，如下图所示。

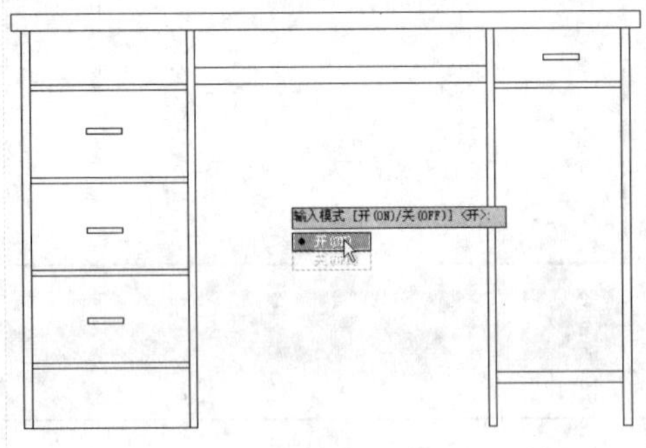

STEP 03 向右引导光标

单击“绘图”面板中的“直线”按钮，根据命令行提示进行操作，捕捉直线的右端点，向右引导光标，如下图所示。

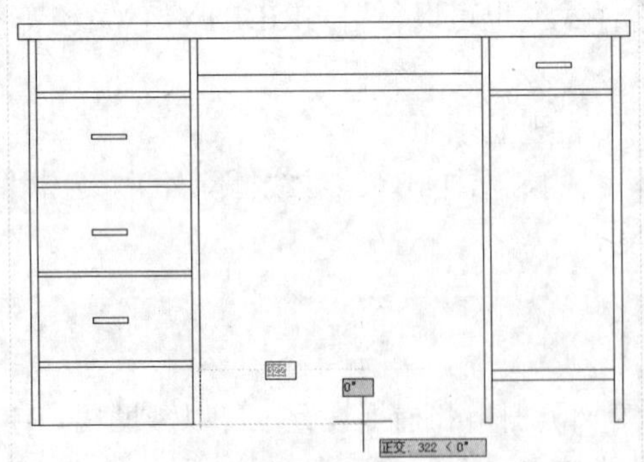

STEP 04 绘制直线

输入数值 830，连续按两次【Enter】键确认，即可完成使用正交功能绘制直线，如下图所示。

STEP 05 选择“设置”选项

在“极轴追踪”按钮上，单击鼠标右键，在弹出的快捷菜单中选择“设置”选项，如下图所示。

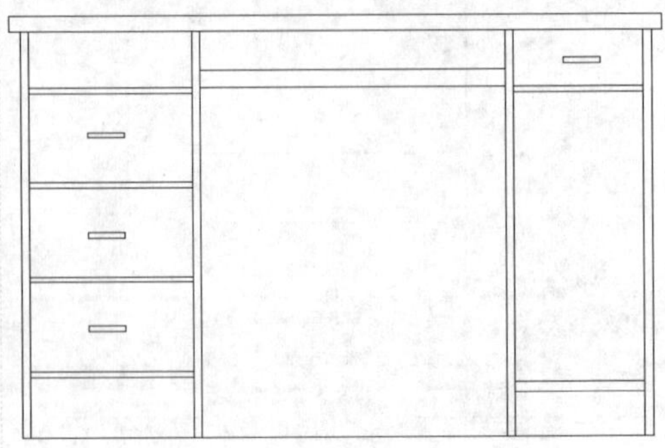

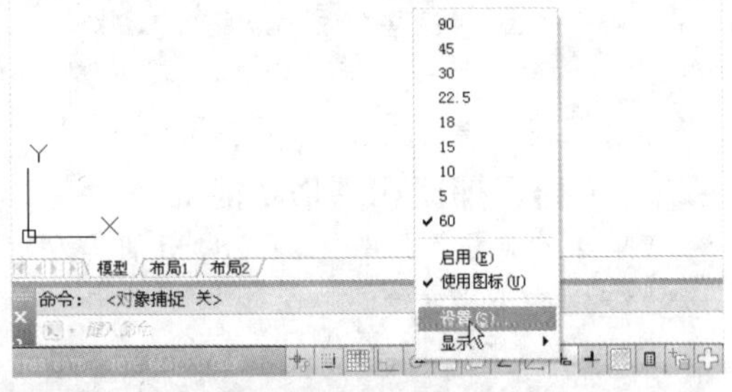

STEP 06 设置参数

弹出“草图设置”对话框，在“极轴追踪”选项卡中，选中“启用极轴追踪”复选框，并在“增量角”数值框中输入 60，如下图所示，单击“确定”按钮，即可启用极轴追踪功能。

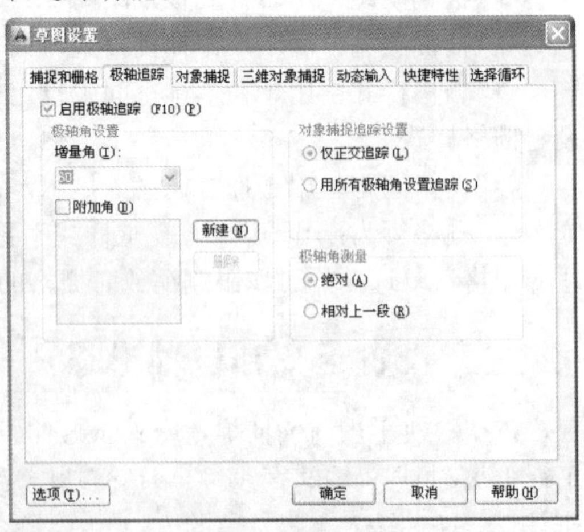

STEP 07 向右上方引导光标

单击“绘图”面板中的“直线”按钮，根据命令行提示进行操作，捕捉直线的右端点，向右上方引导光标，如下图所示。

在绘制不同角度的倾斜直线时，使用极轴追踪功能，设置相应的“增量角”，可以快速准确地绘制出所需要的图形。

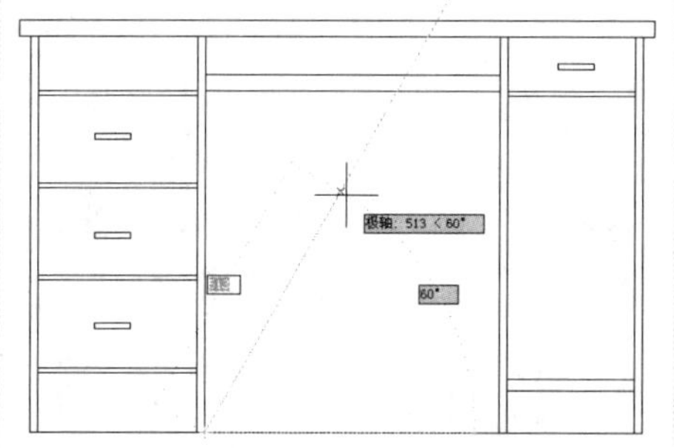

STEP 08 **绘制直线**

输入数值 727.46，连续按两次【Enter】键确认，即可完成使用极轴追踪功能绘制直线，如下图所示。

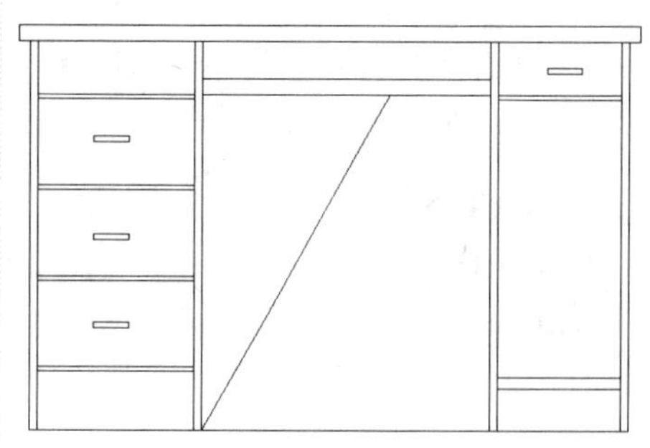

在“极轴追踪”选项卡中，各主要选项区的含义如下。

- 极轴角设置：主要用于设定极轴追踪的对齐角度。
- 对象捕捉追踪设置：主要用于设定对象捕捉追踪的各选项。
- 极轴角测量：主要用于设定极轴追踪对齐角度的基准。

2.5.3 使用“捕捉自”功能

在 AutoCAD 2014 中，使用“捕捉自”命令，只要提示输入点，就可以使用追踪方法，追踪使用定点设备，通过在垂直或水平方向上偏移一系列临时点来指定一点，如果启动追踪并指定初始参照点，则会将下一个参照点约束到与该点水平或垂直延伸的路径上。

素材文件	第 2 章\挂画.dwg	效果文件	第 2 章\挂画.dwg

STEP 01 **打开素材**

按【Ctrl＋O】组合键，打开素材图形，如下图所示。

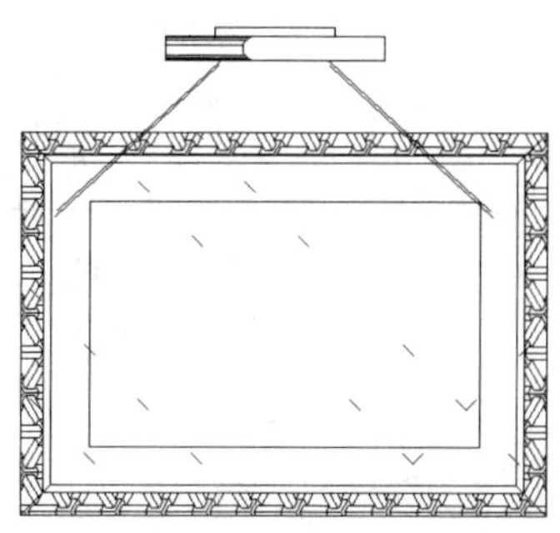

STEP 02 **输入 FROM 命令**

在命令行中输入 L（直线）命令，按【Enter】键确认，根据命令行提示进行操作，输入 FROM（捕捉自）命令并确认。

STEP 03 **输入坐标**

捕捉图形左下角点为基点，输入下一点坐标为（@0,160）。

STEP 04 **绘制图形**

按【Enter】键确认，输入下一点坐标为（@-50,0），连续按两次【Enter】键确认，即可使用捕捉自功能绘制图形，效果如下图所示。

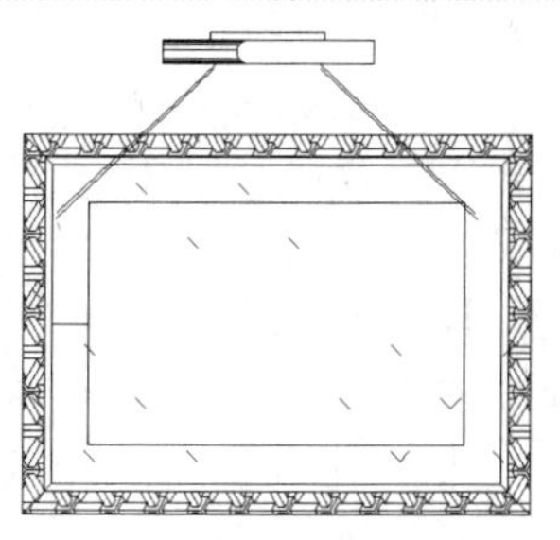

2.6 室内图纸视图显示

在绘图过程中，为了更准确地绘制、编辑和查看图形中的某一部分图形对象，需要用到平移和缩放视图等功能。

2.6.1 缩放视图

缩放视图可以放大或缩小图形的屏幕显示尺寸，然而图形的真实尺寸不会变。

素材文件	第 2 章\拼花.dwg	效果文件	第 2 章\拼花.dwg

STEP 01 打开素材

按【Ctrl+O】组合键，打开素材图形，如下图所示。

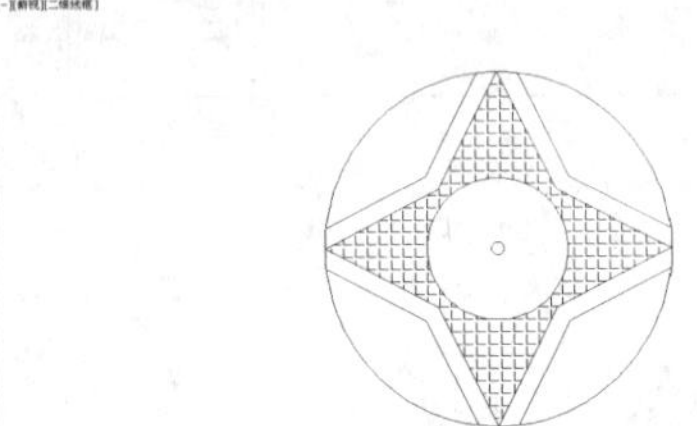

STEP 02 单击“实时”按钮

在“功能区”选项板的“视图”选项卡中，单击“二维导航”面板中“范围”右侧的下拉按钮，在弹出的列表框中，单击“实时”按钮，如下图所示。

STEP 03 放大图形区域

当鼠标指针呈放大镜形状时，按住鼠标左键并向上拖动，即可放大图形区域，效果如下图所示。

STEP 04 缩小图形区域

按住鼠标左键并向下拖动，即可缩小图形区域，效果如下图所示，按【Esc】键退出实时缩放图形操作。

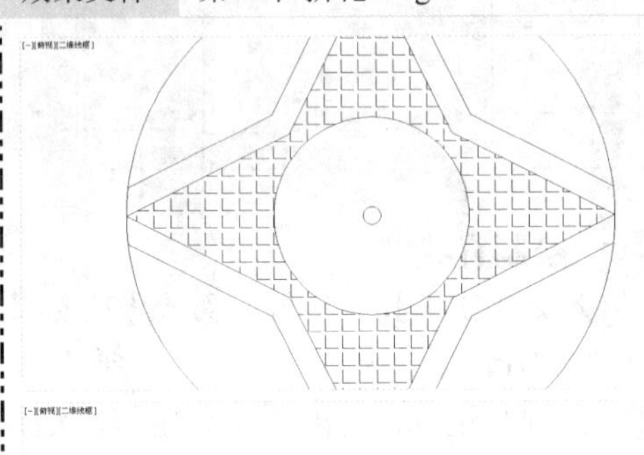

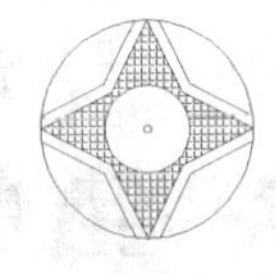

专家指点

当用户实时缩放图形时，要注意以下两点因素。

- 在窗口的中点单击拾取键并垂直向上移动到窗口顶部则放大 100%，反之，在窗口的中点单击拾取键并垂直向下移动到窗口底部则缩小为 50%。
- 达到放大极限时，光标上的加号将消失，表示无法继续放大；达到缩小极限时，光标上的减号将消失，表示无法继续缩小。

STEP 05 单击“范围缩放”按钮

在绘图窗口右侧，单击导航面板中的“范围缩放”按钮，如下图所示。

专家指点

范围缩放是对图形进行缩放以显示所有对象的最大范围，范围缩放计算模型中每个对象的范围，并使用这些范围来确定模型填充窗口的方式。

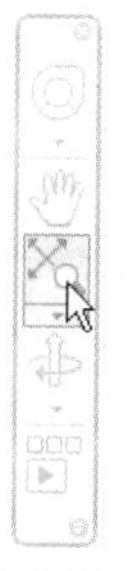

STEP 06 范围缩放图形

执行操作后，即可显示范围缩放后的图形，效果如下图所示。

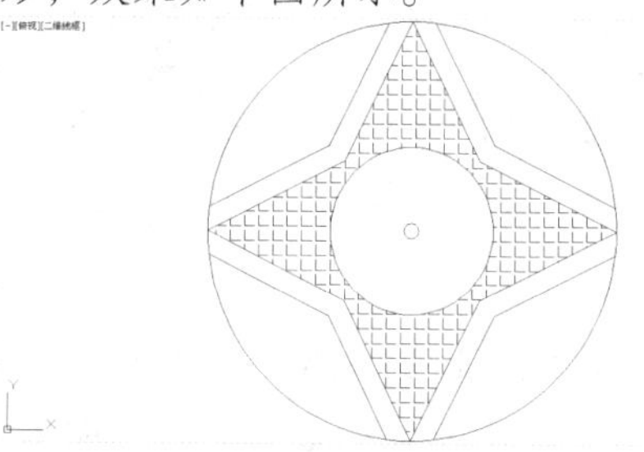

STEP 07 单击"窗口"按钮

在"功能区"选项板的"视图"选项卡中，单击"二维导航"面板中"范围"右侧的下拉按钮，在弹出的列表框中，单击"窗口"按钮，如下图所示。

STEP 08 窗口缩放图形

根据命令行提示进行操作，在合适的位置单击鼠标左键，确定第一点，并拖曳鼠标，选取要进行窗口缩放的对象区域，在合适位置释放鼠标左键，即可完成对图形的窗口缩放，效果如下图所示。

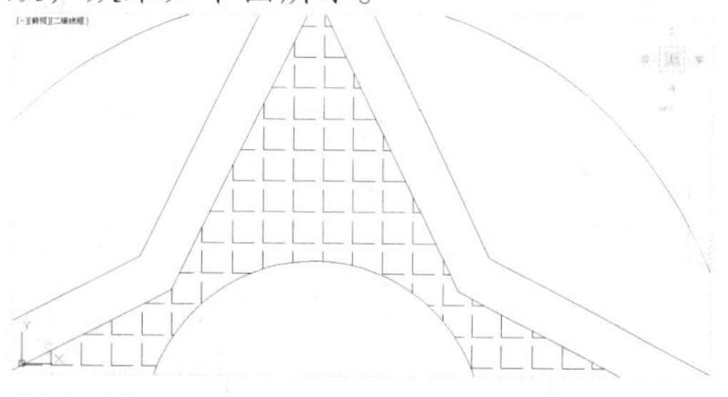

STEP 09 输入"缩放"命令

在命令行中输入 Z（缩放）命令，按【Enter】键确认，根据命令行提示进行操作，输入 O（对象）。

STEP 10 选择缩放对象

按【Enter】键确认，在绘图窗口选择内圆图形为缩放对象，如下图所示。

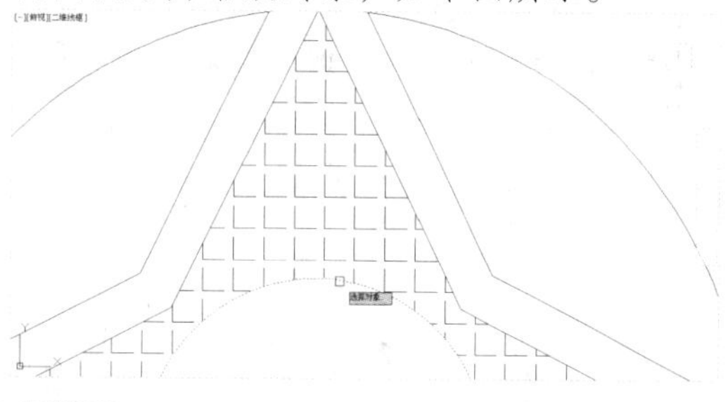

STEP 11 对象缩放图形

按【Enter】键确认，即可完成对象缩放图形操作，效果如下图所示。

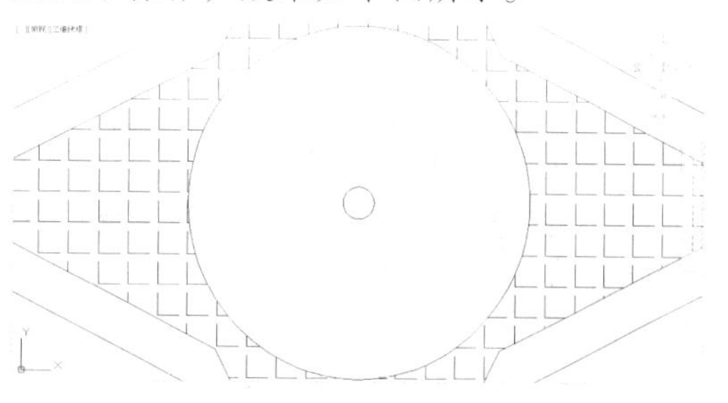

执行"对象"命令后，命令行中的提示如下。

指定窗口的角点，输入比例因子(nX 或 nXP)，或者[全部(A)/中心(C)/动态(D)/范围(E)/上一个(P)/比例(S)/窗口(W)/对象(O)] <实时>:

命令行中各选项的含义如下。

- 全部：在当前窗口显示全部图形。
- 中心：以指定的点为中心进行缩放，然后相对于中心点指定比例缩放图形。
- 动态：对图形进行动态缩放。

- 范围：将当前窗口中的所有图形尽可能大地显示在屏幕上。
- 上一个：返回前一个视图。
- 比例：根据输入比例值缩放图形。
- 窗口：可以使用鼠标指定一个矩形区域，在该范围内的图形对象将最大化地显示在绘图窗口中。
- 对象：选择该选项后再选择要显示的图形对象，则所选择的图形对象将尽可能大地显示在屏幕上。
- 实时：该选项为默认选项，在命令行中输入 ZOOM 命令后即可使用该选项。

专家指点

在进行窗口缩放图形时，如果系统变量 REGEAUTO 为关闭状态，那么拾取区域显示会缩小。

2.6.2 平移视图

平移视图可以重新定位图形，以方便看清楚图形的其他部分，平移不会改变图形对象的比例，只是改变视图位置。

素材文件	第 2 章\圆形沙发.dwg	效果文件	第 2 章\圆形沙发.dwg

STEP 01 打开素材

按【Ctrl+O】组合键，打开素材图形，如下图所示。

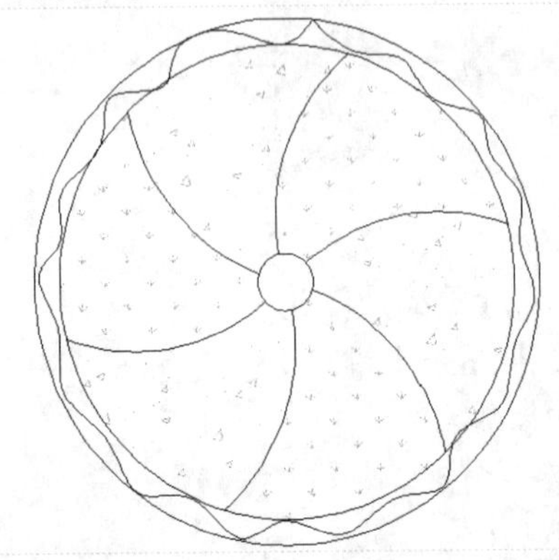

STEP 02 单击“平移”按钮

在绘图窗口右侧，单击导航面板中的“平移”按钮，如下图所示。

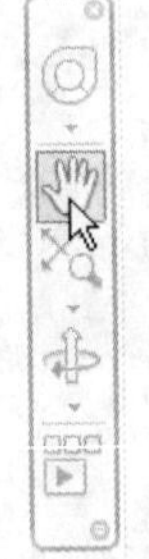

STEP 03 实时平移图形

根据命令行提示进行操作，当窗口中的鼠标指针呈小手形状时，按住鼠标左键并拖曳至合适的位置，按【Esc】键退出，即可实时平移图形，效果如下图所示。

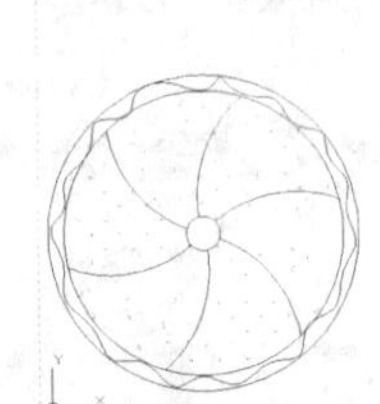

STEP 04 输入坐标

在命令行中输入-P（定点）命令，按【Enter】键确认，根据命令行提示进行操作，输入基点坐标为（0,0），按【Enter】键确认。

STEP 05 定点平移图形

输入第二点坐标为（@1000,200），按【Enter】键确认，即可完成定点平移图形的操作，效果如下图所示。

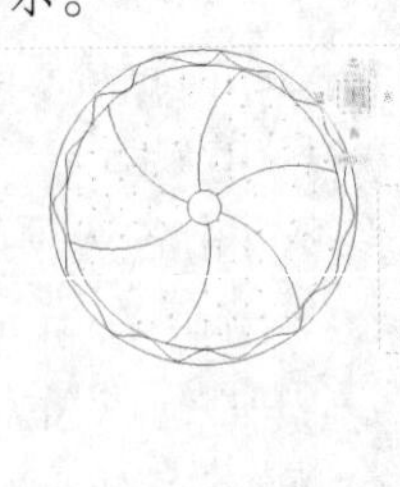

专家指点

除了运用上述方法实时平移图形外，用户还可以在命令行中输入 PAN（实时）命令，并按【Enter】键确认。

执行“定点”命令后，命令行提示中相应参数的含义如下。

- 指定基点或位移：指定定点平移图形的基点坐标或者位移距离。
- 指定第二点：指定第二点，以确定位移距离和方向。

在“平移”子菜单中还有“左”、“右”、“上”和“下”4 个平移命令（如右图所示），单击相应命令可以按指定的方向平移图形。

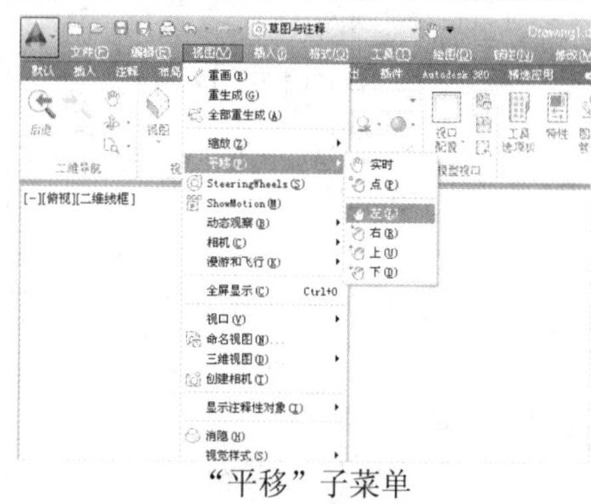

“平移”子菜单

专家指点

定点平移图形可以重新定位图形的观察点，以便看清图形的其他部分，用户可根据需要向任意方向移动图形。

2.6.3 平铺视口

为了便于编辑图形，常常需要对图形的局部进行放大，以显示其细节。当需要观察图形的整体效果时，仅使用单一的绘图视口已无法满足需要，此时可使用平铺视口功能，将绘图窗口划分为若干视口。

素材文件	第 3 章\组合柜.dwg	效果文件	第 3 章\组合柜.dwg

STEP 01 打开素材

按【Ctrl+O】组合键，打开素材图形，如下图所示。

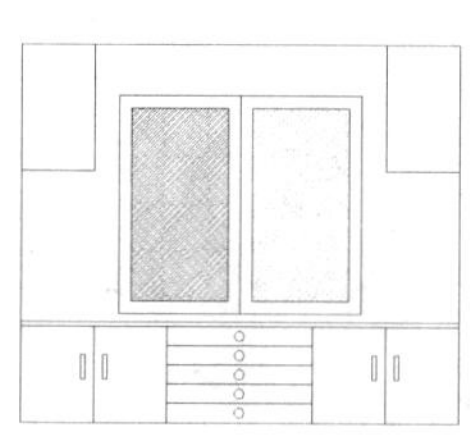

STEP 02 选择“两个：垂直”选项

在命令行中输入 VPO（新建视口）命令，按【Enter】键确认，弹出“视口”对话框，设置“新名称”为“新视口”，在“标准视口”列表框中，选择“两个：垂直”选项，如下图所示。

STEP 03 创建平铺视口

单击“确定”按钮，即可创建两个垂直的平铺视口，如下图所示。

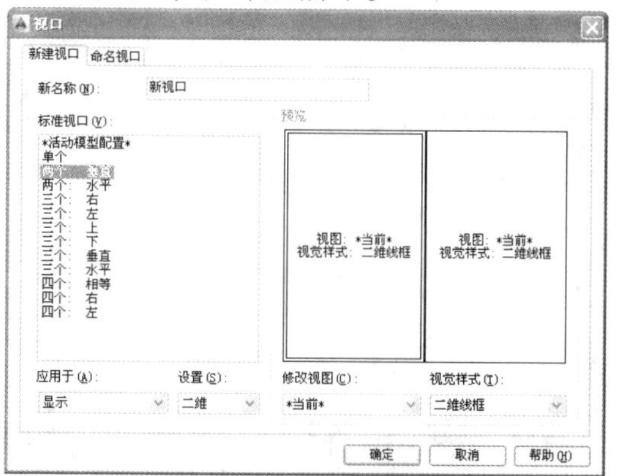

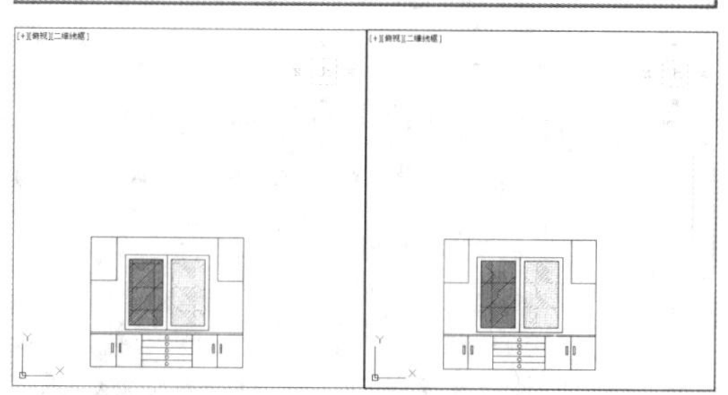

专家指点

平铺视口是把绘图窗口分为多个矩形区域，从而创建多个不同的绘图窗口域，其中每一个区域都可以用来查看图形的不同部分。在 AutoCAD 2014 中，可以同时打开多达 32000 个视口，屏幕上还可以保留“功能区”选项板和命令提示窗口。

执行“新建视口”命令后，将弹出“视口”对话框，其中各选项的含义如下。

- “新名称”文本框：在该文本框中，可以为新模型空间视口配置指定名称。如果不输入名称，可以应用视口配置，但是不能进行保存操作。假如视口配置未保存，将不能在布局中使用。
- “标准视口”列表框：列出了设定好的标准视口配置。
- “预览”显示区：显示选定视口配置的预览图像，以及在配置中被分配到每个单独视口的默认视图。
- “应用于”下拉列表框：确定将模型空间视口配置应用到整个显示窗口或当前视口。
- “设置”下拉列表框：用于指定二维或三维设置。如果选择“二维”选项，新的视口配置将通过所有视口中的当前视图来创建；如果选择“三维”选项，一组标准正交三维视图将被应用到配置中的视口。
- “修改视图”下拉列表框：用于选择视图来替换选定视口中的视图。
- “视觉样式”下拉列表框：用于选择何种视觉样式应用到视口。

STEP 04 选择平铺方式

在“功能区”选项板的“视图”选项卡中，单击“模型视口”面板中的“视口配置”下拉按钮，在弹出的列表框中，选择“四个：相等”选项，如下图所示。

STEP 05 创建平铺视口

执行操作后，即可将当前视口分割为四个相等的视口平铺显示，效果如下图所示。

STEP 06 输入“合并视口”命令

在命令行中输入-VPORTS（合并视口）命令，按【Enter】键确认，根据命令行提示进行操作，选择 J（合并）选项。

STEP 07 指定主视口

在右下角的视口中单击鼠标左键，指定该视口为主视口。

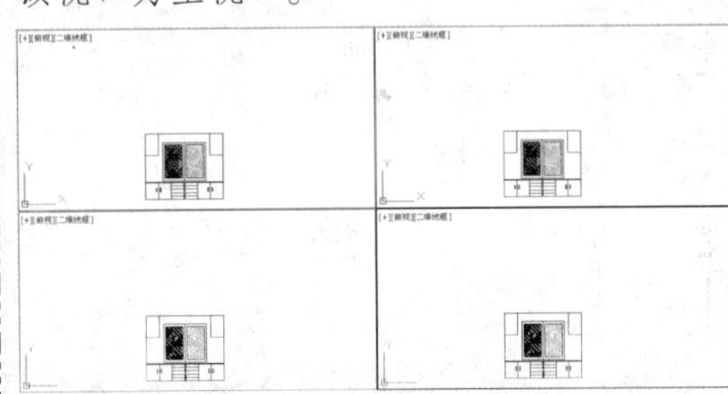

STEP 08 合并平铺视口

在左下角的视口中单击鼠标左键，即可完成合并平铺视口的操作，此时的效果如下图所示。

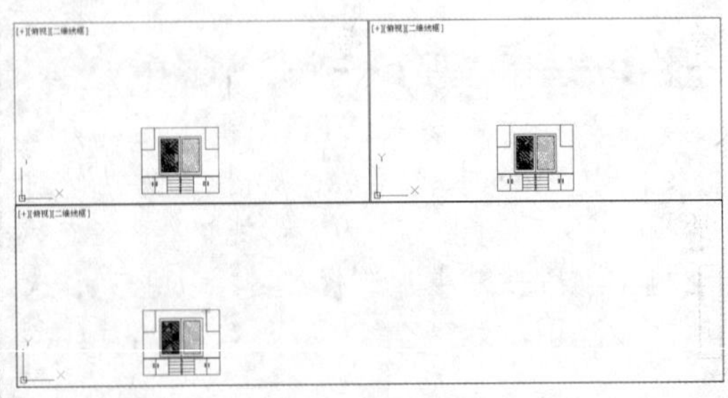

执行“合并视口”命令后，命令行中的提示如下。

输入选项 [保存(S)/恢复(R)/删除(D)/合并(J)/单一(SI)/?/2/3/4/切换(T)/模式(MO)]<3>:

命令行中各选项的含义如下。

- 保存：输入新视口配置的名称进行保存。
- 恢复：用于输入要进行恢复的视口配置名称，并进行恢复选定视口显示。
- 删除：输入要进行删除的视口配置名称，进行删除指定视口操作。
- 合并：用于指定视口，进行合并视口显示。
- 单一：快速切换为一个视口。
- 切换：与最近一次操作进行切换。
- 模式：用于设置将视口配置应用到显示或当前视口中。

2.6.4 使用命名视图

使用“命名视图”命令可以为绘图窗口中的任意视图指定名称，并在以后的操作过程中将其恢复。在进行创建视图操作时，可以设置视图中点、位置、缩放比例和透视设置等。

素材文件	第 2 章\吊扇.dwg	效果文件	第 2 章\吊扇.dwg

STEP 01 打开素材

按【Ctrl＋O】组合键，打开素材图形，如下图所示。

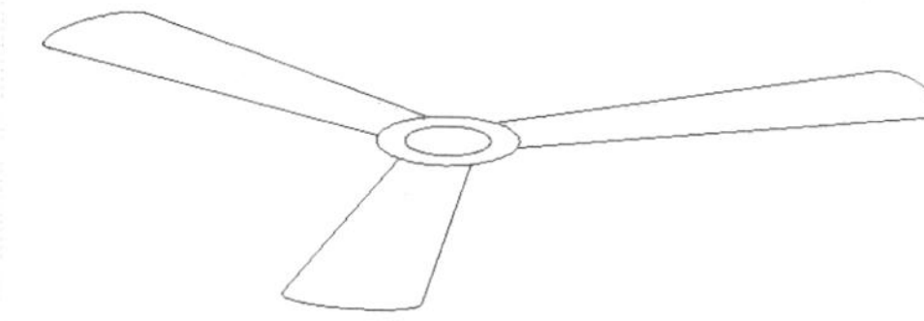

STEP 02 单击“视图管理器”按钮

在“功能区”选项板的“视图”选项卡中，单击“视图”面板中的“视图管理器”按钮，如下图所示。

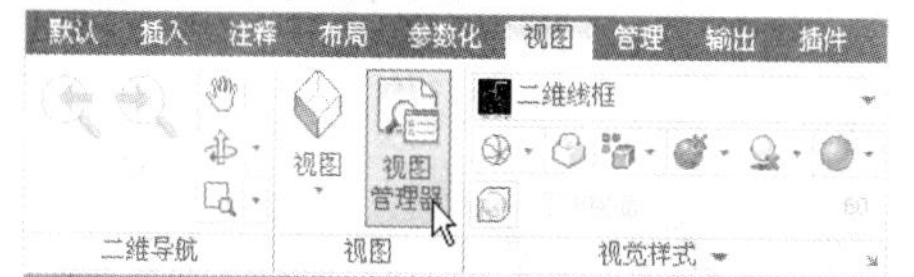

STEP 03 弹出“视图管理器”对话框

弹出“视图管理器”对话框，如下图所示，单击右侧的“新建”按钮。

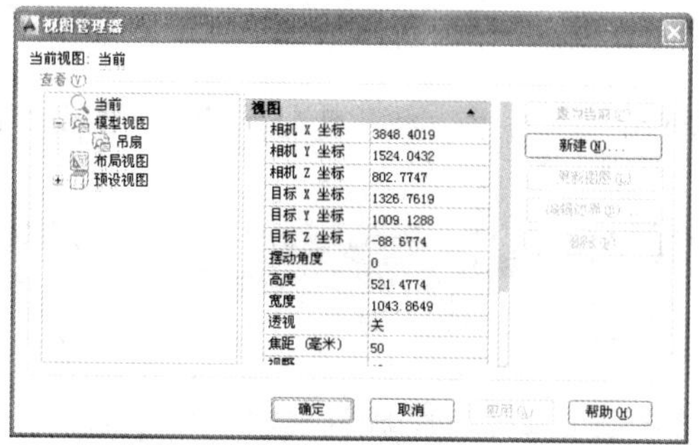

STEP 04 输入视图名称

弹出“新建视图/快照特性”对话框，在“视图名称”文本框中输入“吊扇 1”，其他选项保持默认设置，如下图所示。

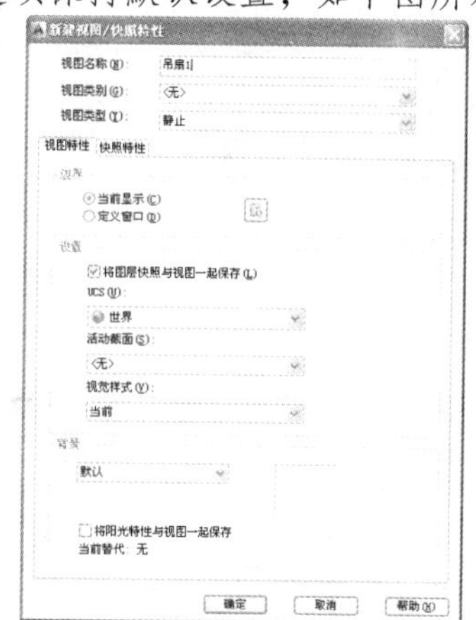

STEP 05 创建命名视图

单击“确定”按钮，返回“视图管理器”对话框，在“查看”列表框中将显示新建的视图，如下图所示，单击“确定”按钮，即可完成创建命名视图的操作。

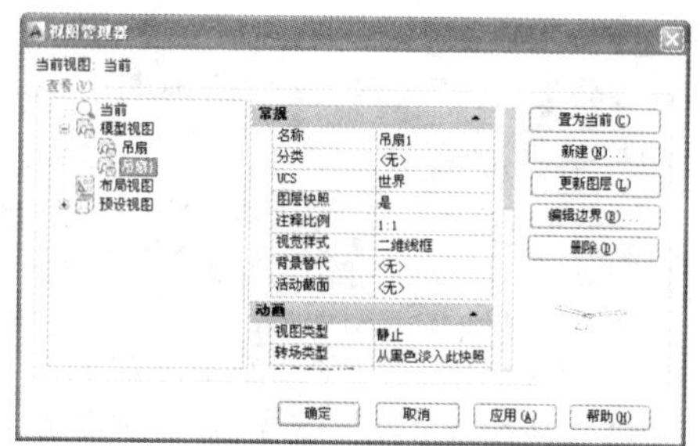

STEP 06 **单击“置为当前”按钮**

在命令行中输入 V（命名视图）命令，按【Enter】键确认，弹出“视图管理器”对话框，在“查看”列表框中选择“吊扇”选项，并单击“置为当前”按钮，如下图所示。

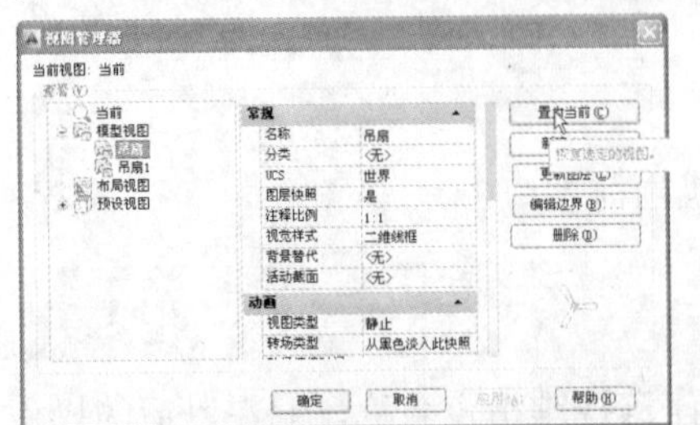

STEP 07 **恢复命名视图**

依次单击“应用”和“确定”按钮，即可恢复命名视图，效果如下图所示。

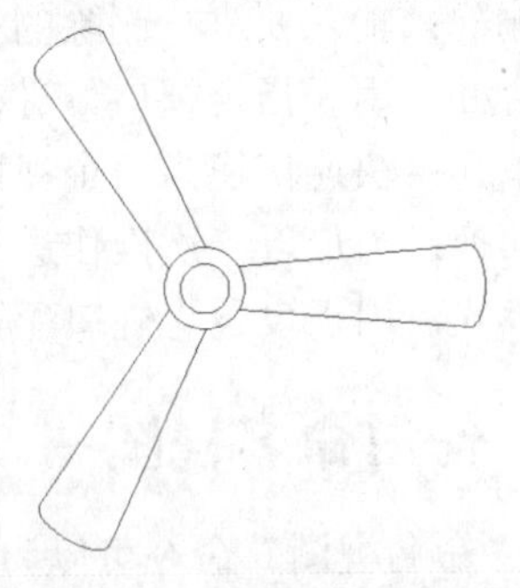

专家指点

除上述方法外，还有以下两种方法可以创建命名视图。

- 在命令行中输入 VIEW（视图）命令，并按【Enter】键确认。
- 单击“视图”｜“命名视图”命令。

在“视图管理器”对话框的“查看”列表框中，各主要选项的含义如下。

- 当前：选择该选项，可以显示当前视图，以及“查看”和“剪裁”特性。
- 模型视图：选择该选项，可以显示命名视图和相机视图列表，并列出选定视图的“基本”、“查看”和“剪裁”特性。
- 布局视图：选择该选项，可以在定义视图的布局上显示视口列表，并列出选定视图的“基本”和“查看”特性。
- 预设视图：选择该选项，可以显示正交视图和等轴测视图列表（西南等轴测视图、东南等轴测视图等），并列出选定视图的“基本”特性。

专家指点

除上述方法外，还可以使用以下 3 种操作恢复命名视图。

- 恢复在模型空间工作中常用的视图。
- 恢复放大到布局上的视图。
- 使用多个模型或布局视口，在每一个视口中恢复一个不同的视图。

2.6.5 重画与重新生成图形

在 AutoCAD 中，某些操作完成后，操作效果往往不会立即显示出来，或者在屏幕上留下绘图的痕迹与标记。因此，需要通过视图刷新对当前图形进行重新生成，以观察到最新的编辑效果。

- 重生成：重新计算当前视图中所有对象的屏幕坐标并重新生成整个图形。它还重新建立图形数据库索引，从而优化显示和对象选择的性能。

专家指点

用户可以使用以下两种操作在命令行中输入“全部重生成”命令。

- 单击“视图”｜“全部重生成”命令。
- 在命令行中输入 REA（全部重生成）命令，并按【Enter】键确认。

✿ 重画：AutoCAD 提供了另一个速度较快的刷新命令——“重画”。重画只是刷新屏幕显示，而重生成不仅刷新显示，还更新图形数据库中所有图形对象的屏幕坐标。

专家指点

用户可以使用以下两种操作在命令行中输入“重画”命令。

- 单击“视图”｜“重画”命令。
- 在命令行中输入 RA（重画）命令，并按【Enter】键确认。

在进行复杂的图形处理时，应当充分考虑到“重画”和“重生成”命令的不同工作机制，合理使用。“重画”命令耗时较短，可以经常使用以刷新屏幕。每隔一段较长的时间，或“重画”命令无效时，可以使用一次“重生成”命令，更新后台数据库。

读书笔记

Chapter 03

章前知识导读

家具由材料、结构、外观形式和功能四种因素组成，其材料是先导，是推动家具发展的动力，这四种因素既互相关联，又互相制约。由于家具是为了满足人们一定的物质需求和使用目的而设计与制作的，因此家具还具有功能和外观形式方面的因素。

常用家具构件绘制

重点知识索引

- 绘制床构件
- 绘制桌椅及沙发构件
- 绘制柜类家具构件

效果图片赏析

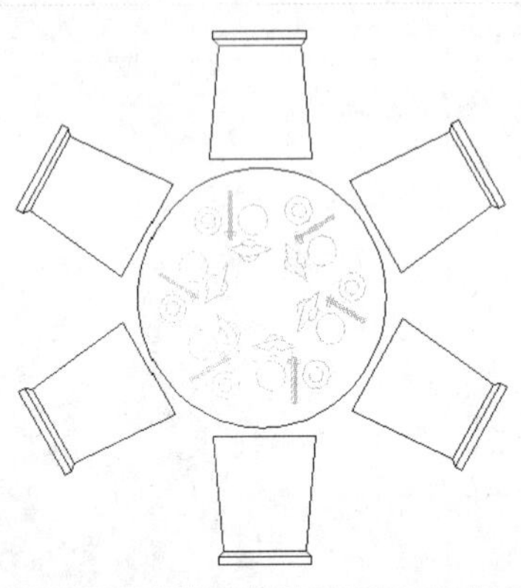

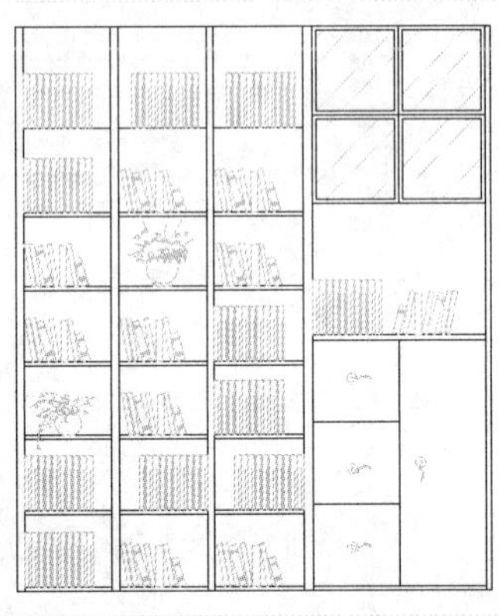

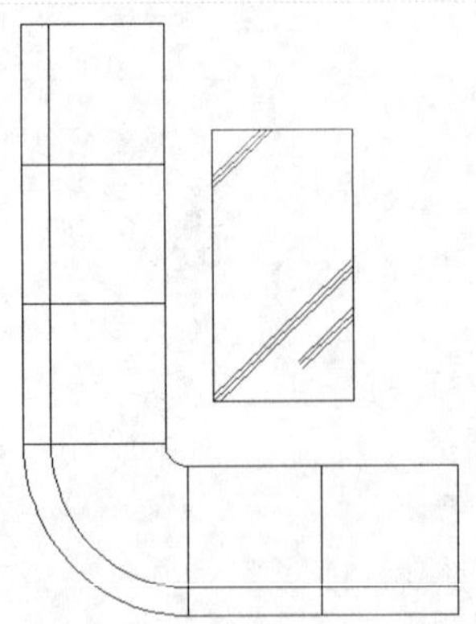

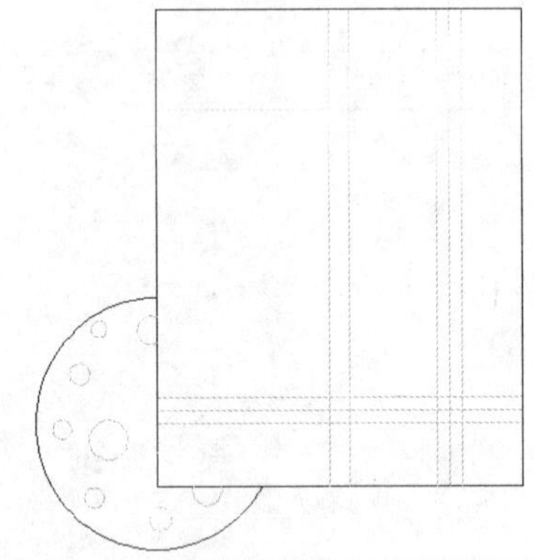

3.1 绘制床构件

床是供人躺在上面睡觉的家具，经过千百年的演化，其不仅是睡觉的工具，也是家庭的装饰品之一。床的种类有平板床、四柱床和双层床等，根据空间的大小又分为单人床、双人床。下面将介绍绘制基本床构件的操作方法。

3.1.1 绘制单人床

本实例将介绍单人床的绘制，首先使用“矩形”命令绘制床，然后使用“圆”、“直线”等命令绘制床头柜，展示了单人床的具体设计方法与技巧，其具体操作步骤如下。

素材文件	无	效果文件	第 3 章\单人床.dwg

STEP 01 绘制矩形

在命令行中输入 REC（矩形）命令，按【Enter】键确认，根据命令行提示进行操作，在绘图区任意一点单击鼠标左键，输入（@1300,2050），按【Enter】键确认，绘制一个矩形，如下图所示。

STEP 02 倒圆角

在命令行中输入 F（圆角）命令，按【Enter】键确认，根据命令行提示进行操作，设置圆角半径为 30，在绘图区中依次选择矩形的左下角两条边，倒圆角，如下图所示。

STEP 03 倒圆角

在命令行中输入 F（圆角）命令，按【Enter】键确认，根据命令行提示进行操作，设置圆角半径为 30，对矩形的右下角两条边进行倒圆角操作，如下图所示。

STEP 04 捕捉角点

在命令行中输入 REC（矩形）命令，按【Enter】键确认，根据命令行提示进行操作，捕捉左上角点，如下图所示。

STEP 05 绘制矩形

单击鼠标左键确认，然后输入（@-540,-480），按【Enter】键确认，绘制矩形，如下图所示。

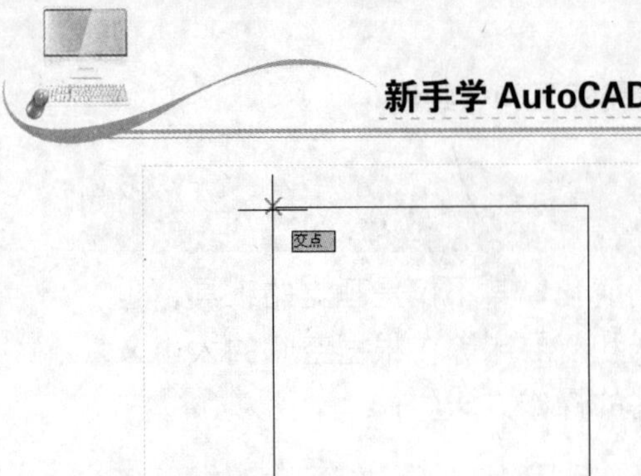

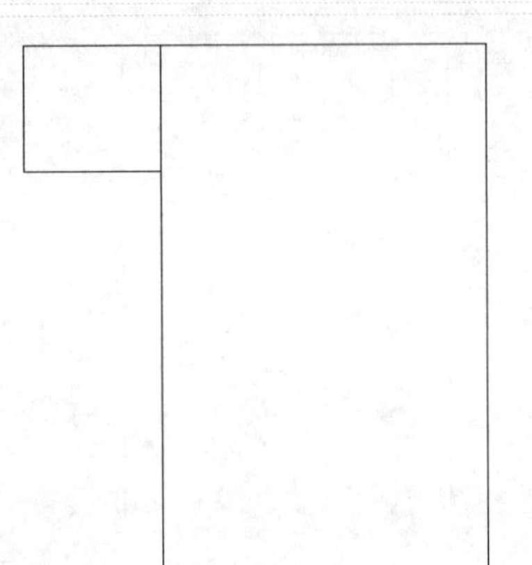

STEP 06 选择矩形

在命令行中输入 MI（镜像）命令，按【Enter】键确认，根据命令行提示进行操作，在绘图区中选择新绘制的矩形为镜像对象，如下图所示。

STEP 07 捕捉中点

按【Enter】键确认，捕捉右侧矩形上方中点，如下图所示。

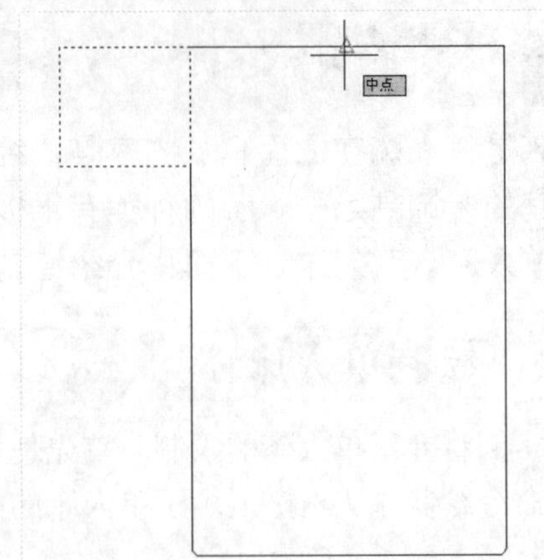

STEP 08 镜像矩形

单击鼠标左键确认，将光标移动至下方中点并确认，镜像矩形，如下图所示。

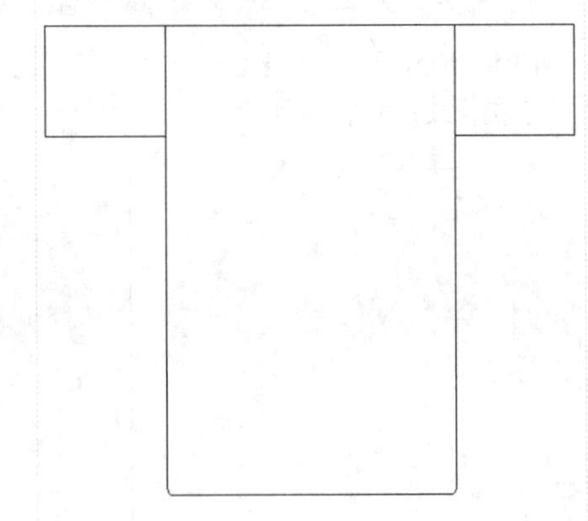

STEP 09 绘制圆

在命令行中输入 C（圆）命令，按【Enter】键确认，根据命令行提示进行操作，在左侧矩形中绘制一个半径为 150 的圆，效果如下图所示。

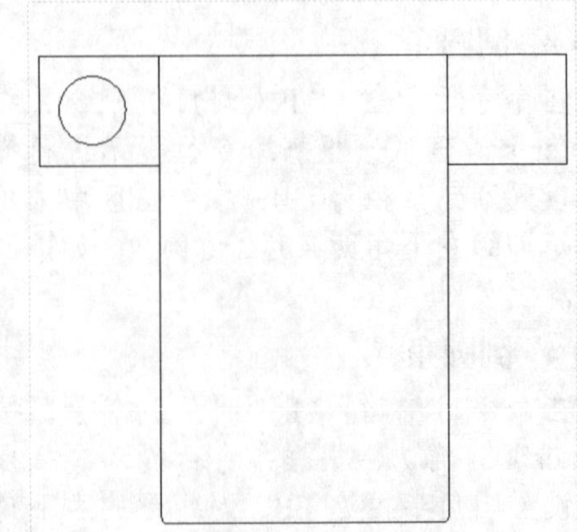

STEP 10 向内偏移圆

在命令行中输入 O（偏移）命令，按【Enter】键确认，根据命令行提示进行操作，设置偏移距离为 50，将绘制的圆向内侧偏移，如下图所示。

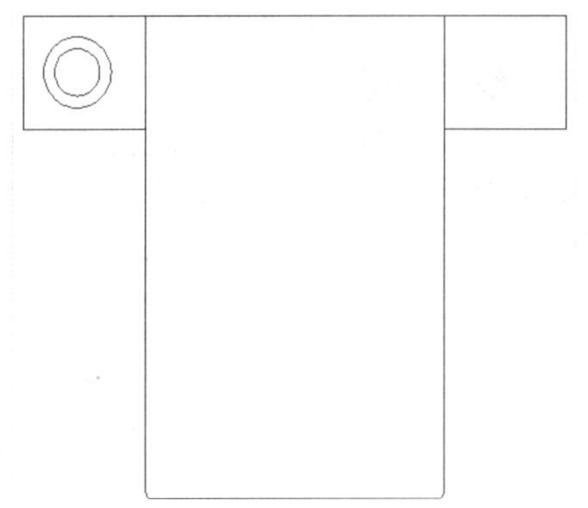

STEP 11 绘制直线

在命令行中输入 L（直线）命令，按【Enter】键确认，根据命令行提示进行操作，绘制两条十字相交的直线，如下图所示。

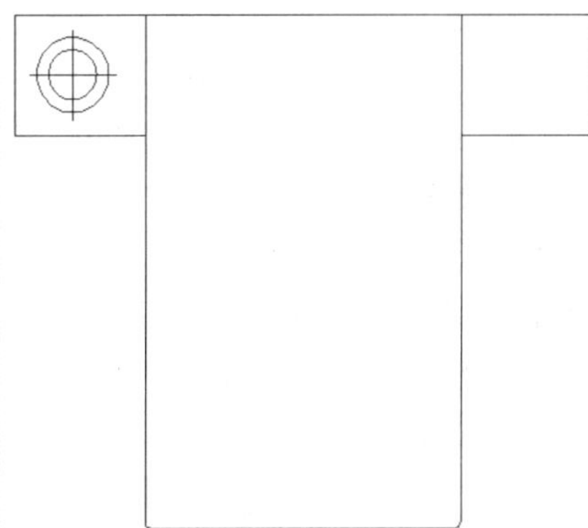

STEP 12 镜像图形

在命令行中输入 MI（镜像）命令，按【Enter】键确认，根据命令行提示进行操作，选择绘制的圆和直线，将选择的图形进行镜像，如下图所示。

STEP 13 捕捉角点

在命令行中输入 REC（矩形）命令，按【Enter】键确认，根据命令行提示进行操作，输入 FROM 命令并确认，捕捉矩形左上角点，如下图所示。

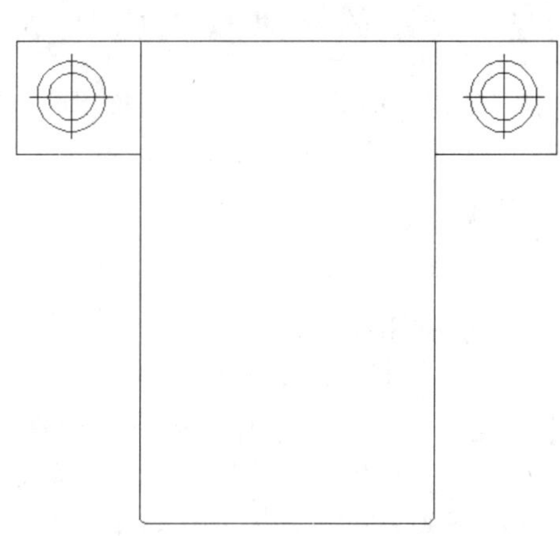

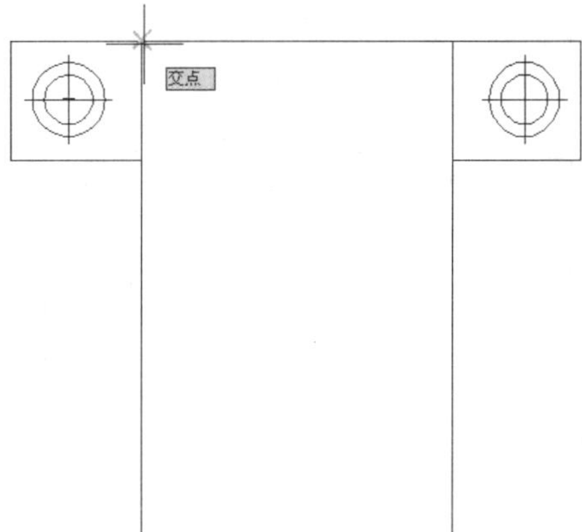

STEP 14 绘制矩形

单击鼠标左键确认，输入(@200,-100)、(@900,-300)并按【Enter】键确认，绘制矩形，如下图所示。

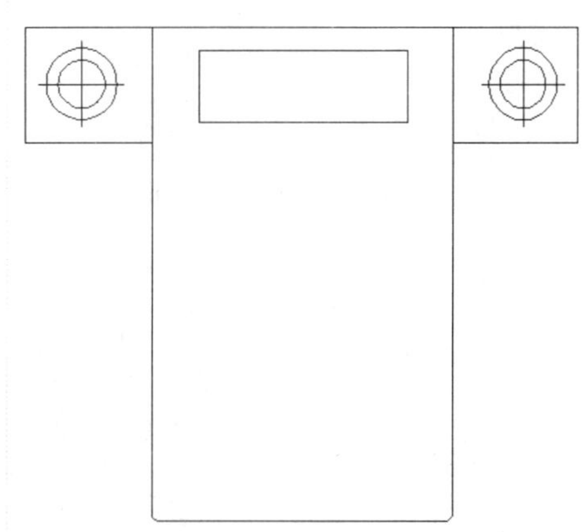

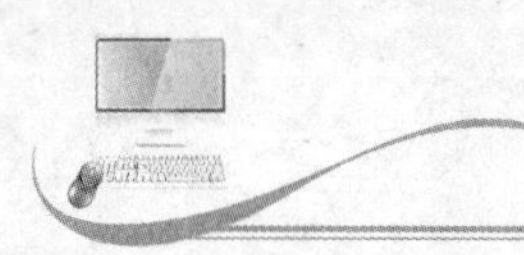

3.1.2 绘制简洁型双人床

本实例将介绍简洁型双人床的绘制，首先使用“矩形”等命令绘制床，然后使用“偏移”、“修剪”等命令绘制被子，展示了简洁型双人床的具体设计方法与技巧，其具体操作步骤如下。

素材文件	无	效果文件	第 3 章\简洁型双人床.dwg

STEP 01 绘制矩形

在命令行中输入 REC（矩形）命令，按【Enter】键确认，根据命令行提示进行操作，在绘图区的任意位置单击鼠标左键，输入（@1900,2000），按【Enter】键确认，绘制矩形，如下图所示。

STEP 02 捕捉角点

在命令行中输入 REC（矩形）命令，按【Enter】键确认，根据命令行提示进行操作，输入 FROM 命令并确认，捕捉矩形左上角点，如下图所示。

STEP 03 绘制矩形

单击鼠标左键确认，输入（@190,-60）、（@718,-381），按【Enter】键确认，绘制矩形，如下图所示。

STEP 04 选择矩形

在命令行中输入 MI（镜像）命令，按【Enter】键确认，根据命令行提示进行操作，选择新绘制的矩形，如下图所示。

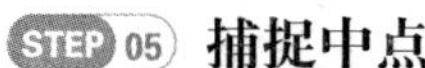

STEP 05 捕捉中点

按【Enter】键确认，捕捉外矩形上边的中点，如下图所示。

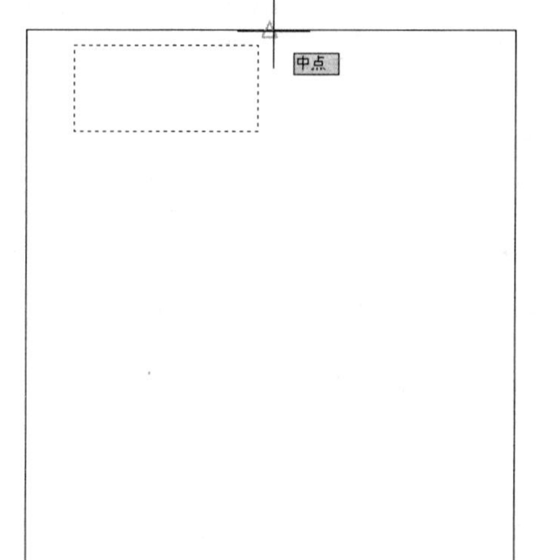

STEP 06 镜像矩形

单击鼠标左键确认，将光标移动至下方中点并确认，镜像矩形，如下图所示。

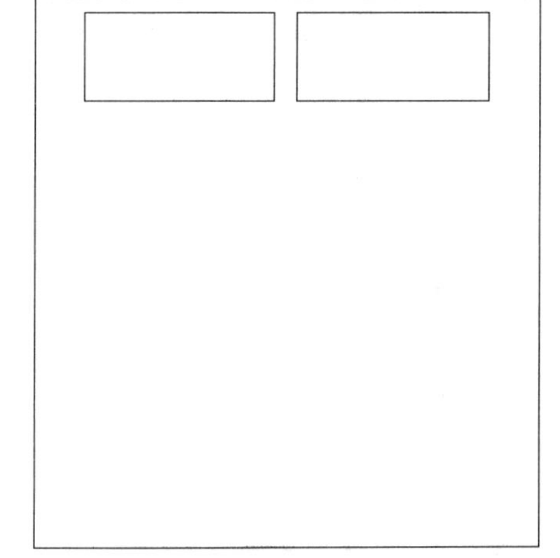

STEP 07 偏移直线

在命令行中输入 X（分解）命令，按【Enter】键确认，根据命令行提示进行操作，对外侧的矩形进行分解。在命令行中输入 O（偏移）命令，按【Enter】键确认，根据命令行提示进行操作，设置偏移距离为1655，将最下方水平直线向上偏移，如下图所示。

STEP 08 偏移直线

在命令行中输入 O（偏移）命令，按【Enter】键确认，根据命令行提示进行操作，设置偏移距离为 987，再次将最下方的水平直线向上偏移，如下图所示。

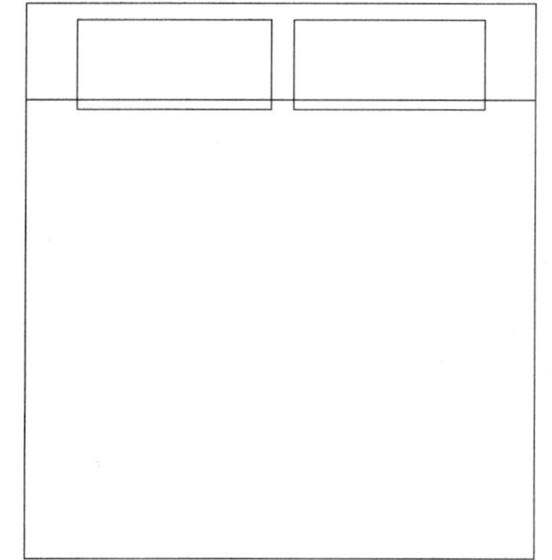

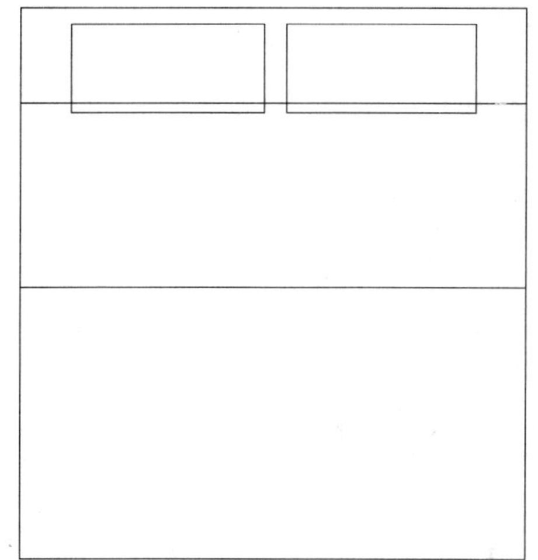

STEP 09 偏移直线

在命令行中输入 O（偏移）命令，按【Enter】键确认，根据命令行提示进行操作，设置偏移距离为 635，将外侧矩形的左侧垂直直线向右偏移，如下图所示。

STEP 10 捕捉交点

在命令行中输入 L（直线）命令，按【Enter】键确认，根据命令行提示进行操作，捕捉偏移的上方水平直线和偏移的垂直直线的交点，如下图所示。

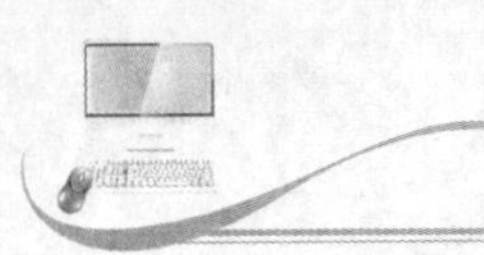

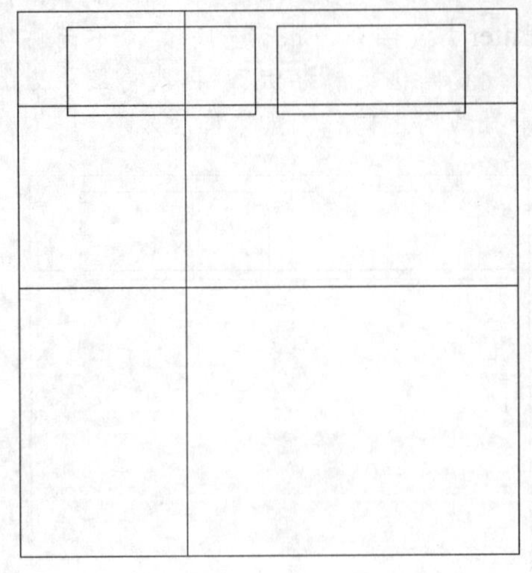

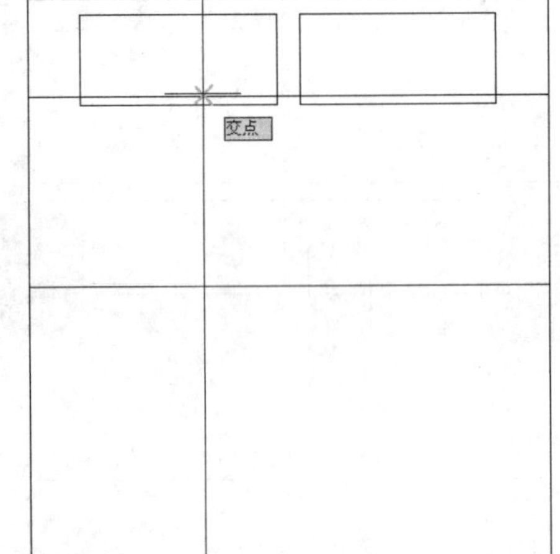

STEP 11 **绘制直线**

单击鼠标左键确认，移动光标至左下角点，单击鼠标左键并确认，绘制直线，如下图所示。

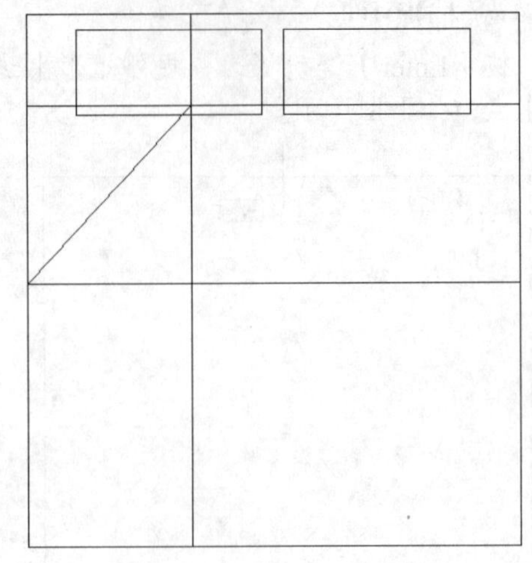

STEP 12 **修剪图形对象**

在命令行中输入 TR（修剪）命令，按【Enter】键确认，根据命令行提示进行操作，修剪多余的图形对象，如下图所示。

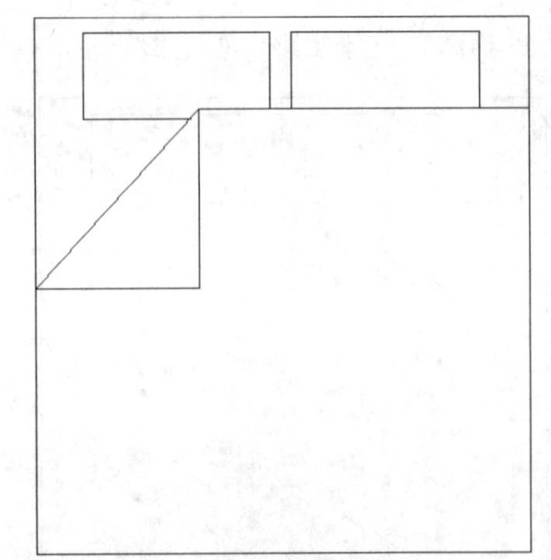

3.1.3 绘制落地被双人床

本实例将介绍落地被双人床的绘制，首先使用“矩形”等命令绘制床，然后使用“圆”、“修剪”等命令绘制落地被，展示了落地被双人床的具体设计方法与技巧，其具体操作步骤如下。

素材文件	无	效果文件	第 3 章\落地被双人床.dwg

STEP 01 **绘制矩形**

在命令行中输入 REC（矩形）命令，按【Enter】键确认，根据命令行提示进行操作，在绘图区的任意位置单击鼠标左键，输入（@1500,1900），按【Enter】键确认，绘制矩形，如下图所示。

STEP 02 偏移直线

在命令行中输入 X（分解）命令，按【Enter】键确认，根据命令行提示进行操作，将矩形分解。在命令行中输入 O（偏移）命令，按【Enter】键确认，根据命令行提示进行操作，将矩形下方水平直线向上偏移 250，如下图所示。

STEP 03 偏移直线

在命令行中输入 O（偏移）命令，按【Enter】键确认，根据命令行提示进行操作，依次将偏移所得的直线向上偏移，偏移距离分别为 50、50 和 1150，如下图所示。

STEP 04 偏移直线

在命令行中输入 O（偏移）命令，按【Enter】键确认，根据命令行提示进行操作，将矩形右侧垂直直线向左偏移 250，如下图所示。

STEP 05 偏移直线

在命令行中输入 O（偏移）命令，按【Enter】键确认，然后根据命令行提示进行操作，依次将偏移所得的直线向左偏移，偏移距离分别为 50、50、360 和 80，如下图所示。

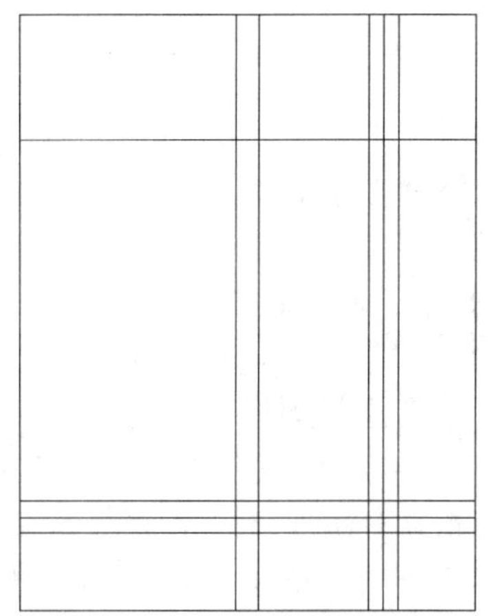

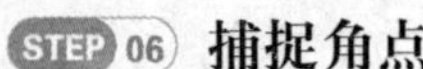

STEP 06 捕捉角点

在命令行中输入 C(圆)命令,按【Enter】键确认,根据命令行提示进行操作,捕捉左下角点,如下图所示。

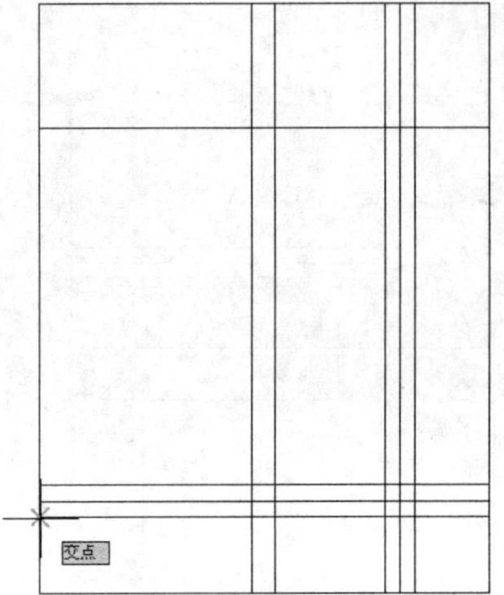

STEP 07 绘制圆

单击鼠标左键确认,绘制半径为 502 的圆,如下图所示。

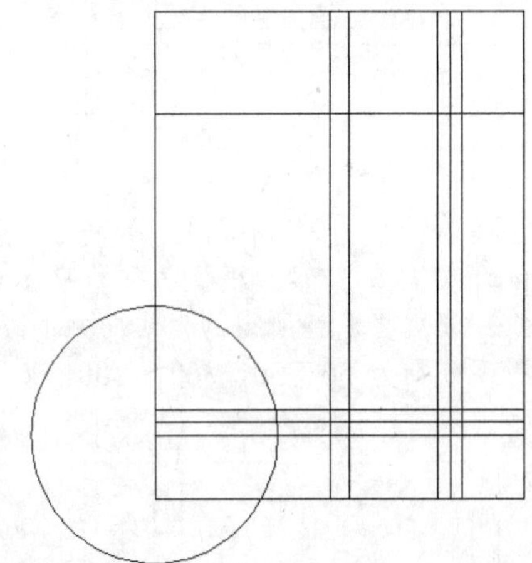

STEP 08 修剪多余的图形

在命令行中输入 TR（修剪）命令,按【Enter】键确认,根据命令行提示进行操作,修剪多余的图形,如下图所示。

STEP 09 适当修剪图形

在命令行中输入 C(圆)命令,按【Enter】键确认,根据命令行提示进行操作,在绘制的圆中随意绘制大小各异的圆,并适当修剪图形,如下图所示。

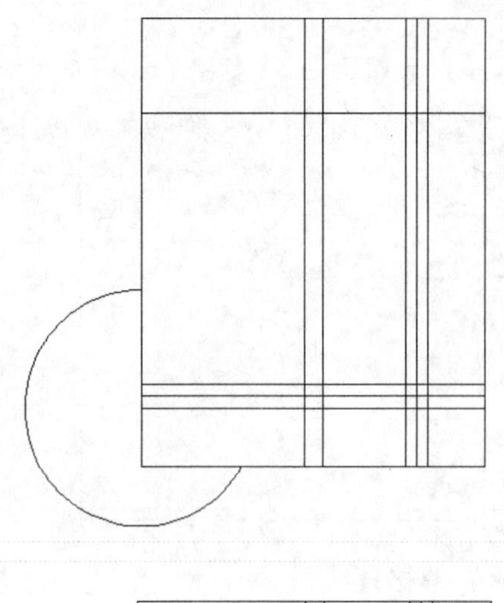

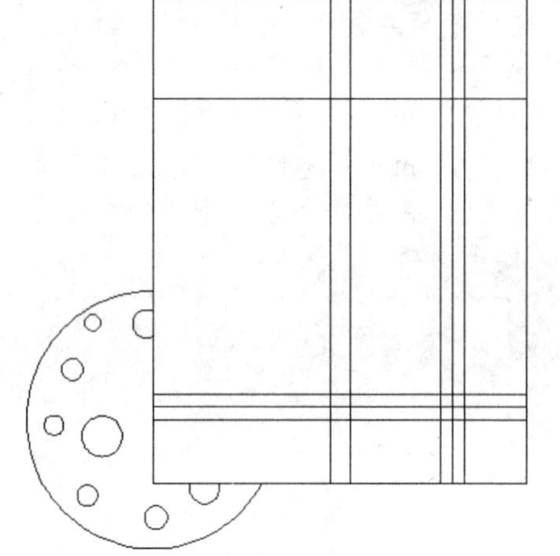

STEP 10 更换颜色

将矩形和圆内所有图形的颜色更换为 253,如下图所示。

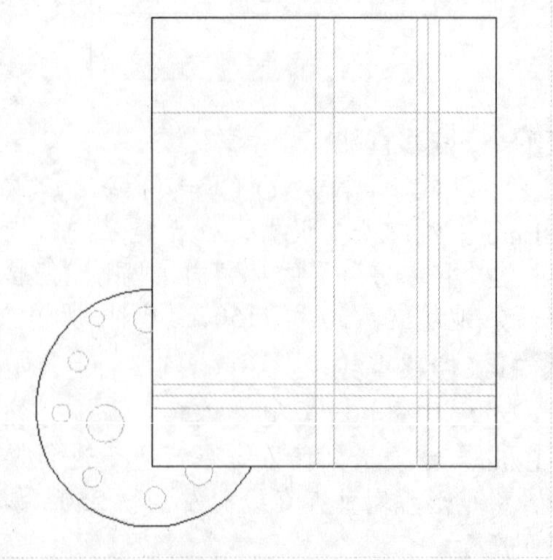

3.2 绘制桌椅及沙发构件

桌子是一种常用家具，上有平面，下有支柱，可用于吃饭、写字、工作或游戏。沙发的起源可追溯到公元前 2000 年左右的古埃及，但真正意义的软包沙发则出现于 16 世纪末至 17 世纪初。当时的沙发主要用马鬃、禽羽和植物绒毛等天然的弹性材料作为填充物，外面用天鹅绒、刺绣品等织物蒙面，以形成一种柔软的人体接触表面。下面将介绍绘制桌椅及沙发构件的操作方法。

3.2.1 绘制 4 人圆桌

本实例将介绍 4 人圆桌的绘制，首先使用“圆”、“直线”命令绘制圆桌，然后使用“圆”、“修剪”等命令绘制椅子，展示了 4 人圆桌的具体设计方法与技巧，其具体操作步骤如下。

素材文件	无	效果文件	第 3 章\4 人圆桌.dwg

STEP 01 新建图层

在命令行中输入 LA（图层）命令，按【Enter】键确认，弹出“图层特性管理器”面板，新建“灰色”图层，设置“颜色”为 253，如下图所示。

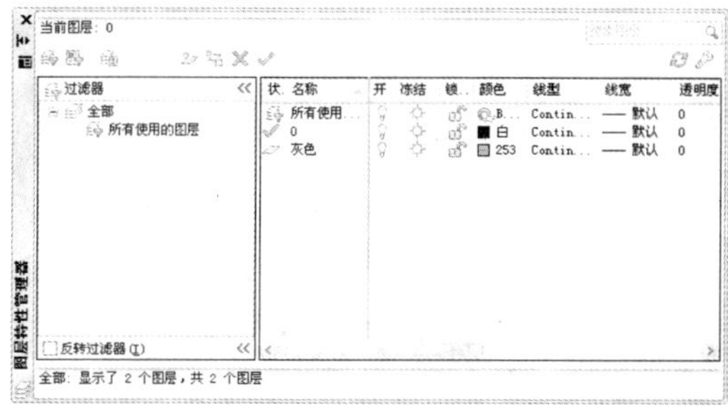

STEP 02 绘制圆

在命令行中输入 C（圆）命令，按【Enter】键确认，然后根据命令行提示进行操作，在绘图区中绘制一个半径为 300 的圆，如下图所示。

STEP 03 向内偏移圆

在命令行中输入 O（偏移）命令，按【Enter】键确认，根据命令行提示进行操作，设置偏移距离为 30，将绘制的圆向内侧偏移，如下图所示。

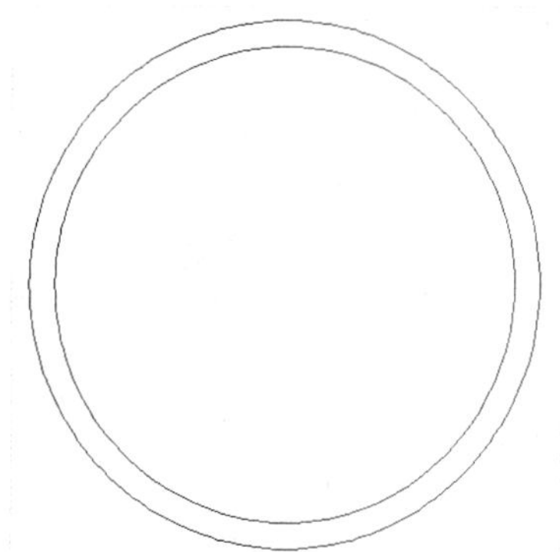

STEP 04 置为当前层

在命令行中输入 LA（图层）命令，按【Enter】键确认，弹出“图层特性管理器”面板，双击“灰色”图层，将其置为当前层，如下图所示。

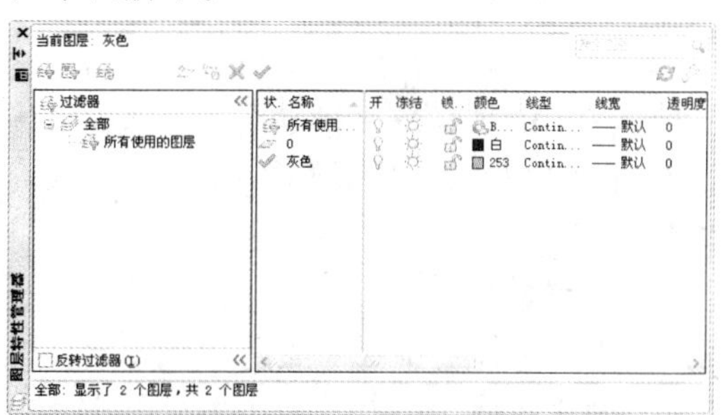

STEP 05 绘制玻璃效果

在命令行中输入 L（直线）命令，按【Enter】键确认，根据命令行提示进行操作，随意绘制玻璃效果，如下图所示。

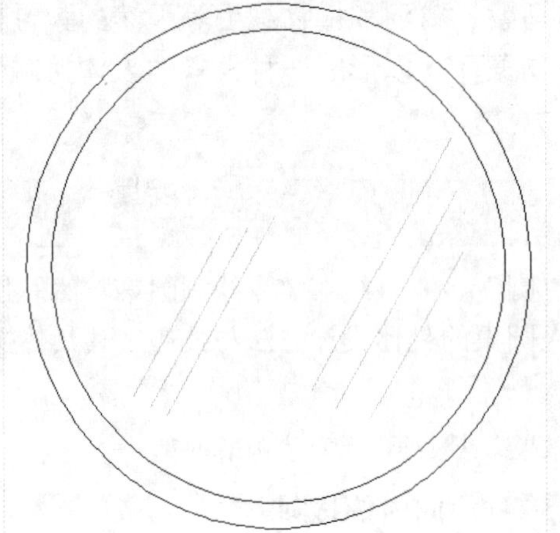

专家指点

在绘制玻璃条纹时，应尽可能保持各线条平行，若无法保证，用户可以使用“偏移”、“修剪”等命令进行绘制。

STEP 06 绘制圆

在命令行中输入 C（圆）命令，按【Enter】键确认，根据命令行提示进行操作，在圆桌左侧绘制半径为 200 的圆，如下图所示。

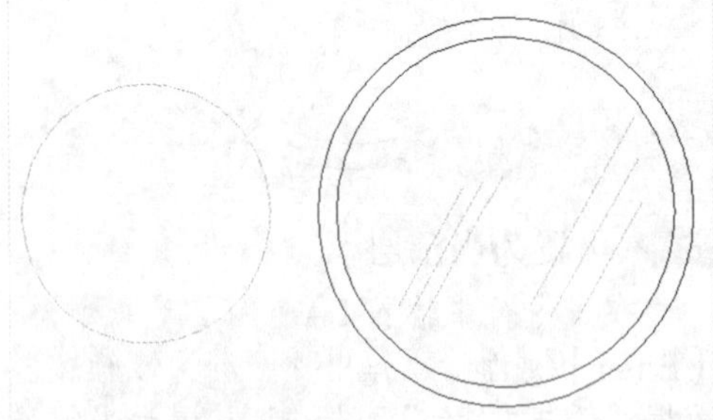

STEP 07 偏移圆

在命令行中输入 O（偏移）命令，按【Enter】键确认，根据命令行提示进行操作，将绘制的圆向外侧偏移 8，并再次将偏移所得的圆向外偏移 35，如下图所示。

STEP 08 绘制斜线

在命令行中输入 L（直线）命令，按【Enter】键确认，根据命令行提示进行操作，捕捉圆心，然后输入（@300<105），并按【Enter】键确认，绘制斜线，如下图所示。

STEP 09 镜像斜线

在命令行中输入 MI（镜像）命令，按【Enter】键确认，根据命令行提示进行操作，选择绘制的斜线，以过圆心点的水平轴线为镜像线进行镜像，如下图所示。

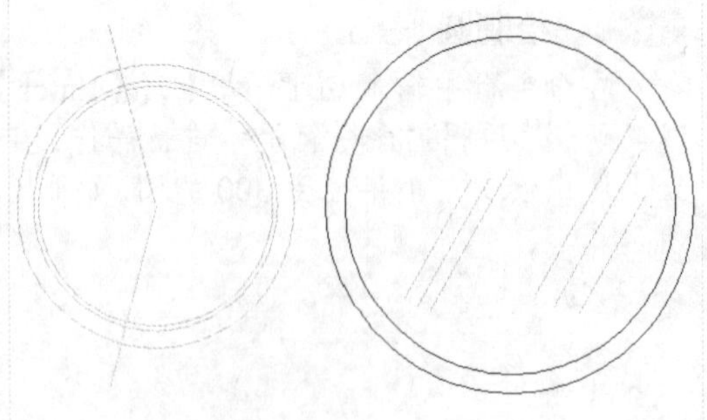

STEP 10 修剪多余的图形

在命令行中输入 TR（修剪）命令，按【Enter】键确认，根据命令行提示进行操作，修剪多余的图形，如下图所示。

STEP 11 圆角图形

在命令行中输入 F（圆角）命令，按

【Enter】键确认，根据命令行提示进行操作，输入 R 并确认，设置半径为 13.5，对椅子的扶手处倒圆角，如下图所示。

STEP 12 阵列图形

在命令行中输入 AR（阵列）命令，按【Enter】键确认，根据命令行提示进行操作，选择椅子图形，按【Enter】键确认，选择 PO（极轴）选项，捕捉桌子圆心，弹出“阵列创建”选项卡，设置“项目数”为 4，单击“关闭阵列”按钮，即可完成图形阵列，如下图所示。

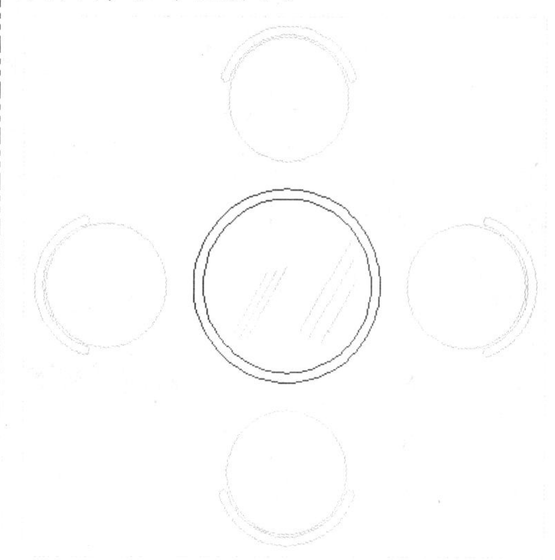

3.2.2 绘制 6 人圆桌

本实例将介绍 6 人圆桌的绘制，首先使用“圆”命令绘制圆桌，然后使用“矩形”、“直线”等命令绘制椅子，展示了 6 人圆桌的具体设计方法与技巧，其具体操作步骤如下。

素材文件	第 3 章\碗筷.dwg	效果文件	第 3 章\6 人圆桌.dwg

STEP 01 新建图层

在命令行中输入 LA（图层）命令，按【Enter】键确认，弹出“图层特性管理器”面板，新建“灰色”图层，设置“颜色”为 253，如下图所示。

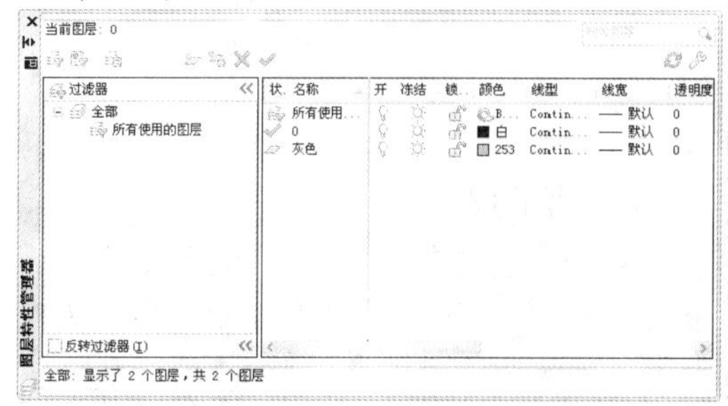

STEP 02 绘制圆

在命令行中输入 C（圆）命令，按【Enter】键确认，然后根据命令行提示进行操作，在绘图区中绘制一个半径为 500 的圆，如下图所示。

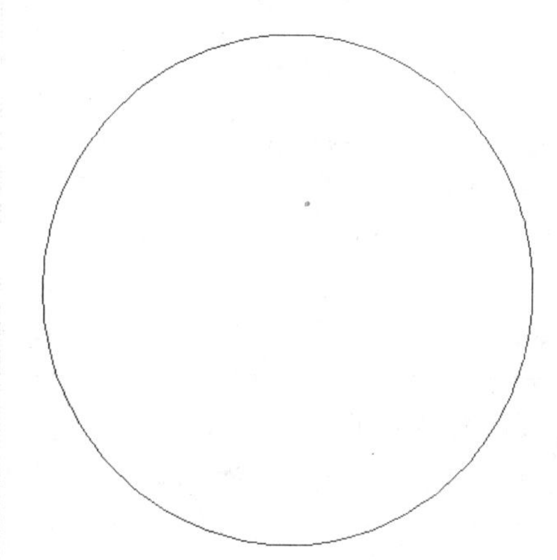

STEP 03 **弹出对话框**

在命令行中输入 I（插入）命令，按【Enter】键确认，弹出“插入”对话框，如下图所示。

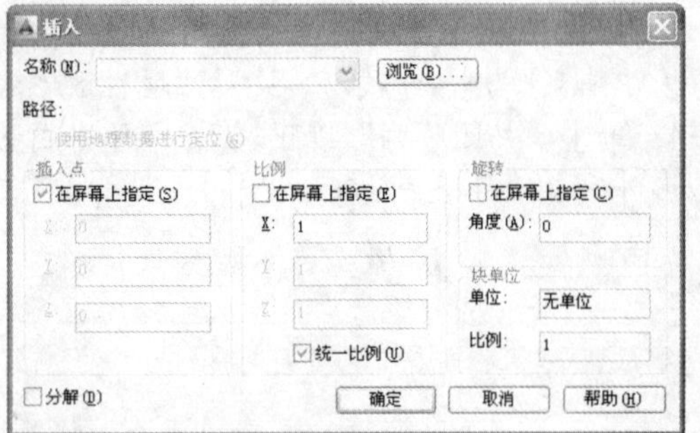

STEP 04 **选择图形文件**

单击“浏览”按钮，弹出“选择图形文件”对话框，选择需要的图形文件，如下图所示。

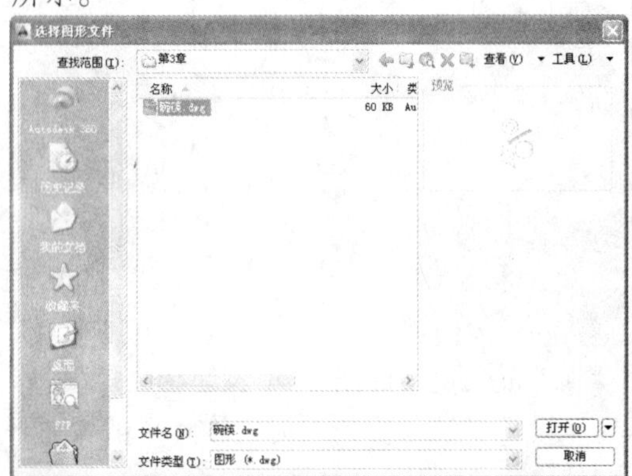

STEP 05 **返回对话框**

单击“打开”按钮，返回“插入”对话框，保持默认设置，如下图所示。

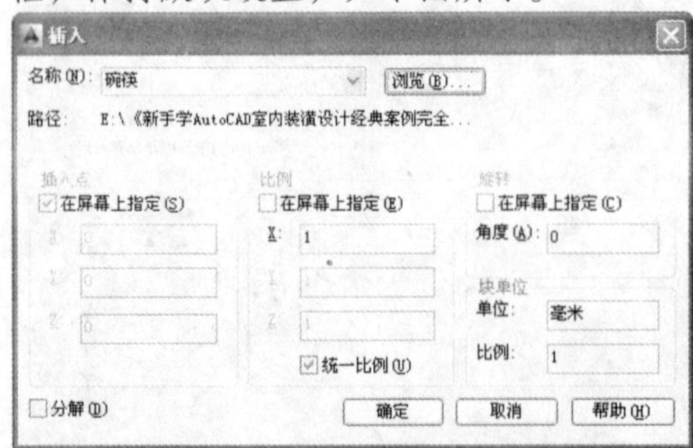

STEP 06 **插入图形**

单击“确定”按钮，然后在绘图区的合适位置单击鼠标左键，指定插入点，插入图形，如下图所示。

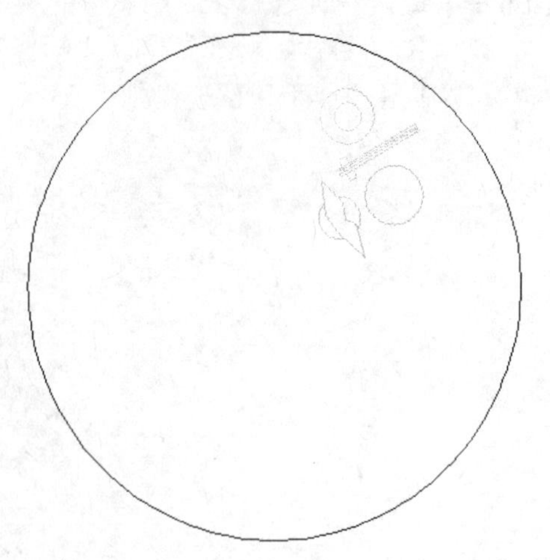

STEP 07 **阵列图形**

在命令行中输入 AR（阵列）命令，按【Enter】键确认，根据命令行提示进行操作，选择碗筷图形，按【Enter】键确认，选择 PO（极轴）选项，捕捉桌子圆心，弹出“阵列创建”选项卡，设置“项目数”为 6，单击“关闭阵列”按钮，即可完成图形阵列，如下图所示。

STEP 08 **绘制矩形**

在命令行中输入 REC（矩形）命令，按【Enter】键确认，根据命令行提示进行操作，在绘图区圆桌上方单击鼠标左键，输入（@410,440），按【Enter】键确认，绘制矩形，并将矩形移动至合适位置，使其与餐具对齐，如下图所示。

专家指点

在绘制椅子图形时，应尽可能将椅子的位置与餐桌上的餐具相对齐，否则在阵列之后，会发生椅子与餐具不对齐的情况。

STEP 09 夹点编辑矩形

选择矩形，单击其左上方的夹点，向右引导光标，输入 370，按【Enter】键确认，如下图所示。

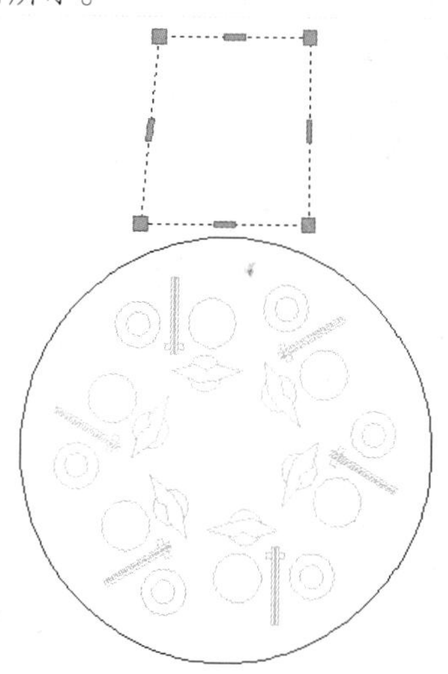

STEP 10 夹点编辑矩形

单击右上方夹点，根据命令行提示进行操作，输入 B（基点），按【Enter】键确认，再次单击右上方夹点，开启正交功能，向左引导光标，输入（@-40,0），按【Enter】键确认，并按【Esc】键退出夹点编辑，如下图所示。

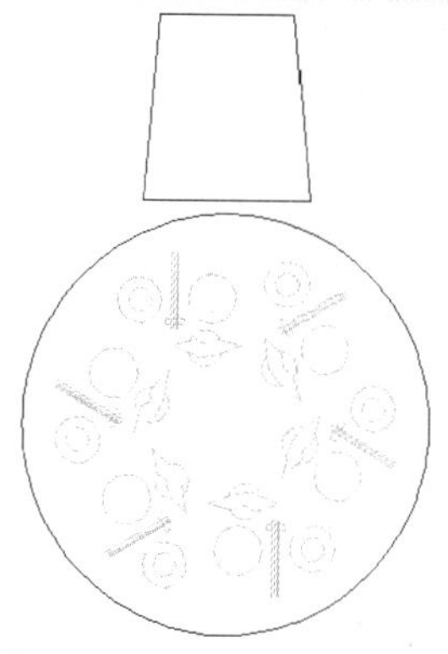

STEP 11 绘制一条斜线

在命令行中输入 L（直线）命令，按【Enter】键确认，根据命令行提示进行操作，捕捉左上角点，输入（@30<135），按【Enter】键确认，绘制一条斜线，如下图所示。

STEP 12 镜像斜线

在命令行中输入 MI（镜像）命令，按【Enter】键确认，根据命令行提示进行操作，将绘制的斜线以矩形的中轴线为镜像线进行镜像，如下图所示。

STEP 13 绘制直线

在命令行中输入 L（直线）命令，按【Enter】键确认，根据命令行提示进行操作，连接绘制的两条斜线端点，绘制直线，如下图所示。

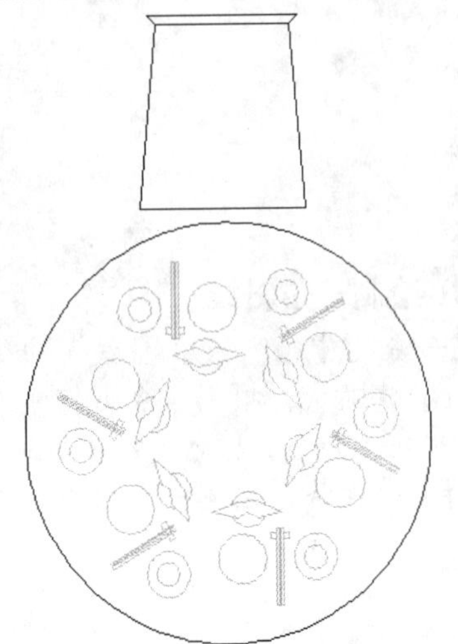

STEP 14 偏移直线

在命令行中输入 O（偏移）命令，按【Enter】键确认，根据命令行提示进行操作，将绘制的直线向上偏移 30，如下图所示。

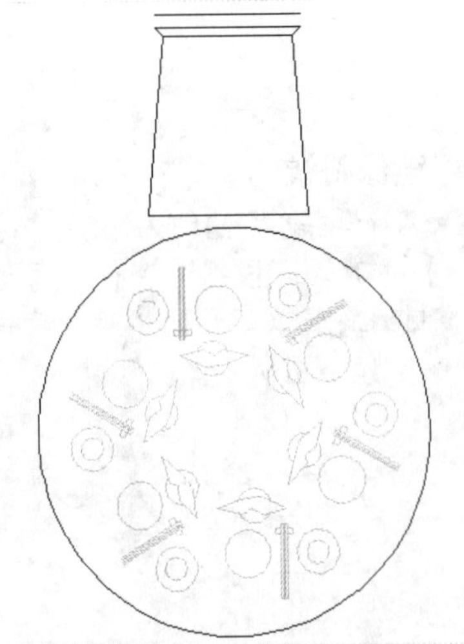

STEP 15 绘制直线

在命令行中输入 L（直线）命令，按【Enter】键确认，根据命令行提示进行操作，连接两条水平直线的端点，绘制直线，如下图所示。

STEP 16 阵列图形

在命令行中输入 AR（阵列）命令，按【Enter】键确认，根据命令行提示进行操作，选择椅子图形，按【Enter】键确认，选择 PO（极轴）选项，捕捉桌子圆心，弹出“阵列创建”选项卡，设置“项目数”为 6，单击“关闭阵列”按钮，即可完成图形阵列，如下图所示。

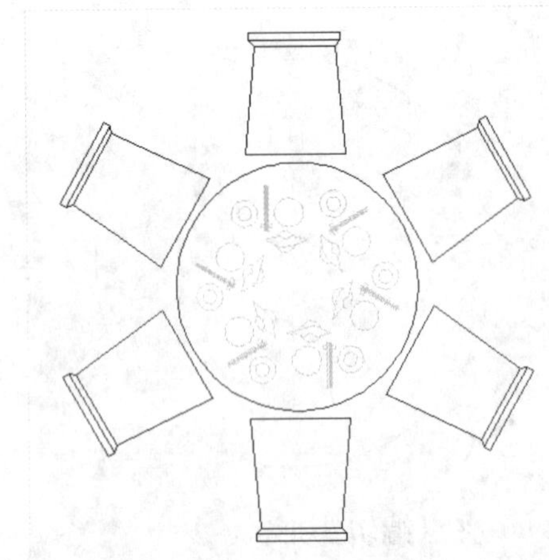

3.2.3 绘制 8 人方桌

本实例将介绍 8 人方桌的绘制，首先使用“矩形”、“直线”等命令绘制方桌，然后使用“矩形”、“镜像”等命令绘制椅子，展示了 8 人方桌的具体设计方法与技巧，其具体操作步骤如下。

素材文件	无	效果文件	第 3 章\8 人方桌.dwg

STEP 01 新建图层

在命令行中输入 LA（图层）命令，按【Enter】键确认，弹出“图层特性管理器”面板，新建“灰色”图层，设置“颜色”为 253，如下图所示。

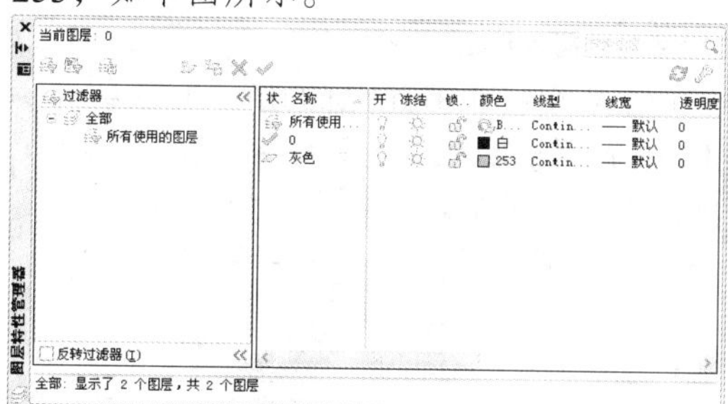

STEP 02 绘制矩形

在命令行中输入 REC（矩形）命令，按【Enter】键确认，根据命令行提示进行操作，在绘图区任意一点单击鼠标左键，输入（@1892,795），按【Enter】键确认，绘制一个矩形，如下图所示。

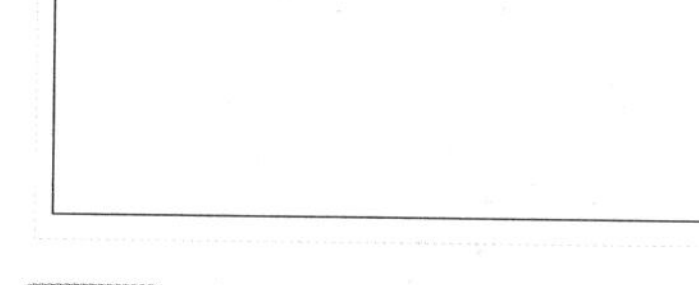

STEP 03 绘制斜线

在命令行中输入 L（直线）命令，按【Enter】键确认，根据命令行提示进行操作，在绘图区绘制任意斜线，使其与矩形交叉，如下图所示。

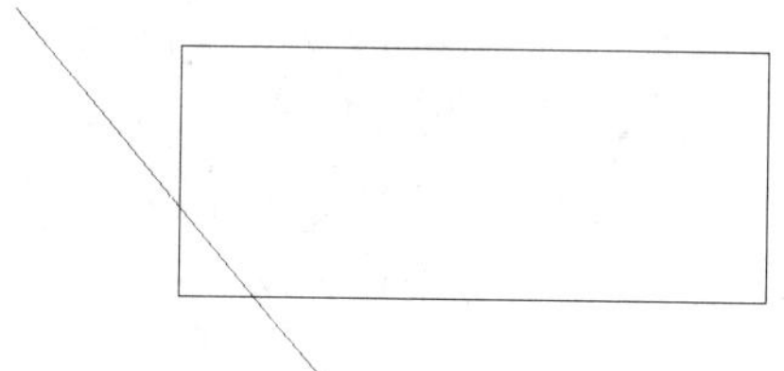

STEP 04 复制斜线

在命令行中输入 O（偏移）命令，按【Enter】键确认，根据命令行提示进行操作，设置合适的偏移距离，对斜线进行多次偏移。在命令行中输入 CO（复制）命令，按【Enter】键确认，根据命令行提示进行操作，复制斜线，如下图所示。

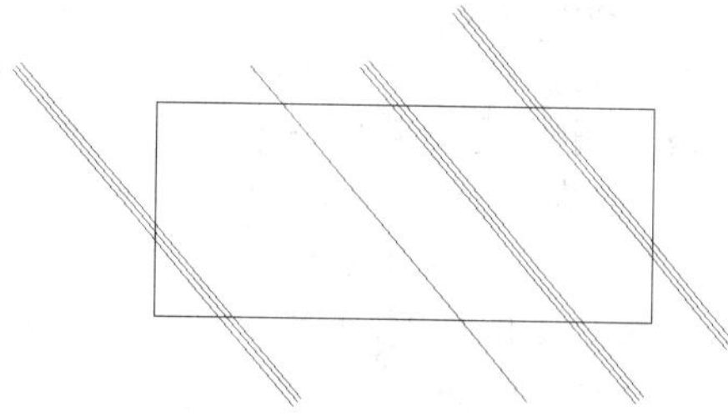

STEP 05 修剪多余的图形

在命令行中输入 TR（修剪）命令，按【Enter】键确认，根据命令行提示进行操作，修剪多余的图形，如下图所示。

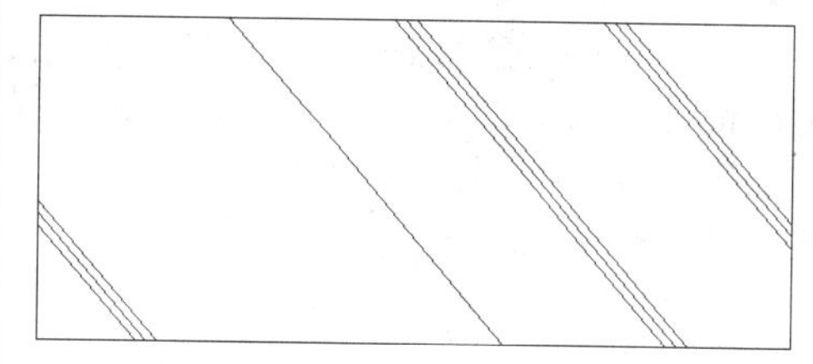

STEP 06 更改图层

选择绘制的斜线，在“默认”选项卡的“图层”面板中展开图层列表，选择“灰色”图层，将所选择的图形置于“灰色”图层中，如下图所示。

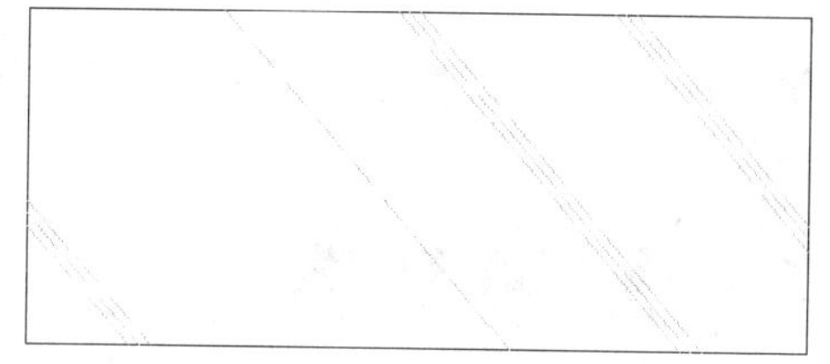

STEP 07 绘制矩形

在命令行中输入 REC（矩形）命令，按【Enter】键确认，根据命令行提示进行操作，输入 FROM 命令并确认，在绘图区桌子右下角点处单击鼠标左键，输入（@50,150）、（@570,510），按【Enter】键确认，绘制矩形，如下图所示。

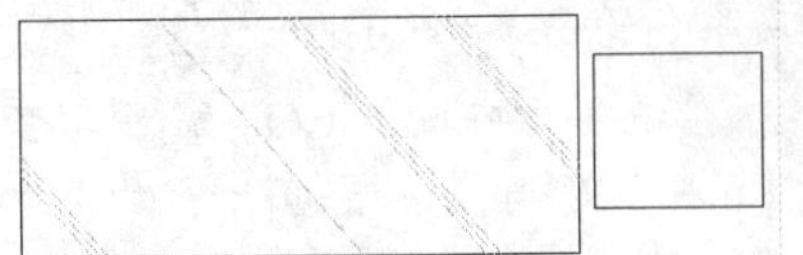

STEP 08 偏移直线

在命令行中输入 X（分解）命令，按【Enter】键确认，根据命令行提示进行操作，将新绘制的矩形分解。在命令行中输入 O（偏移）命令，按【Enter】键确认，根据命令行提示进行操作，将矩形右侧的垂直直线向左偏移 70，如下图所示。

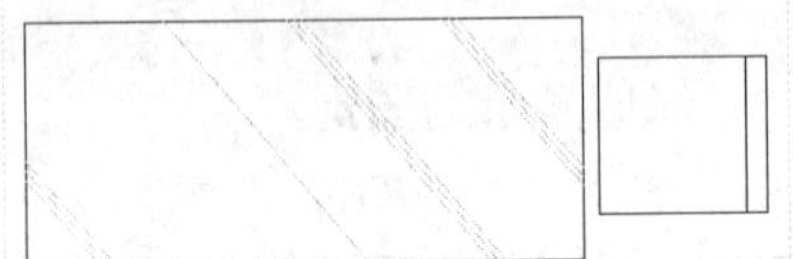

STEP 09 镜像图形

在命令行中输入 MI（镜像）命令，按【Enter】键确认，根据命令行提示进行操作，将绘制的椅子图形以桌子的上下中点为镜像线上的点进行镜像，如下图所示。

STEP 10 旋转图形

在命令行中输入 CO（复制）命令，按【Enter】键确认，根据命令行提示进行操作，复制椅子图形。在命令中输入 RO（旋转）命令，按【Enter】键确认，根据命令行提示进行操作，旋转复制的椅子图形，如下图所示。

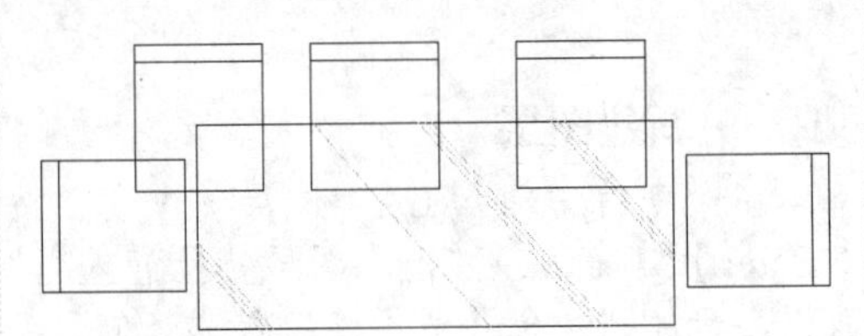

STEP 11 移动图形

在命令行中输入 M（移动）命令，按【Enter】键确认，根据命令行提示进行操作，移动椅子至合适位置，如下图所示。

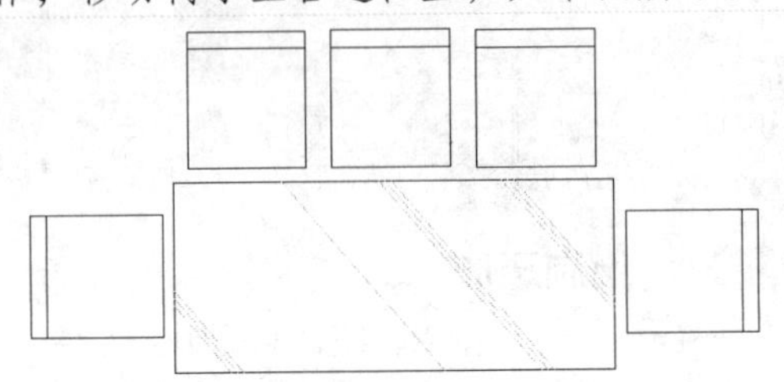

STEP 12 镜像图形

在命令行中输入 MI（镜像）命令，按【Enter】键确认，根据命令行提示进行操作，将复制的三个椅子图形以桌子的左右中点为镜像线上的点进行镜像，如下图所示。

3.2.4 绘制单人沙发

本实例将介绍单人沙发的绘制，首先使用“矩形”、“圆角”等命令绘制沙发，然后使用“矩形”、“圆角”等命令绘制扶手，展示了单人沙发的具体设计方法与技巧，其具体操作步骤如下。

素材文件	无	效果文件	第 3 章\单人沙发.dwg

STEP 01 绘制矩形

在命令行中输入 REC（矩形）命令，按【Enter】键确认，根据命令行提示进行操作，在绘图区任意一点单击鼠标左键，输入（@780,630）并确认，绘制一个矩形，如下图所示。

STEP 02 倒圆角

在命令行中输入 F（圆角）命令，按【Enter】键确认，根据命令行提示进行操作，设置圆角半径为 80，对矩形的直角进行倒圆角操作，如下图所示。

专家指点

由于沙发的特殊属性，在家居中，常常使用柔角的沙发，所以在绘制沙发图块时，“圆角”命令的使用频率非常高。

STEP 03 复制矩形

在命令行中输入 CO（复制）命令，按【Enter】键确认，然后根据命令行提示进行操作，将矩形以合适基点进行复制，如下图所示。

STEP 04 框选图形

在命令行中输入 S（拉伸）命令，按【Enter】键确认，然后根据命令行提示进行操作，从右下角向左上角框选图形，如下图所示。

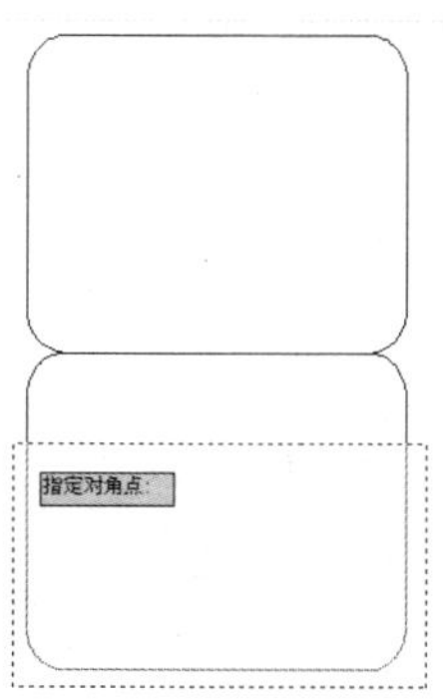

STEP 05 压扁矩形

按【Enter】键确认，捕捉矩形底边中点为基点，向上引导光标，输入 400，按【Enter】键确认，压扁矩形，如下图所示。

STEP 06 捕捉矩形左侧中点

在命令行中输入 REC（矩形）命令，按【Enter】键确认，根据命令行提示进行操作，输入 FROM 命令并确认，捕捉矩形左侧中点，如下图所示。

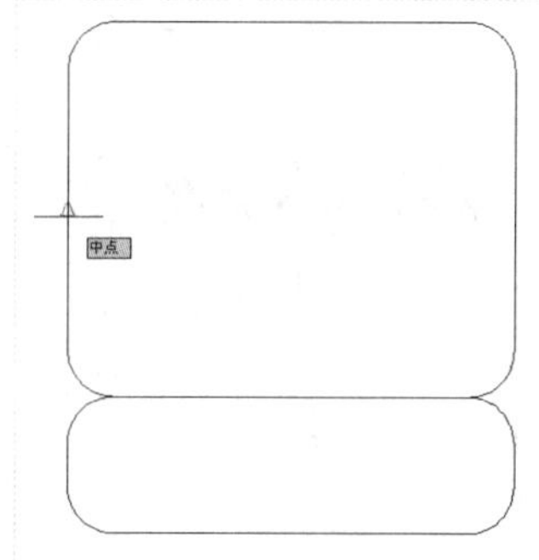

STEP 07 绘制矩形

单击鼠标左键确认，输入（@-60,108）、（@120,-345），按【Enter】键确认，绘制矩形，如下图所示。

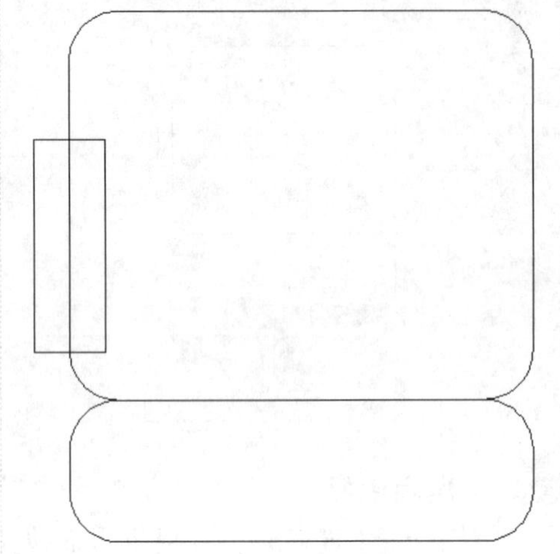

STEP 08 倒圆角

在命令行中输入 F（圆角）命令，按【Enter】键确认，根据命令行提示进行操作，设置圆角半径为 50，对新绘制的矩形倒圆角，如下图所示。

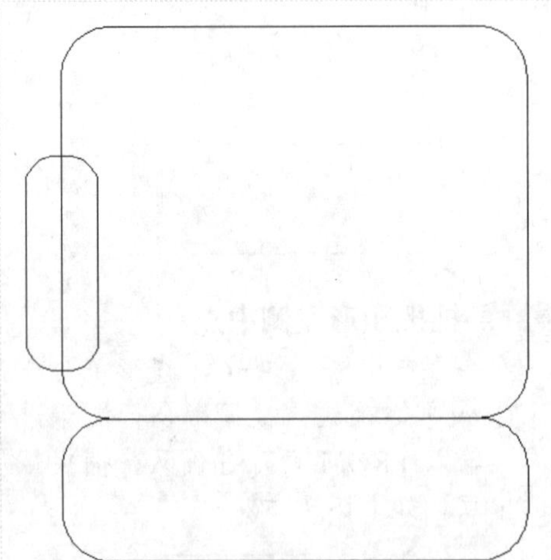

STEP 09 镜像矩形

在命令行中输入 MI（镜像）命令，按【Enter】键确认，根据命令行提示进行操作，将新绘制的矩形以大矩形的上下中点为镜像线上的点进行镜像，如下图所示。

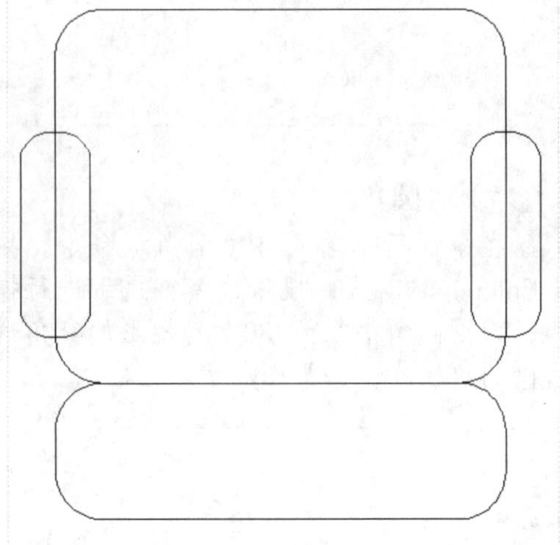

STEP 10 修剪多余的图形

在命令行中输入 TR（修剪）命令，按【Enter】键确认，根据命令行提示进行操作，修剪多余的图形，如下图所示。

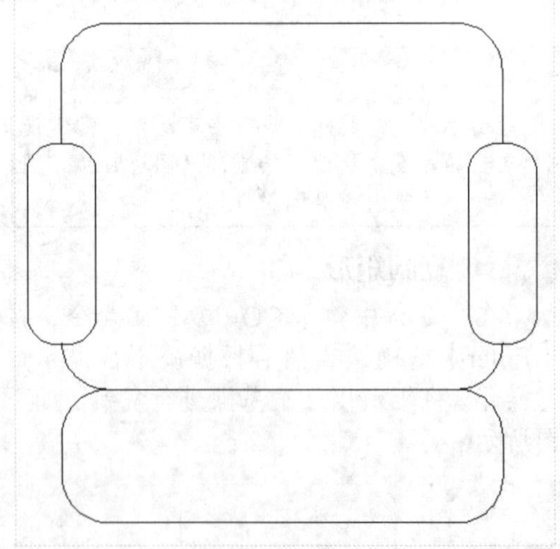

3.2.5 绘制双人沙发

本实例将介绍双人沙发的绘制，首先使用“矩形”、“直线”和“修剪”等命令绘制沙发，然后使用“矩形”、“圆角”等命令绘制靠垫，展示了双人沙发的具体设计方法与技巧，其具体操作步骤如下。

素材文件	无	效果文件	第 3 章\双人沙发.dwg

STEP 01 **新建图层**

在命令行中输入 LA（图层）命令，按【Enter】键确认，弹出“图层特性管理器”面板，新建“灰色”图层，设置“颜色”为 253，如下图所示。

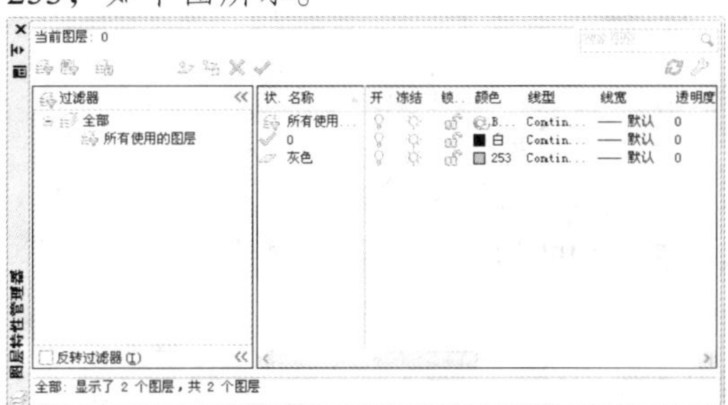

STEP 02 **绘制矩形**

在命令行中输入 REC（矩形）命令，按【Enter】键确认，根据命令行提示进行操作，在绘图区任意一点单击鼠标左键，输入（@1650,700），按【Enter】键确认，绘制矩形，如下图所示。

STEP 03 **偏移矩形边**

在命令行中输入 X（分解）命令，按【Enter】键确认，根据命令行提示进行操作，将绘制的矩形分解。在命令行中输入 O（偏移）命令，按【Enter】键确认，根据命令行提示进行操作，设置偏移距离为 125，向内偏移矩形的三条边，如下图所示。

STEP 04 **绘制直线**

在命令行中输入 L（直线）命令，按【Enter】键确认，根据命令行提示进行操作，捕捉直线中点，绘制长度为 628 的直线，如下图所示。

STEP 05 **绘制矩形**

在命令行中输入 REC（矩形）命令，按【Enter】键确认，根据命令行提示进行操作，捕捉新绘制直线的上端点，输入（@-805,-650），按【Enter】键确认，绘制矩形，如下图所示。

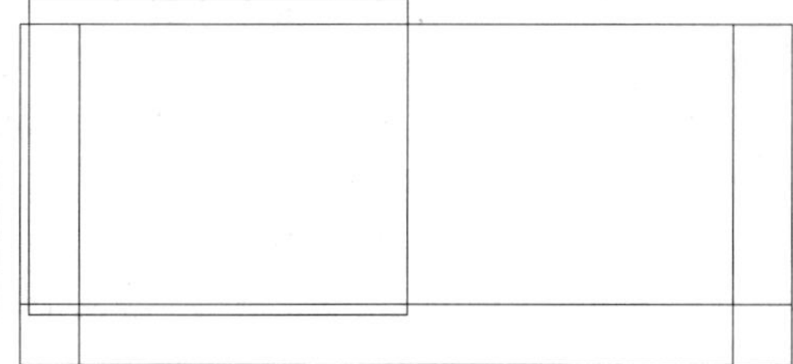

STEP 06 **镜像矩形**

在命令行中输入 MI（镜像）命令，按【Enter】键确认，根据命令行提示进行操作，将新绘制的矩形以矩形右边上下端点为镜像点进行镜像，如下图所示。

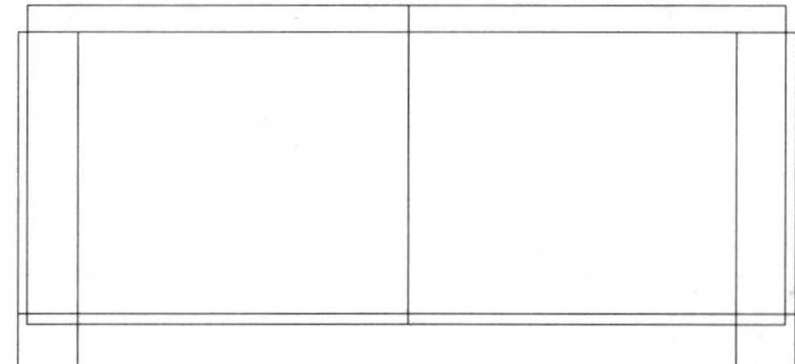

STEP 07 **修剪多余的图形**

在命令行中输入 TR（修剪）命令，按【Enter】键确认，根据命令行提示进行操作，修剪多余的图形，如下图所示。

STEP 08 **倒圆角**

在命令行中输入 F（圆角）命令，按【Enter】键确认，根据命令行提示进行操作，设置圆角半径为 40，对坐垫及坐垫相交处进行倒圆角，如下图所示。

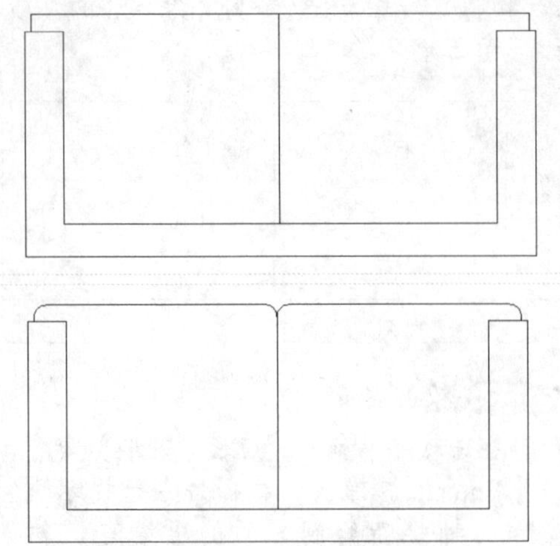

STEP 09 倒圆角

在命令行中输入 F（圆角）命令，按【Enter】键确认，根据命令行提示进行操作，设置圆角半径为 80，对沙发的直角处进行倒圆角，如下图所示。

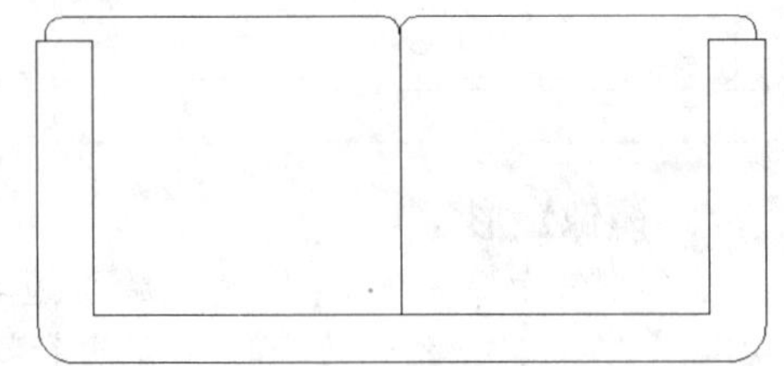

STEP 10 置为当前层

在命令行中输入 LA（图层）命令，按【Enter】键确认，弹出“特性特性管理器”面板，双击“灰色”图层，将其置为当前层，如下图所示。

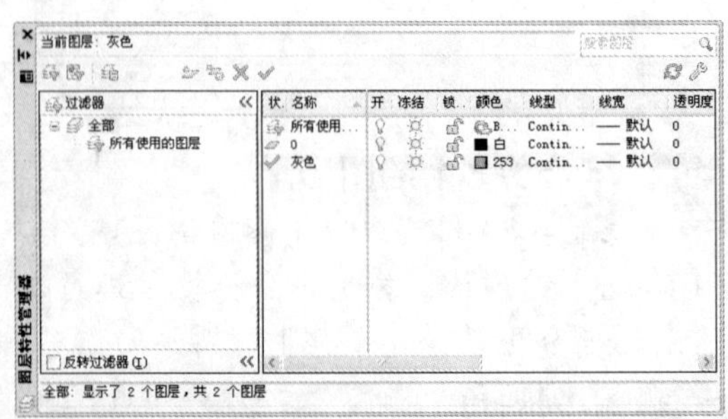

STEP 11 捕捉角点

在命令行中输入 REC（矩形）命令，按【Enter】键确认，根据命令行提示进行操作，捕捉左下角点，如下图所示。

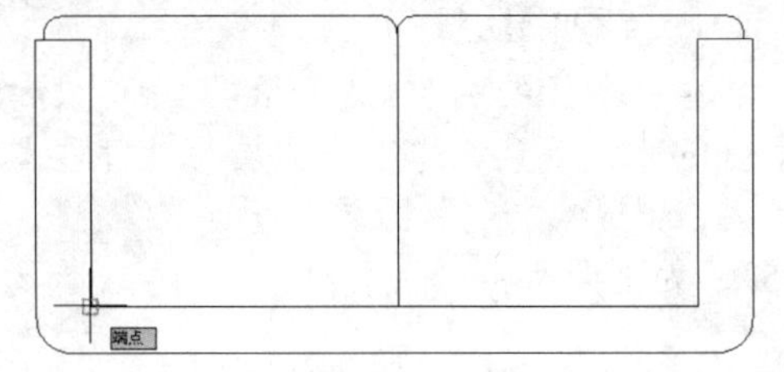

STEP 12 绘制矩形

单击鼠标左键确认，输入（@700,100），并按【Enter】键确认，绘制矩形，如下图所示。

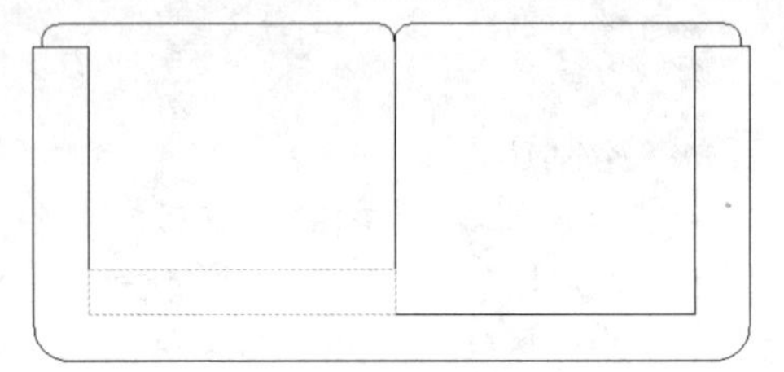

STEP 13 倒圆角

在命令行中输入 F（圆角）命令，按【Enter】键确认，根据命令行提示进行操作，设置圆角半径为 40，对矩形的 4 个直角进行倒圆角，如下图所示。

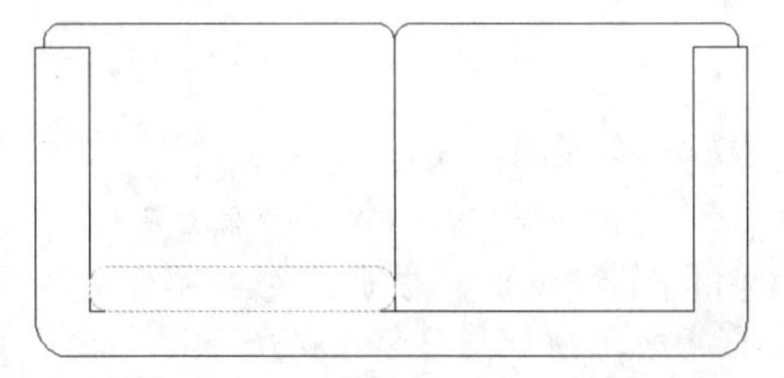

STEP 14 镜像矩形

在命令行中输入 MI（镜像）命令，按【Enter】键确认，根据命令行提示进行操作，将新绘制的矩形以沙发中轴线进行镜像，如下图所示。

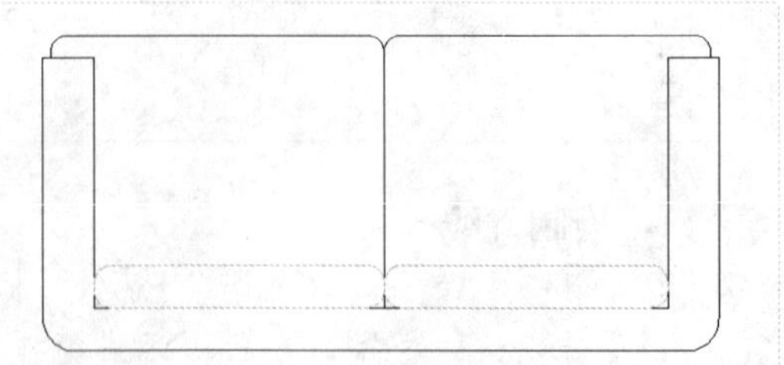

3.2.6 绘制转角沙发

本实例将介绍转角沙发的绘制，首先使用“矩形”、“圆”和“修剪”等命令绘制沙发，然后使用“矩形”、“直线”等命令绘制茶几，展示了转角沙发的具体设计方法与技巧，其具体操作步骤如下。

素材文件	无	效果文件	第 3 章\转角沙发.dwg

STEP 01 绘制矩形

在命令行中输入 REC（矩形）命令，按【Enter】键确认，根据命令行提示进行操作，在绘图区的任意位置单击一点，输入（@660,1850），按【Enter】键确认，绘制矩形，如下图所示。

STEP 02 绘制直线

在命令行中输入 X（分解）命令，按【Enter】键确认，根据命令行提示进行操作，将绘制的矩形分解。在命令行中输入 DIV（定数等分）命令，按【Enter】键确认，根据命令行提示进行操作，将矩形的左边垂直直线等分为 3 等份。在命令行中输入 L（直线）命令，按【Enter】键确认，根据命令行提示进行操作，分别捕捉节点和垂足，绘制两条直线，如下图所示。

STEP 03 偏移直线

在命令行中输入 O（偏移）命令，按【Enter】键确认，根据命令行提示进行操作，设置偏移距离为 125，将矩形左侧垂直直线向右侧偏移，如下图所示。

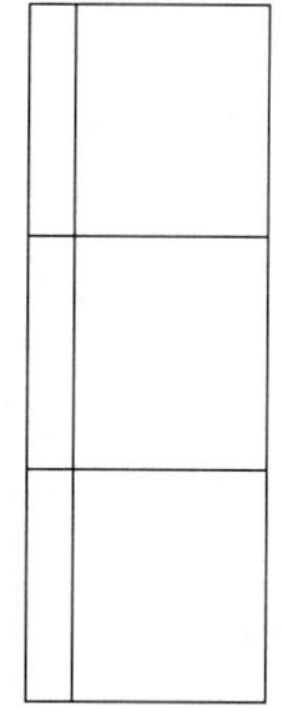

STEP 04 绘制矩形

在命令行中输入 REC（矩形）命令，按【Enter】键确认，根据命令行提示进行操作，输入 FROM 命令并确认，捕捉矩形右下角点，输入（@100,-100）、（@1250,-660），按【Enter】键确认，绘制矩形，如下图所示。

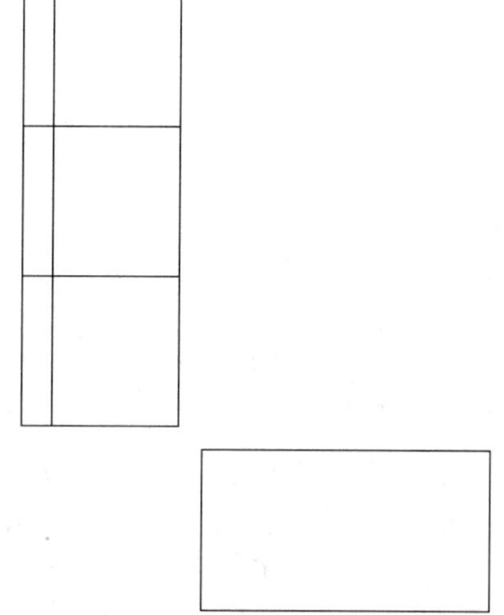

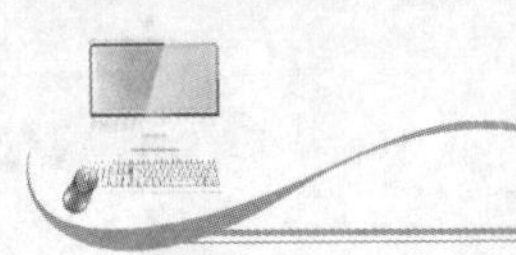

STEP 05 **绘制直线**

在命令行中输入 X（分解）命令，按【Enter】键确认，根据命令行提示进行操作，将新绘制的矩形分解。在命令行中输入 L（直线）命令，按【Enter】键确认，根据命令行提示进行操作，捕捉矩形中点，绘制直线，如下图所示。

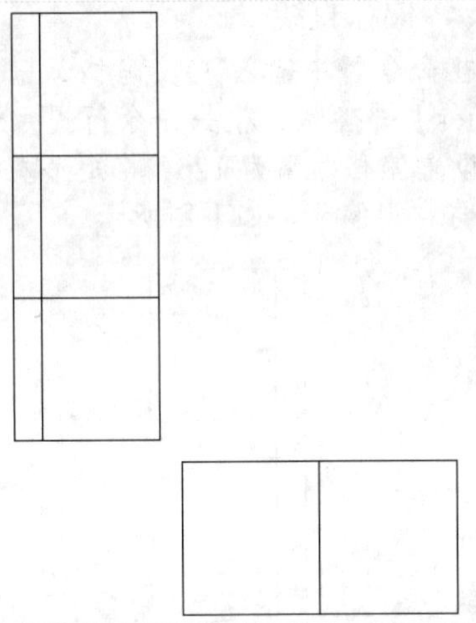

STEP 06 **偏移直线**

在命令行中输入 O（偏移）命令，按【Enter】键确认，根据命令行提示进行操作，设置偏移距离为 125，将矩形底边水平直线向上偏移，如下图所示。

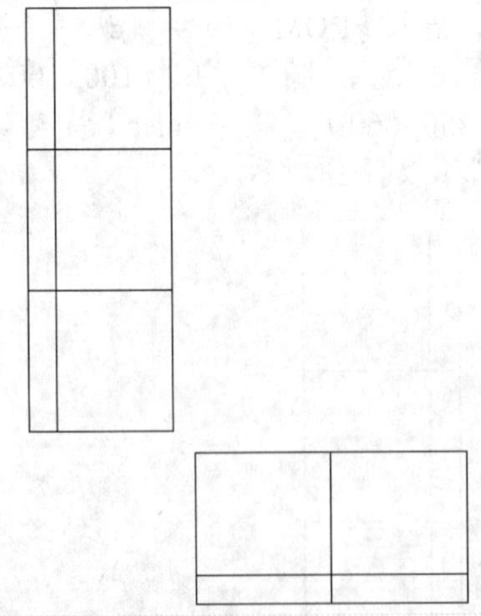

STEP 07 **拉长直线**

在命令行中输入 LEN（拉长）命令，按【Enter】键确认，根据命令行提示进行操作，设置增量为 200，在两条直线的端点处单击鼠标左键，拉长直线，如下图所示。

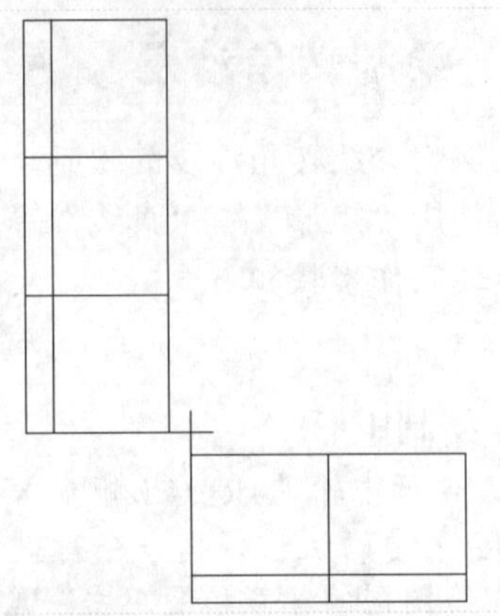

STEP 08 **绘制圆**

在命令行中输入 C（圆）命令，按【Enter】键确认，根据命令行提示进行操作，捕捉拉长线的交点，绘制半径为 100 的圆，如下图所示。

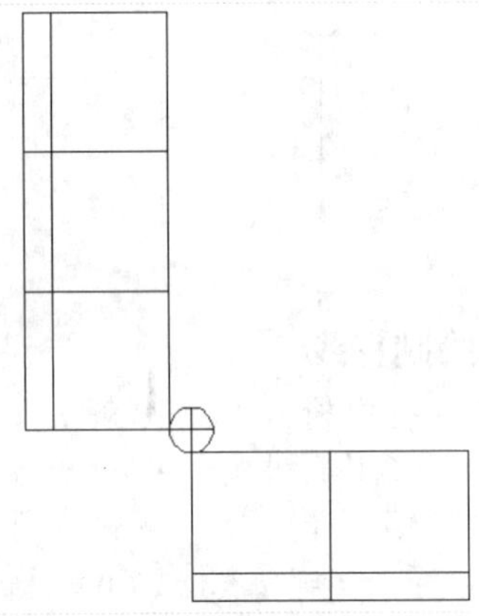

STEP 09 **向外偏移圆**

在命令行中输入 O（偏移）命令，按【Enter】键确认，然后根据命令行提示进行操作，将绘制的圆向外侧偏移 535，如下图所示。

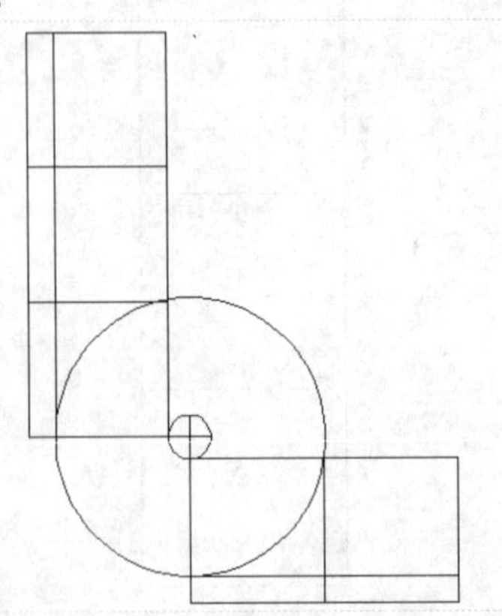

STEP 10　偏移圆

在命令行中输入 O（偏移）命令，按【Enter】键确认，根据命令行提示进行操作，将偏移所得的圆向外侧偏移 125，如下图所示。

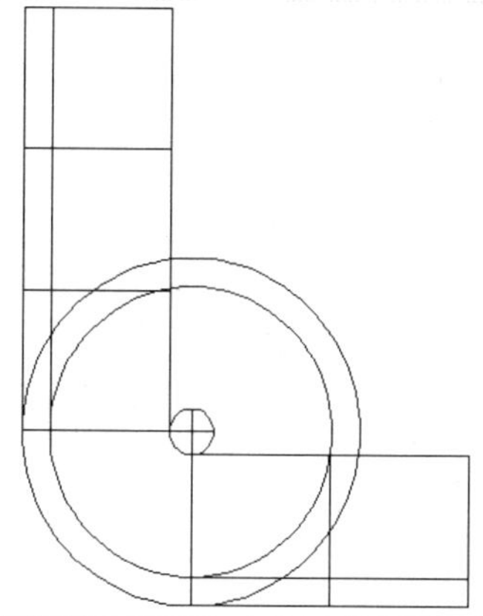

STEP 11　修剪多余的图形

在命令行中输入 TR（修剪）命令，按【Enter】键确认，根据命令行提示进行操作，修剪多余的图形，如下图所示。

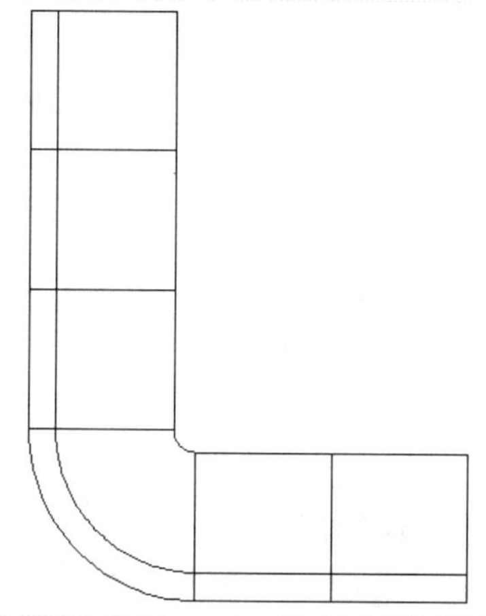

STEP 12　绘制矩形

在命令行中输入 REC（矩形）命令，按【Enter】键确认，根据命令行提示进行操作，在绘图区的合适位置单击确定一点，输入（@650,1200），按【Enter】键确认，绘制矩形，如下图所示。

STEP 13　绘制斜线

在命令行中输入 L（直线）命令，按【Enter】键确认，根据命令行提示进行操作，在矩形内绘制任意斜线，如下图所示。

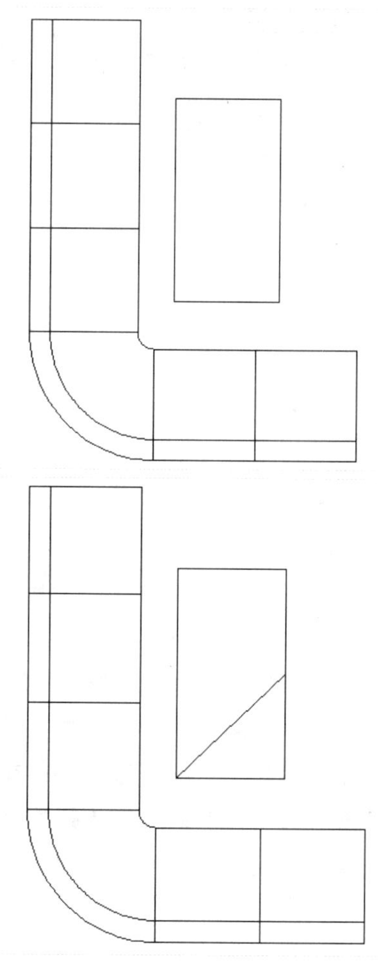

STEP 14　偏移斜线

在命令行中输入 O（偏移）命令，按【Enter】键确认，根据命令行提示进行操作，设置偏移距离为 20，偏移矩形内的斜线，如下图所示。

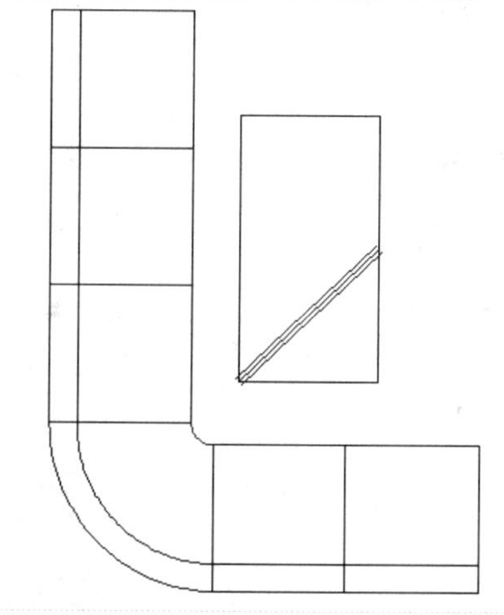

STEP 15 复制斜线

在命令行中输入CO（复制）命令，按【Enter】键确认，根据命令行提示进行操作，复制斜线，如下图所示。

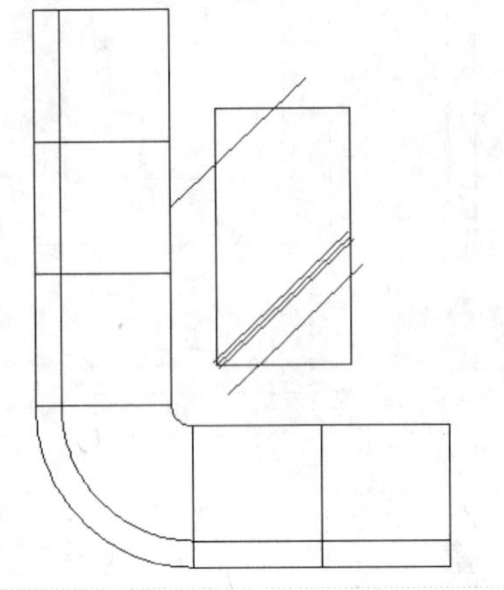

STEP 16 修剪多余的图形

在命令行中输入 O（偏移）命令，按【Enter】键确认，根据命令行提示进行操作，偏移斜线，在命令行中输入TR（修剪）命令，按【Enter】键确认，根据命令行提示进行操作，修剪多余的图形，如下图所示。

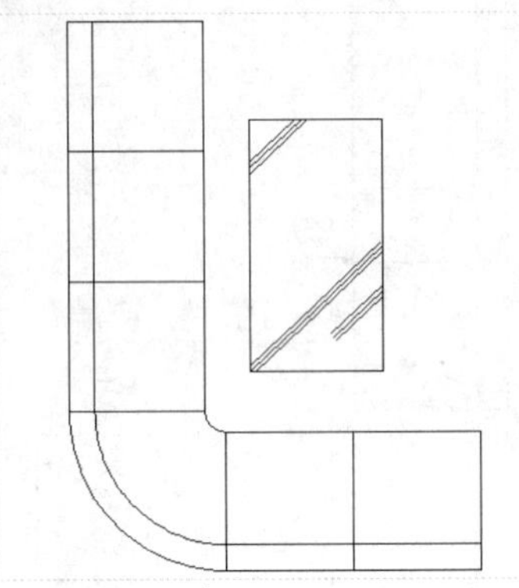

3.3 绘制柜类家具构件

柜类家具是用于摆放物件的结构，其在室内装潢中的摆设也很大程度上影响了整体的视觉效果，一般室内常用的柜类有衣柜、鞋柜、酒柜、书柜和电视柜等。下面将介绍绘制柜类家具构件的操作方法。

3.3.1 绘制衣柜

衣柜是存放衣物的柜式家具，一般分为单门、双门和嵌入式等，是家庭常用的家具之一。本实例将介绍衣柜的绘制，首先使用“矩形”、“偏移”和“修剪”等命令绘制柜体，然后使用“矩形”、“复制”等命令绘制隔层，展示了衣柜的具体设计方法与技巧，其具体操作步骤如下。

素材文件	无	效果文件	第 3 章\衣柜.dwg

STEP 01 新建图层

在命令行中输入LA（图层）命令，按【Enter】键确认，弹出“图层特性管理器”面板，新建“灰色”图层，设置“颜色”为253，如下图所示。

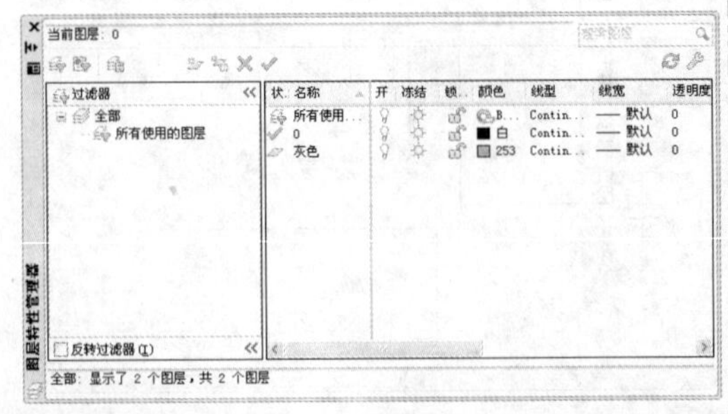

STEP 02 绘制矩形

在命令行中输入 REC（矩形）命令，按【Enter】键确认，根据命令行提示进行操作，在绘图区的任意位置单击鼠标左键，输入（@2070,625），按【Enter】键确认，绘制矩形，如下图所示。

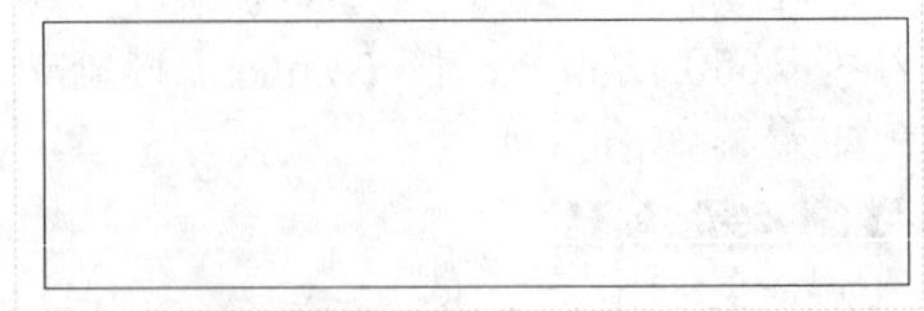

STEP 03 偏移矩形

在命令行中输入O（偏移）命令，按

在“图层特性管理器”面板中，单击“冻结”图标☼，可以将相应图层冻结。冻结图层后不仅使该层不可见，而且在选择时忽略层中的所有实体。另外，在对复杂的图形重新生成时，AutoCAD 也忽略被冻结层中的实体，从而节约时间。冻结图层后，就不能在该层上绘制新的图形对象，也不能编辑和修改。

【Enter】键确认，根据命令行提示进行操作，设置偏移距离为 24，将矩形向内侧偏移，如下图所示。

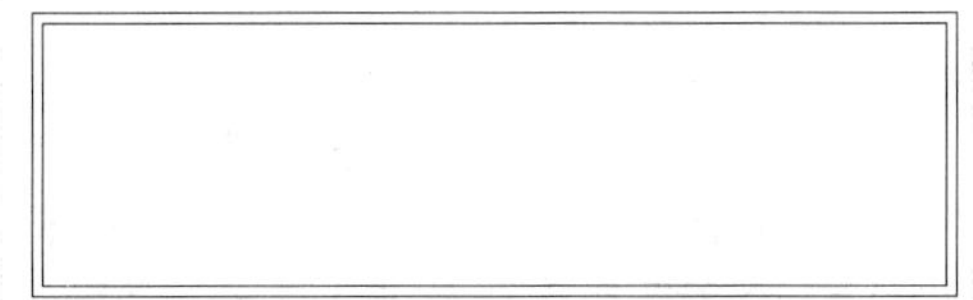

STEP 04 **偏移直线**

在命令行中输入 X（分解）命令，按【Enter】键确认，根据命令行提示进行操作，将矩形分解。在命令行中输入 O（偏移）命令，按【Enter】键确认，根据命令行提示进行操作，将内侧矩形左侧垂直直线依次向右偏移，偏移距离分别为 20、530 和 60，如下图所示。

STEP 05 **镜像直线**

在命令行中输入 MI（镜像）命令，按【Enter】键确认，根据命令行提示进行操作，将偏移所得的 3 条直线以矩形中轴线进行镜像，如下图所示。

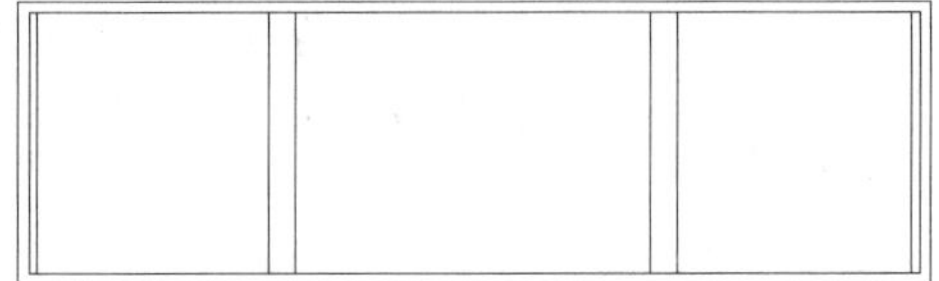

STEP 06 **偏移直线**

在命令行中输入 O（偏移）命令，按【Enter】键确认，根据命令行提示进行操作，设置偏移距离为 230，将从上数第二条水平直线向下偏移，如下图所示。

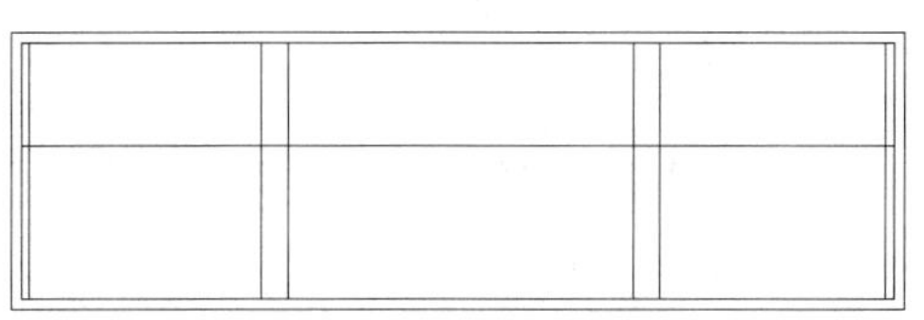

STEP 07 **偏移直线**

在命令行中输入 O（偏移）命令，按【Enter】键确认，根据命令行提示进行操作，设置偏移距离为 20，将偏移所得的直线向下偏移，如下图所示。

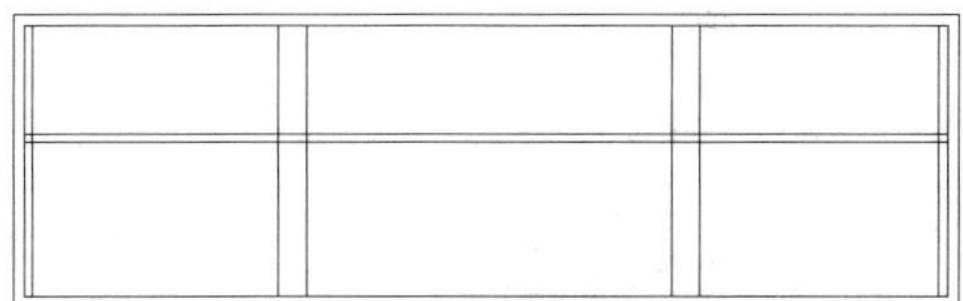

STEP 08 **偏移直线**

在命令行中输入 O（偏移）命令，按【Enter】键确认，根据命令行提示进行操作，将从下数第二条水平直线向上偏移 20，如下图所示。

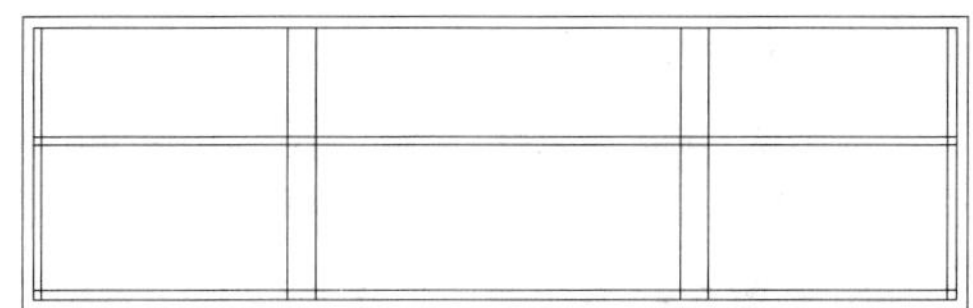

STEP 09 **偏移直线**

在命令行中输入 O（偏移）命令，按【Enter】键确认，根据命令行提示进行操作，将偏移所得的直线依次向上偏移，偏移距离分别为 24、6 和 24，如下图所示。

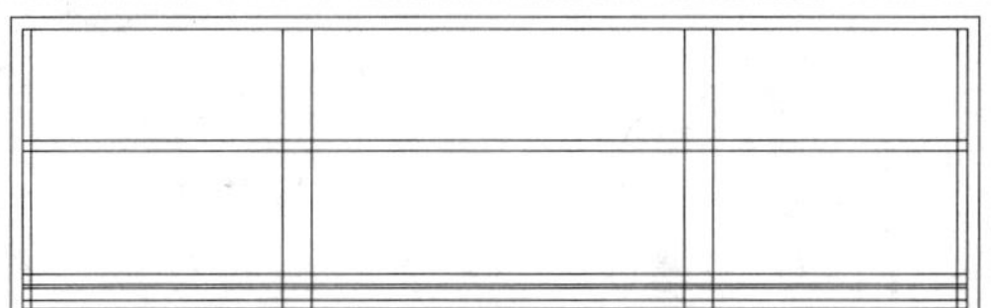

STEP 10 **修剪多余的图形**

在命令行中输入 TR（修剪）命令，按【Enter】键确认，根据命令行提示进行操作，修剪多余的图形，如下图所示。

STEP 11 **绘制矩形**

在命令行中输入 REC（矩形）命令，按【Enter】键确认，根据命令行提示进行操作，在合适位置单击鼠标左键，输入（@15,468）并确认，绘制一个矩形，如下图所示。

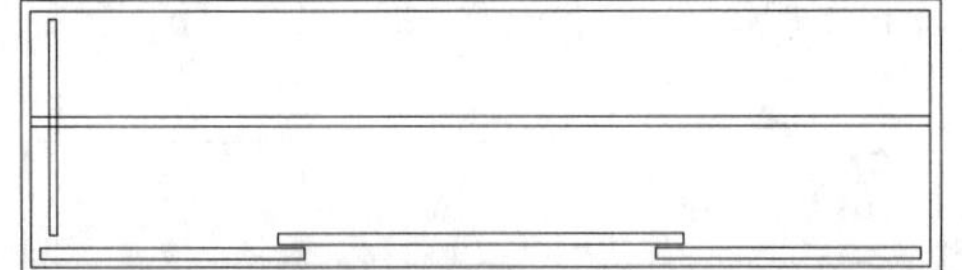

STEP 12 **复制矩形**

在命令行中输入 CO（复制）命令，按【Enter】键确认，根据命令行提示进行操作，复制矩形，如下图所示。

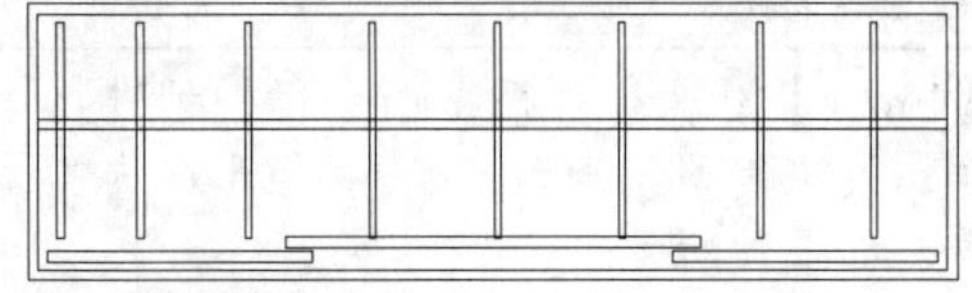

STEP 13 **更改图层**

选择绘制的矩形，在“默认”选项卡的“图层”面板中展开图层列表，选择“灰色”图层，将所选择的图形置于“灰色”图层中，如下图所示。

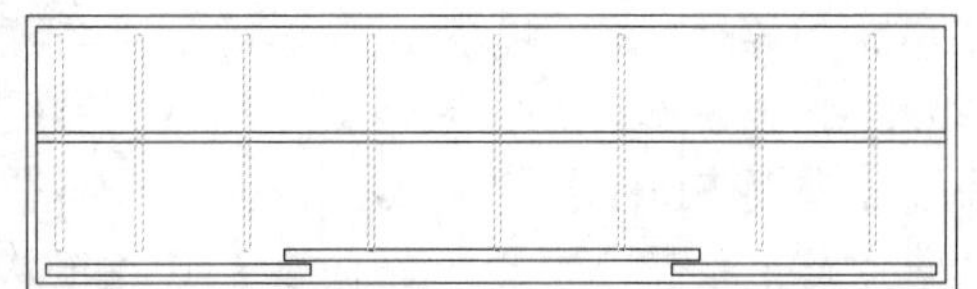

3.3.2 绘制鞋柜

本实例将介绍鞋柜的绘制，首先使用“矩形”、“直线”命令绘制鞋柜，然后使用“多行文字”命令注释鞋柜，展示了鞋柜的具体设计方法与技巧，其操作步骤如下。

素材文件	无	效果文件	第 3 章\鞋柜.dwg

STEP 01 **绘制矩形**

在命令行中输入 REC（矩形）命令，按【Enter】键确认，根据命令行提示进行操作，在绘图区任意一点单击鼠标左键，输入（@900,350）并确认，绘制一个矩形，如下图所示。

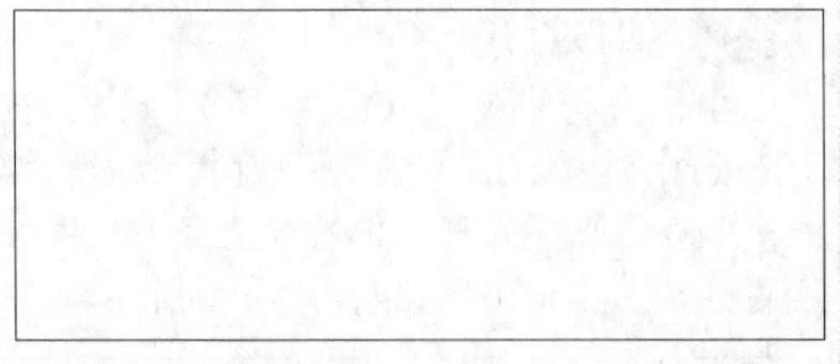

STEP 02 **捕捉角点**

在命令行中输入 REC（矩形）命令，按【Enter】键确认，根据命令行提示进行操作，捕捉矩形左上角点，如下图所示。

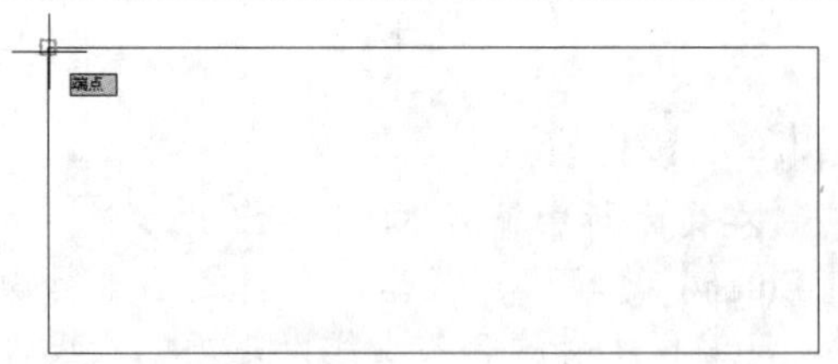

STEP 03 **绘制矩形**

单击鼠标左键确认，然后输入（@-132,-200），并按【Enter】键确认，绘制矩形，如下图所示。

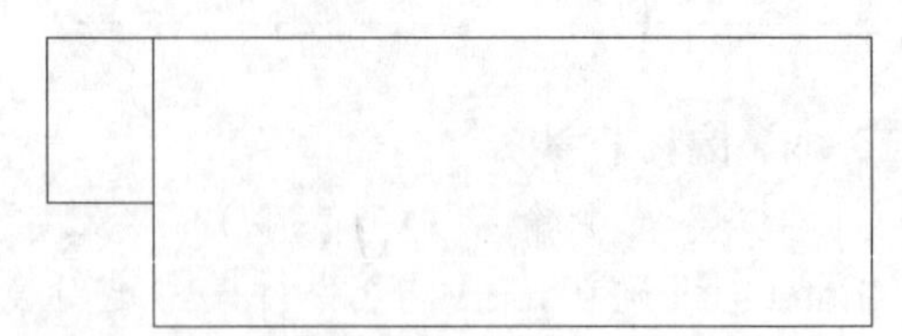

STEP 04 **镜像矩形**

在命令行中输入 MI（镜像）命令，按【Enter】键确认，根据命令行提示进行操作，将新绘制的矩形以右侧矩形的中轴线进行镜像，如下图所示。

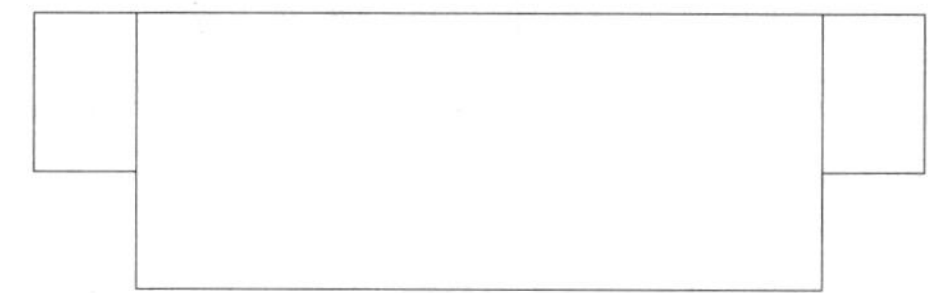

STEP 05 新建图层

在命令行中输入 LA（图层）命令，并按【Enter】键确认，弹出“图层特性管理器”面板，新建“灰色”图层，然后设置“颜色”为 253，并将该图层置为当前层，如下图所示。

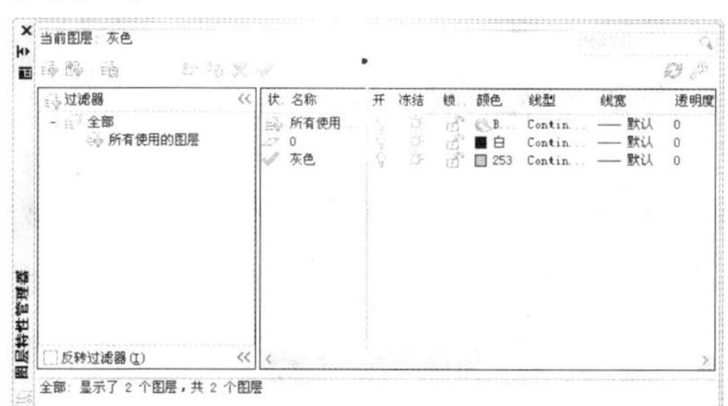

STEP 06 绘制交叉线

在命令行中输入 L（直线）命令，按【Enter】键确认，根据命令行提示进行操作，连接矩形对角点，绘制交叉线，如下图所示。

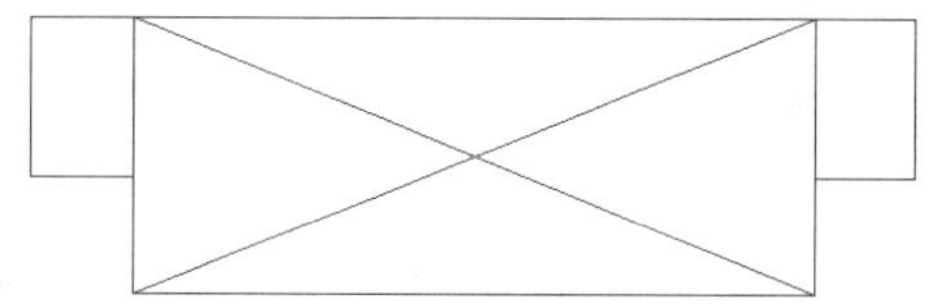

STEP 07 创建多行文字

在命令行中输入 MT（多行文字）命令，按【Enter】键确认，根据命令行提示进行操作，在矩形内捕捉一点并向右下方拖曳，设置“文字高度”为 50，在文本框内输入“鞋柜”，单击“关闭文字编辑器”按钮，创建多行文字，如下图所示。

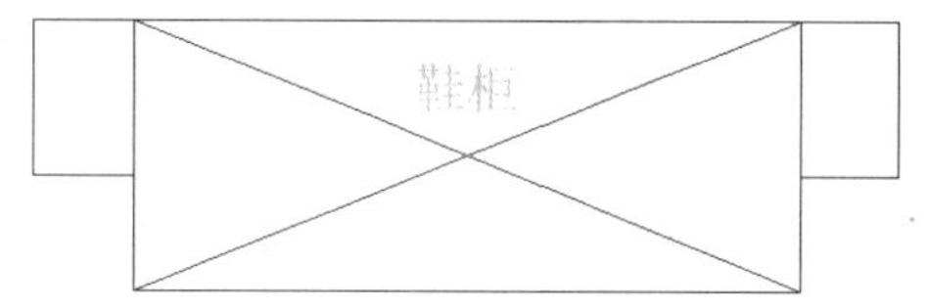

3.3.3 绘制酒柜

本实例将介绍酒柜的绘制，首先使用“矩形”、“偏移”和“修剪”等命令绘制柜体，然后使用“矩形”、“图案填充”等命令绘制柜层，展示了酒柜的具体设计方法与技巧，其具体操作步骤如下。

素材文件	第 3 章\拉手.dwg	效果文件	第 3 章\酒柜.dwg

STEP 01 新建图层

在命令行中输入 LA（图层）命令，按【Enter】键确认，弹出“图层特性管理器”面板，新建“灰色”图层，设置“颜色”为 253，如下图所示。

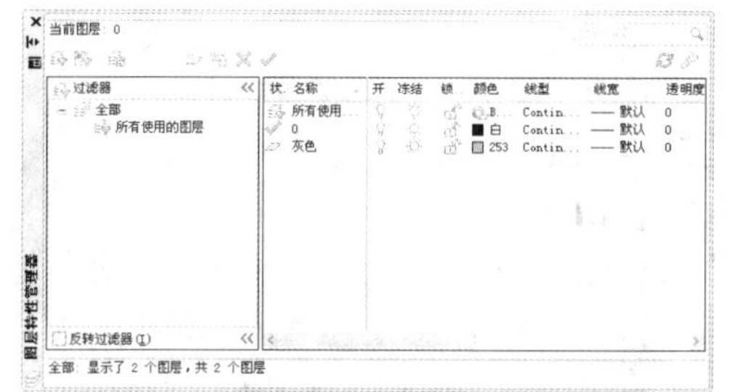

STEP 02 绘制矩形

在命令行中输入 REC（矩形）命令，按【Enter】键确认，根据命令行提示进行操作，在绘图区的任意位置单击鼠标左键，输入（@2340,2700），按【Enter】键确认，绘制矩形，如下图所示。

STEP 03 偏移直线

在命令行中输入 X（分解）命令，按【Enter】键确认，根据命令行提示进行操作，分解图形。在命令行中输入 O（偏移）命令，按【Enter】键确认，根据命令行提示进行操作，将左侧垂直直线向右偏移 528，如下图

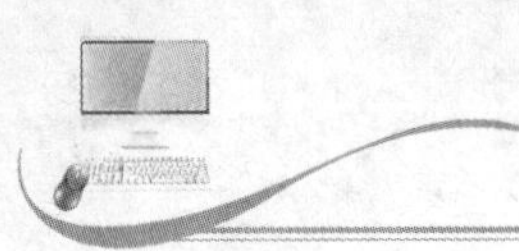

所示。

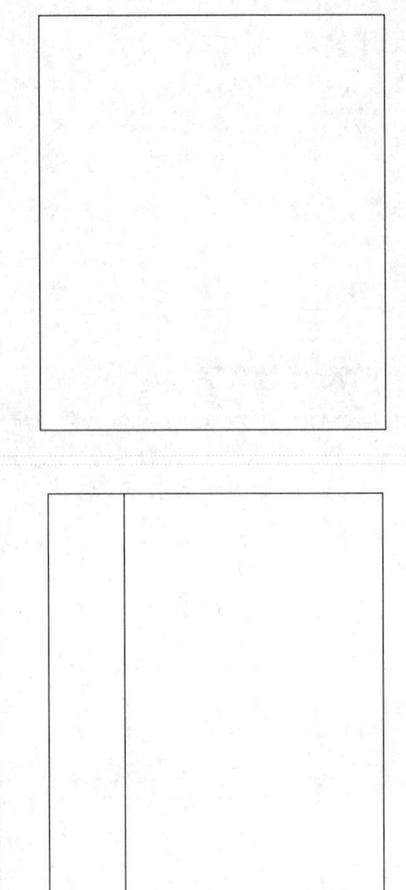

STEP 04 偏移直线

在命令行中输入 O（偏移）命令，按【Enter】键确认，根据命令行提示进行操作，设置偏移距离为 240，将右侧垂直直线向左偏移，如下图所示。

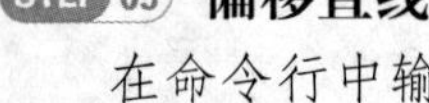

STEP 05 偏移直线

在命令行中输入 O（偏移）命令，按【Enter】键确认，根据命令行提示进行操作，设置偏移距离为 372，将偏移所得的直线向左偏移，如下图所示。

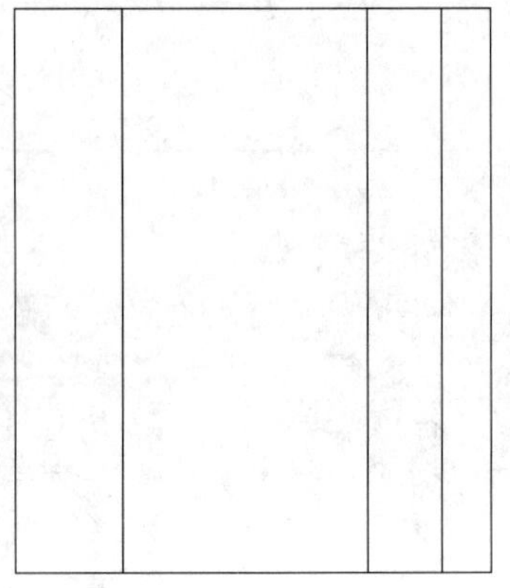

STEP 06 偏移直线

在命令行中输入 O（偏移）命令，按【Enter】键确认，根据命令行提示进行操作，将上、下两边水平直线各向内侧偏移 100，如下图所示。

STEP 07 修剪多余的图形

在命令行中输入 TR（修剪）命令，按【Enter】键确认，根据命令行提示进行操作，修剪多余的图形，如下图所示。

STEP 08 捕捉角点

在命令行中输入 L（直线）命令，按【Enter】键确认，根据命令行提示进行操作，输入 FROM 命令并确认，捕捉角点，如下图所示。

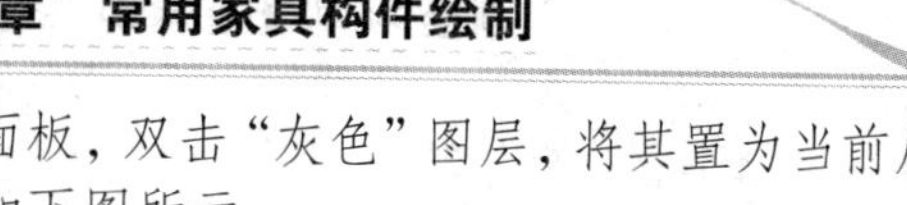

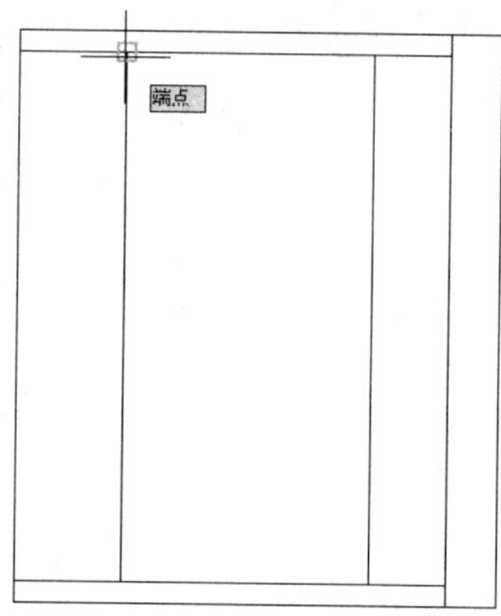

STEP 09　绘制直线

单击鼠标左键确认，输入（@0,-540，）、（@1200,0），按【Enter】键确认，绘制直线，如下图所示。

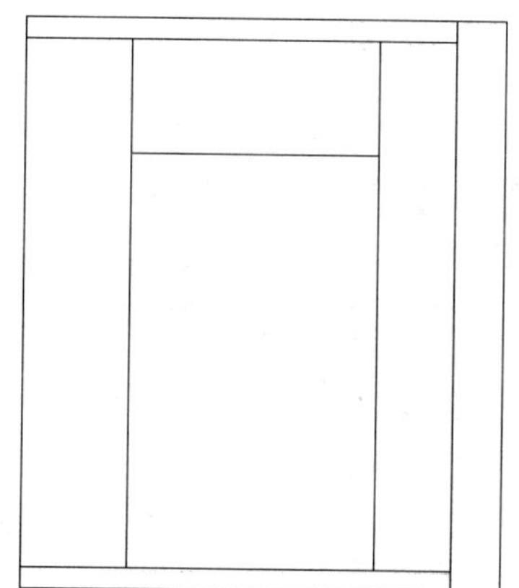

STEP 10　置为当前层

在命令行中输入 LA（图层）命令，按【Enter】键确认，弹出“图层特性管理器”面板，双击“灰色”图层，将其置为当前层，如下图所示。

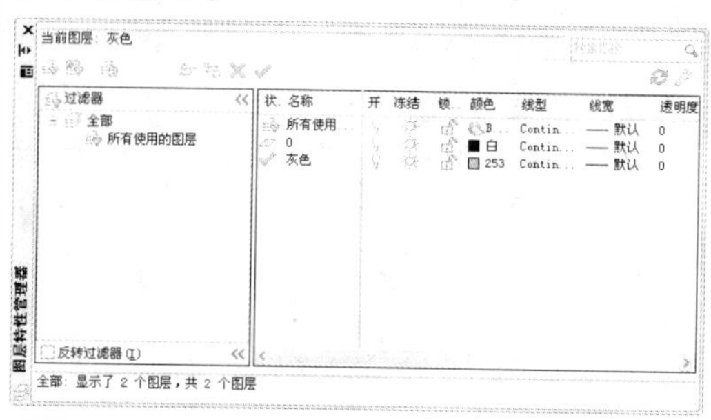

STEP 11　捕捉角点

在命令行中输入 REC（矩形）命令，按【Enter】键确认，根据命令行提示进行操作，输入 FROM 命令并确认，捕捉角点，如下图所示。

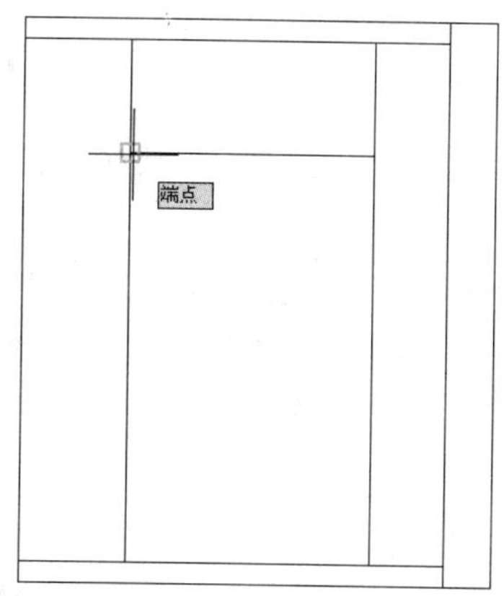

STEP 12　绘制矩形

单击鼠标左键确认，输入（@50,-50）、（@1100,-300），按【Enter】键确认，绘制矩形，如下图所示。

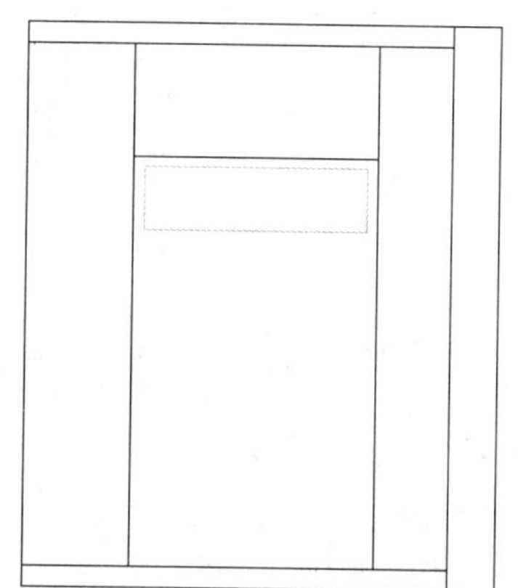

STEP 13 **创建图案填充**

在命令行中输入 H（图案填充）命令，按【Enter】键确认，弹出“图案填充创建”选项卡，设置“图案”为 STEEL、“填充图案比例”为 100，拾取相应位置，单击“关闭图案填充创建”按钮，完成图案填充的创建，如下图所示。

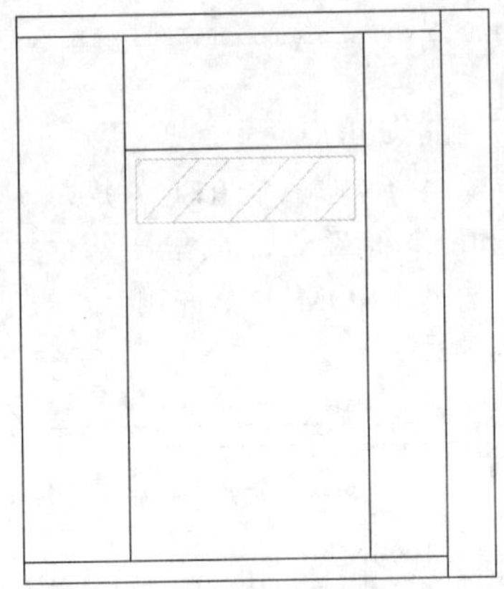

专家指点

图案填充可以使图形更加生动、明了，但如果在使用过程中发现填充的图案并非所需的图案，则需要对图案填充对象进行重新修改。

“图案填充编辑器”选项卡与“图案填充创建”选项卡的内容相同，只是“边界”面板上的“删除边界对象”按钮和“重新创建边界”按钮呈可用状态，可以对填充图案进行删除边界对象和重新创建边界操作应用。

STEP 14 **阵列图形**

在命令行中输入 AR（阵列）命令，按【Enter】键确认，根据命令行提示进行操作，选择玻璃图形，按【Enter】键确认，选择 R（矩形）选项，设置“行数”为 5、“列数”为 1、“行”的“介于”为-350，单击“关闭阵列”按钮，完成图形阵列，如下图所示。

STEP 15 **绘制垂直直线**

在命令行中输入 LA（图层）命令，按【Enter】键确认，将 0 图层置为当前层，在命令行中输入 L（直线）命令，按【Enter】键确认，根据命令行提示进行操作，捕捉直线中点，绘制垂直直线，如下图所示。

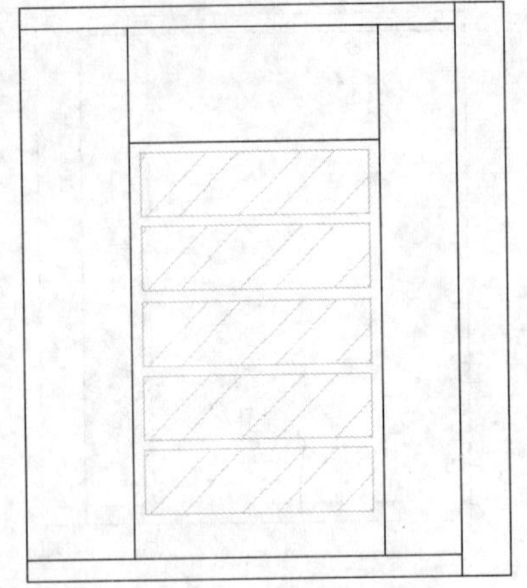

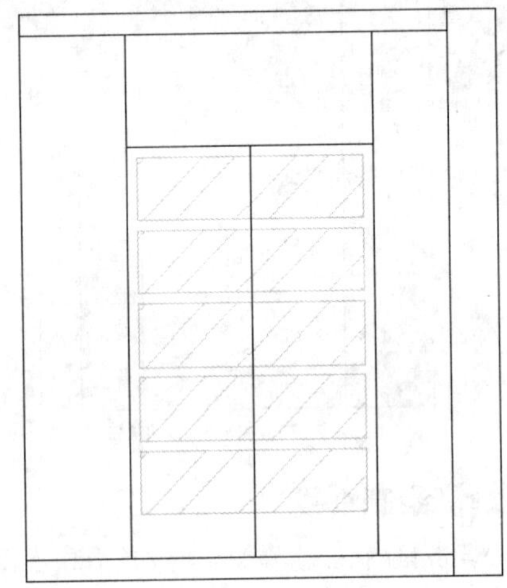

STEP 16 **选择图形**

在命令行中输入 I（插入）命令，按【Enter】键确认，弹出“插入”对话框，单击“浏览”按钮，弹出“选择图形文件”对话框，选择“拉手”图形，如下图所示。

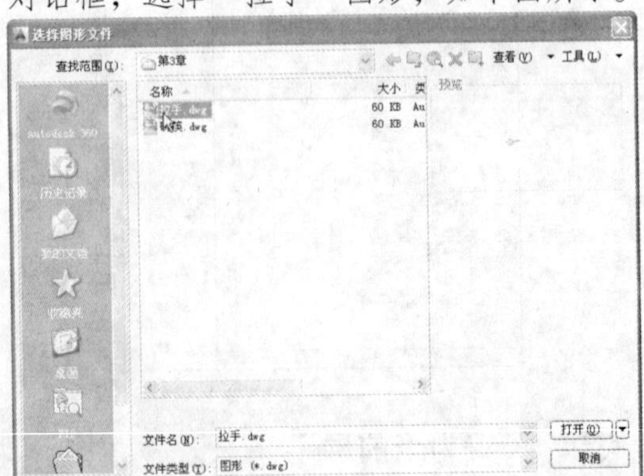

STEP 17 **插入图块**

单击“打开”按钮，返回“插入”对话框，单击“确定”按钮，指定插入点，插入图块，如下图所示。

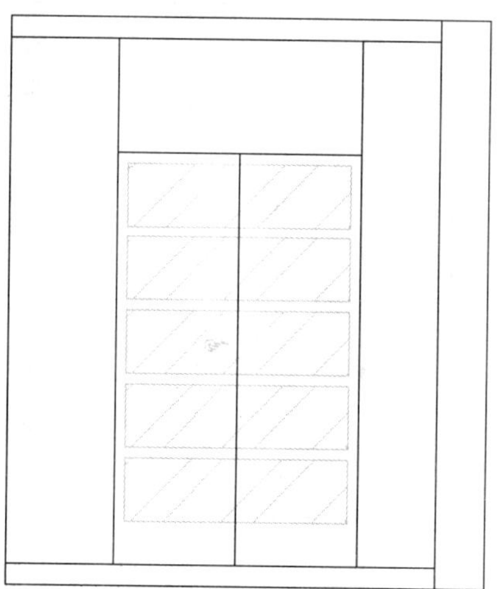

STEP 18　镜像图形

在命令行中输入 MI（镜像）命令，按【Enter】键确认，根据命令行提示进行操作，将插入的图块以中轴线上的点进行镜像，如下图所示。

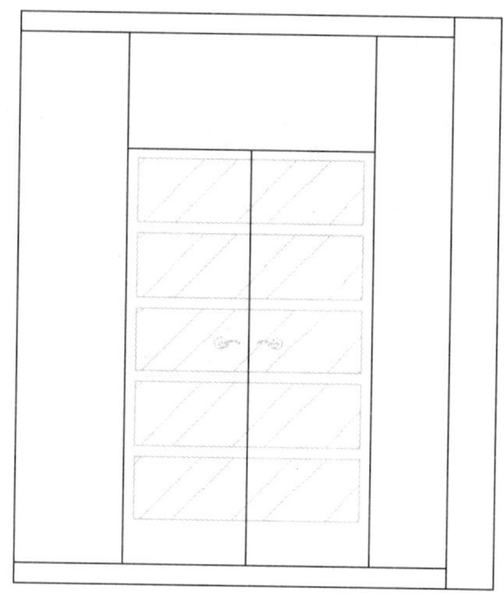

3.3.4　绘制书柜

书柜是室内装潢中的主要家具之一，即专门用来存放书籍、报刊和杂志等书物的柜子。本实例将介绍书柜的绘制，首先使用“矩形”、“偏移”等命令绘制柜体，然后使用“插入”等命令插入图块，展示了书柜的具体设计方法与技巧，其具体操作步骤如下。

素材文件	第 3 章\拉手.dwg、书籍.dwg	效果文件	第 3 章\书柜.dwg

STEP 01　新建图层

在命令行中输入 LA（图层）命令，按【Enter】键确认，弹出“图层特性管理器”面板，新建“灰色”图层，设置“颜色”为 253，如下图所示。

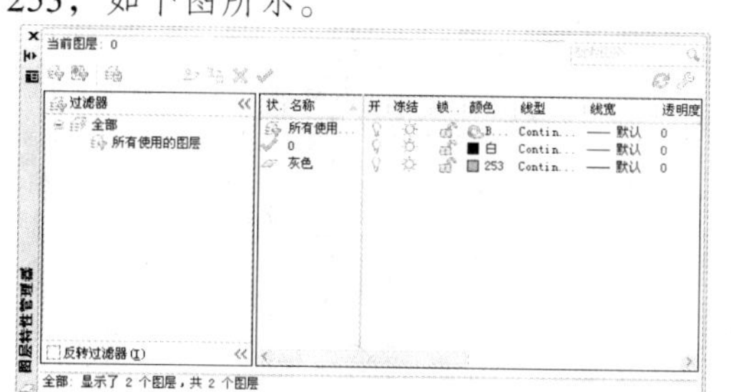

STEP 02　绘制矩形

在命令行中输入 REC（矩形）命令，按【Enter】键确认，根据命令行提示进行操作，在绘图区的任意位置单击鼠标左键，输入（@2430,2800），按【Enter】键确认，绘制矩形，如下图所示。

STEP 03　偏移直线

在命令行中输入 X（分解）命令，按【Enter】键确认，根据命令行提示进行操作，将新绘制的矩形分解。在命令行中输入 O（偏移）命令，按【Enter】键确认，根据

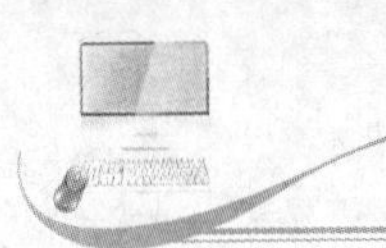

命令行提示进行操作,依次将上方水平直线向下偏移，偏移距离分别为 500、420、20、350、20、350、20、350、20、350、20 和 360，如下图所示。

STEP 04 偏移直线

在命令行中输入 O（偏移）命令，按【Enter】键确认，根据命令行提示进行操作，依次将左侧垂直直线向右偏移，偏移距离分别为 40、450、40、450、40、450、50 和 880，如下图所示。

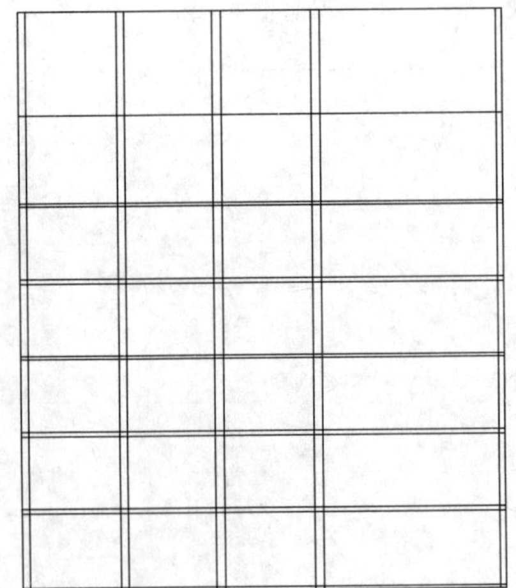

STEP 05 修剪多余的图形

在命令行中输入 TR（修剪）命令，按【Enter】键确认，根据命令行提示进行操作，修剪多余的图形，如下图所示。

STEP 06 捕捉角点

在命令行中输入 L（直线）命令，按【Enter】键确认，根据命令行提示进行操作，输入 FROM 命令并确认，捕捉右上角点，如下图所示。

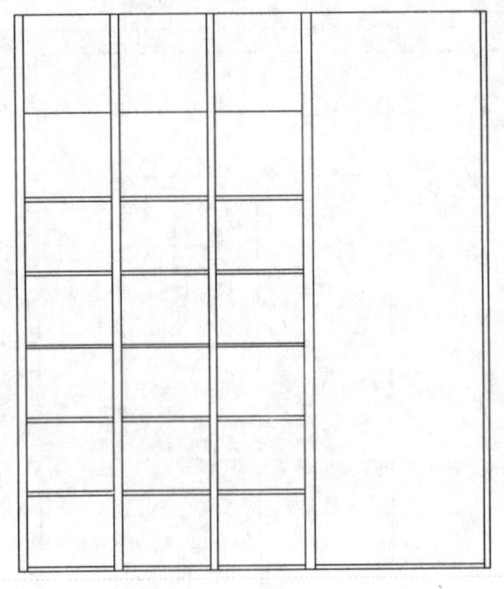

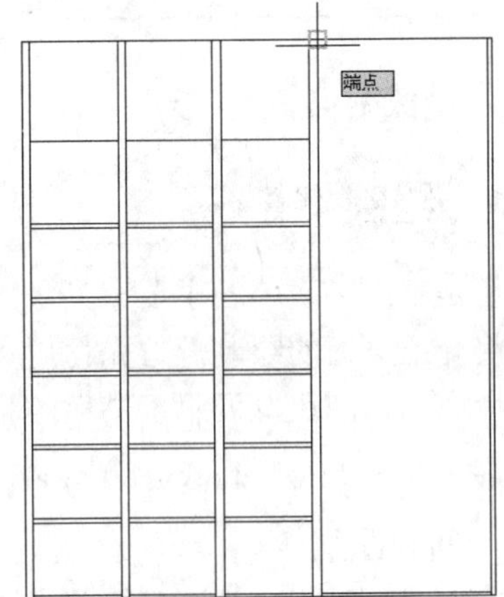

STEP 07 绘制直线

单击鼠标左键确认，输入（@0,-440），按【Enter】键确认，向右引导光标，捕捉垂足，绘制直线，如下图所示。

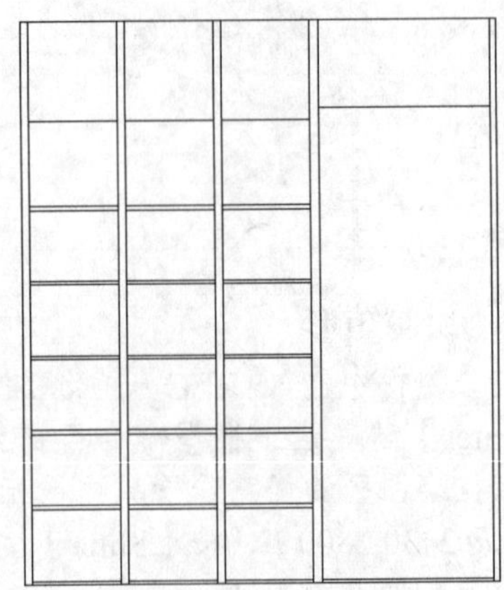

STEP 08 偏移直线

在命令行中输入 O（偏移）命令，按【Enter】键确认，根据命令行提示进行操作，设置偏移距离为 440，将绘制的直线向下偏移，如下图所示。

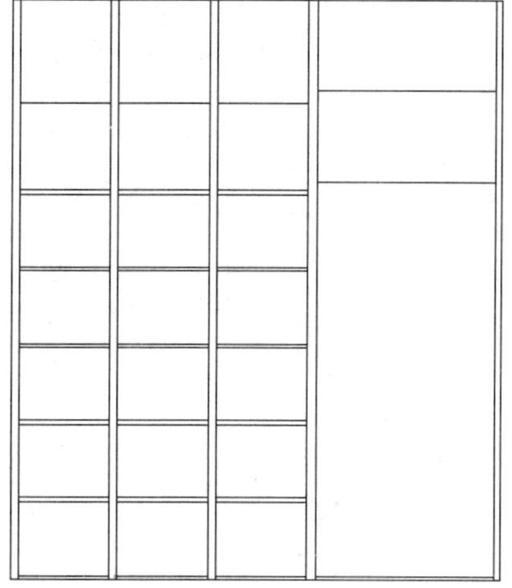

STEP 09 绘制直线

在命令行中输入 L（直线）命令，按【Enter】键确认，根据命令行提示进行操作，捕捉直线中点和垂足，绘制垂直直线，如下图所示。

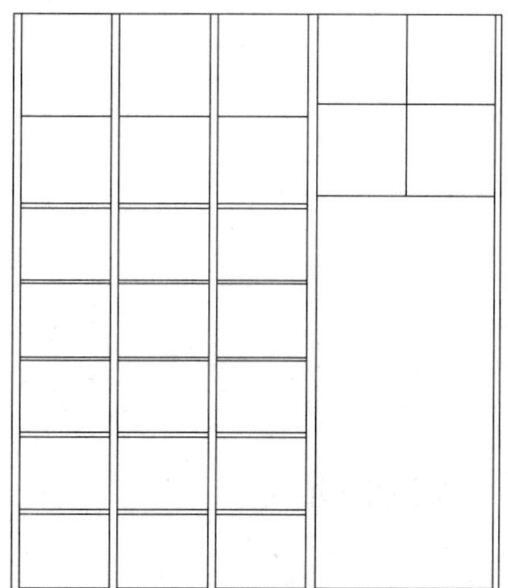

STEP 10 偏移直线

在命令行中输入 O（偏移）命令，按【Enter】键确认，根据命令行提示进行操作，将偏移所得的直线向下偏移，偏移距离分别为 650 和 30，如下图所示。

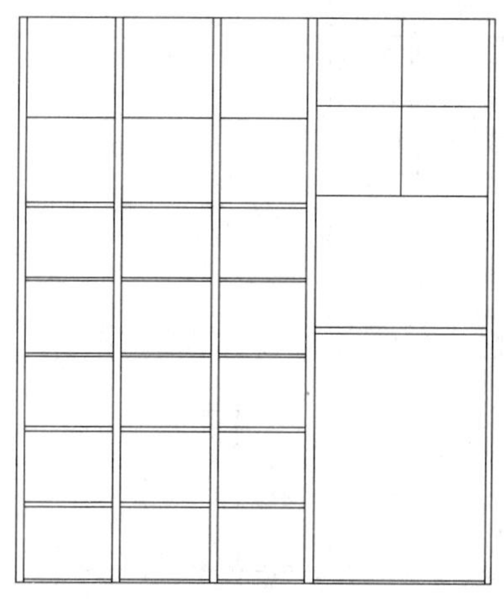

STEP 11 绘制直线

在命令行中输入 L（直线）命令，按【Enter】键确认，根据命令行提示进行操作，捕捉两条直线中点，绘制垂直直线，如下图所示。

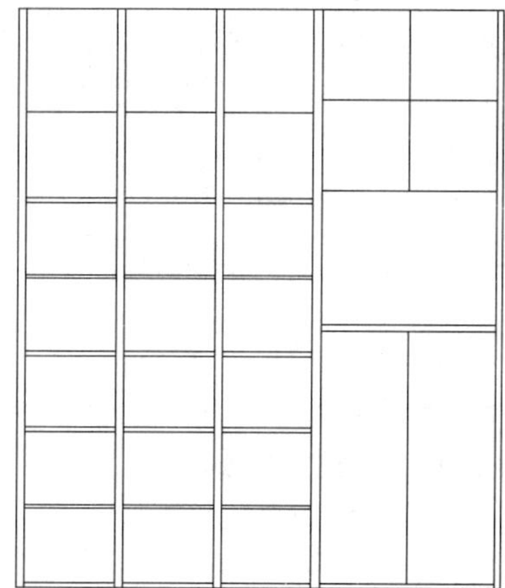

STEP 12 绘制直线

在命令行中输入 DIV（定数等分）命令，按【Enter】键确认，根据命令行提示进行操作，将新绘制的直线三等分。在命令行中输入 L（直线）命令，按【Enter】键确认，根据命令行提示进行操作，分别捕捉节点和垂足，绘制两条直线，如下图所示。

STEP 13 捕捉角点

在命令行中输入 REC（矩形）命令，按【Enter】键确认，根据命令行提示进行操作，输入 FROM 命令并确认，捕捉角点，如下图所示。

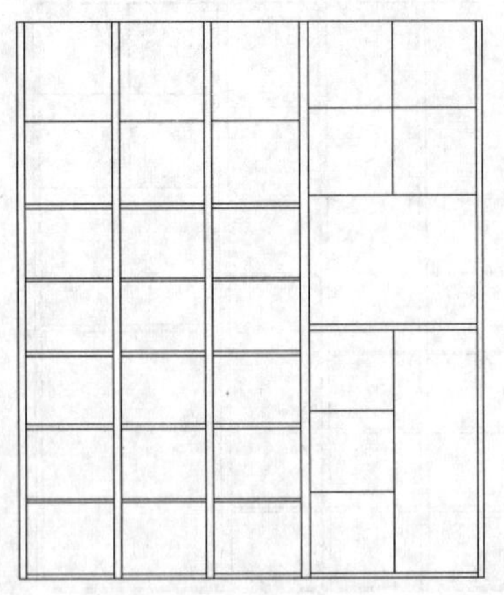

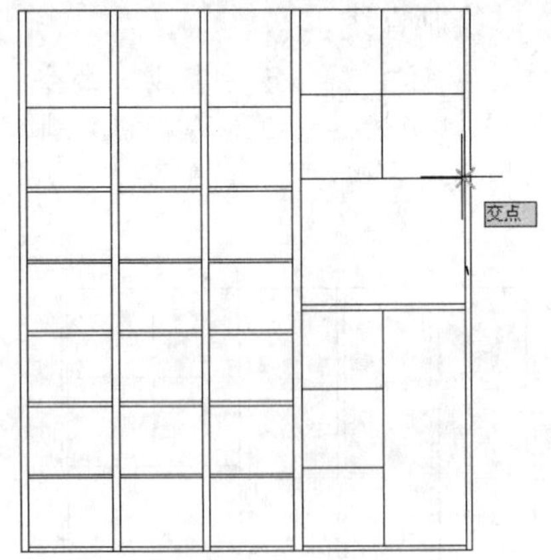

STEP 14 绘制矩形

单击鼠标左键确认，输入（@-20,20）、（@-400,400），按【Enter】键确认，绘制矩形，如下图所示。

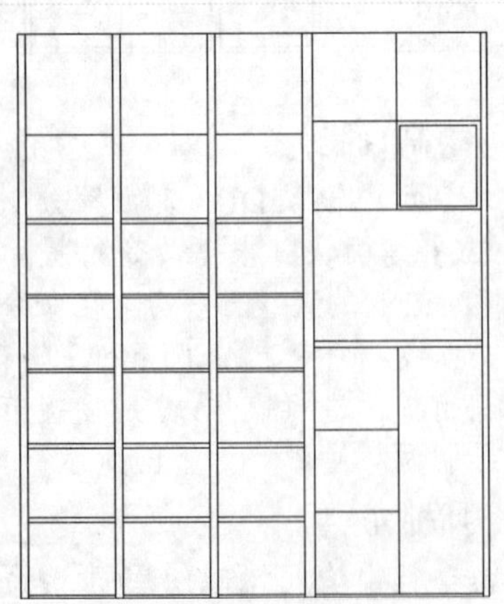

STEP 15 镜像矩形

在命令行中输入 MI（镜像）命令，按【Enter】键确认，根据命令行提示进行操作，将新绘制的矩形进行镜像，如下图所示。

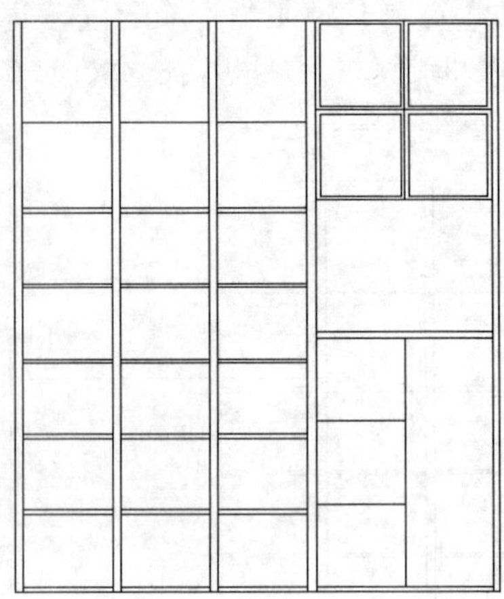

STEP 16 复制图块

在命令行中输入 I（插入）命令，按【Enter】键确认，插入“拉手”图块。在命令行中输入 CO（复制）命令，按【Enter】键确认，根据命令行提示进行操作，复制图块，如下图所示。

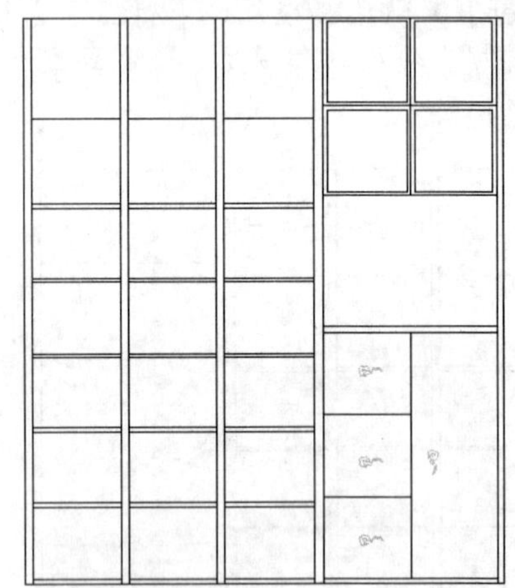

STEP 17 创建图案填充

在命令行中输入 LA（图层）命令，按【Enter】键确认，将“灰色”图层置为当前层。在命令行中输入 H（图案填充）命令，按【Enter】键确认，弹出“图案填充创建”选项卡，设置“图案”为 STEEL、“填充图案比例”为 80，拾取相应位置，单击“关闭图案填充创建”按钮，创建图案填充，如下图所示。

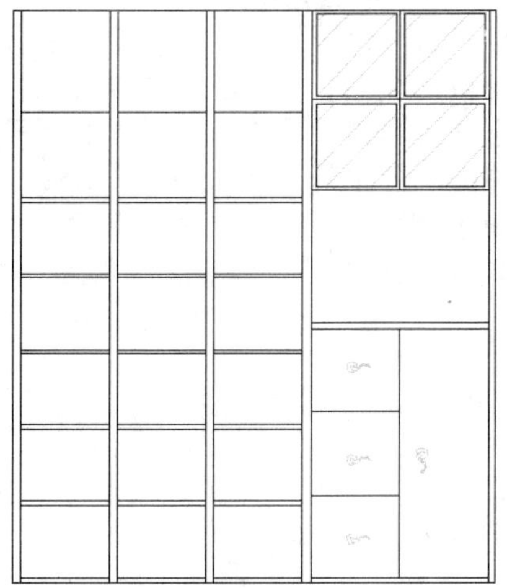

STEP 18 移动图形

在命令行中输入 I（插入）命令，按【Enter】键确认，插入“书籍”图块。在命令行中输入 X（分解）命令，按【Enter】键确认，根据命令行提示进行操作，分解图块。在命令行中输入 M（移动）命令，按【Enter】键确认，根据命令行提示进行操作，将图形移至合适位置，如下图所示。

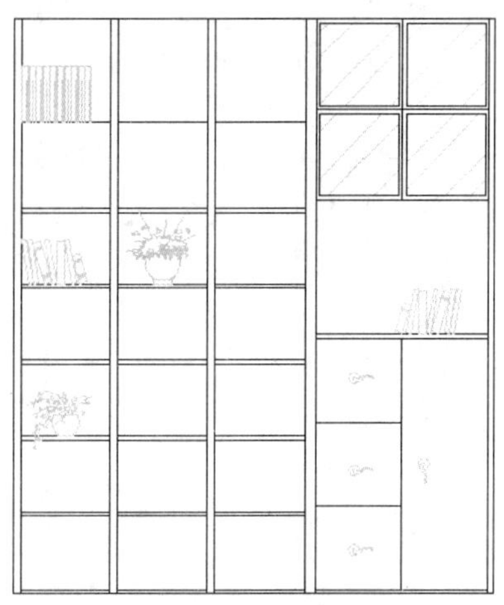

STEP 19 复制图形

在命令行中输入 CO（复制）命令，按【Enter】键确认，根据命令行提示进行操作，依次复制图形至合适位置，如下图所示。

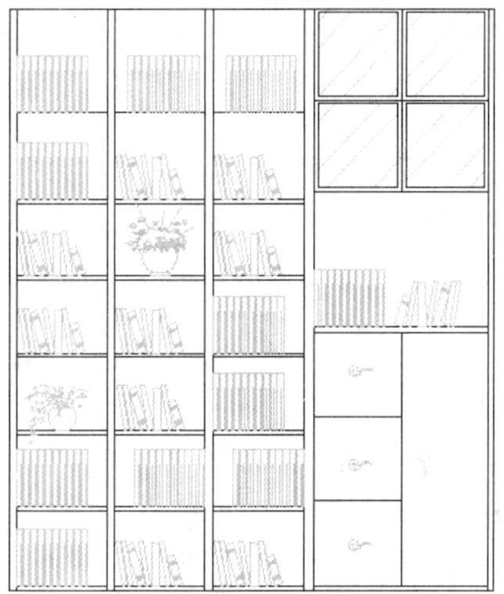

3.3.5 绘制茶几

茶几通常放置在经常走动的客厅、会客厅等地方，所以对茶几的边角和棱角处要处理好，选择的时候尽量选择棱角圆润的茶几。本实例将介绍茶几的绘制，首先使用“矩形”命令绘制茶几，然后使用“插入”命令插入图块，展示了茶几的具体设计方法与技巧，其具体操作步骤如下。

素材文件	第 3 章\茶几植物.dwg	效果文件	第 3 章\茶几.dwg

STEP 01 新建图层

在命令行中输入 LA（图层）命令，按【Enter】键确认，弹出“图层特性管理器”面板，新建“灰色”图层，设置“颜色”为 253，如下图所示。

STEP 02 绘制矩形

在命令行中输入 REC（矩形）命令，按【Enter】键确认，根据命令行提示进行操作，在绘图区的任意位置单击鼠标左键，输入（@1500,650），按【Enter】键确认，绘制矩形，如下图所示。

STEP 03 倒圆角

在命令行中输入 F（圆角）命令，按【Enter】键确认，根据命令行提示进行操作，设置圆角半径为 20，依次对矩形的 4 个直角倒圆角，如下图所示。

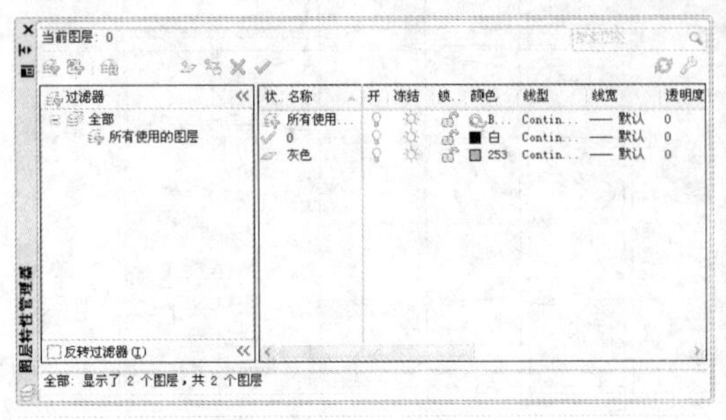

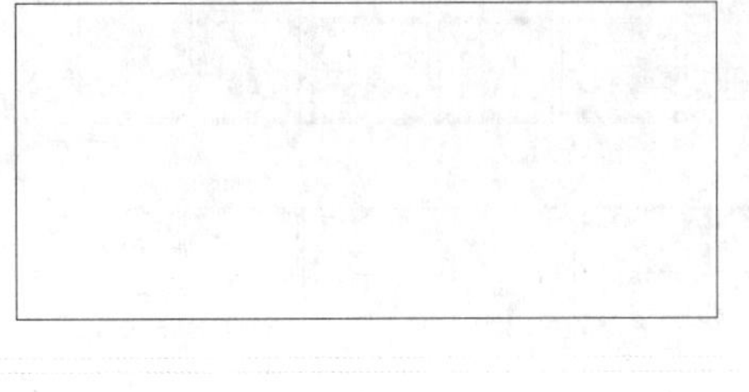

STEP 04 选择图形

在命令行中输入 I（插入）命令，按【Enter】键确认，弹出“插入”对话框，单击“浏览”按钮，弹出“选择图形文件”对话框，选择“茶几植物”素材图形，如下图所示。

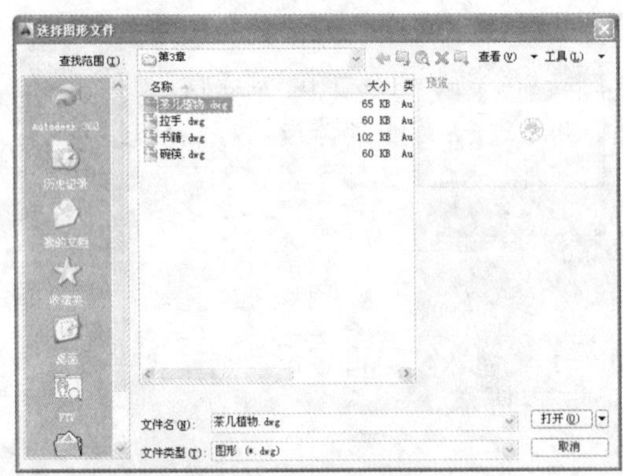

STEP 05 将图块移至合适位置

单击“打开”按钮，返回“插入”对话框，单击“确定”按钮，在绘图区的合适位置指定插入点，插入图块。在命令行中输入 SC（缩放）命令，按【Enter】键确认，根据命令行提示进行操作，设置比例因子为 0.1。在命令行中输入 M（移动）命令，按【Enter】键确认，然后根据命令行提示进行操作，将插入的图块移至合适位置，如下图所示。

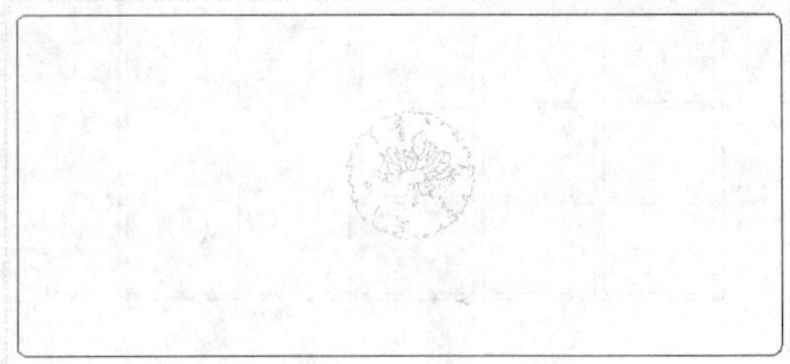

STEP 06 置为当前层

在命令行中输入 LA（图层）命令，按【Enter】键确认，弹出“图层特性管理器”面板，双击“灰色”图层，将其置为当前层，如下图所示。

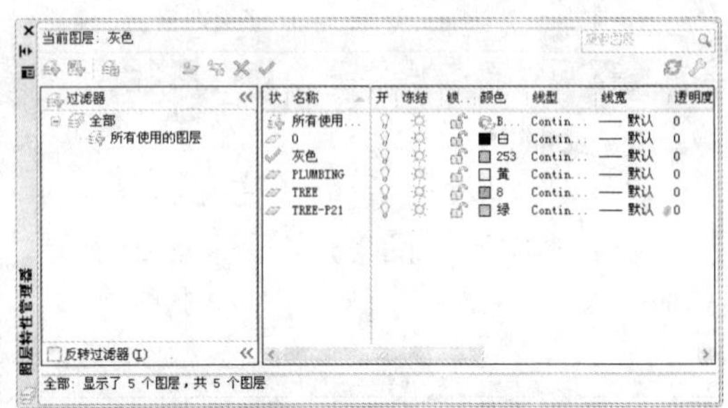

STEP 07 创建图案填充

在命令行中输入 H（图案填充）命令，按【Enter】键确认，弹出“图案填充创建”选项卡，设置“图案”为 JIS_LC_8、“填充图案比例”为 80，拾取相应位置，单击“关闭图案填充创建”按钮，创建图案填充，如下图所示。

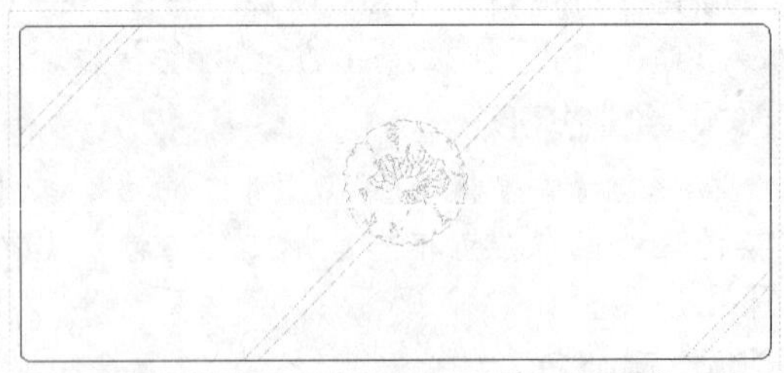

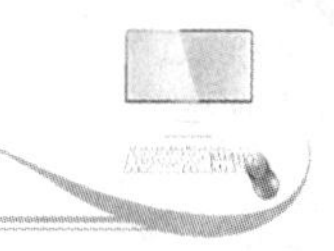

3.3.6 绘制电视柜

本实例将介绍电视柜的绘制，首先使用“矩形”、“圆弧”和“偏移”等命令绘制电视柜，然后使用“插入”命令插入图块，展示了电视柜的具体设计方法与技巧，其具体操作步骤如下。

素材文件	第 3 章\电视机.dwg	效果文件	第 3 章\电视柜.dwg

STEP 01 新建图层

在命令行中输入 LA（图层）命令，按【Enter】键确认，弹出“图层特性管理器”面板，新建“灰色”图层，设置“颜色”为 253，如下图所示。

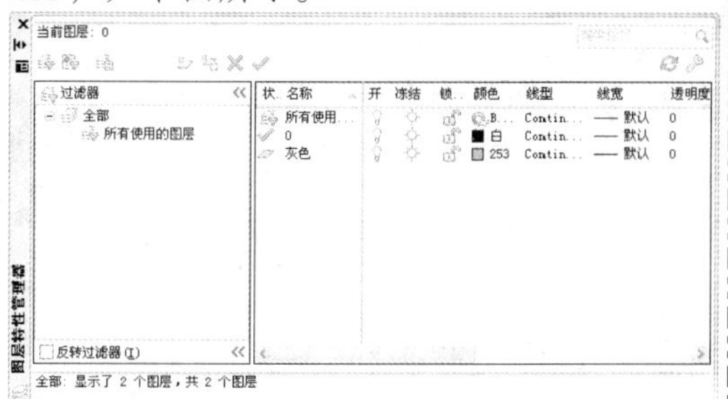

STEP 02 绘制矩形

在命令行中输入 REC（矩形）命令，按【Enter】键确认，根据命令行提示进行操作，在绘图区的任意位置单击鼠标左键，输入（@1500,500），按【Enter】键确认，绘制矩形，如下图所示。

STEP 03 删除直线

在命令行中输入 X（分解）命令，按【Enter】键确认，根据命令行提示进行操作，将矩形分解。在命令行中输入 E（删除）命令，按【Enter】键确认，根据命令行提示进行操作，选择底边直线，删除直线，如下图所示。

STEP 04 绘制圆弧

在命令行中输入 A（圆弧）命令，按【Enter】键确认，根据命令行提示进行操作，捕捉左下角点，输入 E（端点）并确认，捕捉右下角点，设置半径为 3000，绘制圆弧，如下图所示。

STEP 05 偏移图形

在命令行中输入 O（偏移）命令，按【Enter】键确认，根据命令行提示进行操作，设置偏移距离为 20，将所有图形向内侧偏移，如下图所示。

STEP 06 修剪多余的图形

在命令行中输入 TR（修剪）命令，按【Enter】键确认，根据命令行提示进行操作，修剪多余的图形，如下图所示。

STEP 07 捕捉角点

在命令行中输入 REC（矩形）命令，按【Enter】键确认，根据命令行提示进行操作，捕捉矩形左上角点，如下图所示。

STEP 08 绘制矩形

单击鼠标左键确认，输入（@-650,-500），按【Enter】键确认，绘制矩形，如下图所示。

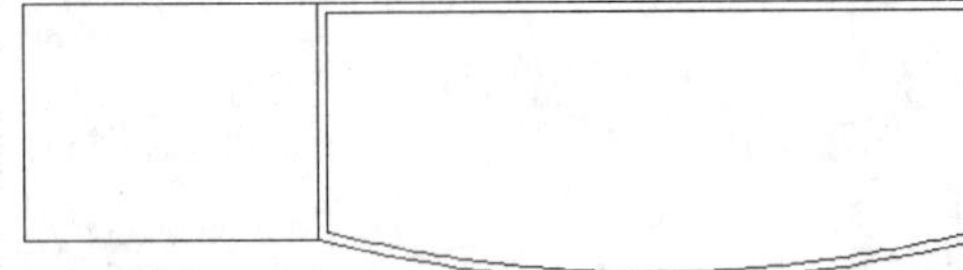

STEP 09 偏移矩形

在命令行中输入 O（偏移）命令，按【Enter】键确认，根据命令行提示进行操作，设置偏移距离为 20，将新绘制的矩形向内侧偏移，如下图所示。

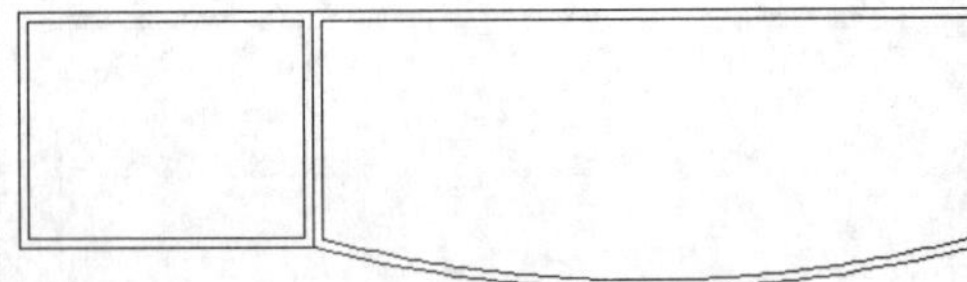

STEP 10 置为当前层

在命令行中输入 LA（图层）命令，按【Enter】键确认，弹出“图层特性管理器”面板，将“灰色”图层置为当前层，如下图所示。

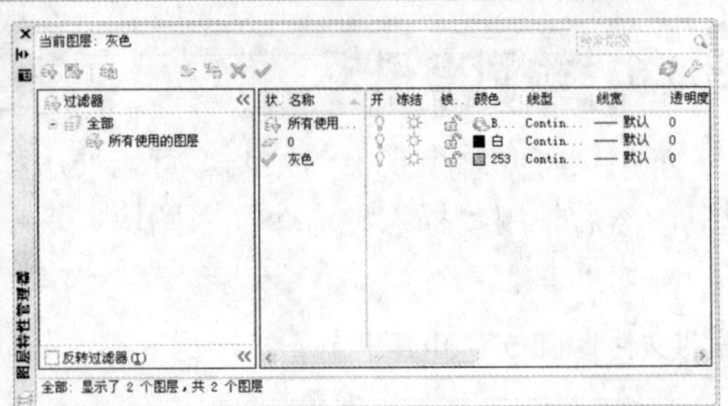

STEP 11 绘制交叉斜线

在命令行中输入 L（直线）命令，按【Enter】键确认，根据命令行提示进行操作，连接偏移所得矩形对角点，绘制交叉斜线，如下图所示。

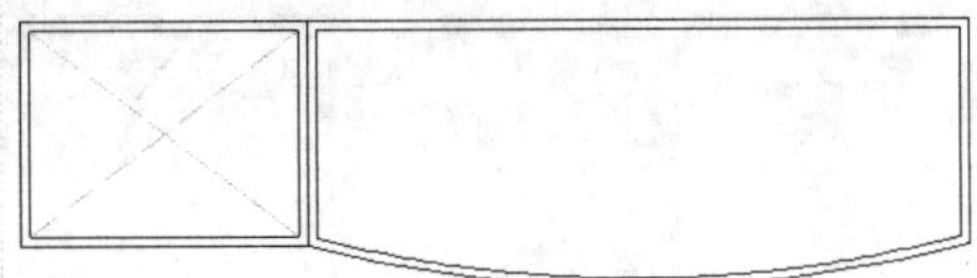

STEP 12 镜像图形

在命令行中输入 MI（镜像）命令，按【Enter】键确认，根据命令行提示进行操作，将左侧矩形和交叉斜线图形以电视柜中轴线进行镜像，如下图所示。

STEP 13 插入图块

在命令行中输入 I（插入）命令，按【Enter】键确认，插入“电视机”图块，并将其移动至合适位置，如下图所示。

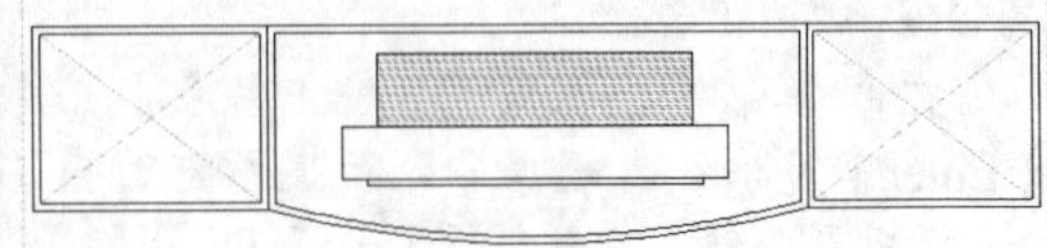

Chapter 04

章前知识导读

家电构件主要指在家庭及类似场所中使用的各种电气和电子器具，又称民用电器、日用电器。家电使人们从繁重、琐碎、费时的家务劳动中解放出来，为人类创造了更为舒适、更有利于身心健康的生活和工作环境，提供了丰富多彩的文化娱乐条件，已成为现代家庭生活的必需品。

常用家电构件绘制

重点知识索引

- 基本家电构件绘制
- 其他家电构件绘制

效果图片赏析

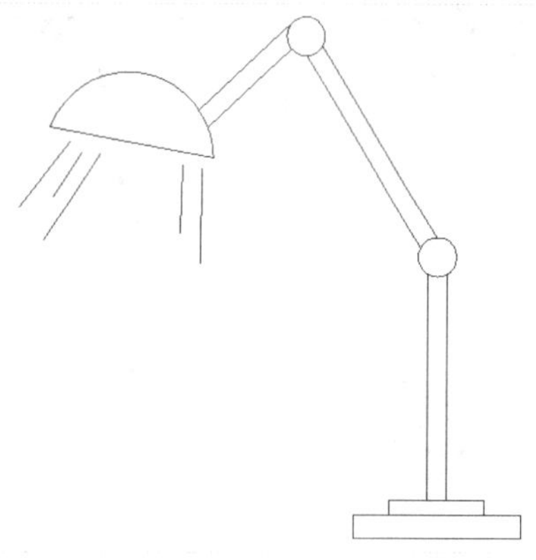

4.1 基本家电构件绘制

家用电器的范围，各国不尽相同，世界上尚未形成统一的家用电器分类法，有的国家将照明器具列为家用电器的一类，将声像电器列入文娱器具，而文娱器具还包括电动电子玩具。下面将介绍绘制基本家电构件的操作方法。

4.1.1 绘制空调

空调是为满足生活、生产要求和改善劳动卫生条件，用人工的方法使室内空气的温度、湿度、洁净度、气流速度以及空气品质达到一定的要求。本实例将介绍空调的绘制，首先使用“矩形”、“偏移”和“修剪”等命令绘制空调，然后使用“圆”、“矩形”命令绘制空调标识，展示了空调的具体设计方法与技巧，其具体操作步骤如下。

素材文件	无	效果文件	第 4 章\空调.dwg

STEP 01 新建图层

在命令行中输入 LA（图层）命令，按【Enter】键确认，弹出“图层特性管理器”面板，新建“灰色”图层，设置“颜色”为 253，如下图所示。

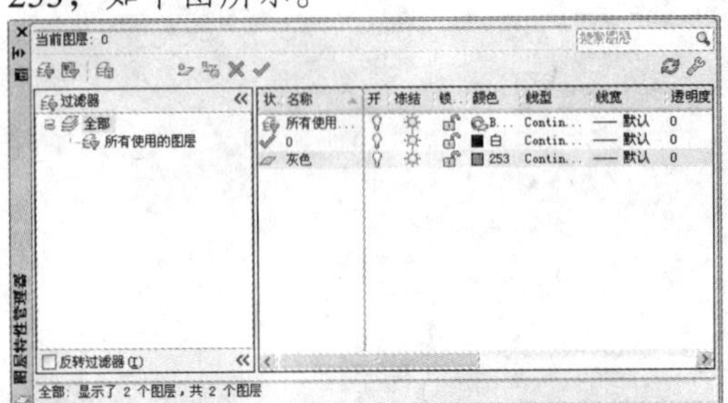

STEP 02 绘制矩形

在命令行中输入 REC（矩形）命令，按【Enter】键确认，根据命令行提示进行操作，在绘图区的任意位置单击鼠标左键，输入（@518,1740），按【Enter】键确认，绘制矩形，如下图所示。

STEP 03 偏移直线

在命令行中输入 X（分解）命令，按【Enter】键确认，根据命令行提示进行操作，将绘制的矩形分解。在命令行中输入 O（偏移）命令，按【Enter】键确认，根据命令行提示进行操作，设置偏移距离为 383，将矩形左侧的垂直直线向右偏移，如下图所示。

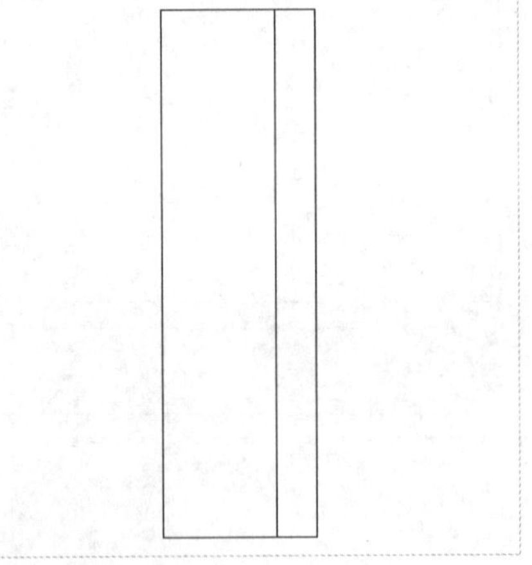

STEP 04 偏移直线

在命令行中输入 O（偏移）命令，按【Enter】键确认，根据命令行提示进行操作，将上方水平直线向下偏移，偏移距离分别为 360、550 和 760，如下图所示。

STEP 05 修剪多余的图形

在命令行中输入 TR（修剪）命令，按【Enter】键确认，根据命令行提示进行操作，修剪多余的图形，如下图所示。

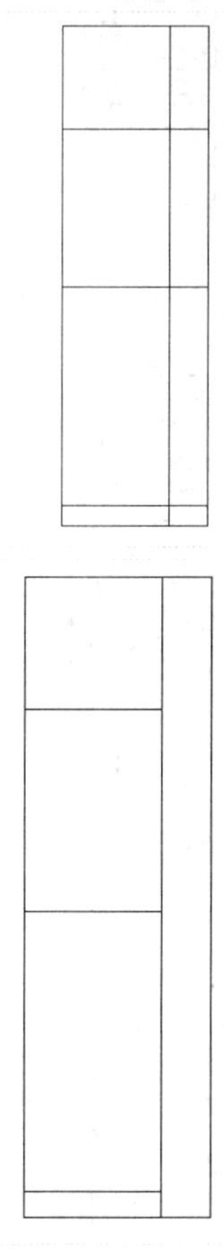

STEP 06　捕捉角点

在命令行中输入 REC（矩形）命令，按【Enter】键确认，根据命令行提示进行操作，输入 FROM 命令并确认，捕捉左上角点，如下图所示。

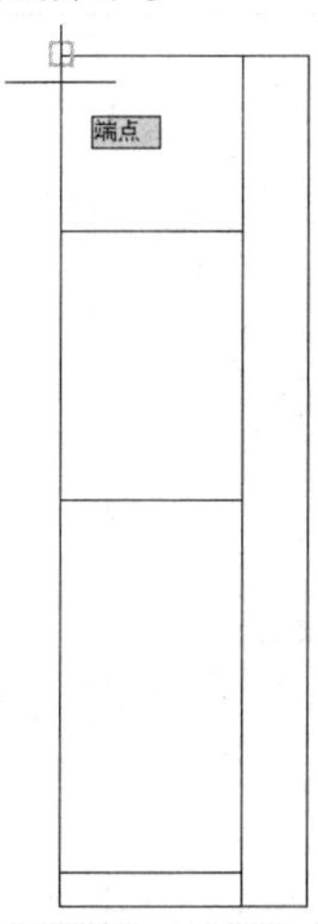

STEP 07　绘制矩形

单击鼠标左键确认，输入（@30,-29）、（@323,-300），按【Enter】键确认，绘制矩形，如下图所示。

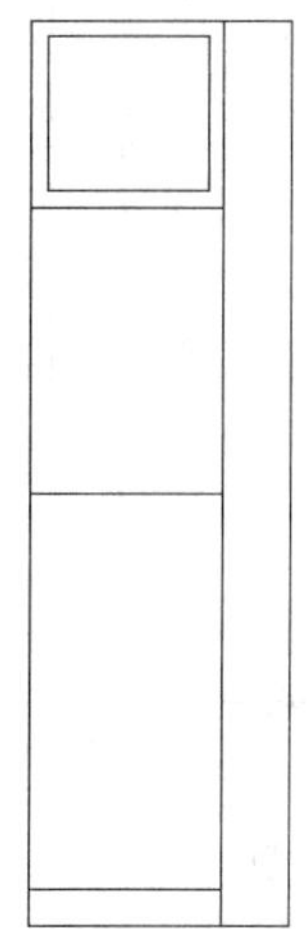

STEP 08　偏移直线

在命令行中输入 X（分解）命令，按【Enter】键确认，根据命令行提示进行操作，将绘制的矩形分解。在命令行中输入 O（偏移）命令，按【Enter】键确认，然后根据命令行提示进行操作，设置偏移距离为 30，将矩形上方水平直线向下偏移，如下图所示。

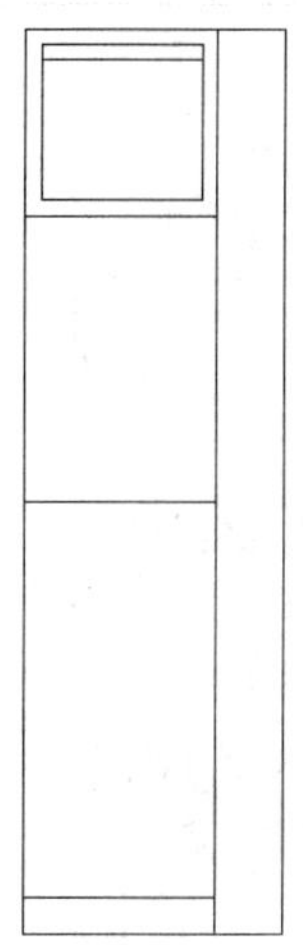

STEP 09　偏移直线

在命令行中输入 O（偏移）命令，按【Enter】键确认，根据命令行提示进行操作，设置偏移距离为 30，依次将偏移所得直线向下偏移，直到填充满矩形，效果如下图所示。

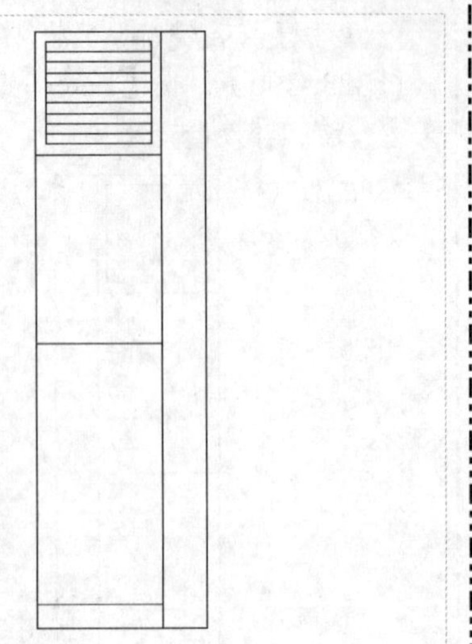

STEP 10 **偏移直线**

在命令行中输入 O（偏移）命令，按【Enter】键确认，根据命令行提示进行操作，设置偏移距离为 20，将从下数第三条直线向下偏移，并将偏移所得直线向下偏移多次，直到填充满矩形，如下图所示。

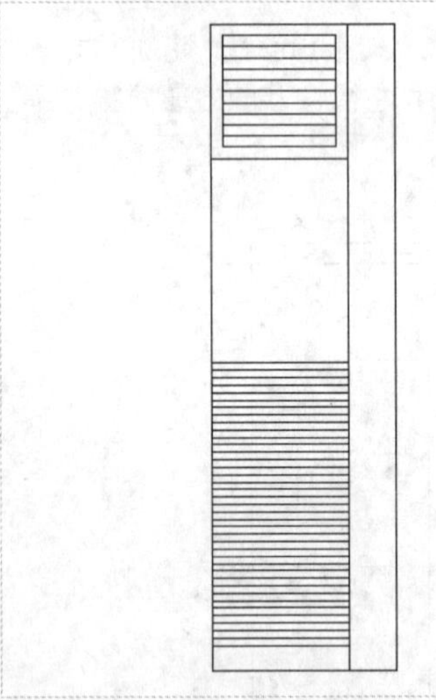

STEP 11 **绘制空调的标识**

在命令行中输入 C（圆）命令和 REC（矩形）命令，按【Enter】键确认，根据命令行提示进行操作，绘制空调的标识，如下图所示。

STEP 12 **放置在“灰色”图层上**

选择矩形内部所有图形，将其全部放置在“灰色”图层上，如下图所示。

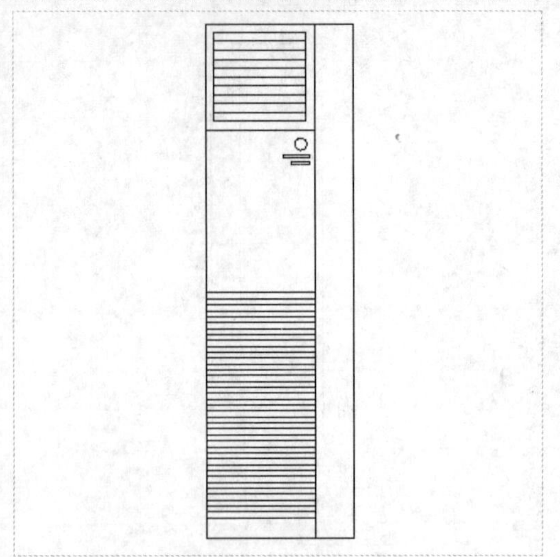

STEP 13 **复制空调**

在命令行中输入 CO（复制）命令，按【Enter】键确认，根据命令行提示进行操作，复制空调，如下图所示。

4.1.2 绘制电视机

第一台电视机面世于 1924 年，由英国的电子工程师约翰•贝尔德发明。本实例将介绍电视机的绘制，首先使用“矩形”命令绘制电视机轮廓，然后使用“偏移”、“圆弧”等命令绘制电视机细节，展示了电视机的具体设计方法与技巧，其具体操作步骤如下。

素材文件	无	效果文件	第 4 章\电视机.dwg

STEP 01 绘制矩形

在命令行中输入 REC（矩形）命令，按【Enter】键确认，根据命令行提示进行操作，在绘图区的任意位置单击鼠标左键，输入（@800,525），按【Enter】键确认，绘制矩形，如下图所示。

STEP 02 偏移矩形

在命令行中输入 O（偏移）命令，按【Enter】键确认，根据命令行提示进行操作，设置偏移距离为 30，将矩形向内偏移，如下图所示。

STEP 03 偏移矩形

在命令行中输入 O（偏移）命令，按【Enter】键确认，根据命令行提示进行操作，设置偏移距离为 5，将偏移所得矩形向内偏移，如下图所示。

STEP 04 偏移矩形

在命令行中输入 O（偏移）命令，按【Enter】键确认，根据命令行提示进行操作，设置偏移距离为 15，将偏移所得矩形向内偏移，如下图所示。

STEP 05 偏移直线

在命令行中输入 X（分解）命令，按【Enter】键确认，根据命令行提示进行操作，分解最外侧的矩形。在命令行中输入 O（偏移）命令，按【Enter】键确认，然后根据命令行提示进行操作，设置偏移距离为 47.5，将下方水平直线向下偏移，效果如下图所示。

STEP 06 夹点编辑直线

选择偏移所得直线，选择左侧夹点，打

开正交功能，向右引导光标，输入 12 并确认，如下图所示。

STEP 07 偏移直线

在命令行中输入 O（偏移）命令，按【Enter】键确认，根据命令行提示进行操作，设置偏移距离为 25.7，将最下方水平直线向上偏移，如下图所示。

STEP 08 绘制圆弧

在命令行中输入 A（圆弧）命令，按【Enter】键确认，根据命令行提示进行操作，捕捉中间水平直线的左端点，输入 E（端点）并确认，捕捉左上方水平直线端点，输入 R（半径）并确认，输入 16 并确认，绘制圆弧，如下图所示。

STEP 09 绘制圆弧

在命令行中输入 A（圆弧）命令，按【Enter】键确认，根据命令行提示进行操作，捕捉中间水平直线的左端点，输入 E（端点）并确认，捕捉左下方水平直线端点，输入 R（半径）并确认，输入 43 并确认，绘制圆弧，如下图所示。

STEP 10 镜像圆弧

在命令行中输入 MI（镜像）命令，按【Enter】键确认，根据命令行提示进行操作，将新绘制的两条圆弧以矩形的中轴线为镜像线进行镜像，如下图所示。

STEP 11 修剪多余的图形

在命令行中输入 TR（修剪）命令，按【Enter】键确认，根据命令行提示进行操作，修剪多余的图形，如下图所示。

STEP 12　删除多余的图形

在命令行中输入 E（删除）命令，按【Enter】键确认，根据命令行提示进行操作，删除多余的图形，如下图所示。

STEP 13　绘制矩形

在命令行中输入 REC（矩形）命令，按【Enter】键确认，根据命令行提示进行操作，在绘图区的合适位置单击鼠标左键，输入（@241.5,28.4），按【Enter】键确认，绘制矩形，如下图所示。

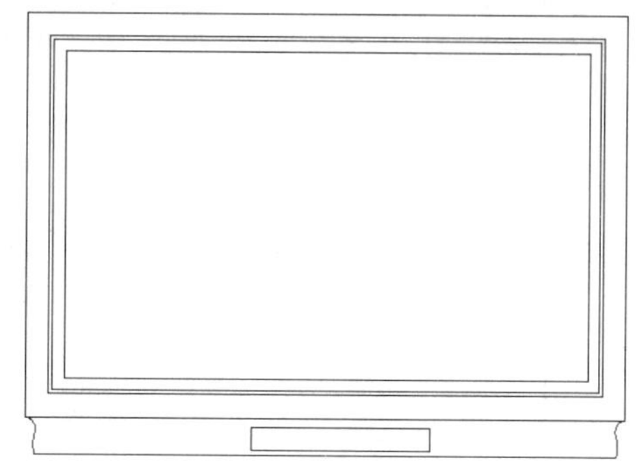

4.1.3　绘制洗衣机

本实例将介绍洗衣机的绘制，首先使用“矩形”、“偏移”等命令绘制洗衣机，然后使用“圆”、“矩形”命令绘制按钮及标识，展示了洗衣机的具体设计方法与技巧，其具体操作步骤如下。

素材文件	无	效果文件	第 4 章\洗衣机.dwg

STEP 01　新建图层

在命令行中输入 LA（图层）命令，按【Enter】键确认，弹出“图层特性管理器”面板，新建“灰色”图层，设置“颜色”为 253，如下图所示。

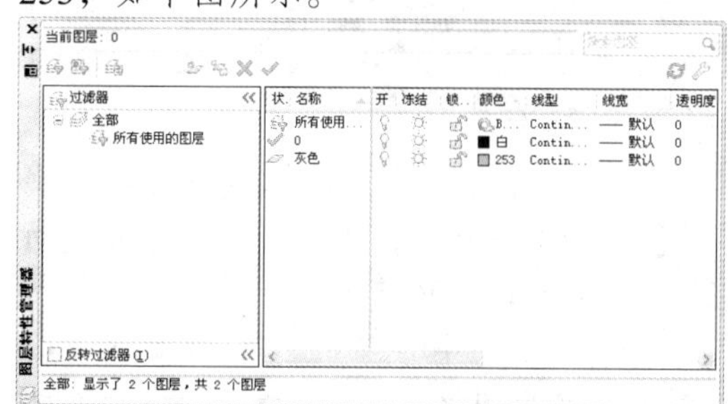

STEP 02　绘制矩形

在命令行中输入 REC 矩形）命令，按【Enter】键确认，根据命令行提示进行操作，在绘图区的任意位置单击鼠标左键，输入（@600,767），按【Enter】键确认，绘制矩形，如下图所示。

STEP 03　偏移矩形

在命令行中输入 O（偏移）命令，按【Enter】键确认，根据命令行提示进行操作，设置偏移距离为 15，将新绘制的矩形向内侧偏移，如下图所示。

STEP 04　倒圆角

在命令行中输入 F（圆角）命令，按【Enter】键确认，根据命令行提示进行操作，设置圆角半径为 30，将外侧矩形的下面两个角进行倒圆角，如下图所示。

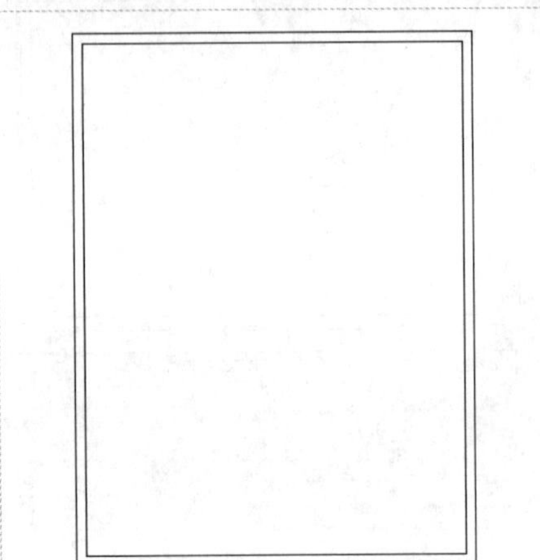

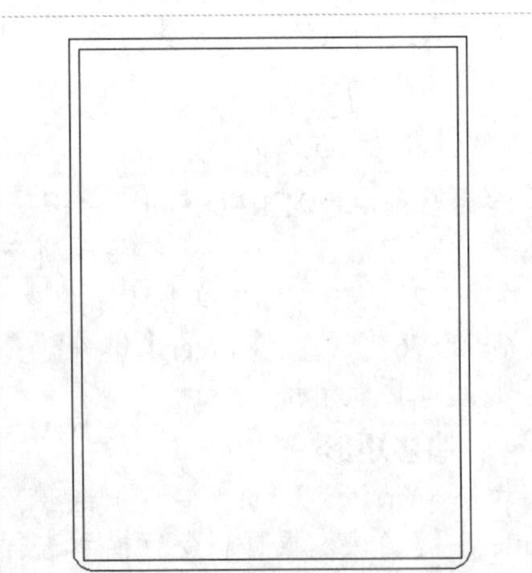

STEP 05 捕捉角点

在命令行中输入 REC（矩形）命令，按【Enter】键确认，根据命令行提示进行操作，输入 FROM 命令并确认，捕捉矩形左上角点，如下图所示。

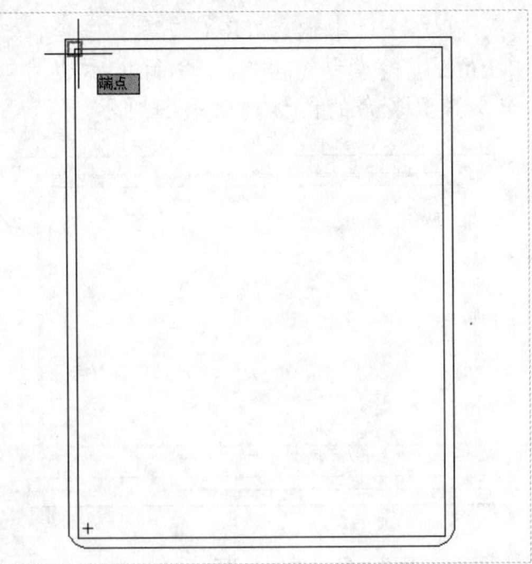

STEP 06 绘制矩形

单击鼠标左键确认，输入（@17,-20）、（@528,-70），按【Enter】键确认，绘制矩形，如下图所示。

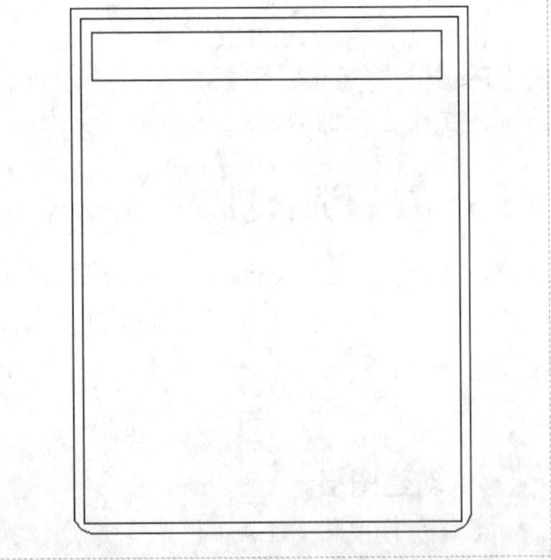

专家指点

由于各种商标不尽相同，所以在绘制此类图形时，可以随意绘制。

STEP 07 捕捉角点

在命令行中输入 REC（矩形）命令，按【Enter】键确认，根据命令行提示进行操作，输入 FROM 命令并确认，捕捉矩形左上角点，如下图所示。

STEP 08 绘制矩形

单击鼠标左键确认，输入（@13,-102）、

（@541,-630），按【Enter】键确认，绘制矩形，如下图所示。

STEP 09 绘制两条辅助线

在命令行中输入 L（直线）命令，按【Enter】键确认，根据命令行提示进行操作，连接内侧矩形的对角点，绘制两条辅助线，如下图所示。

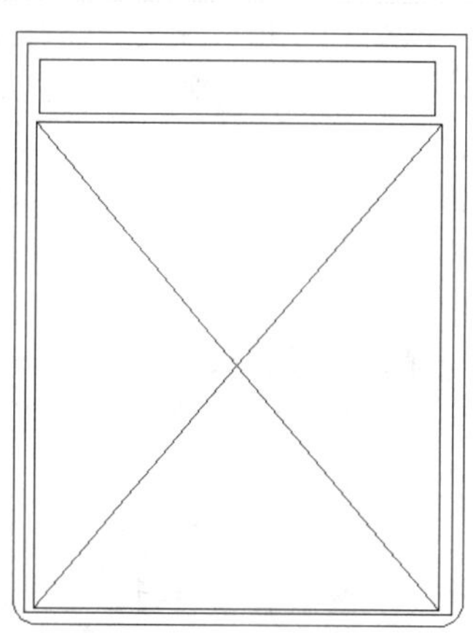

STEP 10 绘制圆

在命令行中输入 C(圆)命令，按【Enter】键确认，根据命令行提示进行操作，捕捉两条辅助线的交点为圆心，绘制半径为 250 的圆，如下图所示。

STEP 11 偏移圆

在命令行中输入 O（偏移）命令，按【Enter】键确认，然后根据命令行提示进行操作，将绘制的圆向内侧偏移 15，如下图所示。

STEP 12 绘制按钮及标识

在命令行中输入 E（删除）命令，按【Enter】键确认，根据命令行提示进行操作，将两条辅助线删除。在命令行中输入 C（圆）命令和 REC（矩形）命令，按【Enter】键确认，根据命令行提示进行操作，绘制一些小的圆和矩形作为洗衣机的按钮及标识，如下图所示。

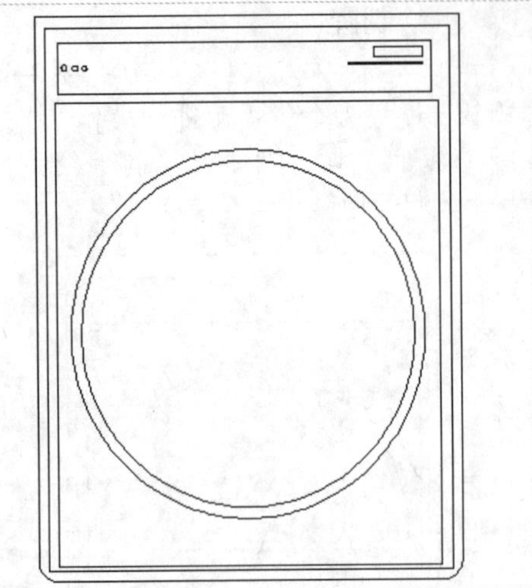

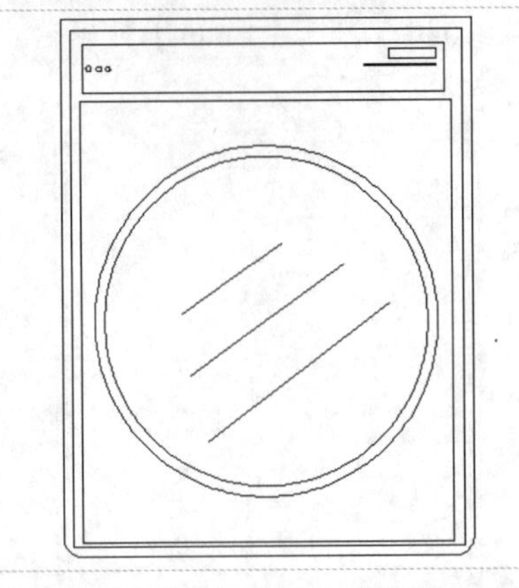

STEP 13 绘制直线

在命令行中输入 L（直线）命令，按【Enter】键确认，然后根据命令行提示进行操作，在圆内绘制几条随意的直线，如下图所示。

STEP 14 放置在“灰色”图层上

在洗衣机的底部绘制两个半圆弧，将内部图形全部放置在“灰色”图层上，如下图所示。

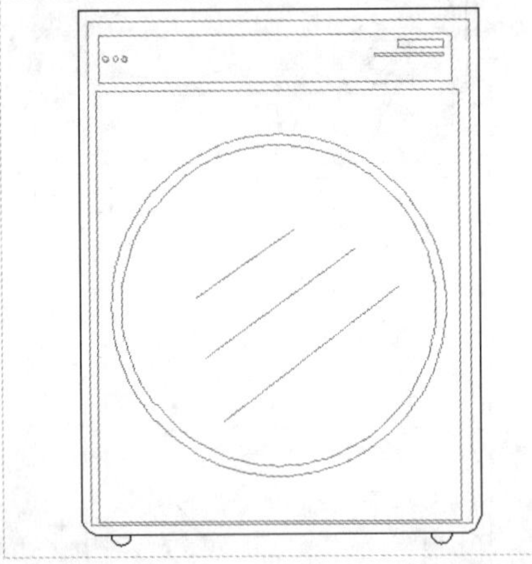

4.2 其他家电构件绘制

美国是家用电器的发祥地，1879 年美国爱迪生发明白炽灯，开创了家庭用电时代。20 世纪初，美国理查森发明的电熨斗投放市场，促使其他家用电器相继问世。下面将介绍绘制其他家电构件的操作方法。

4.2.1 绘制电饭煲

本实例将介绍电饭煲的绘制，首先使用“矩形”、“偏移”和“圆弧”等命令绘制电饭煲，然后使用“圆”、“矩形”命令绘制按钮及标识，展示了电饭煲的具体设计方法与技巧，其具体操作步骤如下。

素材文件	无	效果文件	第 4 章\电饭煲.dwg

STEP 01 绘制矩形

在命令行中输入 REC（矩形）命令，按【Enter】键确认，根据命令行提示进行操作，在绘图区的任意位置单击鼠标左键，输入（@300,206），按【Enter】键确认，绘制矩形，如下图所示。

STEP 02 偏移直线

在命令行中输入 X（分解）命令，按【Enter】键确认，根据命令行提示进行操作，分解新绘制的矩形。在命令行中输入 O（偏移）命令，按【Enter】键确认，根据命令行提示进行操作，设置偏移距离为 5，将左侧和右侧的垂直直线依次向内偏移，效果如下图所示。

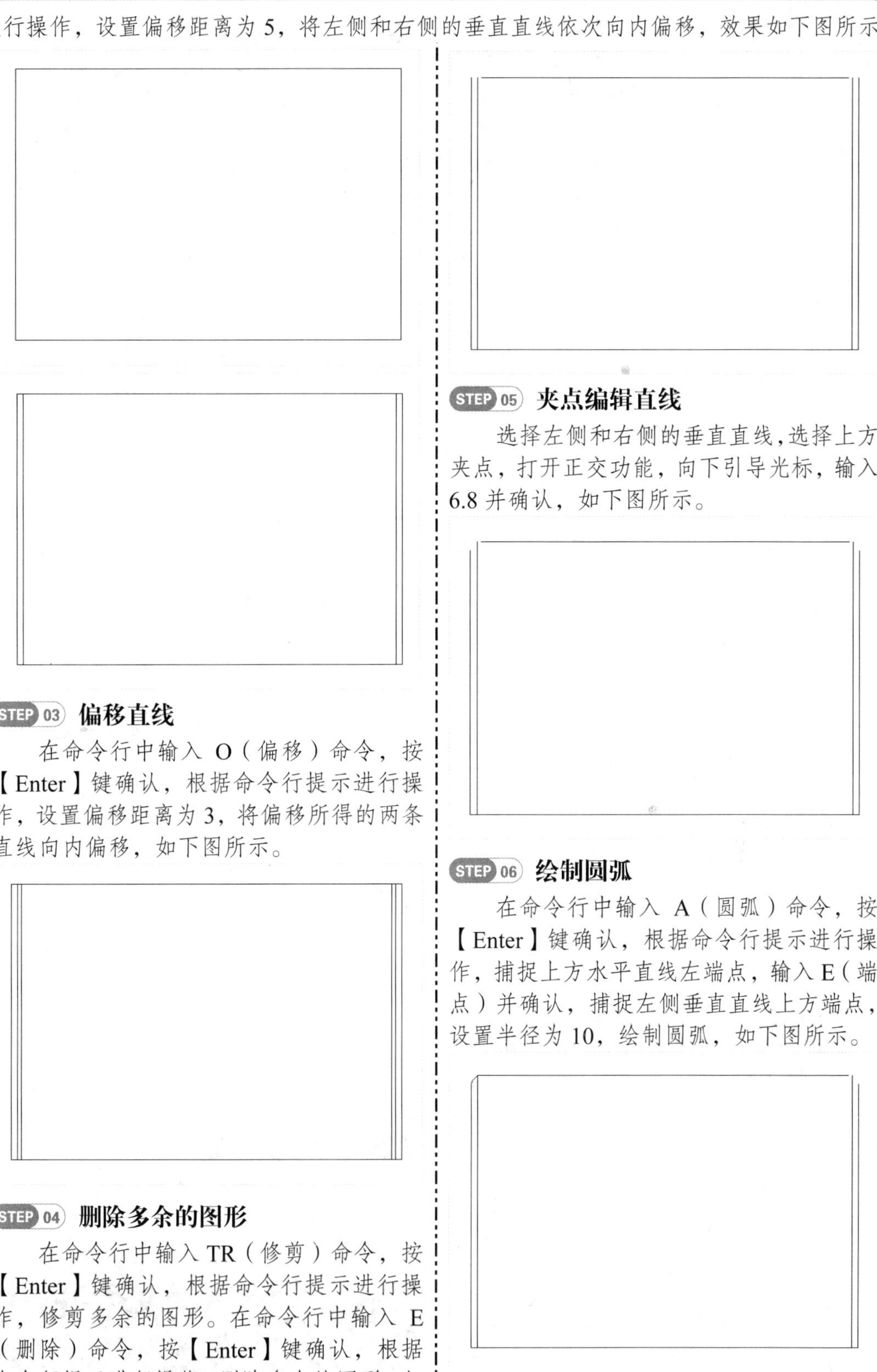

STEP 03 偏移直线

在命令行中输入 O（偏移）命令，按【Enter】键确认，根据命令行提示进行操作，设置偏移距离为 3，将偏移所得的两条直线向内偏移，如下图所示。

STEP 04 删除多余的图形

在命令行中输入 TR（修剪）命令，按【Enter】键确认，根据命令行提示进行操作，修剪多余的图形。在命令行中输入 E（删除）命令，按【Enter】键确认，根据命令行提示进行操作，删除多余的图形，如下图所示。

STEP 05 夹点编辑直线

选择左侧和右侧的垂直直线，选择上方夹点，打开正交功能，向下引导光标，输入 6.8 并确认，如下图所示。

STEP 06 绘制圆弧

在命令行中输入 A（圆弧）命令，按【Enter】键确认，根据命令行提示进行操作，捕捉上方水平直线左端点，输入 E（端点）并确认，捕捉左侧垂直直线上方端点，设置半径为 10，绘制圆弧，如下图所示。

STEP 07 镜像圆弧

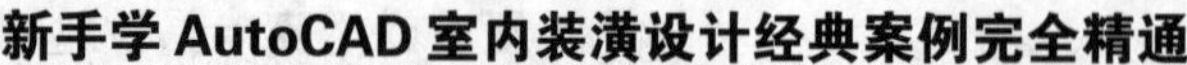

在命令行中输入 MI（镜像）命令，按【Enter】键确认，然后根据命令行提示进行操作，选择新绘制的圆弧，以两条水平直线的中点为镜像线上的点，镜像圆弧，如下图所示。

STEP 08 偏移直线

在命令行中输入 O（偏移）命令，按【Enter】键确认，根据命令行提示进行操作，设置偏移距离为 49.8，将上方水平直线向上偏移，如下图所示。

STEP 09 夹点编辑直线

选择偏移所得直线，选择左侧夹点，打开正交功能，向右引导光标，输入 48.7 并确认，如下图所示。

STEP 10 绘制圆弧

在命令行中输入 A（圆弧）命令，按【Enter】键确认，根据命令行提示进行操作，捕捉上方水平直线左端点，输入 E（端点）并确认，捕捉左侧第二条垂直直线上方端点，设置半径为 51.7，绘制圆弧，效果如下图所示。

STEP 11 镜像圆弧

在命令行中输入 MI（镜像）命令，按【Enter】键确认，根据命令行提示进行操作，选择新绘制的圆弧，以下方两条水平直线的中点为镜像线上的点，镜像圆弧，如下图所示。

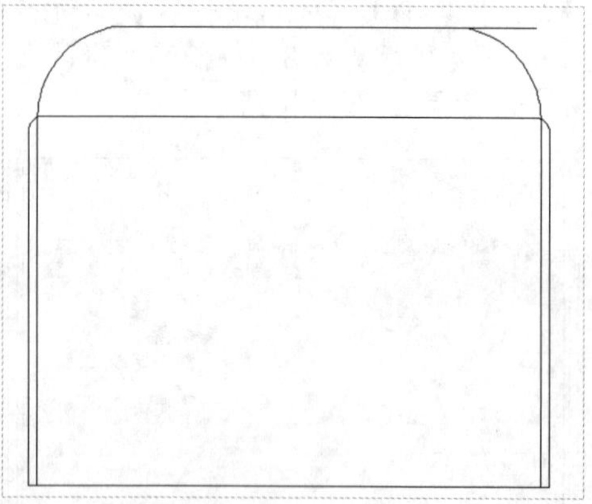

STEP 12 修剪多余的图形

在命令行中输入 TR（修剪）命令，按【Enter】键确认，根据命令行提示进行操作，修剪多余的图形，如下图所示。

专家指点

修剪对象时，修剪边也可同时作为被剪边。如果按住【Shift】键的同时，选择与修剪边不相交的对象，修剪边将变为延伸边界。

STEP 13 偏移圆弧和水平直线

在命令行中输入 O（偏移）命令，按【Enter】键确认，根据命令行提示进行操作，设置偏移距离为 5，选择上方的圆弧和水平直线向外偏移，如下图所示。

STEP 14 夹点编辑直线

选择左侧和右侧的垂直直线，选择上方夹点，向上引导光标，移至圆弧端点处，单击鼠标左键确认，如下图所示。

STEP 15 偏移直线

在命令行中输入 O（偏移）命令，按【Enter】键确认，根据命令行提示进行操作，设置偏移距离为 26.4，将上方水平直线向上偏移，如下图所示。

专家指点

偏移图形以创建与原始对象形状相同、大小不同，且与原始对象平行的新对象。使用“偏移”命令能对直线、多段线、构造线、圆、圆弧和多边形进行偏移复制。

STEP 16 夹点编辑直线

选择偏移所得直线，选择左侧夹点，打开正交功能，向右引导光标，输入 103.4 并确认，如下图所示。

STEP 17 偏移直线

在命令行中输入 O（偏移）命令，按【Enter】键确认，根据命令行提示进行操作，设置偏移距离为 95.2，将左侧和右侧垂直直线向内偏移，如下图所示。

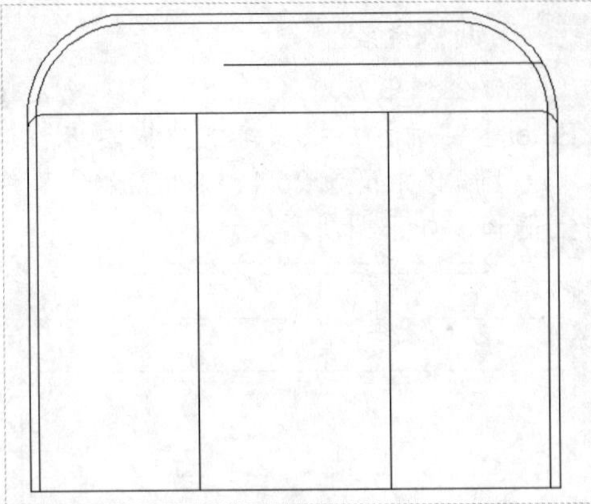

STEP 18 **夹点编辑直线**

选择偏移所得两条直线，选择上方夹点，打开正交功能，向上引导光标，输入10.8并确认，如下图所示。

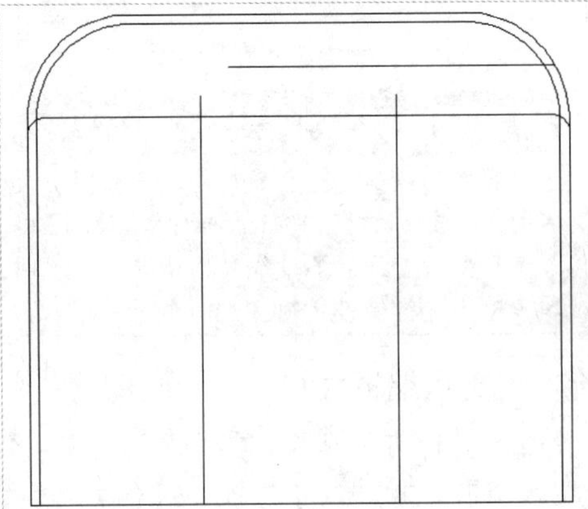

STEP 19 **绘制圆弧**

在命令行中输入A（圆弧）命令，按【Enter】键确认，根据命令行提示进行操作，捕捉上方水平直线左端点，输入E（端点）并确认，捕捉左侧垂直直线上方端点，设置半径为16.2，绘制圆弧，如下图所示。

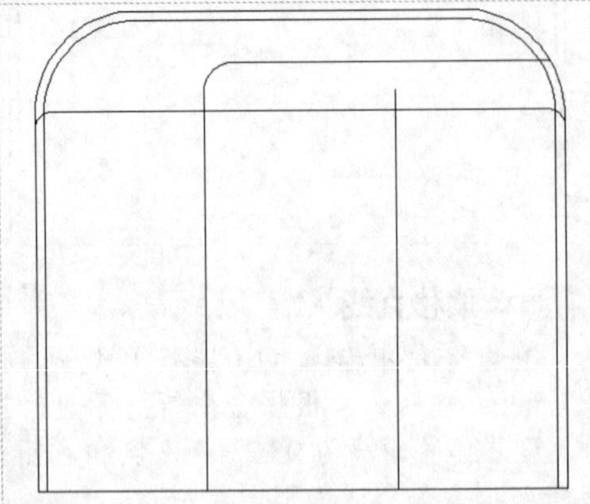

STEP 20 **镜像圆弧**

在命令行中输入MI（镜像）命令，按【Enter】键确认，根据命令行提示进行操作，选择新绘制的圆弧，以最下方水平直线和上方水平直线的中点为镜像线上的点，镜像圆弧，如下图所示。

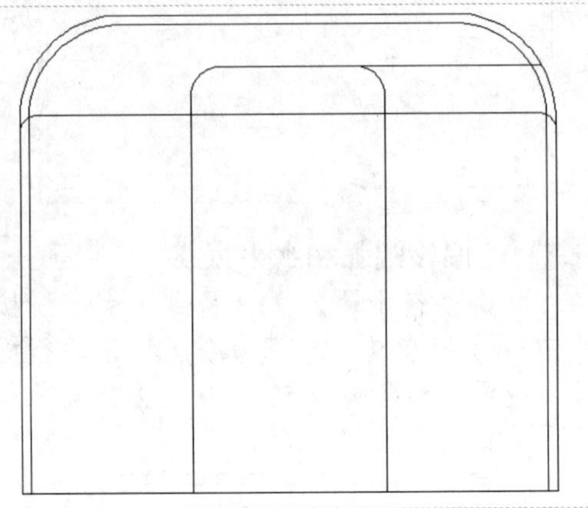

STEP 21 **修剪多余的图形**

在命令行中输入TR（修剪）命令，按【Enter】键确认，根据命令行提示进行操作，修剪多余的图形，如下图所示。

STEP 22 **偏移圆弧和直线**

在命令行中输入O（偏移）命令，按【Enter】键确认，根据命令行提示进行操作，设置偏移距离为5，选择新绘制的圆弧和直线向外偏移，如下图所示。

STEP 23 **偏移直线**

在命令行中输入O（偏移）命令，按【Enter】键确认，根据命令行提示进行操作，设置偏移距离为15.5，将最下方水平直线向下偏移，如下图所示。

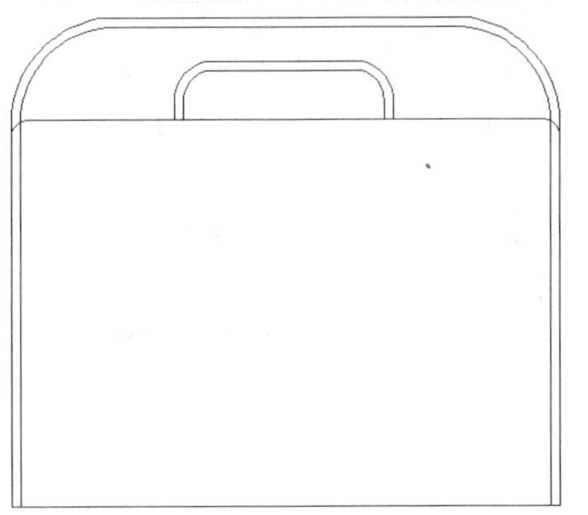

STEP 24　夹点编辑直线

选择偏移所得直线，选择左侧夹点，打开正交功能，向右引导光标，输入 16.2 并确认，如下图所示。

STEP 25　绘制圆弧

在命令行中输入 A（圆弧）命令，按【Enter】键确认，根据命令行提示进行操作，捕捉下方水平直线左端点，输入 E（端点）并确认，捕捉夹点编辑后的直线左端点，设置半径为 16.2，绘制圆弧，如下图所示。

STEP 26　镜像圆弧

在命令行中输入 MI（镜像）命令，按【Enter】键确认，根据命令行提示进行操作，选择新绘制的圆弧，以上方两条水平直线的中点为镜像线上的点，镜像圆弧，如下图所示。

专家指点

在 AutoCAD 2014 中，使用系统变量 MIRRTEXT 可以控制文字的镜像方向。如果该值为 1，则文字完全镜像，镜像出来的文字不可读；如果该值为 0，则文字不镜像。

STEP 27　绘制按钮及标识

在命令行中输入 REC（矩形）命令和 C（圆）命令，按【Enter】键确认，根据命令行提示进行操作，绘制按钮及标识，如下图所示。

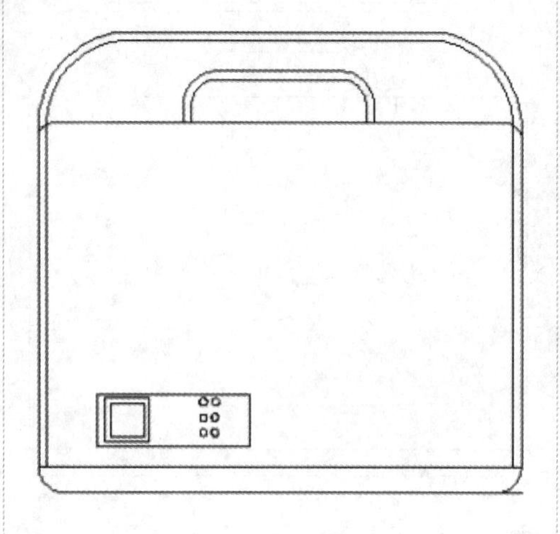

STEP 28 修剪多余的图形

在命令行中输入TR（修剪）命令，按【Enter】键确认，根据命令行提示进行操作，修剪多余的图形，如下图所示。

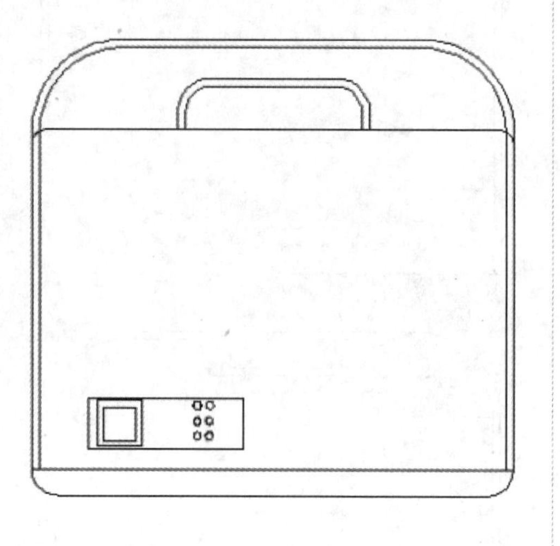

4.2.2 绘制DVD

本实例将介绍DVD的绘制，首先使用“矩形”、“偏移”等命令绘制机身，然后使用“圆”、“矩形”命令绘制按钮及标识，展示了DVD的具体设计方法与技巧，其具体操作步骤如下。

素材文件	无	效果文件	第4章\DVD.dwg

STEP 01 绘制矩形

在命令行中输入REC（矩形）命令，按【Enter】键确认，根据命令行提示进行操作，在绘图区的任意位置单击鼠标左键，输入（@275,51），按【Enter】键确认，绘制矩形，如下图所示。

STEP 02 偏移矩形

在命令行中输入O（偏移）命令，按【Enter】键确认，根据命令行提示进行操作，设置偏移距离为3，将矩形向内偏移，如下图所示。

STEP 03 绘制矩形

在命令行中输入REC（矩形）命令，按【Enter】键确认，根据命令行提示进行操作，在绘图区的合适位置单击鼠标左键，输入（@217.8,18.5），按【Enter】键确认，绘制矩形，如下图所示。

STEP 04 偏移矩形

在命令行中输入O（偏移）命令，按【Enter】键确认，根据命令行提示进行操作，设置偏移距离为1.5，将新绘制的矩形向内偏移，如下图所示。

STEP 05 绘制矩形

在命令行中输入REC（矩形）命令，

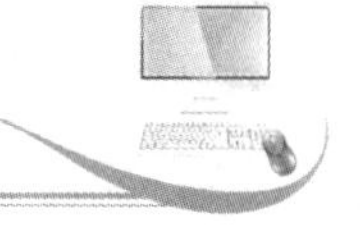

按【Enter】键确认，根据命令行提示进行操作，在偏移所得矩形内的合适位置单击鼠标左键，输入（@3.2,4），按【Enter】键确认，绘制矩形，如下图所示。

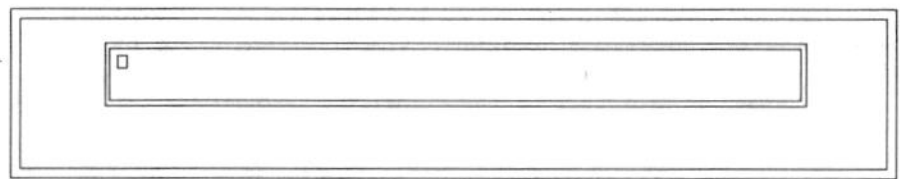

STEP 06 复制矩形

在命令行中输入 CO（复制）命令，按【Enter】键确认，根据命令行提示进行操作，复制矩形，如下图所示。

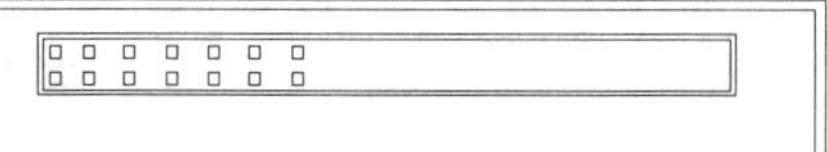

STEP 07 绘制矩形

在命令行中输入 REC（矩形）命令，按【Enter】键确认，根据命令行提示进行操作，在矩形内的合适位置单击鼠标左键，输入（@7,8），按【Enter】键确认，绘制矩形，如下图所示。

STEP 08 偏移直线

在命令行中输入 L（直线）命令，按【Enter】键确认，根据命令行提示进行操作，在新绘制的矩形内，任意绘制交叉直线。在命令行中输入 O（偏移）命令，按【Enter】键确认，根据命令行提示进行操作，设置偏移距离为 2，偏移直线，如下图所示。

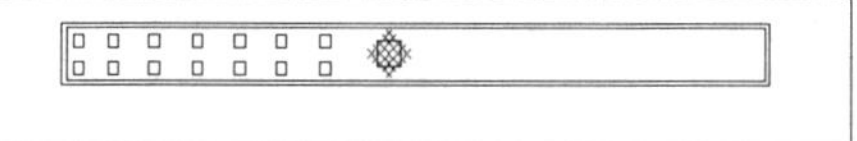

STEP 09 修剪多余的图形

在命令行中输入 TR（修剪）命令，按【Enter】键确认，根据命令行提示进行操作，修剪多余的图形，如下图所示。

STEP 10 复制图形

在命令行中输入 CO（复制）命令，按【Enter】键确认，根据命令行提示进行操作，复制图形，如下图所示。

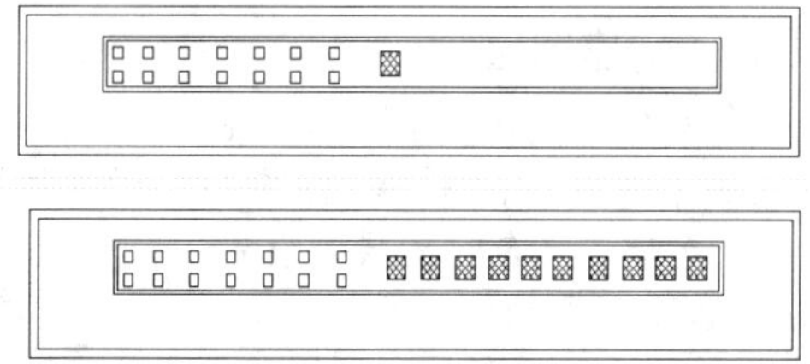

STEP 11 绘制圆

在命令行中输入 C（圆）命令，按【Enter】键确认，根据命令行提示进行操作，在矩形合适位置绘制半径为 4 的圆，如下图所示。

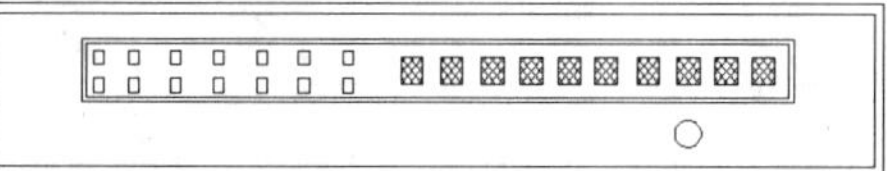

STEP 12 绘制圆弧

在命令行中输入 A（圆弧）命令，按【Enter】键确认，根据命令行提示进行操作，捕捉圆的下方象限点，输入 E（端点）并确认，捕捉上方象限点，设置角度为 200，绘制圆弧，如下图所示。

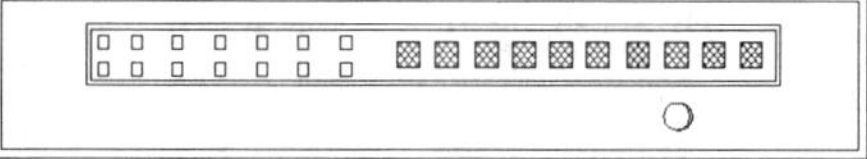

STEP 13 复制图形

在命令行中输入 CO（复制）命令，按【Enter】键确认，根据命令行提示进行操作，复制图形，如下图所示。

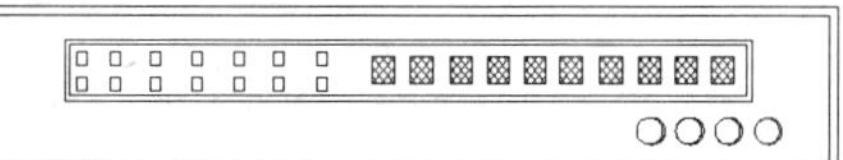

STEP 14 绘制按钮及标识

在命令行中输入 REC（矩形）命令，按【Enter】键确认，根据命令行提示进行操作，绘制按钮及标识，如下图所示。

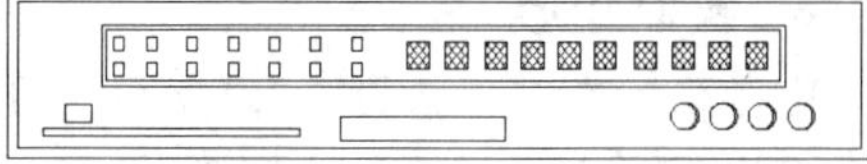

4.2.3 绘制微波炉

本实例将介绍微波炉的绘制，首先使用“矩形”命令绘制轮廓，然后使用“椭圆”命

令绘制按钮，展示了微波炉的具体设计方法与技巧，其具体操作步骤如下。

素材文件	无	效果文件	第 4 章\微波炉.dwg

STEP 01 新建图层

在命令行中输入 LA（图层）命令，按【Enter】键确认，弹出“图层特性管理器”面板，新建“灰色”图层，设置“颜色”为 253，如下图所示。

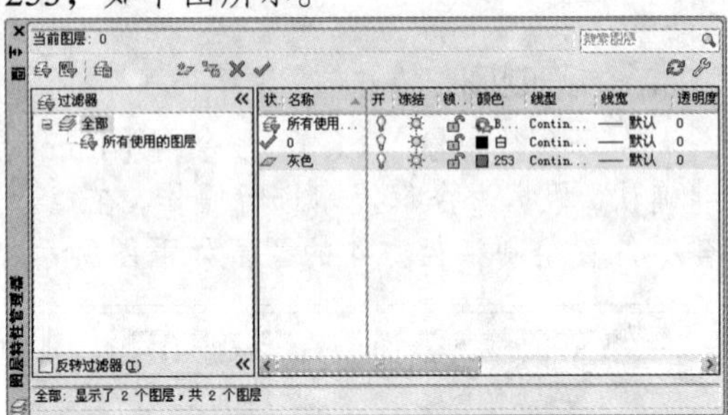

STEP 02 绘制矩形

在命令行中输入 REC（矩形）命令，按【Enter】键确认，根据命令行提示进行操作，在绘图区任意一点单击鼠标左键，输入（@1200,896），按【Enter】键确认，绘制矩形，如下图所示。

STEP 03 捕捉角点

在命令行中输入 REC（矩形）命令，按【Enter】键确认，根据命令行提示进行操作，输入 FROM 命令并确认，捕捉矩形左上角点，如下图所示。

STEP 04 绘制矩形

单击鼠标左键确认，输入（@90,-60）、（@1020,-705），按【Enter】键确认，绘制矩形，如下图所示。

STEP 05 绘制水平直线

在命令行中输入 L（直线）命令，按【Enter】键确认，然后根据命令行提示进行操作，在矩形内任意绘制水平直线，如下图所示。

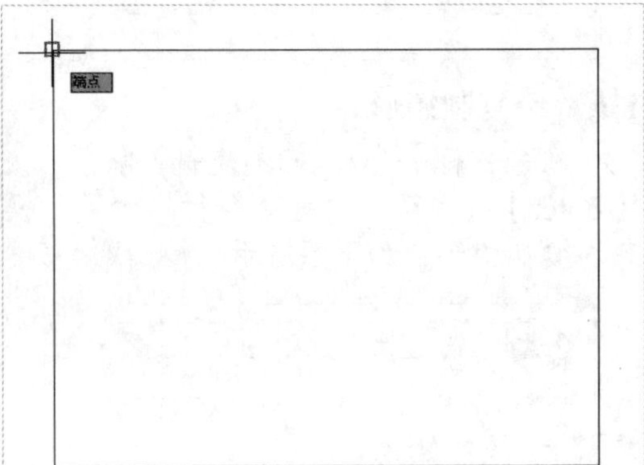

STEP 06 绘制椭圆

在命令行中输入 EL（椭圆）命令，按【Enter】键确认，根据命令行提示进行操作，在矩形内的合适位置单击鼠标左键，设置长半轴为 30、短半轴为 10，绘制椭圆，如下图所示。

STEP 07 复制椭圆

在命令行中输入 CO（复制）命令，按【Enter】键确认，根据命令行提示进行操作，复制椭圆，如下图所示。

STEP 08 放置在“灰色”图层上

将微波炉内部按钮和玻璃图形放置在“灰色”图层上，如下图所示。

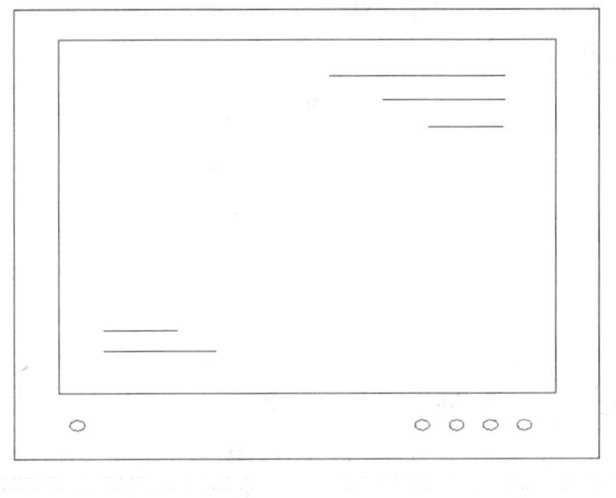

4.2.4 绘制台灯

本实例将介绍台灯的绘制，首先使用“矩形”、“偏移”等命令绘制灯架，然后使用“圆弧”、“直线”等命令绘制台灯细节，展示了台灯的具体设计方法与技巧，其具体操作步骤如下。

素材文件	无	效果文件	第 4 章\台灯.dwg

STEP 01 绘制矩形

在命令行中输入 REC（矩形）命令，按【Enter】键确认，根据命令行提示进行操作，在绘图区任意一点单击鼠标左键，输入（@179,23），按【Enter】键确认，绘制矩形，如下图所示。

STEP 02 捕捉中点

在命令中输入 REC（矩形）命令，按【Enter】键确认，根据命令行提示进行操作，输入 FROM 命令并确认，捕捉矩形上边中点，如下图所示。

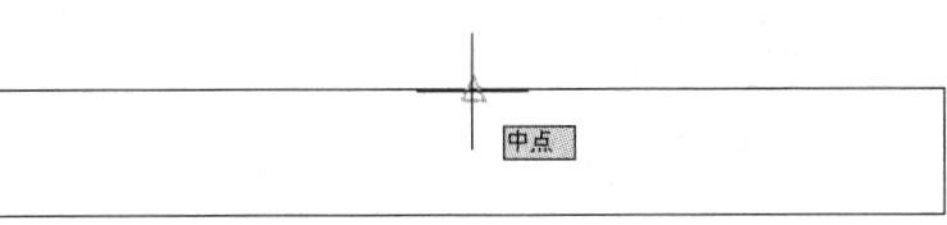

STEP 03 绘制矩形

单击鼠标左键确认，输入（@-50,0）、（@100,15），按【Enter】键确认，绘制矩形，如下图所示。

STEP 04 捕捉中点

在命令行中输入 REC（矩形）命令，按【Enter】键确认，根据命令行提示进行

操作，输入 FROM 命令并确认，捕捉新绘制矩形上边中点，如下图所示。

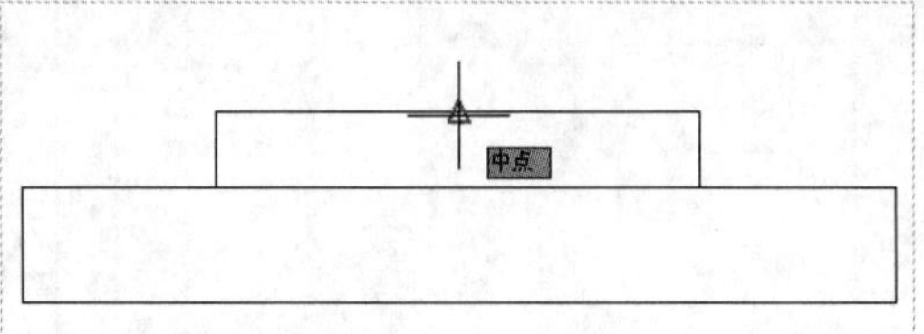

STEP 05 绘制矩形

单击鼠标左键确认，输入（@-10,0）、（@20,250），按【Enter】键确认，绘制矩形，如下图所示。

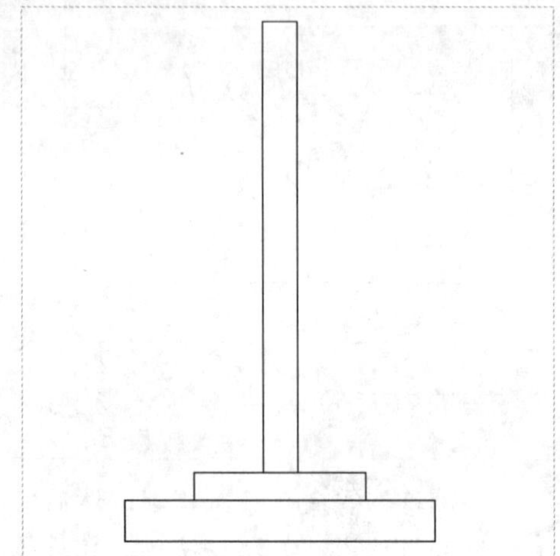

STEP 06 绘制圆

在命令行中输入 C（圆）命令，按【Enter】键确认，根据命令行提示进行操作，捕捉新绘制矩形上边中点，绘制一个半径为 20 的圆，如下图所示。

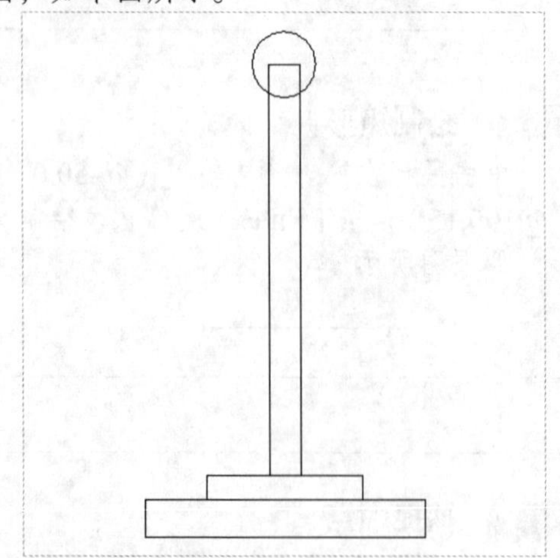

STEP 07 绘制斜线

在命令行中输入 L（直线）命令，按【Enter】键确认，根据命令行提示进行操作，捕捉圆的上方象限点，输入（250<122）并确认，绘制斜线，如下图所示。

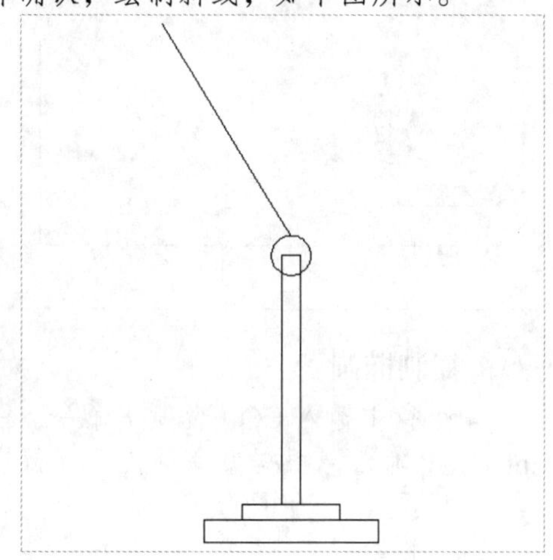

STEP 08 偏移斜线

在命令行中输入 O（偏移）命令，按【Enter】键确认，根据命令行提示进行操作，设置偏移距离为 20，将新绘制的斜线向左偏移，如下图所示。

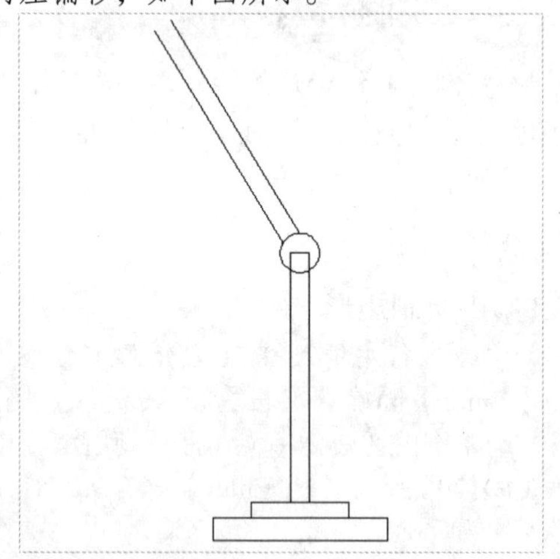

STEP 09 绘制直线

在命令行中输入 L（直线）命令，按【Enter】键确认，根据命令行提示进行操作，连接两条斜线，绘制直线，如下图所示。

STEP 10 绘制圆

在命令行中输入 C（圆）命令，按【Enter】键确认，根据命令行提示进行操作，捕捉新绘制直线中点，绘制一个半径为 20 的圆，如下图所示。

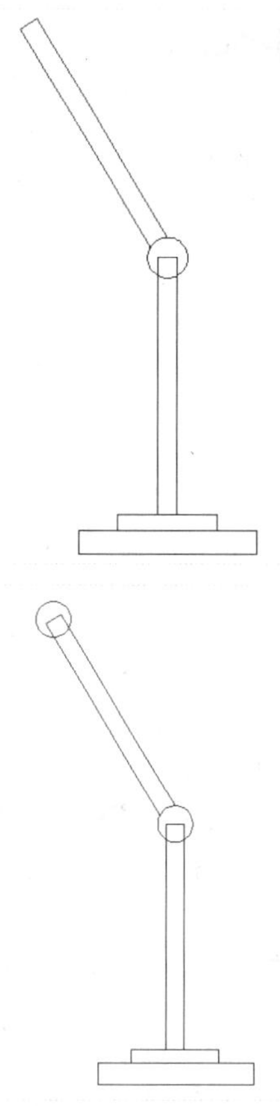

STEP 11　修剪多余的图形

在命令行中输入 TR（修剪）命令，按【Enter】键确认，根据命令行提示进行操作，修剪多余的图形，如下图所示。

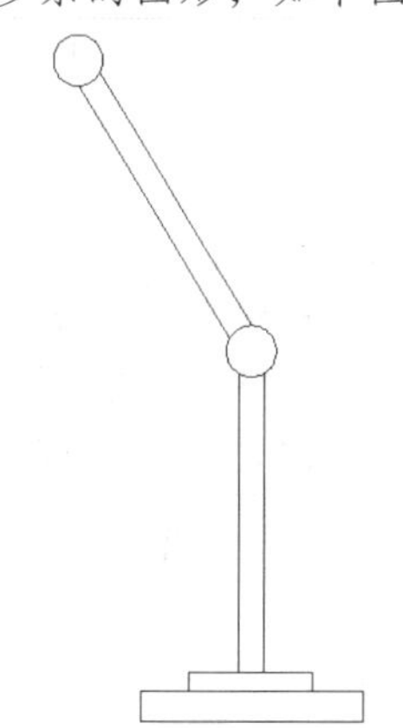

STEP 12　绘制斜线

在命令行中输入 L（直线）命令，按【Enter】键确认，根据命令行提示进行操作，捕捉上方圆的圆心点，输入（142<-138）并确认，绘制斜线，如下图所示。

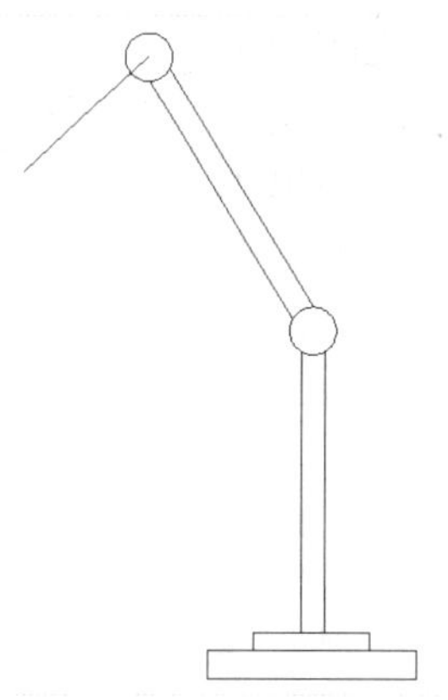

STEP 13　偏移斜线

在命令行中输入 O（偏移）命令，按【Enter】键确认，根据命令行提示进行操作，设置偏移距离为 20，将新绘制的斜线向上偏移，如下图所示。

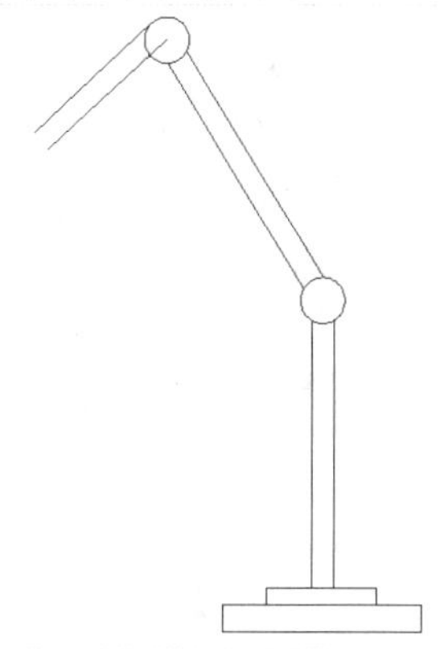

STEP 14　捕捉端点

在命令行中输入 L（直线）命令，按【Enter】键确认，根据命令行提示进行操作，输入 FROM 命令并确认，捕捉相应斜线端点，如下图所示。

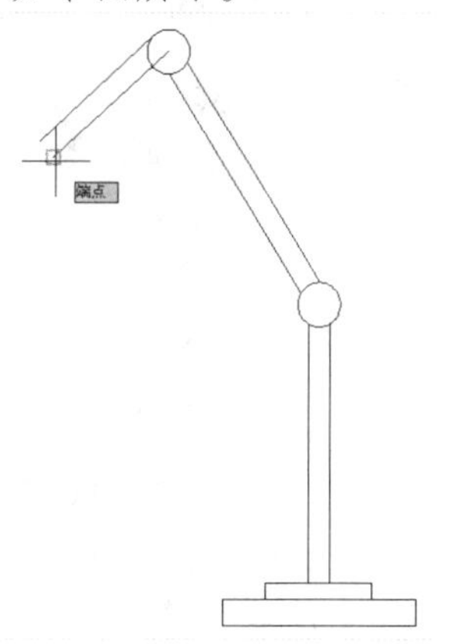

STEP 15 **绘制直线**

单击鼠标左键确认，输入（@-83,-32）、（@16,89），按【Enter】键确认，绘制直线，如下图所示。

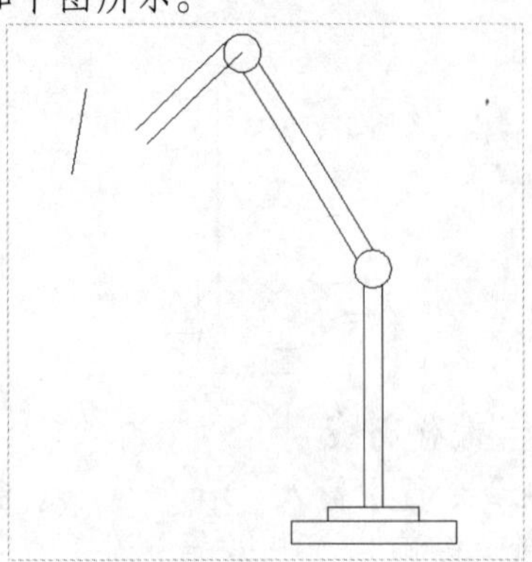

STEP 16 **捕捉端点**

在命令行中输入 L（直线）命令，按【Enter】键确认，根据命令行提示进行操作，输入 FROM 命令并确认，捕捉相应斜线端点，如下图所示。

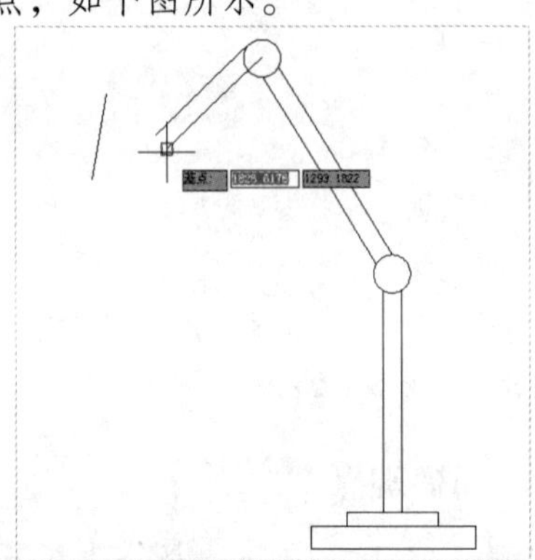

STEP 17 **绘制直线**

单击鼠标左键确认，输入（@7,-30）、（@-173,31），按【Enter】键确认，绘制直线，如下图所示。

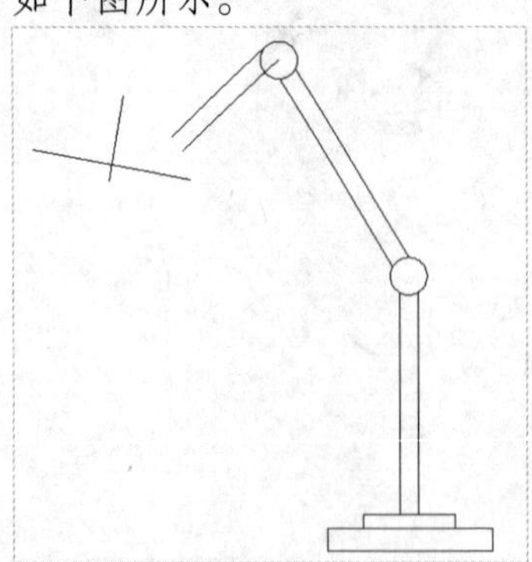

STEP 18 **绘制圆弧**

在命令行中输入 A（圆弧）命令，按【Enter】键确认，根据命令行提示进行操作，依次捕捉合适端点，绘制圆弧，如下图所示。

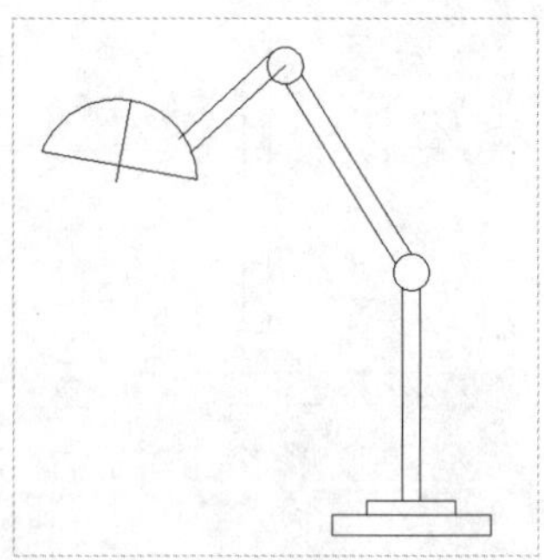

STEP 19 **删除多余的图形**

在命令行中输入 TR（修剪）命令，按【Enter】键确认，根据命令行提示进行操作，修剪多余的图形。在命令行中输入 E（删除）命令，按【Enter】键确认，根据命令行提示进行操作，删除多余的图形。如下图所示。

STEP 20 **随意绘制光线**

在命令行中输入 L（直线）命令，按【Enter】键确认，根据命令行提示进行操作，在灯下方随意绘制光线，如下图所示。

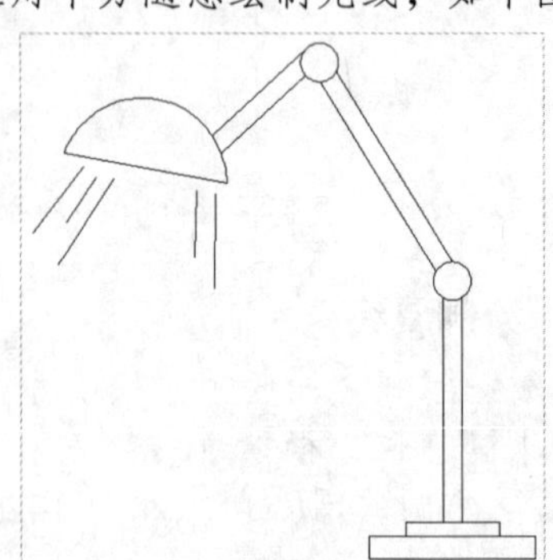

Chapter 05

章前知识导读

土建结构是指在建筑物（构筑物）中，由土建材料做成用于承受各种荷载，以起骨架作用的空间受力体系。本章主要介绍土建结构图形的绘制方法与设计技巧，土建结构因所用的建筑材料不同，可分为混凝土结构、砌体结构、钢结构、轻型钢结构、木结构和组合结构等。

土建结构图的设计

重点知识索引

- 绘制基本墙体
- 绘制门窗阳台
- 添加尺寸、图框和文字说明

效果图片赏析

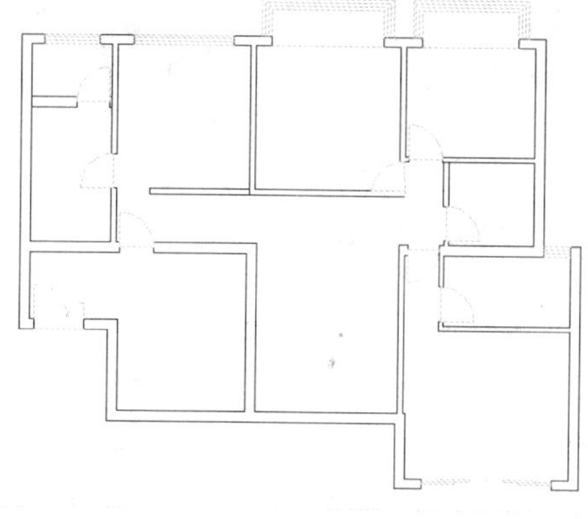

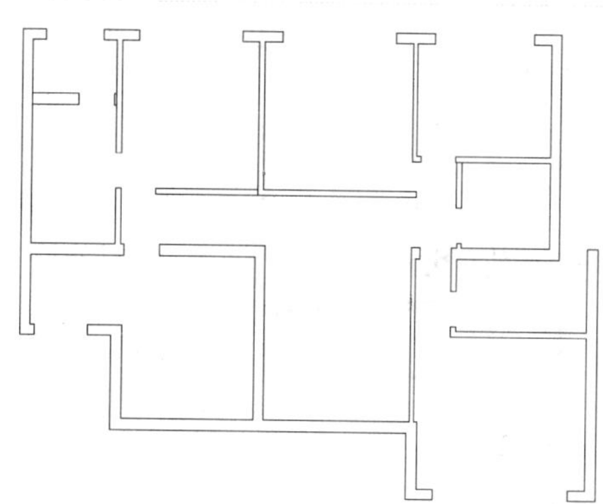

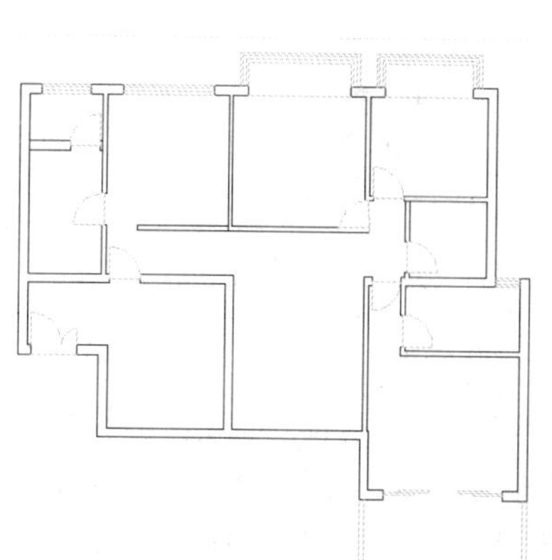

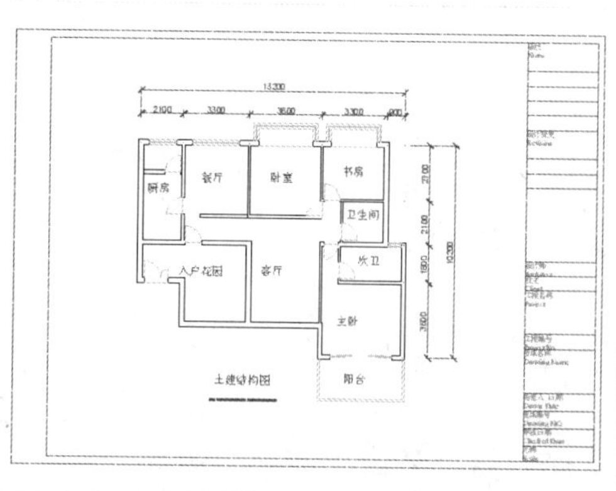

5.1 绘制基本墙体

墙体是建筑物的重要组成部分，它的作用是承重、围护或分隔空间。墙体按受力情况和材料分为承重墙和非承重墙，按墙体构造方式分为实心墙、烧结空心砖墙、空斗墙和复合墙。本节将详细介绍基本墙体绘制的方法与技巧。

5.1.1 设置绘图环境

本实例将介绍绘图环境的设置，首先使用“图层”命令弹出“图层特性管理器”面板，然后使用“线型管理器”对话框设置线型，展示了绘图环境设置的方法与技巧，其具体操作步骤如下。

素材文件	无	效果文件	第 5 章\绘图环境.dwg

STEP 01 弹出“图层特性管理器”面板

在命令行中输入 LA（图层）命令，按【Enter】键确认，弹出“图层特性管理器”面板，如下图所示。

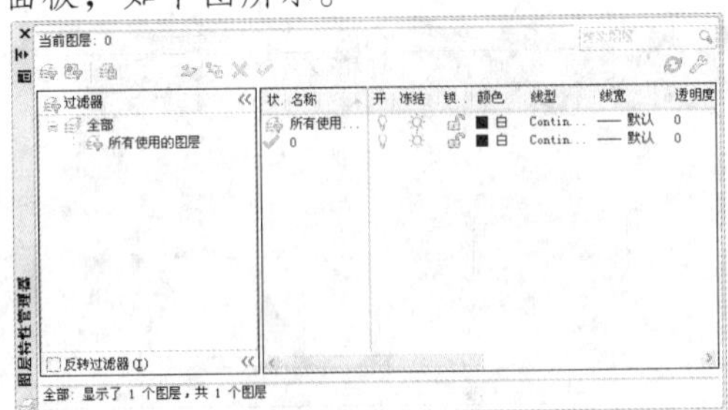

STEP 02 新建图层

单击“新建图层”按钮，创建“轴线”、“墙线”和“门窗”图层，如下图所示。

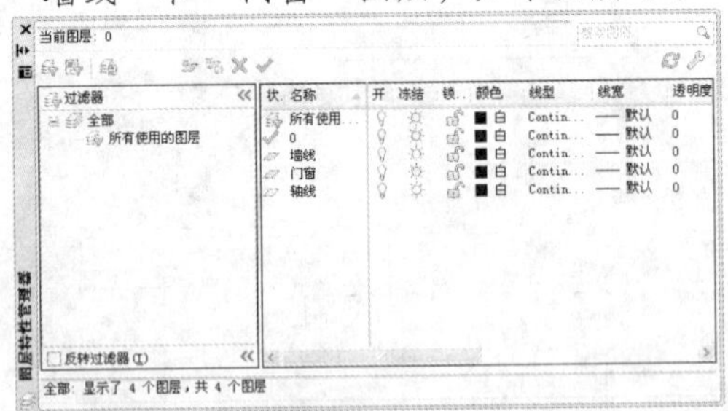

STEP 03 选择颜色

单击“轴线”图层右侧的“颜色”选项，弹出“选择颜色”对话框，选择“红”选项，如下图所示。

专家指点

设计一个大型图形时，可以先创建主要的图层，如墙体、轴线和标注等，其他的图层可以在绘图时进行创建。

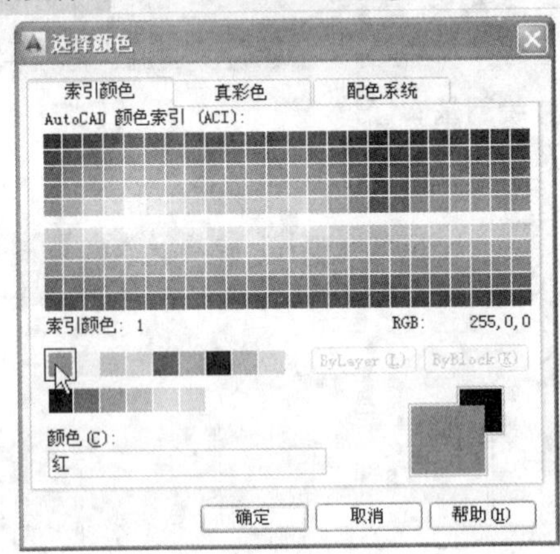

STEP 04 设置颜色

单击“确定”按钮，返回“图层特性管理器”面板。采用与上一步相同的方法，设置“门窗”图层的“颜色”为 253，如下图所示。

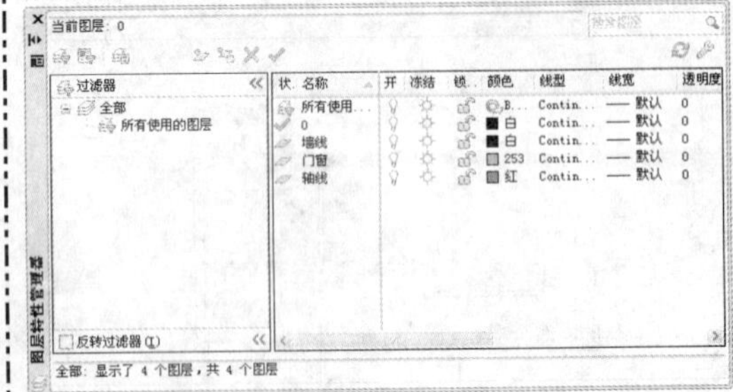

STEP 05 弹出对话框

单击“轴线”图层右侧的“线型”选项，弹出“选择线型”对话框，如下图所示。

STEP 06 选择 CENTER 选项

单击“加载”按钮，弹出“加载或重载线型”对话框，选择 CENTER 选项，如下图所示。

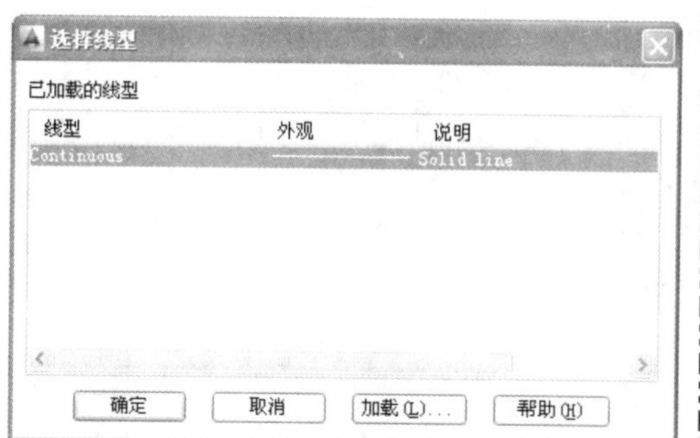

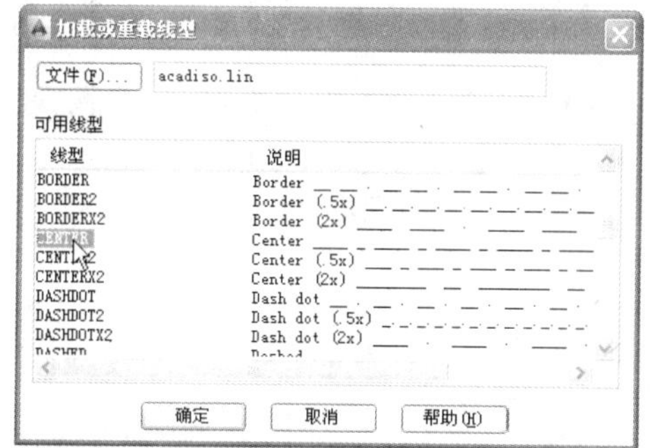

STEP 07 选择加载的线型

单击“确定”按钮，返回“选择线型”对话框，选择加载的线型，如下图所示。

STEP 08 选择“其他”选项

单击“确定”按钮，完成线型的设置。在“默认”选项卡中，单击“特性”面板的“线型”下拉按钮，弹出“线型”列表，选择“其他”选项，如下图所示。

STEP 09 设置参数

弹出“线型管理器”对话框，选择CENTER线型，设置“全局比例因子”为10，如下图所示，单击“确定”按钮，完成线型设置。

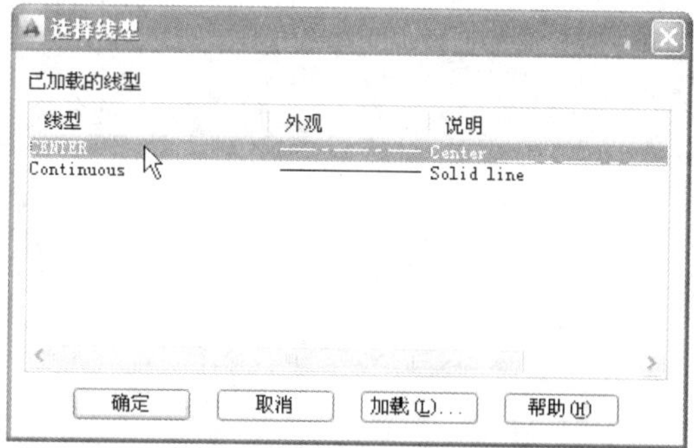

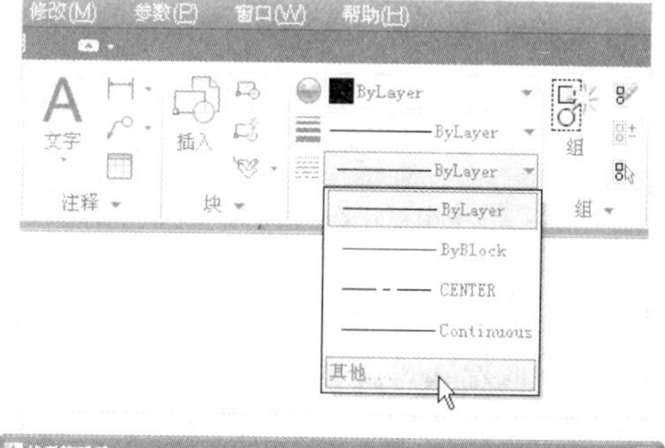

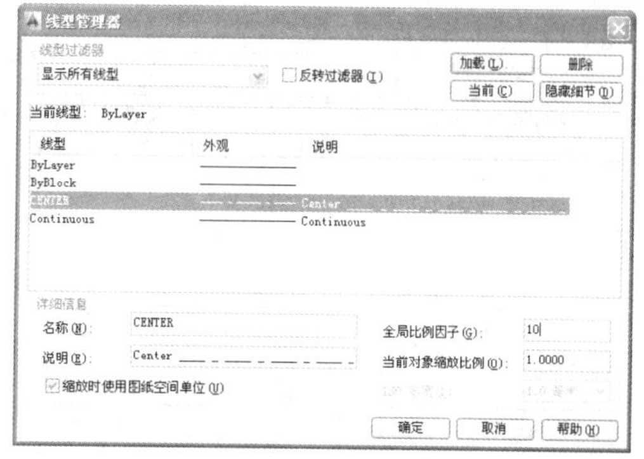

专家指点

设计一个大型图形时，过于烦琐的轴线会干扰绘图，所以绘制的轴线应尽量保持简洁，如有需要，只需在后期适当添加辅助线，绘图完毕后将辅助线删除即可。

5.1.2 绘制轴线

本实例将介绍轴线的绘制，首先使用“直线”命令绘制直线，然后使用“偏移”命令绘制轴线，展示了轴线的具体绘制方法与技巧，其具体操作步骤如下。

素材文件	无	效果文件	第 5 章\轴线.dwg

STEP 01 置为当前层

以上例效果为例，在命令行中输入 LA（图层）命令，按【Enter】键确认，弹出“图层特性管理器”面板，双击“轴线”图层，将“轴线”图层置为当前层，如下图所示。

STEP 02 绘制直线

在命令行中输入 L（直线）命令，按【Enter】键确认，根据命令行提示进行操作，在绘图区绘制一条长度为 10200 的垂直直线，如下图所示。

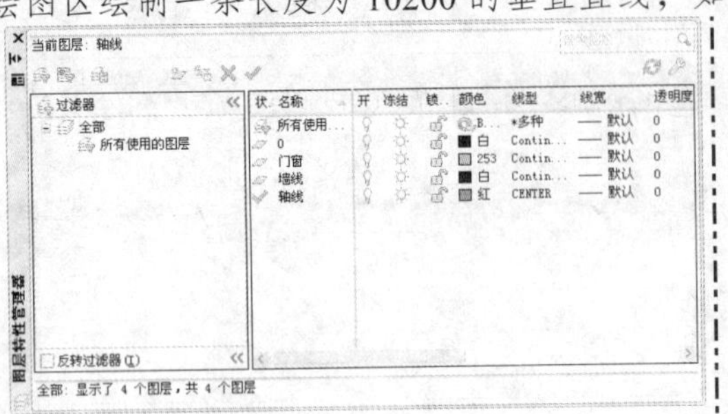

STEP 03 偏移直线

在命令行中输入 O（偏移）命令，按【Enter】键确认，根据命令行提示进行操作，将直线依次向右偏移，偏移距离分别为 1500、600、3300、3600、3300 和 900，效果如下图所示。

STEP 04 绘制直线

在命令行中输入 L（直线）命令，按【Enter】键确认，根据命令行提示进行操作，连接下方端点，绘制水平直线，如下图所示。

STEP 05 偏移直线

在命令行中输入 O（偏移）命令，按【Enter】键确认，根据命令行提示进行操作，将新绘制的直线依次向上偏移，偏移距离分别为 1500、2100、1800、1300、800 和 2700，如下图所示。

5.1.3 绘制 240 墙体

本实例将介绍 240 墙体的绘制，首先使用“图层”命令将“墙线”图层置为当前层，然后使用“多线”命令绘制 240 墙体，展示了 240 墙体的具体绘制方法与技巧，其具体操作步骤如下。

素材文件	无	效果文件	第 5 章\240 墙体.dwg

STEP 01 置为当前层

以上例效果为例，在命令行中输入 LA（图层）命令，按【Enter】键确认，弹出“图层特性管理器”面板，双击“墙线”图层，将“墙线”层置为当前层，如下图所示。

STEP 02 绘制多线

在命令行中输入 ML（多线）命令，按【Enter】键确认，根据命令行提示进行操作，设置“比例”为 240、“对正”为“无”，绘制多线，如下图所示。

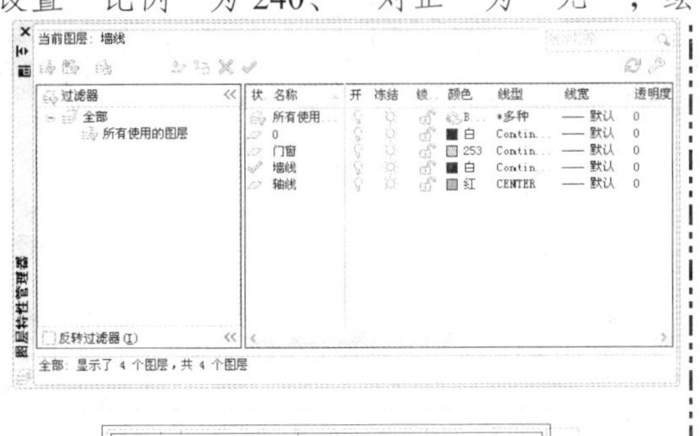

STEP 03 绘制其他多线

在命令行中输入 ML（多线）命令，按【Enter】键确认，根据命令行提示进行操作，绘制其他多线，如下图所示。

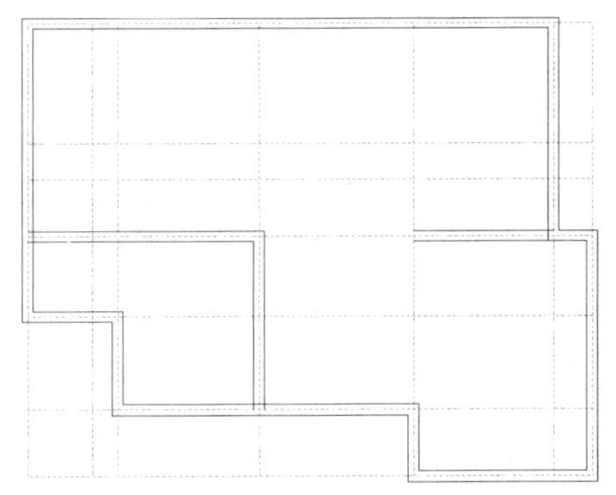

5.1.4 绘制 120 墙体

本实例将介绍 120 墙体的绘制，首先使用“多线”命令绘制多线，然后使用“分解”、“修剪”等命令绘制 120 墙体，展示了 120 墙体的具体绘制方法与技巧，其具体操作步骤如下。

素材文件	无	效果文件	第 5 章\120 墙体.dwg

STEP 01 绘制多线

以上例效果为例，在命令行中输入 ML（多线）命令，按【Enter】键确认，根据命令行提示进行操作，设置“比例”为 120、“对正”为“无”，捕捉轴线交点，绘制多线，如下图所示。

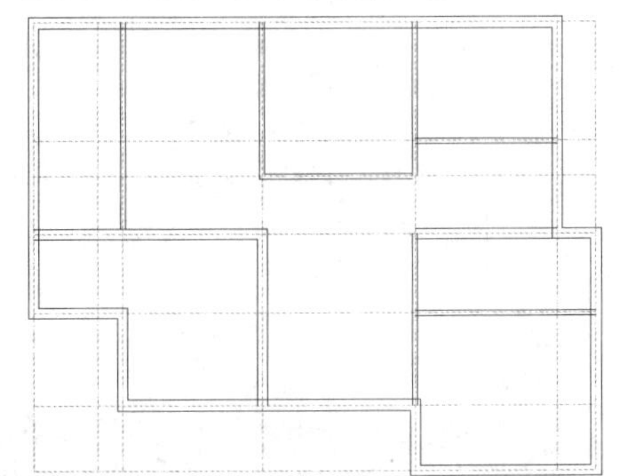

STEP 02 隐藏图层

在命令行中输入 LA（图层）命令，按【Enter】键确认，弹出“图层特性管理器”面板，隐藏“轴线”图层，如下图所示。

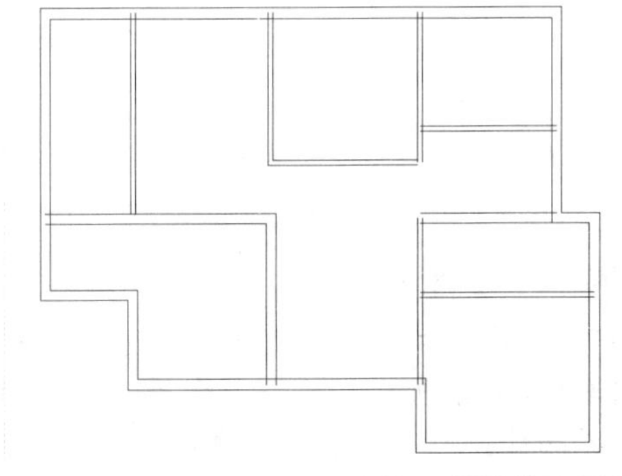

专家指点

二四墙是室内建筑俗语，即指宽度为 240mm（毫米）的墙，因为目前的墙砖的宽度一般是 120mm，两块砖加在一起就是 240mm，所以叫二四墙。二四墙又分二四眠墙和二四斗墙，前者为实心，后者为空心。

STEP 03 修剪图形

在命令行中输入 X（分解）命令，按【Enter】键确认，根据命令行提示进行操作，将所有的图形分解。在命令行中输入 TR（修剪）命令，按【Enter】键确认，根据命令行提示进行操作，对图形进行修剪，效果如下图所示。

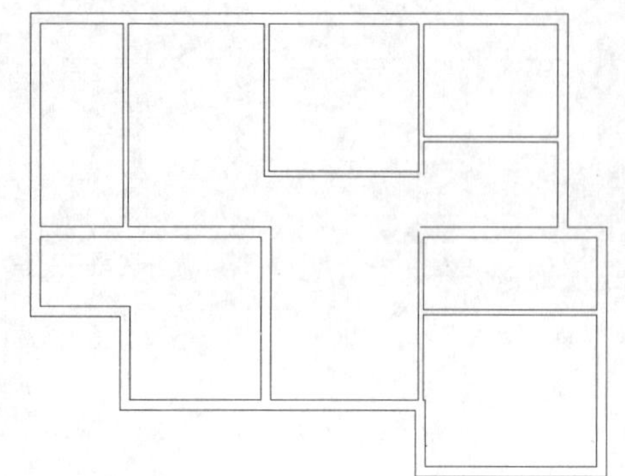

STEP 04 延伸图形

在命令行中输入 EX（延伸）命令，按【Enter】键确认，根据命令行提示进行操作，延伸相应的图形，如下图所示。

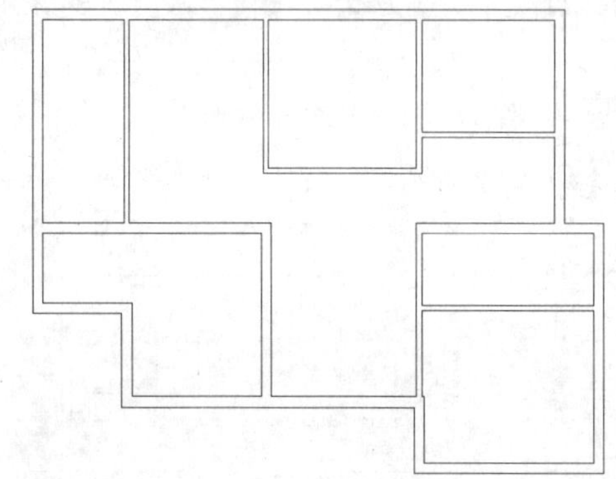

STEP 05 偏移直线

在命令行中输入 O（偏移）命令，按【Enter】键确认，根据命令行提示进行操作，选择左侧第二条水平直线向下偏移，偏移距离依次为 1200 和 240，如下图所示。

STEP 06 捕捉相应角点

在命令行中输入 REC（矩形）命令，按【Enter】键确认，根据命令行提示进行操作，捕捉相应角点，如下图所示。

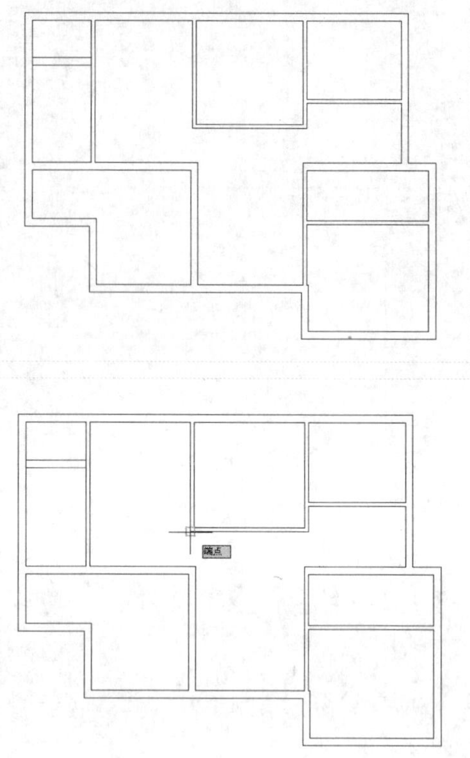

STEP 07 绘制矩形

单击鼠标左键确认，输入（@-2380, 120），按【Enter】键确认，绘制矩形，如下图所示。

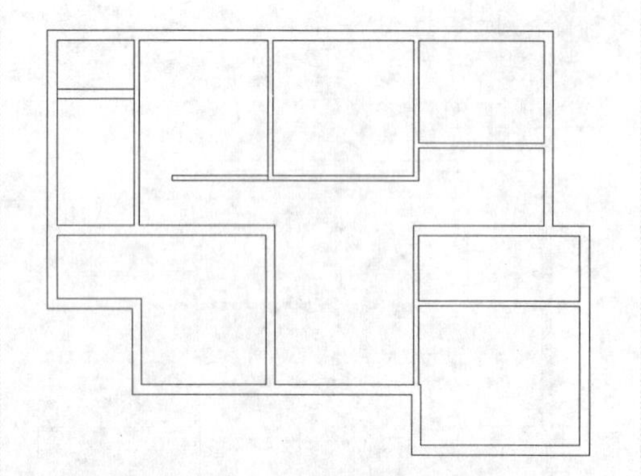

5.2 绘制门窗阳台

阳台是建筑物室内空间的延伸，是居住者呼吸新鲜空气、晾晒衣物和摆放盆栽的场所，其设计需兼顾实用与美观的原则。下面介绍门窗阳台绘制的方法与技巧。

5.2.1 绘制门洞和窗洞

本实例将介绍门洞和窗洞的绘制，首先使用“偏移”、“延伸”等命令绘制辅助线，然后使用“修剪”、“多线”等命令绘制门洞和窗洞细节，展示了门洞和窗洞的具体绘制方法与技巧，其具体操作步骤如下。

素材文件	无	效果文件	第 5 章\门洞和窗洞.dwg

STEP 01 偏移直线

以上例效果为例，在命令行中输入 O（偏移）命令，【Enter】键确认，根据命令行提示进行操作，设置偏移距离为 100，将相应垂直直线向右侧偏移，如下图所示。

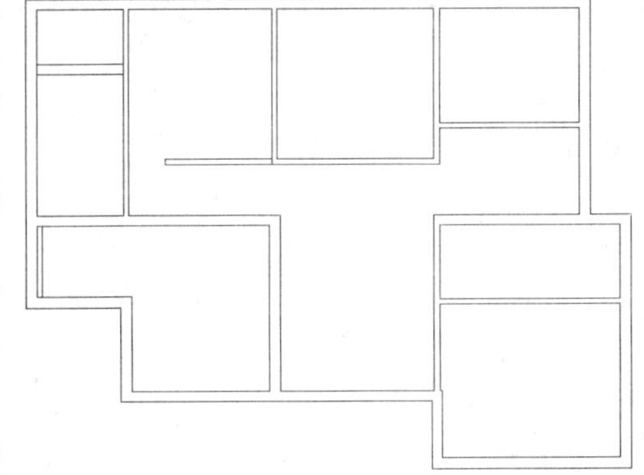

STEP 02 偏移直线

在命令行中输入 O（偏移）命令，按【Enter】键确认，根据命令行提示进行操作，设置偏移距离为 1200，将偏移所得直线再次向右偏移，如下图所示。

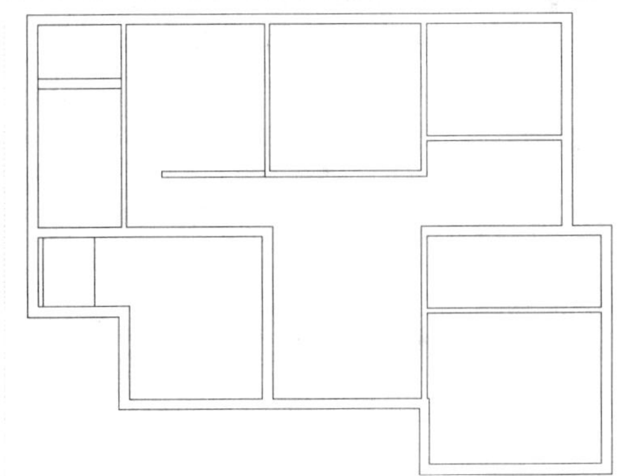

STEP 03 延伸直线

在命令行中输入 EX（延伸）命令，按【Enter】键确认，根据命令行提示进行操作，选择偏移所得直线，延伸至下方水平直线处，如下图所示。

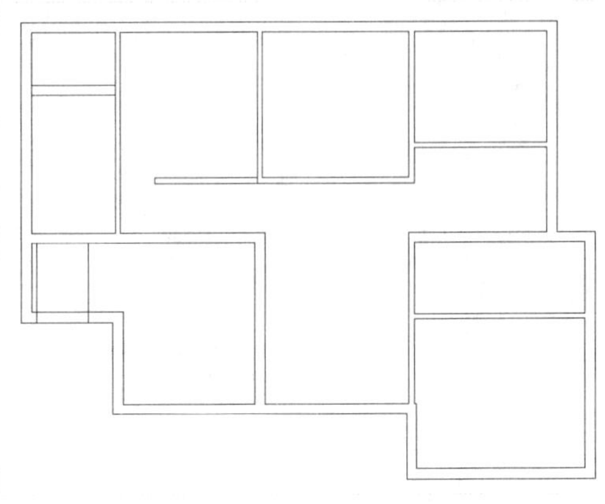

STEP 04 修剪多余的图形

在命令行中输入 TR（修剪）命令，按【Enter】键确认，根据命令行提示进行操作，修剪多余的图形，如下图所示。

STEP 05 偏移直线

在命令行中输入 O（偏移）命令，按【Enter】键确认，根据命令行提示进行操作，将相应垂直直线向左偏移，偏移距离分别为 50、250、550 和 770，如下图所示。

STEP 06 延伸直线

在命令行中输入 EX（延伸）命令，按【Enter】键确认，根据命令行提示进行操作，选择偏移所得直线，向上延伸至上方水平直线处，如下图所示。

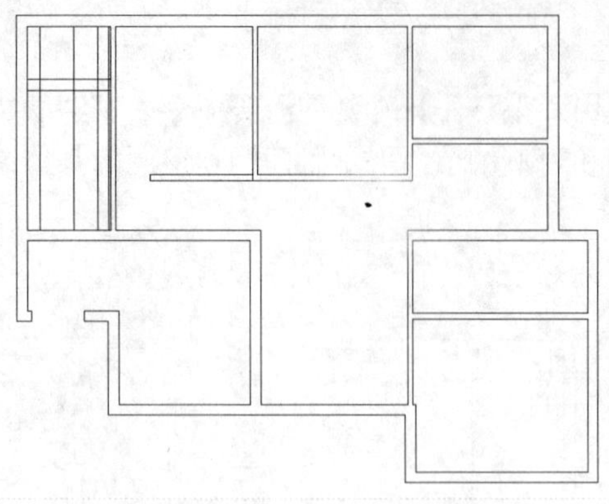

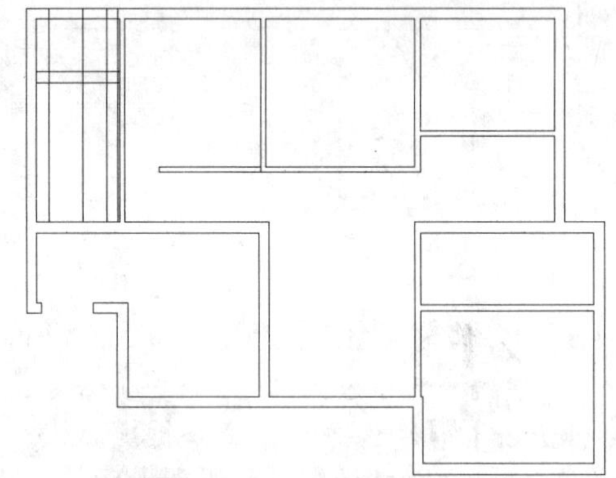

STEP 07 修剪多余的图形

在命令行中输入 TR（修剪）命令，按【Enter】键确认，根据命令行提示进行操作，修剪多余的图形，如下图所示。

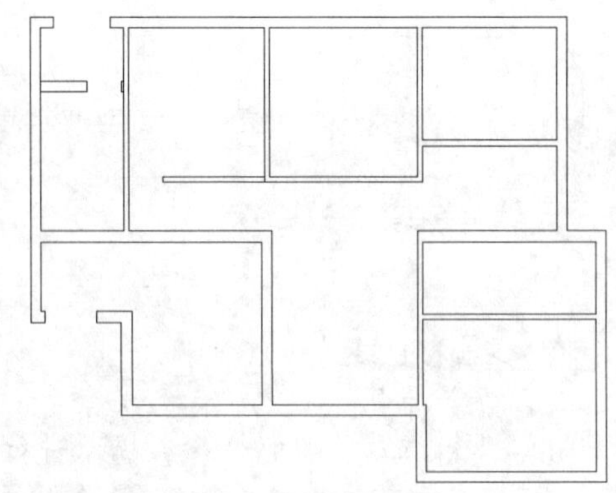

STEP 08 偏移直线

在命令行中输入 O（偏移）命令，按【Enter】键确认，根据命令行提示进行操作，将相应垂直直线向右偏移，偏移距离分别为 100、300、400、100 和 1880，效果如下图所示。

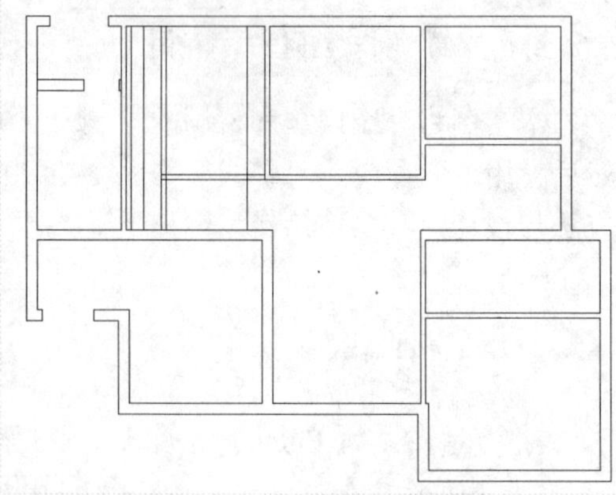

STEP 09 延伸直线

在命令行中输入 EX（延伸）命令，按【Enter】键确认，根据命令行提示进行操作，选择偏移所得直线，延伸至相应水平直线处，如下图所示。

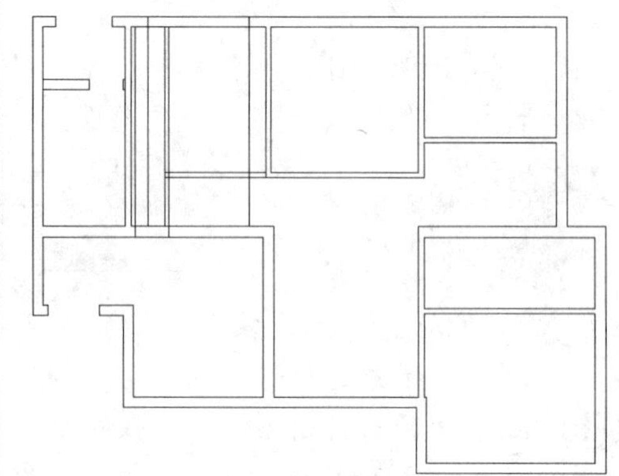

STEP 10 修剪多余的图形

在命令行中输入 TR（修剪）命令，按【Enter】键确认，根据命令行提示进行操作，修剪多余的图形，如下图所示。

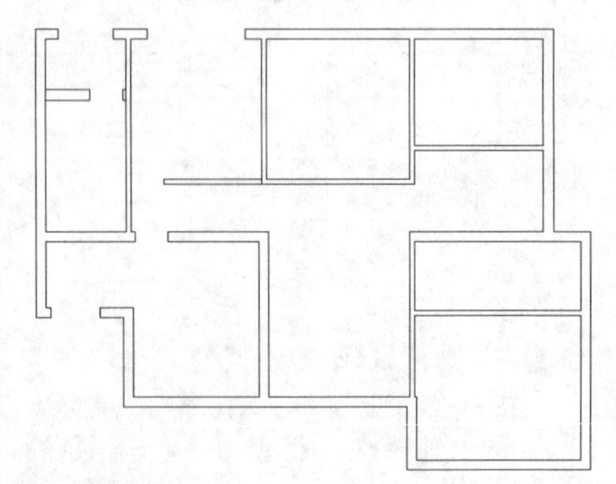

STEP 11 偏移直线

在命令行中输入 O（偏移）命令，按【Enter】键确认，根据命令行提示进行操作，将相应垂直直线向左偏移，偏移距离分别为 400 和 2680，如下图所示。

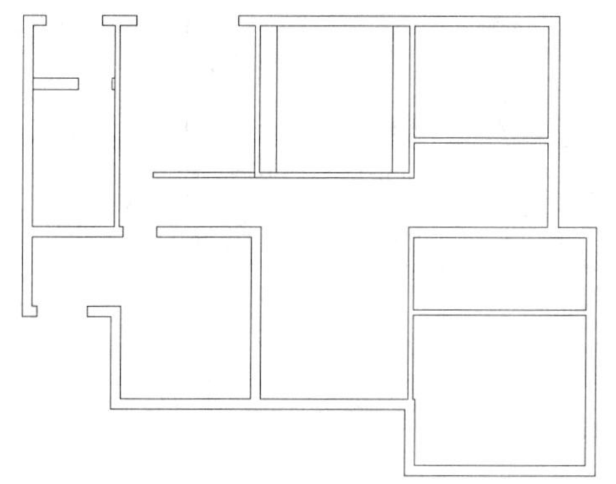

STEP 12 修剪多余的图形

在命令行中输入 EX（延伸）命令，按【Enter】键确认，根据命令行提示进行操作，选择偏移所得直线，延伸至上方水平直线处。在命令行中输入 TR（修剪）命令，按【Enter】键确认，根据命令行提示进行操作，修剪多余的图形，如下图所示。

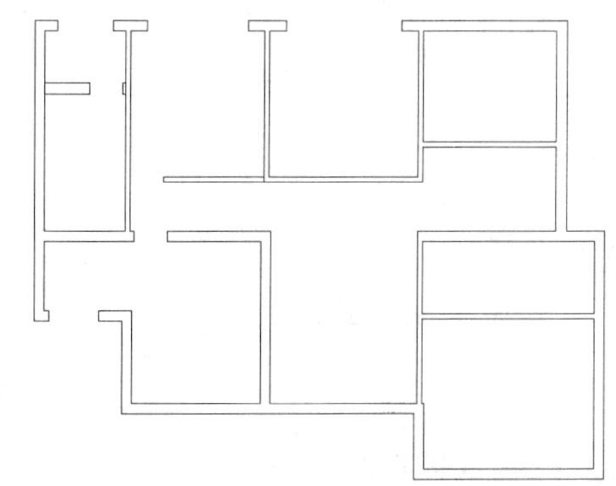

STEP 13 偏移直线

在命令行中输入 O（偏移）命令，按【Enter】键确认，根据命令行提示进行操作，将相应垂直直线向左偏移，偏移距离分别为 400、1820、440、60 和 300，如下图所示。

STEP 14 修剪多余的图形

在命令行中输入 EX（延伸）命令，按【Enter】键确认，根据命令行提示进行操作，选择偏移所得直线，延伸至相应直线处。在命令行中输入 TR（修剪）命令，按【Enter】键确认，根据命令行提示进行操作，修剪多余的图形，如下图所示。

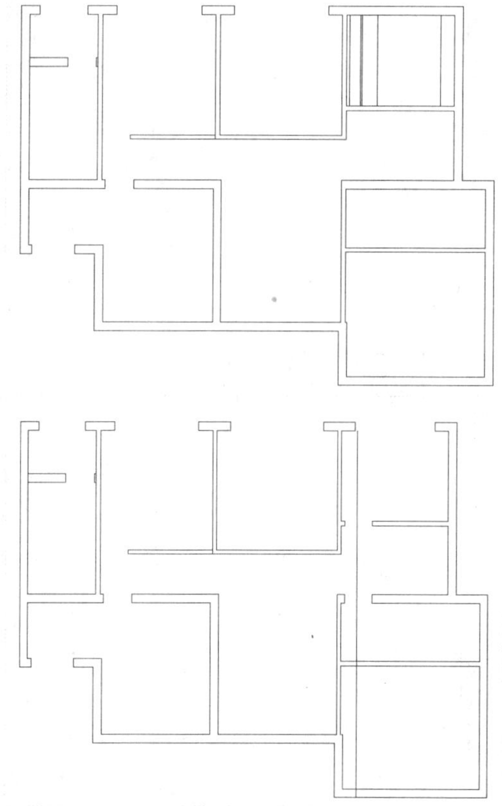

STEP 15 偏移直线

在命令行中输入 O（偏移）命令，按【Enter】键确认，根据命令行提示进行操作，设置偏移距离为 3160，将相应垂直直线向右偏移，如下图所示。

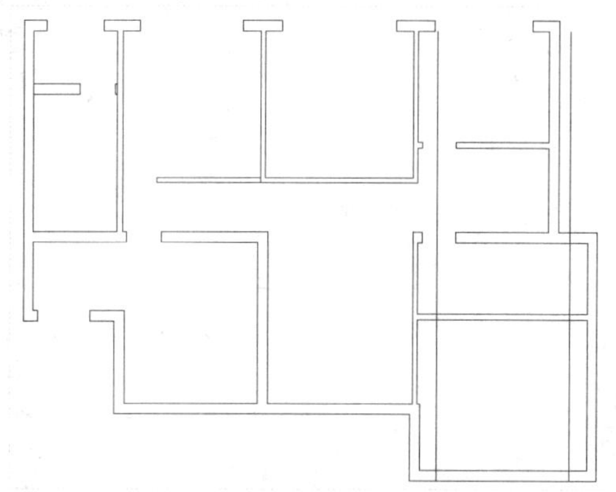

STEP 16 修剪多余的图形

在命令行中输入 TR（修剪）命令，按【Enter】键确认，根据命令行提示进行操作，修剪多余的图形，如下图所示。

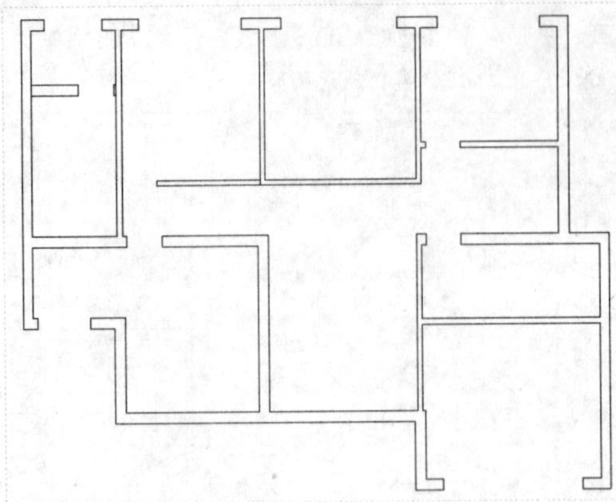

STEP 17 延伸直线

在命令行中输入 EX（延伸）命令，按【Enter】键确认，根据命令行提示进行操作，选择相应直线，延伸至相应直线处，如下图所示。

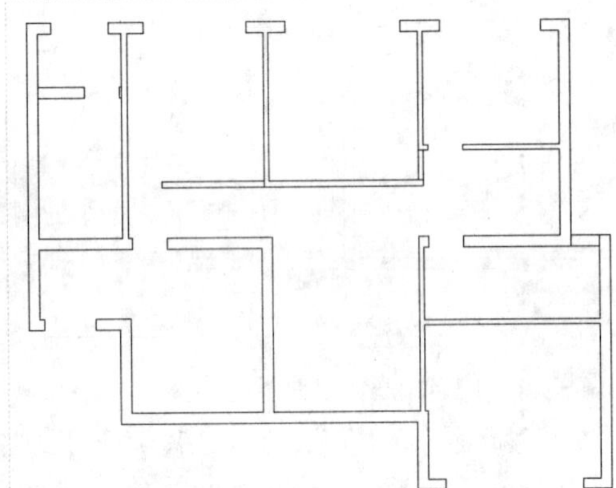

STEP 18 修剪多余的图形

在命令行中输入 TR（修剪）命令，按【Enter】键确认，根据命令行提示进行操作，修剪多余的图形，如下图所示。

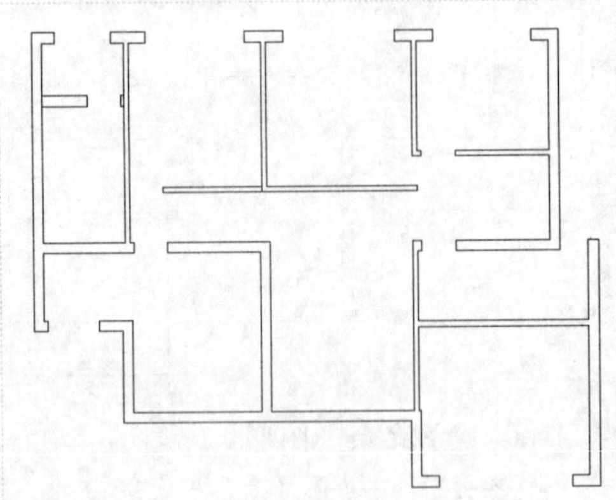

STEP 19 绘制多线

在命令行中输入 ML（多线）命令，按【Enter】键确认，根据命令行提示进行操作，设置“比例”为 100、“对正”为“无”，绘制多线，如下图所示。

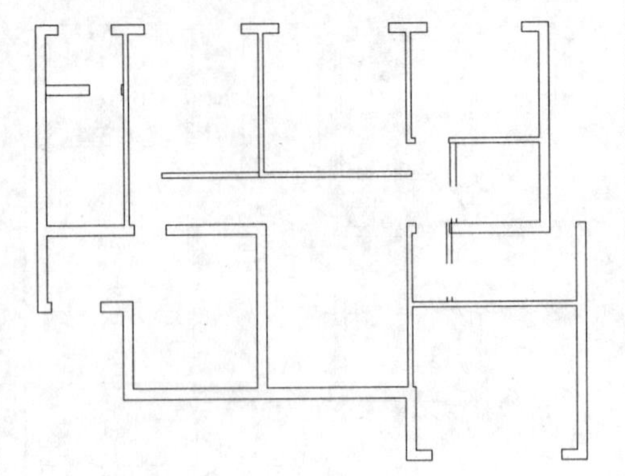

STEP 20 绘制直线

在命令行中输入 L（直线）命令，按【Enter】键确认，根据命令行提示进行操作，绘制直线，封闭多线，如下图所示。

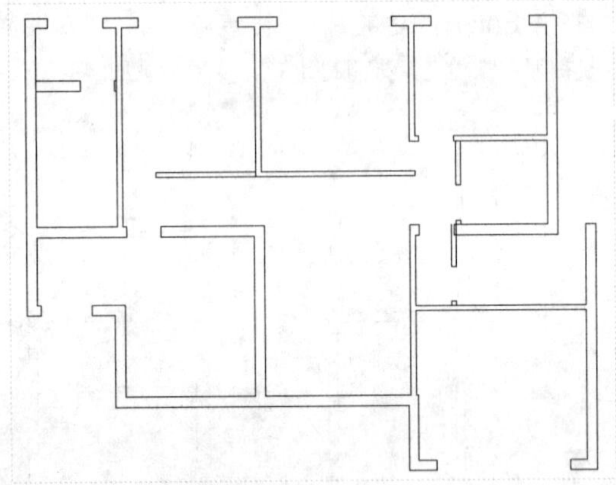

STEP 21 延伸直线

在命令行中输入 EX（延伸）命令，按【Enter】键确认，根据命令行提示进行操作，选择相应直线，延伸至相应直线处，如下图所示。

STEP 22 修剪多余的图形

在命令行中输入 X（分解）命令，按【Enter】键确认，根据命令行提示进行操作，分解多线。在命令行中输入 TR（修剪）命令，按【Enter】键确认，根据命令行提示进行操作，修剪多余的图形，如下图所示。

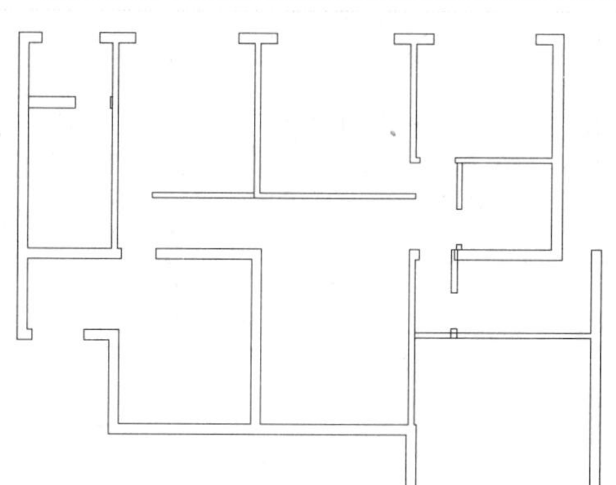

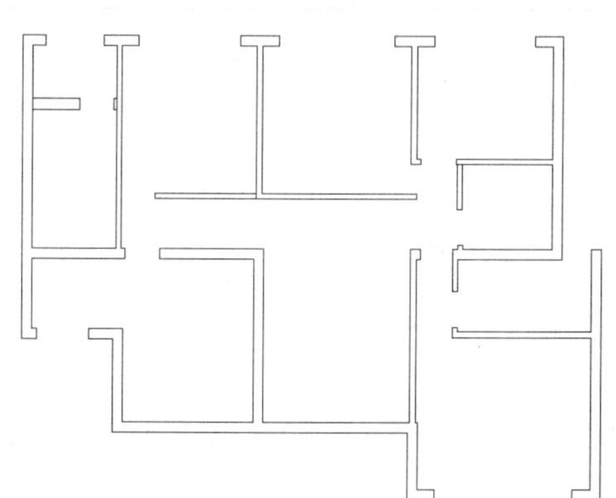

STEP 23　偏移直线

在命令行中输入 O（偏移）命令，按【Enter】键确认，根据命令行提示进行操作，将相应水平直线向上偏移，偏移距离分别为 1240 和 800，如下图所示。

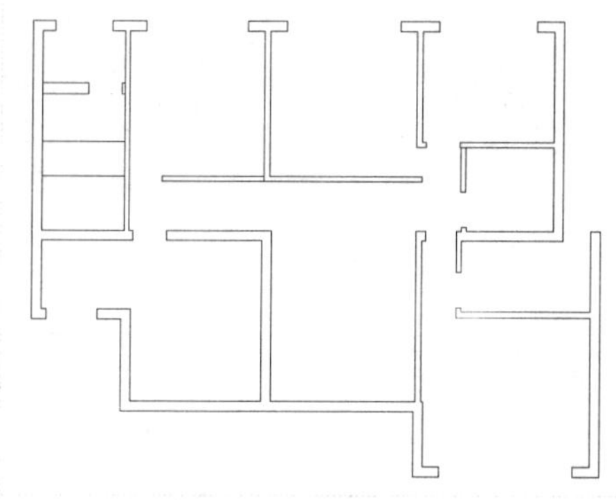

STEP 24　修剪多余的图形

在命令行中输入 EX（延伸）命令，按【Enter】键确认，根据命令行提示进行操作，选择偏移所得直线，延伸至右边垂直直线处。在命令行中输入 TR（修剪）命令，按【Enter】键确认，根据命令行提示进行操作，修剪多余的图形，如下图所示。

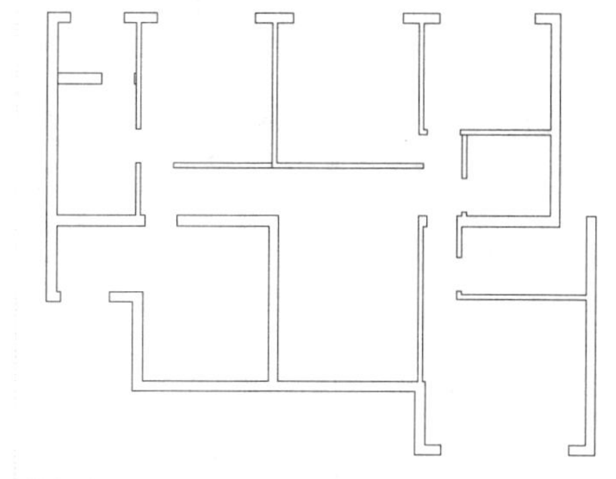

5.2.2 绘制扇门

本实例将介绍扇门的绘制，首先使用“直线”、“圆”等命令绘制扇门轮廓，然后使用“修剪”、“删除”等命令绘制扇门细节，展示了门洞和窗洞的具体绘制方法与技巧，其具体操作步骤如下。

素材文件	无	效果文件	第 5 章\扇门.dwg

STEP 01　置为当前层

以上例效果为例，在命令行中输入 LA（图层）命令，按【Enter】键确认，弹出“图层特性管理器”面板，双击“门窗”图层，将“门窗”层置为当前层，如下图所示。

STEP 02　绘制直线

在命令行中输入 L（直线）命令，按【Enter】键确认，根据命令行提示进行操作，捕捉端点，绘制直线，如下图所示。

STEP 03　绘制直线

在命令行中输入 L（直线）命令，按【Enter】键确认，根据命令行提示进行操作，捕捉端点，绘制直线，如下图所示。

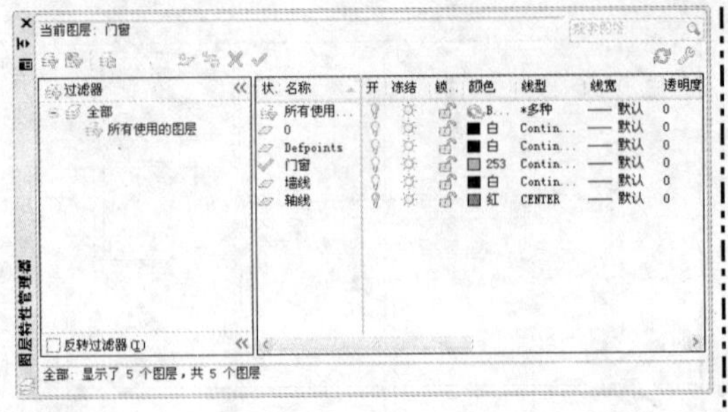

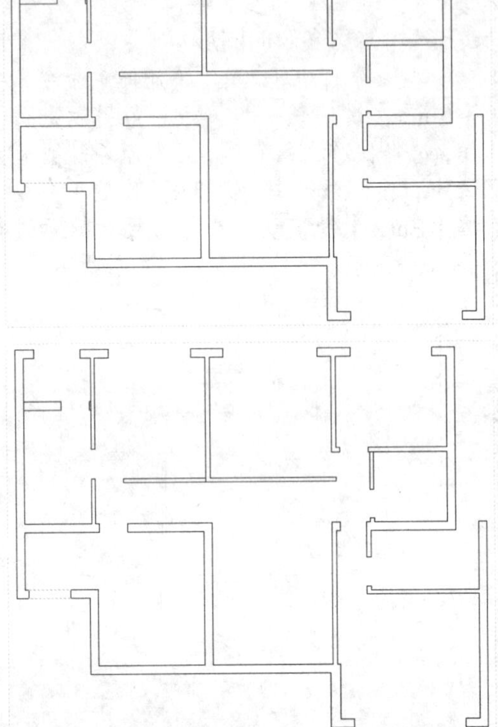

STEP 04 绘制直线

在命令行中输入 L（直线）命令，按【Enter】键确认，根据命令行提示进行操作，捕捉上方直线左角点，绘制长度为 800 的垂直直线，如下图所示。

STEP 05 绘制圆

在命令行中输入 C（圆）命令，按【Enter】键确认，根据命令行提示进行操作，捕捉垂直直线和水平直线的交点，绘制半径为 800 的圆，如下图所示。

STEP 06 修剪多余的图形

在命令行中输入 TR（修剪）命令，按【Enter】键确认，根据命令行提示进行操作，修剪多余的图形，如下图所示。

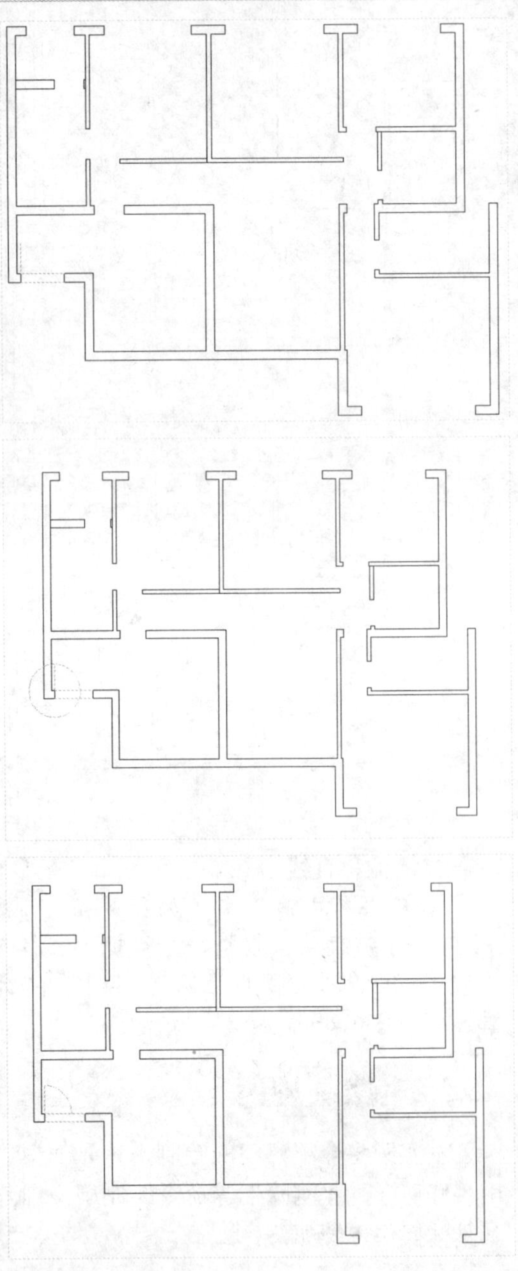

STEP 07 绘制圆

在命令行中输入 C（圆）命令，按【Enter】键确认，根据命令行提示进行操作，捕捉上方水平直线的左角点和圆弧的右角点，绘制圆，如下图所示。

STEP 08 绘制直线

在命令行中输入 L（直线）命令，按【Enter】键确认，根据命令行提示进行操作，捕捉圆心点和上方象限点，绘制直线，如下图所示。

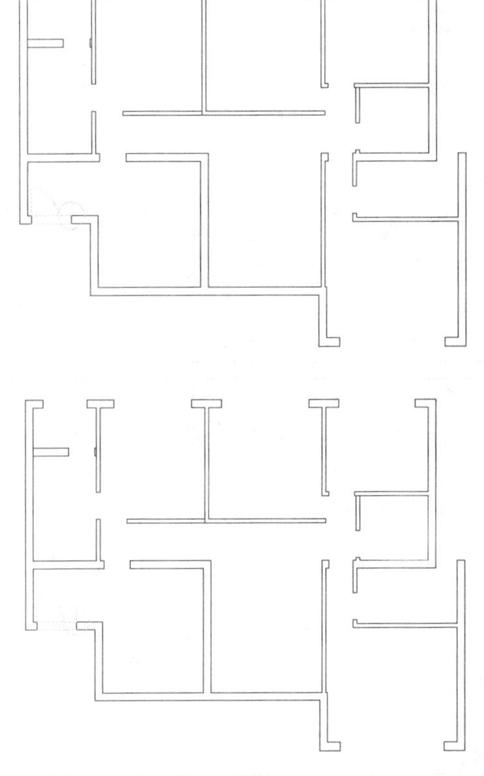

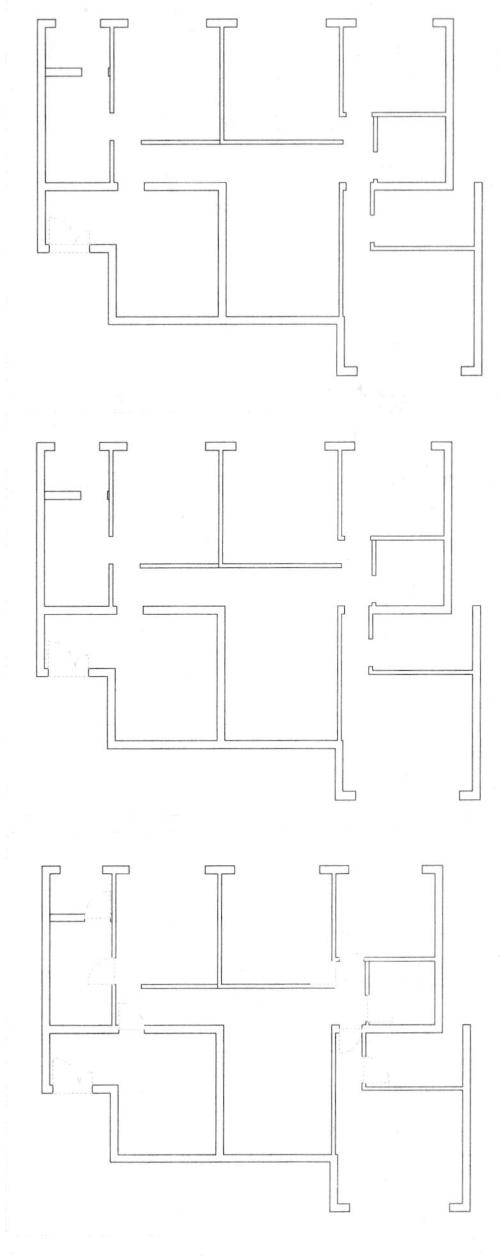

STEP 09　修剪多余的图形

在命令行中输入 TR（修剪）命令，按【Enter】键确认，根据命令行提示进行操作，修剪多余的图形，如下图所示。

STEP 10　删除多余的图形

在命令行中输入 E（删除）命令，按【Enter】键确认，根据命令行提示进行操作，删除多余的图形，如下图所示。

STEP 11　绘制其他的门图形

采用与上一步相同的方法，绘制其他的门图形，如下图所示。

5.2.3　绘制窗户及推拉门

本实例将介绍窗户及推拉门的绘制，首先使用“直线”、“偏移”等命令绘制窗户，然后使用“直线”、“倒角”等命令绘制推拉门，展示了窗户及推拉门的具体绘制方法与技巧，其具体操作步骤如下。

素材文件	无	效果文件	第 5 章\窗户及推拉门.dwg

STEP 01　绘制直线

以上例效果为例，在命令行中输入 L（直线）命令，按【Enter】键确认，根据命令行提示进行操作，捕捉合适的两端点，绘制直线，如下图所示。

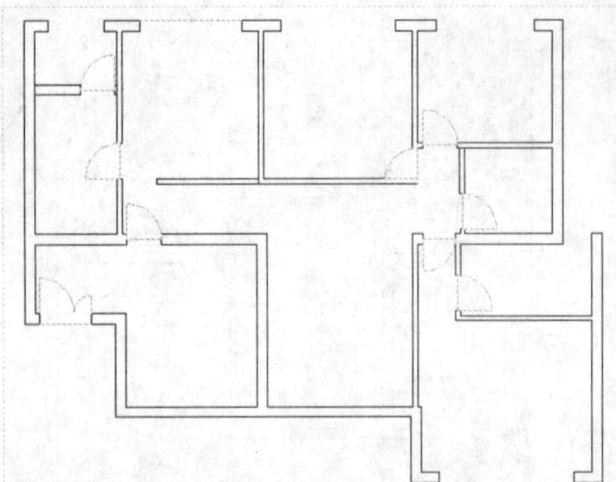

STEP 02 偏移直线

在命令行中输入 O（偏移）命令，按【Enter】键确认，根据命令行提示进行操作，设置偏移距离为 80，将新绘制的直线依次向下偏移 3 次，如下图所示。

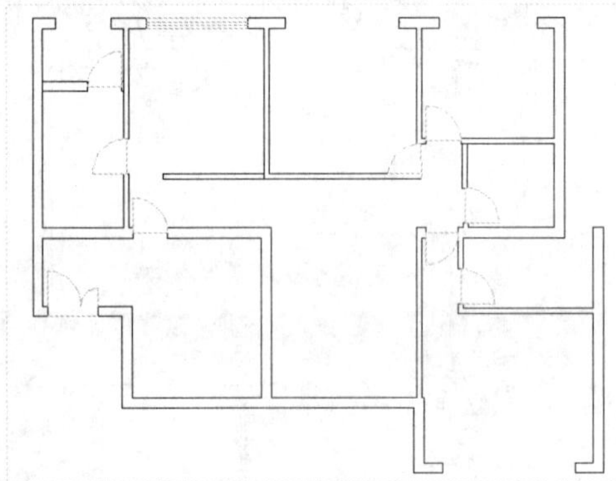

STEP 03 绘制其他的窗户

采用与上一步相同的方法，绘制其他的窗户，如下图所示。

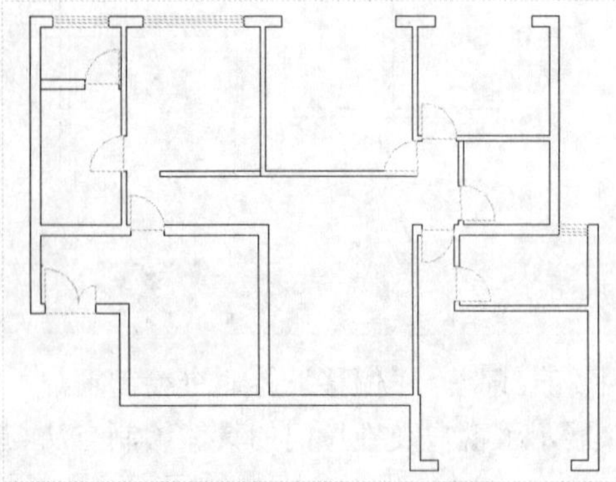

STEP 04 绘制直线

在命令行中输入 L（直线）命令，按【Enter】键确认，根据命令行提示进行操作，捕捉合适的两端点，绘制直线，如下图所示。

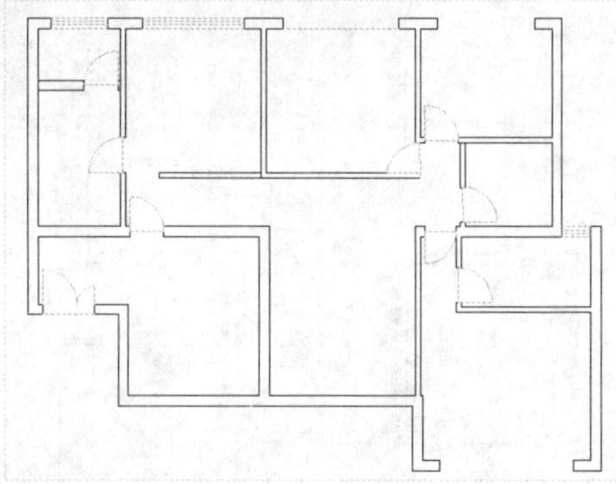

STEP 05 绘制直线

在命令行中输入 L（直线）命令，按【Enter】键确认，根据命令行提示进行操作，捕捉两边垂直直线上方端点，向上引导光标，绘制长度为 600 的直线，如下图所示。

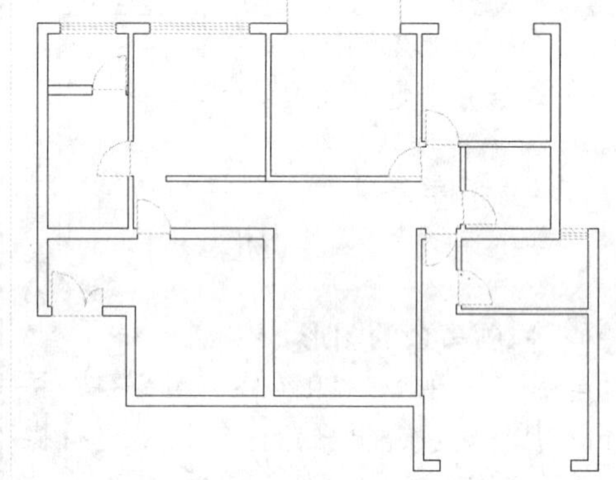

STEP 06 绘制直线

在命令行中输入 L（直线）命令，按【Enter】键确认，根据命令行提示进行操作，捕捉两条新绘制直线的端点，绘制直线，如下图所示。

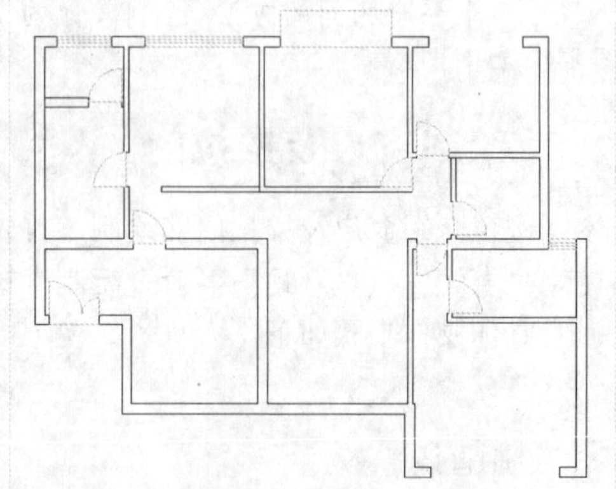

STEP 07 偏移直线

在命令行中输入 O（偏移）命令，按【Enter】键确认，根据命令行提示进行操作，设置偏移距离为 80，将三条新绘制直线向外依次偏移 3 次，如下图所示。

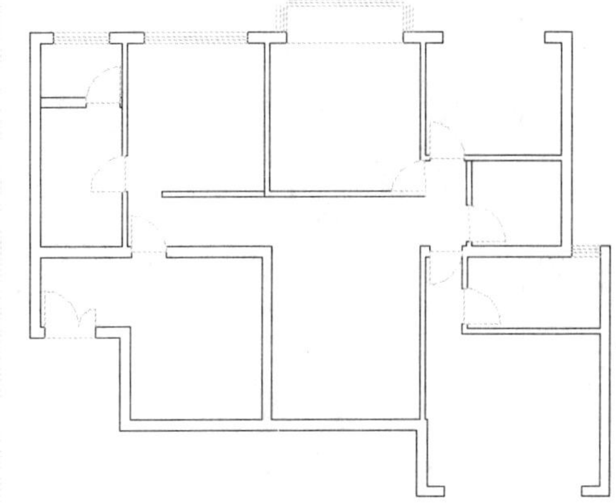

STEP 08 **进行倒角操作**

在命令行中输入 CHA（倒角）命令，按【Enter】键确认，根据命令行提示进行操作，设置倒角距离为 0，将直线进行倒角操作，如下图所示。

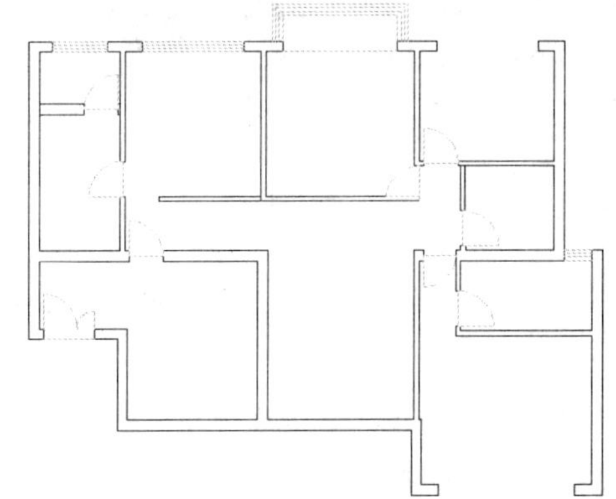

STEP 09 **绘制另一个飘窗**

采用与上一步相同的方法，绘制另一个飘窗，如下图所示。

STEP 10 **绘制直线**

在命令行中输入 L（直线）命令，按【Enter】键确认，根据命令行提示进行操作，捕捉合适位置的两中点，绘制直线，如下图所示。

STEP 11 **偏移直线**

在命令行中输入 O（偏移）命令，按【Enter】键确认，根据命令行提示进行操作，设置偏移距离为 60，将新绘制的直线向上依次偏移两次，如下图所示。

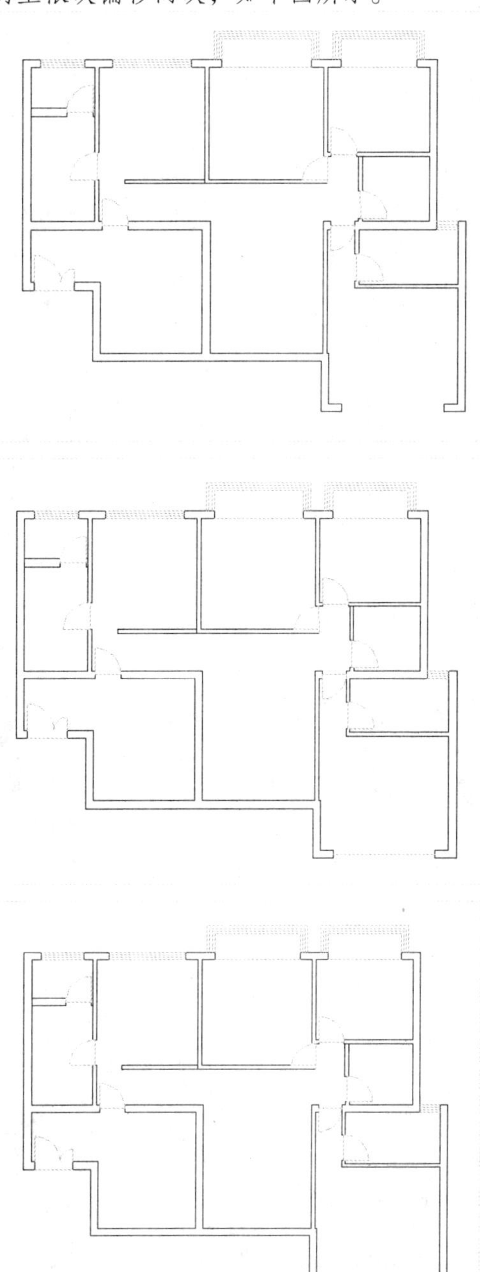

STEP 12 **绘制直线**

在命令行中输入 DIV（定数等分）命令，按【Enter】键确认，根据命令行提示进行操作，将偏移所得最上方直线进行 8 等分。在命令行中输入 L（直线）命令，按【Enter】键确认，根据命令行提示进行操作，捕捉节点和垂足，绘制直线，如下图所示。

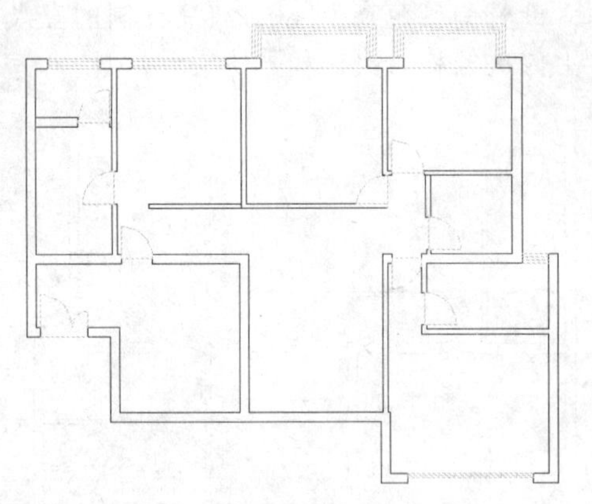

STEP 13 修剪多余的图形

在命令行中输入 TR（修剪）命令，按【Enter】键确认，根据命令行提示进行操作，修剪多余的图形，如下图所示。

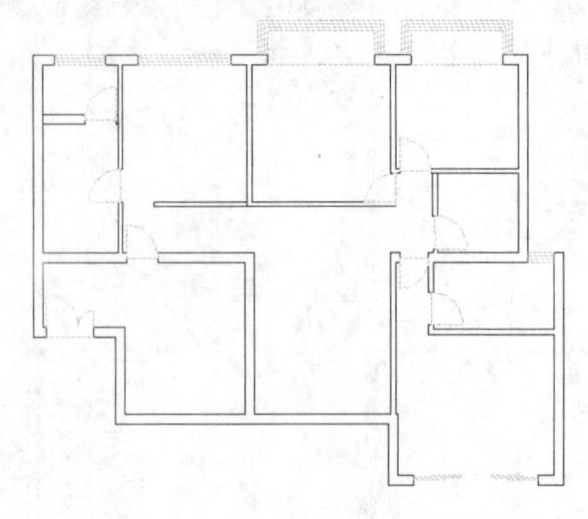

5.2.4 绘制阳台

本实例将介绍阳台的绘制，通过“多线”命令绘制阳台，展示了阳台的具体绘制方法与技巧，其具体操作步骤如下。

素材文件	无	效果文件	第 5 章\阳台.dwg

STEP 01 捕捉角点

以上例效果为例，在命令行中输入 ML（多线）命令，按【Enter】键确认，根据命令行提示进行操作，设置“比例”为 120、“对正”为“下”，捕捉左下角点，如下图所示。

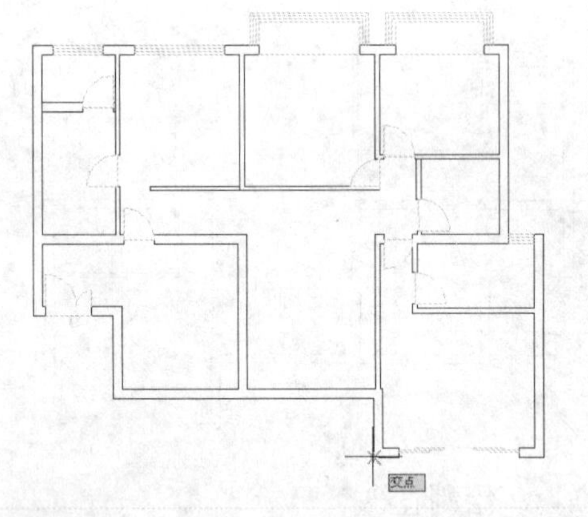

STEP 02 绘制多线

单击鼠标左键确认，输入（@0,-2000）、（@4440,0）、（@0,2000），按【Enter】键确认，绘制多线，如下图所示。

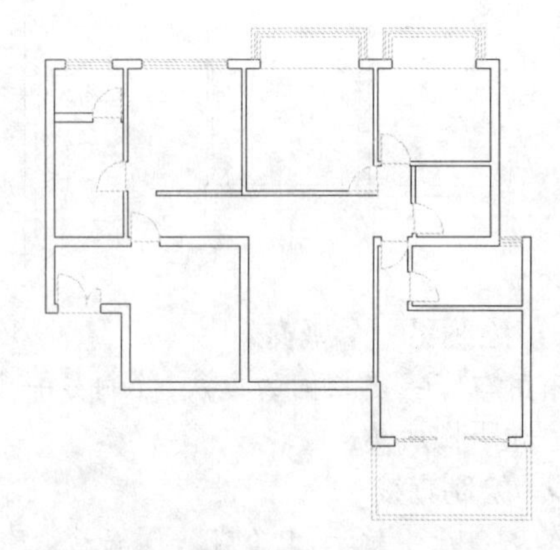

5.3 添加尺寸、图框和文字说明

在 AutoCAD 中，标注尺寸是重要的环节，它包含有线性、对齐、角度、弧长、半径和直径等多种标注方式，标注时需字体大小适中，清晰明了。绘制门窗阳台后，接下来给土建结构图添加尺寸、文字说明和图框，完成土建结构图的设计。

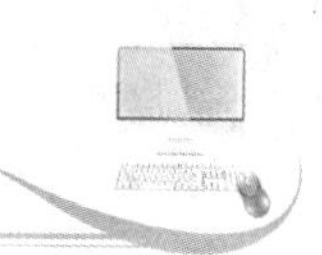

5.3.1 标注尺寸

本实例将介绍尺寸的标注，首先使用“标注样式”命令设置标注样式，然后使用“线性标注”、“连续标注”等命令标注尺寸，展示了标注尺寸的具体操作方法与技巧，其具体操作步骤如下。

素材文件	无	效果文件	第 5 章\标注.dwg

STEP 01 置为当前层

以上例效果为例，在命令行中输入 LA（图层）命令，按【Enter】键确认，弹出“图层特性管理器”面板，将“轴线”图层打开，新建“标注”图层，设置“颜色”为“蓝”，并将“标注”图层置为当前层，如下图所示。

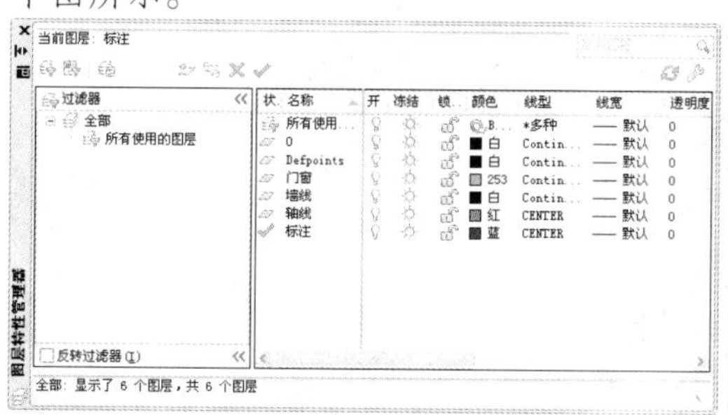

STEP 02 弹出对话框

在命令行中输入 D（标注样式）命令，按【Enter】键确认，弹出“标注样式管理器”对话框，如下图所示。

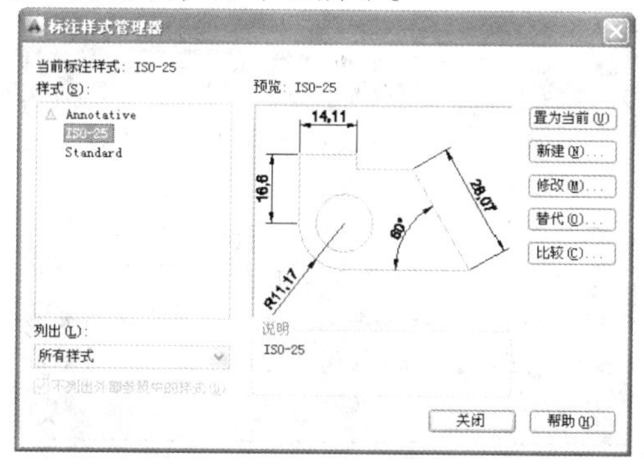

STEP 03 设置参数

单击“修改”按钮，弹出“修改标注样式：ISO-25”对话框，在“线”选项卡中，设置“起点偏移量”为 10，如下图所示。

STEP 04 设置参数

在“符号和箭头”选项卡中，设置“第一个”为“建筑标记”、“引线”为“点”，如下图所示。

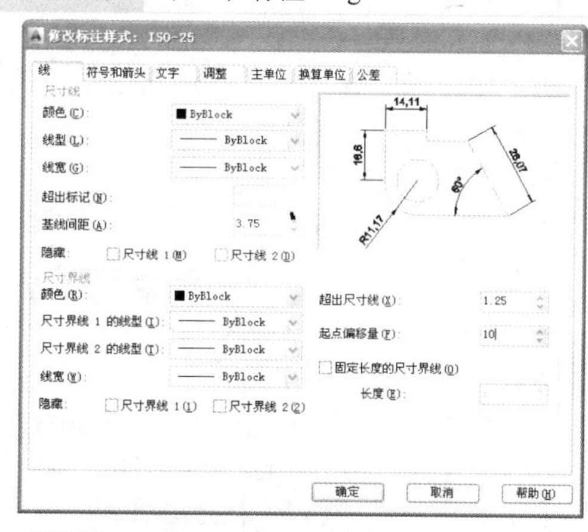

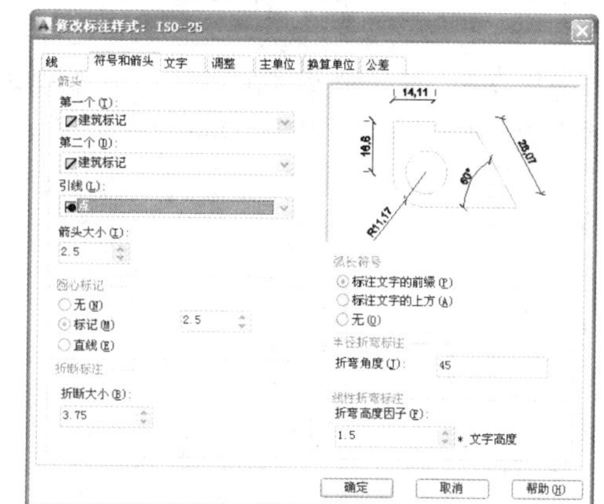

STEP 05 设置参数

在“调整”选项卡中，设置“使用全局比例”为 120，如下图所示。

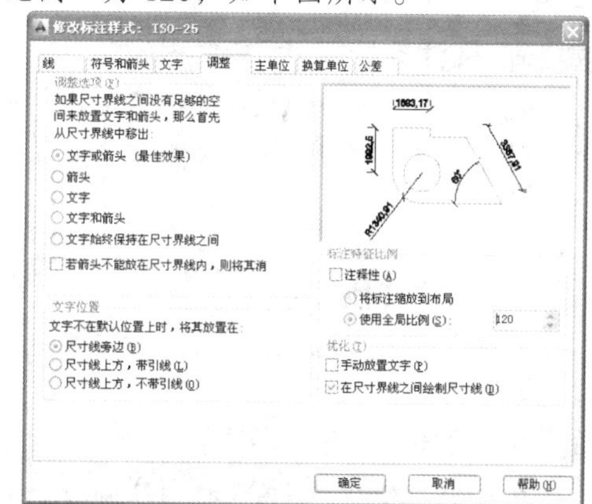

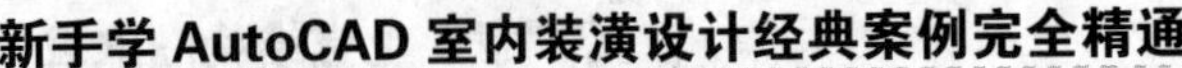

STEP 06 单击“置为当前”按钮

单击“确定”按钮，返回“标注样式管理器”对话框，单击“置为当前”按钮，如下图所示。

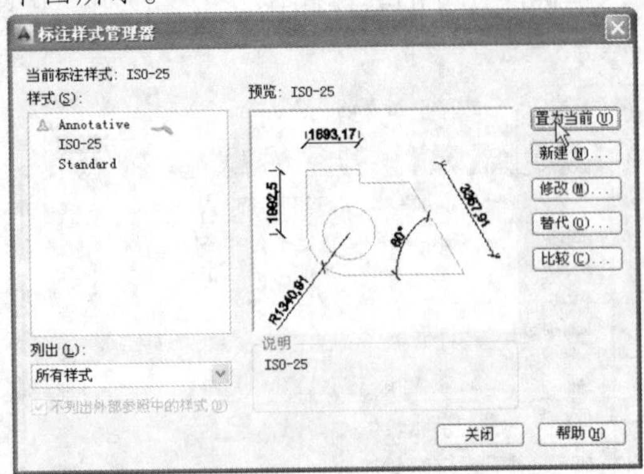

STEP 07 进行线性尺寸标注

单击“关闭”按钮，关闭“标注样式管理器”对话框。在命令行中输入 DLI（线性标注）命令，按【Enter】键确认，然后根据命令行提示进行操作，捕捉左侧垂直轴线的上端点，向右移动光标至第三条垂直轴线的上端点，进行线性尺寸标注，如下图所示。

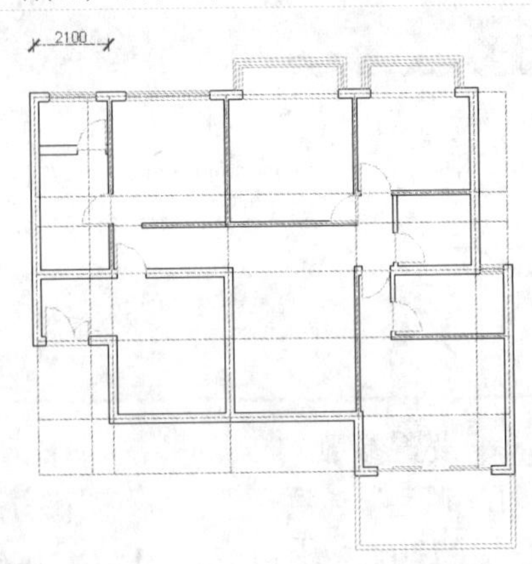

STEP 08 标注连续尺寸

在命令行中输入 DCO（连续标注）命令，按【Enter】键确认，根据命令行提示进行操作，捕捉轴线交点，进行连续尺寸标注，如下图所示。

STEP 09 标注其他尺寸

采用与上一步相同的方法，标注其他尺寸，如下图所示。

STEP 10 关闭“轴线”图层

在命令行中输入 LA（图层）命令，按【Enter】键确认，弹出“图层特性管理器”面板，并将“轴线”图层关闭，效果如下图所示。

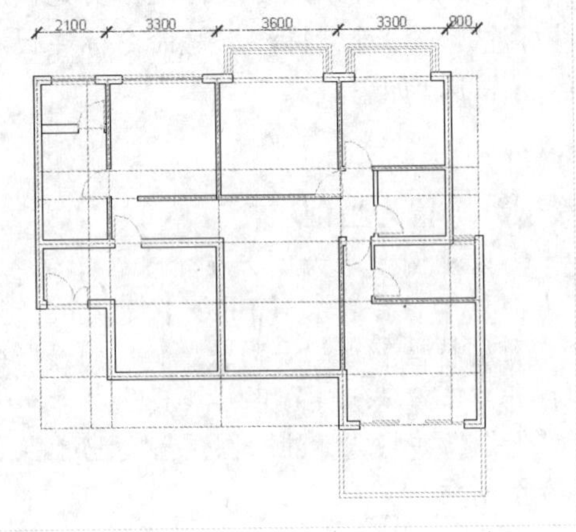

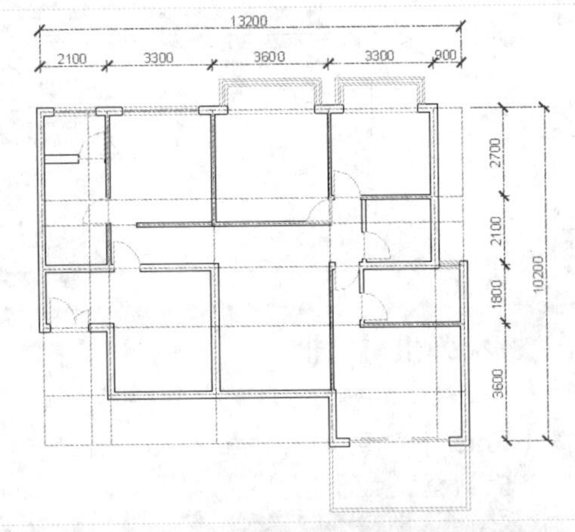

专家指点

连续标注与基线标注都可以一次标注多个连续标注，其不同点在于：基线标注是基于同一标注原点，而连续标注的每个标注都是从前一个或最后一个选定标注的第二个尺寸界线处创建，共享公共的尺寸线。创建连续标注时，必须先创建一个线性或角度标注作为基准标注。

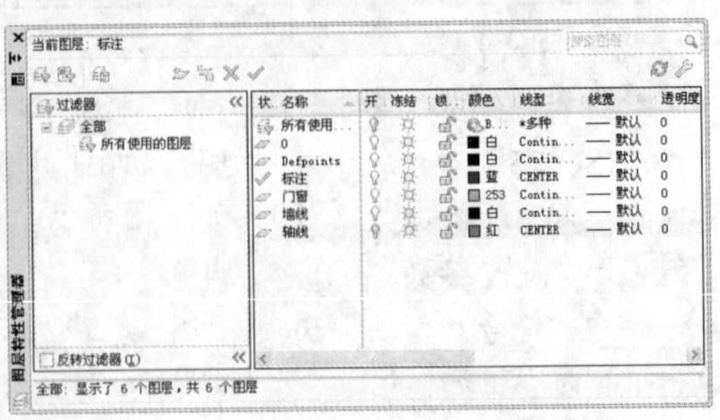

5.3.2 添加图框

本实例将介绍图框的添加，通过“插入”命令添加图框，展示了插入图框的具体操作方法与技巧，其具体操作步骤如下。

素材文件	第 5 章\图框.dwg	效果文件	第 5 章\图框.dwg

STEP 01 弹出对话框

以上例效果为例，在命令行中输入 I（插入）命令，按【Enter】键确认，弹出“插入”对话框，如下图所示。

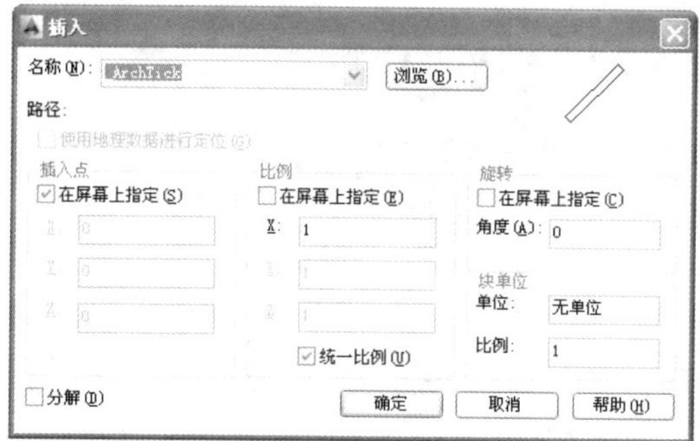

STEP 02 选择图形文件

单击“浏览”按钮，弹出“选择图形文件”对话框，选择“图框”图形文件，如下图所示。

STEP 03 缩放并移动图块

单击“打开”按钮，返回“插入”对话框，单击“确定”按钮，指定插入点，插入图块。在命令行中输入 SC（缩放）命令，按【Enter】键确认，根据命令行提示进行操作，设置缩放比例因子为 0.7，缩放图块，并将图块移至合适位置，如下图所示。

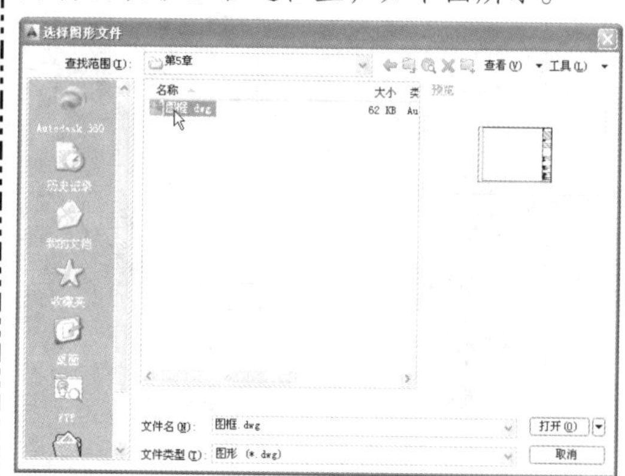

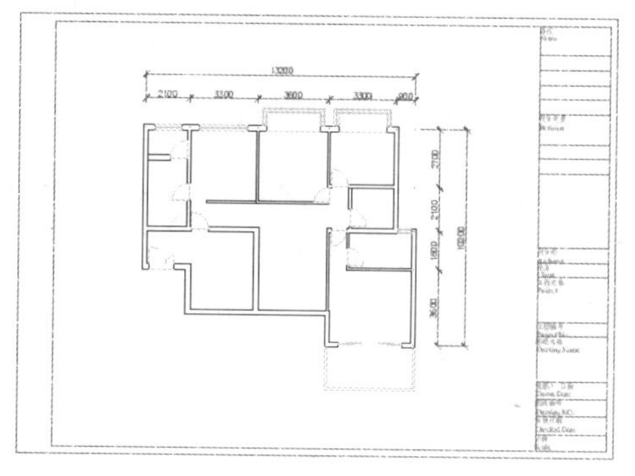

5.3.3 添加文字说明

本实例将介绍文字说明的添加，首先使用“多行文字”命令创建多行文字，然后使用“多段线”命令完善文字说明，展示了添加文字说明的具体操作方法与技巧，其具体操作步骤如下。

素材文件	无	效果文件	第 5 章\土建结构图.dwg

STEP 01 创建多行文字

以上例效果为例，在命令行中输入 MT（多行文字）命令，按【Enter】键确认，根据命令行提示进行操作，在绘图区的合适位置拖曳鼠标，设置“文字高度”为 400，在文本框中输入“客厅”，单击“关闭文字编辑器”按钮，完成多行文字的创建，如下图所示。

STEP 02 创建其他多行文字

采用与上一步相同的方法，创建其他多行文字，如下图所示。

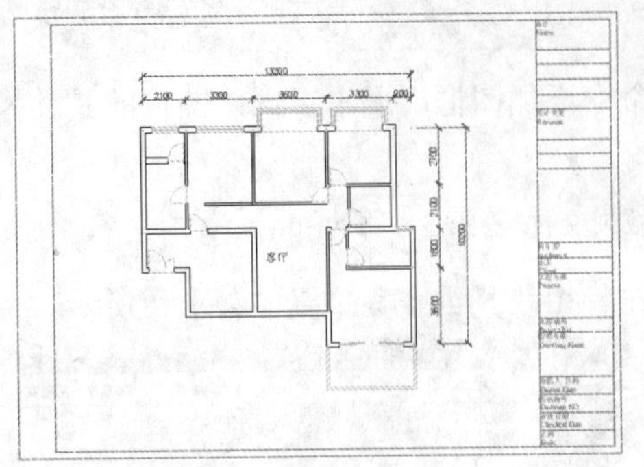

STEP 03 **绘制多段线**

在命令行中输入 PL（多段线）命令，按【Enter】键确认，根据命令行提示进行操作，在文字下方绘制一条宽度为 100、长度为 3300 的多段线，如下图所示。

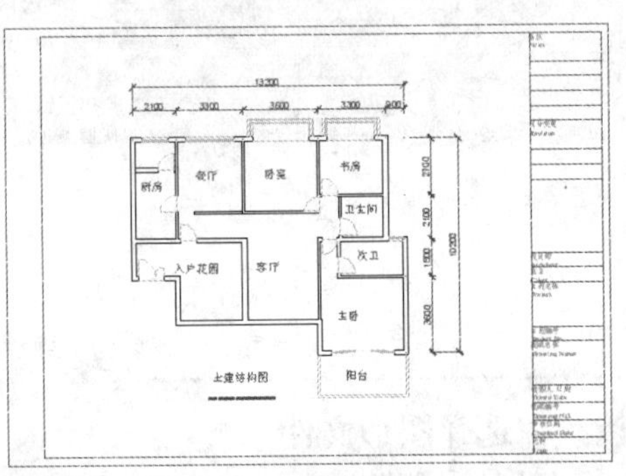

读书笔记

Chapter

06

章前知识导读

简约风格中客厅的色彩大多以明快为主，注重细节化，赋予室内空间以生命、情趣，既符合人们的生活方式和需求功能，又能体现出人们的自身品位、文化背景和修养内涵。在客厅的设计风格中更多地蕴含着主人对生活的理解，也透出独特的文化内涵。

客厅装潢图的设计

重点知识索引

- 绘制墙体装饰线
- 绘制客厅各组件
- 标注尺寸和文字说明

效果图片赏析

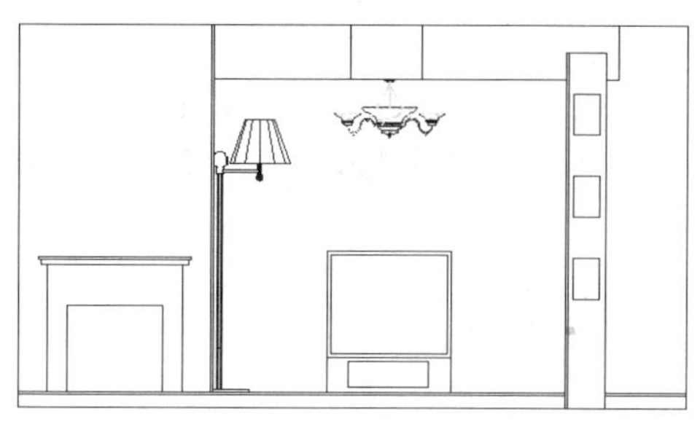

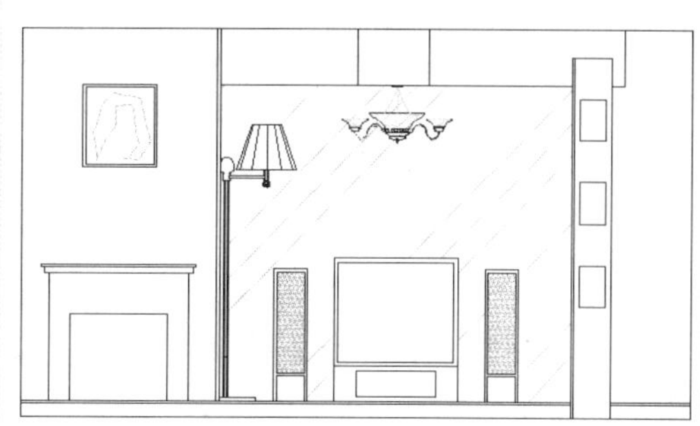

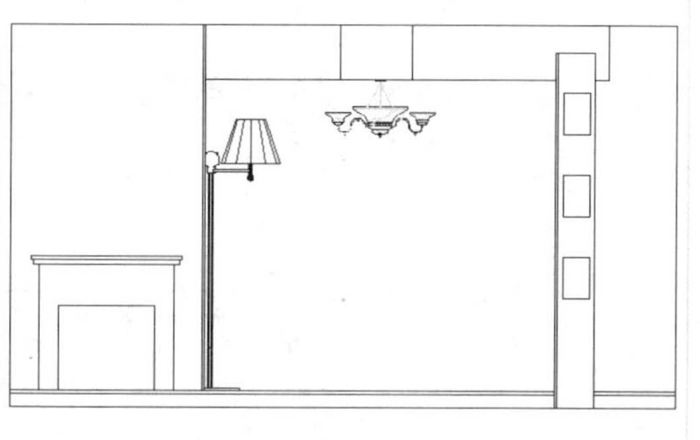

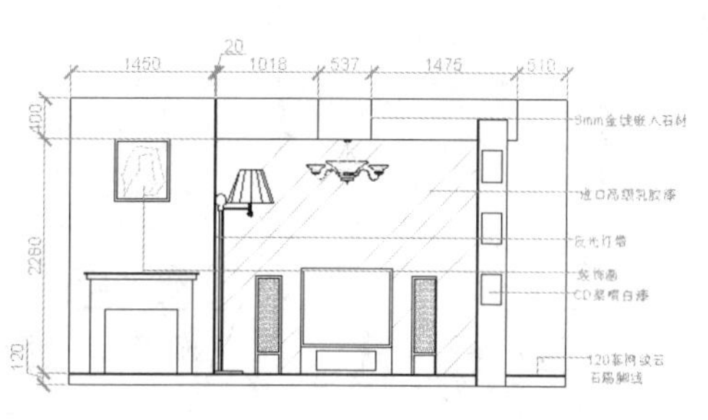

6.1 绘制墙体装饰线

在室内装潢制图中，墙体装饰线是指在石材、板材的表面或沿着边缘开的一个连续凹槽，用来达到装饰目的或突出连接位置。下面将介绍墙体装饰线的设计方法。

6.1.1 绘制墙体装饰线

本实例将介绍墙体装饰线的绘制，首先使用“矩形”命令绘制轮廓，然后使用“分解”、“偏移”命令绘制墙体装饰线，展示了墙体装饰线的具体绘制方法与技巧，其具体操作步骤如下。

素材文件	无	效果文件	第 6 章\墙体装饰线.dwg

STEP 01 绘制矩形

在命令行中输入 REC（矩形）命令，按【Enter】键确认，根据命令行提示进行操作，在绘图区任意一点单击鼠标左键，输入（@5010，2800），按【Enter】键确认，绘制矩形，如下图所示。

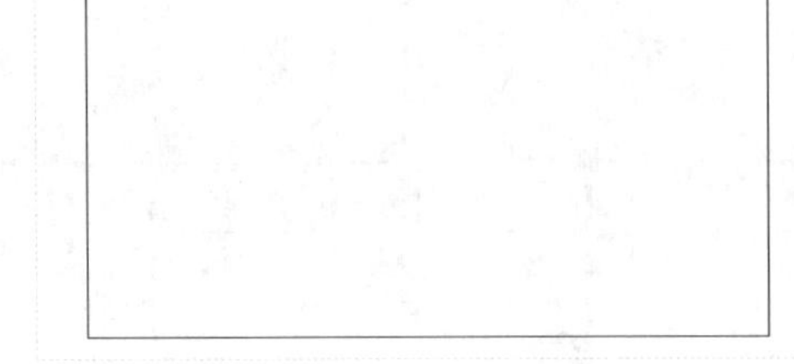

STEP 02 偏移直线

在命令行中输入 X（分解）命令，按【Enter】键确认，根据命令行提示进行操作，将绘制的矩形分解。在命令行中输入 O（偏移）命令，按【Enter】键确认，根据命令行提示，将矩形最左侧垂直直线依次向右偏移，偏移距离分别为 1450、20、1018、537、1075、20、280 和 100，如下图所示。

STEP 03 偏移直线

在命令行中输入 O（偏移）命令，按【Enter】键确认，根据命令行提示进行操作，将矩形最上方的水平直线依次向下进行偏移，偏移距离分别为 200、200、2280、20，如下图所示。

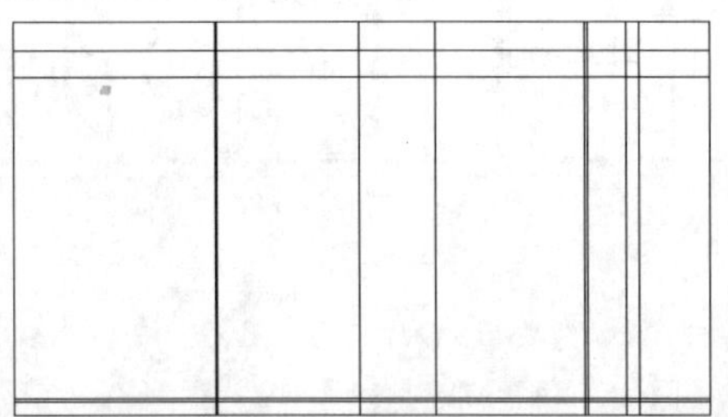

专家指点

在绘制建筑立面图时，可以先使用 REC（矩形）、O（偏移）和 TR（修剪）等命令确定建筑的大致轮廓，然后使用 EX（延伸）、O（偏移）和 TR（修剪）等命令绘制细节图形，最后使用 DLI（线性标注）、DCO（连续标注）和 MT（多行文字）等命令标注尺寸和文字说明。

6.1.2 修改墙体装饰线

本实例将介绍墙体装饰线的修改，通过“修剪”、“矩形”等命令修改墙体装饰线，展示了墙体装饰线的具体修改方法与技巧，其具体操作步骤如下。

素材文件	无	效果文件	第 6 章\修改墙体装饰线.dwg

STEP 01 修剪多余的图形

以上例效果为例，在命令行中输入 TR（修剪）命令，按【Enter】键确认，根据命令行提示进行操作，修剪多余的图形，如下图所示。

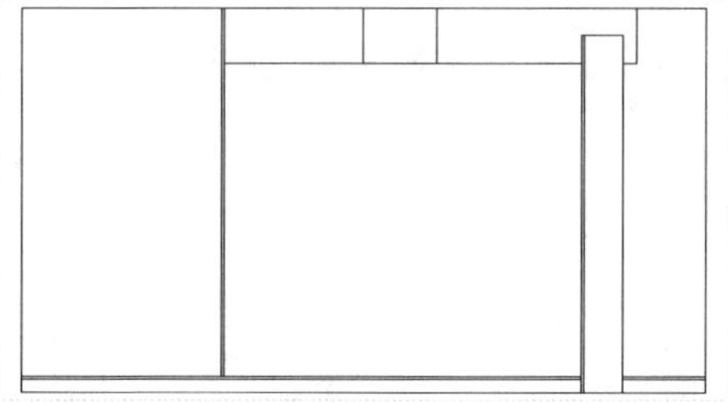

STEP 02 捕捉角点

在命令行中输入 REC（矩形）命令，按【Enter】键确认，根据命令行提示进行操作，输入 FROM 命令并确认，捕捉右上方角点，如下图所示。

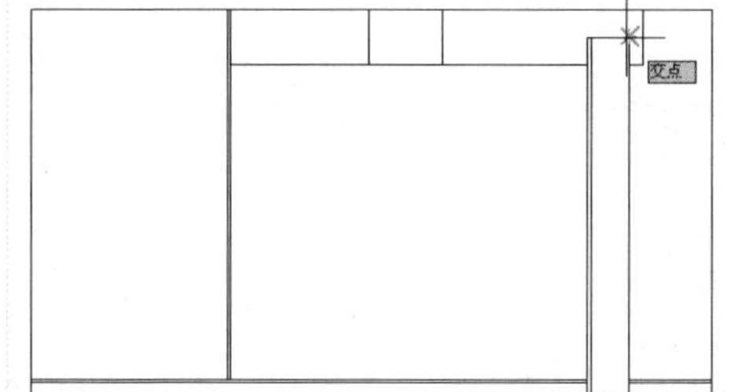

STEP 03 绘制矩形

单击鼠标左键确认，输入(@-40,-300)、(@-200,-300)，按【Enter】键确认，绘制矩形，如下图所示。

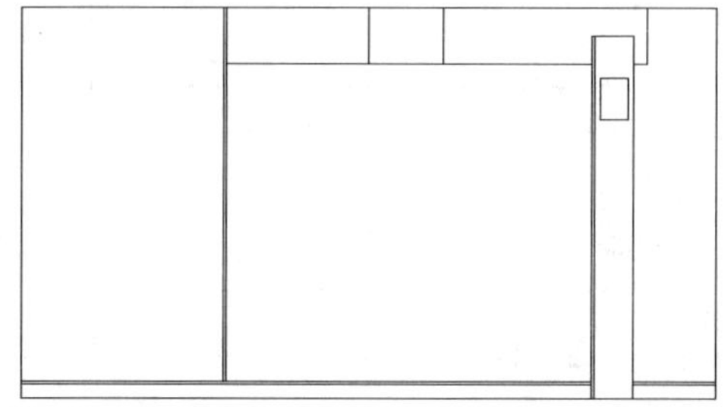

STEP 04 阵列矩形

在命令行中输入 AR（阵列）命令，按【Enter】键确认，根据命令行提示进行操作，选择新绘制的矩形，选择 R（矩形）选项，弹出“阵列创建”选项卡，设置“列数”为 1、“行数”为 3、“行”的“介于”为 -600，单击“关闭阵列”按钮，完成阵列创建，如下图所示。

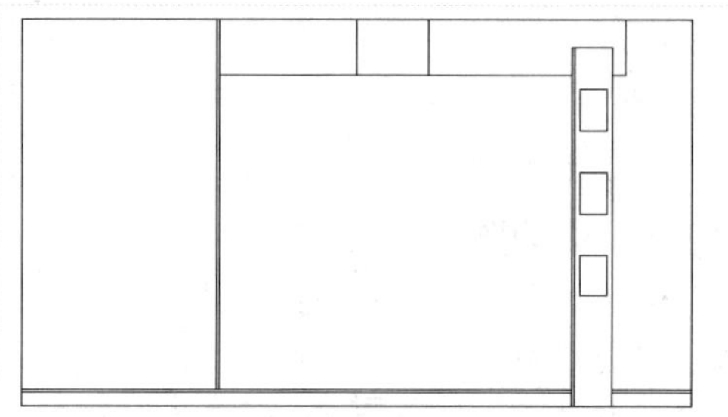

专家指点

使用 FROM 命令，是为了更加精确地绘制矩形。在实际操作过程中，使用该命令可能更加复杂，此时用户可以使用“偏移”、“修剪”等命令，精确地绘制出矩形。

6.2 绘制客厅各组件

客厅是家庭居住环境中最大的生活空间，是利用率最高和展示个人爱好的地方，是家庭的活动中心，客厅装饰主要是通过墙面、地面和顶面来体现的，客厅家具配置主要有沙发、茶几和电视柜等。下面将介绍客厅各组件的设计方法。

6.2.1 绘制吊顶和灯具

本实例将介绍吊顶和灯具的绘制，通过“插入”命令插入图块，展示了吊顶和灯具的具体绘制方法与技巧，其具体的操作步骤如下。

素材文件	第 6 章\吊灯.dwg、落地灯.dwg	效果文件	第 6 章\吊顶和灯具.dwg

STEP 01 弹出对话框

以上例效果为例，在命令行中输入 I（插入）命令，按【Enter】键确认，弹出“插入”对话框，如下图所示。

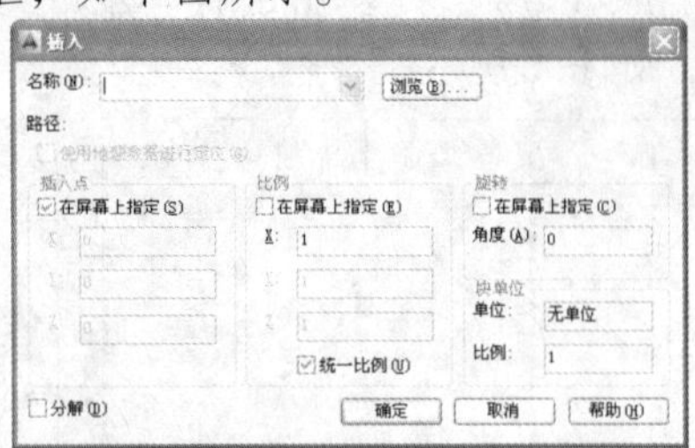

STEP 02 **选择图形文件**

单击“浏览”按钮，弹出“选择图形文件”对话框，选择“吊灯”图形文件，如下图所示。

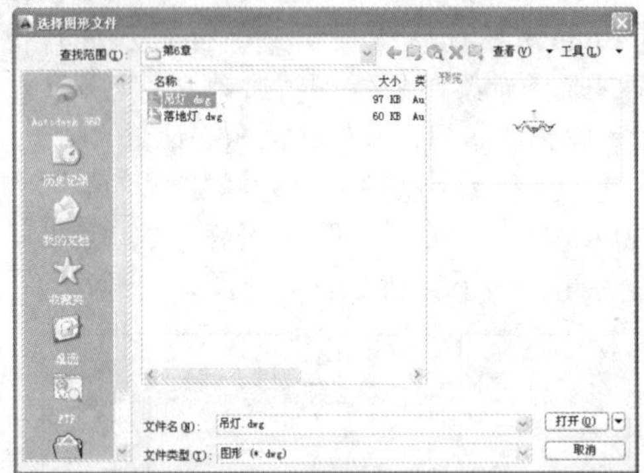

STEP 03 **移动图块**

单击“打开”按钮，返回“插入”对话框，单击“确定”按钮，在绘图区的任意一点指定插入点，插入图块。在命令行中输入 M（移动）命令，按【Enter】键确认，根据命令行提示进行操作，将插入的图块移至合适位置，如下图所示。

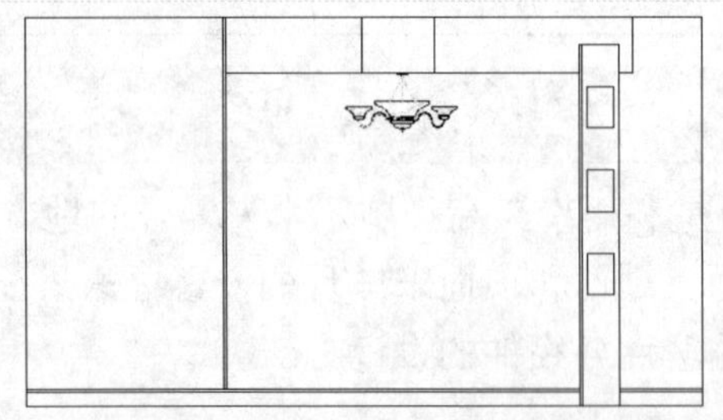

专家指点

指定插入点后，可能屏幕上没有显示“吊灯”图形，原因是在定义该图块时，没有指定合适的插入点，此时用户只需使用鼠标中键缩放屏幕，找到图形后，使用“移动”命令，将图形移动至合适位置即可。

STEP 04 **弹出对话框**

在命令行中输入 I（插入）命令，按【Enter】键确认，弹出“插入”对话框，如下图所示。

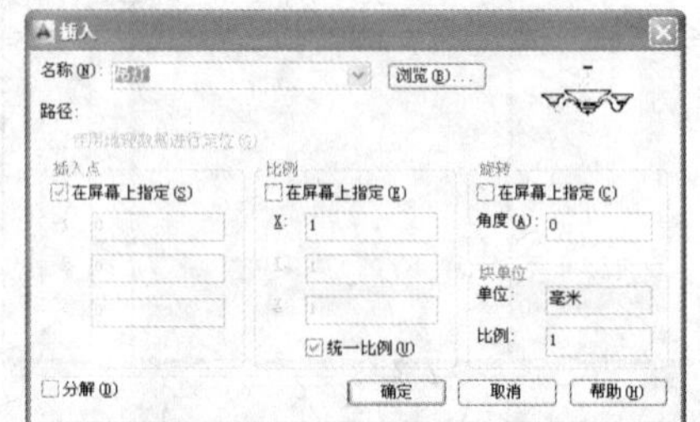

STEP 05 **选择图形文件**

单击“浏览”按钮，弹出“选择图形文件”对话框，选择“落地灯”图形文件，如下图所示。

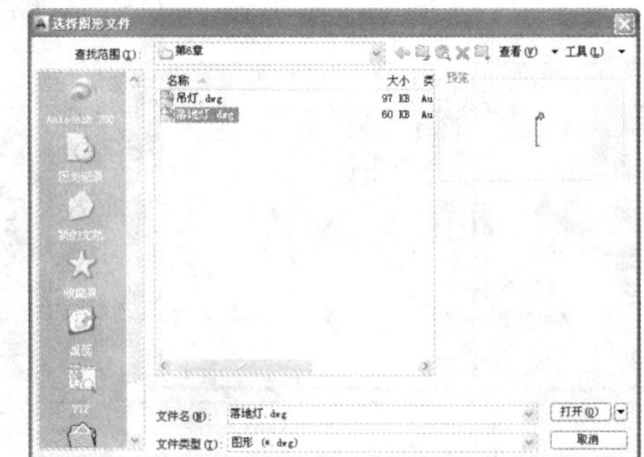

STEP 06 **移动图块**

单击“打开”按钮，返回“插入”对话框，单击“确定”按钮，在绘图区的任意一点指定插入点，插入图块。在命令行中输入 SC（缩放）命令，按【Enter】键确认，根据命令行提示进行操作，设置缩放比例因子为 0.7，缩放图块。在命令行中输入 M（移动）命令，按【Enter】键确认，根据命令行提示进行操作，将插入的图块移至合适位置，如下图所示。

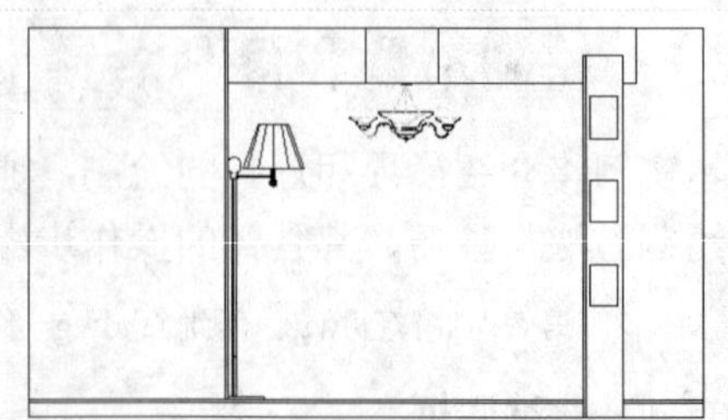

6.2.2 绘制壁炉

本实例将介绍壁炉的绘制，首先使用“偏移”命令绘制壁炉轮廓，然后使用“修剪”、“矩形”命令绘制壁炉细节，展示了壁炉的具体绘制方法与技巧，其具体的操作步骤如下。

素材文件	无	效果文件	第 6 章\壁炉.dwg

STEP 01 偏移直线

以上例效果为例，在命令行中输入 O（偏移）命令，按【Enter】键确认，根据命令行提示进行操作，将最上方水平直线向下偏移 1700，如下图所示。

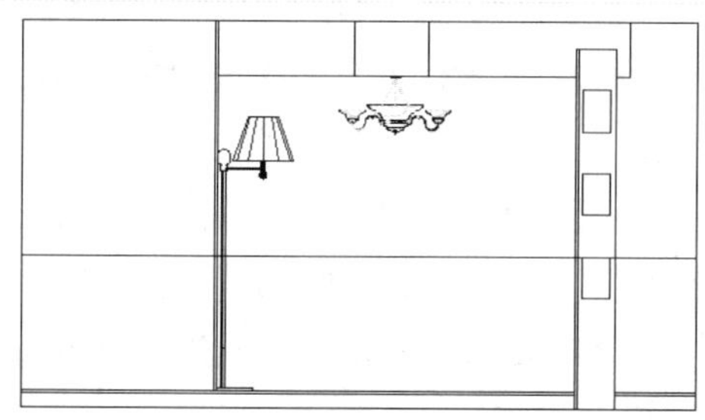

STEP 02 夹点编辑直线

选择偏移所得的直线，使用夹点编辑，将右侧的夹点向左侧移动，至合适位置处，单击鼠标左键确认，如下图所示。

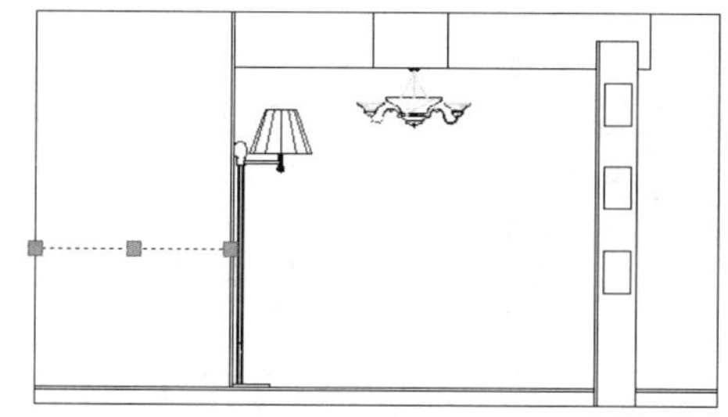

STEP 03 偏移直线

按【Esc】键退出夹点编辑，在命令行中输入 O（偏移）命令，按【Enter】键确认，根据命令行提示进行操作，将该直线向下偏移，偏移距离分别为 20 和 40，如下图所示。

STEP 04 偏移直线

在命令行中输入 O（偏移）命令，按【Enter】键确认，根据命令行提示进行操作，将左侧的垂直直线向右偏移，偏移距离分别为 150、20 和 40，如下图所示。

STEP 05 偏移直线

在命令行中输入 O（偏移）命令，按【Enter】键确认，根据命令行提示进行操作，将右侧的垂直直线向左偏移，偏移距离分别为 150、20 和 40，如下图所示。

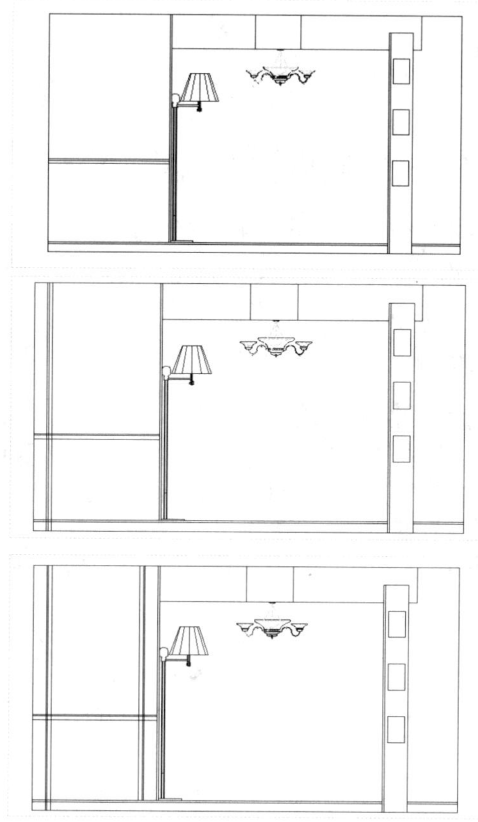

STEP 06 修剪多余的图形

在命令行中输入 TR（修剪）命令，按【Enter】键确认，根据命令行提示进行操作，修剪多余的图形，如下图所示。

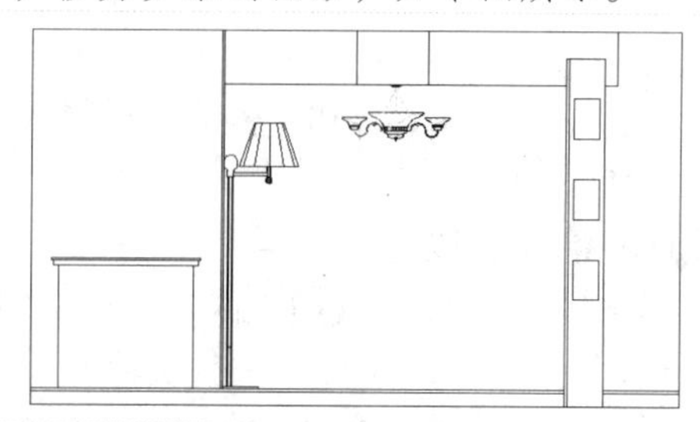

STEP 07 **捕捉角点**

在命令行中输入 REC（矩形）命令，按【Enter】键确认，根据命令行提示进行操作，输入 FROM 命令并确认，捕捉左下角点，如下图所示。

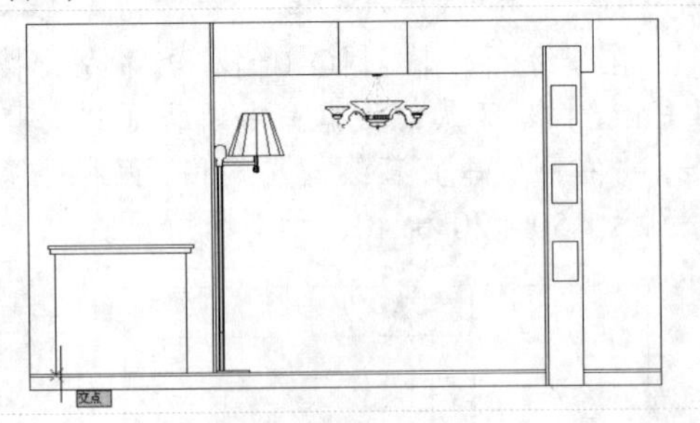

STEP 08 **绘制矩形**

单击鼠标左键确认，输入（@150,0）、（@730,620），按【Enter】键确认，绘制矩形，如下图所示。

6.2.3 绘制电视机

本实例将介绍电视机的绘制，首先使用“偏移”、“修剪”命令绘制电视机轮廓，然后使用“矩形”、“图案填充”等命令绘制电视机细节，展示了电视机的具体绘制方法与技巧，其具体操作步骤如下。

素材文件	无	效果文件	第 6 章\电视机.dwg

STEP 01 **偏移直线**

以上例效果为例，在命令行中输入 O（偏移）命令，按【Enter】键确认，根据命令行提示进行操作，设置偏移距离为1250，将吊灯上的水平直线向下偏移，效果如下图所示。

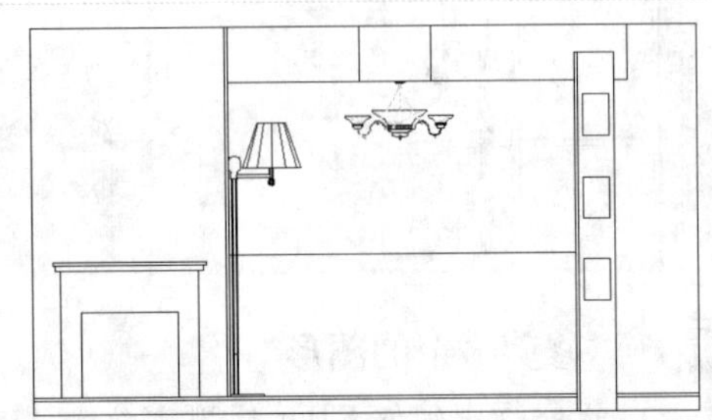

STEP 02 **偏移直线**

在命令行中输入 O（偏移）命令，按【Enter】键确认，根据命令行提示进行操作，设置偏移距离为 780，将偏移所得直线向下偏移，如下图所示。

STEP 03 **偏移直线**

在命令行中输入 O（偏移）命令，按【Enter】键确认，根据命令行提示进行操作，设置偏移距离为 850，将落地灯左侧的垂直直线向右偏移，如下图所示。

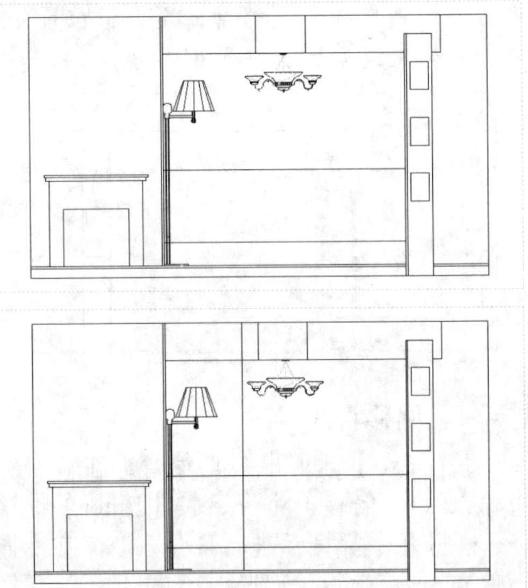

STEP 04 **偏移直线**

在命令行中输入 O（偏移）命令，按【Enter】键确认，根据命令行提示进行操作，设置偏移距离为 850，将吊灯右侧的垂直线向左偏移，如下图所示。

STEP 05 **修剪多余的图形**

在命令行中输入TR（修剪）命令，按

【Enter】键确认，根据命令行提示进行操作，修剪多余的图形，如下图所示。

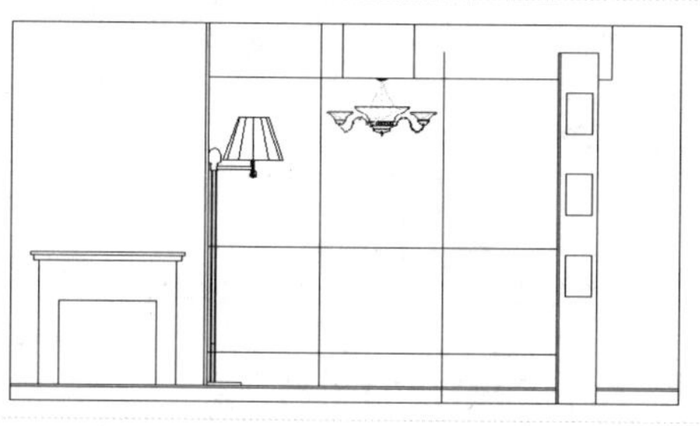

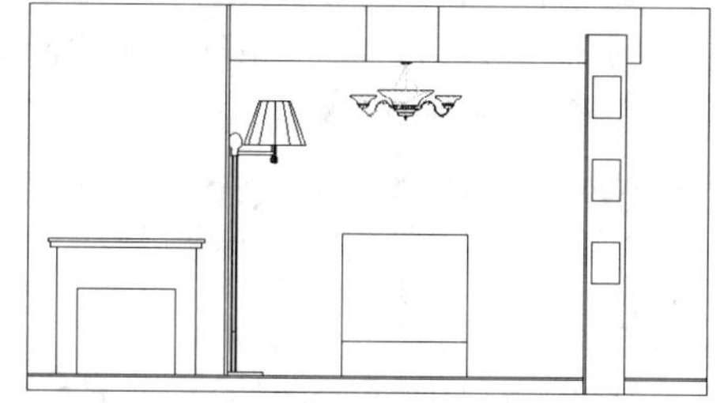

STEP 06　偏移直线

在命令行中输入 O（偏移）命令，按【Enter】键确认，根据命令行提示进行操作，设置偏移距离为 30，将直线向内偏移，如下图所示。

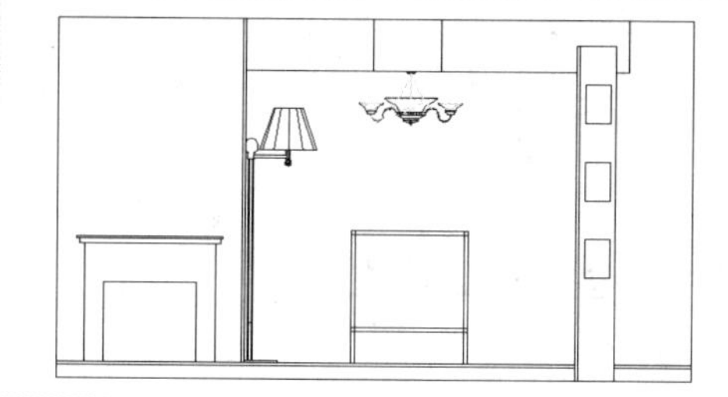

STEP 07　修剪多余的图形

在命令行中输入 TR（修剪）命令，按【Enter】键确认，根据命令行提示进行操作，修剪多余的图形，如下图所示。

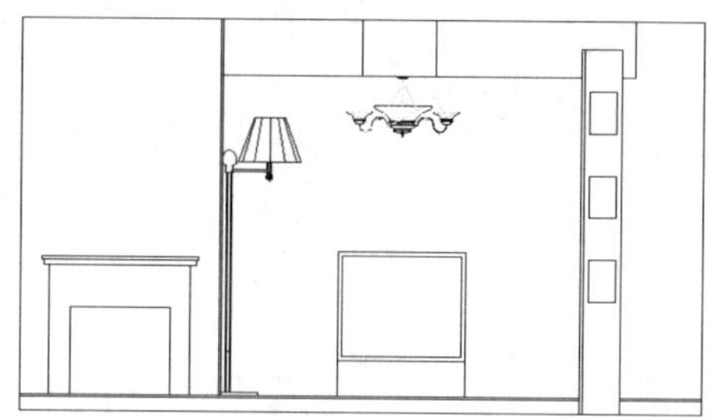

STEP 08　捕捉角点

在命令行中输入 REC（矩形）命令，按【Enter】键确认，根据命令行提示进行操作，输入 FROM 命令并确认，捕捉左下角点，如下图所示。

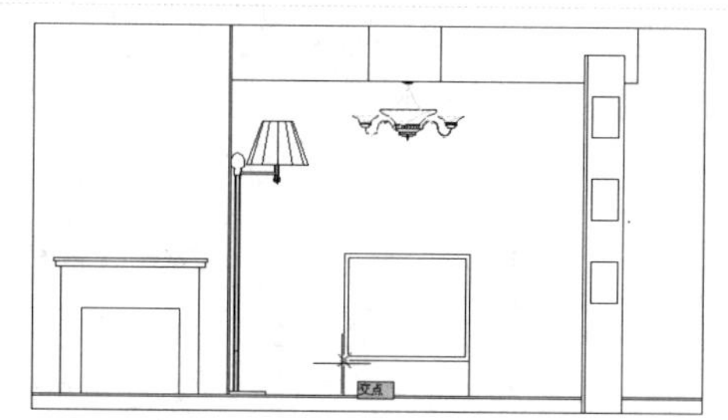

STEP 09　绘制矩形

单击鼠标左键确认，输入（@165,-30）、（@600,-190），按【Enter】键确认，绘制矩形，如下图所示。

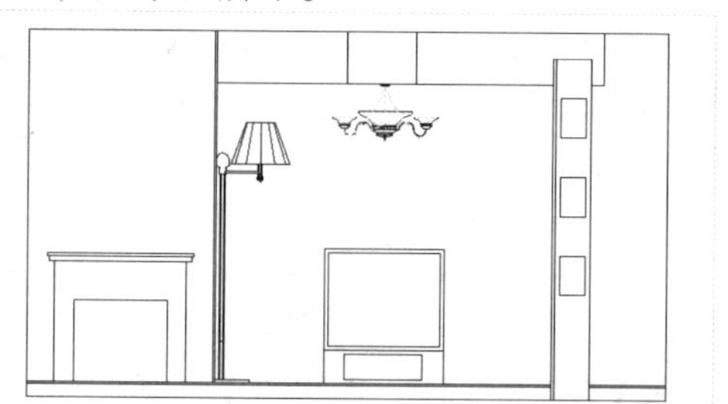

6.2.4　绘制音响

本实例将介绍音响的绘制，首先使用“矩形”、“偏移”等命令绘制音响轮廓，然后使用“图案填充”、“镜像”等命令绘制音响细节，展示了音响的具体绘制方法与技巧，其具体操作步骤如下。

素材文件	无	效果文件	第 6 章\音响.dwg

STEP 01　捕捉角点

以上例效果为例，在命令行中输入 REC（矩形）命令，按【Enter】键确认，根据命令行提示进行操作，输入 FROM 命令并确认，捕捉电视机左上角点，如下图所示。

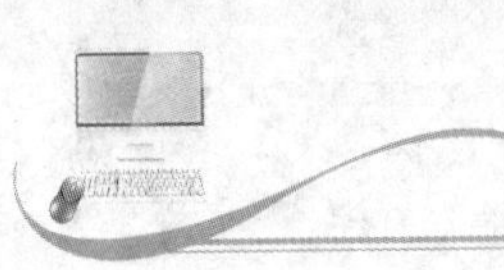

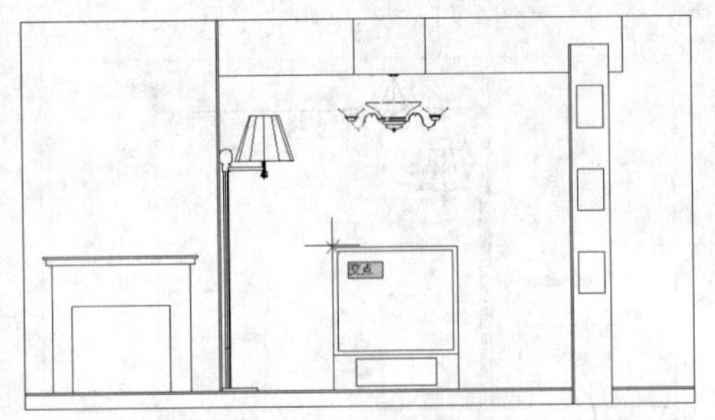

STEP 02 **绘制矩形**

单击鼠标左键确认，输入（@-200,-80）、（@-250,-950），按【Enter】键确认，绘制矩形，如下图所示。

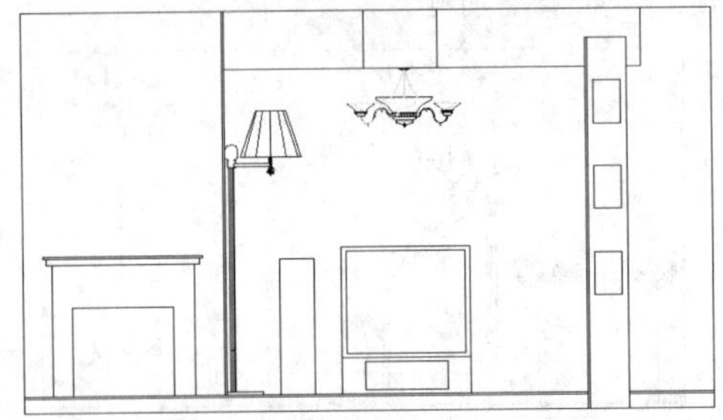

STEP 03 **偏移直线**

在命令行中输入 X（分解）命令，按【Enter】键确认，根据命令行提示进行操作，分解新绘制的矩形。在命令行中输入 O（偏移）命令，按【Enter】键确认，根据命令行提示进行操作，设置偏移距离为750，将上方水平直线向下偏移，如下图所示。

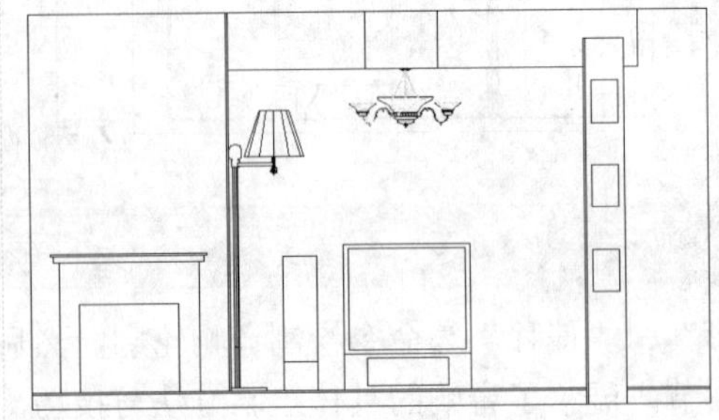

STEP 04 **偏移直线**

在命令行中输入 O（偏移）命令，按【Enter】键确认，根据命令行提示进行操作，设置偏移距离为 20，将直线向内偏移，如下图所示。

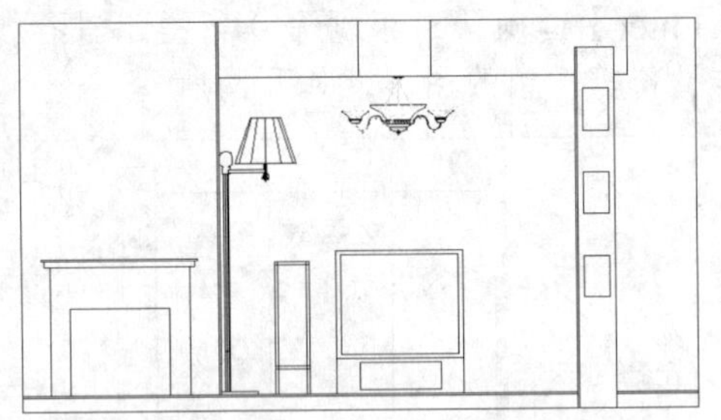

STEP 05 **修剪多余的图形**

在命令行中输入 TR（修剪）命令，按【Enter】键确认，根据命令行提示进行操作，修剪多余的图形，如下图所示。

专家指点

客厅作为家庭的门面，其装饰的风格已经趋于多元化、个性化，它的功能也越来越多，同时具有会客、展示、娱乐和视听等功能，在设计上要兼顾到这些因素。

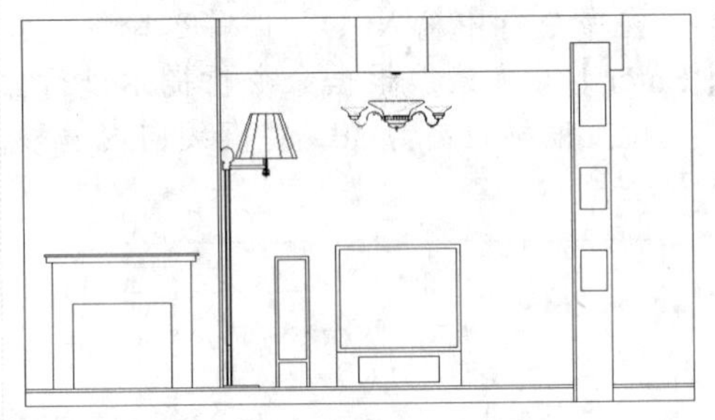

STEP 06 **创建图案填充**

在命令行中输入 H（图案填充）命令，按【Enter】键确认，弹出“图案填充创建”选项卡，设置“图案”为 NET3、“填充图案比例”为 10，拾取相应位置，单击“关闭图案填充创建”按钮，完成图案填充的创建，如下图所示。

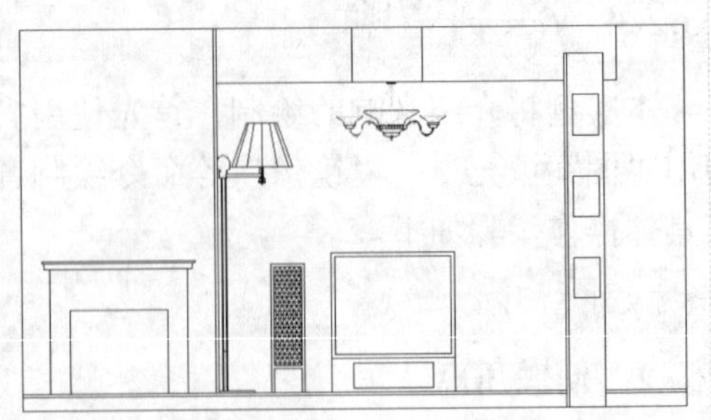

STEP 07 **镜像图形**

在命令行中输入 MI（镜像）命令，按【Enter】键确认，根据命令行提示进行操作，选择新绘制的“音响”图形，以电视机中轴线镜像图形，如下图所示。

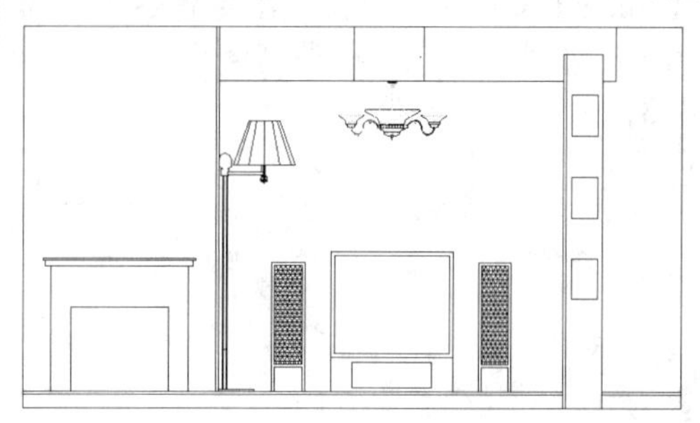

6.2.5 绘制装饰物

本实例将介绍装饰物的绘制，首先使用“矩形”、“偏移”命令绘制画框，然后使用“直线”、“图层”等命令绘制装饰物，展示了装饰物的具体绘制方法与技巧，其具体操作步骤如下。

素材文件	无	效果文件	第 6 章\装饰物.dwg

STEP 01 捕捉角点

以上例效果为例，在命令行中输入 REC（矩形）命令，按【Enter】键确认，根据命令行提示进行操作，输入 FROM 命令并确认，捕捉左上角点，如下图所示。

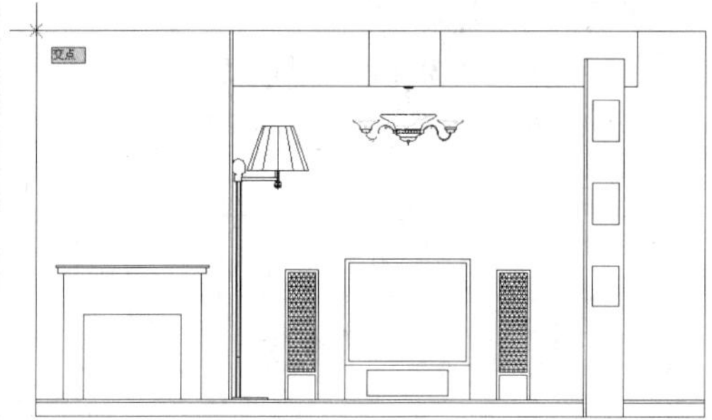

STEP 02 绘制矩形

单击鼠标左键确认，输入（@450,-400）、（@550,-600），按【Enter】键确认，绘制矩形，如下图所示。

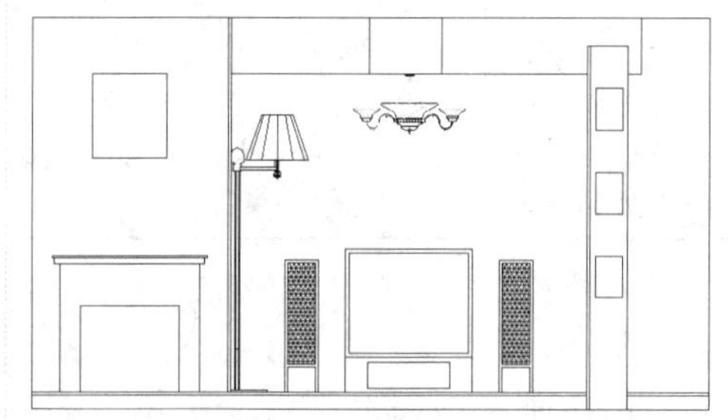

STEP 03 偏移矩形

在命令行中输入 O（偏移）命令，按【Enter】键确认，根据命令行提示进行操作，设置偏移距离为 20，将新绘制的矩形向内偏移，如下图所示。

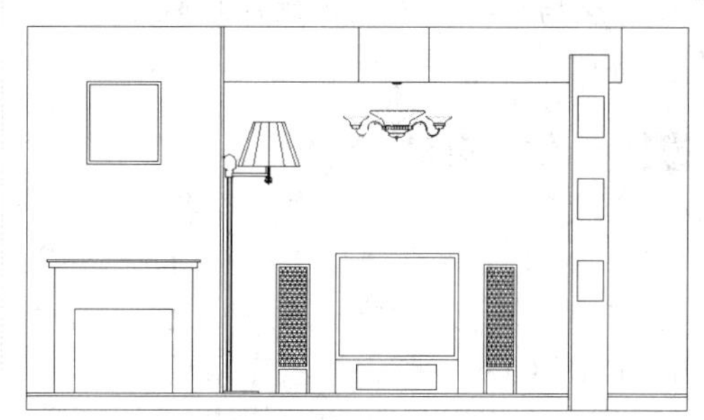

STEP 04 绘制装饰画

在命令行中输入 L（直线）命令，按【Enter】键确认，根据命令行提示进行操作，随意绘制装饰画，如下图所示。

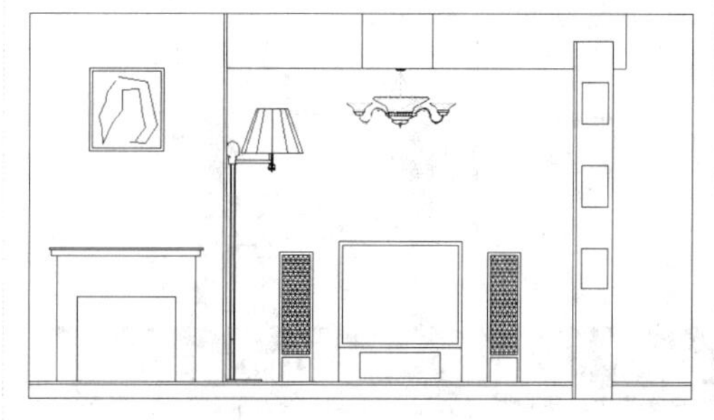

STEP 05 新建图层

在命令行中输入 LA（图层）命令，按

【Enter】键确认，弹出“图层特性管理器”面板，新建“灰色”图层，设置“颜色”为253，如下图所示。

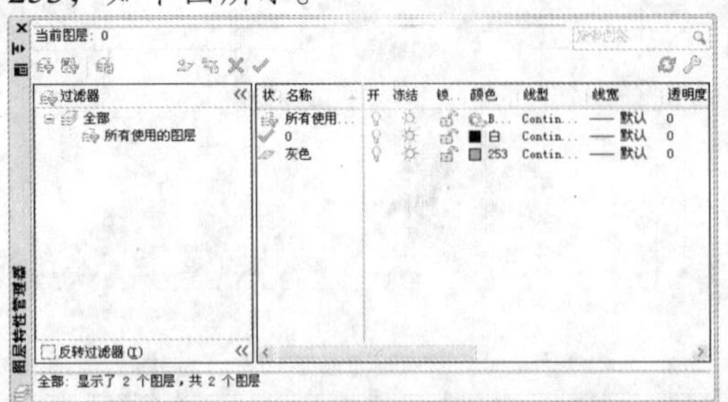

专家指点

客厅的地板以坚固为宜，因为地板是象征客厅的地基，所以一旦发现有破损就应立即补换更新。另外，像大理石感觉寒冷的地板，则可铺地毯来化解。

STEP 06 将图形置于图层中

选择绘制的装饰画，在“默认”选项卡的“图层”面板中展开图层列表，选择“灰色”图层，将所选择的图形置于“灰色”图层中，如下图所示。

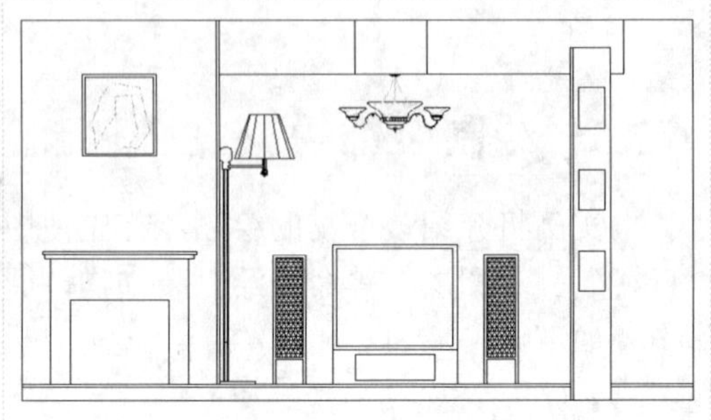

6.2.6 填充墙体

本实例将介绍墙体的填充，通过“图案填充”命令填充墙体，展示了填充墙体的具体操作方法与技巧，其具体操作步骤如下。

素材文件	无	效果文件	第 6 章\墙体.dwg

STEP 01 创建图案填充

以上例效果为例，在命令行中输入 H（图案填充）命令，按【Enter】键确认，弹出“图案填充创建”选项卡，设置“图案”为 AR-RROOF、“图案填充角度”为 45、“填充图案比例”为 40，拾取相应位置，单击“关闭图案填充创建”按钮，完成图案填充的创建，如下图所示。

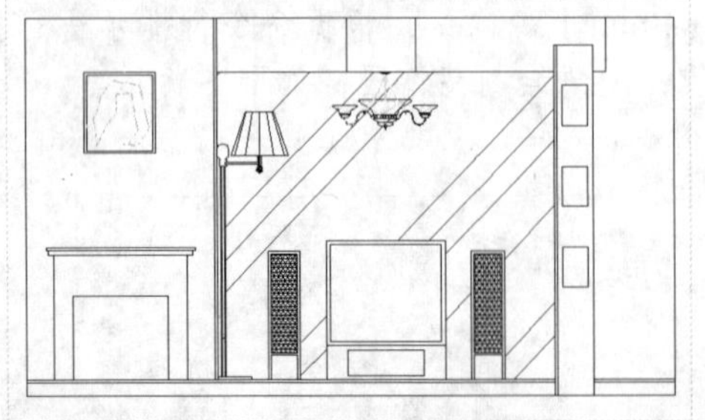

STEP 02 置于“灰色”图层上

将所有的填充图案置于“灰色”图层上，如下图所示。

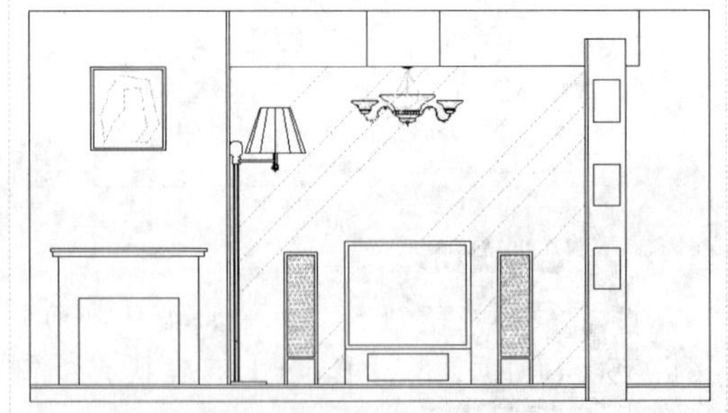

专家指点

砖墙的砌法应满足横平竖直、砂浆饱满、错缝搭接和避免通缝等基本要求，以保证墙体的强度和稳定性。

6.3 标注尺寸和文字说明

尺寸标注是室内绘图中的一项重要内容，它描述了图形对象的真实大小、形状和位置，是实际生活和生产中的重要依据。AutoCAD 2014 为用户提供了完整的尺寸标注命令和实用程序，可以方便地完成对图形的尺寸标注。绘制客厅各组件后，接下来给客厅装潢图添加尺寸和文字说明，完成客厅装潢图的设计。

6.3.1 标注尺寸

本实例将介绍尺寸的标注，首先使用“标注样式”命令设置标注样式，然后使用“线性标注”、“连续标注”命令标注尺寸，展示了标注尺寸的具体操作方法与技巧，其具体操作步骤如下。

素材文件	无	效果文件	第 6 章\标注.dwg

STEP 01 弹出对话框

以上例效果为例，在命令行中输入 D（标注样式）命令，并按【Enter】键确认，即可弹出“标注样式管理器”对话框，如下图所示。

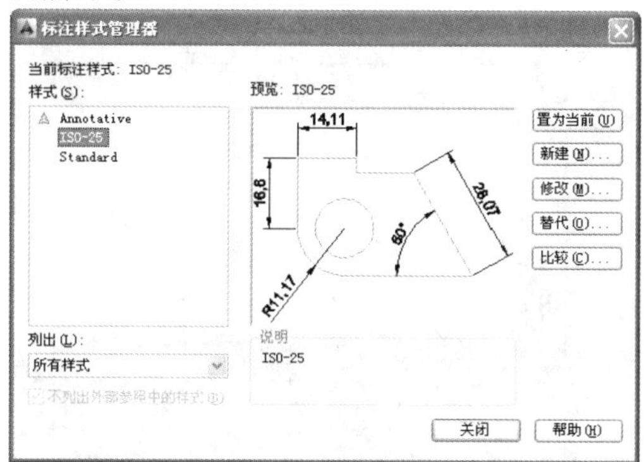

STEP 02 设置参数

单击“修改”按钮，弹出“修改标注样式：ISO-25”对话框，在“符号和箭头”选项卡中，设置“第一个”为“建筑标记”，如下图所示。

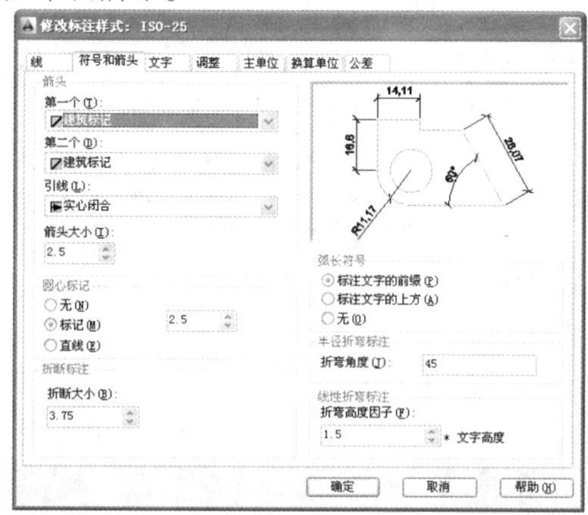

STEP 03 设置参数

在“调整”选项卡中，设置“使用全局比例”为 50，如下图所示。

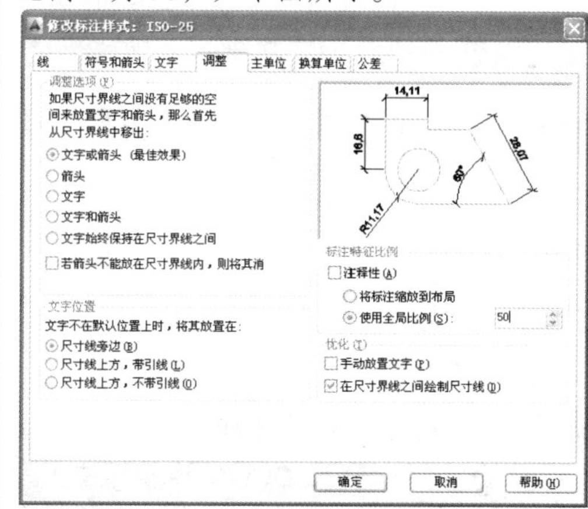

STEP 04 单击“置为当前”按钮

单击“确定”按钮，返回“标注样式管理器”对话框，单击“置为当前”按钮，如下图所示。

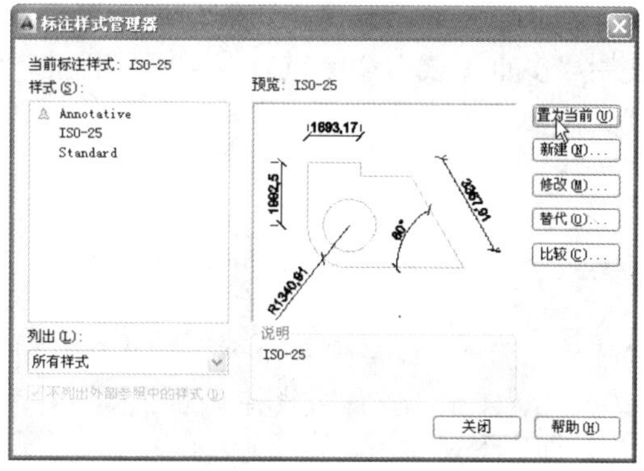

STEP 05 置为当前层

在命令行中输入 LA（图层）命令，按【Enter】键确认，弹出“图层特性管理器”面板，新建“尺寸标注”图层，设置“颜色”为“红”，并将其置为当前层，如下图所示。

STEP 06 标注尺寸

在命令行中输入 DLI（线性标注）命令，

按【Enter】键确认，然后根据命令行提示进行操作，依次捕捉端点，标注尺寸，如下图所示。

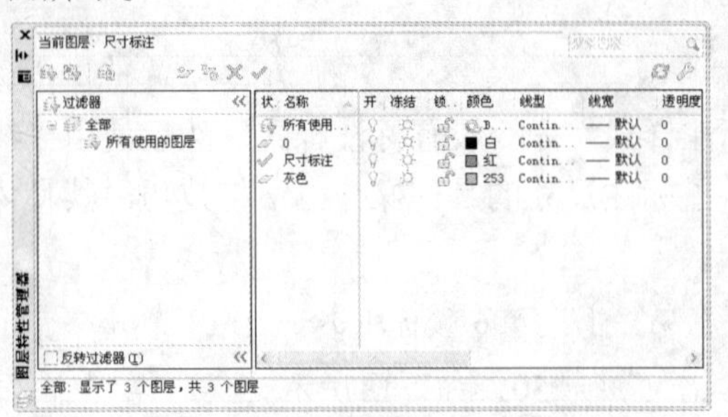

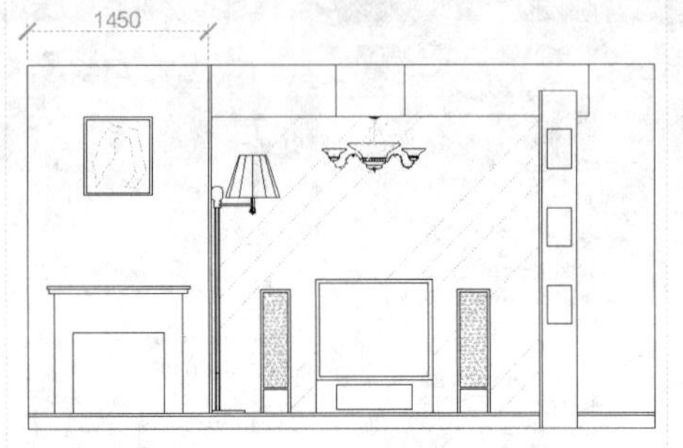

STEP 07 进行连续尺寸标注

在命令行中输入 DCO（连续标注）命令，按【Enter】键确认，根据命令行提示进行操作，捕捉相应的端点，进行连续尺寸标注，如下图所示。

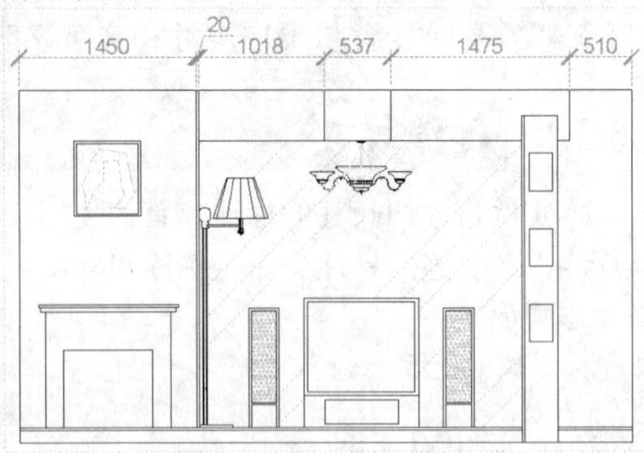

STEP 08 标注其他尺寸

采用与上一步相同的方法，标注其他尺寸，如下图所示。

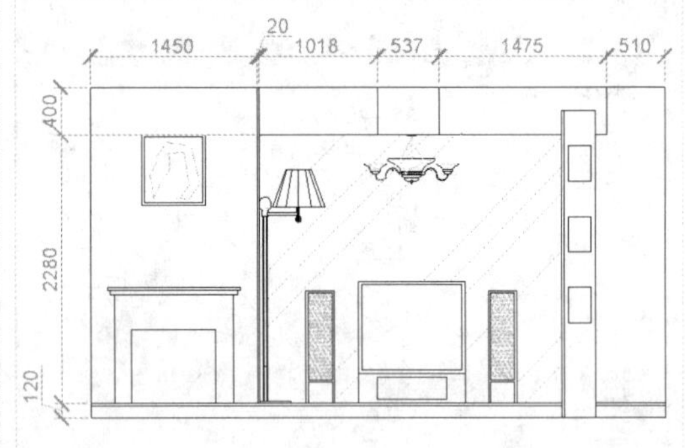

6.3.2 添加文字说明

本实例将介绍文字说明的添加，首先使用“引线样式”命令设置引线标注样式，然后使用“多重引线”命令进行多重引线标注，展示了添加文字说明的具体操作方法与技巧，其具体操作步骤如下。

素材文件	无	效果文件	第 6 章\文字说明.dwg

STEP 01 弹出对话框

以上例效果为例，在命令行中输入 MLS（多重引线样式）命令，按【Enter】键确认，弹出“多重引线样式管理器”对话框，如下图所示。

STEP 02 设置参数

单击“修改”按钮，弹出“修改多重引线样式：Standard”对话框，在“内容”选项卡中，设置“文字高度”为 100，如下图所示。

STEP 03 进行多重引线标注

单击“确定”按钮，返回“多重引线样式管理器”对话框，单击“关闭”按钮。在命令行中输入 MLD（多重引线）命令，按【Enter】键确认，根据命令行提示进行操作，进行多重引线标注，如下图所示。

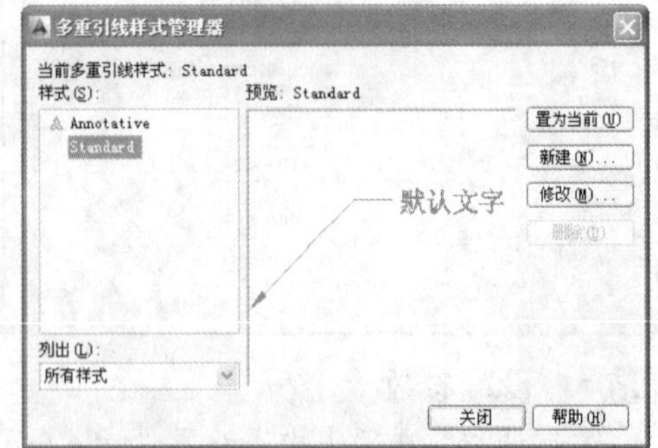

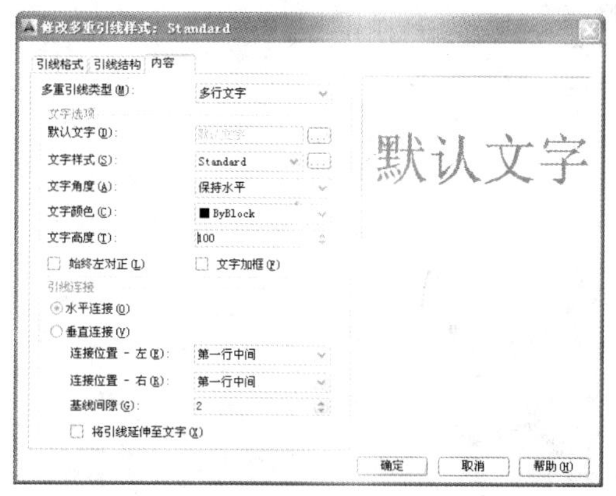

STEP 04 进行其他的多重引线标注

采用与上一步相同的方法，进行其他的多重引线标注，如下图所示。

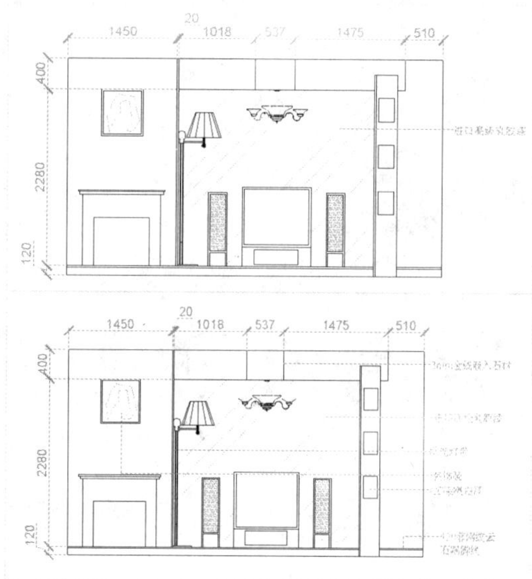

● 读书笔记

Chapter 07

章前知识导读

在厨房装潢设计中，除了保留最基本的储藏、洗涤和烹饪等功能外，一般会摒弃其他不必要的东西，剩下最本质的功能。刀叉等实用工具也只是满足用户的最基本需求，而不是多得让人分不清如何使用的各种工具。

厨房装潢图的设计

重点知识索引

- 绘制厨房墙体和橱柜
- 绘制厨房组件
- 标注尺寸和文字说明

效果图片赏析

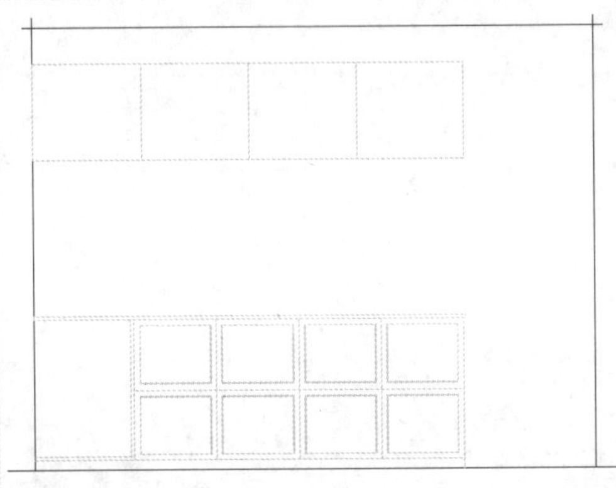

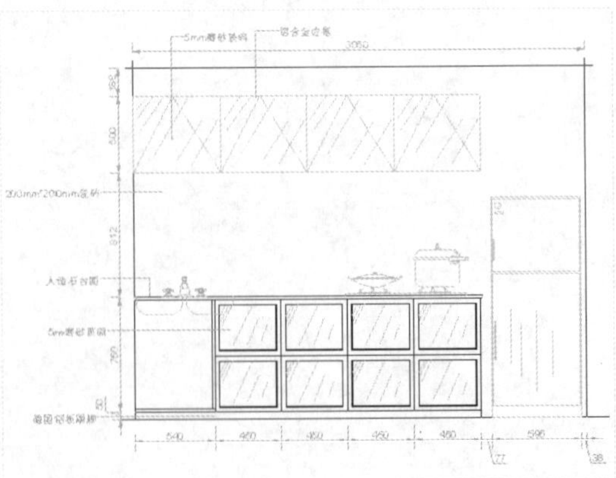

7.1 绘制厨房墙体和橱柜

现代厨房从单一的使用场所变成一个多功能的甚至是舒适的房间，厨房与餐厅、客厅相衔接，传统的隔离墙被省略。作为居室中视觉美感的一部分，对其美观整洁度的要求越来越高。同时，科技进步使厨房的科技含量越来越高，现代化电器的使用使人们的厨房劳动变得轻松有趣。

7.1.1 绘制墙体

本实例将介绍墙体的绘制，首先使用“图层”命令新建图层，然后使用“矩形”、“分解”等命令绘制墙体，展示了墙体的具体绘制方法与技巧，其具体操作步骤如下。

素材文件	无	效果文件	第 7 章\墙体.dwg

STEP 01 弹出面板

在命令行中输入 LA（图层）命令，【Enter】键确认，弹出“图层特性管理器”面板，如下图所示。

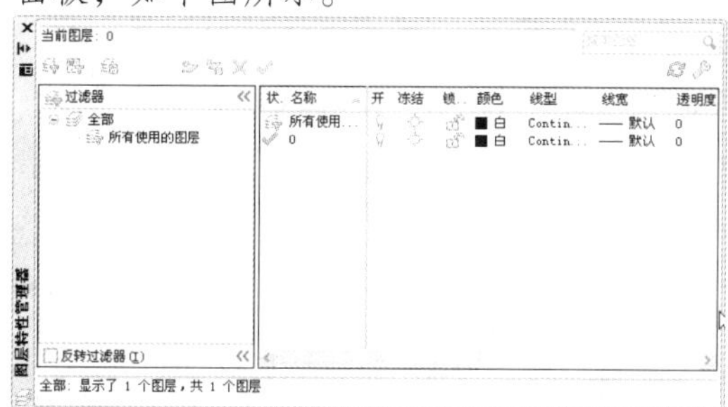

STEP 02 新建图层

单击“新建图层”按钮，新建“灰色”图层，设置“颜色”为 253，如下图所示。

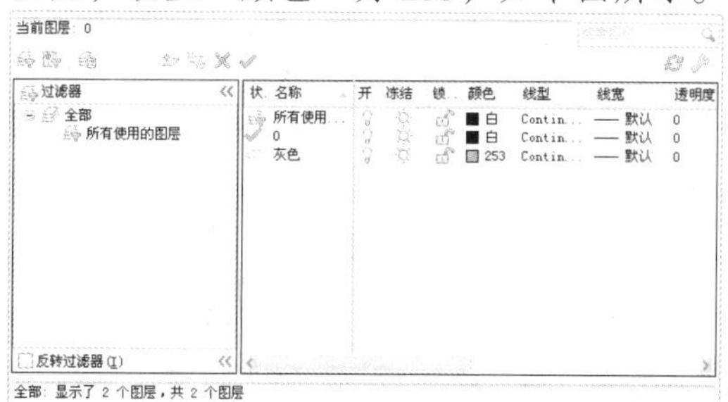

STEP 03 新建图层

单击“新建图层”按钮，新建“标注”图层，设置“颜色”为 252，如下图所示。

STEP 04 绘制矩形

在命令行中输入 REC（矩形）命令，按【Enter】键确认，根据命令行提示进行操作，在绘图区任意一点单击鼠标左键，输入（@3050,2300），按【Enter】键确认，绘制矩形，如下图所示。

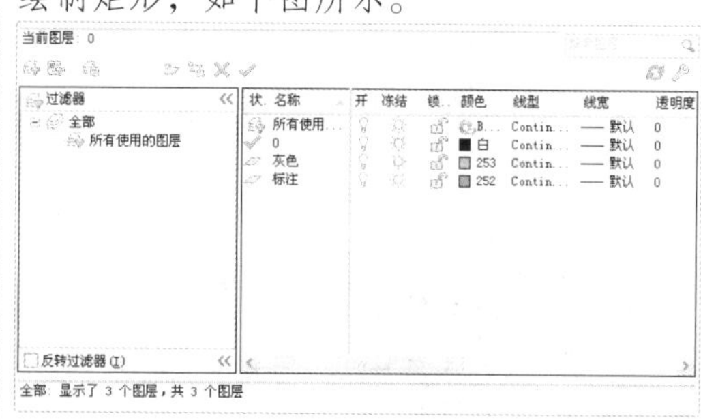

STEP 05 分解矩形

在命令行中输入 X（分解）命令，按【Enter】键确认，根据命令行提示进行操作，分解矩形，任意选择矩形上的一条直线，查看分解效果，如下图所示。

STEP 06 夹点编辑直线

选择上方水平直线，开启正交功能，单击右侧夹点，向右侧引导光标，输入 50，按【Enter】键确认，按【Esc】键退出夹点编辑状态，如下图所示。

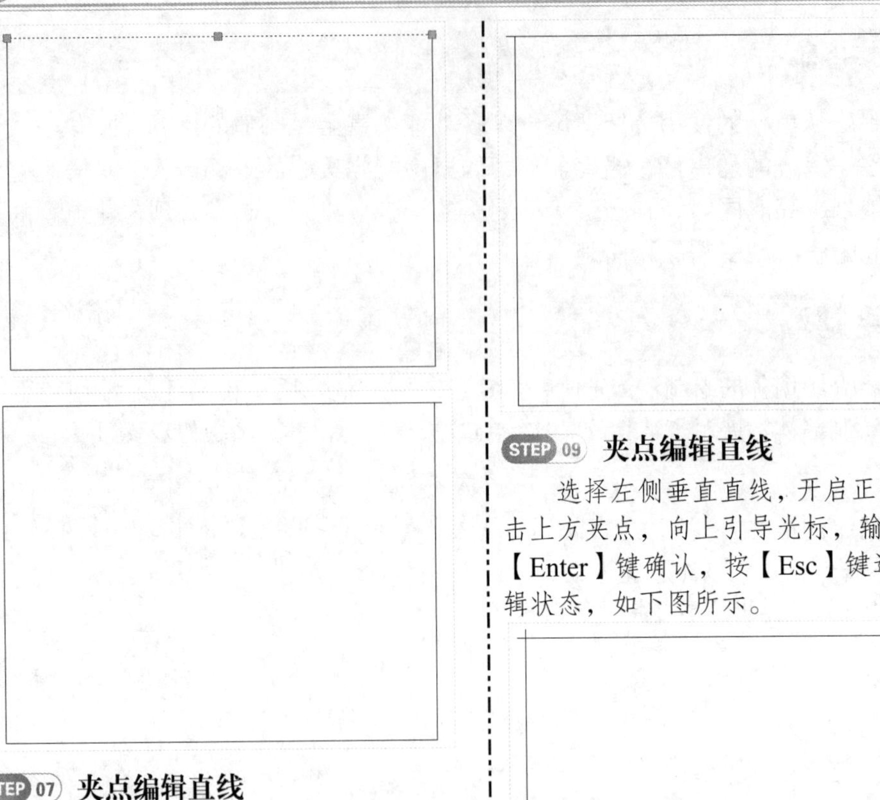

STEP 07 夹点编辑直线

选择上方水平直线，开启正交功能，单击左侧夹点，向左侧引导光标，输入 50，按【Enter】键确认，按【Esc】键退出夹点编辑状态，如下图所示。

STEP 08 夹点编辑直线

选择右侧垂直直线，开启正交功能，单击上方夹点，向上引导光标，输入 50，按【Enter】键确认，按【Esc】键退出夹点编辑状态，如下图所示。

STEP 09 夹点编辑直线

选择左侧垂直直线，开启正交功能，单击上方夹点，向上引导光标，输入 50，按【Enter】键确认，按【Esc】键退出夹点编辑状态，如下图所示。

STEP 10 夹点编辑直线

选择下方水平直线，使用夹点编辑方法，将底侧水平直线两侧向外延伸 150，如下图所示。

7.1.2 绘制橱柜

本实例将介绍橱柜的绘制，首先使用“矩形”命令绘制橱柜轮廓，然后使用“分解”、

“直线”等命令绘制橱柜，展示了橱柜的具体绘制方法与技巧，其具体的操作步骤如下。

素材文件	无	效果文件	第 7 章\橱柜.dwg

STEP 01　置为当前层

以上例效果为例，在命令行中输入 LA（图层）命令，按【Enter】键确认，弹出“图层特性管理器”面板，将“灰色”图层置为当前层，如下图所示。

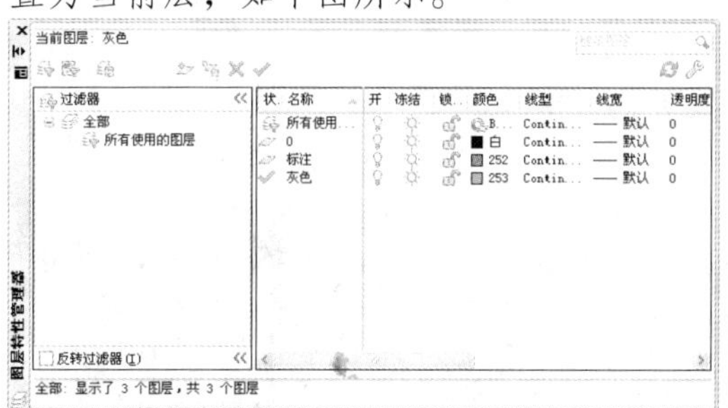

STEP 02　捕捉角点

在命令行中输入 REC（矩形）命令，按【Enter】键确认，根据命令行提示进行操作，输入 FROM 命令并确认，捕捉左上方角点，如下图所示。

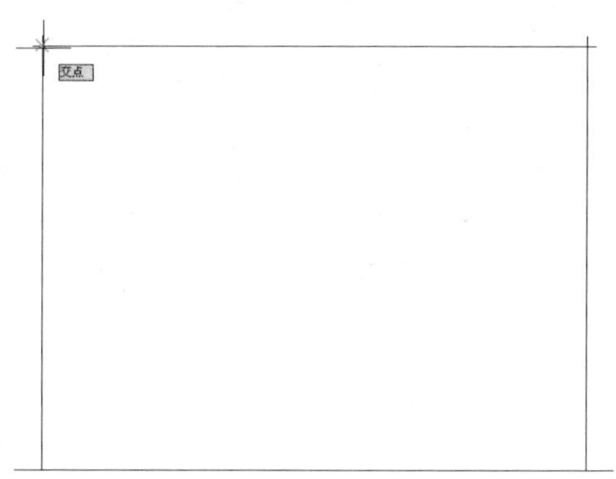

STEP 03　绘制矩形

单击鼠标左键确认，输入（@0,-188）、（@2350,-500），按【Enter】键确认，绘制矩形，如下图所示。

STEP 04　输入数值

在命令行中输入 X（分解）命令，按【Enter】键确认，根据命令行提示进行操作，分解新绘制的矩形。在命令行中输入 DIV（定数等分）命令，按【Enter】键确认，根据命令行提示进行操作，拾取上方水平直线，输入 4，如下图所示。

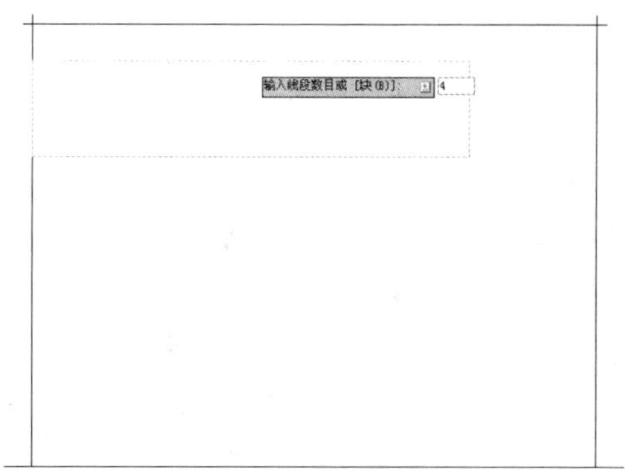

STEP 05　捕捉节点

按【Enter】键确认，四等分水平直线。在命令行中输入 L（直线）命令，按【Enter】键确认，根据命令行提示进行操作，开启正交功能，捕捉节点，如下图所示。

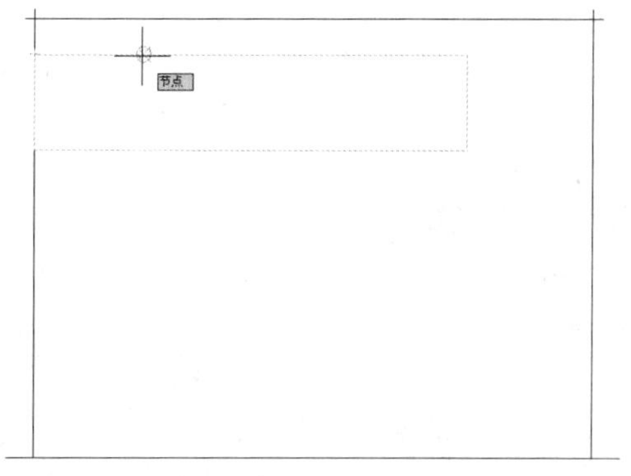

STEP 06　绘制直线

单击鼠标左键确认，向下引导光标，捕

捉垂足，绘制直线，如下图所示。

STEP 07 绘制其他的直线

采用与上一步相同的方法，绘制其他的直线，如下图所示。

专家指点

在绘制图形的过程中，往往需要精确定位某个对象。此时，通常需要以某个坐标系作为参照。可见，坐标系对于精确绘图起着至关重要的作用。熟练地掌握了坐标系，用户便可以准确地设计并绘制图形。

7.2 绘制厨房组件

厨房设计由许多部分组成，包括操作台、厨具和冰箱等，这就需要一个较大的空间，因此拥有一个精心设计、装修合理的厨房会让你变得轻松愉快起来。下面介绍绘制厨房组件的操作方法。

7.2.1 绘制操作台

本实例将介绍操作台的绘制，首先使用“矩形”、“直线”等命令绘制操作台轮廓，然后使用“偏移”、“修剪”等命令绘制操作台细节，展示了操作台的具体绘制方法与技巧，其具体操作步骤如下。

素材文件	无	效果文件	第 7 章\操作台.dwg

STEP 01 捕捉角点

以上例效果为例，在命令行中输入 REC（矩形）命令，按【Enter】键确认，根据命令行提示进行操作，输入 FROM 命令并确认，捕捉左下方角点，如下图所示。

STEP 02 绘制矩形

单击鼠标左键确认，输入（@0,780）、（@2355,20），按【Enter】键确认，绘制矩形，如下图所示。

STEP 03 偏移直线

在命令行中输入 X（分解）命令，按【Enter】键确认，根据命令行提示进行操作，分解新绘制的矩形。在命令行中输入 O（偏移）命令，按【Enter】键确认，根据命令行提示进行操作，设置偏移距离为 730，将矩形下方水平直线向下偏移，如下图所示。

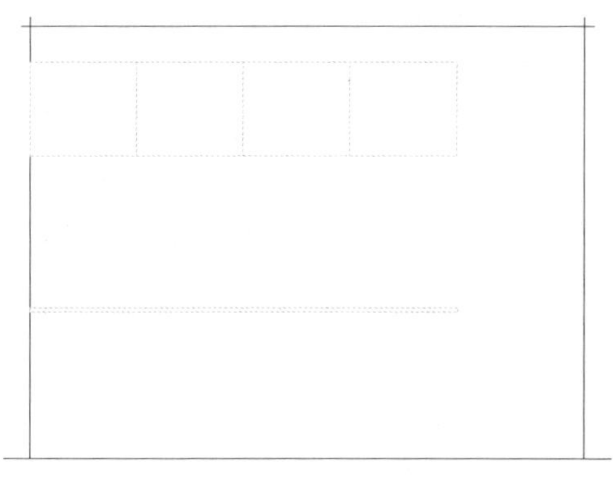

专家指点

在 AutoCAD 中绘制图形时，一般都需要使用其辅助定位工具或者依据准确的参数进行绘制。

STEP 04 捕捉角点

在命令行中输入 L（直线）命令，按【Enter】键确认，根据命令行提示进行操作，输入 FROM 命令并确认，捕捉矩形右下方角点，如下图所示。

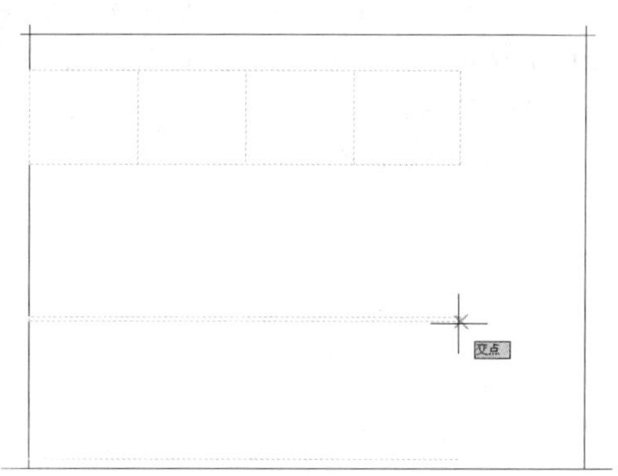

STEP 05 绘制直线

单击鼠标左键确认，输入（@-15,0），按【Enter】键确认，向下引导光标，捕捉垂足，绘制直线，如下图所示。

STEP 06 偏移直线

在命令行中输入 O（偏移）命令，按【Enter】键确认，根据命令行提示进行操作，设置偏移距离为 450，将新绘制的直线依次向左偏移 4 次，如下图所示。

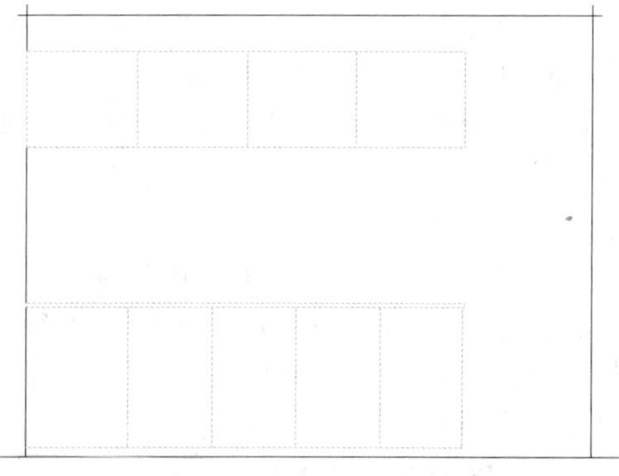

STEP 07 偏移直线

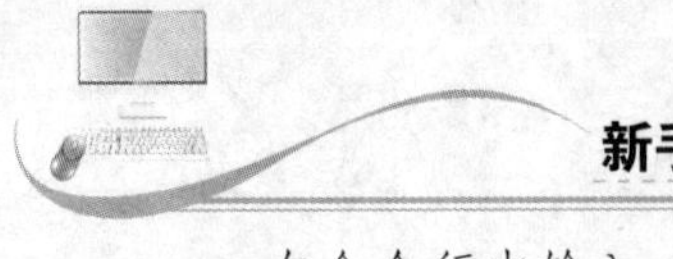

在命令行中输入 O（偏移）命令，按【Enter】键确认，根据命令行提示进行操作，设置偏移距离为 20，将下侧水平直线向上偏移，如下图所示。

STEP 08 偏移直线

在命令行中输入 O（偏移）命令，按【Enter】键确认，根据命令行提示进行操作，设置偏移距离为 340，将偏移所得直线向上偏移，如下图所示。

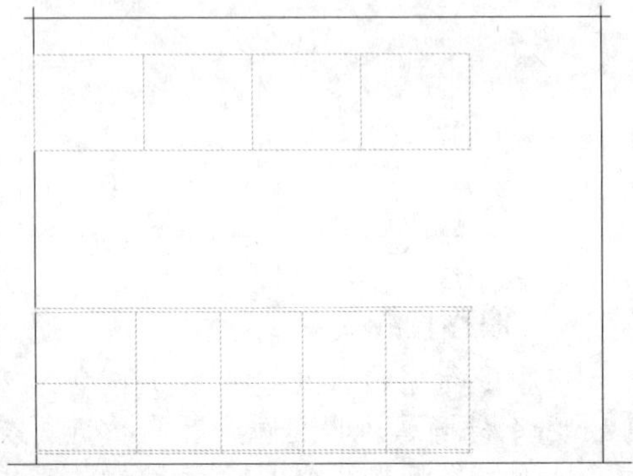

STEP 09 偏移直线

在命令行中输入 O（偏移）命令，按【Enter】键确认，根据命令行提示进行操作，设置偏移距离为 20，将左侧第二条垂直直线向左偏移，如下图所示。

STEP 10 延伸直线

在命令行中输入 EX（延伸）命令，按【Enter】键确认，根据命令行提示进行操作，将右侧垂直直线延伸至下方水平直线上，如下图所示。

STEP 11 修剪多余的图形

在命令行中输入 TR（修剪）命令，按【Enter】键确认，根据命令行提示进行操作，修剪多余的图形，如下图所示。

STEP 12 捕捉角点

在命令行中输入 REC（矩形）命令，按【Enter】键确认，根据命令行提示进行操作，输入 FROM 命令并确认，捕捉左上方角点，如下图所示。

STEP 13 绘制矩形

单击鼠标左键确认，输入（@30,-30）、（@390,-302），按【Enter】键确认，绘制矩形，如下图所示。

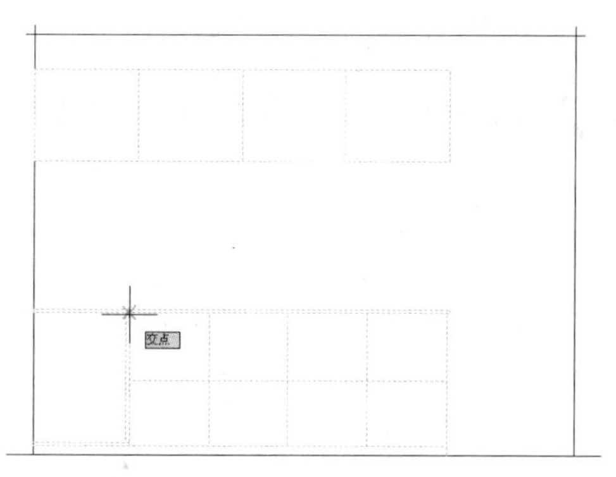

STEP 14 偏移矩形

在命令行中输入 O（偏移）命令，按【Enter】键确认，根据命令行提示进行操作，设置偏移距离为 3，将新绘制的矩形向内侧偏移，如下图所示。

STEP 15 捕捉角点

在命令行中输入 CO（复制）命令，按【Enter】键确认，根据命令行提示进行操作，选择新绘制的两个矩形，捕捉外侧矩形的左上角点，如下图所示。

STEP 16 复制矩形

单击鼠标左键确认，输入 FROM 命令并确认，捕捉柜子图形左上角点，输入（@30,-30），按【Enter】键确认，复制矩形，如下图所示。

STEP 17 复制其他矩形

采用与上一步相同的方法，复制其他矩形，如下图所示。

7.2.2 绘制厨具

本实例将介绍厨具的绘制，通过“插入”命令插入图块，展示了厨具的具体绘制方法与技巧，其具体操作步骤如下。

素材文件	第 7 章\洗菜池.dwg、厨具.dwg	效果文件	第 7 章\厨具.dwg

STEP 01 弹出对话框

以上例效果为例，在命令行中输入 I（插入）命令，按【Enter】键确认，弹出“插入”对话框，如下图所示。

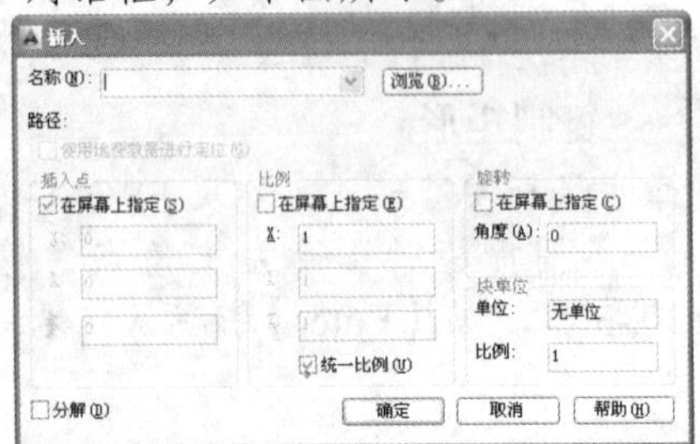

STEP 02 选择图形文件

单击“浏览”按钮，弹出“选择图形文件”对话框，选择“洗菜池”图形文件，如下图所示。

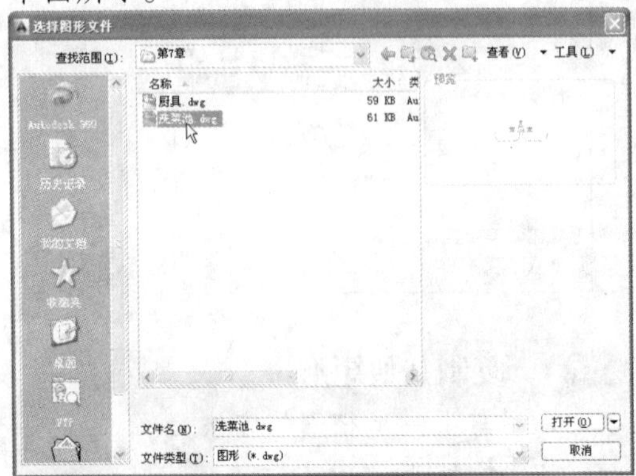

STEP 03 插入图块

单击“打开”按钮，返回“插入”对话框，单击“确定”按钮，指定插入点，插入图块，并移至合适位置，如下图所示。

STEP 04 弹出对话框

在命令行中输入 I（插入）命令，按【Enter】键确认，弹出“插入”对话框，如下图所示。

STEP 05 选择图形文件

单击“浏览”按钮，弹出“选择图形文件”对话框，选择“厨具”图形文件，如下图所示。

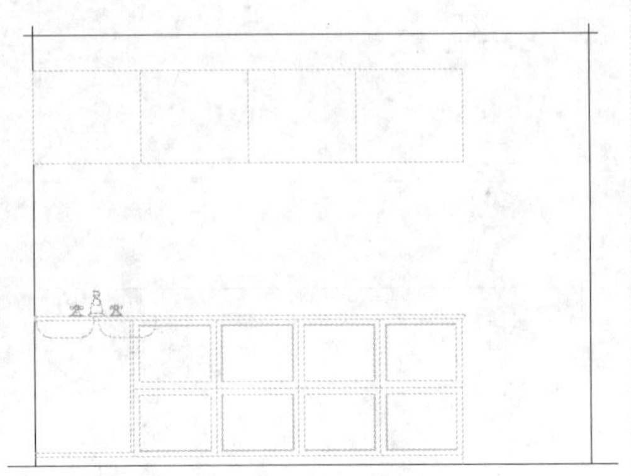

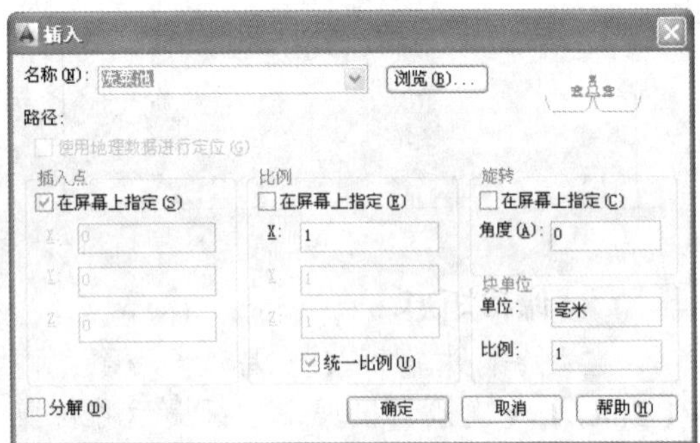

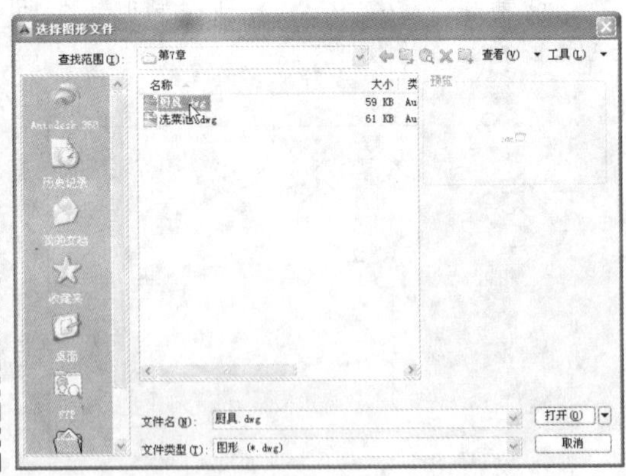

STEP 06 插入图块

单击“打开”按钮，返回“插入”对话框，单击“确定”按钮，指定插入点，插入图块，并将其移至合适位置，如下图所示。

STEP 07 将图形置于图层上

选择下方柜子图形，将其置于 0 图层上，如下图所示。

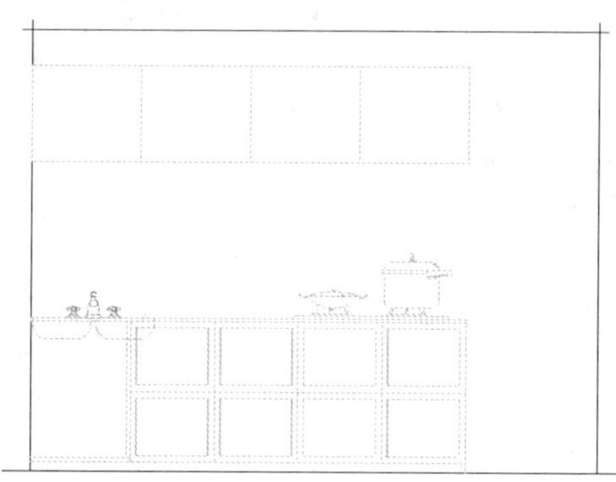

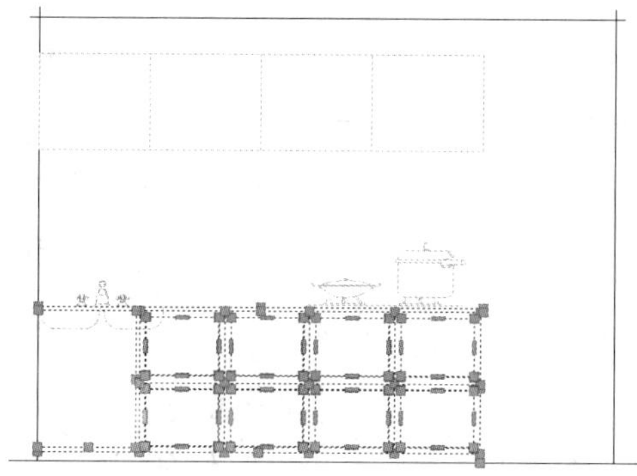

STEP 08 绘制玻璃条纹

在命令行中输入 L（直线）命令，按【Enter】键确认，根据命令行提示进行操作，随意绘制玻璃条纹，如下图所示。

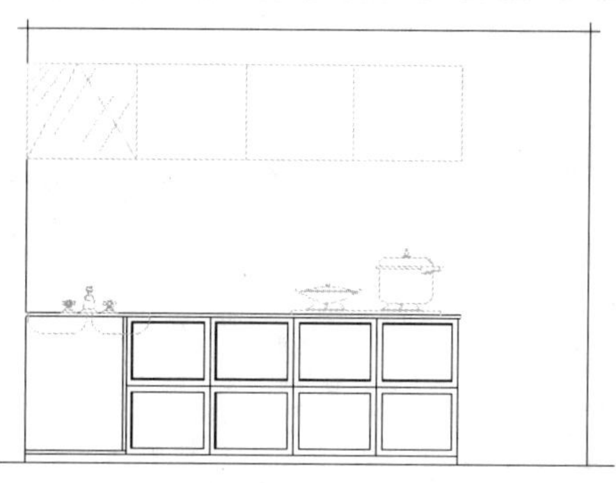

STEP 09 复制图形

在命令行中输入 CO（复制）命令，按【Enter】键确认，根据命令行提示进行操作，选择绘制的玻璃图形，依次复制到合适位置，如下图所示。

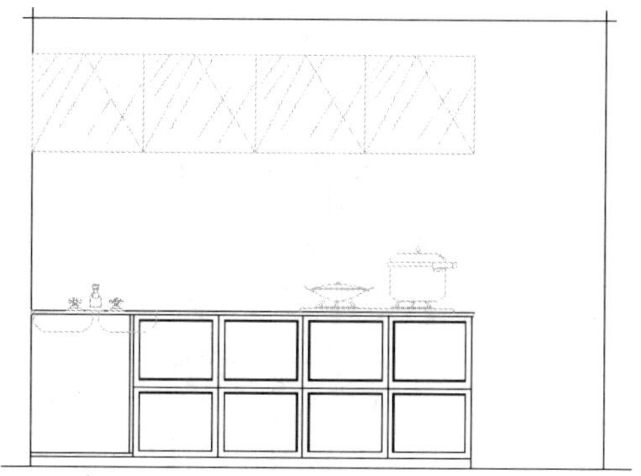

7.2.3 绘制冰箱

本实例将介绍冰箱的绘制，首先使用“矩形”、“复制”等命令绘制冰箱轮廓，然后使用“圆”、“直线”等命令绘制冰箱细节，展示了冰箱的具体绘制方法与技巧，其具体操作步骤如下。

素材文件	无	效果文件	第 7 章\冰箱.dwg

STEP 01 捕捉角点

以上例效果为例，在命令行中输入 REC（矩形）命令，按【Enter】键确认，根据命令行提示进行操作，输入 FROM 命令并确认，捕捉右下方角点，如下图所示。

STEP 02 绘制矩形

单击鼠标左键确认，输入（@-38,0）、（@-595,1441），按【Enter】键确认，绘制矩形，如下图所示。

STEP 03 捕捉角点

在命令行中输入 REC（矩形）命令，按【Enter】键确认，根据命令行提示进行操作，输入 FROM 命令并确认，捕捉新绘制矩形的左上角点，如下图所示。

STEP 04 绘制矩形

单击鼠标左键确认，输入（@5.8,-10.5）、（@581,-474），按【Enter】键确认，绘制矩形，如下图所示。

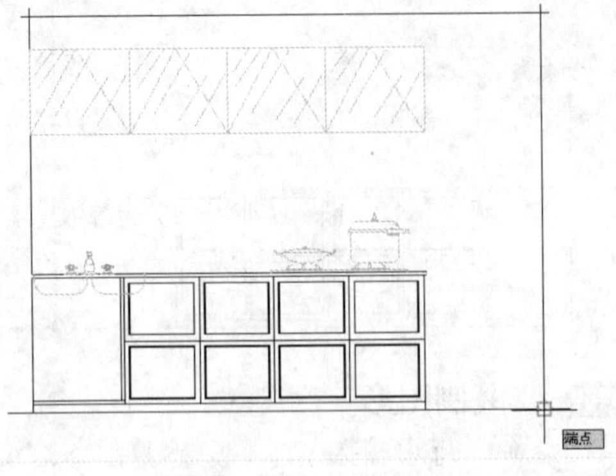

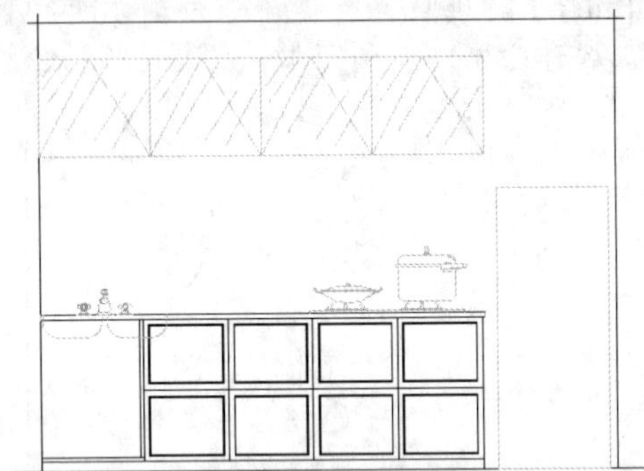

STEP 05 复制矩形

在命令行中输入 CO（复制）命令，按【Enter】键确认，根据命令行提示进行操作，选择新绘制的矩形，任意捕捉一点，向下引导光标，输入 494 并确认，复制矩形，如下图所示。

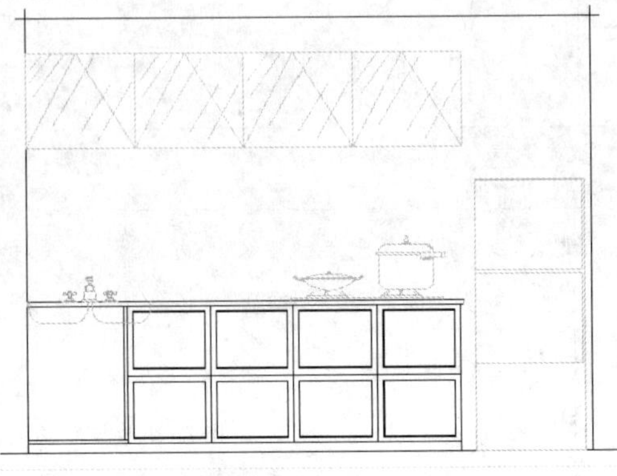

STEP 06 夹点编辑矩形

选择复制所得矩形，夹点编辑矩形，单击下方中间夹点，向下引导光标，输入 389 并确认，如下图所示。

STEP 07 绘制相应图形

在命令行中输入 C（圆）命令和 REC（矩形）命令，按【Enter】键确认，根据命令行提示进行操作，随意绘制相应图形，如下图所示。

STEP 08 绘制反射条纹

在命令行中输入 L（直线）命令，按【Enter】键确认，然后根据命令行提示进行操作，随意绘制出冰箱表面的反射条纹，如下图所示。

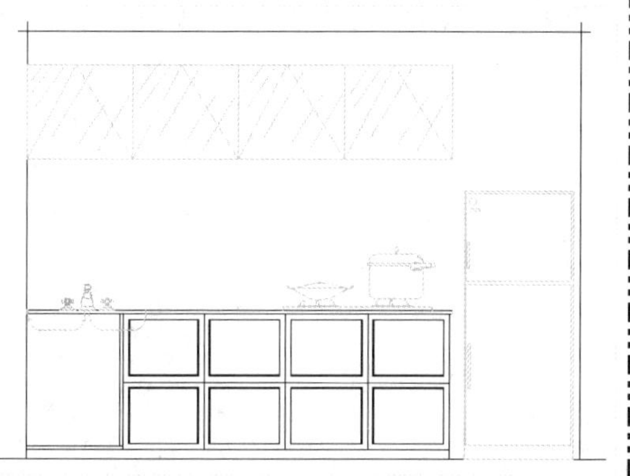

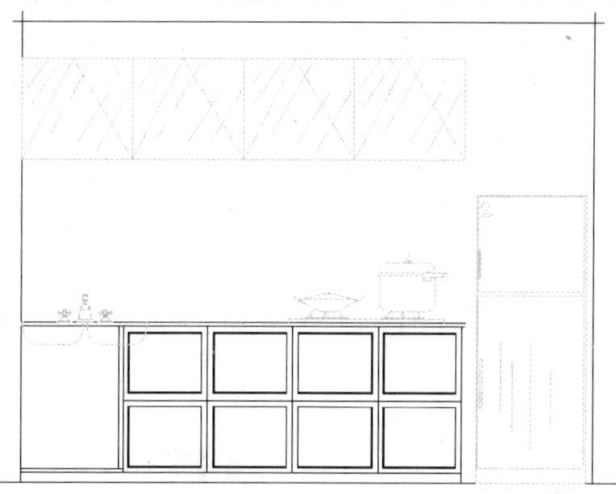

7.3 标注尺寸和文字说明

绘制厨房组件后，接下来给厨房装潢图添加尺寸和文字说明，完成厨房装潢图的设计。

7.3.1 标注尺寸

本实例将介绍尺寸的标注，首先使用“标注样式”命令设置标注样式，然后使用“线性标注”、“连续标注”命令标注尺寸，展示了标注尺寸的具体操作方法与技巧，其具体操作步骤如下。

素材文件	无	效果文件	第 7 章\标注.dwg

STEP 01 置为当前层

以上例效果为例，在命令行中输入 LA（图层）命令，按【Enter】键确认，弹出“图层特性管理器”面板，将“标注”图层置为当前层，如下图所示。

STEP 02 弹出对话框

在命令行中输入 D（标注样式）命令，按【Enter】键确认，弹出“标注样式管理器”对话框，如下图所示。

STEP 03 设置参数

单击“修改”按钮，弹出“修改标注样式：ISO-25”对话框，在“符号和箭头”选项卡中，设置“第一个”为“建筑标记”，如下图所示。

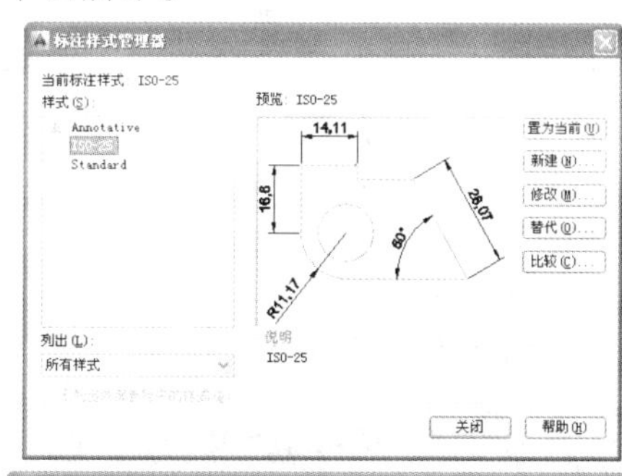

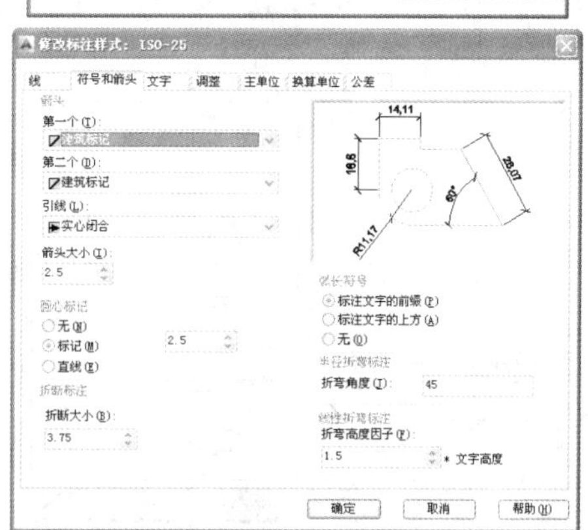

STEP 04 设置参数

在“调整”选项卡中，设置“使用全局比例”为 20，如下图所示。

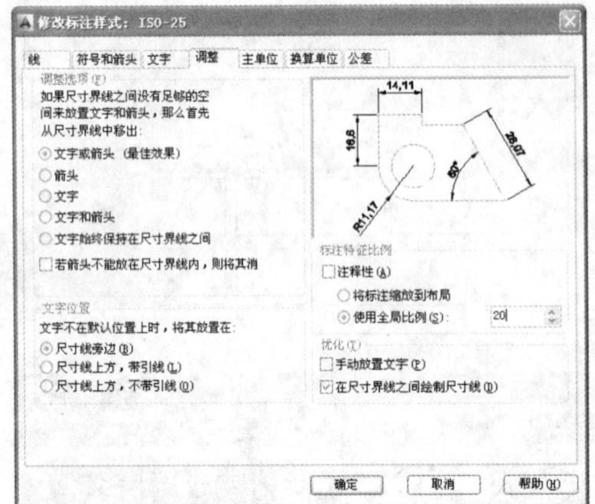

STEP 05 设置参数

在“线”选项卡中，设置“超出尺寸线”为 3、“起点偏移量”为 5，如下图所示。

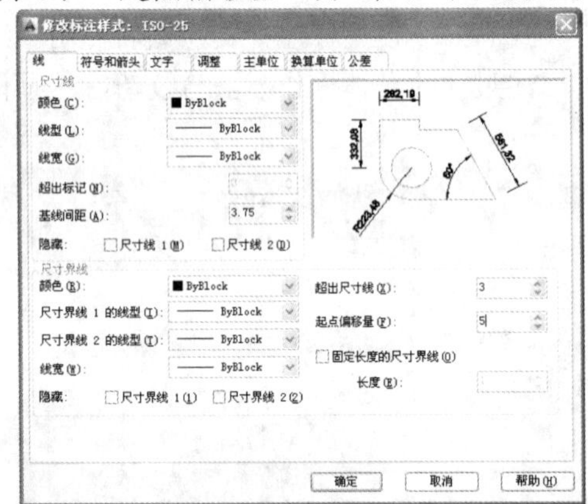

STEP 06 设置参数

在“主单位”选项卡中，设置“精度”为 0，如下图所示。

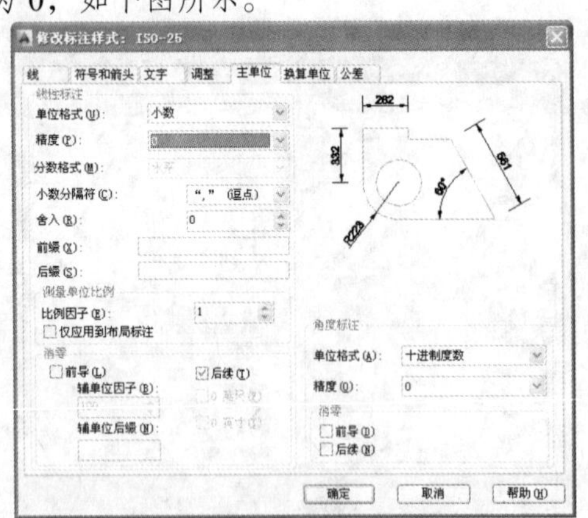

STEP 07 单击“置为当前”按钮

单击“确定”按钮，返回“标注样式管理器”对话框，单击“置为当前”按钮，如下图所示。

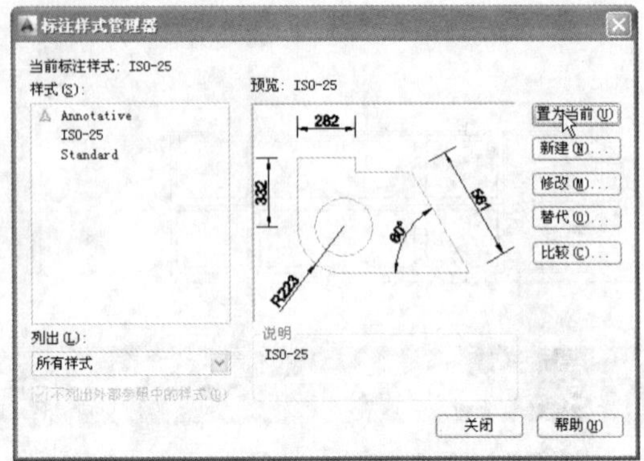

STEP 08 标注尺寸

在命令行中输入 DLI(线性标注)命令，按【Enter】键确认，然后根据命令行提示进行操作，依次捕捉端点，标注尺寸，如下图所示。

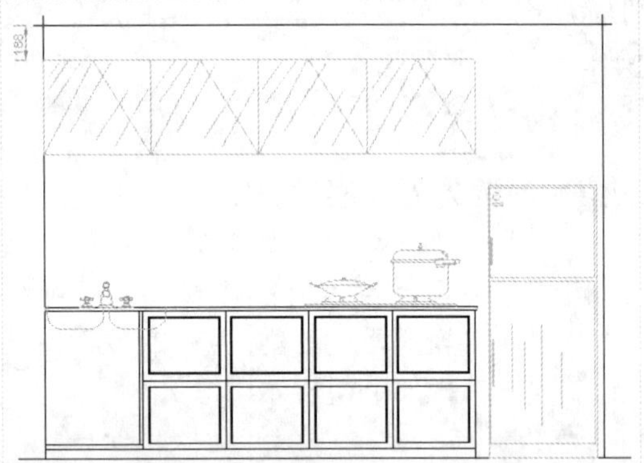

STEP 09 连续尺寸标注

在命令行中输入 DCO（连续标注）命令，按【Enter】键确认，根据命令行提示进行操作，捕捉相应的端点，进行连续尺寸标注，如下图所示。

STEP 10 标注尺寸

在命令行中输入 DLI(线性标注)命令，按【Enter】键确认，然后根据命令行提示进行操作，依次捕捉端点，标注尺寸，如下图所示。

STEP 11 连续尺寸标注

在命令行中输入 DCO（连续标注）命令，按【Enter】键确认，根据命令行提示进行操作，捕捉相应的端点，进行连续尺寸标注，如下图所示。

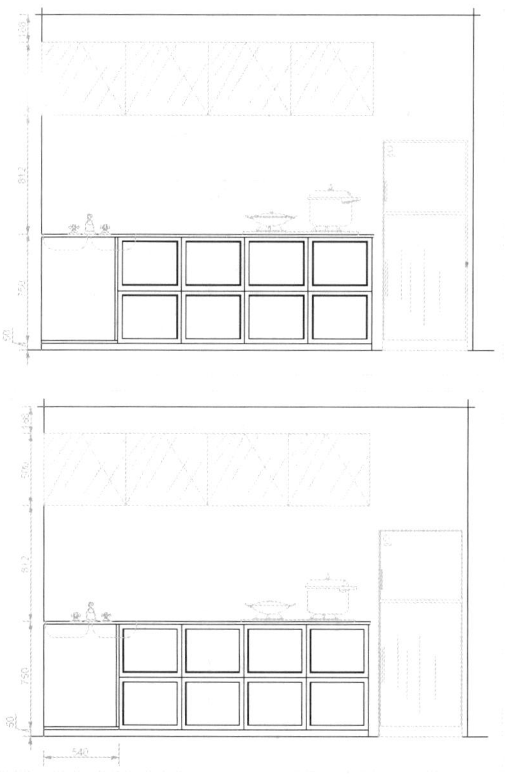

STEP 12　标注尺寸

在命令行中输入 DLI（线性标注）命令，按【Enter】键确认，然后根据命令行提示进行操作，依次捕捉端点，标注尺寸，如下图所示。

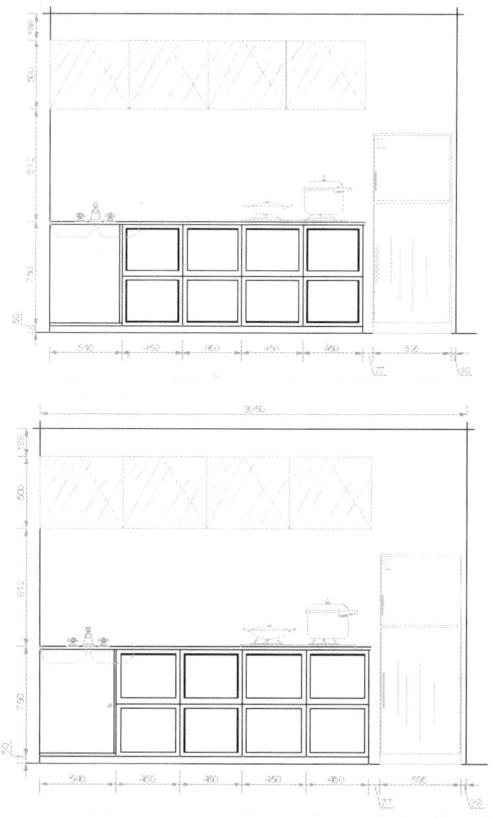

7.3.2　添加文字说明

本实例将介绍文字说明的添加，首先使用“引线样式”命令设置引线标注样式，然后使用“多重引线”命令进行多重引线标注，展示了添加文字说明的具体操作方法与技巧，其具体操作步骤如下。

素材文件	无	效果文件	第 7 章\文字说明.dwg

STEP 01　弹出对话框

以上例效果为例，在命令行中输入 MLS（多重引线样式）命令，按【Enter】键确认，弹出“多重引线样式管理器”对话框，如下图所示。

STEP 02　设置参数

单击“修改”按钮，弹出“修改多重引线样式：Standard”对话框，切换至“内容”选项卡，设置“文字高度”为 50，如下图所示。

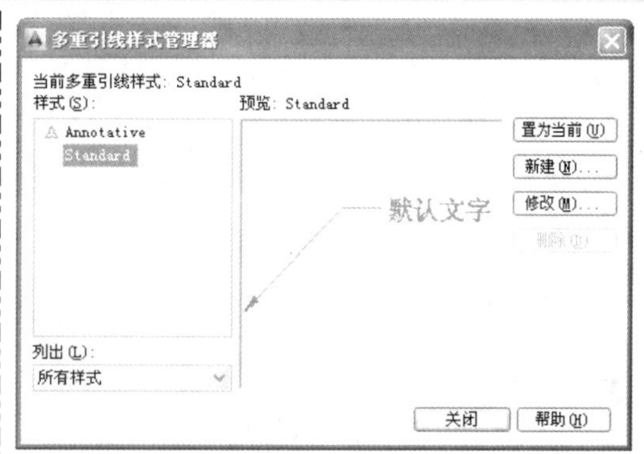

STEP 03　多重引线标注

单击“确定”按钮，返回“多重引线样式管理器”对话框，单击“关闭”按钮。在命令行中输入 MLD（多重引线）命令，按【Enter】键确认，根据命令行提示进行操作，进行多重引线标注，如下图所示。

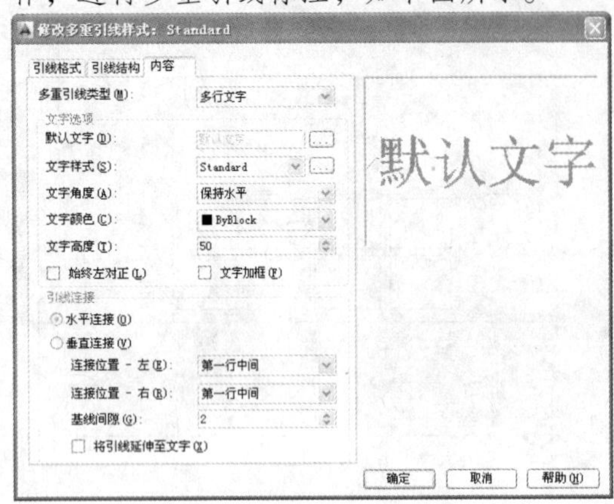

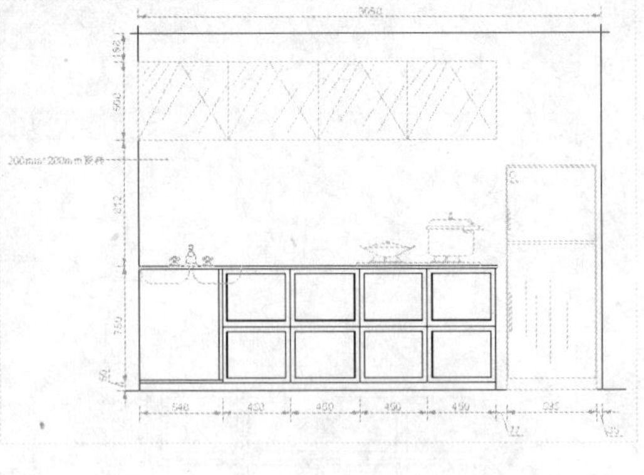

STEP 04 进行其他的多重引线标注

采用与上一步相同的方法，进行其他的多重引线标注，如下图所示。

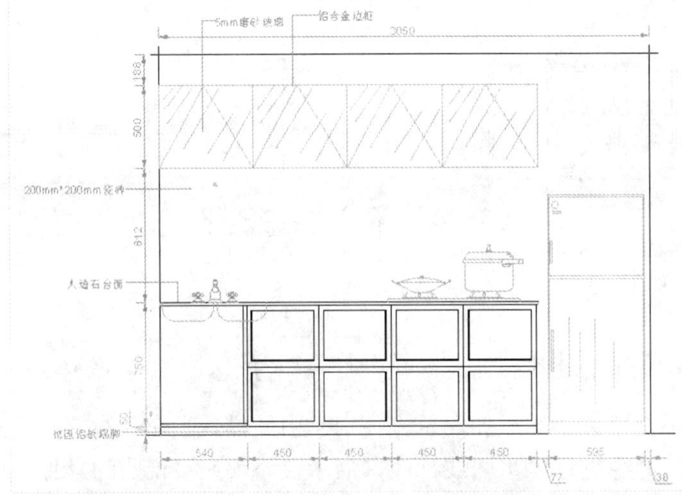

Chapter 08

餐厅装潢图的设计

章前知识导读

餐厅的装饰讲究美观，同时也要实用，最重要的是适合餐厅的氛围。在装饰的时候，一些桌布和窗帘等，可以选择比较薄的化纤材料，因为比较厚的棉质材料容易吸附食物的气味，同时花色的颜色也不要过于繁杂，这样会影响人的食欲。本章将介绍餐厅装潢图的设计方法。

重点知识索引

- 绘制餐厅装饰西墙
- 完善餐厅装饰西墙
- 绘制餐厅装饰南墙

效果图片赏析

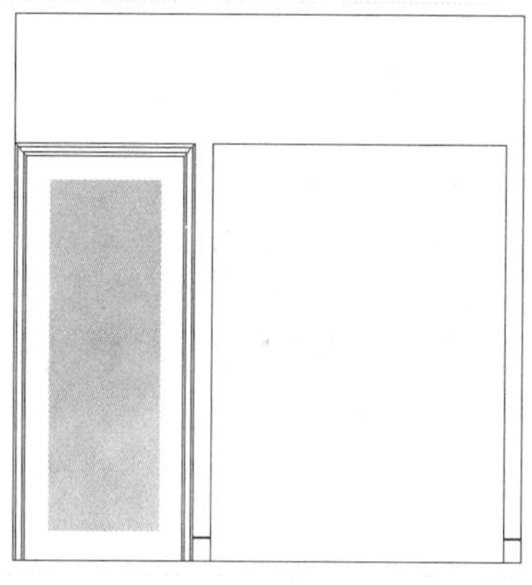

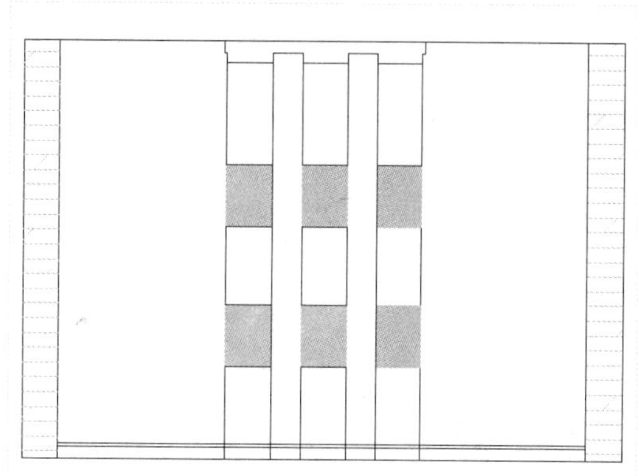

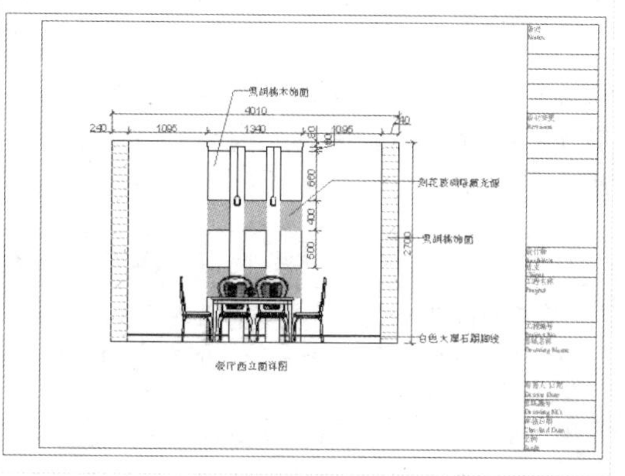

8.1 绘制餐厅装饰西墙

餐厅最重要的是使用起来要方便，室内设计中餐厅无论是在何处，都要靠近厨房，这样便于上菜，同时在餐厅里，除了必备的餐桌和餐椅之外，还可以配上餐饮柜，能够放一些我们平时需要用的餐具、饮料酒水以及一些对于就餐有辅助作用的东西，这样使用起来更加方便，同时餐饮柜也是充实餐厅的一个很好的装饰品。下面介绍绘制餐厅装饰西墙的操作方法。

8.1.1 绘制墙体

本实例将介绍墙体的绘制，首先使用“矩形”、“偏移”等命令绘制墙体轮廓，然后使用“修剪”命令绘制墙体，展示了墙体的具体绘制方法与技巧，其具体的操作步骤如下。

素材文件	无	效果文件	第 8 章\西墙体.dwg

STEP 01 绘制矩形

在命令行中输入 REC（矩形）命令，按【Enter】键确认，根据命令行提示进行操作，在绘图区任意一点单击鼠标左键，输入（@4010,2700），按【Enter】键确认，绘制矩形，如下图所示。

STEP 02 偏移直线

在命令行中输入 X（分解）命令，按【Enter】键确认，根据命令行提示进行操作，分解矩形。在命令行中输入 O（偏移）命令，按【Enter】键确认，根据命令行提示进行操作，设置偏移距离为 240，将左侧垂直直线向右偏移，如下图所示。

专家指点

餐厅的装潢，对于整个家装工程来说，不是有什么难度的空间，但一个设计优良的餐厅，却对一个家庭的生活品质，有着举足轻重的作用。理想的餐厅除了吃饭用餐外，还是家人讨论聊天的交流区，是精神与物质补给的基地，同时也是表现家的风格之处。

STEP 03 偏移直线

在命令行中输入 O（偏移）命令，按【Enter】键确认，根据命令行提示进行操作，设置偏移距离为 240，将右侧垂直直线向左偏移，如下图所示。

STEP 04 偏移直线

在命令行中输入 O（偏移）命令，按【Enter】键确认，根据命令行提示进行操作，将上方水平直线向下偏移，偏移距离分别为 80、60、660、400、500、400、500 和 20，如下图所示。

STEP 05　偏移直线

在命令行中输入 O（偏移）命令，按【Enter】键确认，根据命令行提示进行操作，将左侧第二条垂直直线向右偏移，偏移距离分别为 1095、20、300、200、300、200、300 和 20，如下图所示。

STEP 06　修剪多余的图形

在命令行中输入 TR（修剪）命令，按【Enter】键确认，根据命令行提示进行操作，修剪多余的图形，如下图所示。

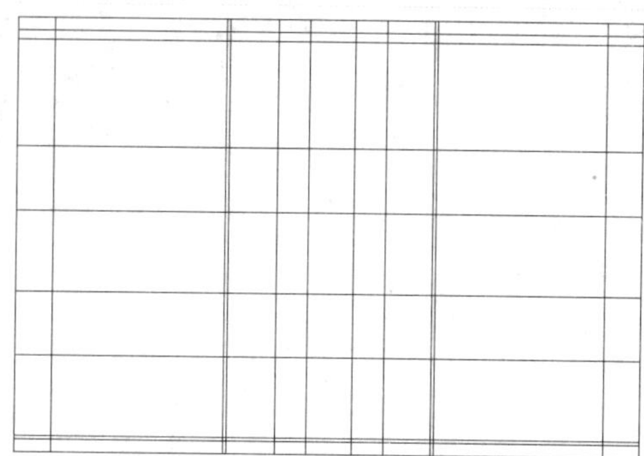

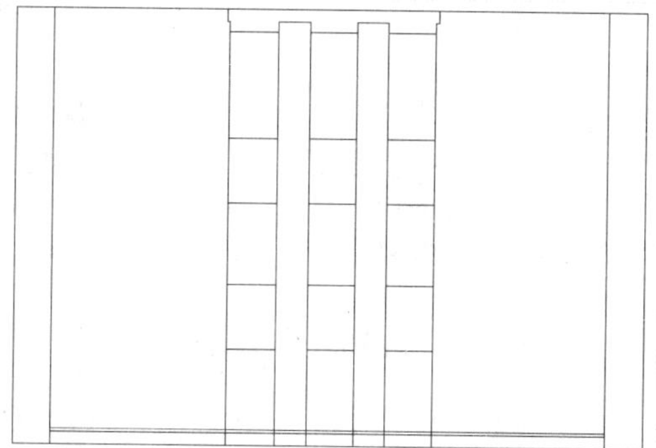

8.1.2　填充背景墙图案

本实例将介绍背景墙图案的填充，首先使用“图层”命令新建图层，然后使用“图案填充”命令填充背景墙图案，展示了填充背景墙图案的具体操作方法与技巧，其具体操作步骤如下。

素材文件	无	效果文件	第 8 章\背景图案.dwg

STEP 01　新建图层

以上例效果为例，在命令行中输入 LA（图层）命令，按【Enter】键确认，弹出“图层特性管理器”面板，新建“灰色”图层，设置“颜色”为 253，如下图所示。

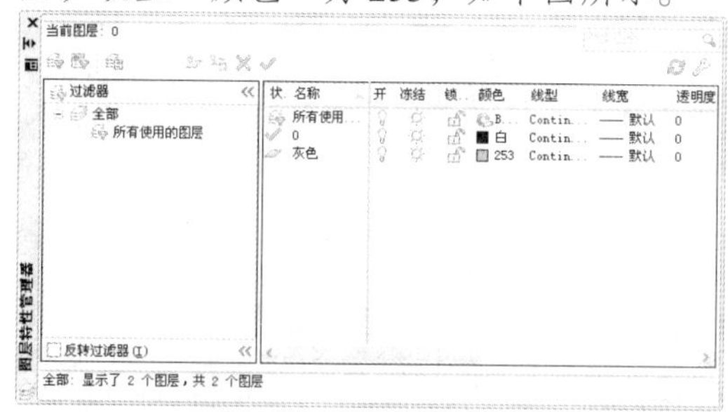

STEP 02　置为当前层

双击“灰色”图层，将“灰色”图层置为当前层，如下图所示。

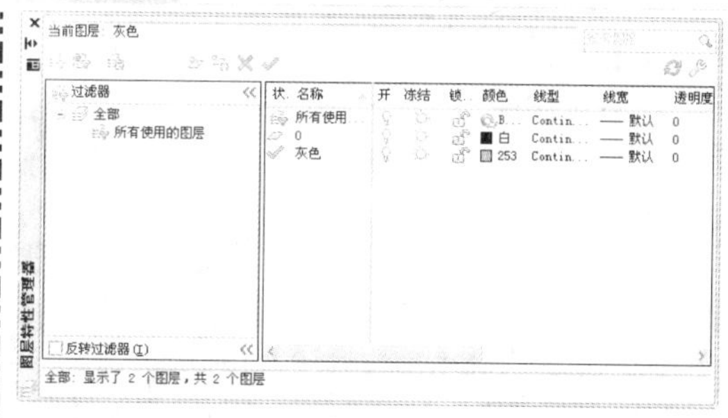

STEP 03　创建图案填充

在命令行中输入 H（图案填充）命令，按【Enter】键确认，弹出“图案填充创建”选项卡，设置“图案”为 DOLMIT、“填充图案比例”为 15，拾取相应位置，单击“关闭图案填充创建”按钮，完成图案填充的创建，如下图所示。

STEP 04　创建图案填充

在命令行中输入 H（图案填充）命令，按【Enter】键确认，弹出“图案填充创建”选项卡，设置“图案”为 AR-SAND、“填充图案比例”为 40，拾取相应位置，单击“关闭图案填充创建”按钮，完成图案填充的创建，如下图所示。

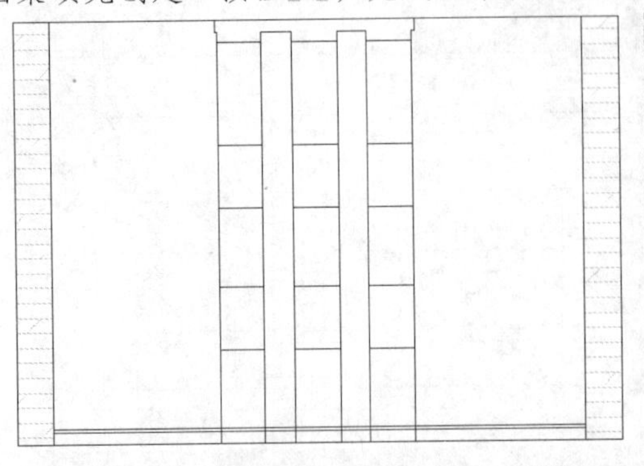

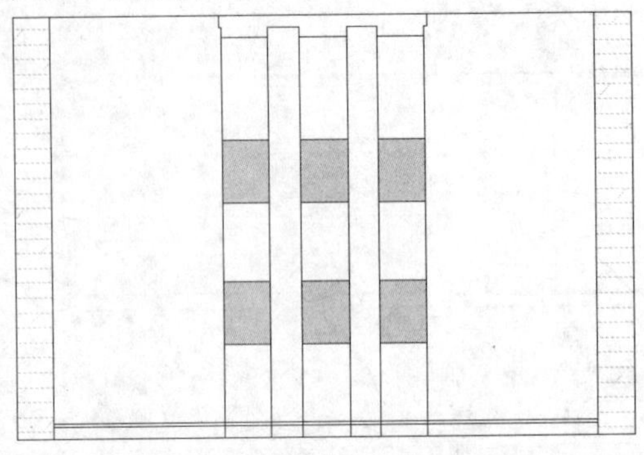

专家指点

一般来讲，餐厅的主要设施就是餐桌、餐椅和餐柜，通过桌椅、柜的造型和布置，形成餐厅的主体气氛，辅以局部装饰，使餐厅成为家庭除客厅外的又一新的核心。

8.1.3 餐厅装饰摆设

本实例将介绍餐厅装饰的摆设，首先使用“插入”命令插入图块，然后使用“分解”、“修剪”命令绘制餐厅摆设细节，展示了餐厅装饰的具体摆设方法与技巧，其具体操作步骤如下。

素材文件	第 8 章\灯具.dwg、餐桌.dwg	效果文件	第 8 章\餐厅装饰.dwg

STEP 01 弹出对话框

以上例效果为例，在命令行中输入 I（插入）命令，按【Enter】键确认，弹出“插入”对话框，如下图所示。

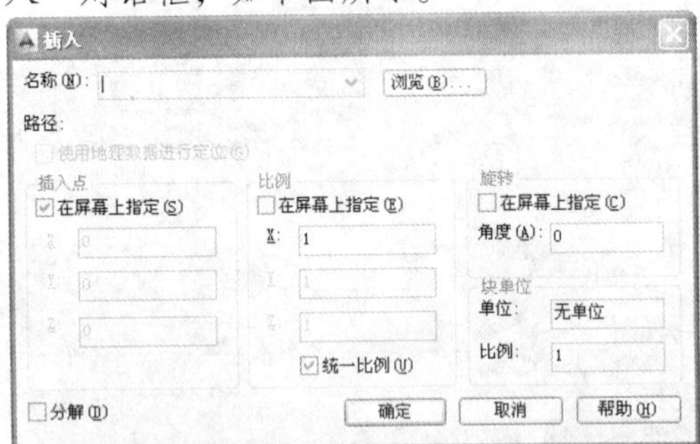

STEP 02 选择图形文件

单击“浏览”按钮，弹出“选择图形文件”对话框，选择“灯具”图形文件，如下图所示。

STEP 03 插入图块

单击“打开”按钮，返回“插入”对话框，单击“确定”按钮，设置比例因子为 0.01，插入图块，并将图块移动至合适位置，如下图所示。

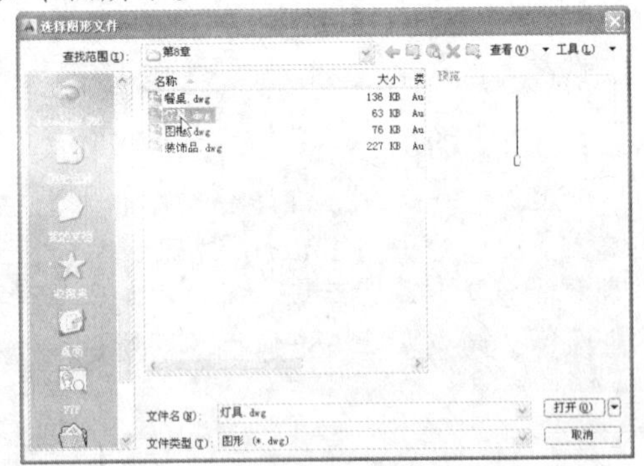

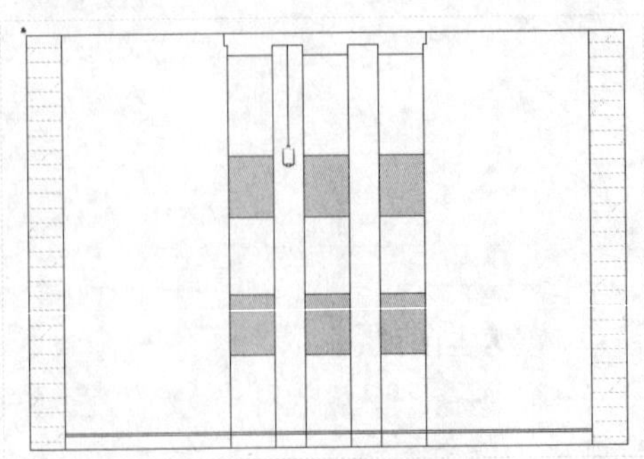

STEP 04　复制插入的图块

在命令行中输入 CO（复制）命令，按【Enter】键确认，然后根据命令行提示进行操作，复制插入的图块至合适位置，如下图所示。

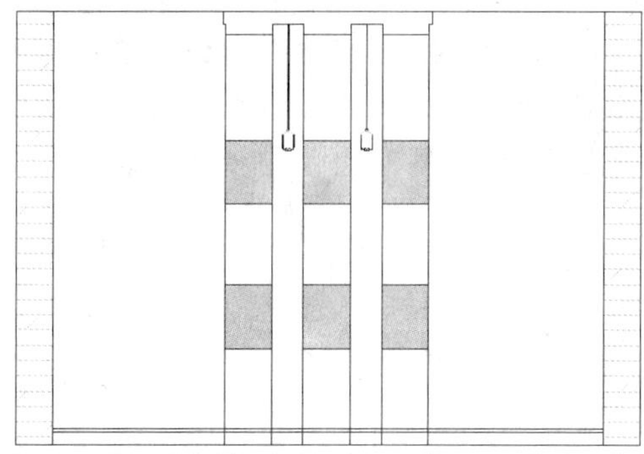

STEP 05　弹出对话框

在命令行中输入 I（插入）命令，按【Enter】键确认，弹出“插入”对话框，如下图所示。

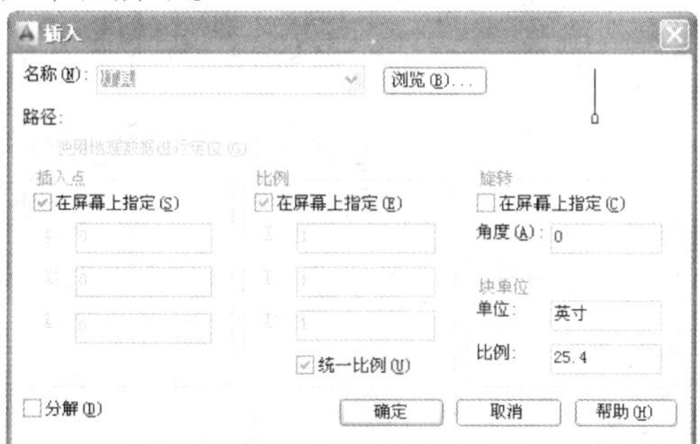

STEP 06　选择图形文件

单击“浏览”按钮，弹出“选择图形文件”对话框，选择“餐桌”图形文件，如下图所示。

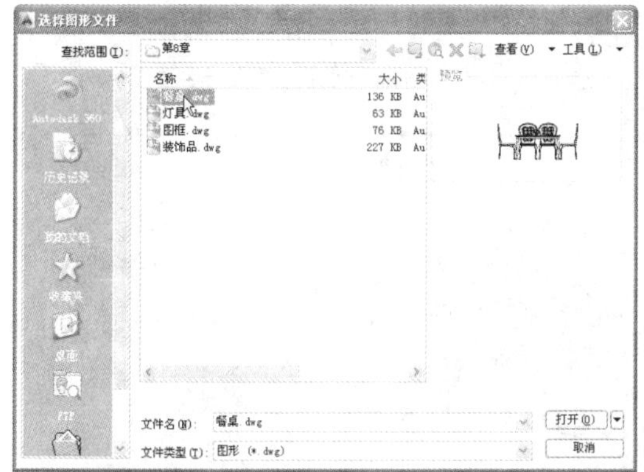

STEP 07　插入图块

单击“打开”按钮，返回“插入”对话框，单击“确定”按钮，设置比例因子为0.03，插入图块，并将图块移动至合适位置，如下图所示。

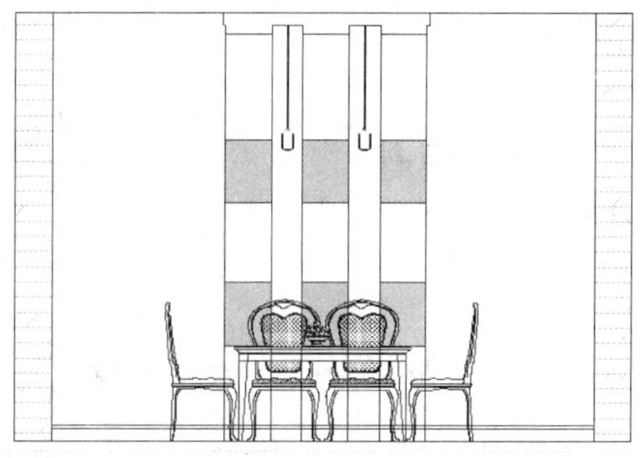

STEP 08　分解餐桌图块

在命令行中输入 X（分解）命令，按【Enter】键确认，根据命令行提示进行操作，分解餐桌图块，选择餐桌上的任意线段，查看效果，如下图所示。

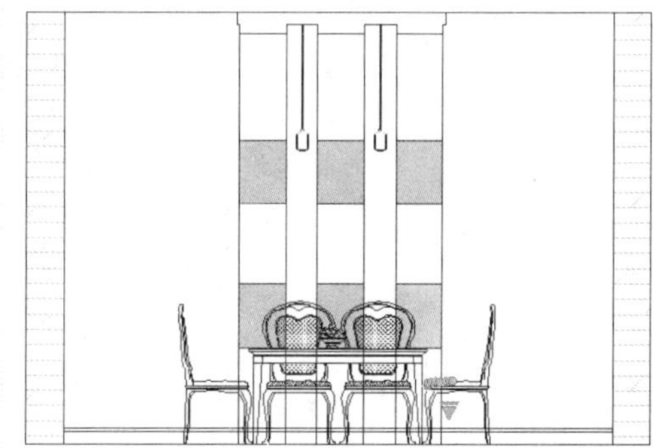

STEP 09　修剪多余的图形

在命令行中输入 TR（修剪）命令，按【Enter】键确认，根据命令行提示进行操作，修剪多余的图形，如下图所示。

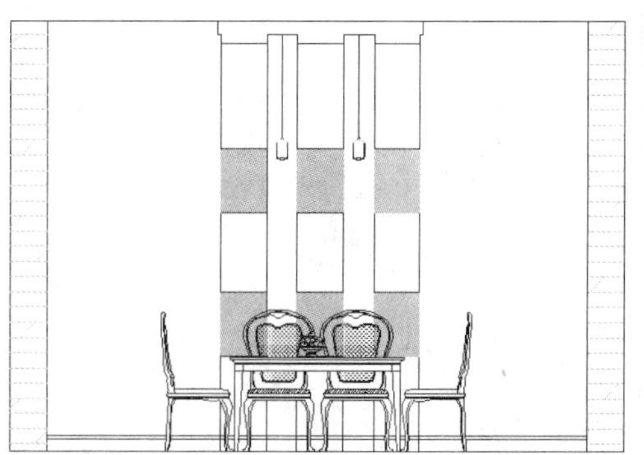

专家指点

餐桌是餐厅的主要家具，也是影响就餐气氛的关键因素之一。选择款式可以根据自己的喜好来确定，其大小应和空间比例相协调，有餐厅用椅与餐桌相配套的，也有单独购置组合的，两者皆可。

8.2 完善餐厅装饰西墙

在餐厅区里，光线一定要充足，吃饭的时候光线好才能营造出一种秀色可餐的感觉。餐厅里的光线除了应该自然以外，还要柔和，使用吊灯或者是伸缩灯，能够让餐厅明亮，使用起来也非常方便。下面介绍完善餐厅装饰西墙的步骤，装饰一个漂亮的餐厅。

8.2.1 添加尺寸与文本标注

本实例将介绍尺寸与文本标注的添加，首先使用“标注样式”、“线性标注”等命令标注尺寸，然后使用“引线样式”、“多行文字”等命令标注文本，展示了添加尺寸与文本标注的具体操作方法与技巧，其具体操作步骤如下。

素材文件	无	效果文件	第 8 章\标注.dwg

STEP 01 新建图层

以上例效果为例，在命令行中输入 LA（图层）命令，按【Enter】键确认，弹出“图层特性管理器”面板，新建“标注”图层，设置“颜色”为“蓝”，如下图所示。

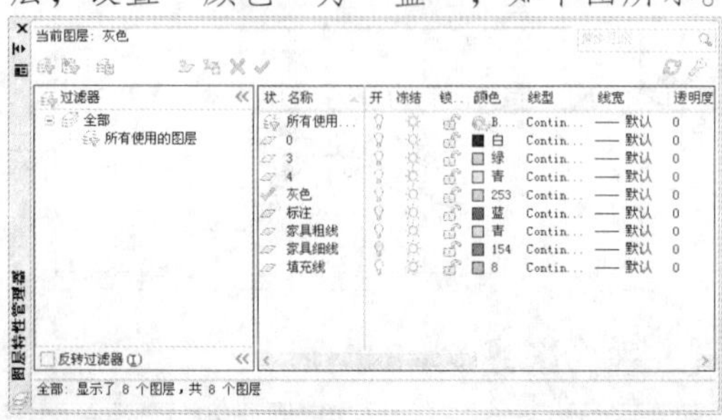

STEP 02 置为当前层

双击“标注”图层，将“标注”图层置为当前层，如下图所示。

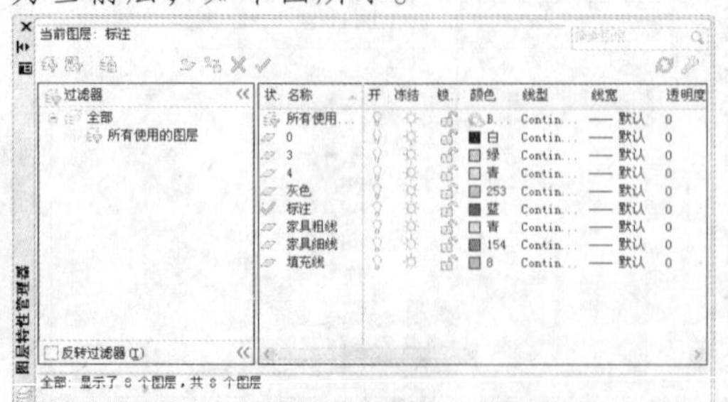

STEP 03 弹出对话框

在命令行中输入 D（标注样式）命令，按【Enter】键确认，弹出“标注样式管理器”对话框，如下图所示。

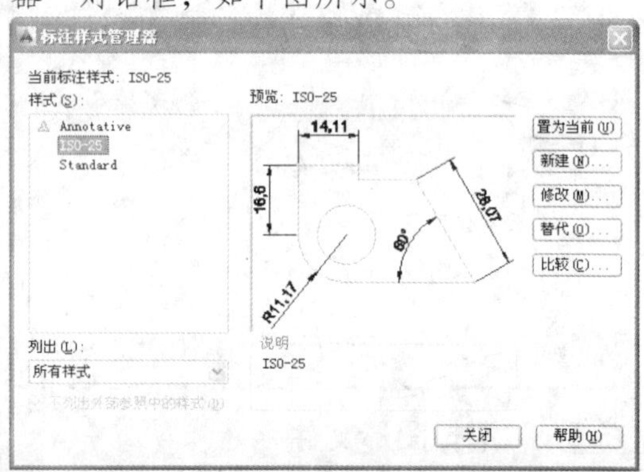

专家指点

餐厅一般的色彩搭配都要和客厅等空间协调一致，因为就目前来讲，大多数的建筑空间，餐厅与客厅都是相通的，所以从视觉上，要注意这些空间的色彩统一。

STEP 04 设置参数

单击“修改”按钮，弹出“修改标注样式：ISO—25”对话框，在“符号和箭头”选项卡中，设置“第一个”为“建筑标记”，如下图所示。

STEP 05 设置参数

在“调整”选项卡中，设置“使用全局比例”为 20，如下图所示。

专家指点

餐厅墙面的装饰要注意体现个人风格，既要美观又要实用，切不可信手拈来，盲目堆砌色彩，并且要注意简洁、明亮。

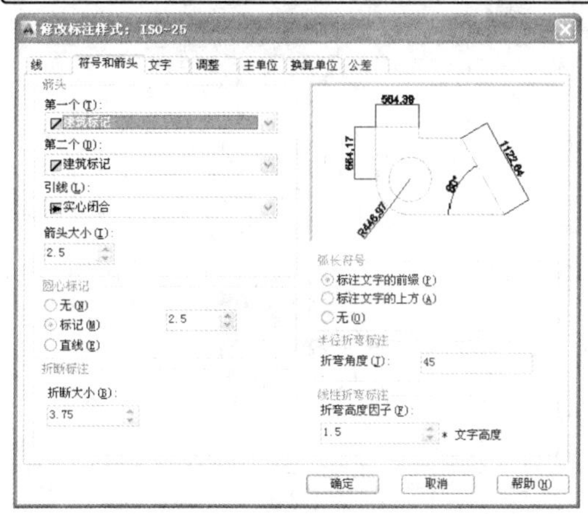

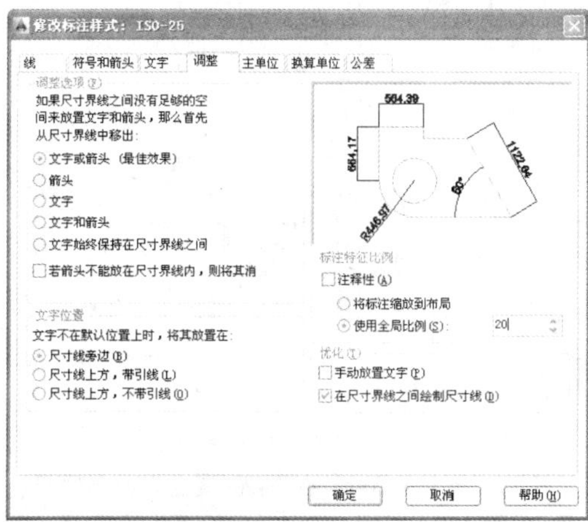

STEP 06 设置参数

在“线”选项卡中，设置“超出尺寸线”为 3、“起点偏移量”为 5，如下图所示。

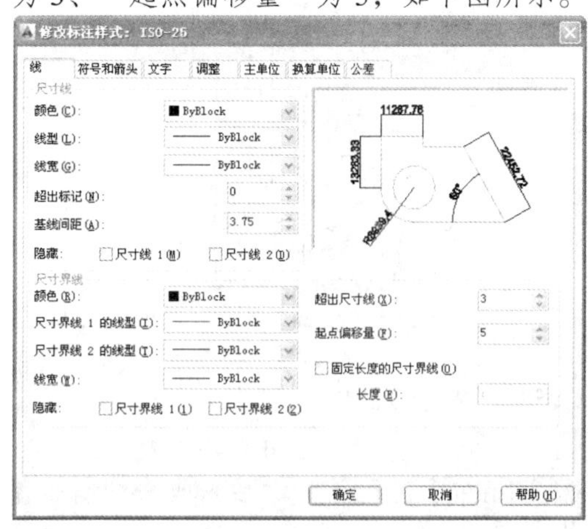

STEP 07 设置参数

在“主单位”选项卡中，设置“精度”为 0，如下图所示。

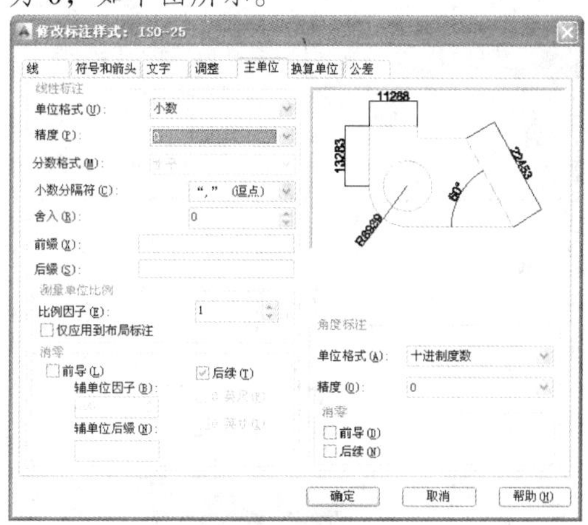

STEP 08 设置参数

在“文字”选项卡中，设置“文字高度”为 5，如下图所示。

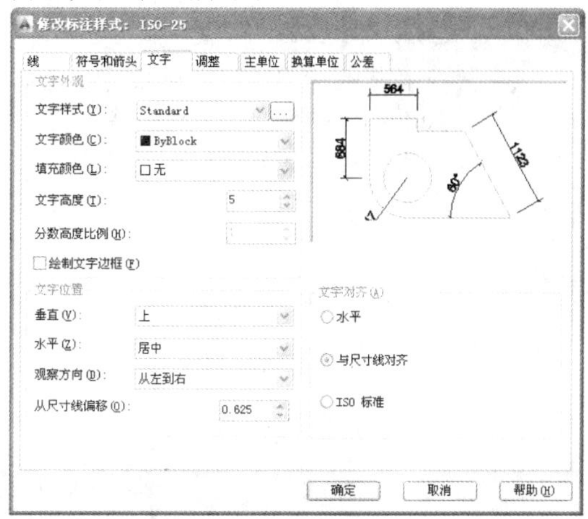

STEP 09 单击“置为当前”按钮

单击“确定”按钮，返回“标注样式管理器”对话框，单击“置为当前”按钮，如下图所示。

STEP 10 标注尺寸

在命令行中输入 DLI（线性标注）命令，按【Enter】键确认，然后根据命令行提示进行操作，依次捕捉端点，标注尺寸，如下图所示。

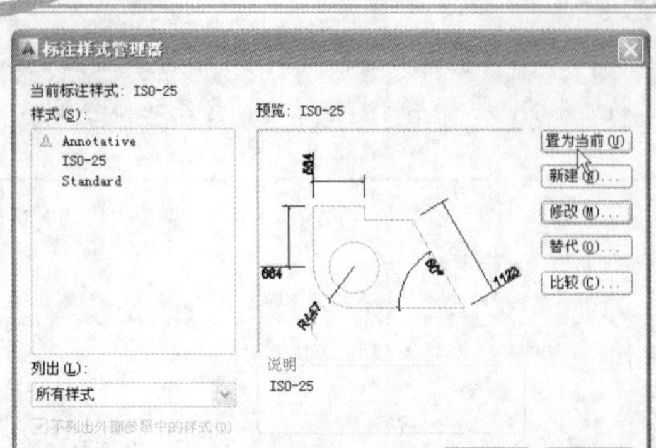

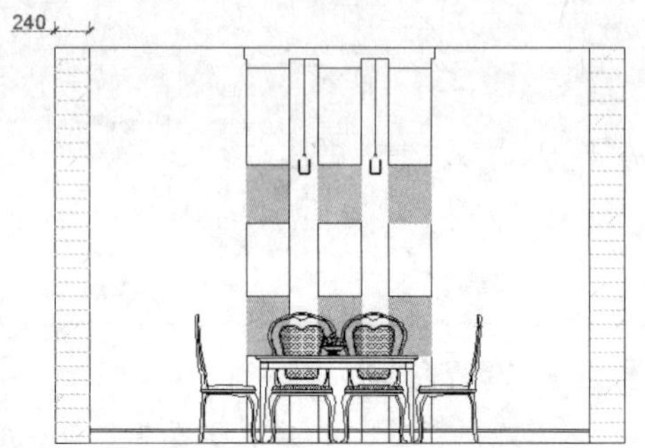

STEP 11 连续尺寸标注

在命令行中输入 DCO（连续标注）命令，按【Enter】键确认，根据命令行提示进行操作，捕捉相应的端点，进行连续尺寸标注，如下图所示。

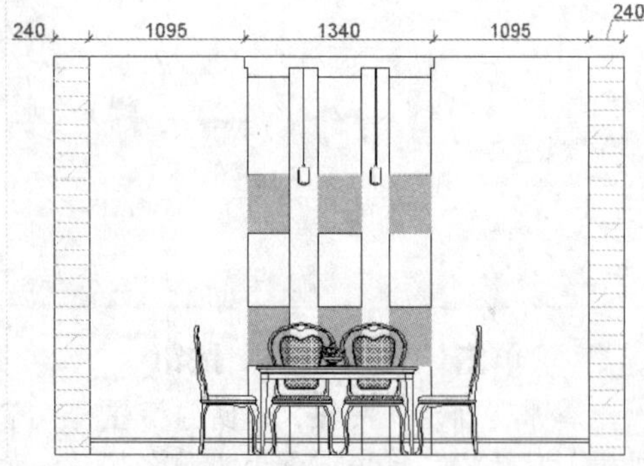

STEP 12 标注尺寸

在命令行中输入 DLI（线性标注）命令，按【Enter】键确认，然后根据命令行提示进行操作，依次捕捉端点，标注尺寸，如下图所示。

STEP 13 连续尺寸标注

在命令行中输入 DCO（连续标注）命令，按【Enter】键确认，根据命令行提示进行操作，捕捉相应的端点，进行连续尺寸标注，如下图所示。

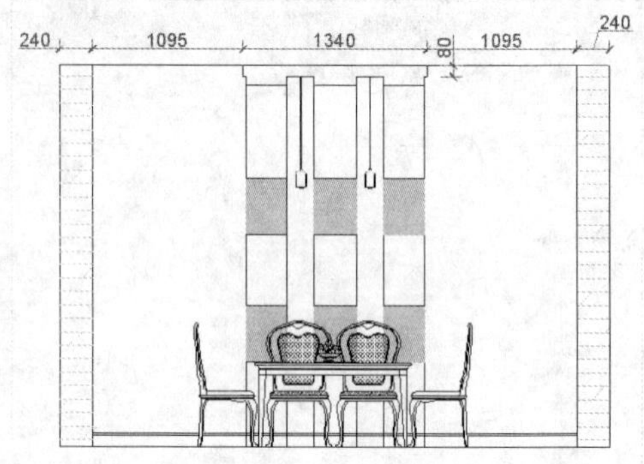

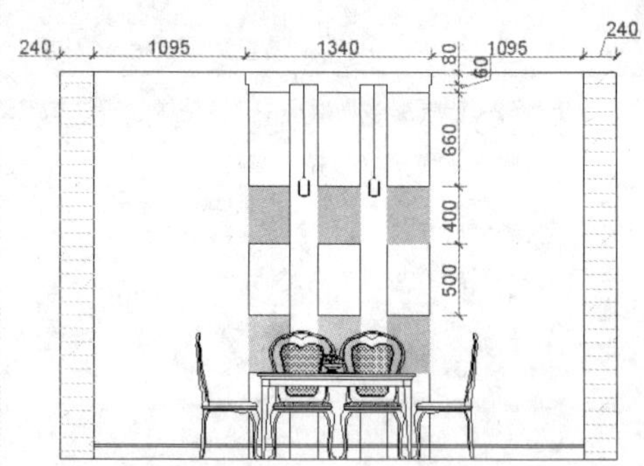

STEP 14 标注尺寸

在命令行中输入 DLI（线性标注）命令，按【Enter】键确认，然后根据命令行提示进行操作，依次捕捉端点，标注尺寸，如下图所示。

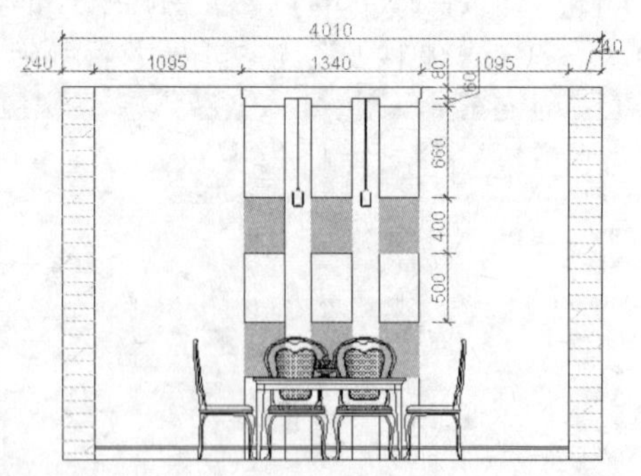

STEP 15 标注尺寸

在命令行中输入 DLI（线性标注）命令，按【Enter】键确认，然后根据命令行提示进行操作，依次捕捉端点，标注尺寸，如下图所示。

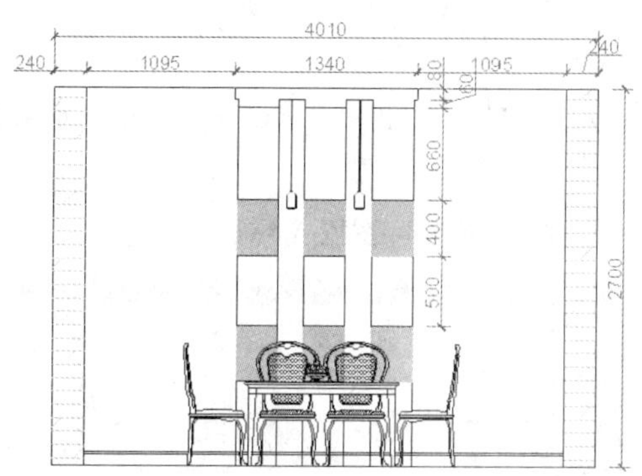

STEP 16 弹出对话框

在命令行中输入 MLS（多重引线样式）命令，按【Enter】键确认，弹出“多重引线样式管理器”对话框，如下图所示。

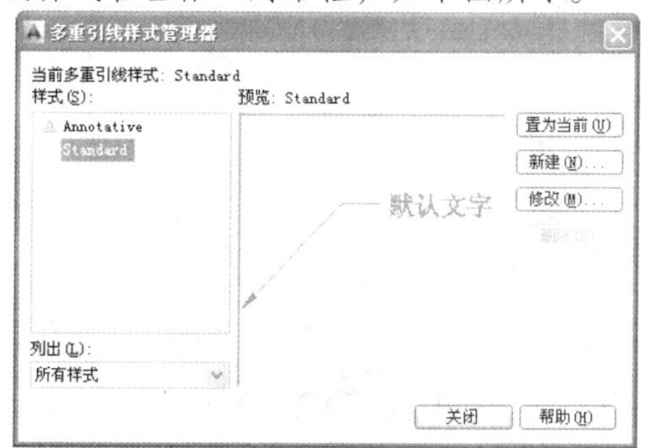

STEP 17 设置参数

单击“修改”按钮，弹出“修改多重引线样式：Standard”对话框，在“内容”选项卡中，设置“文字高度”为 100，如下图所示。

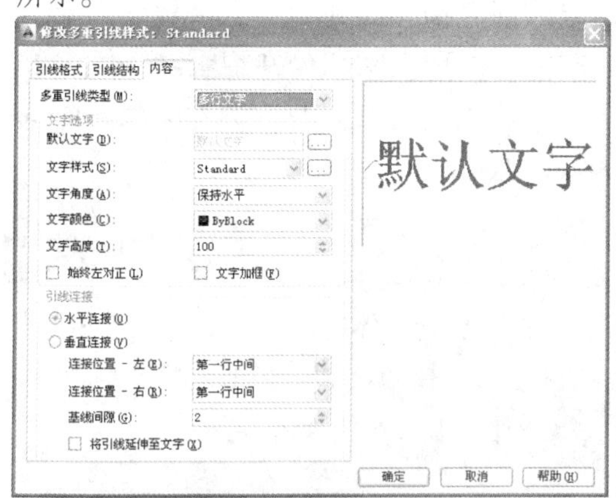

STEP 18 多重引线标注

单击“确定”按钮，返回“多重引线样式管理器”对话框，单击“关闭”按钮。在命令行中输入 MLD（多重引线）命令，按【Enter】键确认，根据命令行提示进行操作，进行多重引线标注，如下图所示。

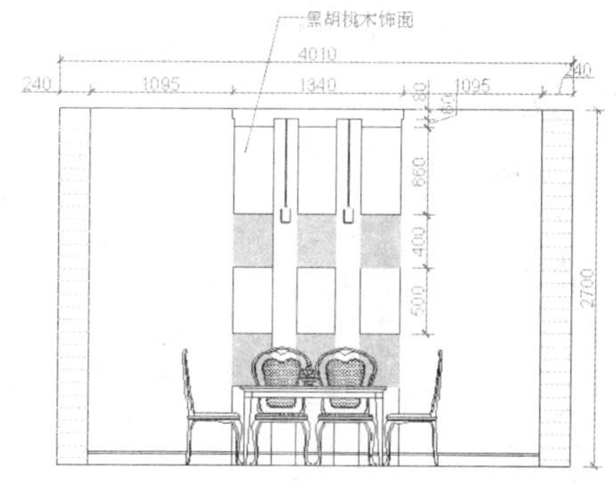

STEP 19 进行其他的多重引线标注

采用与上一步相同的方法，进行其他的多重引线标注，如下图所示。

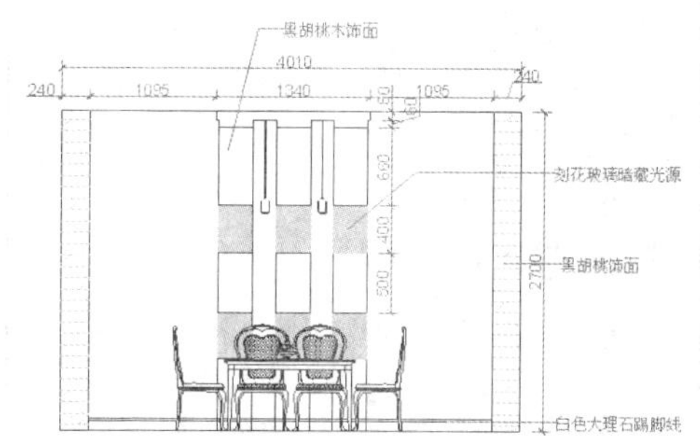

STEP 20 创建多行文字

在命令行中输入 MT（多行文字）命令，按【Enter】键确认，根据命令行提示进行操作，在绘图区的合适位置拖曳鼠标，设置“文字高度”为 100，在文本框中输入“餐厅西立面详图”，单击“关闭文字编辑器”按钮，完成多行文字的创建，如下图所示。

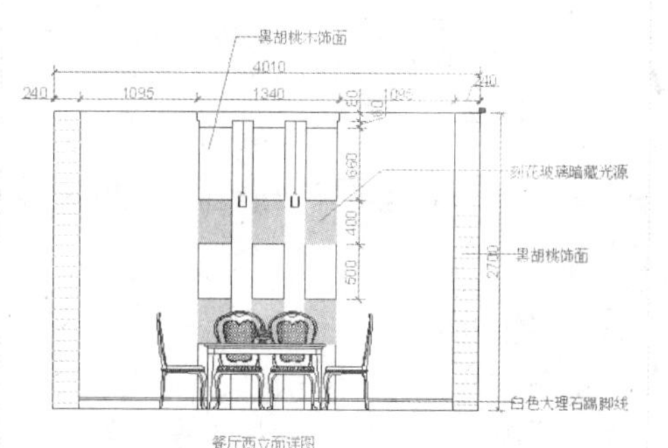

8.2.2 添加图框

本实例将介绍图框的添加，通过“插入”命令插入图块，展示了添加图框的具体操作方法与技巧，其具体操作步骤如下。

素材文件	第 8 章\图框.dwg	效果文件	第 8 章\图框 A.dwg

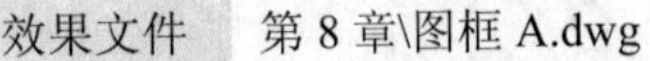

STEP 01 弹出对话框

以上例效果为例，在命令行中输入 I（插入）命令，按【Enter】键确认，弹出“插入”对话框，如下图所示。

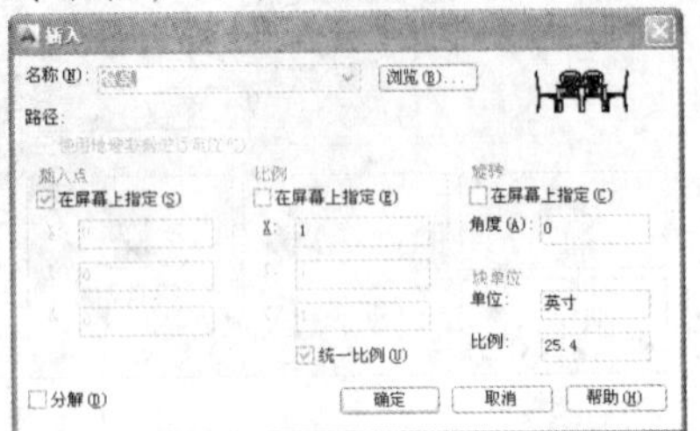

STEP 02 选择图形文件

单击“浏览”按钮，弹出“选择图形文件”对话框，选择“图框”图形文件，如下图所示。

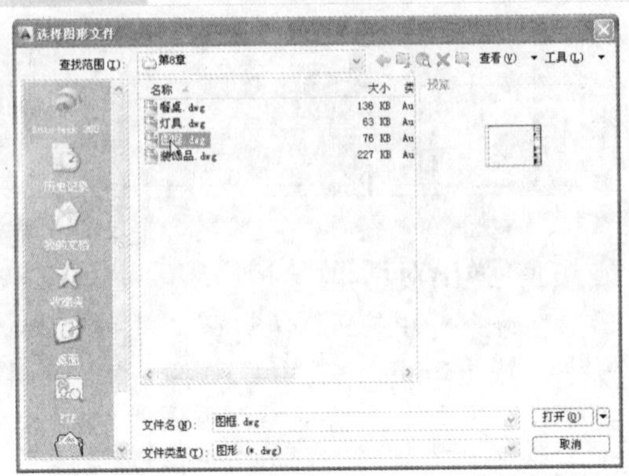

STEP 03 插入图块

单击“打开”按钮，返回“插入”对话框，单击“确定”按钮，设置比例因子为 0.2，插入图块，并将图块移动至合适位置，如下图所示。

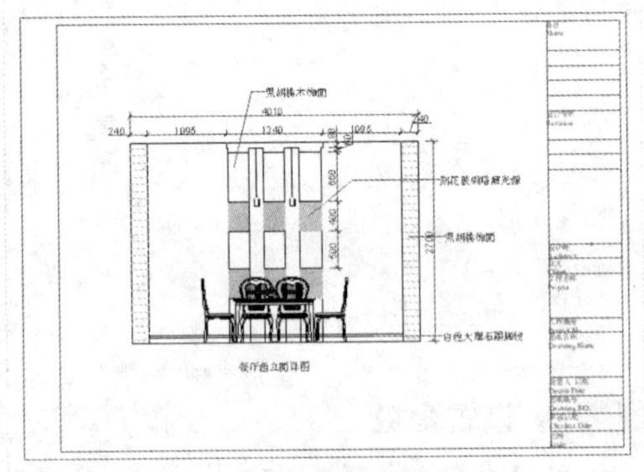

8.3 绘制餐厅装饰南墙

室内餐厅的装饰及通道的设计与布置，应体现流畅、便利和安全。餐厅内部空间、座位的设计与布局包括流通空间、管理空间、调理空间和公共空间。餐厅中座席的配置有单人式、双人式、四人式、火车式、沙发式、长方型、情人座及家庭式等多种形式。下面介绍绘制餐厅装饰南墙的操作方法。

8.3.1 绘制墙体

本实例将介绍墙体的绘制，首先使用“矩形”命令绘制墙体轮廓，然后使用“偏移”、“修剪”等命令绘制墙体，展示了墙体的具体绘制方法与技巧，其具体的操作步骤如下。

素材文件	无	效果文件	第 8 章\南墙体.dwg

STEP 01 绘制矩形

在命令行中输入 REC（矩形）命令，按【Enter】键确认，根据命令行提示进行操作，在绘图区任意一点单击鼠标左键，输入（@2600,2700），按【Enter】键确认，绘制矩形，如下图所示。

专家指点

很多小户型住房都采用客厅或门厅兼做餐厅的形式，在这种格局下，餐区的位置以邻接厨房并靠近客厅最为适当，它可以缩短膳食供应和就座进餐的走动线路，同时也可避免菜汤、食物弄脏地板。如果餐厅空间较小，可以在墙面上安装一定面积的镜面，以调节视觉，营造空间增大的效果。

STEP 02 分解矩形

在命令行中输入 X（分解）命令，按【Enter】键确认，根据命令行提示进行操作，分解矩形，选择矩形上的任意线段，查看效果，如下图所示。

STEP 03 偏移直线

在命令行中输入 O（偏移）命令，按【Enter】键确认，根据命令行提示进行操作，设置偏移距离为 640，将上方水平直线向下偏移，如下图所示。

STEP 04 偏移直线

在命令行中输入 O（偏移）命令，按【Enter】键确认，根据命令行提示进行操作，设置偏移距离为 1940，将偏移所得直线向下偏移，如下图所示。

STEP 05 偏移直线

在命令行中输入 O（偏移）命令，按【Enter】键确认，根据命令行提示进行操作，设置偏移距离为 10，将偏移所得直线向下偏移，如下图所示。

STEP 06 偏移直线

在命令行中输入 O（偏移）命令，按【Enter】键确认，根据命令行提示进行操作，设置偏移距离为 920，将左侧垂直直线向右偏移，如下图所示。

STEP 07 偏移直线

在命令行中输入 O（偏移）命令，按【Enter】键确认，根据命令行提示进行操作，设置偏移距离为 90，将偏移所得直线向右偏移，如下图所示。

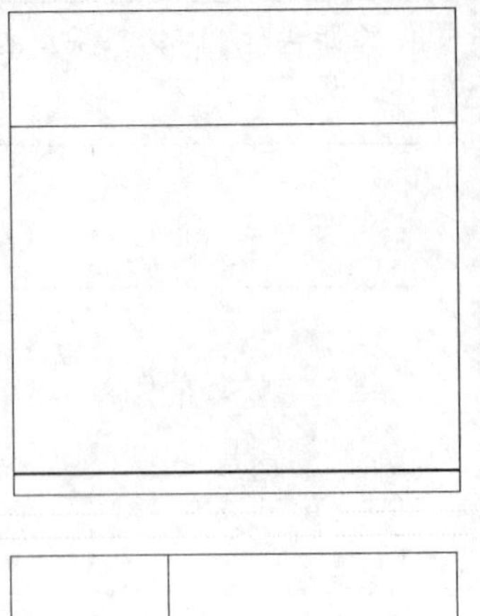

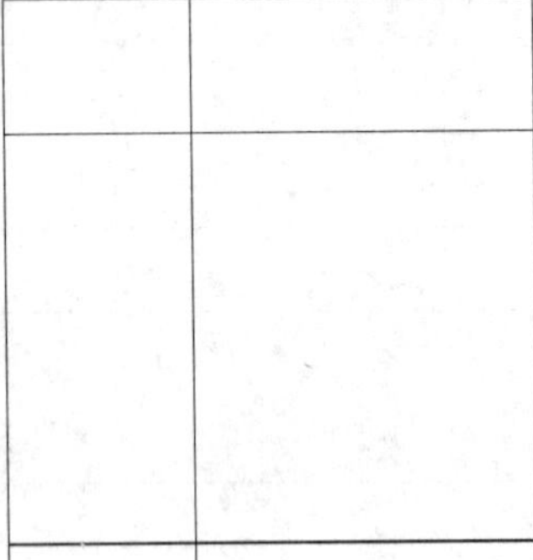

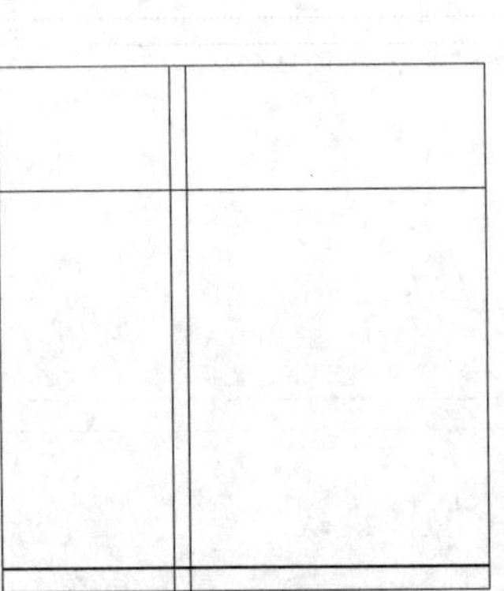

STEP 08 偏移直线

在命令行中输入 O（偏移）命令，按【Enter】键确认，根据命令行提示进行操作，设置偏移距离为 1500，将偏移所得直线向右偏移，如下图所示。

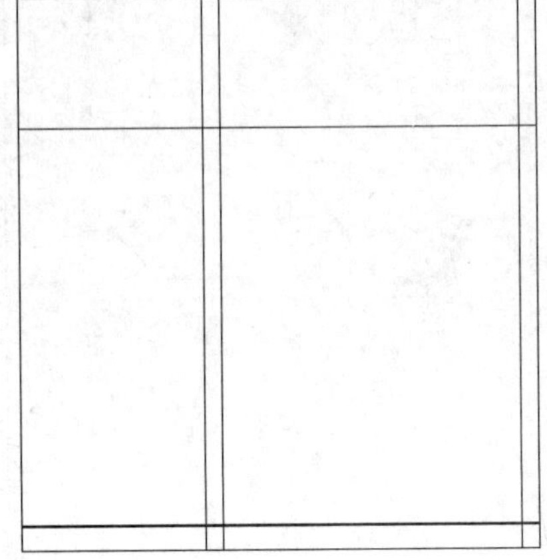

STEP 09 修剪多余的图形

在命令行中输入 TR（修剪）命令，按【Enter】键确认，根据命令行提示进行操作，修剪多余的图形，如下图所示。

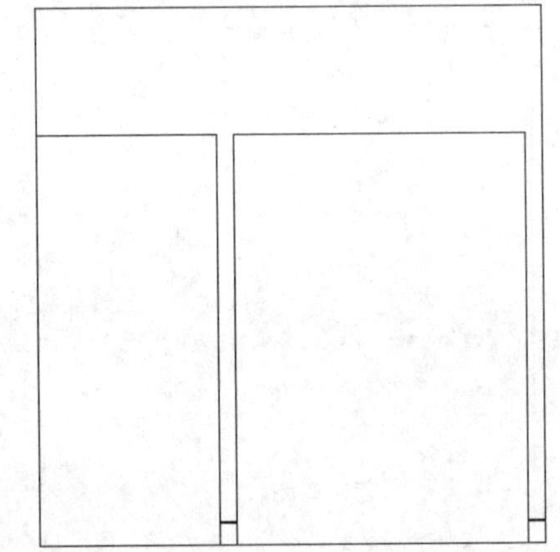

8.3.2 绘制门

本实例将介绍门的绘制，首先使用“偏移”、“倒角”命令绘制门轮廓，然后使用“直线”、“图案填充”等命令绘制门细节，展示了门的具体绘制方法与技巧，其具体操作步骤如下。

素材文件	无	效果文件	第 8 章\门.dwg

STEP 01 偏移直线

以上例效果为例，在命令行中输入 O（偏移）命令，按【Enter】键确认，根据命令行提示进行操作，设置偏移距离为 15，将门框图形的直线向内侧偏移，如下图所示。

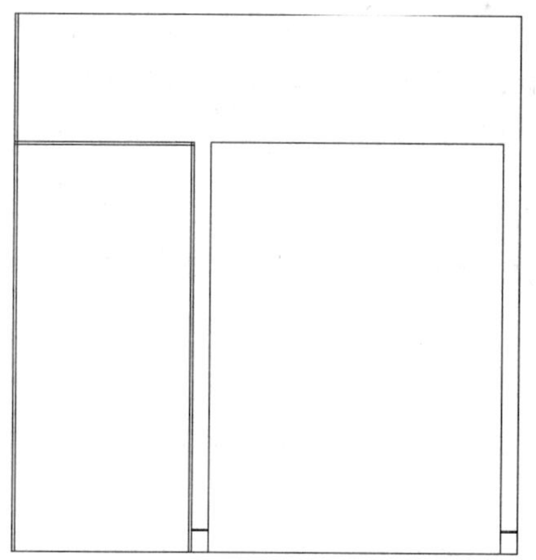

STEP 02 偏移直线

在命令行中输入 O（偏移）命令，按【Enter】键确认，根据命令行提示进行操作，设置偏移距离为 30，将偏移所得直线向内侧偏移，如下图所示。

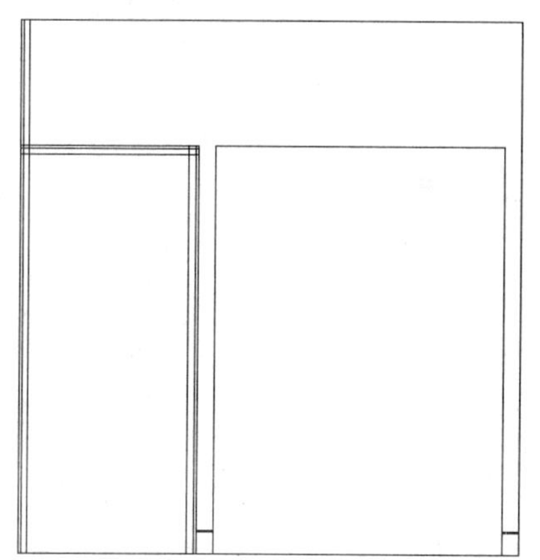

STEP 03 偏移直线

在命令行中输入 O（偏移）命令，按【Enter】键确认，根据命令行提示进行操作，设置偏移距离为 15，将偏移所得直线向内侧偏移，如下图所示。

STEP 04 倒角图形

在命令行中输入 CHA（倒角）命令，按【Enter】键确认，根据命令行提示进行操作，对相应的两条直线进行倒角，效果如下图所示。

STEP 05 绘制直线

在命令行中输入 L（直线）命令，按【Enter】键确认，根据命令行提示进行操作，捕捉门图形左上方两端点，绘制直线，如下图所示。

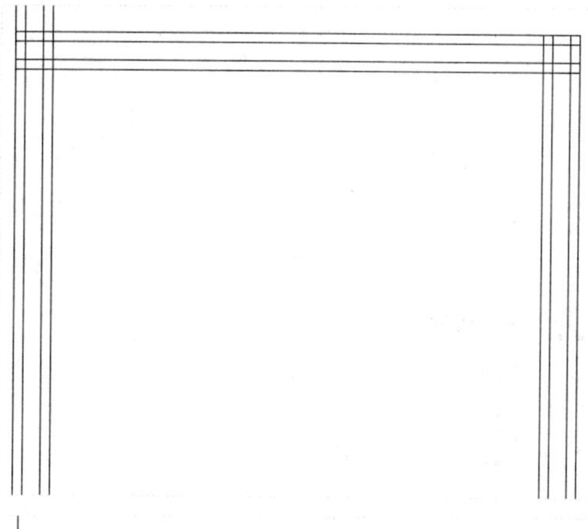

STEP 06 绘制直线

在命令行中输入 L（直线）命令，按【Enter】键确认，根据命令行提示进行操作，捕捉门图形右上方两端点，绘制直线，如下图所示。

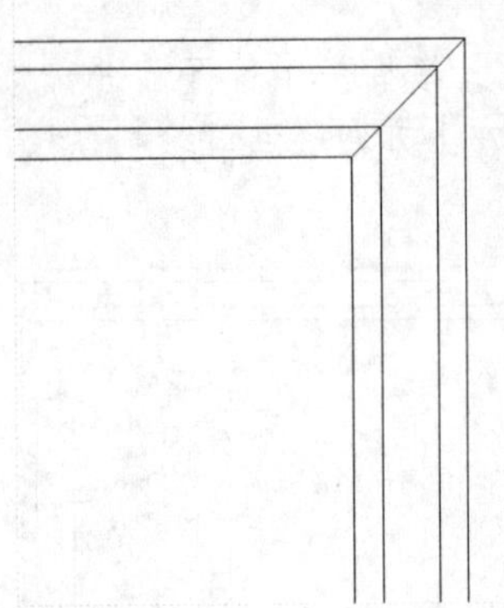

STEP 07 **捕捉角点**

在命令行中输入 REC（矩形）命令，按【Enter】键确认，根据命令行提示进行操作，输入 FROM 命令并确认，捕捉相应角点，如下图所示。

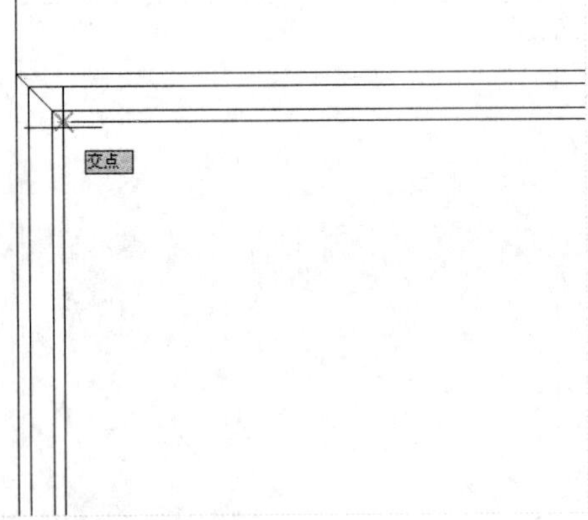

STEP 08 **绘制矩形**

单击鼠标左键确认，输入（@120,-120）、（@560,-1730），按【Enter】键确认，绘制矩形，如下图所示。

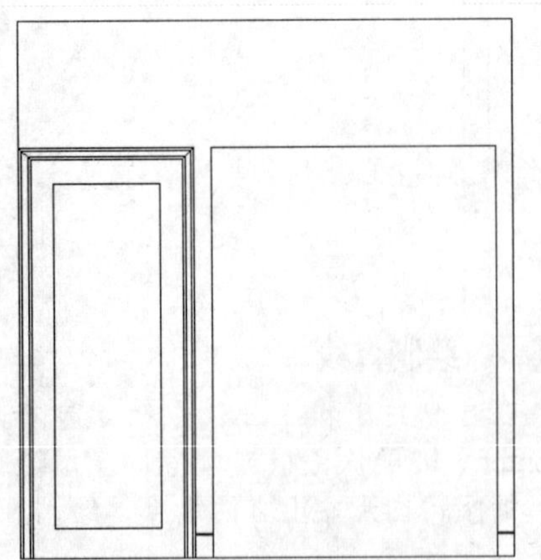

STEP 09 **弹出面板**

在命令行中输入 LA（图层）命令，按【Enter】键确认，弹出“图层特性管理器”面板，如下图所示。

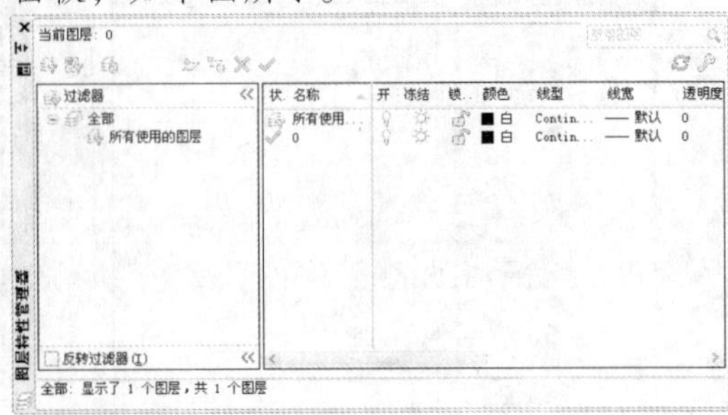

STEP 10 **新建图层**

单击“新建图层”按钮，新建“灰色”图层，设置“颜色”为 253，并将该图层置为当前层，如下图所示。

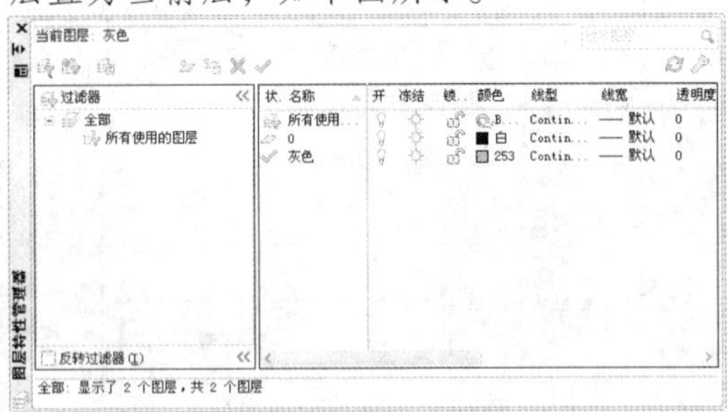

STEP 11 **创建图案填充**

在命令行中输入 H（图案填充）命令，按【Enter】键确认，弹出“图案填充创建”选项卡，设置“图案”为 AR-SAND、“填充图案比例”为 100，拾取相应位置，单击“关闭图案填充创建”按钮，完成图案填充的创建，如下图所示。

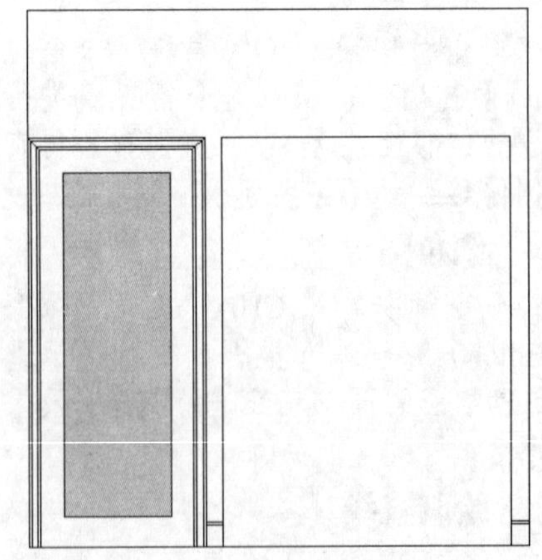

8.3.3 绘制酒柜

本实例将介绍酒柜的绘制，首先使用“偏移”、“镜像”等命令绘制酒柜轮廓，然后使用“修剪”、“直线”等命令绘制酒柜细节，展示了酒柜的具体绘制方法与技巧，其具体操作步骤如下。

素材文件	第 8 章\装饰品.dwg	效果文件	第 8 章\酒柜.dwg

专家指点

很多家庭的室内装饰都喜欢在客厅里摆放一个酒柜，那么这样的酒柜尺寸，就要根据摆放酒柜的位置来设计了。酒柜高度不宜太高，避免因重心过高，使其稳定性无法保证，造成安全隐患。

STEP 01 偏移直线

以上例效果为例，在命令行中输入 O（偏移）命令，按【Enter】键确认，然后根据命令行提示进行操作，设置偏移距离为 60，将矩形上方水平直线向下偏移，如下图所示。

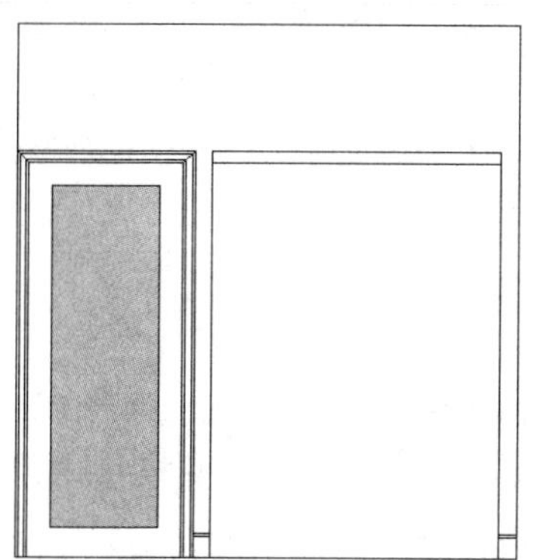

STEP 02 偏移直线

在命令行中输入 O（偏移）命令，按【Enter】键确认，根据命令行提示进行操作，设置偏移距离为 362，将偏移所得直线向下偏移 5 次，如下图所示。

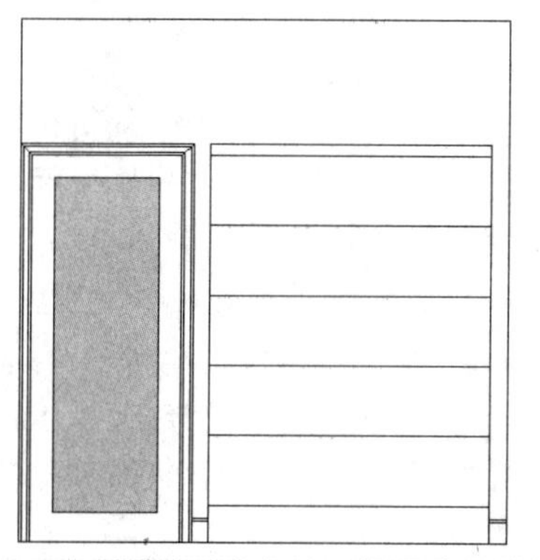

STEP 03 偏移直线

在命令行中输入 O（偏移）命令，按【Enter】键确认，根据命令行提示进行操作，设置偏移距离为 350，将左侧垂直直线向右偏移，如下图所示。

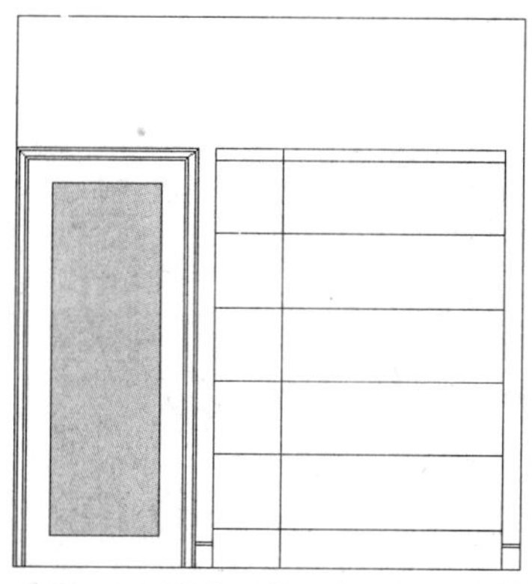

STEP 04 偏移直线

在命令行中输入 O（偏移）命令，按【Enter】键确认，根据命令行提示进行操作，设置偏移距离为 60，将偏移所得直线向右偏移，如下图所示。

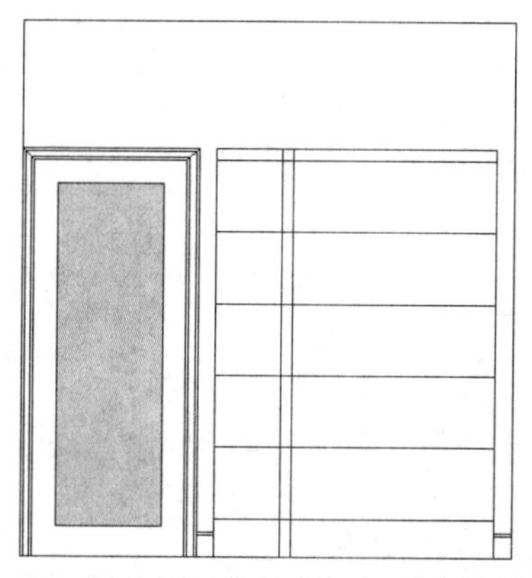

STEP 05 镜像直线

在命令行中输入 MI（镜像）命令，按【Enter】键确认，根据命令行提示进行操作，将偏移所得的两条直线，以矩形中轴线为镜像线进行镜像，如下图所示。

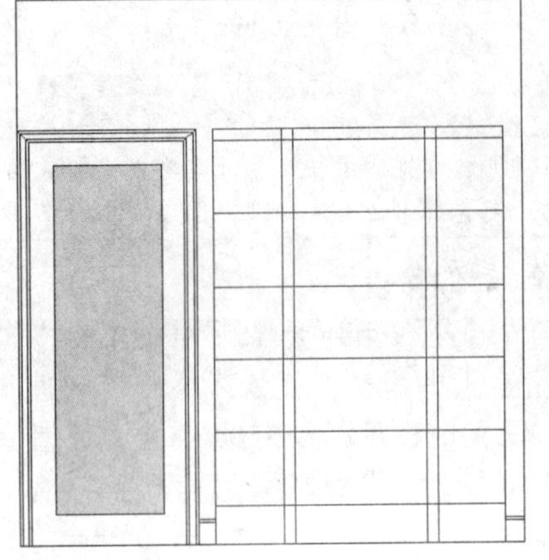

STEP 06 偏移直线

在命令行中输入 O（偏移）命令，按【Enter】键确认，根据命令行提示进行操作，设置偏移距离为 10，将中间的 5 条水平直线依次向上偏移，如下图所示。

专家指点

酒柜主要用来展示主人的饮食品位。晶莹的玻璃酒具与做工考究的陶瓷餐具，既显示出主人的优雅气质，又塑造了餐厅的功能气氛。通常，它的地位仅仅次于餐桌餐椅。值得注意的是，虽然叫酒柜，但一般不宜多放酒品。

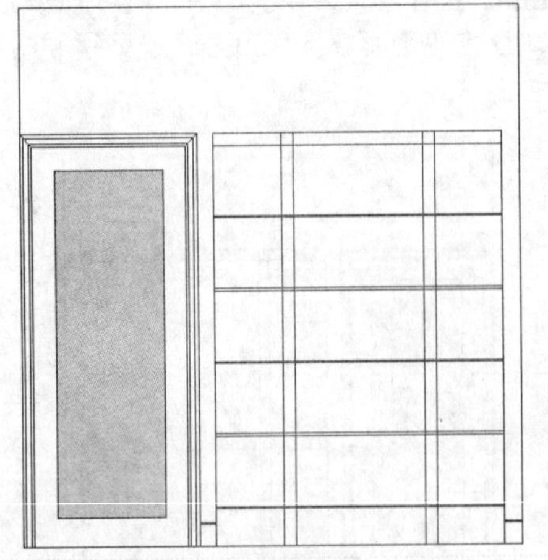

STEP 07 修剪多余的图形

在命令行中输入 TR（修剪）命令，按【Enter】键确认，根据命令行提示进行操作，修剪多余的图形，如下图所示。

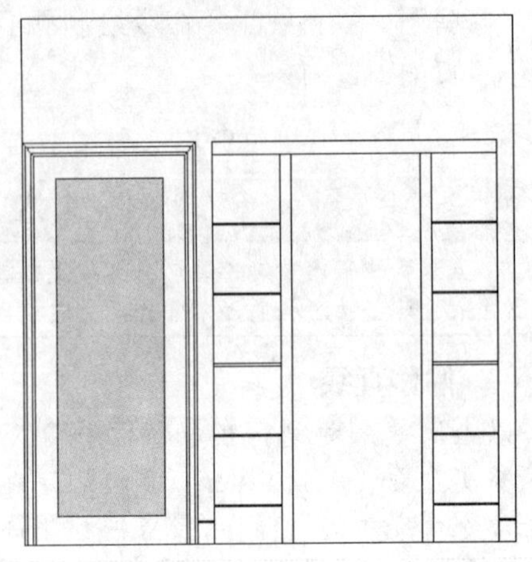

STEP 08 捕捉角点

在命令行中输入 L（直线）命令，按【Enter】键确认，根据命令行提示进行操作，输入 FROM 命令并确认，捕捉相应角点，如下图所示。

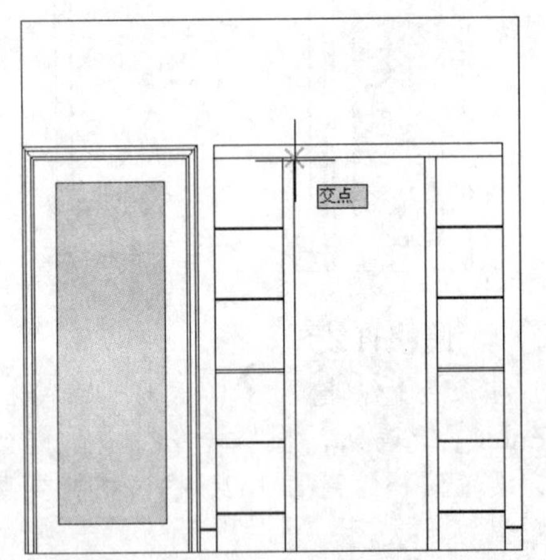

STEP 09 绘制直线

单击鼠标左键确认，输入（@0,-426），按【Enter】键确认，向右引导光标，捕捉垂足，绘制直线，如下图所示。

STEP 10 偏移直线

在命令行中输入 O（偏移）命令，按【Enter】键确认，根据命令行提示进行操作，设置偏移距离为 426，将新绘制的直线向下偏移 3 次，如下图所示。

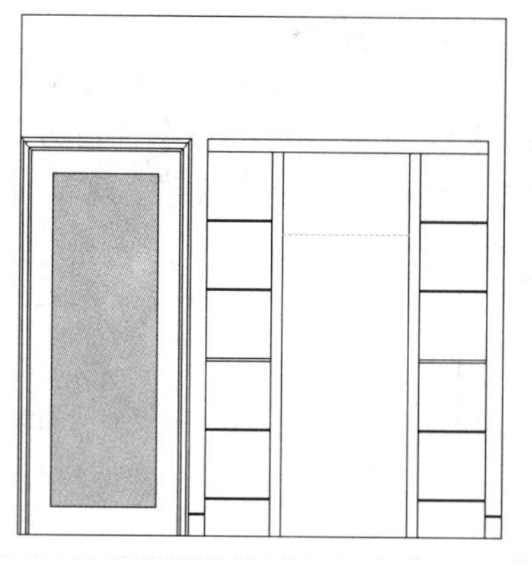

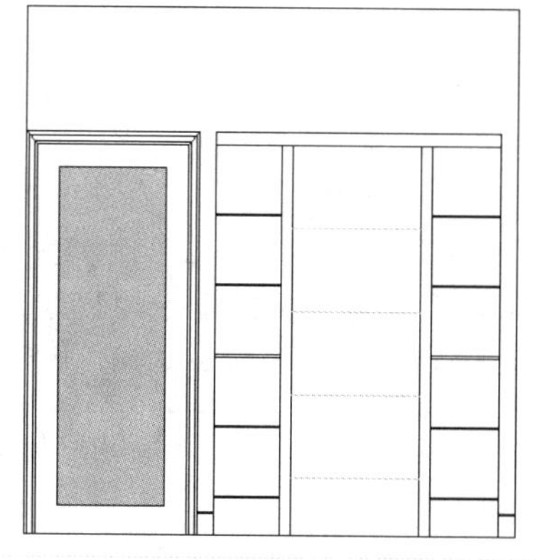

STEP 11　偏移直线

在命令行中输入 O（偏移）命令，按【Enter】键确认，根据命令行提示进行操作，设置偏移距离为 10，将中间的 4 条直线依次向上偏移，如下图所示。

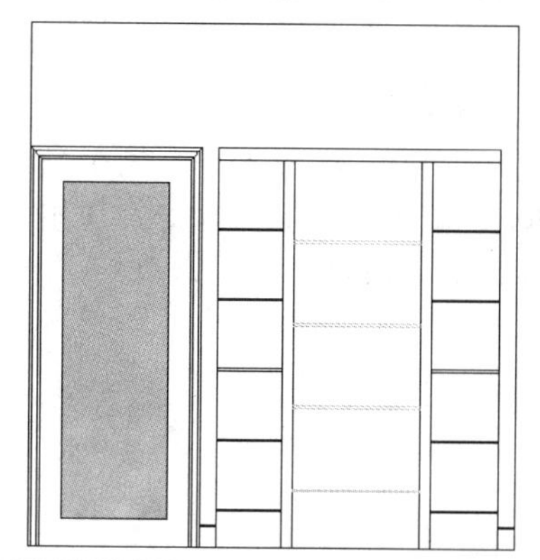

STEP 12　绘制直线

在命令行中输入 L（直线）命令，按【Enter】键确认，根据命令行提示进行操作，捕捉下方两条直线中点，绘制直线，如下图所示。

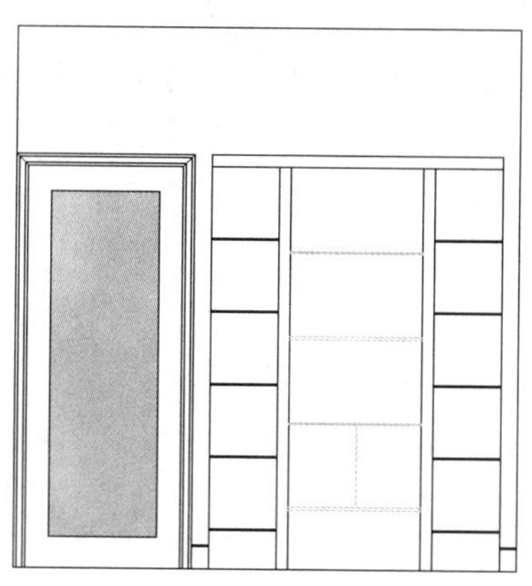

STEP 13　捕捉角点

在命令行中输入 L（直线）命令，按【Enter】键确认，根据命令行提示进行操作，捕捉相应角点，如下图所示。

STEP 14　绘制直线

单击鼠标左键确认，输入（265<74），并按【Enter】键确认，绘制直线，如下图所示。

STEP 15　绘制直线

在命令行中输入 L（直线）命令，按【Enter】键确认，根据命令行提示进行操作，捕捉相应端点，绘制直线，如下图所示。

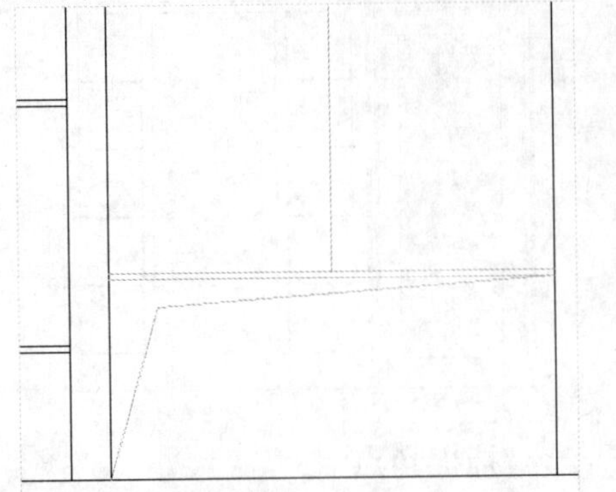

STEP 16 捕捉角点

在命令行中输入 L（直线）命令，按【Enter】键确认，根据命令行提示进行操作，捕捉相应角点，如下图所示。

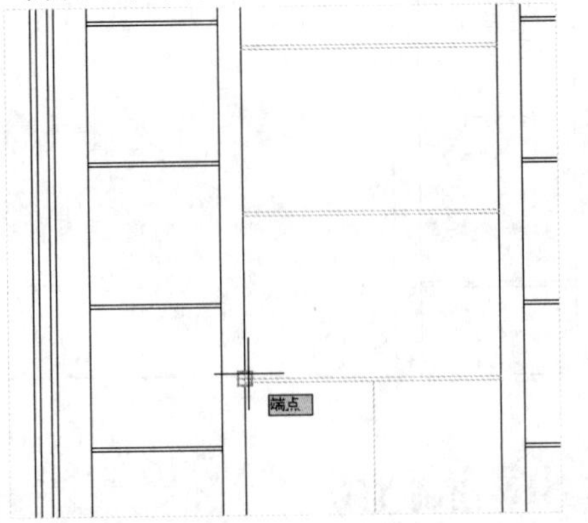

STEP 17 绘制直线

单击鼠标左键确认，输入（364<78），并按【Enter】键确认，绘制直线，如下图所示。

STEP 18 绘制直线

在命令行中输入 L（直线）命令，按【Enter】键确认，根据命令行提示进行操作，捕捉相应端点，绘制直线，如下图所示。

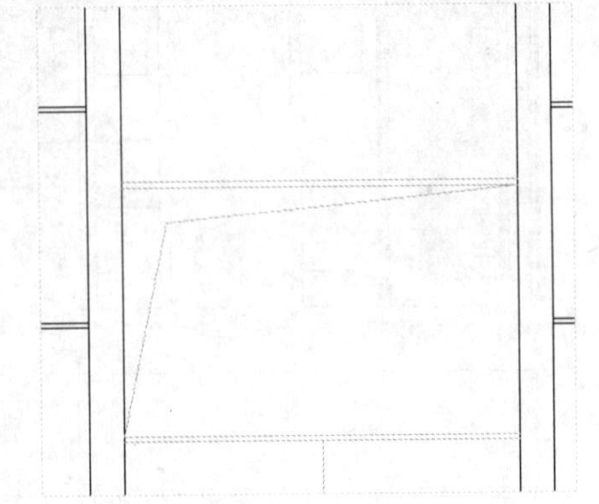

STEP 19 复制图形

在命令行中输入 CO（复制）命令，按【Enter】键确认，根据命令行提示进行操作，复制相应图形至合适位置，如下图所示。

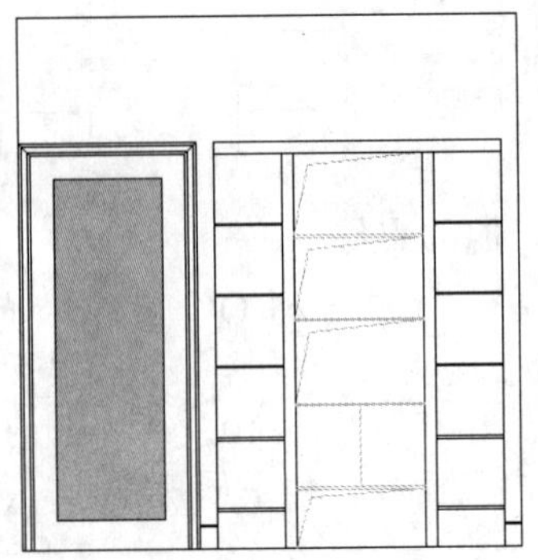

STEP 20 捕捉角点

在命令行中输入 L（直线）命令，按【Enter】键确认，根据命令行提示进行操作，捕捉相应角点，如下图所示。

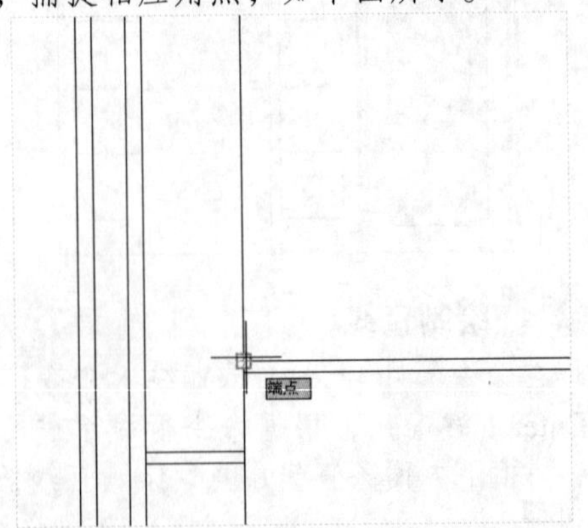

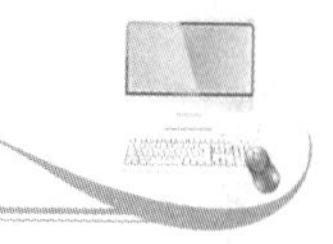

STEP 21　绘制直线

单击鼠标左键确认，输入（284<78），并按【Enter】键确认，绘制直线，如下图所示。

STEP 22　绘制直线

在命令行中输入 L（直线）命令，按【Enter】键确认，根据命令行提示进行操作，捕捉相应端点，绘制直线，如下图所示。

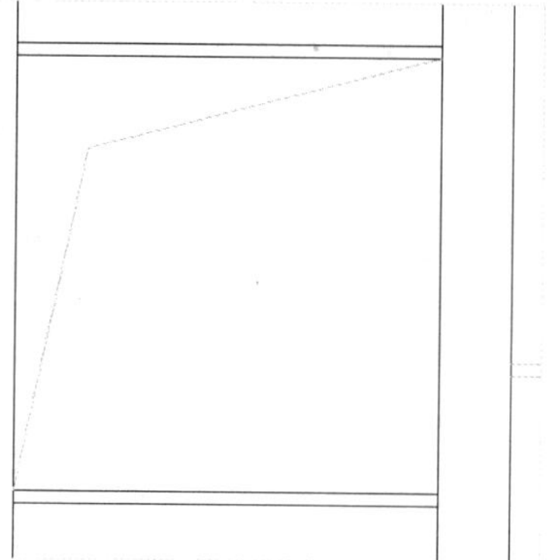

STEP 23　复制图形

在命令行中输入 CO（复制）命令，按【Enter】键确认，根据命令行提示进行操作，复制相应图形至合适位置，如下图所示。

STEP 24　弹出对话框

在命令行中输入 I（插入）命令，按【Enter】键确认，弹出“插入”对话框，如下图所示。

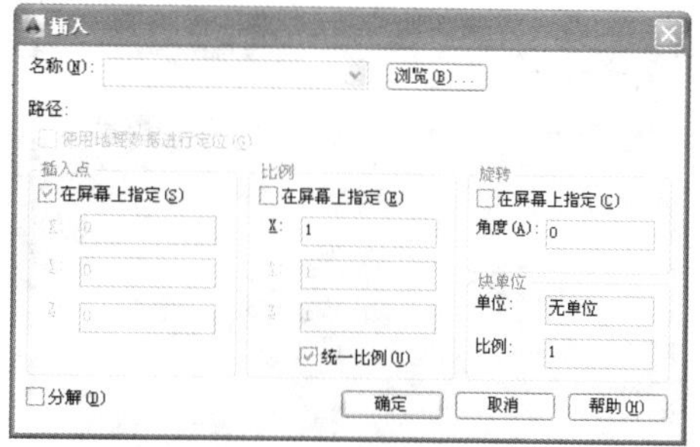

STEP 25　选择图形文件

单击“浏览”按钮，弹出“选择图形文件”对话框，选择“装饰品”图形文件，如下图所示。

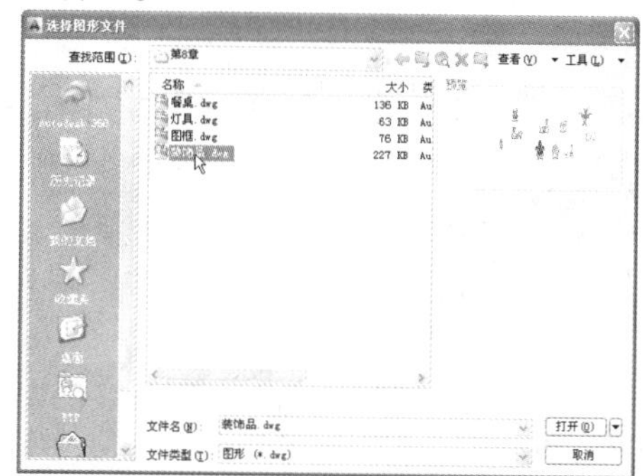

STEP 26　移动图块

单击“打开”按钮，返回“插入”对话框，单击“确定”按钮，设置比例因子为 0.03，插入图块。在命令行中输入 X（分解）命令，按【Enter】键确认，根据命令行提示进行操作，分解图块，并将图块移动至合适位置，如下图所示。

STEP 27 弹出对话框

在命令行中输入 MLS（多重引线样式）命令，按【Enter】键确认，弹出“多重引线样式管理器”对话框，如下图所示。

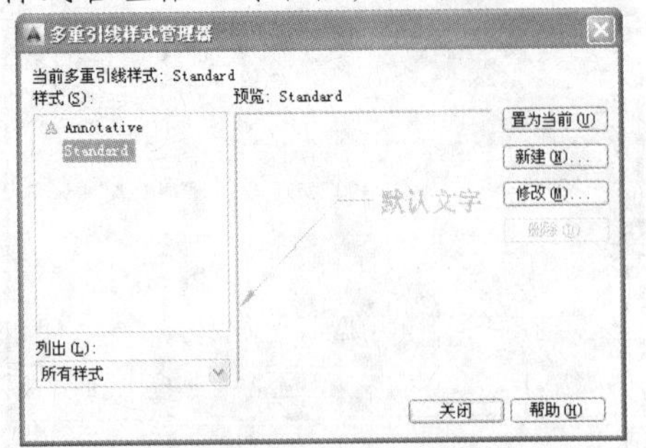

STEP 28 设置参数

单击“修改”按钮，弹出“修改多重引线样式：Standard”对话框，在“内容”选项卡中，设置“文字高度”为 100，如下图所示。

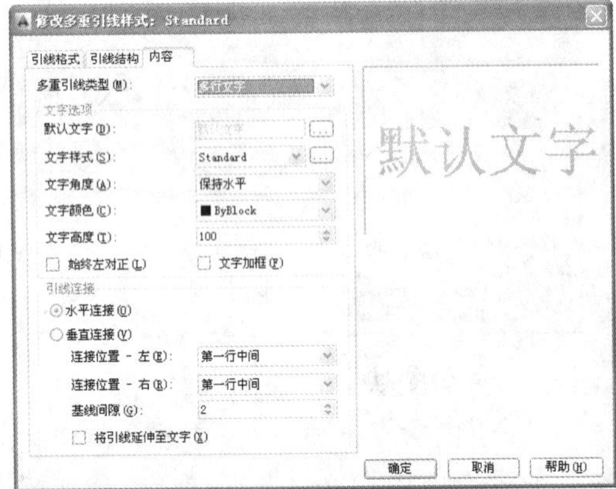

STEP 29 多重引线标注

单击“确定”按钮，返回“多重引线样式管理器”对话框，单击“关闭”按钮。在命令行中输入 MLD（多重引线）命令，按【Enter】键确认，根据命令行提示进行操作，进行多重引线标注，如下图所示。

STEP 30 其他的多重引线标注

采用与上一步相同的方法，进行其他的多重引线标注，如下图所示。

Chapter 09

章前知识导读

在透视图上，因投影线不是互相平行且集中于视点，所以显示物体的大小，并非真实的大小，有近大远小的特点。形状上，由于角度因素，长方形或正方形常绘成不规则四边形，直角绘成锐角或钝角，四边不相等；圆的形状常显示为椭圆等。本章将介绍接待室透视图的设计方法。

接待室透视图的设计

重点知识索引

- 绘制接待室墙体
- 布置接待室装饰
- 完善接待室透视图的绘制

效果图片赏析

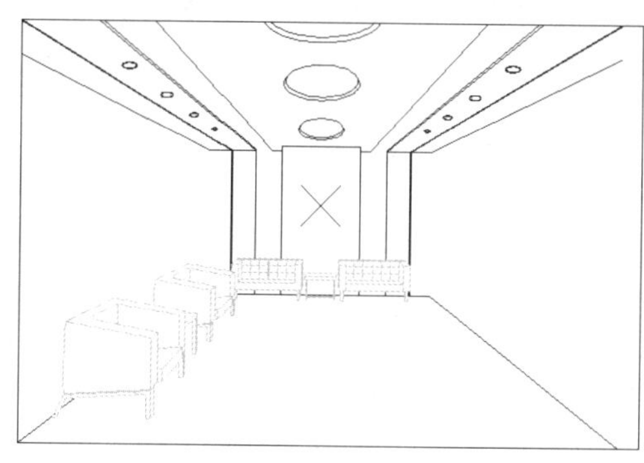

9.1 绘制接待室墙体

接待室是用于正式接待客人的房间，接待室布置的好坏，直接影响到客人到访的心情，所以接待室也是室内装潢设计的重点之一。下面介绍绘制接待室墙体的操作方法。

9.1.1 绘制墙线

本实例将介绍墙线的绘制，首先使用“点样式”、“直线”等命令绘制透视线，然后使用“缩放”、“修剪”命令绘制墙线，展示了墙线的具体绘制方法与技巧，其具体操作步骤如下。

素材文件	第 9 章\供电施工图.dwg、图框.dwg	效果文件	第 9 章\供电施工图.dwg

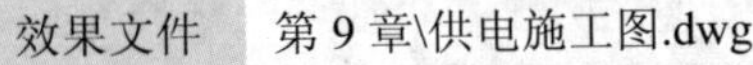

STEP 01 弹出面板

在命令行中输入 LA（图层）命令，按【Enter】键确认，弹出“图层特性管理器”面板，如下图所示。

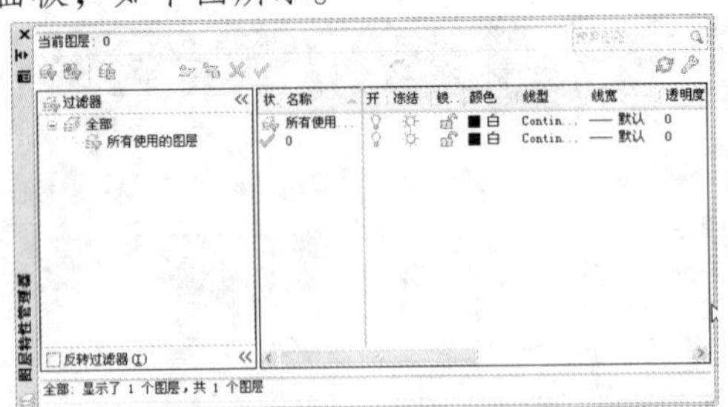

STEP 02 新建图层

单击“新建图层”按钮，新建“墙线”图层，如下图所示。

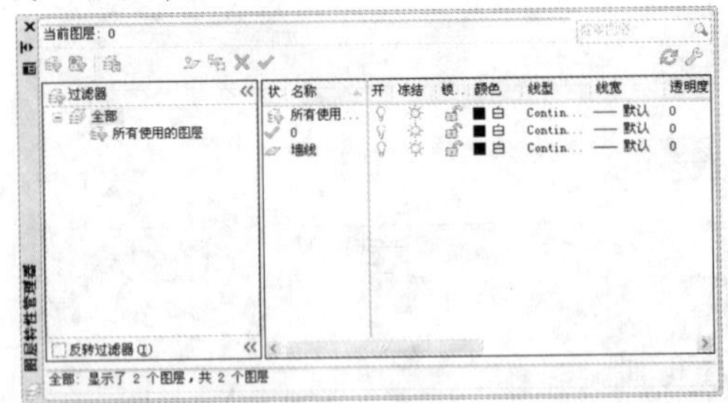

STEP 03 新建图层

单击“新建图层”按钮，新建“家具”图层，如下图所示。

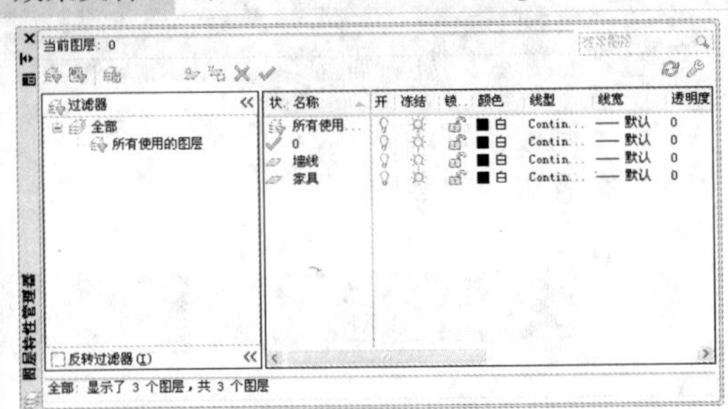

STEP 04 新建图层

单击“新建图层”按钮，新建“地板”图层，设置“颜色”为“红”，如下图所示。

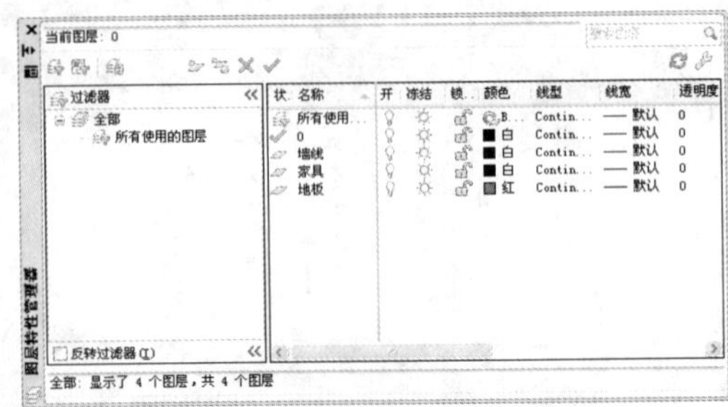

STEP 05 置为当前层

单击“新建图层”按钮，新建“门窗”图层，设置“颜色”为 94，并将“墙线”图层置为当前层，如下图所示。

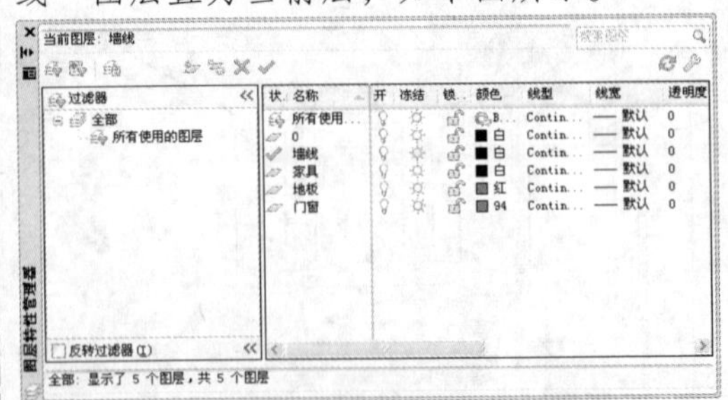

STEP 06 弹出对话框

在命令行中输入 DDP（点样式）命令，按【Enter】键确认，弹出“点样式”对话

框，如下图所示。

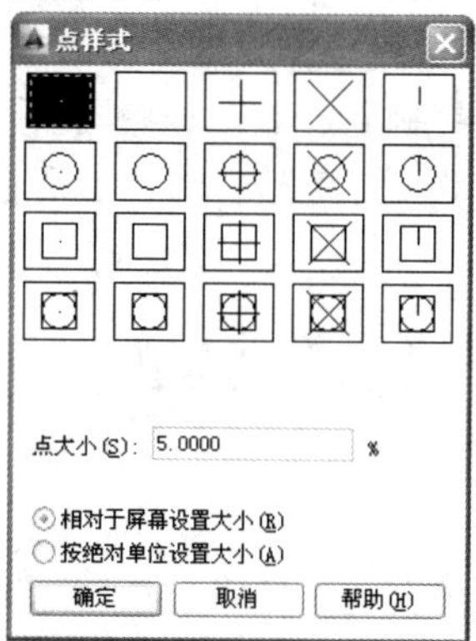

STEP 07 设置参数

选择第 1 行第 4 个点样式，在“点大小”文本框中输入 200，选中“按绝对单位设置大小”单选按钮，如下图所示。

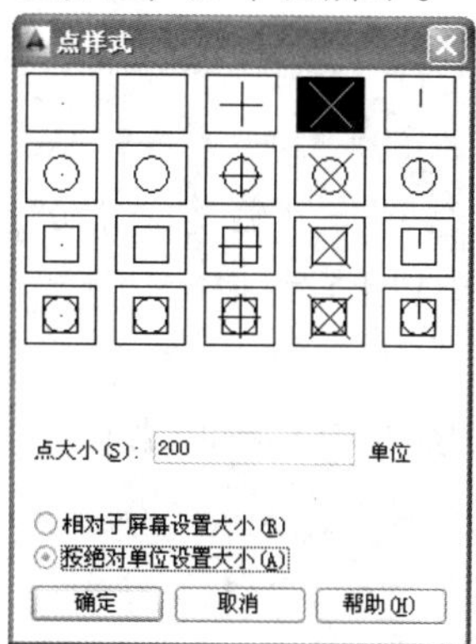

STEP 08 绘制矩形

单击“确定”按钮，完成点样式的设置。在命令行中输入 REC（矩形）命令，按【Enter】键确认，根据命令行提示进行操作，在绘图区任意一点单击鼠标左键，输入（@4550,3000），按【Enter】键确认，绘制矩形，如下图所示。

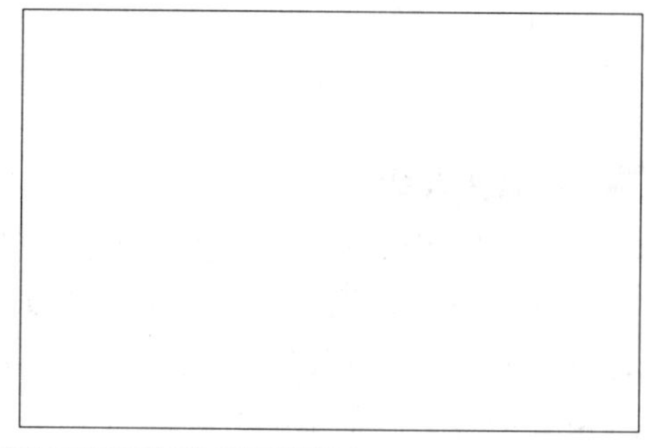

STEP 09 绘制透视点

在命令行中输入 PO（多点）命令，按【Enter】键确认，根据命令行提示进行操作，输入 FROM 命令并确认，捕捉矩形的左下方角点，输入（@2200,1700），按【Enter】键确认，绘制透视点，如下图所示。

STEP 10 绘制 4 条直线

在命令行中输入 L（直线）命令，按【Enter】键确认，根据命令行提示进行操作，分别捕捉矩形的 4 个角点和透视点，绘制 4 条直线，如下图所示。

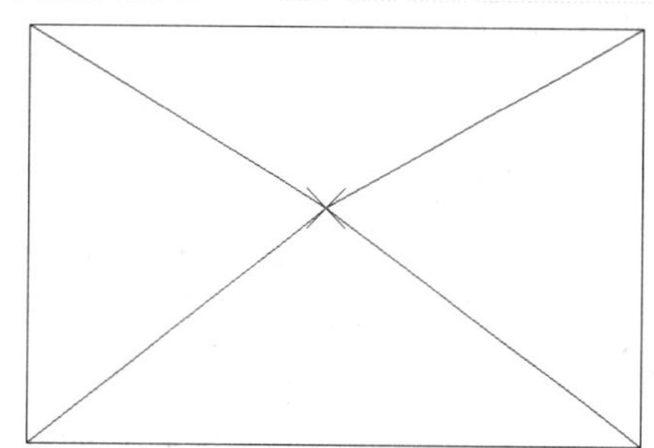

STEP 11 绘制其他的直线

在命令行中输入 L（直线）命令，按【Enter】键确认，根据命令行提示进行操作，依次捕捉新绘制 4 条直线的中点，绘制直线，如下图所示。

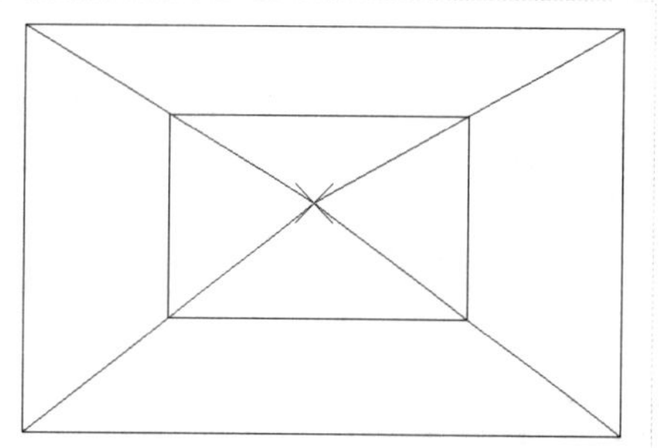

STEP 12 **缩放图形**

在命令行中输入 SC（缩放）命令，按【Enter】键确认，根据命令行提示进行操作，选择新绘制的 4 条直线为缩放对象，捕捉透视点为基点，设置比例因子为 0.7，缩放图形，如下图所示。

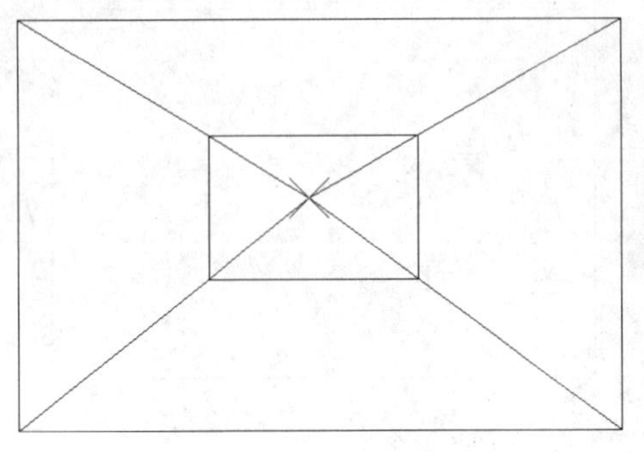

STEP 13 **修剪多余的图形**

在命令行中输入 TR（修剪）命令，按【Enter】键确认，根据命令行提示进行操作，修剪多余的图形，如下图所示。

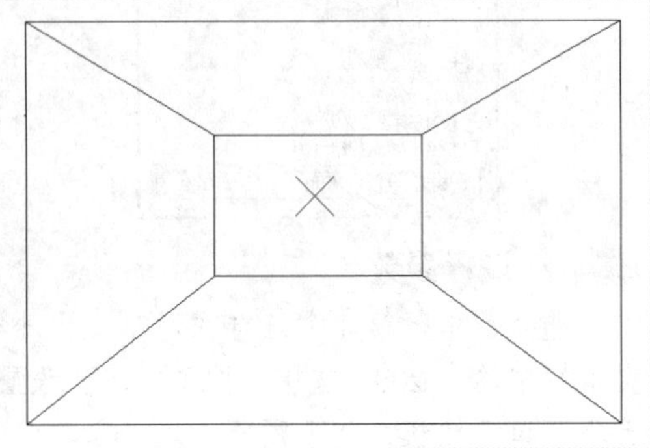

9.1.2 绘制天棚和正背景墙

本实例将介绍天棚和正背景墙的绘制，首先使用"直线"、"修剪"等命令绘制轮廓，然后使用"倒角"、"偏移"命令绘制细节，展示了天棚和正背景墙的具体绘制方法与技巧，其具体操作步骤如下。

素材文件	无	效果文件	第 9 章\天棚和正背景墙.dwg

STEP 01 **绘制 6 条直线**

以上例效果为例，在命令行中输入 L（直线）命令，按【Enter】键确认，根据命令行提示进行操作，输入 FROM 命令并确认，捕捉左上角点，再分别以（@0,-9）、（@0,-240）、（@2,0）、（@573,0）、（@609,0）和（@983,0）为新直线的起点，并捕捉透视点，绘制出 6 条直线，效果如下图所示。

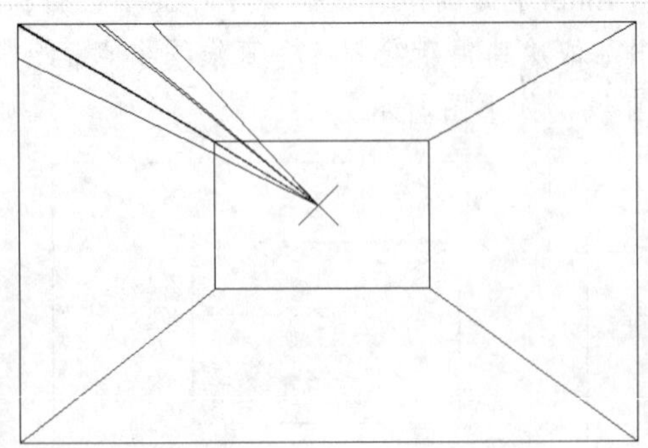

STEP 02 **分解矩形**

在命令行中输入 X（分解）命令，按【Enter】键确认，根据命令行提示进行操作，分解外侧的矩形，选择矩形上的任意线段，查看效果，如下图所示。

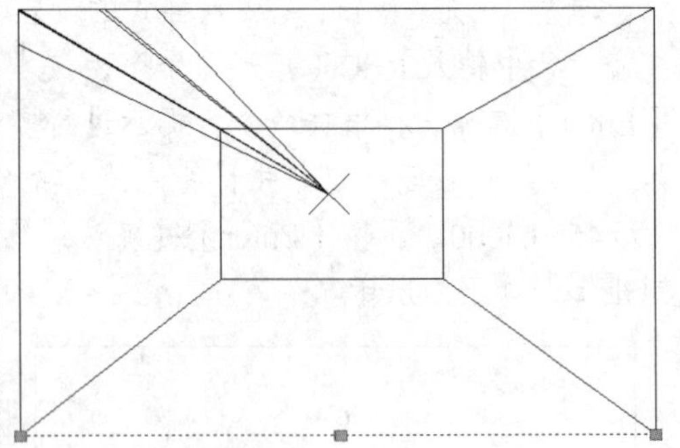

STEP 03 **偏移直线**

在命令行中输入 O（偏移）命令，按【Enter】键确认，根据命令行提示进行操作，设置偏移距离为 1389，将左侧的垂直直线向右偏移，如下图所示。

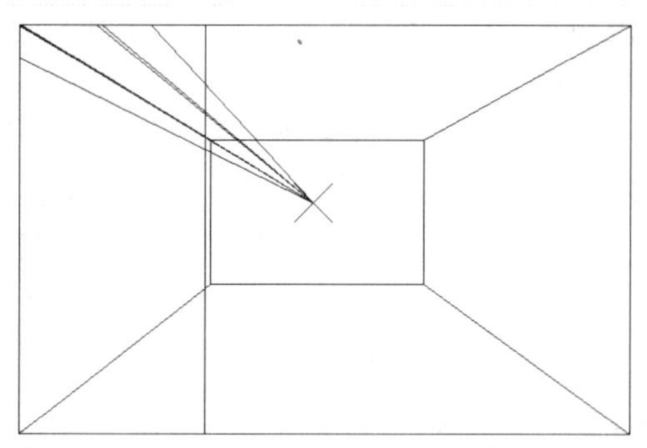

STEP 04　修剪多余的图形

在命令行中输入 TR（修剪）命令，按【Enter】键确认，根据命令行提示进行操作，修剪多余的图形，如下图所示。

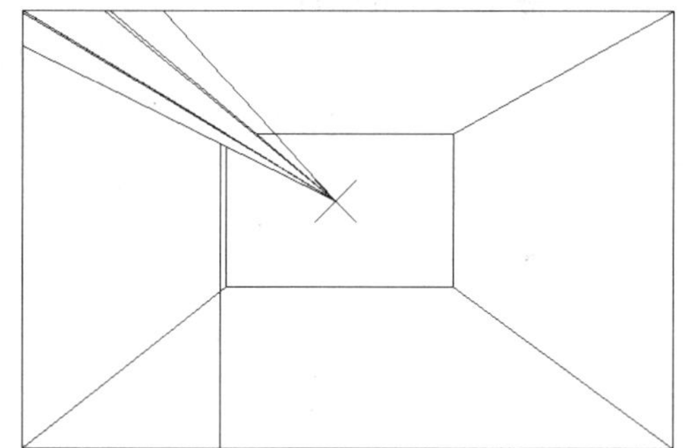

STEP 05　绘制直线

在命令行中输入 L（直线）命令，按【Enter】键确认，根据命令行提示进行操作，依次捕捉合适的端点，绘制两条水平直线，如下图所示。

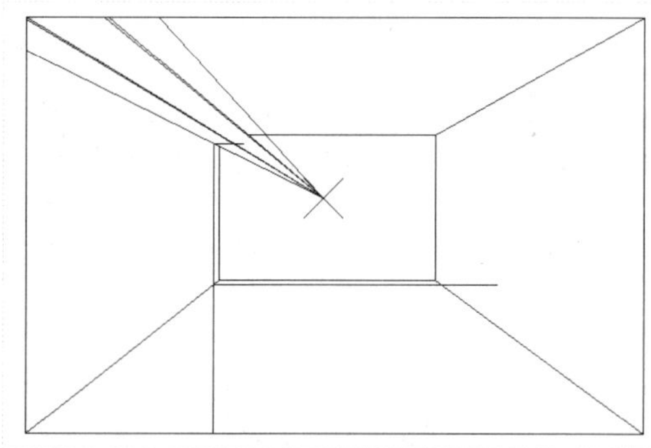

STEP 06　修剪多余的图形

在命令行中输入 TR（修剪）命令，按【Enter】键确认，根据命令行提示进行操作，修剪多余的图形，如下图所示。

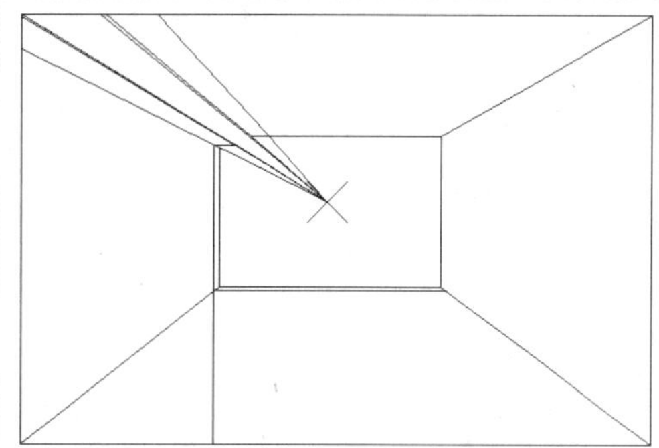

STEP 07　绘制直线

在命令行中输入 L（直线）命令，按【Enter】键确认，根据命令行提示进行操作，捕捉新绘制上方水平直线的右端点为起点，向下引导光标，捕捉垂足，绘制直线，如下图所示。

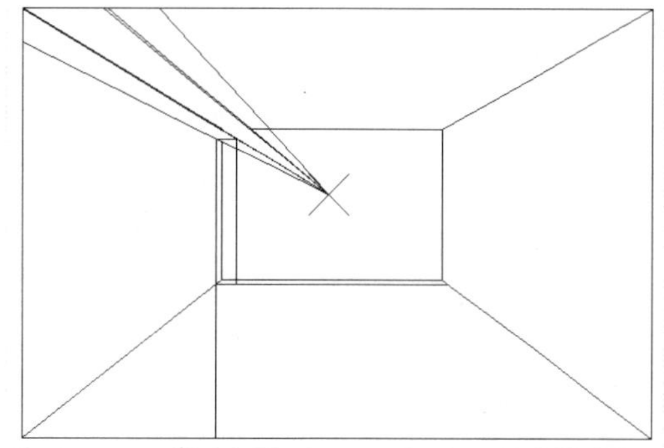

STEP 08　修剪多余的图形

在命令行中输入 TR（修剪）命令，按【Enter】键确认，根据命令行提示进行操作，修剪多余的图形，如下图所示。

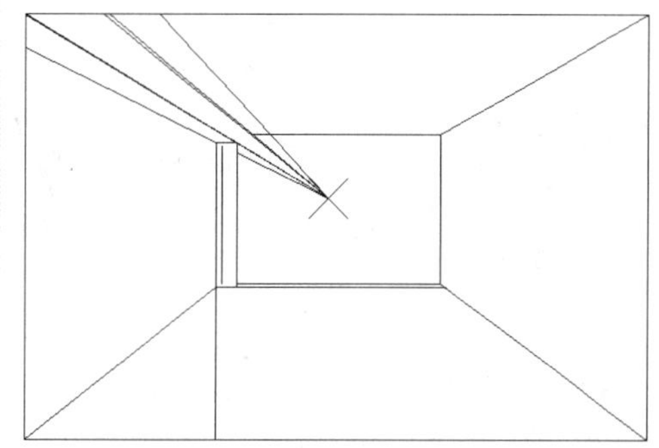

STEP 09　删除多余的图形

在命令行中输入 E（删除）命令，按【Enter】键确认，根据命令行提示进行操

作，删除多余的图形，如下图所示。

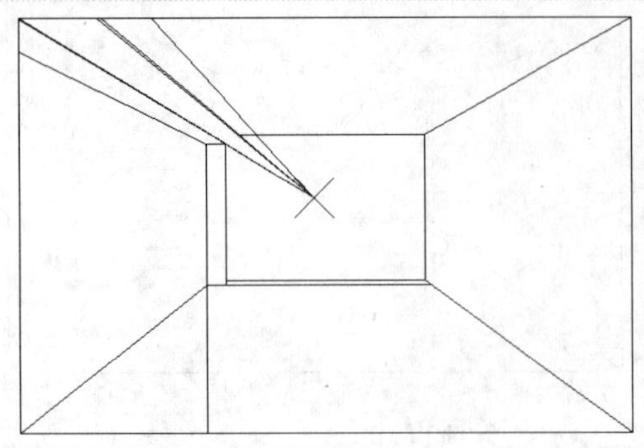

STEP 10 偏移直线

在命令行中输入 O（偏移）命令，按【Enter】键确认，根据命令行提示进行操作，将从左数第 3 条垂直直线向右偏移，偏移距离分别为 2 和 5，如下图所示。

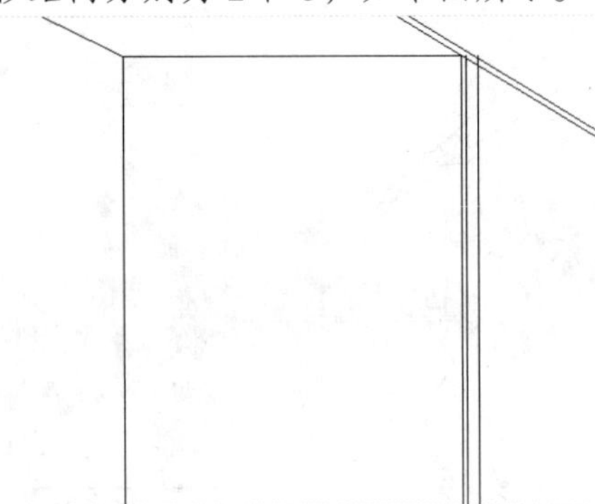

STEP 11 倒角图形

在命令行中输入 CHA（倒角）命令，按【Enter】键确认，根据命令行提示进行操作，分别对偏移的直线与上方透视线进行倒角，如下图所示。

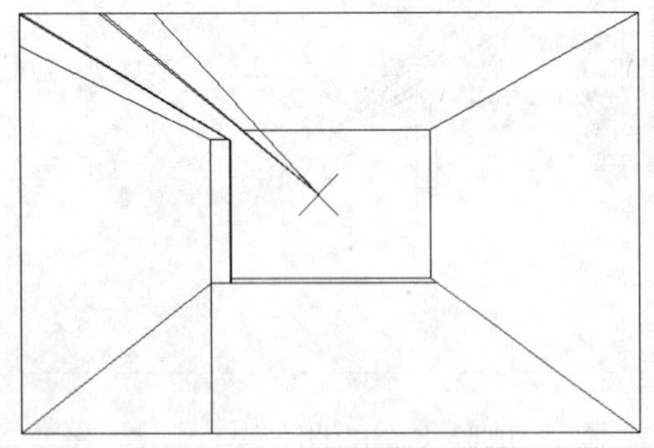

STEP 12 绘制直线

在命令行中输入 L（直线）命令，按【Enter】键确认，根据命令行提示进行操作，捕捉倒角所得图形的右上方端点，向右引导光标，在合适位置上单击鼠标左键，绘制直线，如下图所示。

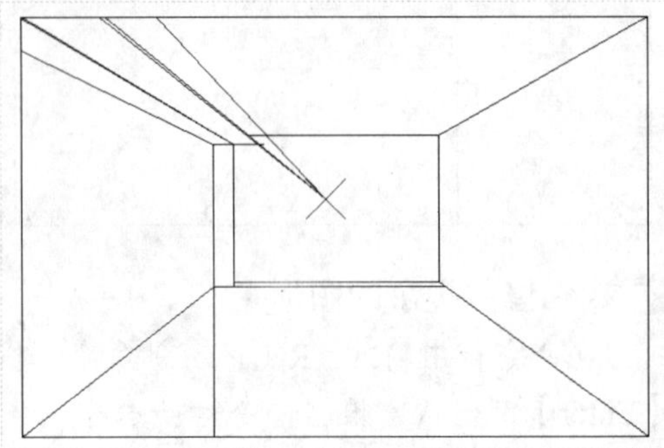

STEP 13 修剪多余的图形

在命令行中输入 TR（修剪）命令，按【Enter】键确认，根据命令行提示进行操作，修剪多余的图形，如下图所示。

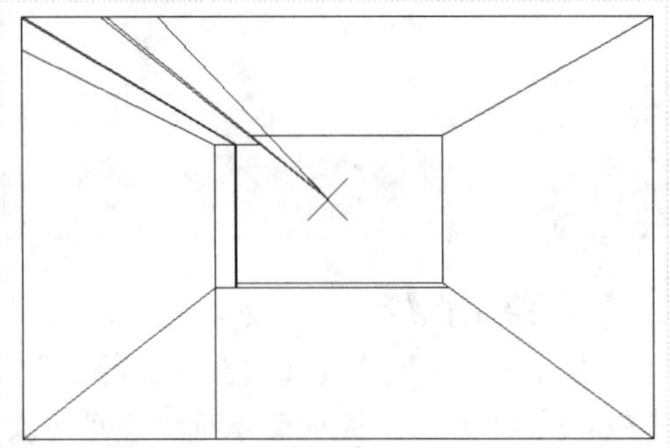

STEP 14 绘制直线

在命令行中输入 L（直线）命令，按【Enter】键确认，根据命令行提示进行操作，捕捉新绘制直线的右端点，向下引导光标，捕捉垂足，绘制直线，如下图所示。

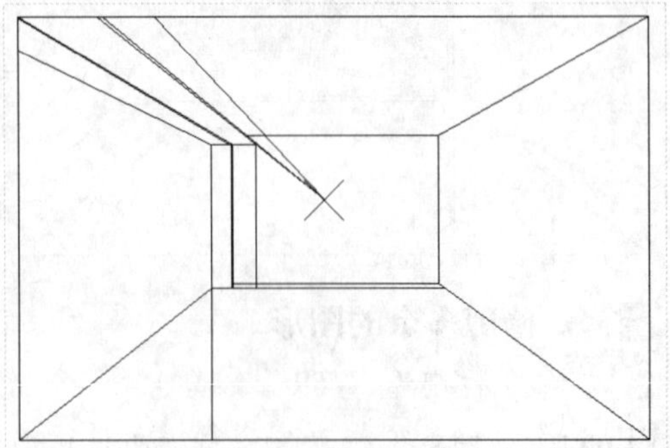

STEP 15 修剪多余的图形

在命令行中输入 TR（修剪）命令，按【Enter】键确认，根据命令行提示进行操作，修剪多余的图形，如下图所示。

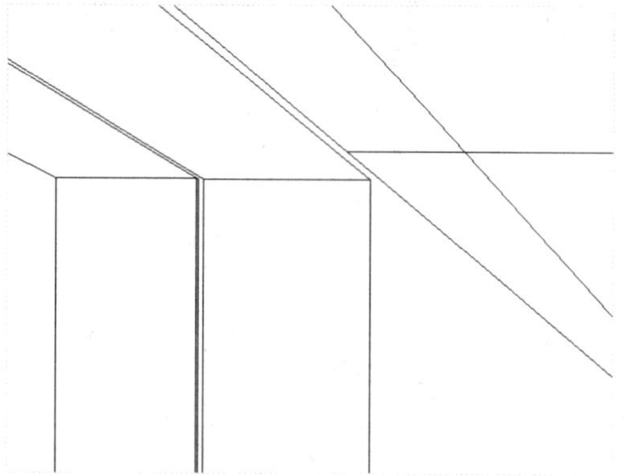

STEP 16 **偏移直线**

在命令行中输入 O（偏移）命令，按【Enter】键确认，根据命令行提示进行操作，将新绘制的直线向右偏移，偏移距离分别为 5 和 193，如下图所示。

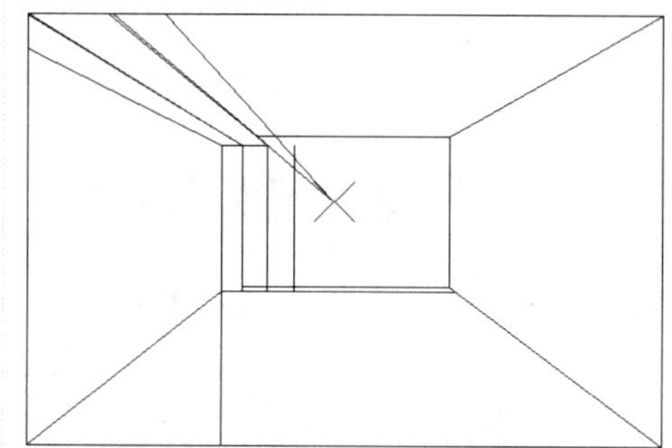

STEP 17 **倒角**

在命令行中输入 CHA（倒角）命令，按【Enter】键确认，根据命令行提示进行操作，对偏移所得第一条垂直直线与透视线进行倒角，如下图所示。

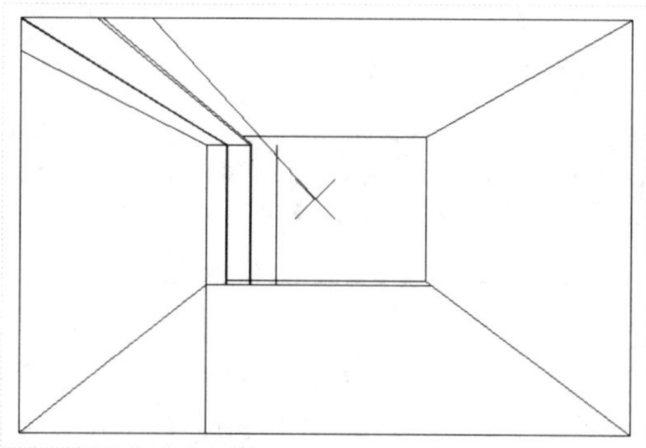

STEP 18 **偏移直线**

在命令行中输入 O（偏移）命令，按【Enter】键确认，根据命令行提示进行操作，将从上数第 2 条水平直线向下偏移，偏移距离分别为 37 和 30，如下图所示。

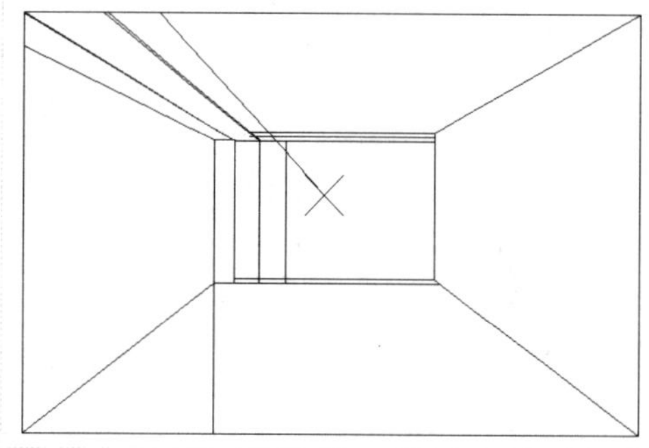

STEP 19 **延伸直线**

在命令行中输入 EX（延伸）命令，按【Enter】键确认，根据命令行提示进行操作，对相应直线进行延伸，如下图所示。

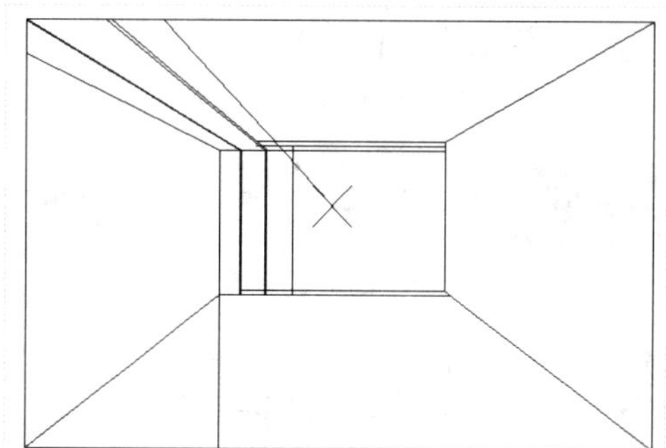

STEP 20 **修剪多余的图形**

在命令行中输入 TR（修剪）命令，按【Enter】键确认，根据命令行提示进行操作，修剪多余的图形，如下图所示。

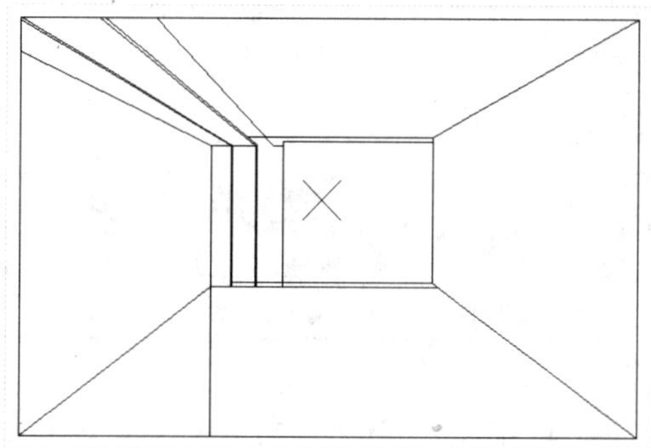

STEP 21 **镜像图形**

在命令行中输入 MI（镜像）命令，按【Enter】键确认，根据命令行提示进行操作，选择左侧新绘制的图形为镜像对象，捕捉透视点和过该点垂直线上的另一点作为镜像线上的点，镜像图形，如下图所示。

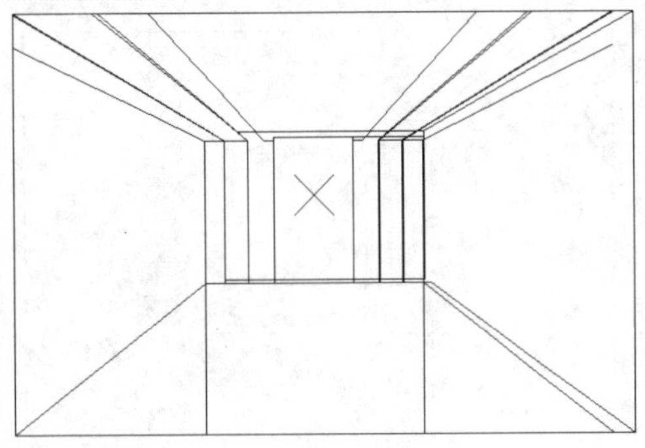

STEP 22 **删除多余的图形**

在命令行中输入 E（删除）命令，按【Enter】键确认，根据命令行提示进行操作，删除多余的图形，如下图所示。

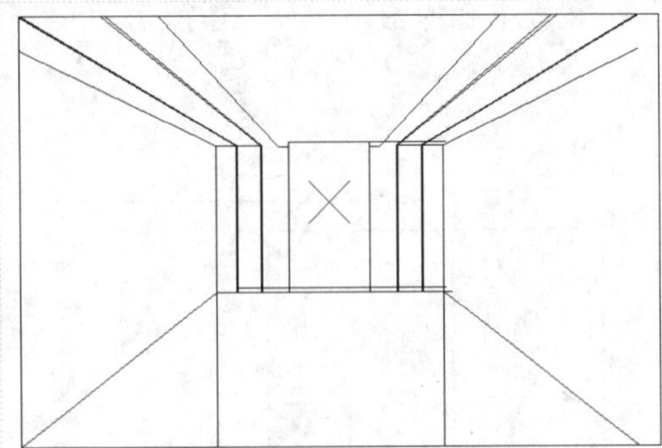

STEP 23 **修剪多余的图形**

在命令行中输入 TR（修剪）命令，按【Enter】键确认，根据命令行提示进行操作，修剪多余的图形，如下图所示。

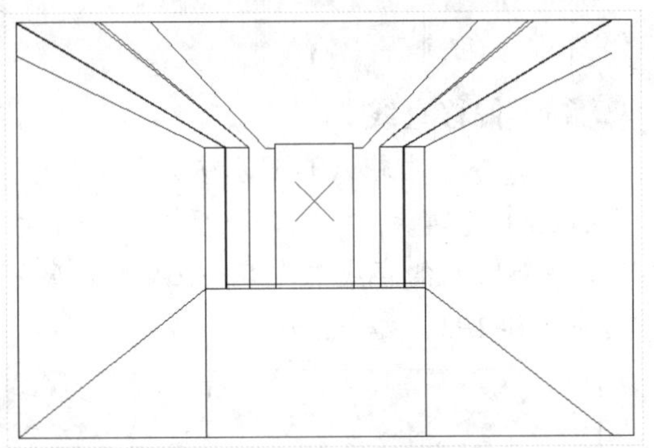

9.2 布置接待室装饰

透视图是运用几何学的中心投影原理绘制出来的。它用点和线来表达物体造型和空间造型的直观形象，具有表达准确、真实，完全符合人们视觉印象中的物体造型和空间造型的特点，是表达设计者设计构思和设计意图的重要方式。下面介绍布置接待室装饰的步骤，绘制出一个特殊视觉的接待室。

9.2.1 绘制灯具

本实例将介绍灯具的绘制，首先使用“偏移”、“椭圆”等命令绘制灯具轮廓，然后使用“缩放”、“复制”命令绘制灯具细节，展示了灯具的具体绘制方法与技巧，其具体操作步骤如下。

素材文件	无	效果文件	第 9 章\灯具.dwg

专家指点

用户在开始绘制透视图时，应对所绘制的空间区域进行仔细的研究，清楚墙线、家具及屋顶之间的关系和位置，然后再对其结构进行绘制。

STEP 01 **偏移直线**

以上例效果为例，在命令行中输入 O（偏移）命令，按【Enter】键确认，根据命令行提示进行操作，将左侧垂直直线向右偏移，偏移距离分别为 745、50 和 50，如下图所示。

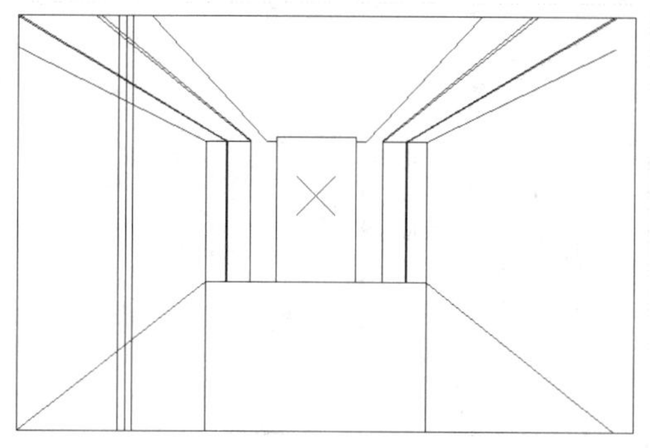

STEP 02 偏移直线

在命令行中输入 O（偏移）命令，按【Enter】键确认，根据命令行提示进行操作，将上方水平直线向下偏移，偏移距离分别为 295、20 和 20，如下图所示。

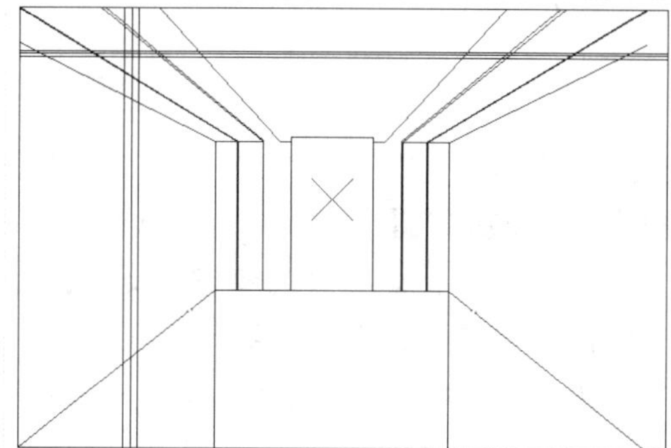

STEP 03 绘制椭圆

在命令行中输入 EL（椭圆）命令，按【Enter】键确认，根据命令行提示进行操作，依次捕捉偏移直线的相应交点，绘制椭圆，如下图所示。

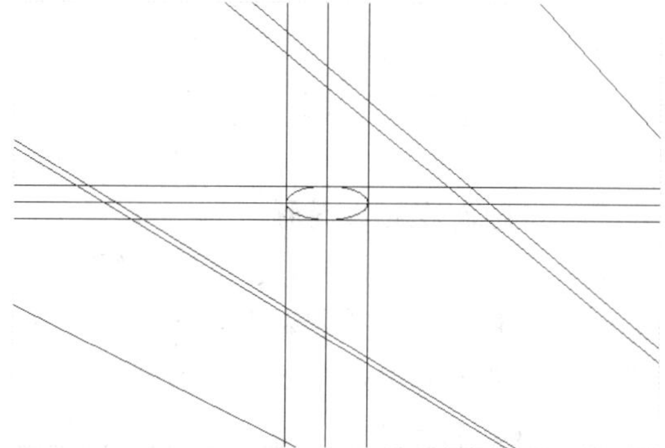

STEP 04 偏移椭圆

在命令行中输入 O（偏移）命令，按【Enter】键确认，根据命令行提示进行操作，设置偏移距离为 5，将新绘制的椭圆向外进行偏移，如下图所示。

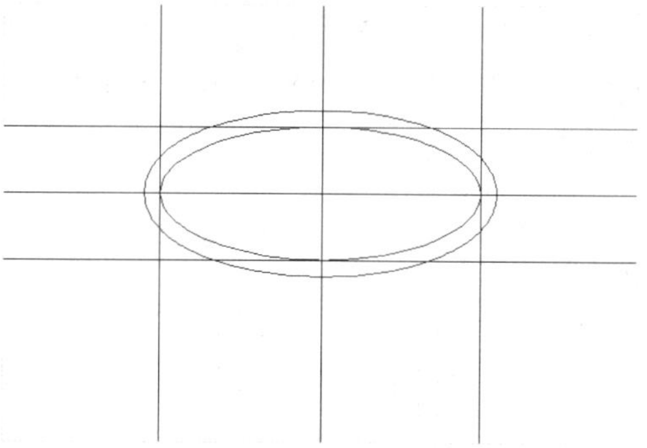

STEP 05 删除多余的图形

在命令行中输入 E（删除）命令，按【Enter】键确认，根据命令行提示进行操作，删除多余的图形，如下图所示。

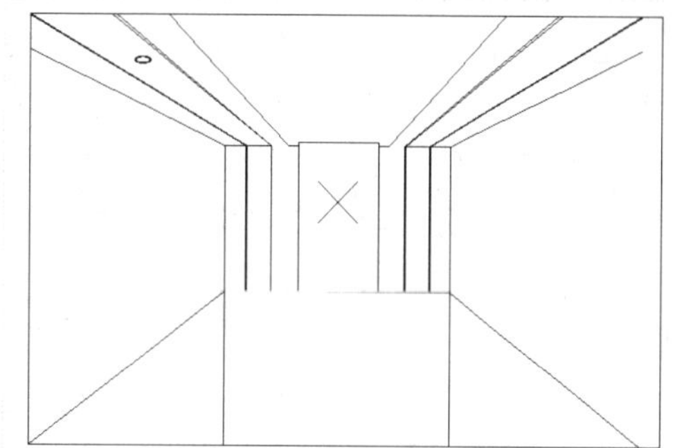

STEP 06 复制图形

在命令行中输入 CO（复制）命令，按【Enter】键确认，根据命令行提示进行操作，选择新绘制的两个椭圆图形，捕捉椭圆的中心点为基点，输入（@275,-205）、（@475,-345）和（@625,-445），按【Enter】键确认，复制图形，如下图所示。

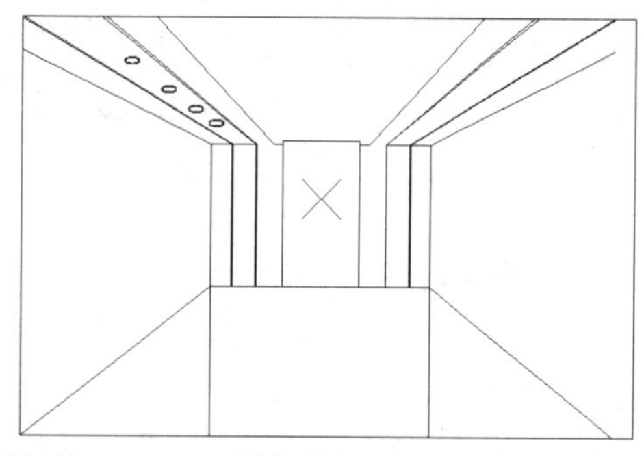

STEP 07 缩放图形

在命令行中输入 SC（缩放）命令，按【Enter】键确认，然后根据命令行提示进行操作，依次对复制后的椭圆进行缩放，缩放的比例因子分别为 0.8、0.6 和 0.4，如下图所示。

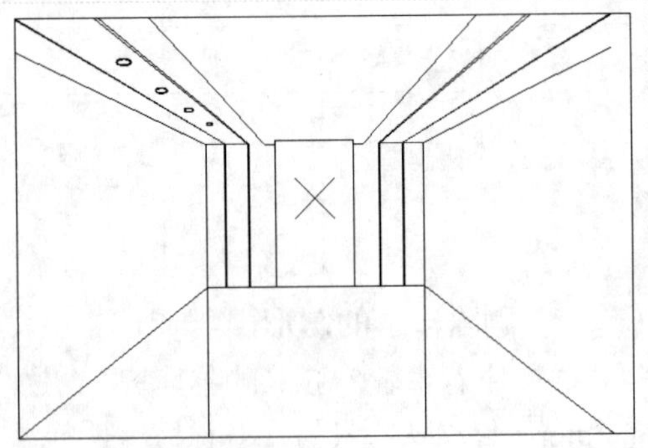

STEP 08 镜像图形

在命令行中输入 MI（镜像）命令，按【Enter】键确认，根据命令行提示进行操作，选择左侧的所有椭圆图形，捕捉透视点和过该点垂直线上的点作为镜像线上的点，镜像图形，如下图所示。

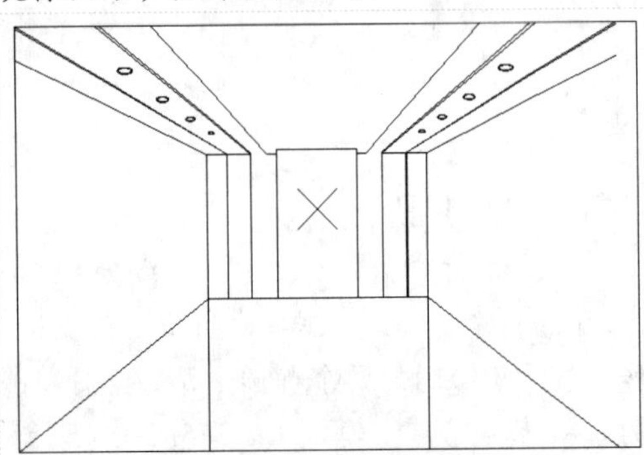

STEP 09 偏移直线

在命令行中输入 O（偏移）命令，按【Enter】键确认，根据命令行提示进行操作，将左侧垂直直线向右偏移，偏移距离分别为 1920、280 和 280，如下图所示。

STEP 10 偏移直线

在命令行中输入 O（偏移）命令，按【Enter】键确认，根据命令行提示进行操作，将上方水平直线向下偏移，偏移距离分别为 309、120 和 120，如下图所示。

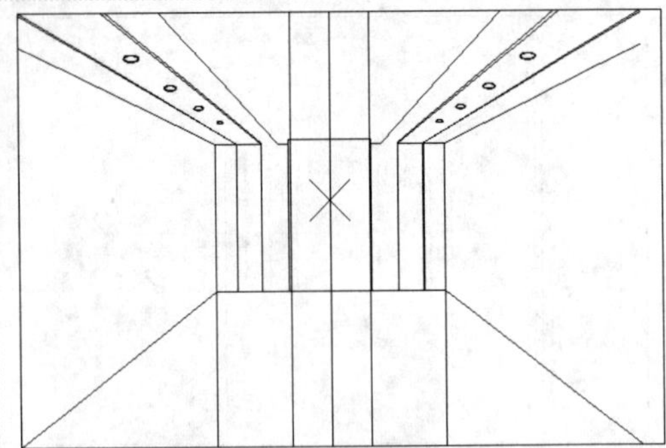

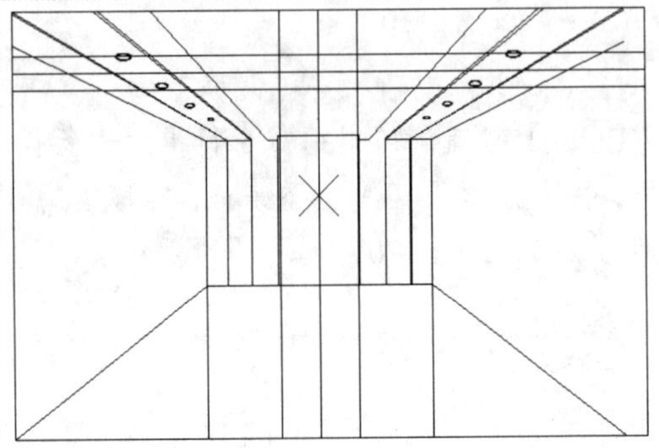

STEP 11 绘制椭圆

在命令行中输入 EL（椭圆）命令，按【Enter】键确认，根据命令行提示进行操作，依次捕捉偏移直线的相应交点，绘制椭圆，如下图所示。

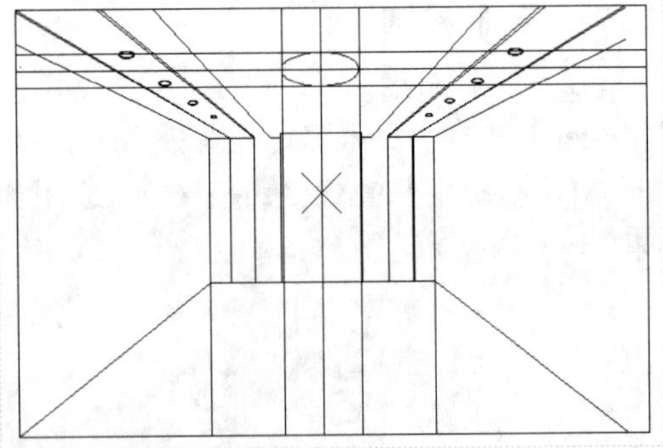

STEP 12 删除多余的图形

在命令行中输入 E（删除）命令，按【Enter】键确认，根据命令行提示进行操作，删除多余的图形，如下图所示。

STEP 13 缩放图形

在命令行中输入 SC（缩放）命令，按【Enter】键确认，根据命令行提示进行操作，选择新绘制的椭圆，输入 C（复制）并确认，设置缩放比例因子为 0.95，效果如下图所示。

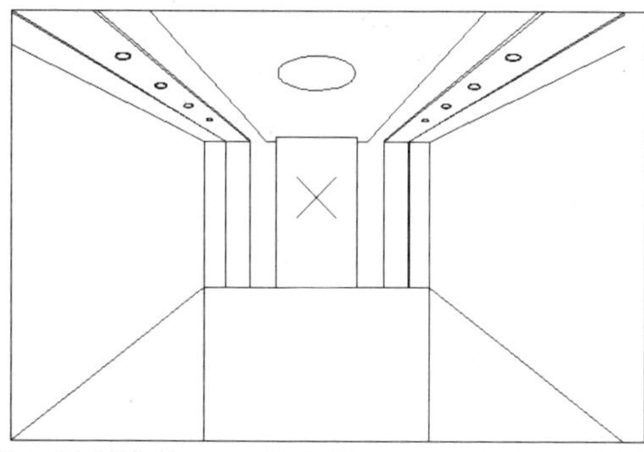

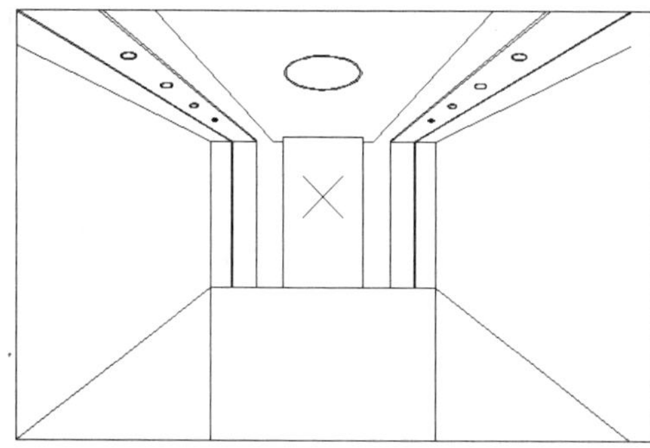

STEP 14 移动图形

在命令行中输入 M（移动）命令，按【Enter】键确认，根据命令行提示进行操作，选择缩放后的椭圆为移动对象，捕捉椭圆中心点，输入（@0,18），按【Enter】键确认，移动图形，如下图所示。

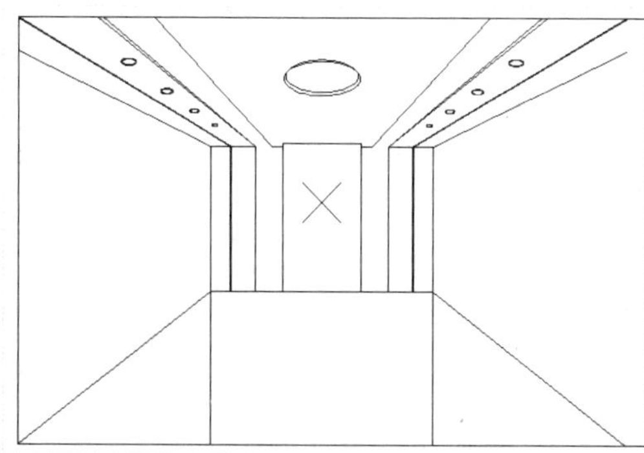

STEP 15 复制图形

在命令行中输入 CO（复制）命令，按【Enter】键确认，根据命令行提示进行操作，选择新绘制的两个椭圆图形，捕捉下方椭圆的中心为基点，输入（@0,480）、（@0,-328），按【Enter】键确认，复制图形，如下图所示。

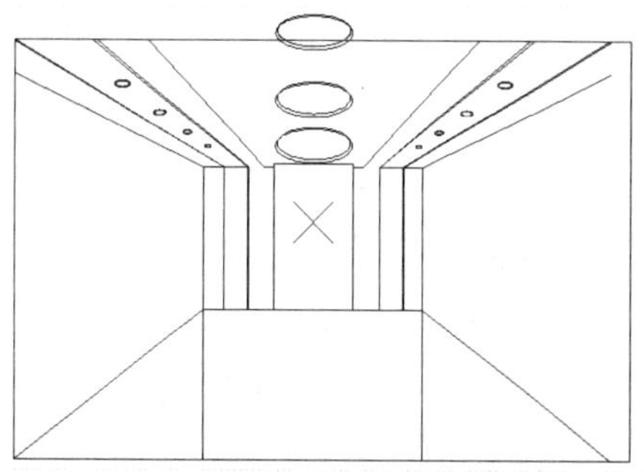

专家指点

一点透视是室内设计制图中最基本，也是最常见的透视作图方法。在绘制透视图时，一般依据人的高度设定视平线，通常距基面（地面）1600~1800mm。

STEP 16 缩放图形

在命令行中输入 SC（缩放）命令，按【Enter】键确认，根据命令行提示进行操作，依次对复制后的椭圆进行缩放，缩放的比例因子分别为 1.6 和 0.6，如下图所示。

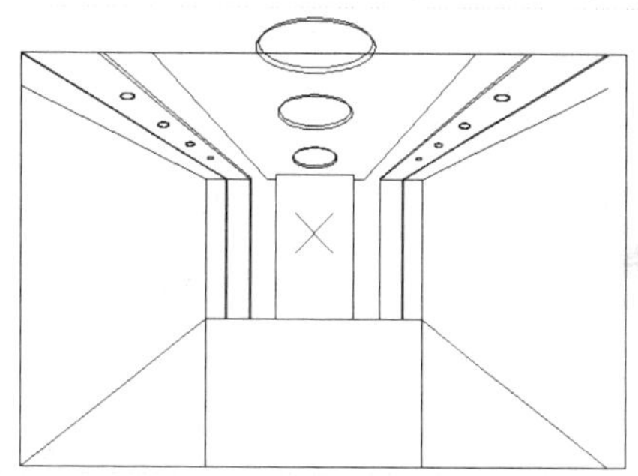

STEP 17 修剪多余的图形

在命令行中输入 TR（修剪）命令，按【Enter】键确认，根据命令行提示进行操作，修剪多余的图形，如下图所示。

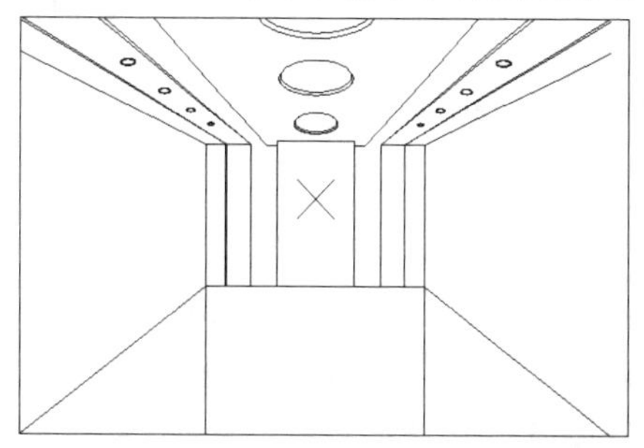

9.2.2 附着参照

本实例将介绍参照的附着，首先使用“附着”命令插入参照文件，然后使用“移动”、“修剪”命令绘制细节，展示了附着参照的具体操作方法与技巧，其具体操作步骤如下。

素材文件	第 9 章\组合沙发.dwg	效果文件	第 9 章\参照.dwg

STEP 01 删除多余的图形

以上例效果为例，在命令行中输入 E（删除）命令，按【Enter】键确认，根据命令行提示进行操作，删除多余的图形，效果如下图所示。

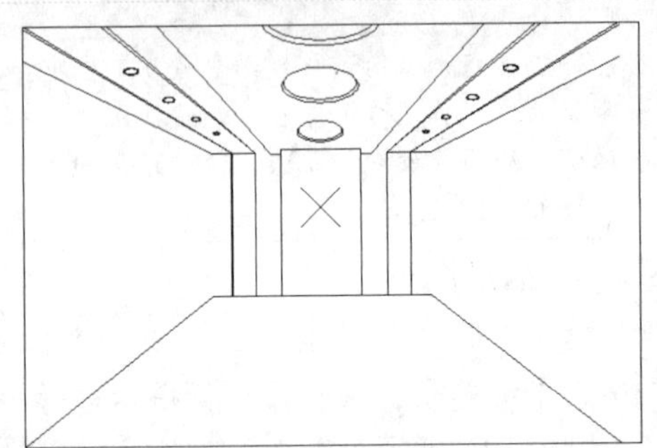

STEP 02 选择参照文件

在“功能区”选项板的“插入”选项卡中，单击“参照”面板中的“附着”按钮，弹出“选择参照文件”对话框，选择相应的参照文件，如下图所示。

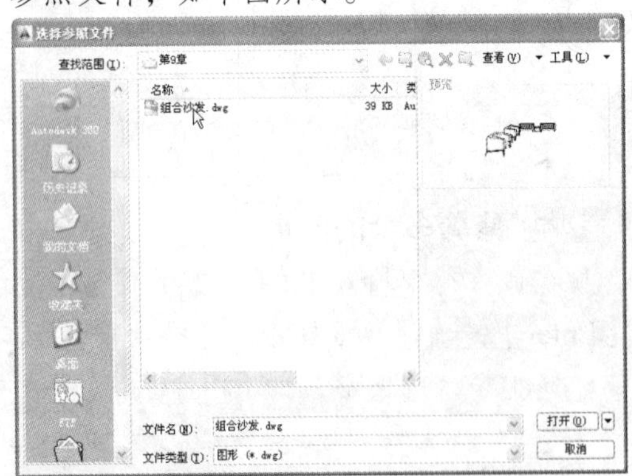

STEP 03 附着参照

单击“打开”按钮，弹出“附着外部参照”对话框，保持默认选项，单击“确定”按钮，输入插入点坐标为（0,0），按【Enter】键确认，附着参照，如下图所示。

STEP 04 移动图形

在命令行中输入 M（移动）命令，按【Enter】键确认，根据命令行提示进行操作，将“组合沙发”图形移至合适位置，如下图所示。

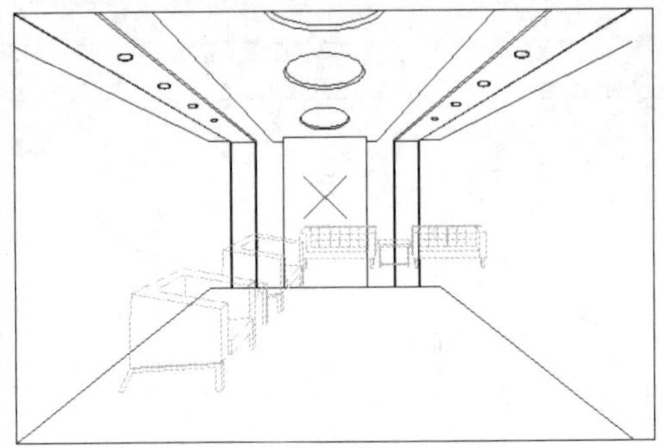

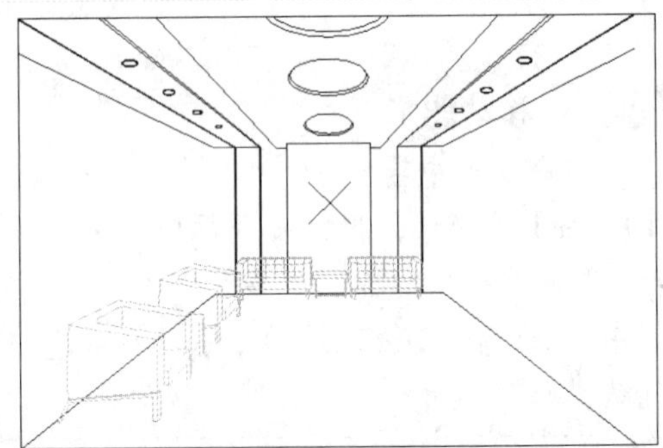

STEP 05 修剪多余的图形

在命令行中输入 TR（修剪）命令，按【Enter】键确认，根据命令行提示进行操作，修剪多余的图形，如下图所示。

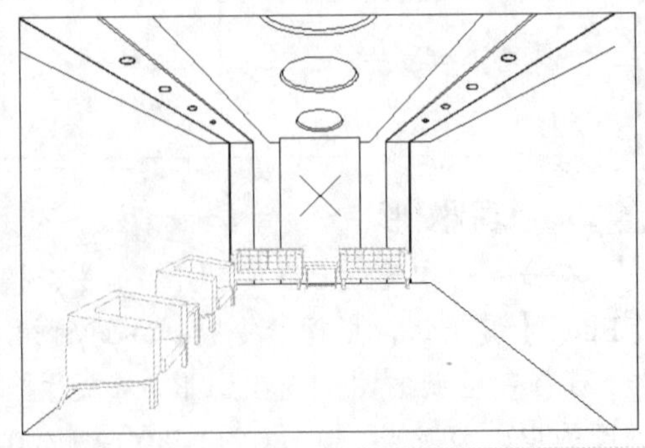

9.3 完善接待室透视图的绘制

透视图是以设计者的眼睛为中心作出的空间物体在画面上的中心投影（而非平行投影），它具有将三维空间物体转换到画面上的二维图像的作用。布置完接待室装饰后，接下来介绍完善接待室透视图的绘制。

9.3.1 绘制沙发背景墙

本实例将介绍沙发背景墙的绘制，首先使用“偏移”、“直线”等命令绘制轮廓，然后使用“偏移”、“修剪”等命令绘制细节，展示了沙发背景墙的具体绘制方法与技巧，其具体操作步骤如下。

素材文件　无

效果文件　第 9 章\背景墙.dwg

STEP 01 偏移直线

以上例效果为例，在命令行中输入 O（偏移）命令，按【Enter】键确认，根据命令行提示进行操作，设置偏移距离为 300，将左侧的垂直直线向右偏移，如下图所示。

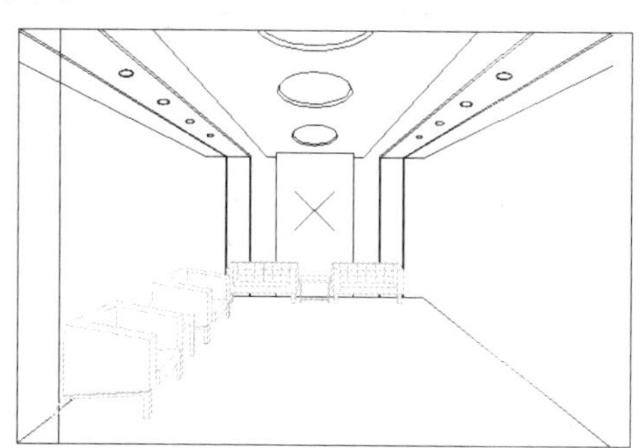

STEP 02 偏移直线

在命令行中输入 O（偏移）命令，按【Enter】键确认，根据命令行提示进行操作，设置偏移距离为 212，将偏移所得直线向右偏移，如下图所示。

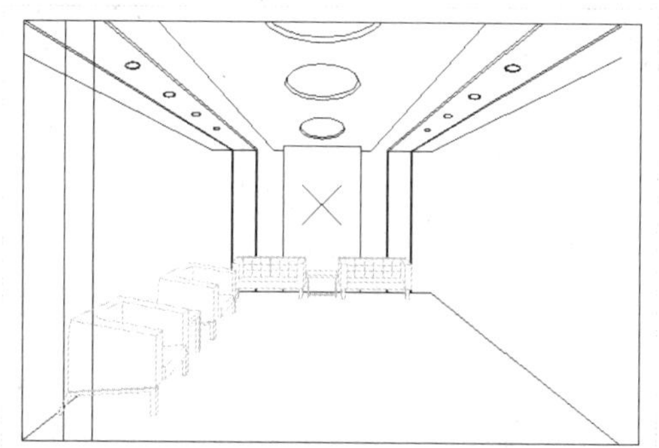

STEP 03 偏移直线

在命令行中输入 O（偏移）命令，按【Enter】键确认，根据命令行提示进行操作，设置偏移距离为 38，将偏移所得直线向右偏移，如下图所示。

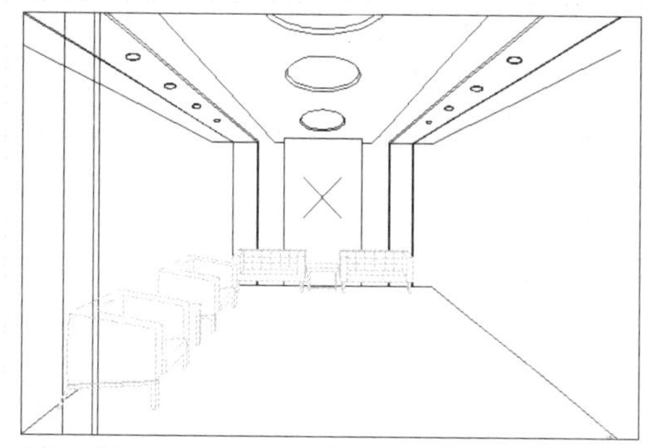

STEP 04 偏移直线

在命令行中输入 O（偏移）命令，按【Enter】键确认，根据命令行提示进行操作，设置偏移距离为 520，将偏移所得直线向右偏移，如下图所示。

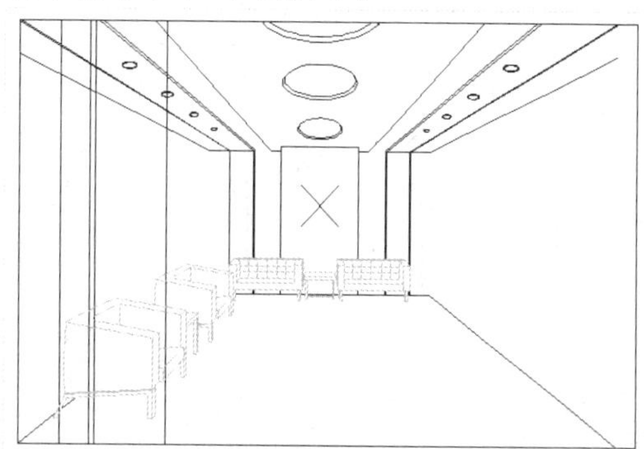

STEP 05 **偏移直线**

在命令行中输入 O（偏移）命令，按【Enter】键确认，根据命令行提示进行操作，设置偏移距离为 80，将偏移所得直线向右偏移，如下图所示。

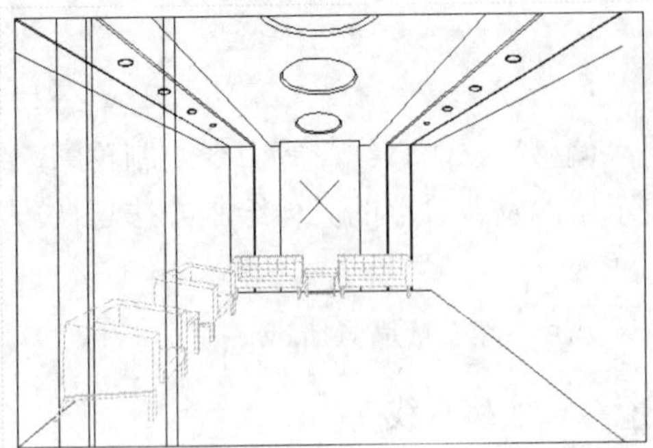

STEP 06 **捕捉角点**

在命令行中输入 L（直线）命令，按【Enter】键确认，根据命令行提示进行操作，输入 FROM 命令并确认，捕捉左下角点，如下图所示。

STEP 07 **绘制透视线**

单击鼠标左键确认，输入（@0,2047），按【Enter】键确认，捕捉透视点为直线终点，绘制透视线，如下图所示。

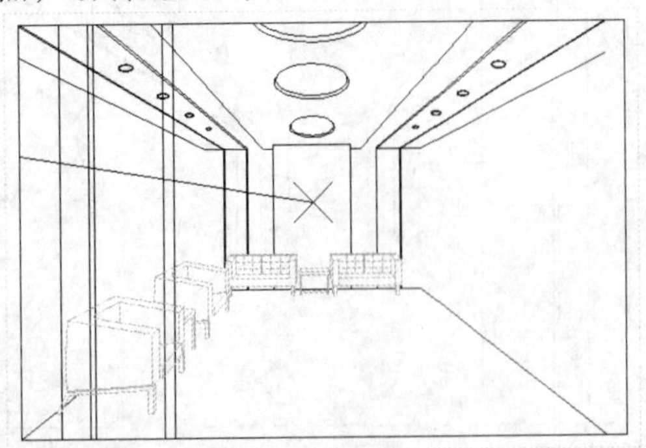

STEP 08 **捕捉角点**

在命令行中输入 L（直线）命令，按【Enter】键确认，根据命令行提示进行操作，输入 FROM 命令并确认，捕捉左下角点，如下图所示。

STEP 09 **绘制透视线**

单击鼠标左键确认，输入（@0,2400），按【Enter】键确认，捕捉透视点为直线终点，绘制透视线，如下图所示。

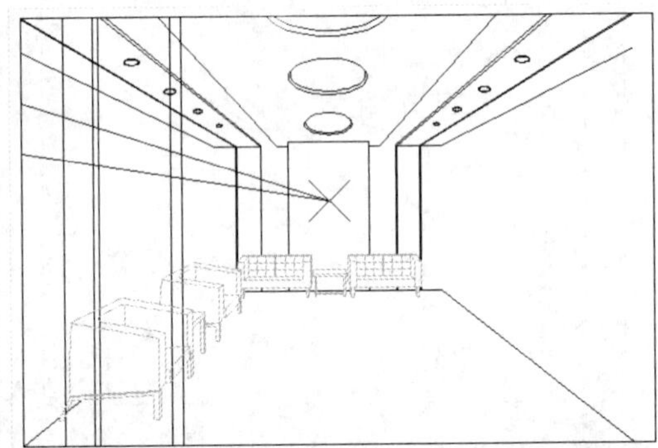

STEP 10 **修剪多余的图形**

在命令行中输入 TR（修剪）命令，按【Enter】键确认，根据命令行提示进行操作，修剪多余的图形，如下图所示。

STEP 11 绘制直线

在命令行中输入 L（直线）命令，按【Enter】键确认，根据命令行提示进行操作，捕捉修剪后图形的第 3 条竖直直线的上方端点，向左引导光标，捕捉垂足，绘制直线，如下图所示。

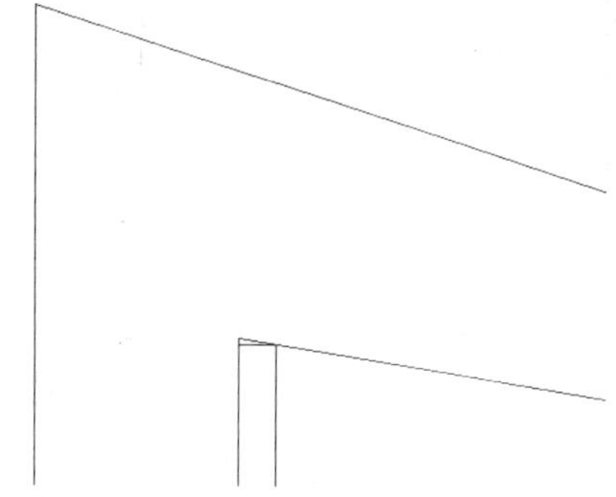

STEP 12 修剪多余的图形

在命令行中输入 TR（修剪）命令，按【Enter】键确认，根据命令行提示进行操作，修剪多余的图形，如下图所示。

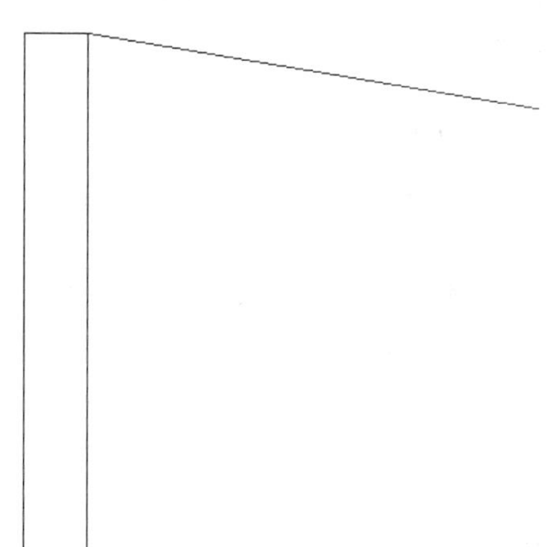

STEP 13 绘制直线

在命令行中输入 L（直线）命令，按【Enter】键确认，然后根据命令行提示进行操作，捕捉相应的端点，绘制直线，如下图所示。

STEP 14 修剪多余的图形

在命令行中输入 TR（修剪）命令，按【Enter】键确认，根据命令行提示进行操作，修剪多余的图形，如下图所示。

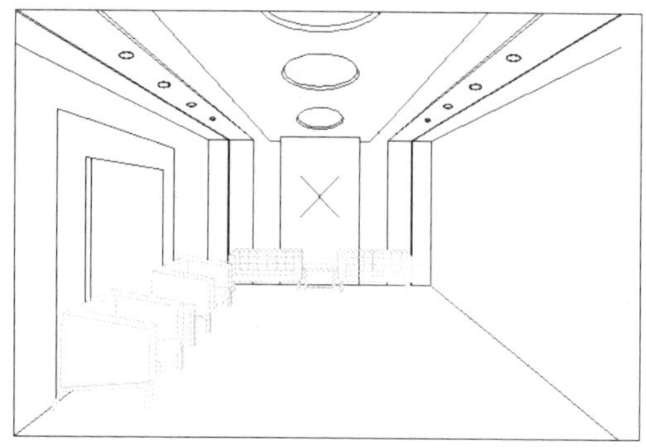

STEP 15 偏移直线

在命令行中输入 O（偏移）命令，按【Enter】键确认，根据命令行提示进行操作，设置偏移距离为 50，将沙发背景墙左侧的垂直直线向右偏移，如下图所示。

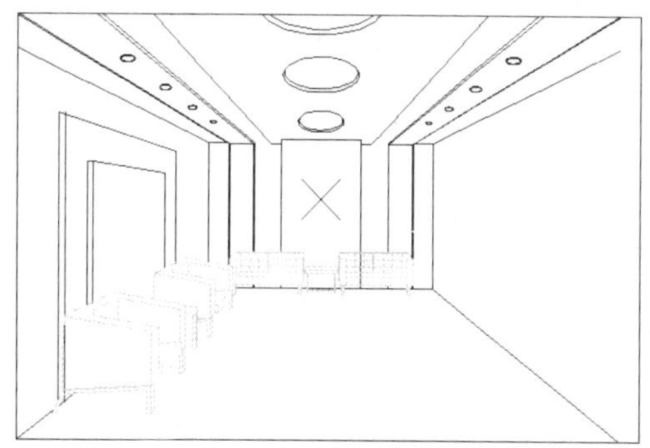

STEP 16 偏移直线

在命令行中输入 O（偏移）命令，按【Enter】键确认，根据命令行提示进行操作，设置偏移距离为 49，将偏移所得直线向右偏移，如下图所示。

STEP 17 偏移直线

在命令行中输入 O（偏移）命令，按【Enter】键确认，根据命令行提示进行操

作，设置偏移距离为 48，将偏移所得直线向右偏移，如下图所示。

STEP 18 偏移直线

在命令行中输入 O（偏移）命令，按【Enter】键确认，根据命令行提示进行操作，设置偏移距离为 47，将偏移所得直线向右偏移，如下图所示。

STEP 19 偏移直线

在命令行中输入 O（偏移）命令，按【Enter】键确认，根据命令行提示进行操作，设置偏移距离为 46，将偏移所得直线向右偏移，如下图所示。

STEP 20 偏移直线

在命令行中输入 O（偏移）命令，按【Enter】键确认，根据命令行提示进行操作，设置偏移距离为 45，将偏移所得直线向右偏移，如下图所示。

STEP 21 偏移直线

在命令行中输入 O（偏移）命令，按【Enter】键确认，根据命令行提示进行操作，设置偏移距离为 44，将偏移所得直线向右偏移，如下图所示。

STEP 22 偏移直线

在命令行中输入 O（偏移）命令，按【Enter】键确认，根据命令行提示进行操作，设置偏移距离为 43，将偏移所得直线向右偏移，如下图所示。

STEP 23　偏移直线

在命令行中输入 O（偏移）命令，按【Enter】键确认，根据命令行提示进行操作，设置偏移距离为 42，将偏移所得直线向右偏移，如下图所示。

STEP 24　偏移直线

在命令行中输入 O（偏移）命令，按【Enter】键确认，根据命令行提示进行操作，设置偏移距离为 41，将偏移所得直线向右偏移，如下图所示。

STEP 25　偏移直线

在命令行中输入 O（偏移）命令，按【Enter】键确认，根据命令行提示进行操作，设置偏移距离为 40，将偏移所得直线向右偏移，如下图所示。

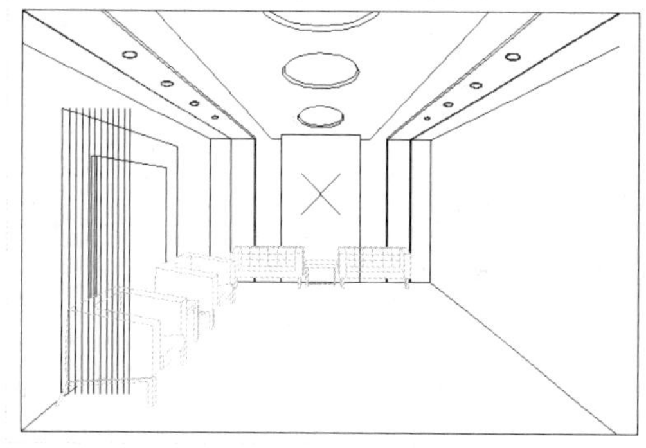

STEP 26　偏移直线

在命令行中输入 O（偏移）命令，按【Enter】键确认，根据命令行提示进行操作，设置偏移距离为 39，将偏移所得直线向右偏移，如下图所示。

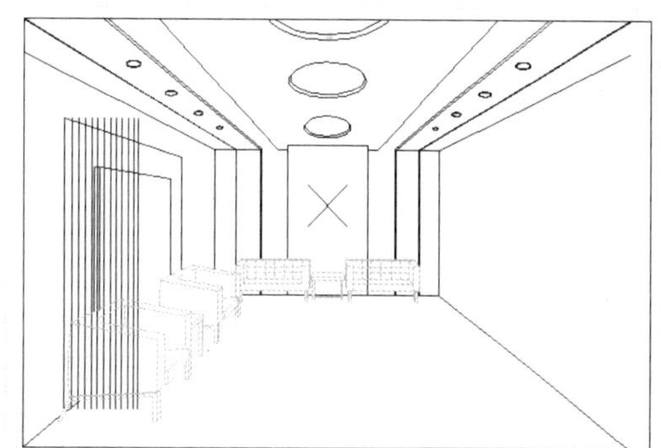

STEP 27　偏移直线

在命令行中输入 O（偏移）命令，按【Enter】键确认，根据命令行提示进行操作，设置偏移距离为 38，将偏移所得直线向右偏移，如下图所示。

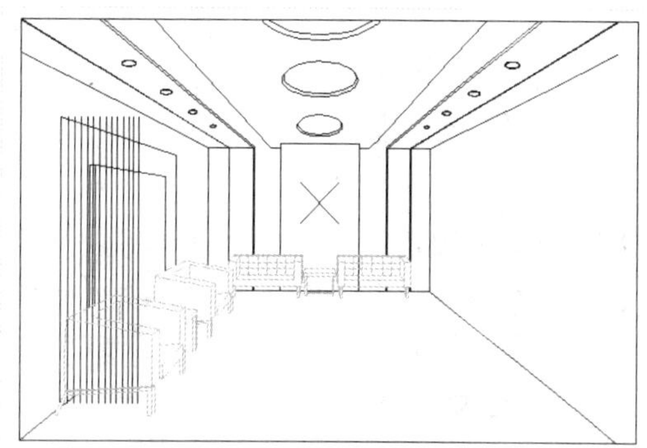

STEP 28　偏移直线

在命令行中输入 O（偏移）命令，按【Enter】键确认，根据命令行提示进行操作，设置偏移距离为 37，将偏移所得直线向右偏移，如下图所示。

STEP 29 偏移直线

在命令行中输入 O（偏移）命令，按【Enter】键确认，根据命令行提示进行操作，设置偏移距离为 36，将偏移所得直线向右偏移，如下图所示。

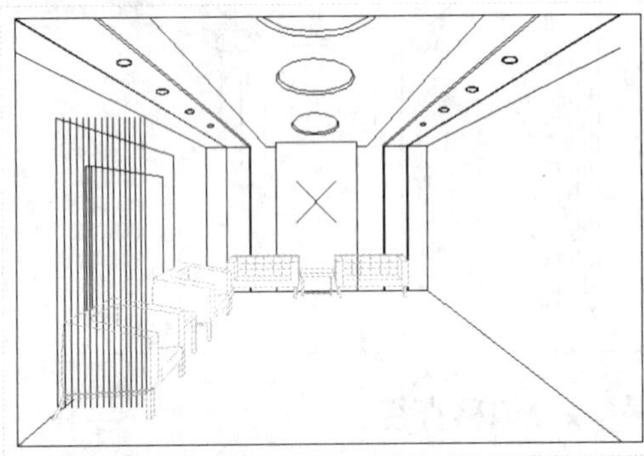

STEP 30 偏移直线

在命令行中输入 O（偏移）命令，按【Enter】键确认，根据命令行提示进行操作，设置偏移距离为 35，将偏移所得直线向右偏移，如下图所示。

STEP 31 偏移直线

在命令行中输入 O（偏移）命令，按【Enter】键确认，根据命令行提示进行操作，设置偏移距离为 34，将偏移所得直线向右偏移，如下图所示。

STEP 32 偏移直线

在命令行中输入 O（偏移）命令，按【Enter】键确认，根据命令行提示进行操作，设置偏移距离为 33，将偏移所得直线向右偏移，如下图所示。

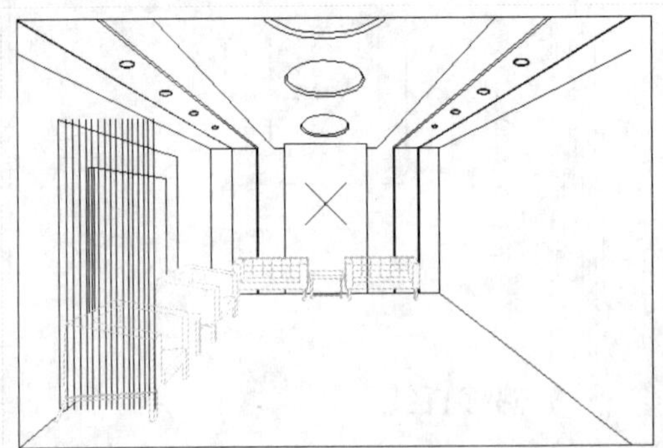

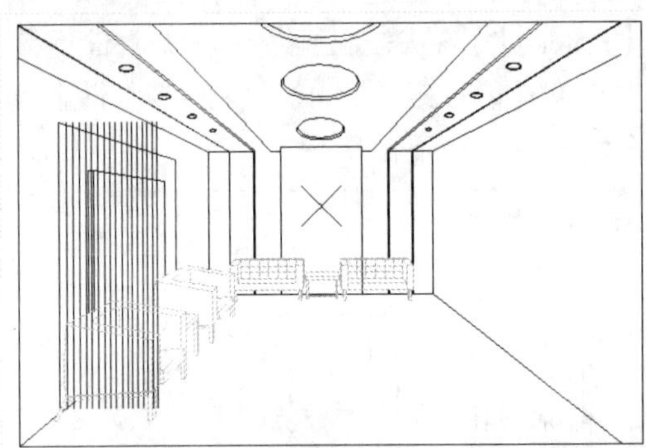

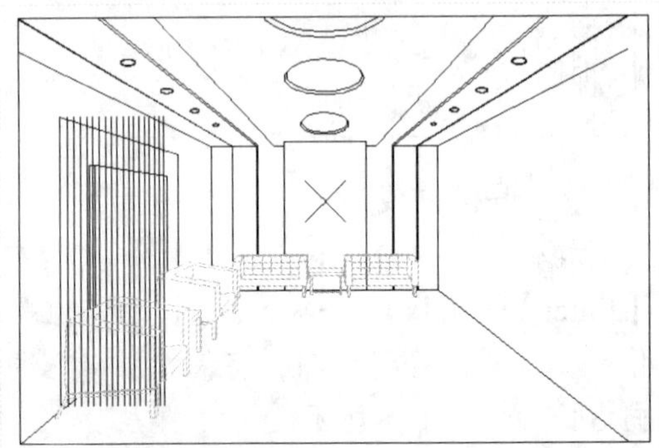

STEP 33 偏移直线

在命令行中输入 O（偏移）命令，按【Enter】键确认，根据命令行提示进行操作，设置偏移距离为 32，将偏移所得直线向右偏移，如下图所示。

STEP 34 偏移直线

在命令行中输入 O（偏移）命令，按【Enter】键确认，根据命令行提示进行操作，设置偏移距离为 31，将偏移所得直线向右偏移，如下图所示。

STEP 35 偏移直线

在命令行中输入 O（偏移）命令，按【Enter】键确认，根据命令行提示进行操作，设置偏移距离为 30，将偏移所得直线向右偏移，如下图所示。

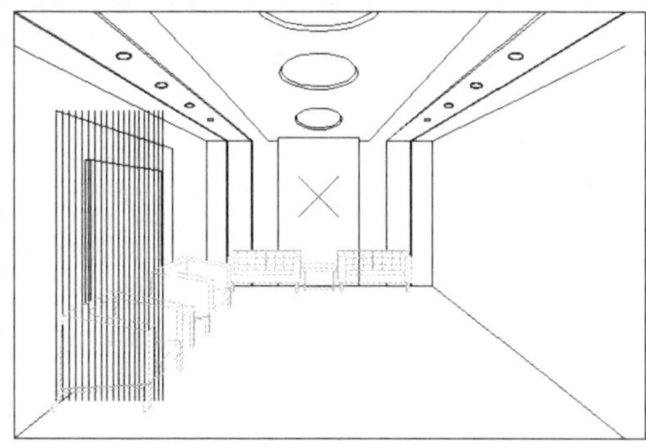

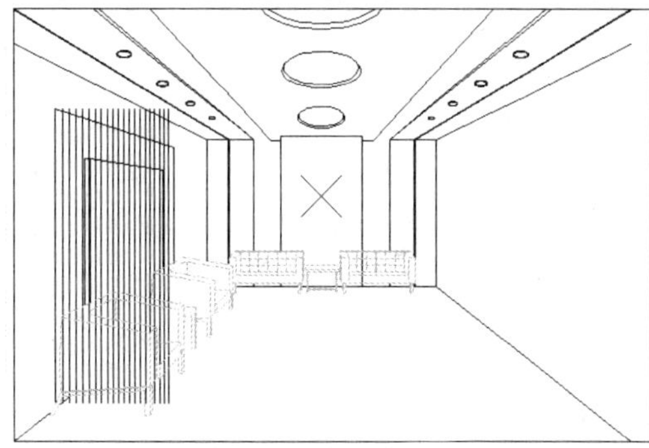

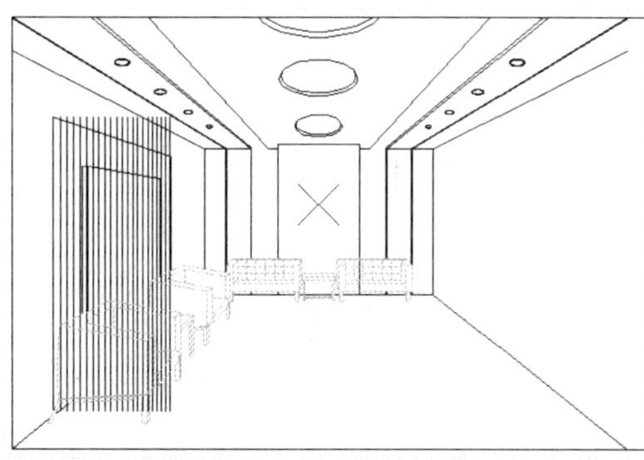

STEP 36 **偏移直线**

在命令行中输入 O（偏移）命令，按【Enter】键确认，根据命令行提示进行操作，设置偏移距离为 69，将沙发背景墙最上方的直线向下偏移 28 次，如下图所示。

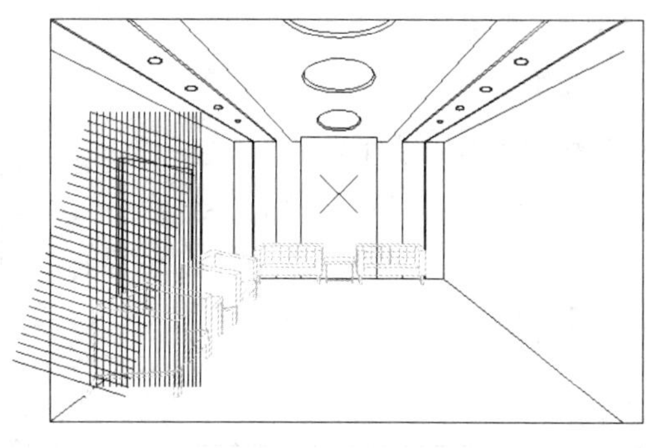

STEP 37 **延伸直线**

在命令行中输入 EX（延伸）命令，按【Enter】键确认，根据命令行提示进行操作，选择相应直线，延伸至沙发背景墙右侧垂直直线，如下图所示。

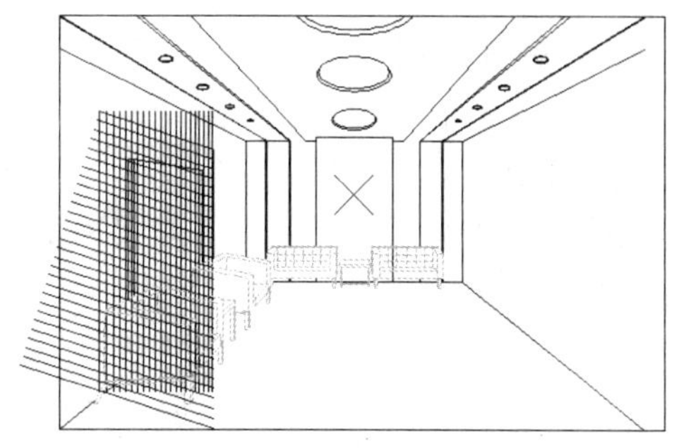

STEP 38 **修剪多余的图形**

在命令行中输入 TR（修剪）命令，按【Enter】键确认，根据命令行提示进行操作，修剪多余的图形，如下图所示。

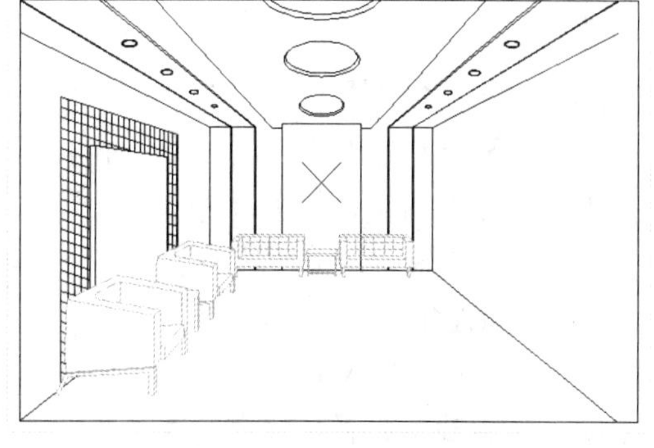

9.3.2 绘制阳台

本实例将介绍阳台的绘制，首先使用“直线”、“偏移”等命令绘制阳台轮廓，然后使用“修剪”、“偏移”等命令绘制阳台细节，展示了阳台的具体绘制方法与技巧，其具

体操作步骤如下。

素材文件	无	效果文件	第 9 章\阳台.dwg

STEP 01 置为当前层

以上例效果为例，在命令行中输入 LA（图层）命令，按【Enter】键确认，弹出“图层特性管理器”面板，双击“门窗”图层，将“门窗”图层置为当前层，如下图所示。

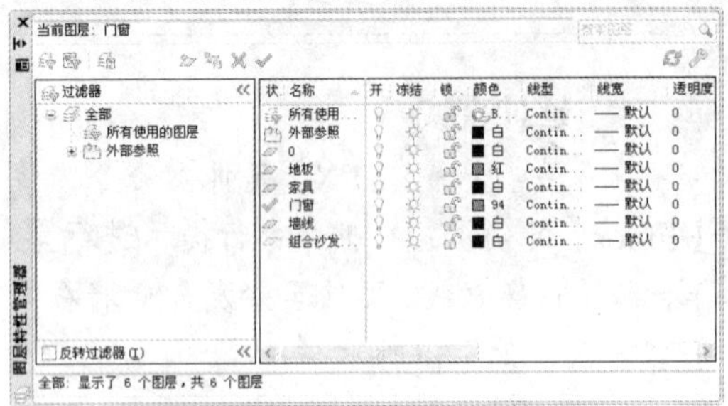

STEP 02 捕捉角点

在命令行中输入 L（直线）命令，按【Enter】键确认，根据命令行提示进行操作，输入 FROM 命令并确认，捕捉左下角点，如下图所示。

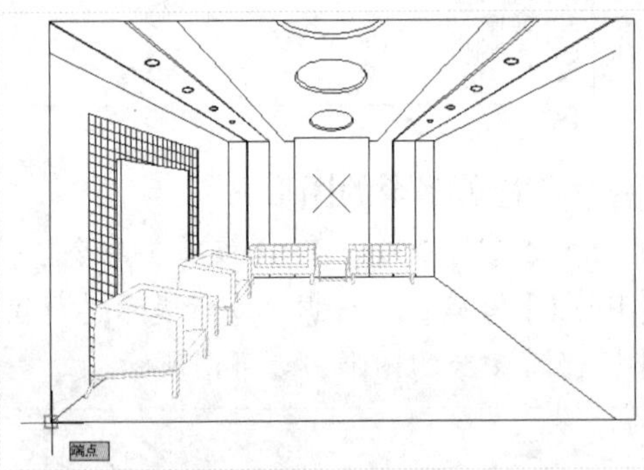

STEP 03 绘制透视线

单击鼠标左键确认，输入（@0,1047），按【Enter】键确认，捕捉透视点为直线终点，绘制透视线，如下图所示。

STEP 04 捕捉角点

在命令行中输入 L（直线）命令，按【Enter】键确认，根据命令行提示进行操作，输入 FROM 命令并确认，捕捉左下角点，如下图所示。

STEP 05 绘制透视线

单击鼠标左键确认，输入（@0,1071），按【Enter】键确认，捕捉透视点为直线终点，绘制透视线，如下图所示。

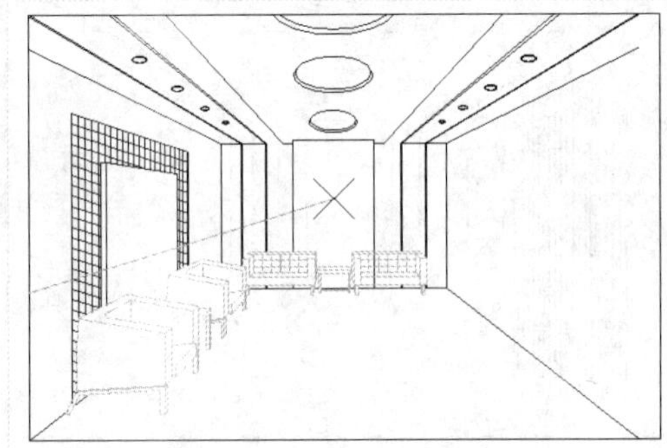

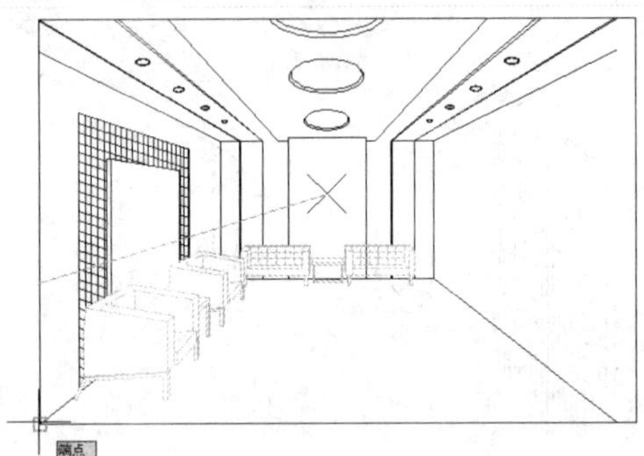

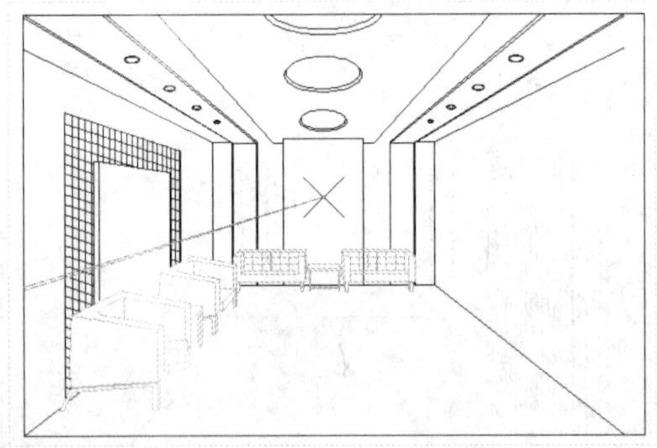

STEP 06 偏移直线

在命令行中输入 O（偏移）命令，按【Enter】键确认，根据命令行提示进行操作，输入 L（图层）并确认，选择 C（当前）选项，设置偏移距离为 1189，将左侧垂直直线向右偏移，如下图所示。

STEP 07 修剪多余的图形

在命令行中输入 TR（修剪）命令，按【Enter】键确认，根据命令行提示进行操作，修剪多余的图形，如下图所示。

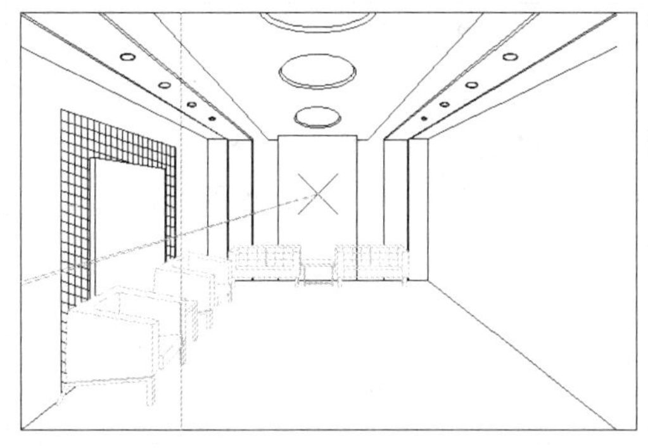

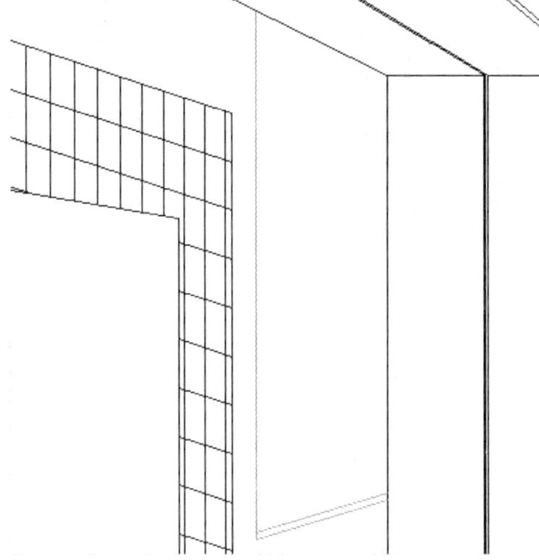

STEP 08　绘制直线

在命令行中输入 L（直线）命令，按【Enter】键确认，根据命令行提示进行操作，捕捉修剪后图形的右下方端点，向左引导光标，捕捉垂足，绘制直线，如下图所示。

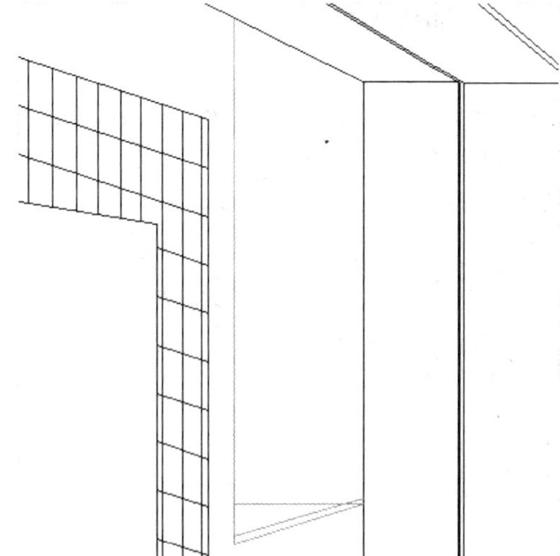

STEP 09　修剪多余的图形

在命令行中输入 TR（修剪）命令，按【Enter】键确认，根据命令行提示进行操作，修剪多余的图形，如下图所示。

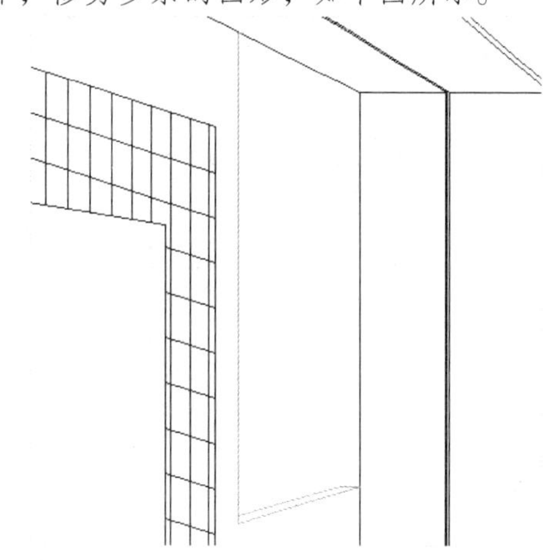

STEP 10　绘制直线

在命令行中输入 L（直线）命令，按【Enter】键确认，根据命令行提示进行操作，捕捉新绘制直线的左端点，向上引导光标，绘制直线，如下图所示。

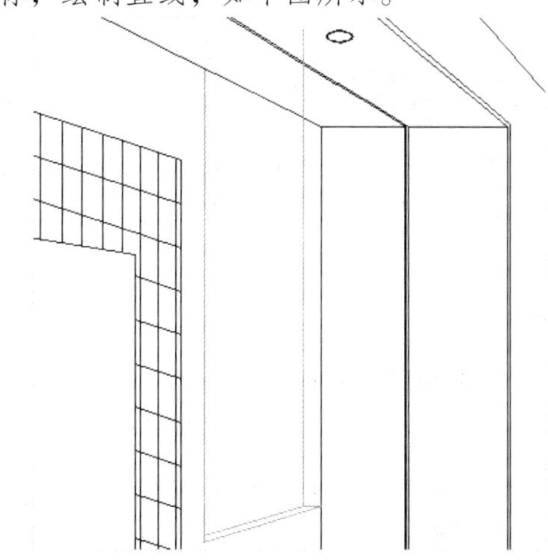

STEP 11　修剪多余的图形

在命令行中输入 TR（修剪）命令，按【Enter】键确认，根据命令行提示进行操作，修剪多余的图形，如下图所示。

STEP 12　偏移直线

在命令行中输入 O（偏移）命令，按【Enter】键确认，根据命令行提示进行操作，设置偏移距离为 25，将新绘制的垂直直线向左偏移 3 次，如下图所示。

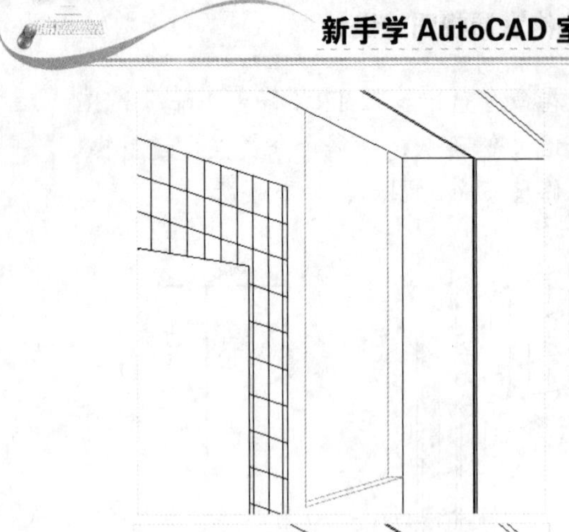

STEP 13 延伸直线

在命令行中输入 EX（延伸）命令，按【Enter】键确认，根据命令行提示进行操作，延伸偏移直线，如下图所示。

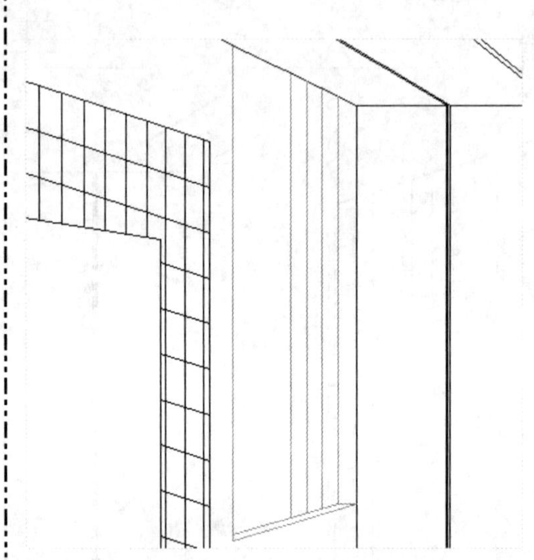

9.3.3 绘制双开门

本实例将介绍双开门的绘制，首先使用“偏移”、“修剪”等命令绘制双开门轮廓，然后使用“直线”、“修剪”等命令绘制双开门细节，展示了双开门的具体绘制方法与技巧，其具体操作步骤如下。

素材文件	无	效果文件	第 9 章\双开门.dwg

STEP 01 绘制透视线

以上例效果为例，在命令行中输入 L（直线）命令，按【Enter】键确认，根据命令行提示进行操作，依次捕捉右下方角点和透视点，绘制透视线，如下图所示。

STEP 02 捕捉角点

在命令行中输入 L（直线）命令，按【Enter】键确认，根据命令行提示进行操作，输入 FROM 命令并确认，捕捉右下方角点，如下图所示。

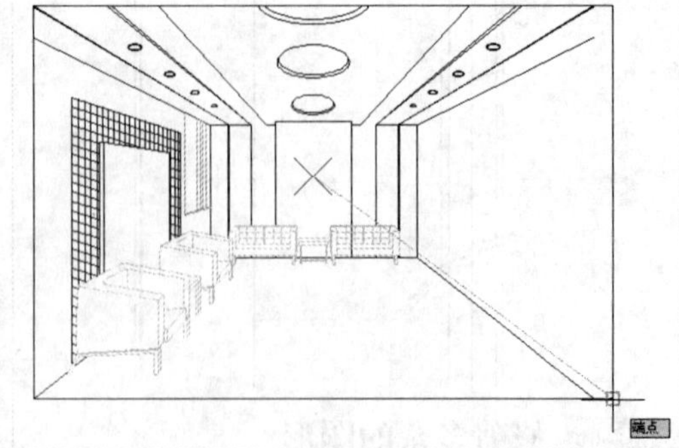

STEP 03 绘制透视线

单击鼠标左键确认，输入（@0,2511），按【Enter】键确认，捕捉透视点为直线终点，绘制透视线，如下图所示。

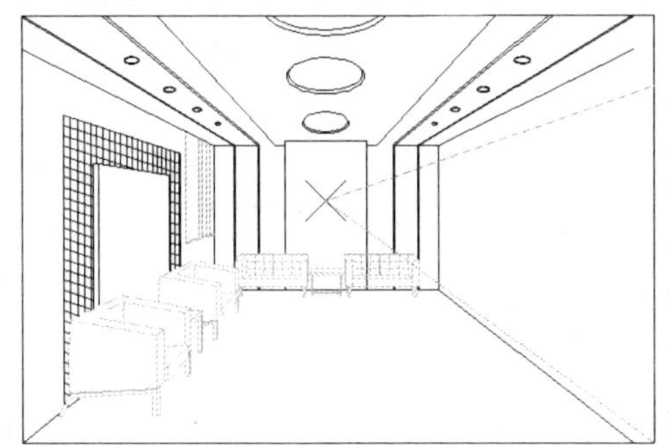

STEP 04 捕捉角点

在命令行中输入 L（直线）命令，按【Enter】键确认，根据命令行提示进行操作，输入 FROM 命令并确认，捕捉右下方角点，如下图所示。

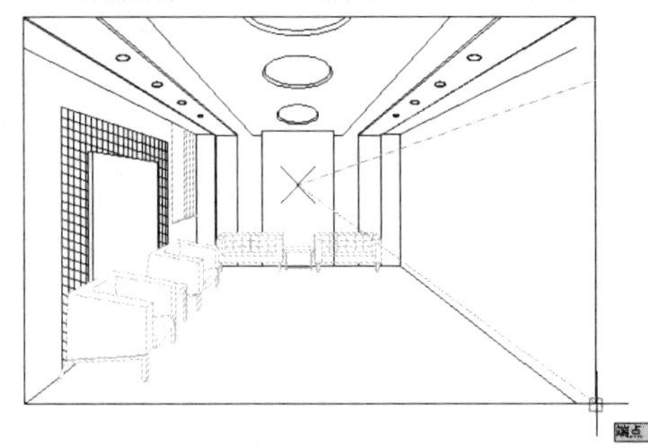

STEP 05 绘制透视线

单击鼠标左键确认，输入（@0,2566），按【Enter】键确认，捕捉透视点为直线终点，绘制透视线，如下图所示。

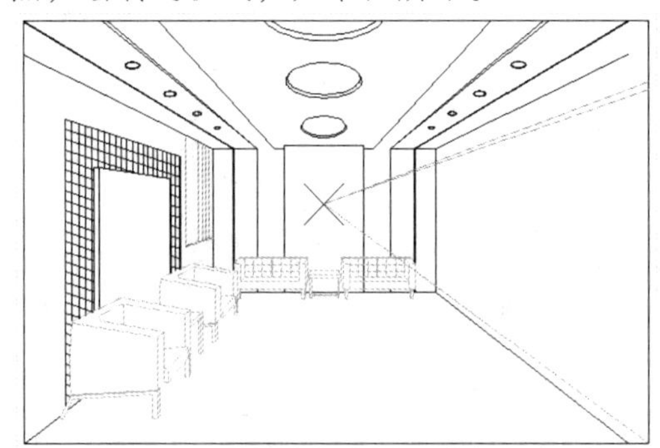

STEP 06 偏移直线

在命令行中输入 O（偏移）命令，按【Enter】键确认，根据命令行提示进行操作，输入 L（图层）并确认，选择 C（当前）选项，将右侧竖直直线向左偏移，偏移距离分别为 350 和 989，如下图所示。

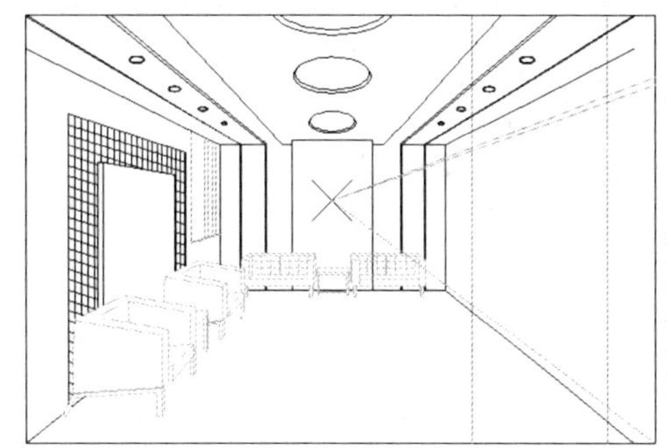

STEP 07 修剪多余的图形

在命令行中输入 TR（修剪）命令，按【Enter】键确认，根据命令行提示进行操作，修剪多余的图形，如下图所示。

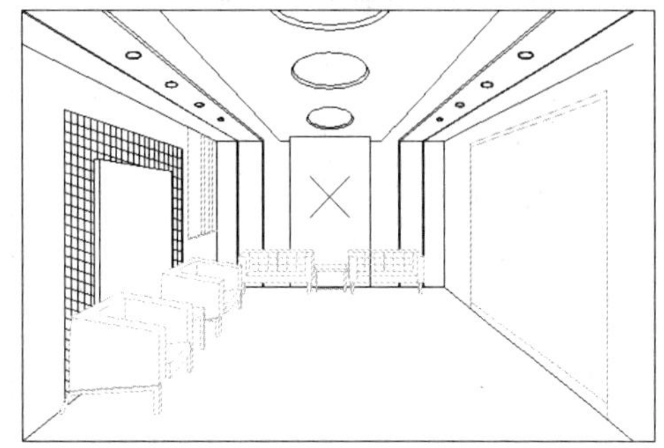

STEP 08 绘制直线

在命令行中输入 L（直线）命令，按【Enter】键确认，根据命令行提示进行操作，捕捉修剪后图形的左侧竖直直线的下端点，向右引导光标，绘制直线，如下图所示。

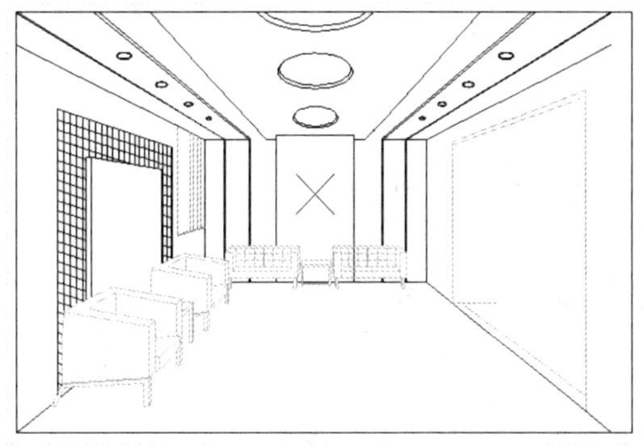

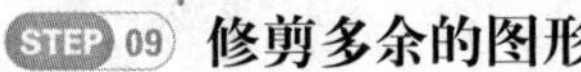

STEP 09 **修剪多余的图形**

在命令行中输入 TR（修剪）命令，按【Enter】键确认，根据命令行提示进行操作，修剪多余的图形，如下图所示。

STEP 10 **绘制直线**

在命令行中输入 L（直线）命令，按【Enter】键确认，根据命令行提示进行操作，捕捉新绘制直线的右端点，向上引导光标，绘制直线，如下图所示。

STEP 11 **修剪多余的图形**

在命令行中输入 TR（修剪）命令，按【Enter】键确认，根据命令行提示进行操作，修剪多余的图形，如下图所示。

STEP 12 **捕捉角点**

在命令行中输入 L（直线）命令，按【Enter】键确认，根据命令行提示进行操作，输入 FROM 命令并确认，捕捉右下方角点，如下图所示。

STEP 13 **绘制透视线**

单击鼠标左键确认，输入（@0,223），按【Enter】键确认，捕捉透视点，绘制透视线，如下图所示。

STEP 14 **捕捉角点**

在命令行中输入 L（直线）命令，按【Enter】键确认，根据命令行提示进行操作，输入 FROM 命令并确认，捕捉右下方角点，如下图所示。

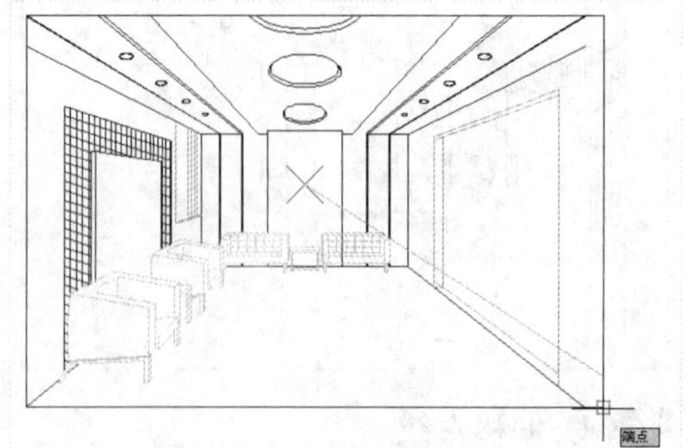

STEP 15 绘制透视线

单击鼠标左键确认，输入（@0,905），按【Enter】键确认，捕捉透视点，绘制透视线，如下图所示。

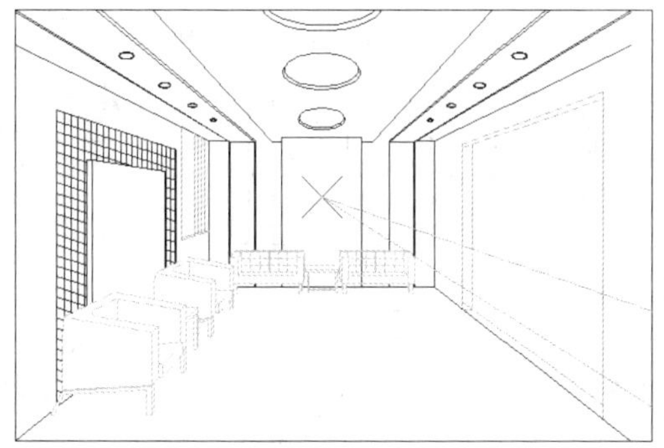

STEP 16 捕捉角点

在命令行中输入 L（直线）命令，按【Enter】键确认，根据命令行提示进行操作，输入 FROM 命令并确认，捕捉右下方角点，如下图所示。

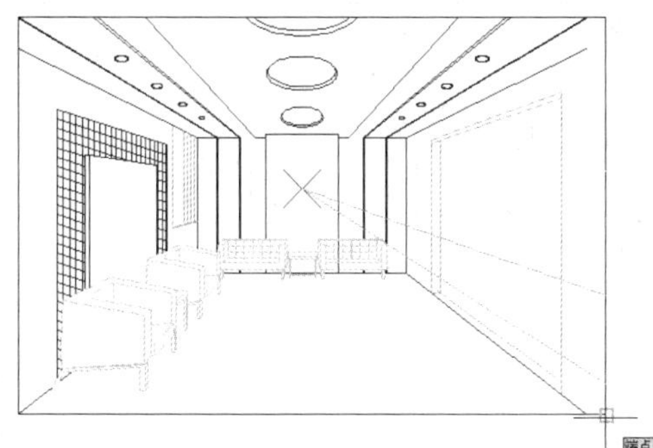

STEP 17 绘制透视线

单击鼠标左键确认，输入（@0,1049），按【Enter】键确认，捕捉透视点，绘制透视线，如下图所示。

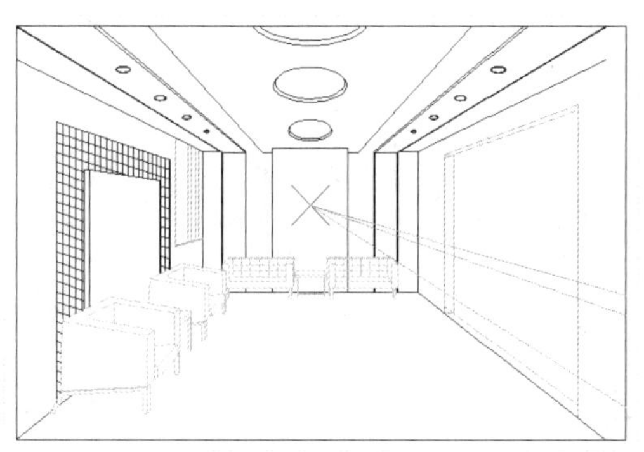

STEP 18 捕捉角点

在命令行中输入 L（直线）命令，按【Enter】键确认，根据命令行提示进行操作，输入 FROM 命令并确认，捕捉右下方角点，如下图所示。

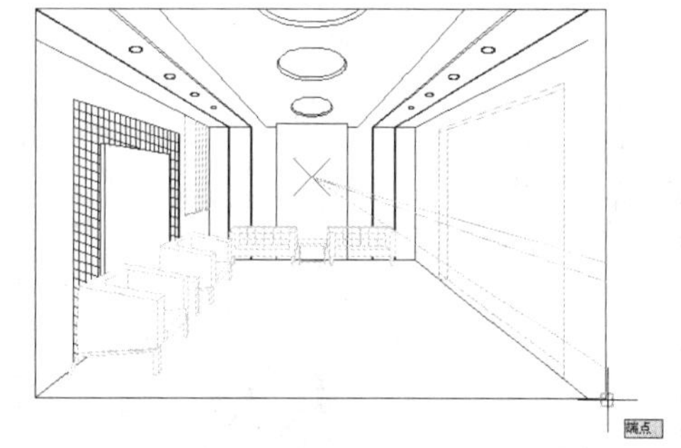

STEP 19 绘制透视线

单击鼠标左键确认，输入（@0,1834），按【Enter】键确认，捕捉透视点，绘制透视线，如下图所示。

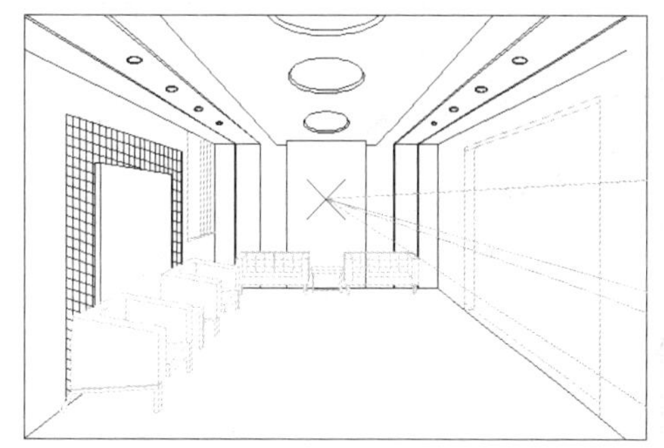

STEP 20 捕捉角点

在命令行中输入 L（直线）命令，按【Enter】键确认，根据命令行提示进行操作，输入 FROM 命令并确认，捕捉右下方角点，如下图所示。

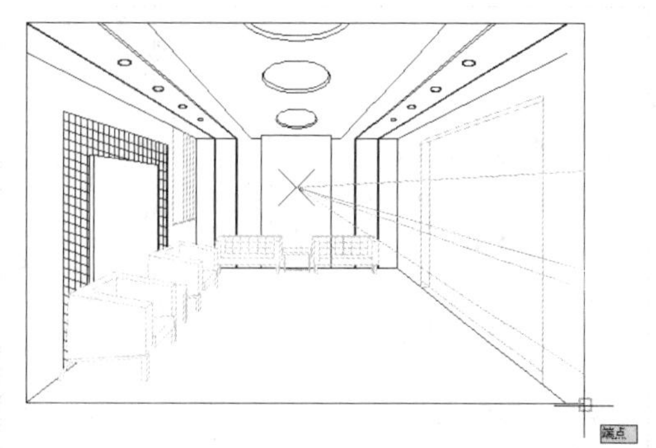

STEP 21 **绘制透视线**

单击鼠标左键确认，输入（@0,2053），按【Enter】键确认，捕捉透视点，绘制透视线，如下图所示。

STEP 22 **偏移直线**

在命令行中输入 O（偏移）命令，按【Enter】键确认，根据命令行提示进行操作，将右侧的垂直直线向左偏移，偏移距离分别为 600、125、65、60、50、55 和 135，如下图所示。

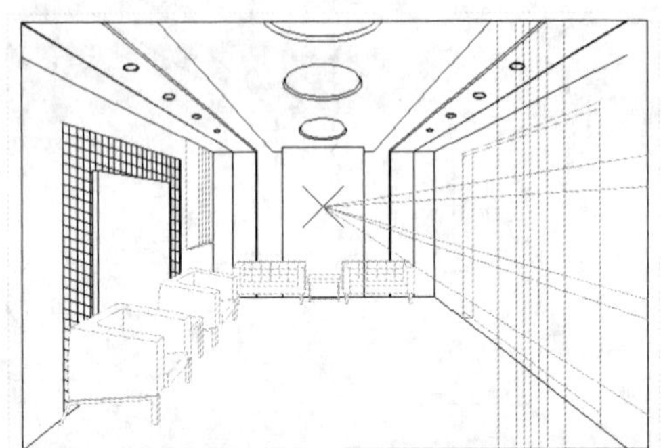

STEP 23 **绘制直线**

在命令行中输入 L（直线）命令，按【Enter】键确认，根据命令行提示进行操作，捕捉相应垂直直线的上端点，向左引导光标，绘制直线，如下图所示。

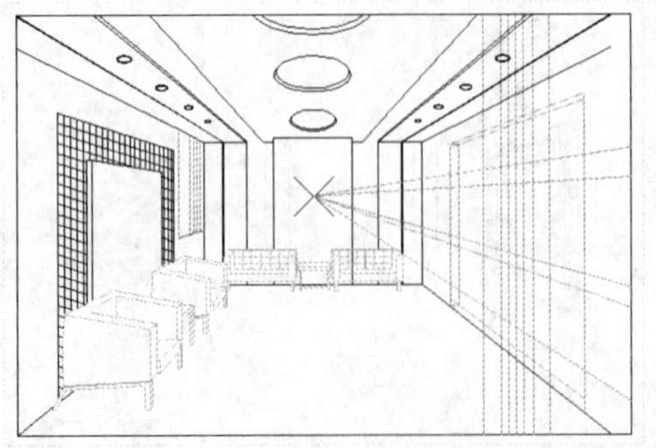

STEP 24 **修剪多余的图形**

在命令行中输入 TR（修剪）命令，按【Enter】键确认，根据命令行提示进行操作，修剪多余的图形，如下图所示。

STEP 25 **偏移直线**

在命令行中输入 O（偏移）命令，按【Enter】键确认，根据命令行提示进行操作，将右侧的垂直直线向左偏移，偏移距离为 810、20、37 和 16，如下图所示。

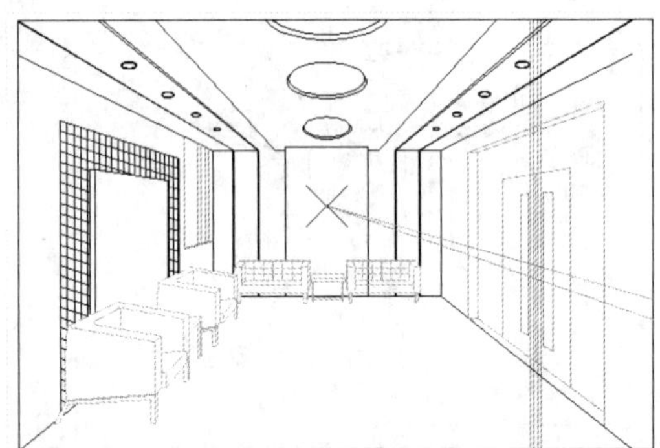

STEP 26 **修剪多余的图形**

在命令行中输入 TR（修剪）命令，按【Enter】键确认，根据命令行提示进行操作，修剪多余的图形，如下图所示。

STEP 27 延伸直线

在命令行中输入 EX（延伸）命令，按【Enter】键确认，根据命令行提示进行操作，延伸相应的直线，如下图所示。

● 读书笔记

Chapter 10

章前知识导读

室内设计造型子系统包括天棚、墙面、柱子、地面、楼梯、走廊和装饰等有机构成部分。天棚造型处在室内的显要位置，又是造型要求较高的装饰部位，它在创造室内氛围和精神品格方面也具有举足轻重的作用。

室内天棚图的设计

重点知识索引

- 绘制快餐店天棚图
- 绘制办公室天棚图

效果图片赏析

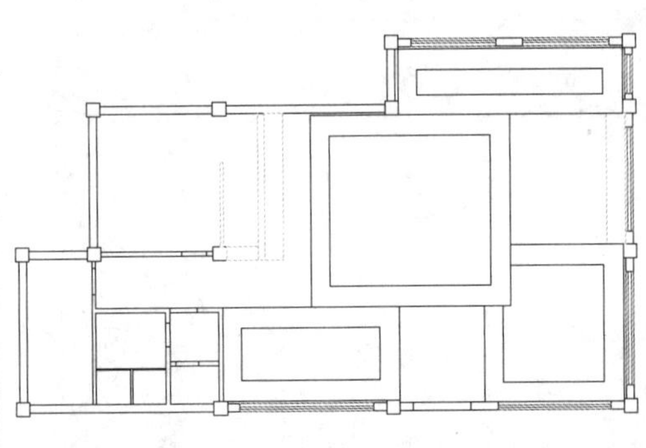

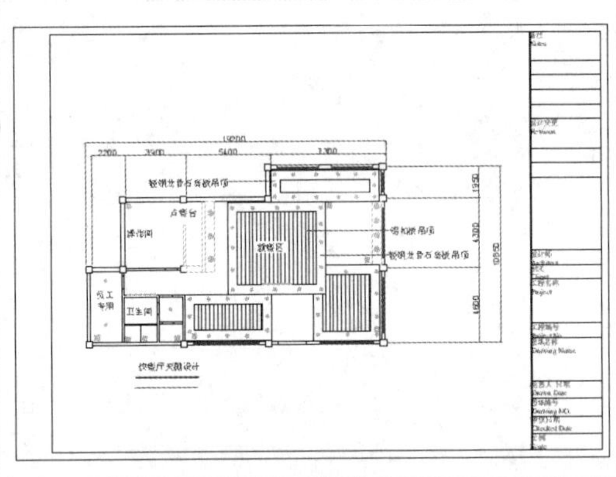

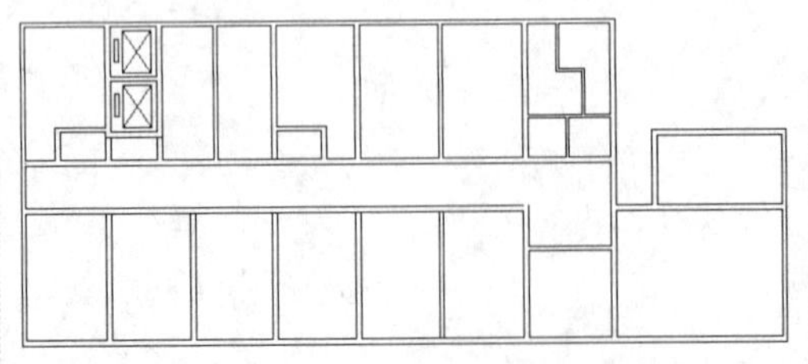

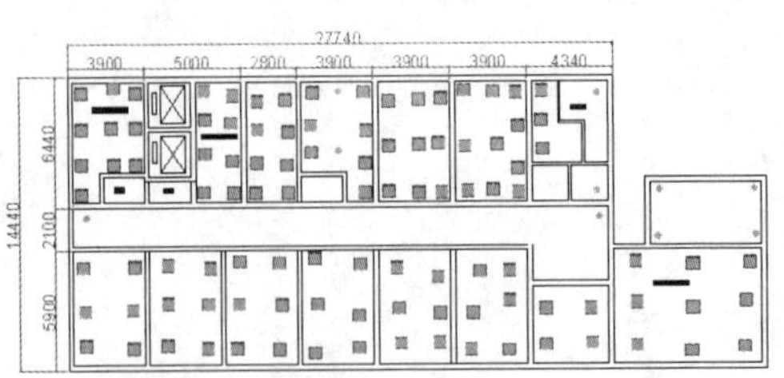

10.1 绘制快餐店天棚图

随着社会经济发展和人民生活水平的不断提高，人们的餐饮消费观念逐步改变，外出就餐更趋经常化和理性化，选择性增强，对消费质量要求不断增高，更加追求品牌质量、品位特色、卫生安全、营养健康和简便快捷。快餐店的社会需求随之不断扩大，市场消费大众性和基本需求性特点表现更加充分。下面介绍绘制快餐店天棚图的操作方法。

10.1.1 绘制墙体

本实例将介绍墙体的绘制，首先使用“线型比例”、“直线”等命令绘制轴线，然后使用“矩形”、“多线”等命令绘制墙体细节，展示了墙体的具体绘制方法与技巧，其具体操作步骤如下。

素材文件	无	效果文件	第 10 章\墙体.dwg

STEP 01 弹出面板

在命令行中输入 LA（图层）命令，按【Enter】键确认，弹出“图层特性管理器”面板，如下图所示。

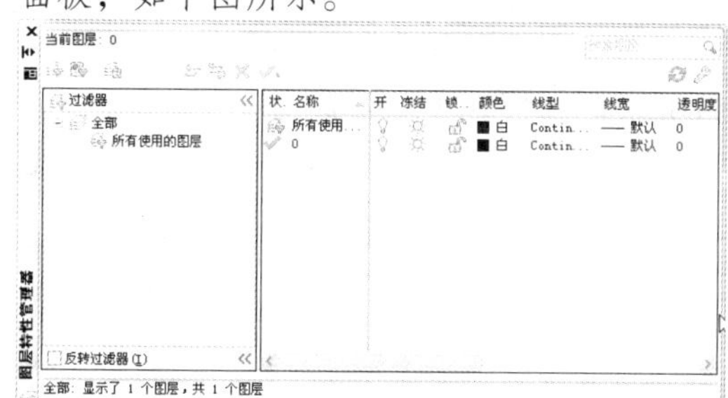

STEP 02 新建图层

单击“新建图层”按钮，新建“轴线”图层，设置“颜色”为“红”、“线型”为 CENTER，如下图所示。

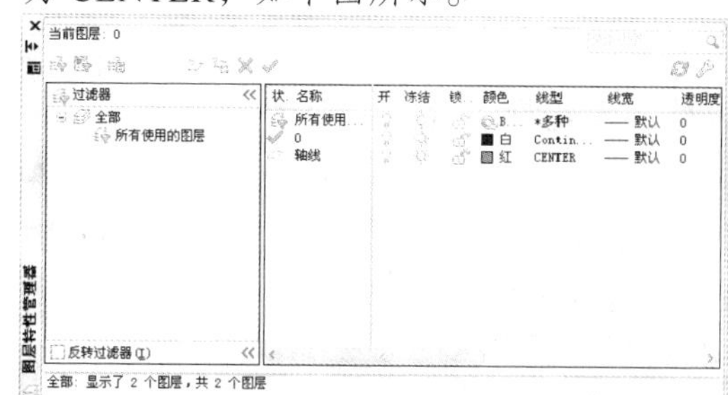

STEP 03 置为当前层

单击“新建图层”按钮，新建“墙线”图层，设置“颜色”为“白”，并将“轴线”图层置为当前层，如下图所示。

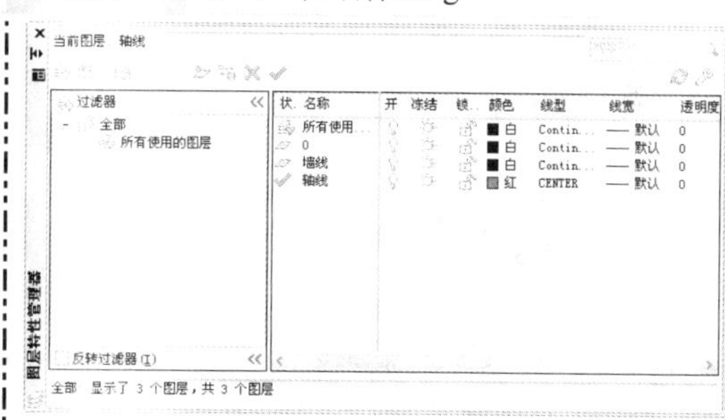

STEP 04 绘制直线

在命令行中输入 LTS（线型比例）命令，按【Enter】键确认，根据命令行提示进行操作，设置比例因子为 20。在命令行中输入 L（直线）命令，按【Enter】键确认，根据命令行提示进行操作，在绘图区任意一点单击鼠标左键，按【F8】键，启用正交功能，绘制长度为 18800 的水平直线，如下图所示。

STEP 05 绘制直线

在命令行中输入 L（直线）命令，按【Enter】键确认，根据命令行提示进行操作，捕捉新绘制直线的左端点，向上引导光标，绘制一条高度为 10850 的垂直直线，如下图所示。

STEP 06 偏移直线

在命令行中输入 O（偏移）命令，按【Enter】键确认，根据命令行提示进行操

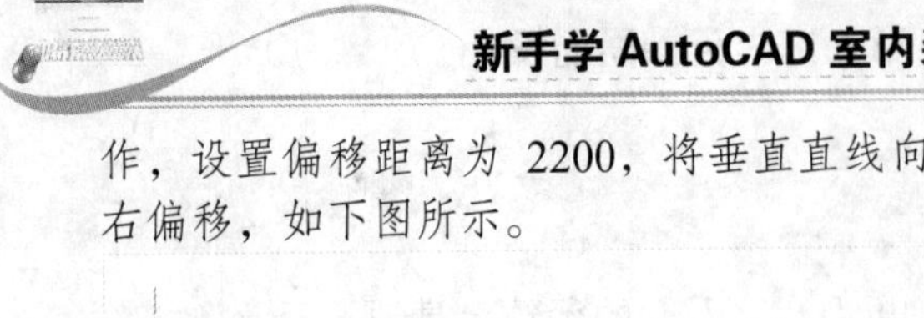

作，设置偏移距离为 2200，将垂直直线向右偏移，如下图所示。

STEP 07 **偏移直线**

在命令行中输入 O（偏移）命令，按【Enter】键确认，根据命令行提示进行操作，设置偏移距离为 2260，将偏移所得直线向右偏移，如下图所示。

STEP 08 **偏移直线**

在命令行中输入 O（偏移）命令，按【Enter】键确认，根据命令行提示进行操作，设置偏移距离为 1640，将偏移所得直线向右偏移，如下图所示。

STEP 09 **偏移直线**

在命令行中输入 O（偏移）命令，按【Enter】键确认，根据命令行提示进行操作，设置偏移距离为 5400，将偏移所得直线向右偏移，如下图所示。

STEP 10 **偏移直线**

在命令行中输入 O（偏移）命令，按【Enter】键确认，根据命令行提示进行操作，设置偏移距离为 7300，将偏移所得直线向右偏移，如下图所示。

STEP 11 **偏移直线**

在命令行中输入 O（偏移）命令，按【Enter】键确认，根据命令行提示进行操作，设置偏移距离为 2940，将水平直线向上偏移，如下图所示。

STEP 12 **偏移直线**

在命令行中输入 O（偏移）命令，按【Enter】键确认，根据命令行提示进行操作，设置偏移距离为 1660，将偏移所得直线向上偏移，如下图所示。

STEP 13 **偏移直线**

在命令行中输入 O（偏移）命令，按【Enter】键确认，根据命令行提示进行操作，设置偏移距离为 4300，将偏移所得直线向上偏移，如下图所示。

STEP 14 **偏移直线**

在命令行中输入 O（偏移）命令，按【Enter】键确认，根据命令行提示进行操作，设置偏移距离为 1950，将偏移所得直线向上偏移，如下图所示。

STEP 15 **置为当前层**

在命令行中输入 LA（图层）命令，按【Enter】键确认，弹出“图层特性管理器”面板，双击“墙线”图层，将“墙线”图层置为当前层，如下图所示。

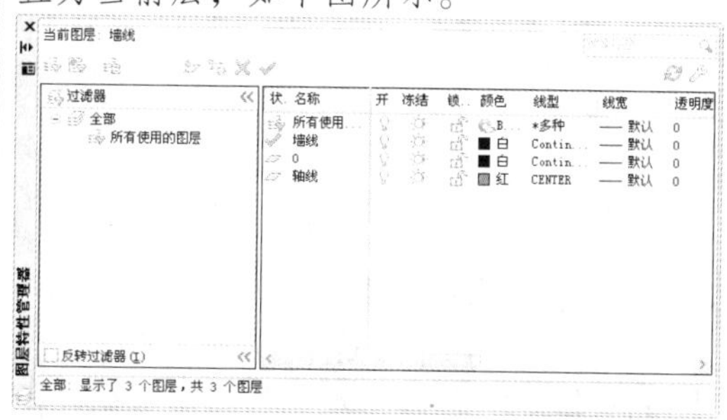

STEP 16 **捕捉角点**

在命令行中输入 REC（矩形）命令，按【Enter】键确认，根据命令行提示进行操作，输入 FROM 命令并确认，捕捉左下角点，如下图所示。

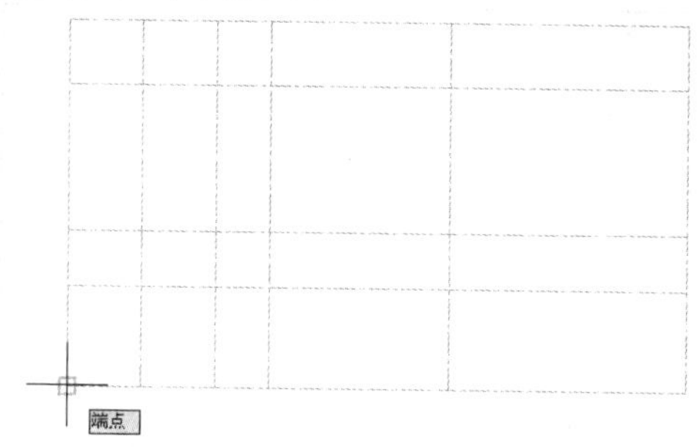

STEP 17 **绘制矩形**

单击鼠标左键确认，输入（@-200,-200）、（@400,400），按【Enter】键确认，绘制矩形，如下图所示。

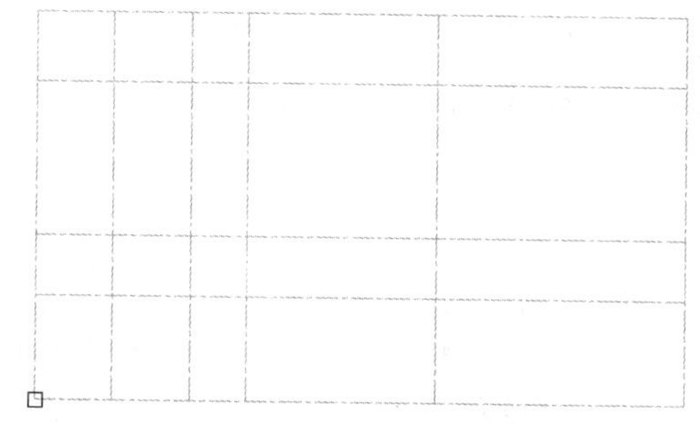

STEP 18 **复制矩形**

在命令行中输入 CO（复制）命令，按【Enter】键确认，根据命令行提示进行操作，捕捉相应的点，复制矩形至各轴线交点

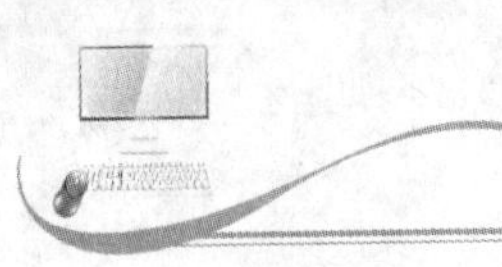

处，如下图所示。

STEP 19 绘制多线

在命令行中输入 ML（多线）命令，按【Enter】键确认，根据命令行提示进行操作，设置“比例”为 240、“对正”为“无”，捕捉绘图区中矩形相应边的中点，绘制多线，如下图所示。

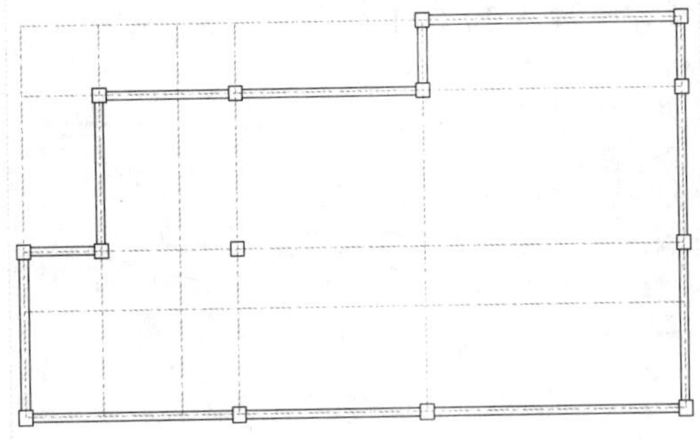

STEP 20 绘制多线

在命令行中输入 ML（多线）命令，按【Enter】键确认，根据命令行提示进行操作，设置“比例”为 120、“对正”为“无”，捕捉绘图区中矩形相应边的中点，绘制多线，如下图所示。

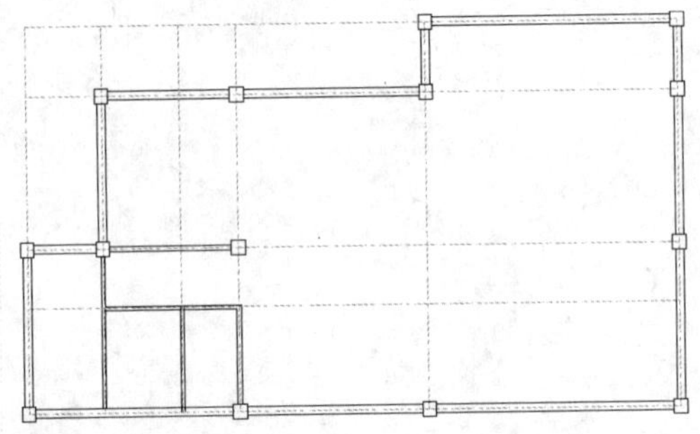

STEP 21 隐藏图层

在命令行中输入 LA（图层）命令，按【Enter】键确认，弹出“图层特性管理器”面板，隐藏“轴线”图层，效果如下图所示。

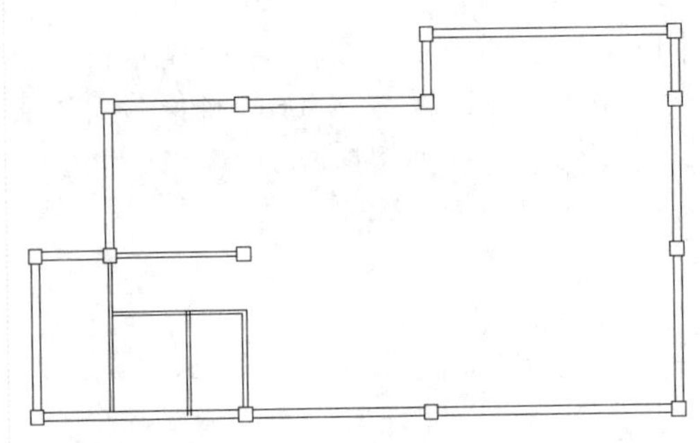

10.1.2 绘制原始结构图

本实例将介绍原始结构图的绘制，首先使用“显示图层”、“偏移”等命令绘制辅助线，然后使用“延伸”、“修剪”等命令绘制原始结构图细节，展示了原始结构图的具体绘制方法与技巧，其具体操作步骤如下。

素材文件	无	效果文件	第 10 章\原始结构图.dwg

STEP 01 修剪多余的图形

以上例效果为例，在命令行中输入 X（分解）命令，按【Enter】键确认，根据命令行提示进行操作，分解所有多线。在命令行中输入 TR（修剪）命令，按【Enter】键确认，根据命令行提示进行操作，修剪多余的图形，如下图所示。

STEP 02 显示所有图层

在命令行中输入 LAYON（显示图层）命令，按【Enter】键确认，显示所有图层，效果如下图所示。

STEP 03 偏移轴线

在命令行中输入 O（偏移）命令，按【Enter】键确认，根据命令行提示进行操作，输入 L（图层），按【Enter】键确认，选择 C（当前）选项并确认，设置偏移距离为 600，将最右侧轴线向左偏移，如下图所示。

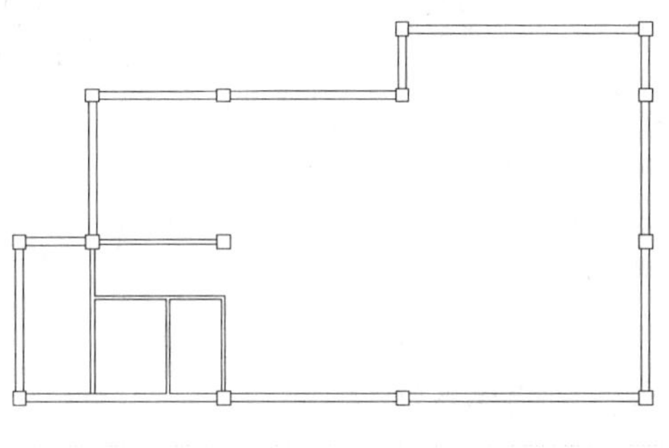

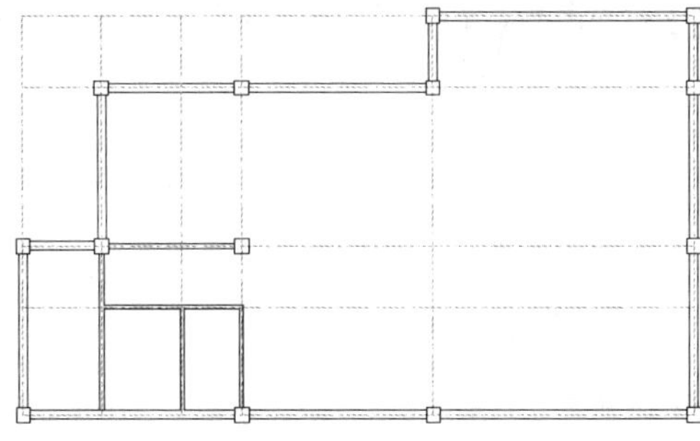

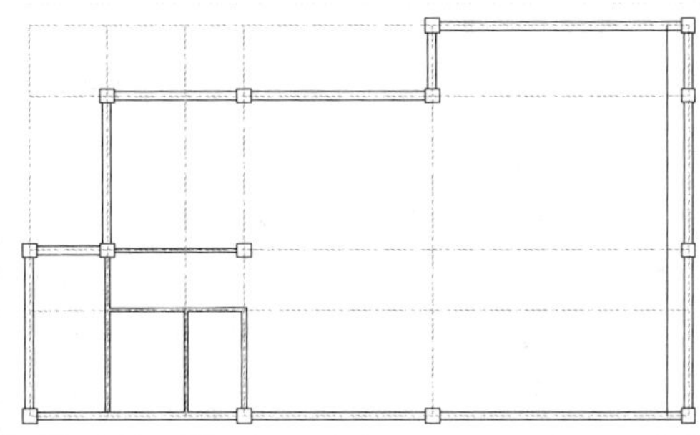

STEP 04 偏移直线

在命令行中输入 O（偏移）命令，按【Enter】键确认，根据命令行提示进行操作，设置偏移距离为 2650，将偏移所得直线向左偏移，如下图所示。

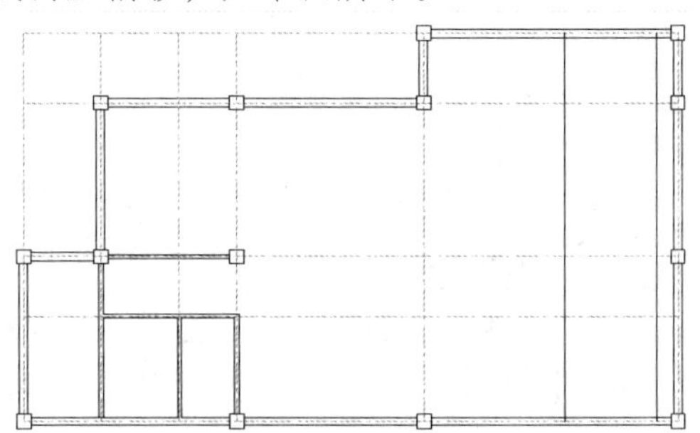

STEP 05 偏移直线

在命令行中输入 O（偏移）命令，按【Enter】键确认，根据命令行提示进行操作，设置偏移距离为 800，将偏移所得直线向左偏移，如下图所示。

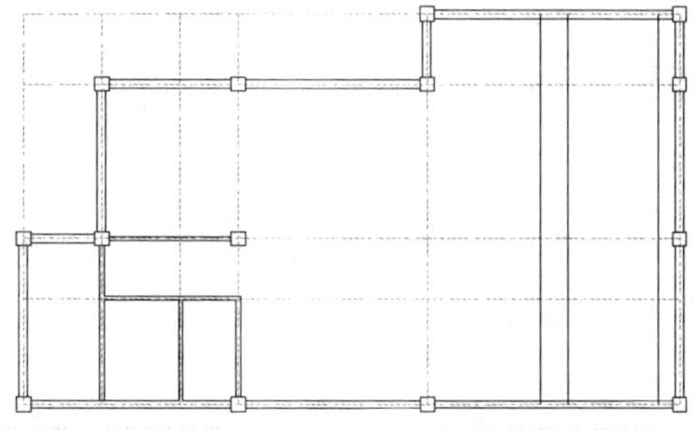

STEP 06 偏移直线

在命令行中输入 O（偏移）命令，按【Enter】键确认，根据命令行提示进行操作，设置偏移距离为 850，将偏移所得直线向左偏移，如下图所示。

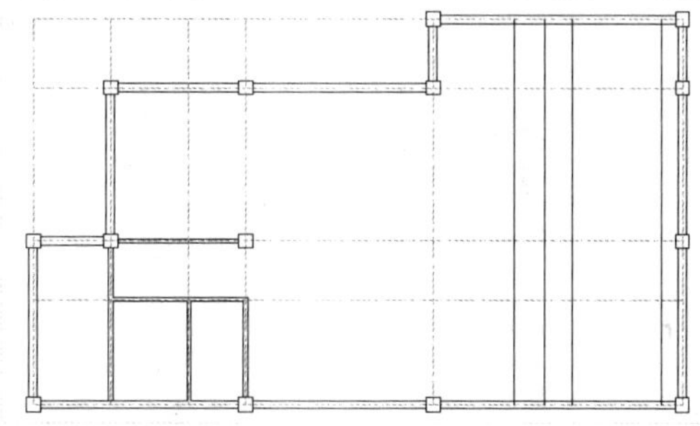

STEP 07 偏移直线

在命令行中输入 O（偏移）命令，按【Enter】键确认，根据命令行提示进行操作，设置偏移距离为 1800，将偏移所得直线向左偏移，如下图所示。

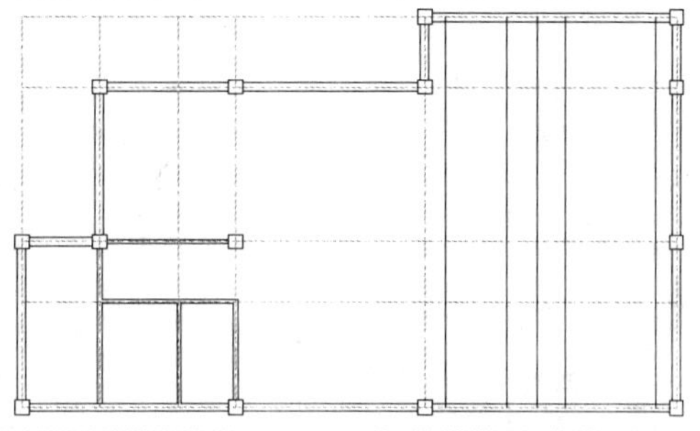

STEP 08 **偏移直线**

在命令行中输入 O（偏移）命令，按【Enter】键确认，根据命令行提示进行操作，设置偏移距离为 1200，将偏移所得直线向左偏移，如下图所示。

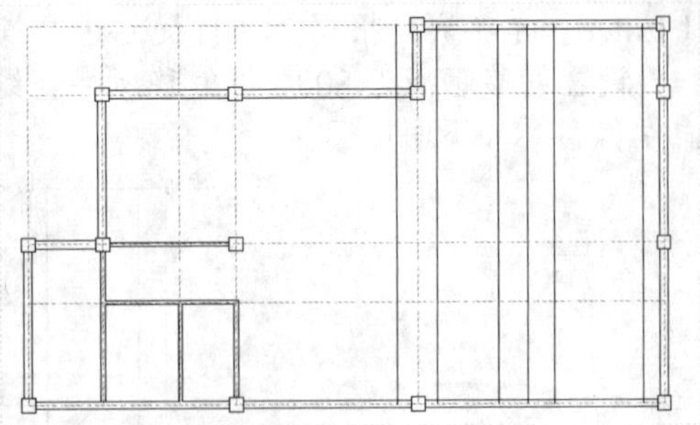

STEP 09 **偏移直线**

在命令行中输入 O（偏移）命令，按【Enter】键确认，根据命令行提示进行操作，设置偏移距离为 4200，将偏移所得直线向左偏移，如下图所示。

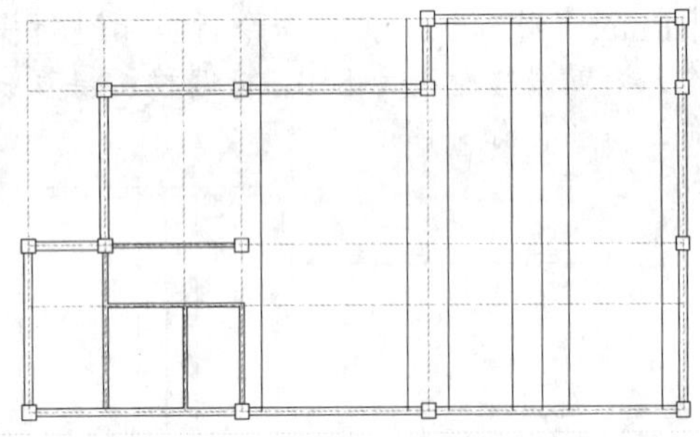

STEP 10 **偏移直线**

在命令行中输入 O（偏移）命令，按【Enter】键确认，根据命令行提示进行操作，设置偏移距离为 1000，将偏移所得直线向左偏移，如下图所示。

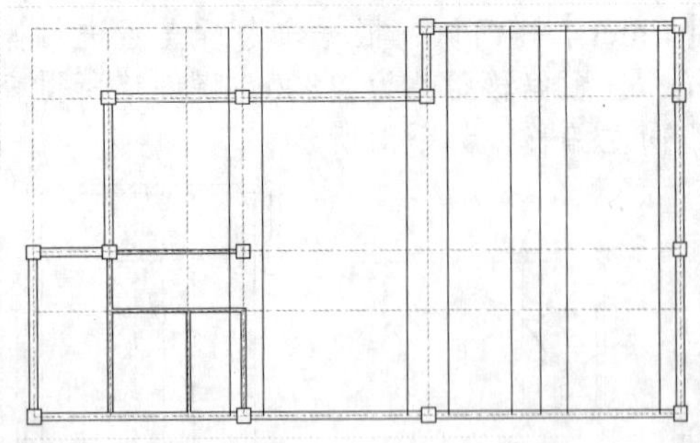

STEP 11 **偏移直线**

在命令行中输入 O（偏移）命令，按【Enter】键确认，根据命令行提示进行操作，设置偏移距离为 300，将偏移所得直线向左偏移，如下图所示。

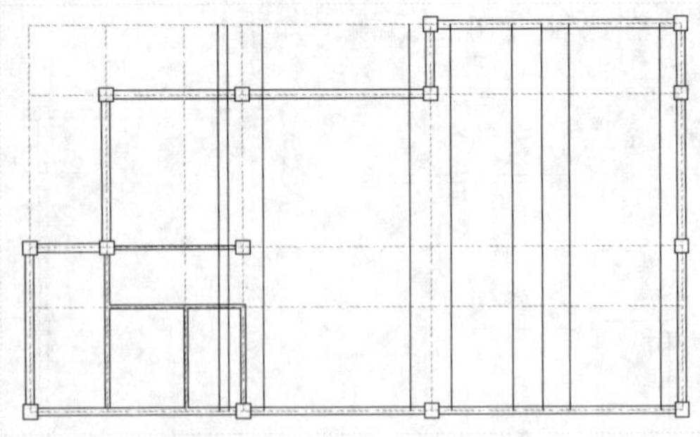

STEP 12 **偏移直线**

在命令行中输入 O（偏移）命令，按【Enter】键确认，根据命令行提示进行操作，设置偏移距离为 500，将偏移所得直线向左偏移，如下图所示。

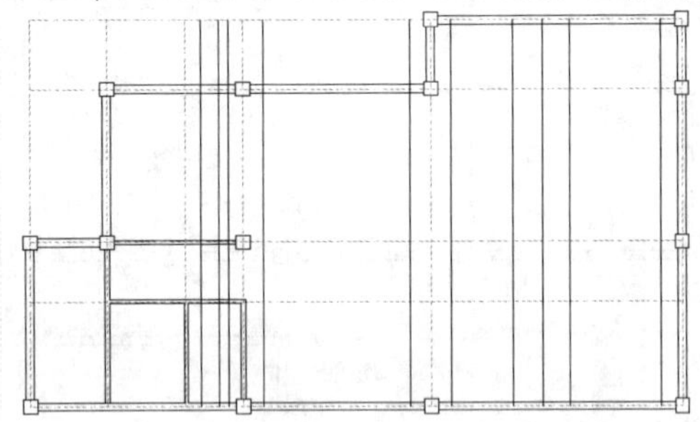

STEP 13 **偏移轴线**

在命令行中输入 O（偏移）命令，按【Enter】键确认，根据命令行提示进行操作，输入 L（图层），按【Enter】键确认，选择 C（当前）选项并确认，设置偏移距离为 400，将最上方轴线向下偏移，如下图所示。

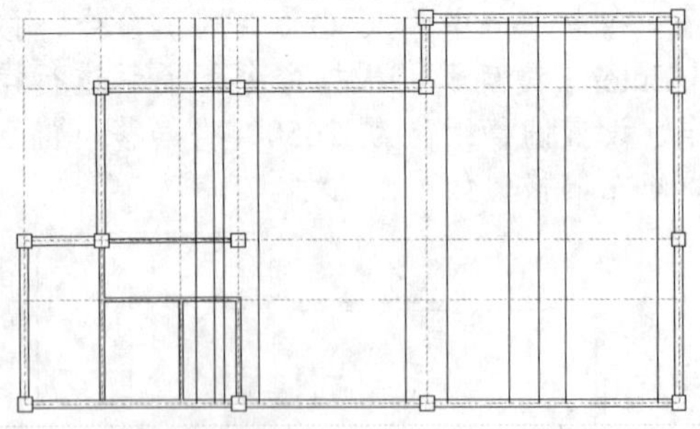

STEP 14 **偏移直线**

在命令行中输入 O（偏移）命令，按【Enter】键确认，根据命令行提示进行操作，设置偏移距离为 1150，将偏移所得直线向下偏移，如下图所示。

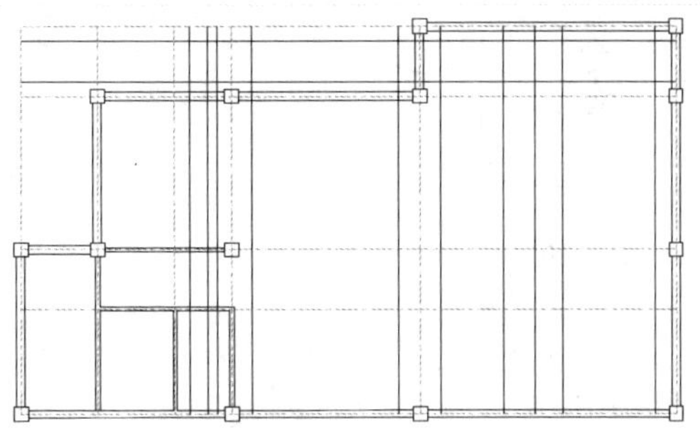

STEP 15 偏移直线

在命令行中输入 O（偏移）命令，按【Enter】键确认，根据命令行提示进行操作，设置偏移距离为 1000，将偏移所得直线向下偏移，如下图所示。

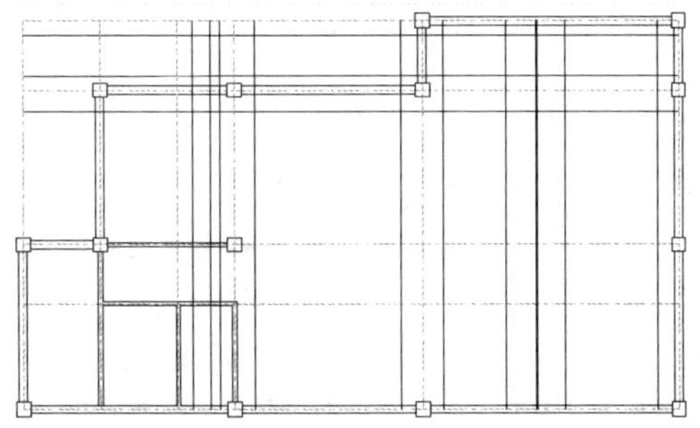

STEP 16 偏移直线

在命令行中输入 O（偏移）命令，按【Enter】键确认，根据命令行提示进行操作，设置偏移距离为 3100，将偏移所得直线向下偏移，如下图所示。

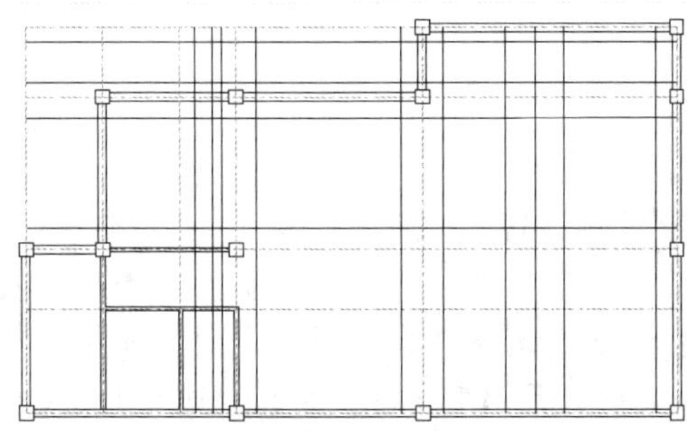

STEP 17 偏移直线

在命令行中输入 O（偏移）命令，按【Enter】键确认，根据命令行提示进行操作，设置偏移距离为 1000，将偏移所得直线向下偏移，如下图所示。

STEP 18 偏移直线

在命令行中输入 O（偏移）命令，按【Enter】键确认，根据命令行提示进行操作，设置偏移距离为 200，将偏移所得直线向下偏移，如下图所示。

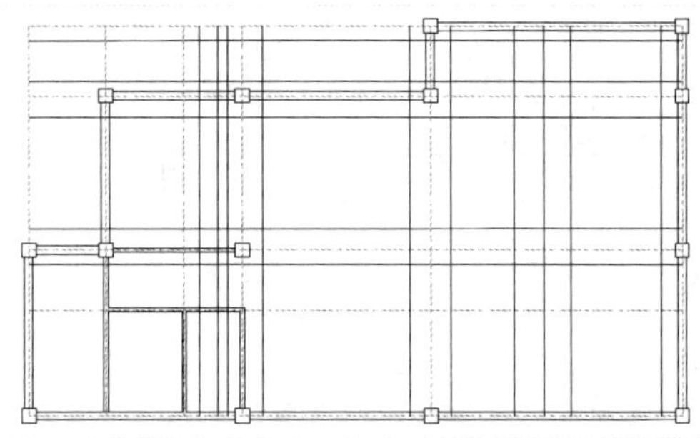

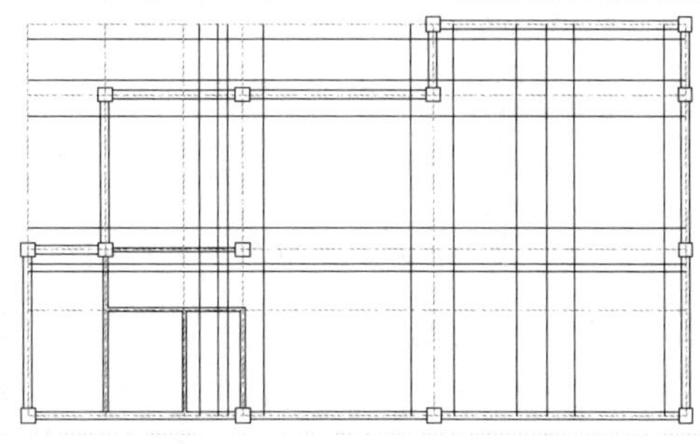

STEP 19 偏移直线

在命令行中输入 O（偏移）命令，按【Enter】键确认，根据命令行提示进行操作，设置偏移距离为 600，将偏移所得直线向下偏移，如下图所示。

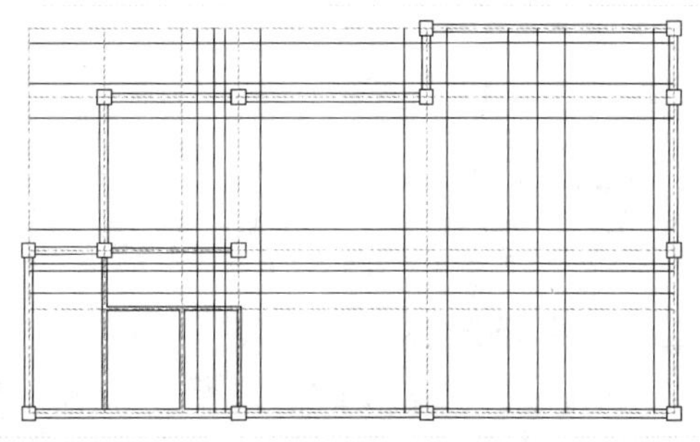

STEP 20 偏移直线

在命令行中输入 O（偏移）命令，按【Enter】键确认，根据命令行提示进行操作，设置偏移距离为 860，将偏移所得直线向下偏移，如下图所示。

STEP 21 偏移直线

在命令行中输入 O（偏移）命令，按【Enter】键确认，根据命令行提示进行操作，设置偏移距离为 700，将偏移所得直线

向下偏移，如下图所示。

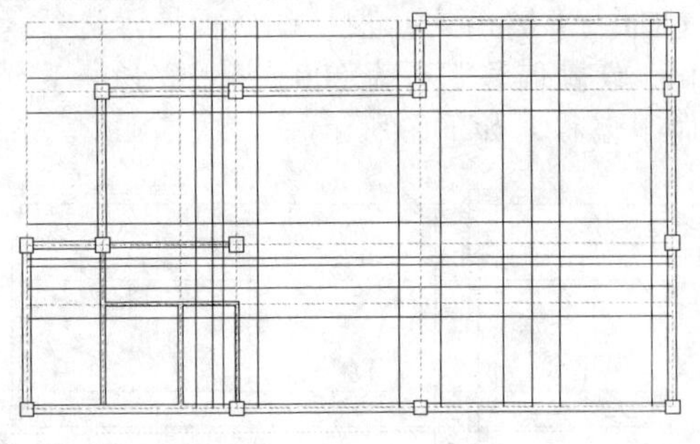

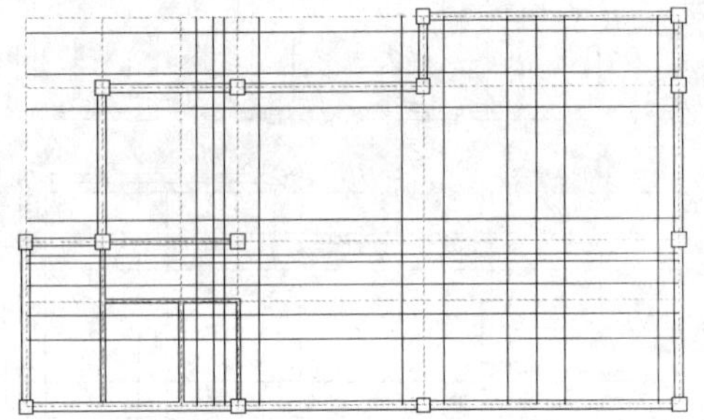

STEP 22 偏移直线

在命令行中输入 O（偏移）命令，按【Enter】键确认，根据命令行提示进行操作，设置偏移距离为 1240，将偏移所得直线向下偏移，如下图所示。

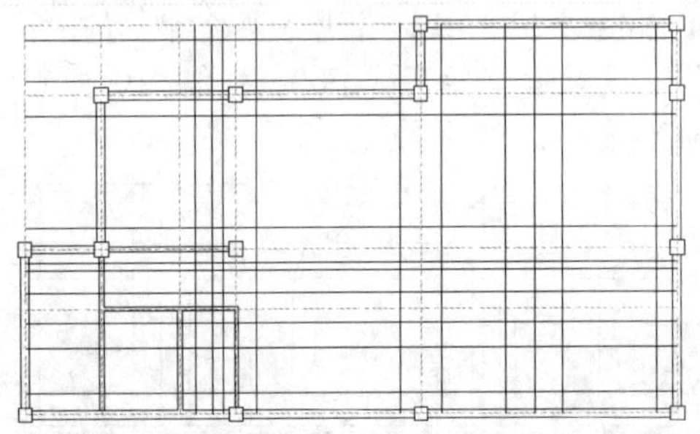

STEP 23 隐藏图层

在命令行中输入 LA（图层）命令，并按【Enter】键确认，弹出“图层特性管理器”面板，隐藏“轴线”图层，效果如下图所示。

STEP 24 修剪多余的图形

在命令行中输入 EX（延伸）命令，按【Enter】键确认，根据命令行提示进行操作，延伸相应直线。在命令行中输入 TR（修剪）命令，按【Enter】键确认，根据命令行提示进行操作，修剪多余的图形，如下图所示。

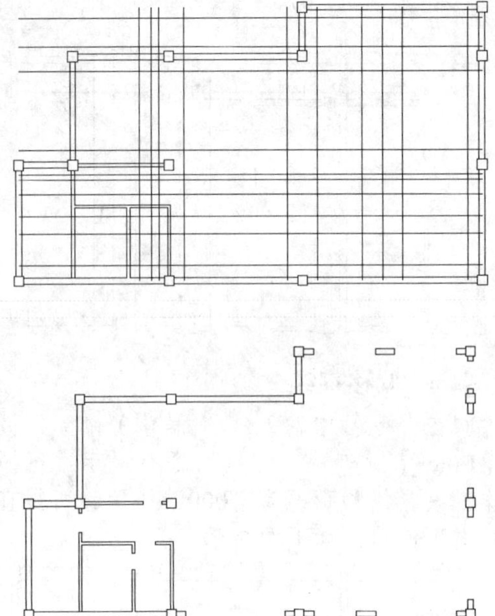

STEP 25 偏移直线

在命令行中输入 O（偏移）命令，按【Enter】键确认，根据命令行提示进行操作，将左下方水平直线向上偏移，偏移距离分别为 1260、60、60 和 120，如下图所示。

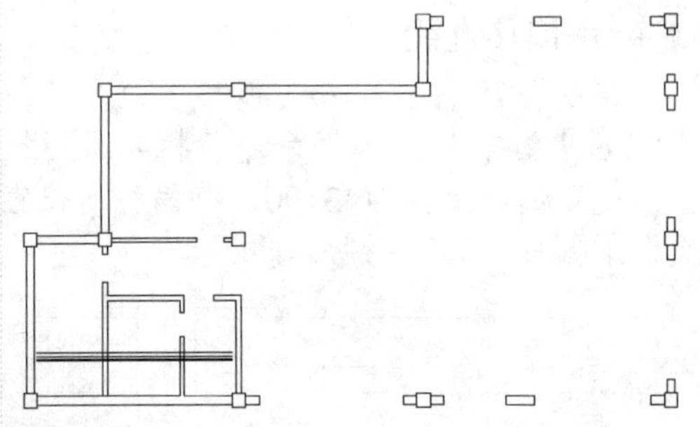

STEP 26 偏移直线

在命令行中输入 O（偏移）命令，按【Enter】键确认，根据命令行提示进行操作，将从左数第 4 条垂直直线向右偏移，偏移距离分别为 340、600、100、60、100、600、660 和 700，如下图所示。

STEP 27 修剪多余的图形

在命令行中输入 EX（延伸）命令，按【Enter】键确认，根据命令行提示进行操作，延伸相应直线。在命令行中输入 TR（修剪）命令，按【Enter】键确认，根据命令行提示进行操作，修剪多余的图形，如下图所示。

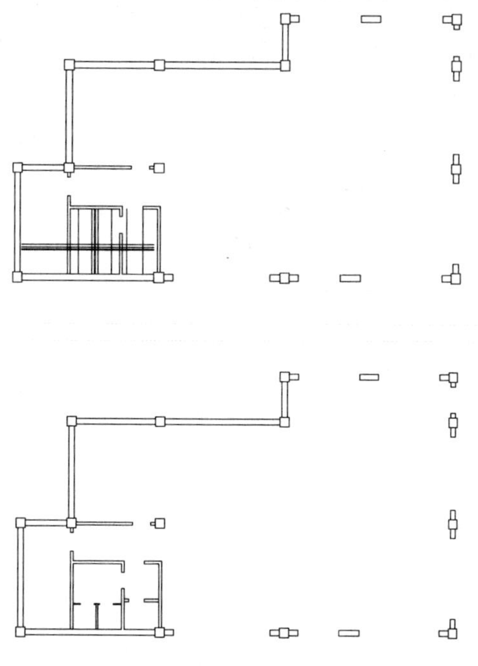

STEP 28 **置为当前层**

在命令行中输入 LA（图层）命令，按【Enter】键确认，弹出“图层特性管理器”面板，单击“新建图层”按钮，新建“门窗”图层，设置“颜色”为“蓝”，并将“门窗”图层置为当前层，如下图所示。

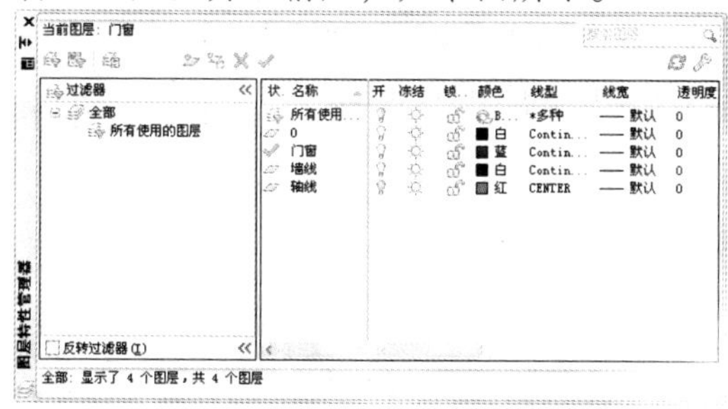

STEP 29 **绘制直线**

在命令行中输入 L（直线）命令，按【Enter】键确认，根据命令行提示进行操作，依次捕捉右下方合适的端点，绘制直线，如下图所示。

STEP 30 **绘制阳台图形**

在命令行中输入 O（偏移）命令，按【Enter】键确认，根据命令行提示进行操作，设置偏移距离为 80，将新绘制的直线向下偏移 3 次，完成阳台图形的绘制，如下图所示。

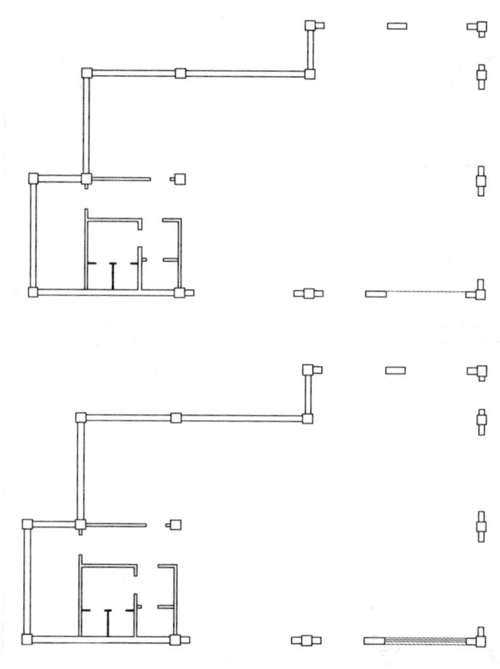

STEP 31 **绘制其他阳台图形**

采用与上一步相同的方法，绘制其他的阳台图形，如下图所示。

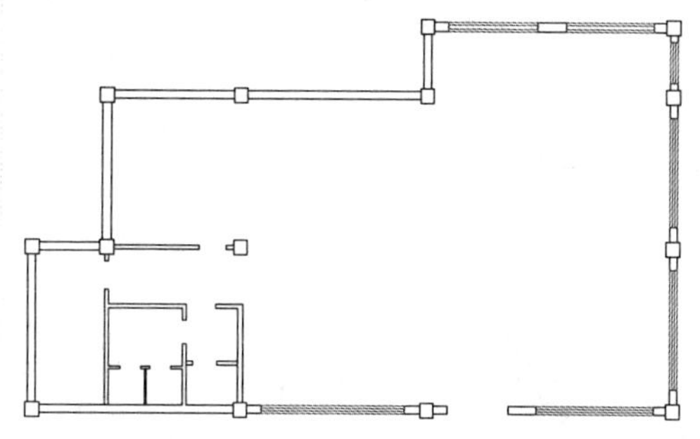

STEP 32 **置为当前层**

在命令行中输入 LA（图层）命令，按【Enter】键确认，弹出“图层特性管理器”面板，单击“新建图层”按钮，新建“家具”图层，设置“颜色”为 253，并将“家具”图层置为当前层，如下图所示。

STEP 33 **绘制矩形**

在命令行中输入 REC（矩形）命令，按【Enter】键确认，根据命令行提示进行操作，捕捉中间的矩形右下角点，输入

（@1200,400），按【Enter】键确认，绘制矩形，如下图所示。

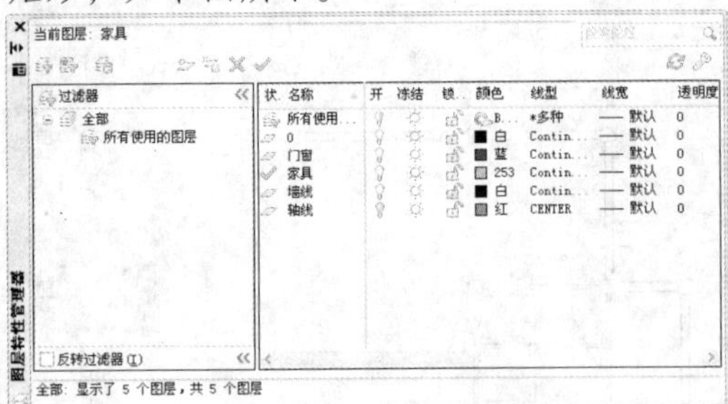

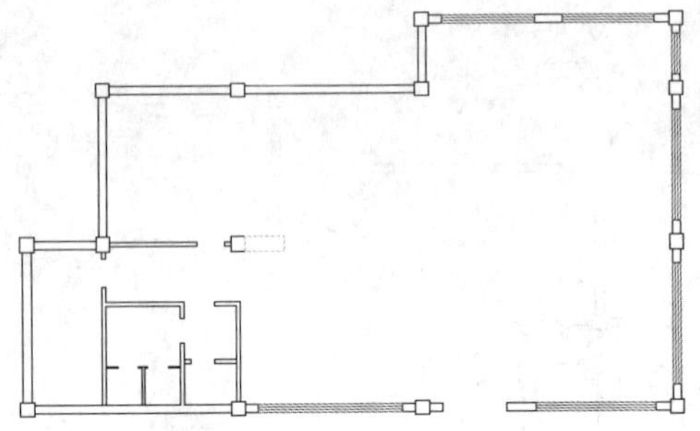

STEP 34 绘制矩形

在命令行中输入 REC（矩形）命令，按【Enter】键确认，根据命令行提示进行操作，捕捉新绘制矩形的右下角点，输入（@600,4380），按【Enter】键确认，绘制矩形，如下图所示。

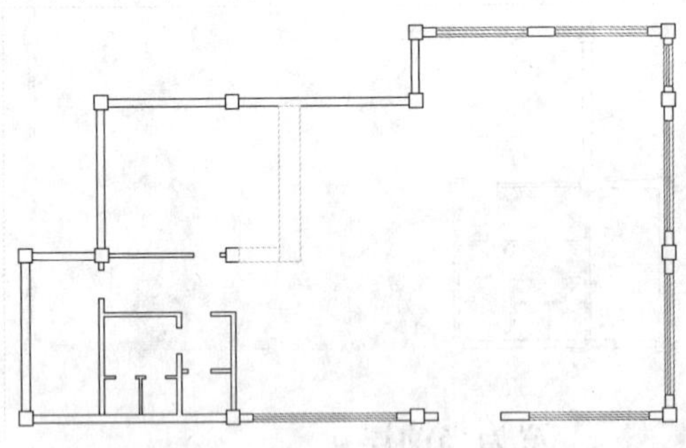

STEP 35 绘制矩形

在命令行中输入 REC（矩形）命令，按【Enter】键确认，根据命令行提示进行操作，捕捉中间的矩形上方中点，输入（@120,2500），按【Enter】键确认，绘制矩形，如下图所示。

STEP 36 偏移直线

在命令行中输入 X（分解）命令，按【Enter】键确认，根据命令行提示进行操作，分解新绘制的 3 个矩形。在命令行中输入 O（偏移）命令，按【Enter】键确认，根据命令行提示进行操作，设置偏移距离为 200，将分解矩形的左边垂直直线向左偏移，如下图所示。

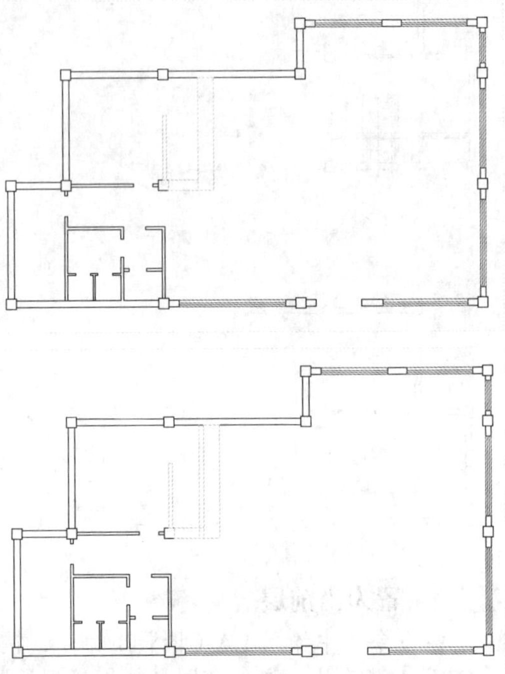

STEP 37 修剪多余的图形

在命令行中输入 TR（修剪）命令，按【Enter】键确认，根据命令行提示进行操作，修剪多余的图形，如下图所示。

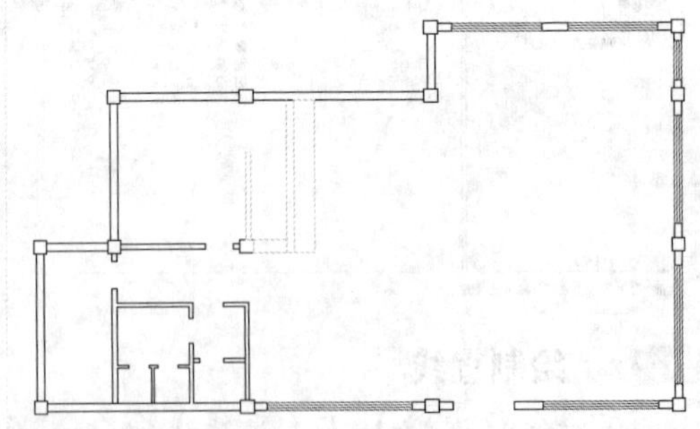

STEP 38 绘制矩形

在命令行中输入 REC（矩形）命令，按【Enter】键确认，根据命令行提示进行操作，捕捉右侧相应墙线的端点为矩形第一角点，输入第二角点坐标为（@-600,-3900），并按【Enter】键确认，绘制矩形，如下图所示。

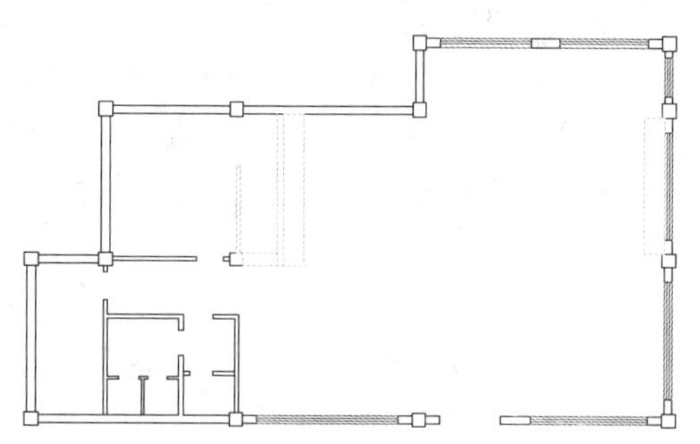

STEP 39　置为当前层

在命令行中输入 LA（图层）命令，按【Enter】键确认，弹出“图层特性管理器”面板，双击“墙线”图层，将“墙线”图层置为当前层，如下图所示。

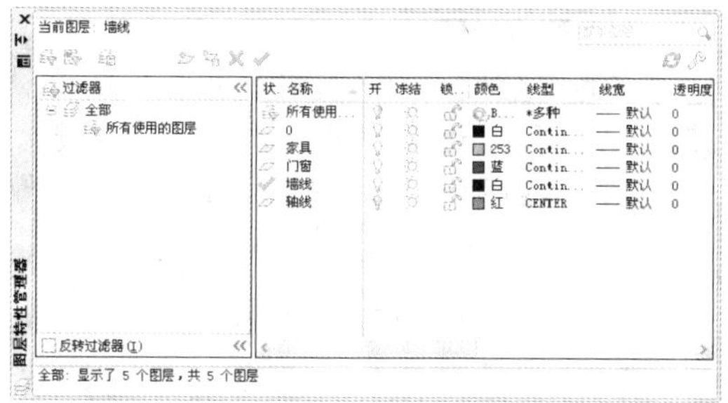

STEP 40　绘制矩形

在命令行中输入 REC（矩形）命令，按【Enter】键确认，根据命令行提示进行操作，捕捉门洞的两端点，绘制矩形，如下图所示。

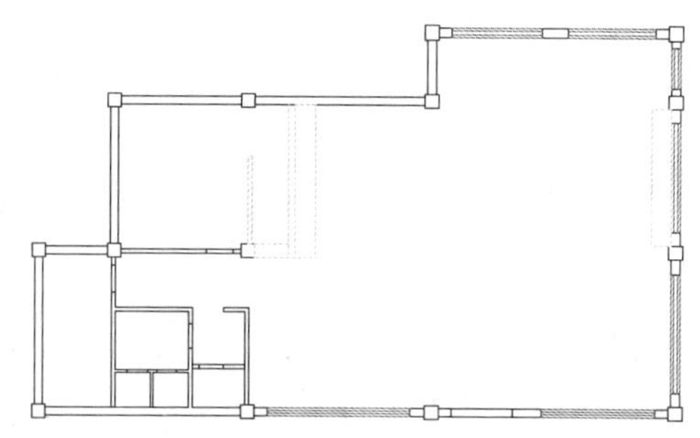

STEP 41　绘制矩形

在命令行中输入 REC（矩形）命令，按【Enter】键确认，根据命令行提示进行操作，捕捉中间门洞左上端点，输入（@-880,-120），按【Enter】键确认，绘制矩形，如下图所示。

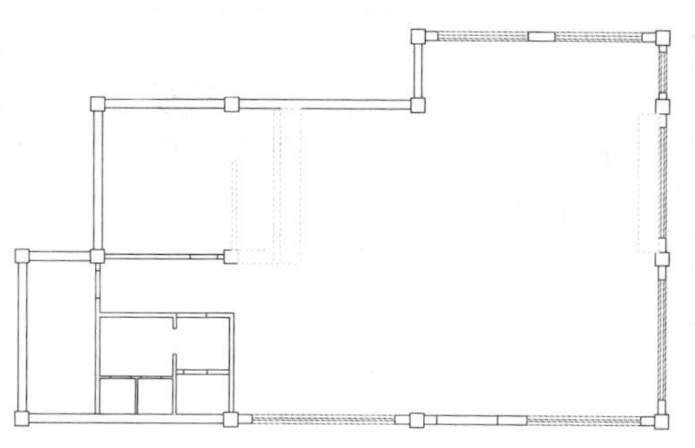

10.1.3　绘制天棚造型

本实例将介绍天棚造型的绘制，通过“矩形”、“偏移”等命令绘制天棚造型，展示了天棚造型的具体绘制方法与技巧，其具体操作步骤如下。

素材文件	无	效果文件	第 10 章\天棚造型.dwg

STEP 01　捕捉角点

以上例效果为例，在命令行中输入 REC（矩形）命令，按【Enter】键确认，根据命令行提示进行操作，捕捉左下方相应角点，如下图所示。

STEP 02　绘制矩形

单击鼠标左键确认，向左上方引导光标，捕捉相应的角点，绘制矩形，效果如下图所示。

STEP 03　偏移矩形

在命令行中输入 O（偏移）命令，按【Enter】键确认，根据命令行提示进行操作，设置偏移距离为 600，将新绘制的矩形向内侧偏移，如下图所示。

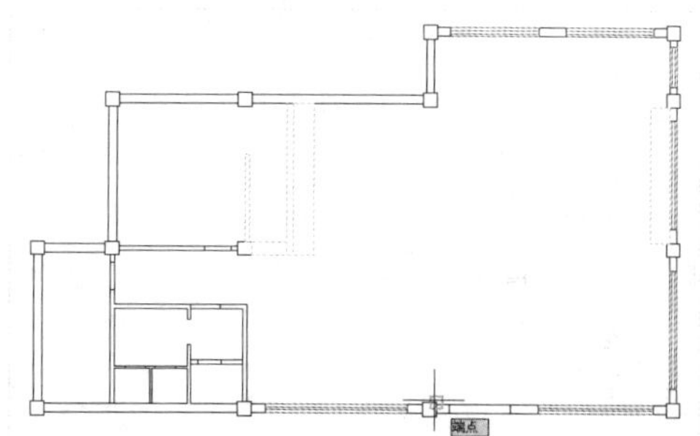

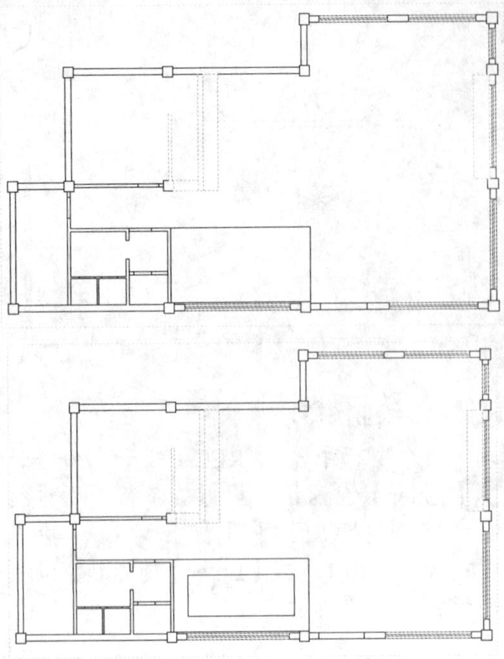

STEP 04 捕捉角点

在命令行中输入 REC（矩形）命令，按【Enter】键确认，根据命令行提示进行操作，捕捉右上方角点，如下图所示。

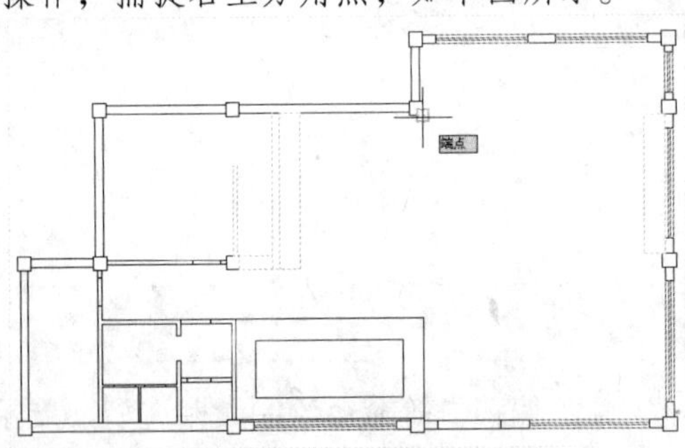

STEP 05 绘制矩形

单击鼠标左键确认，向右上方引导光标，捕捉相应的角点，绘制矩形，效果如下图所示

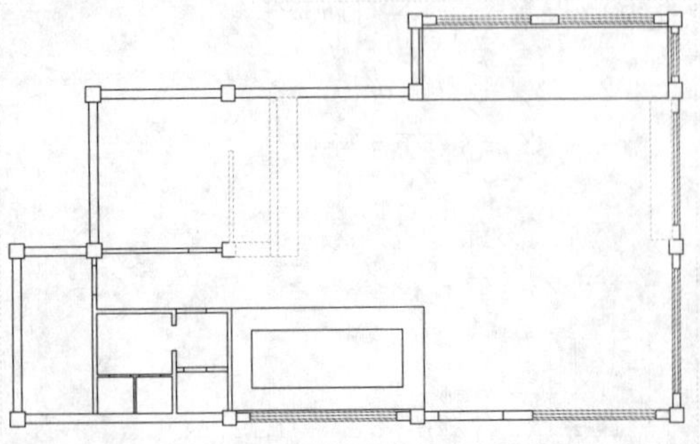

STEP 06 偏移矩形

在命令行中输入 O（偏移）命令，按【Enter】键确认，根据命令行提示进行操作，设置偏移距离为 600，将新绘制的矩形向内侧偏移，如下图所示。

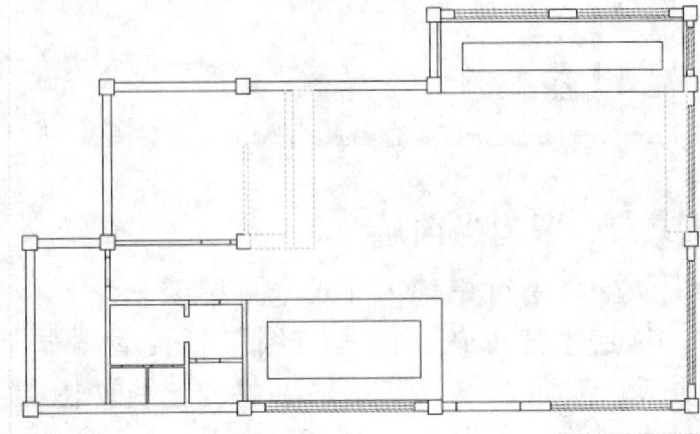

STEP 07 捕捉中点

在命令行中输入 REC（矩形）命令，按【Enter】键确认，根据命令行提示进行操作，捕捉新绘制矩形的下边中点，如下图所示。

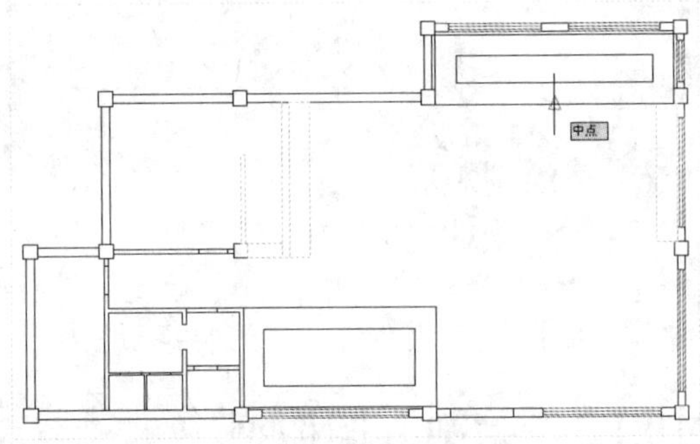

STEP 08 绘制矩形

单击鼠标左键确认，向左下方引导光标，捕捉下方矩形的上方中点，绘制矩形，如下图所示。

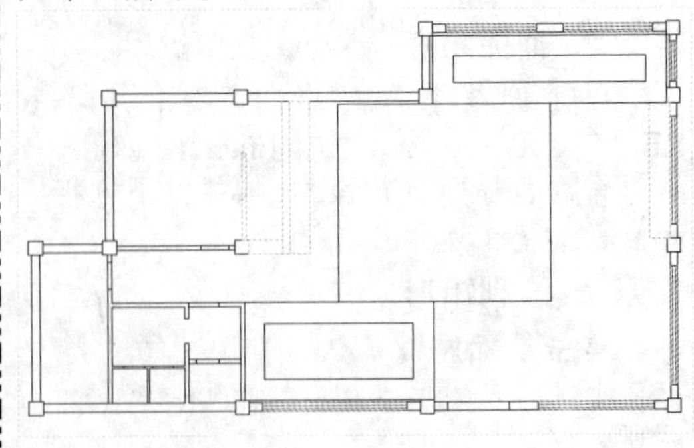

STEP 09 偏移矩形

在命令行中输入 O（偏移）命令，按

【Enter】键确认，根据命令行提示进行操作，设置偏移距离为 600，将新绘制的矩形向内侧偏移，如下图所示。

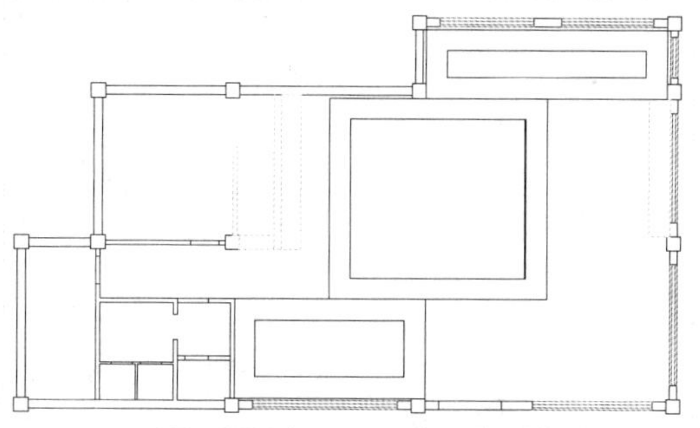

STEP 10 捕捉相应的中点

在命令行中输入 REC（矩形）命令，按【Enter】键确认，根据命令行提示进行操作，捕捉相应的中点，如下图所示。

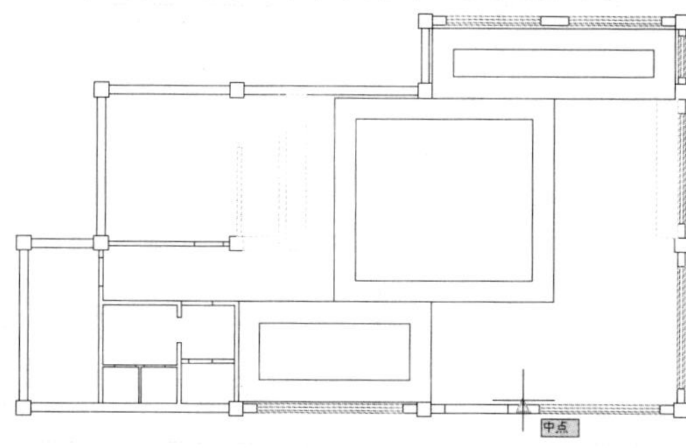

STEP 11 绘制矩形

单击鼠标左键确认，向右上方引导光标，捕捉相应的角点，绘制矩形，效果如下图所示。

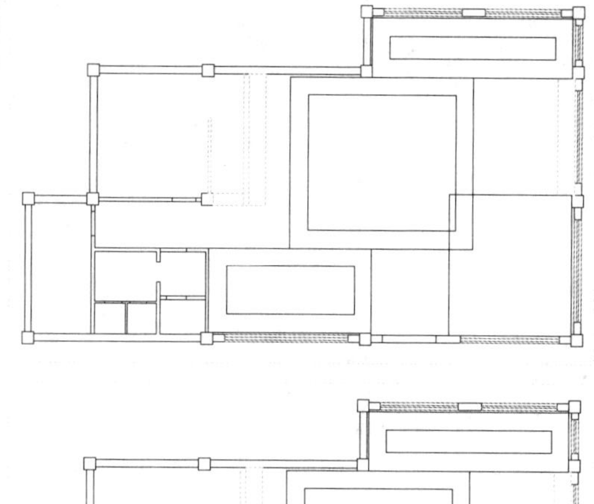

STEP 12 偏移矩形

在命令行中输入 O（偏移）命令，按【Enter】键确认，根据命令行提示进行操作，设置偏移距离为 600，将新绘制的矩形向内侧偏移，如下图所示。

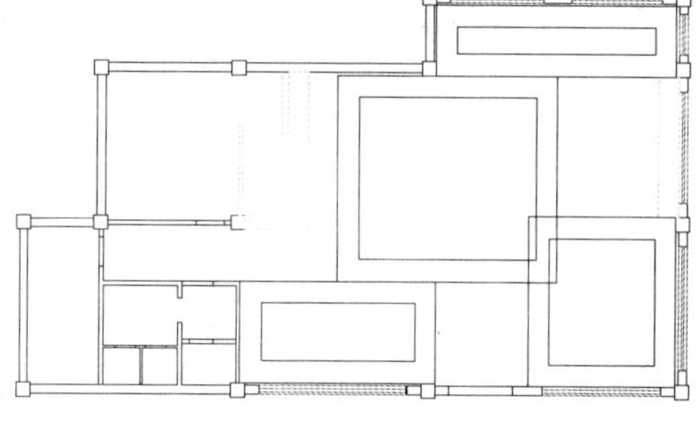

STEP 13 修剪多余的图形

在命令行中输入 TR（修剪）命令，按【Enter】键确认，根据命令行提示进行操作，修剪多余的图形，如下图所示。

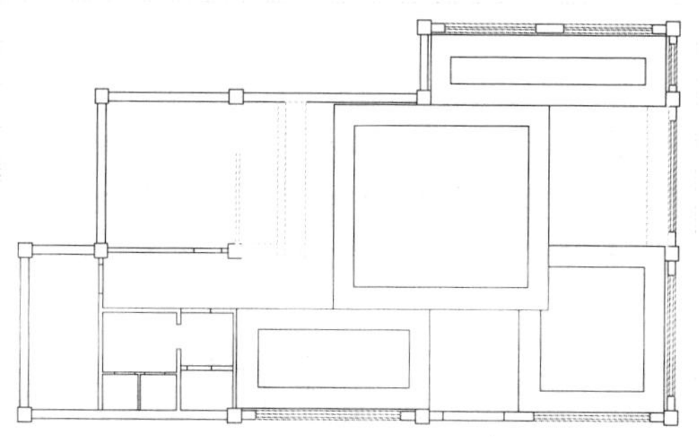

10.1.4 完善快餐店天棚图设计

本实例将介绍快餐店天棚图设计的完善，首先使用“附着”、“移动”等命令插入参照文件，然后使用“多行文字”、“图案填充”等命令完善快餐店天棚图设计，展示了完善快餐店天棚图的具体操作方法与技巧，其具体操作步骤如下。

素材文件	第 10 章\艺术吊灯.dwg、射灯.dwg 等	效果文件	第 10 章\快餐店天棚图.dwg

STEP 01 选择参照文件

以上例效果为例，在“功能区”选项板的“插入”选项卡中，单击“参照”面板中的“附着”按钮，弹出“选择参照文件”对话框，然后选择“艺术吊灯”参照文件，如下

图所示。

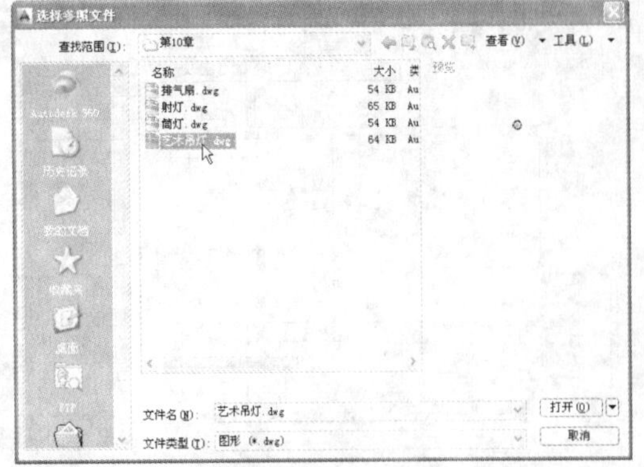

STEP 02 附着参照

单击“打开”按钮，弹出“附着外部参照”对话框，保持默认选项，单击“确定”按钮，输入插入点坐标为（0,0），按【Enter】键确认，附着参照，如下图所示。

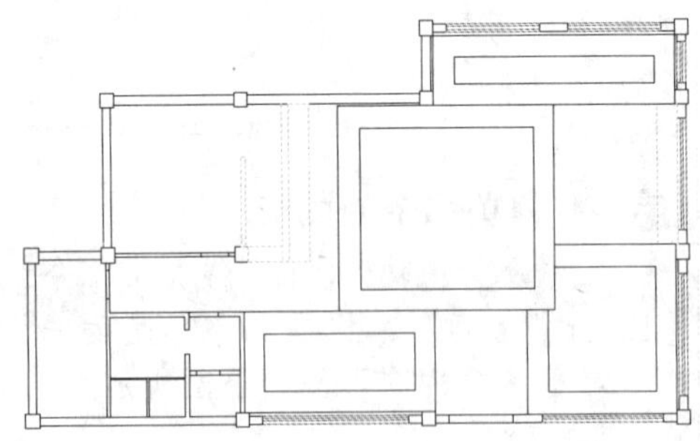

STEP 03 移动图形

在命令行中输入 M（移动）命令，按【Enter】键确认，根据命令行提示进行操作，将“艺术吊灯”图形移至合适位置，如下图所示。

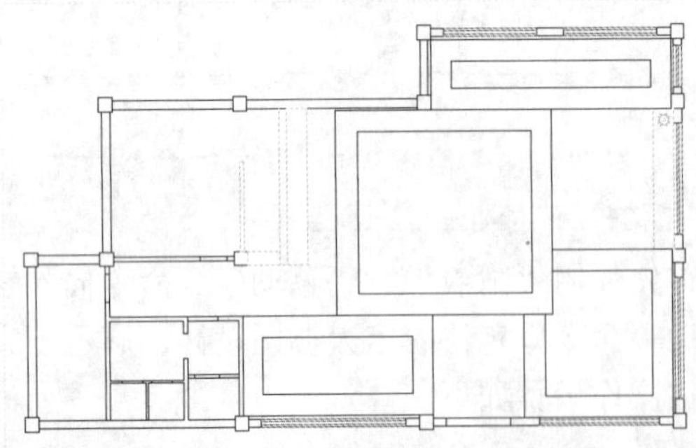

STEP 04 复制图形

在命令行中输入 CO（复制）命令，按【Enter】键确认，根据命令行提示进行操作，复制“艺术吊灯”图形至合适位置，如下图所示。

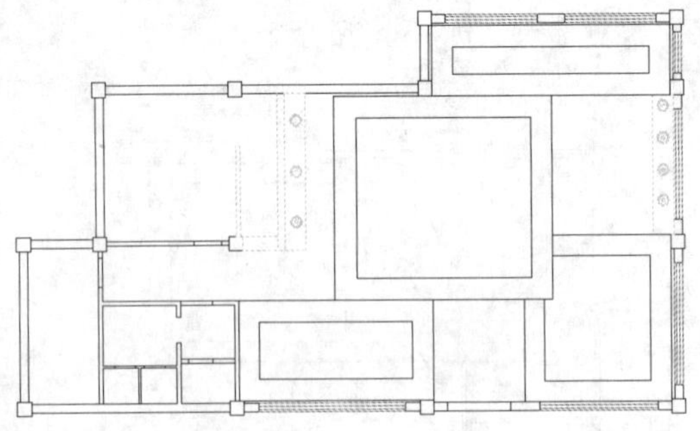

STEP 05 选择参照文件

在“功能区”选项板的“插入”选项卡中，单击“参照”面板中的“附着”按钮，弹出“选择参照文件”对话框，选择“排气扇”参照文件，如下图所示。

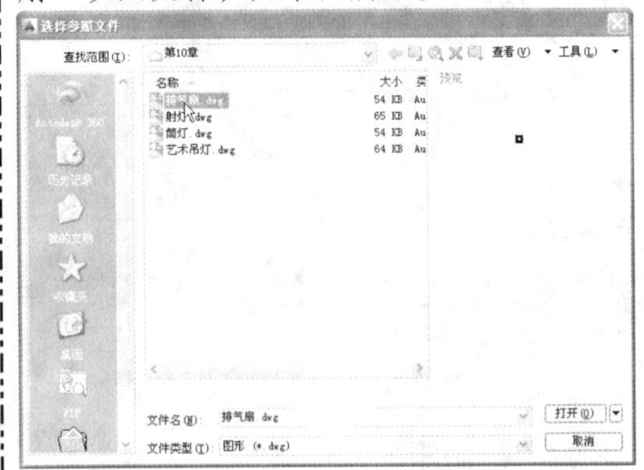

STEP 06 附着参照

单击“打开”按钮，弹出“附着外部参照”对话框，保持默认选项，单击“确定”按钮，输入插入点坐标为（0,0），按【Enter】键确认，附着参照，如下图所示。

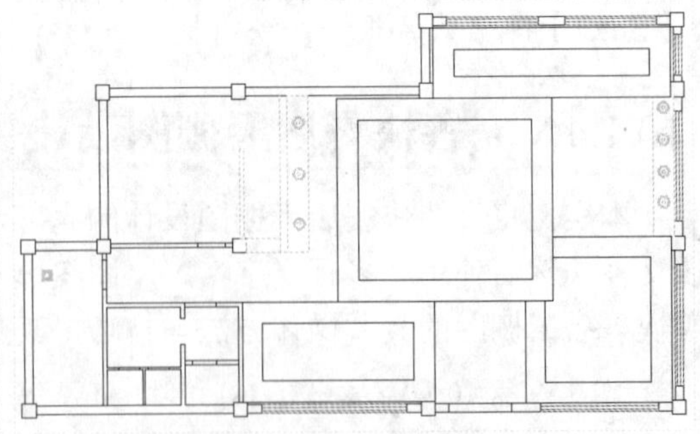

STEP 07 移动图形

在命令行中输入 M（移动）命令，按【Enter】键确认，根据命令行提示进行操作，将“排气扇”图形移至合适位置，效果如下图所示。

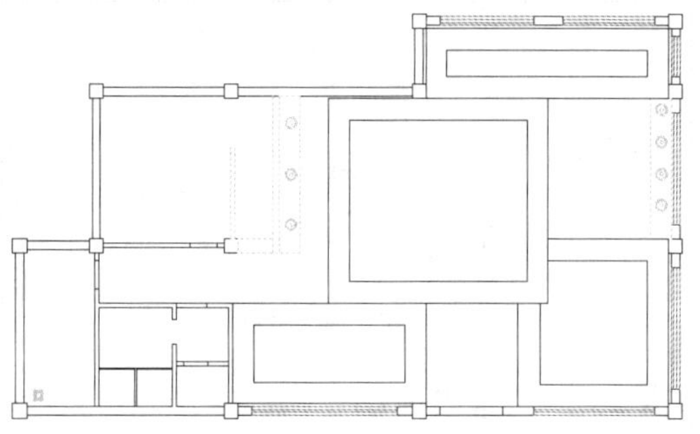

STEP 08　复制图形

在命令行中输入 CO（复制）命令，按【Enter】键确认，根据命令行提示进行操作，复制“排气扇”图形至合适位置，效果如下图所示。

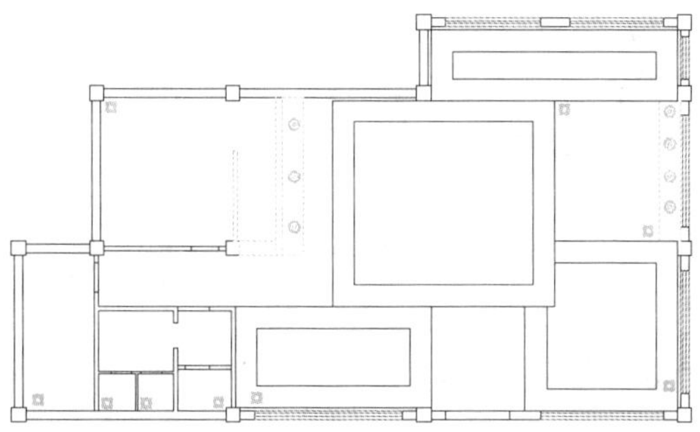

STEP 09　选择参照文件

在“功能区”选项板的“插入”选项卡中，单击“参照”面板中的“附着”按钮，弹出“选择参照文件”对话框，选择“筒灯”参照文件，如下图所示。

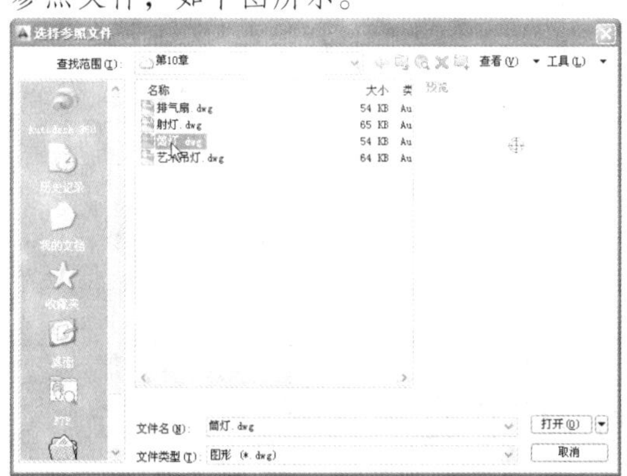

STEP 10　附着参照

单击“打开”按钮，弹出“附着外部参照”对话框，保持默认选项，单击“确定”按钮，输入插入点坐标为(0,0)，按【Enter】键确认，附着参照，如下图所示。

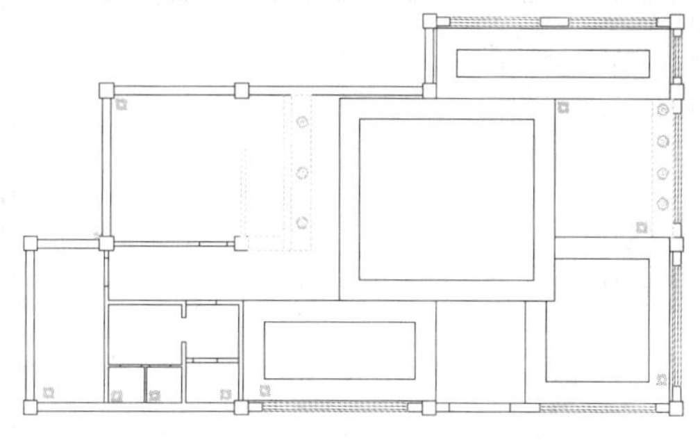

STEP 11　移动图形

在命令行中输入 M（移动）命令，按【Enter】键确认，根据命令行提示进行操作，将“筒灯”图形移至合适位置，如下图所示。

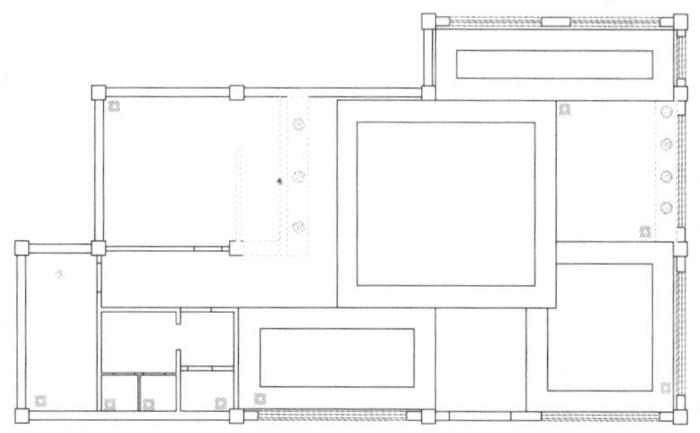

STEP 12　复制图形

在命令行中输入 CO（复制）命令，按【Enter】键确认，根据命令行提示进行操作，复制“筒灯”图形至合适位置，效果如下图所示。

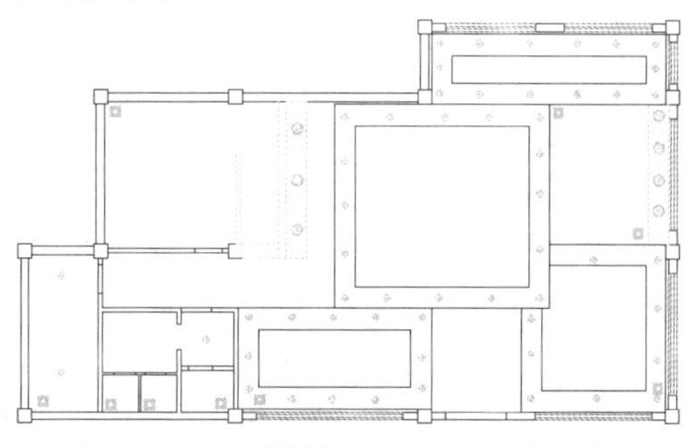

STEP 13　选择参照文件

在“功能区”选项板的“插入”选项卡中，单击“参照”面板中的“附着”按钮，弹出“选择参照文件”对话框，选择“射灯”参照文件，如下图所示。

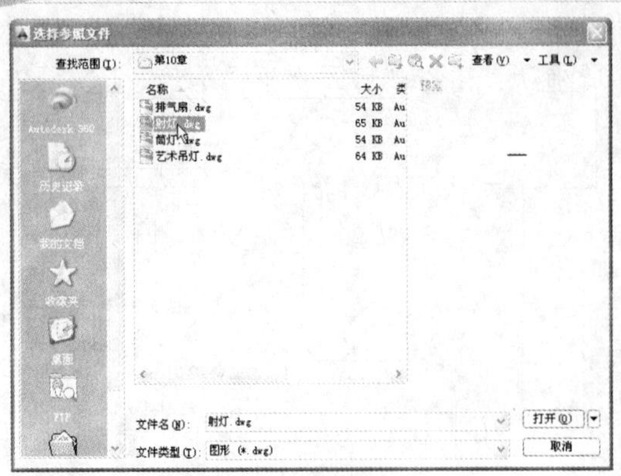

STEP 14 附着参照

单击"打开"按钮，弹出"附着外部参照"对话框，保持默认选项，单击"确定"按钮，输入插入点坐标为（0,0），按【Enter】键确认，附着参照，如下图所示。

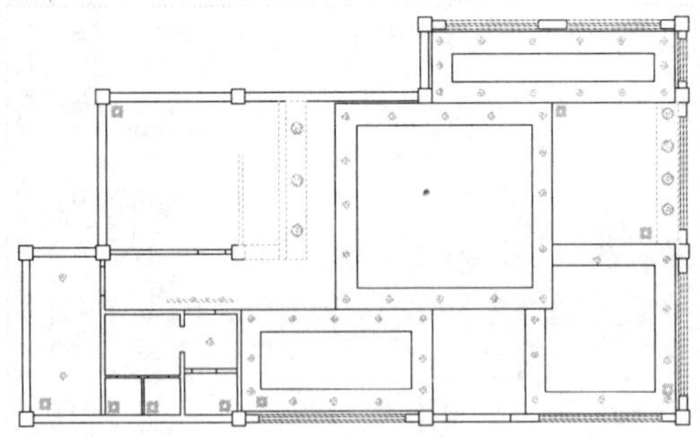

STEP 15 移动图形

在命令行中输入 M（移动）命令，按【Enter】键确认，根据命令行提示进行操作，将"射灯"图形移至合适位置，如下图所示。

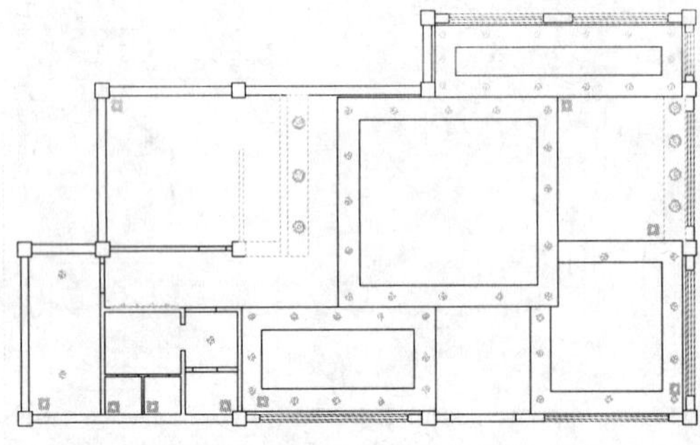

STEP 16 复制图形

在命令行中输入 CO（复制）命令，按【Enter】键确认，根据命令行提示进行操作，复制"射灯"图形至合适位置，如下图所示。

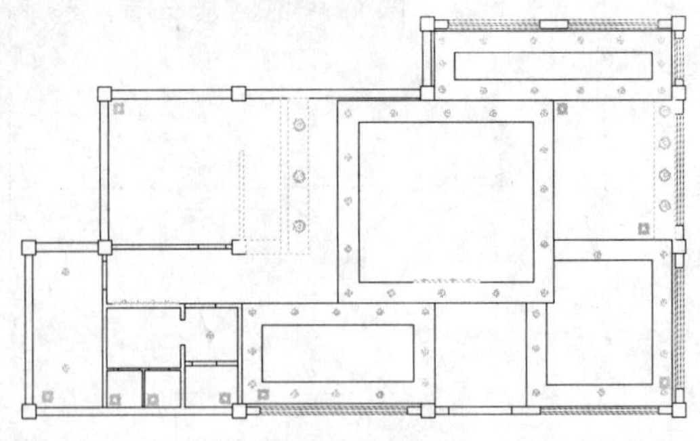

STEP 17 置为当前层

在命令行中输入 LA（图层）命令，按【Enter】键确认，弹出"图层特性管理器"面板，然后单击"新建图层"按钮，新建"文字说明"图层，设置"颜色"为"蓝"，并将"文字说明"图层置为当前层，如下图所示。

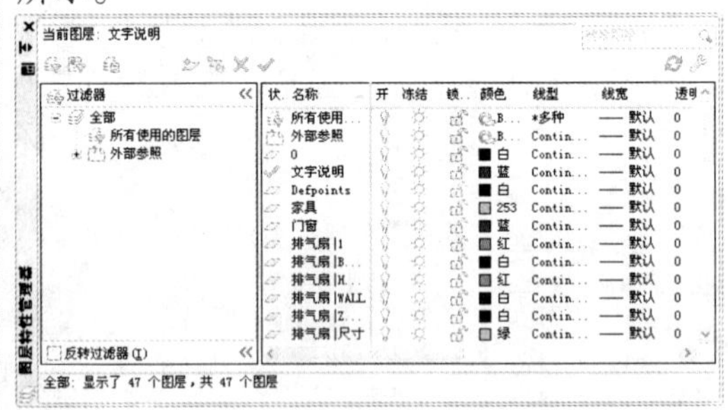

STEP 18 创建多行文字

在命令行中输入 MT（多行文字）命令，按【Enter】键确认，根据命令行提示进行操作，在绘图区的合适位置拖曳鼠标，设置"文字高度"为 400，在文本框中输入"操作间"，单击"关闭文字编辑器"按钮，完成多行文字的创建，如下图所示。

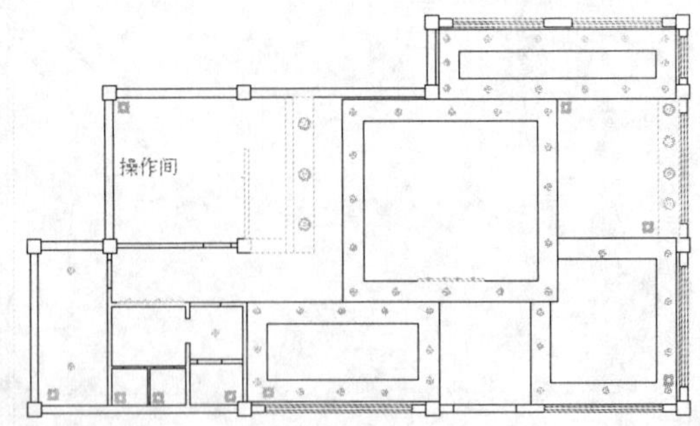

STEP 19 创建其他多行文字

采用与上一步相同的方法，创建其他多行文字，如下图所示。

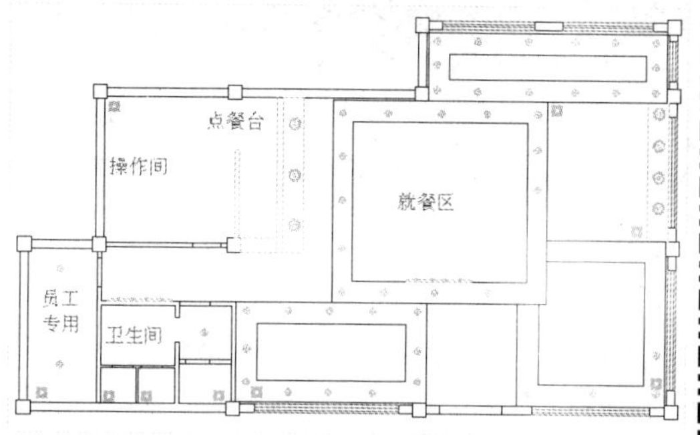

STEP 20　置为当前层

在命令行中输入 LA（图层）命令，按【Enter】键确认，弹出“图层特性管理器”面板，单击“新建图层”按钮，新建“填充”图层，并将“填充”图层置为当前层，如下图所示。

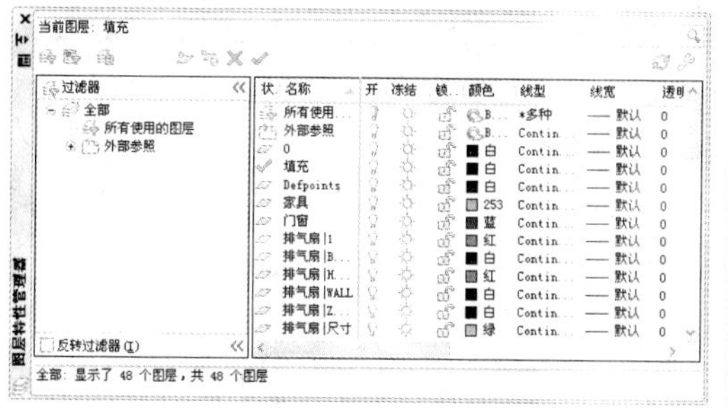

STEP 21　创建图案填充

在命令行中输入 H（图案填充）命令，按【Enter】键确认，弹出“图案填充创建”选项卡，设置“图案”为 ANSI31、“图案填充角度”为 45、“填充图案比例”为 80，拾取相应位置，单击“关闭图案填充创建”按钮，完成图案填充的创建，效果如下图所示。

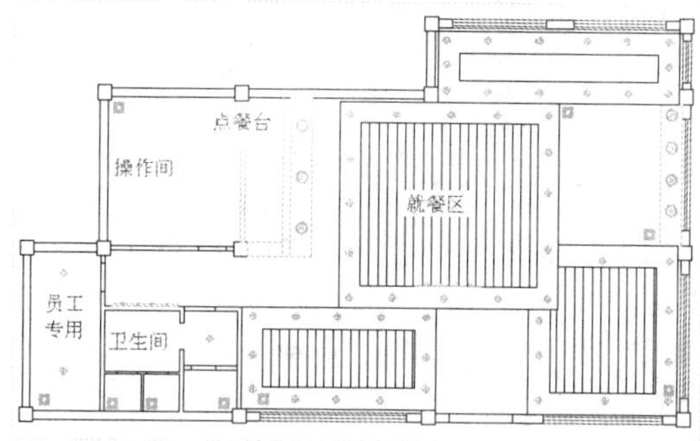

STEP 22　弹出对话框

在命令行中输入 MLS（多重引线样式）命令，按【Enter】键确认，弹出“多重引线样式管理器”对话框，如下图所示。

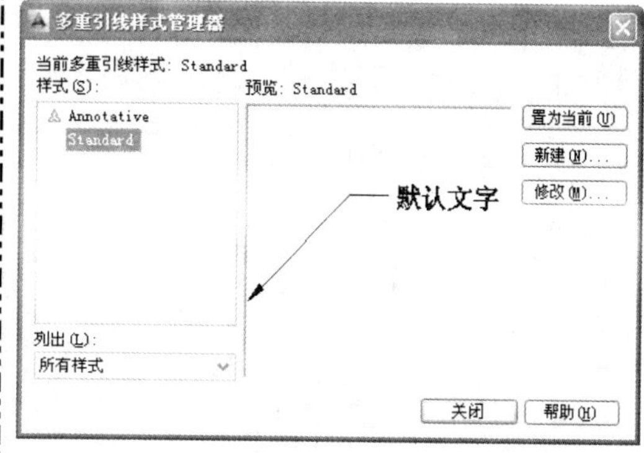

STEP 23　设置参数

单击“修改”按钮，弹出“修改多重引线样式：Standard”对话框，在“内容”选项卡中，设置“文字高度”为 400，如下图所示。

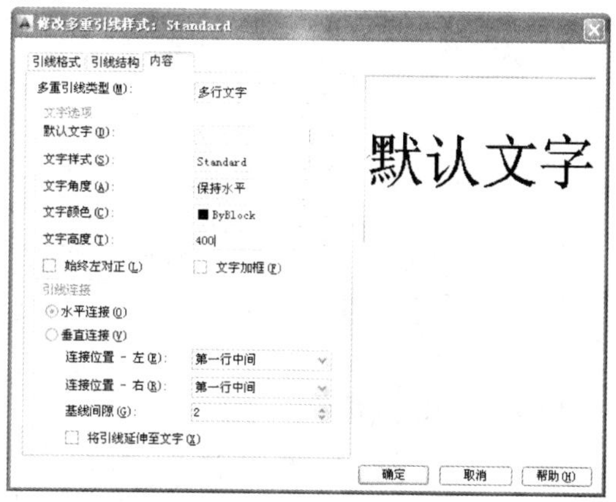

STEP 24　置为当前层

单击“确定”按钮，返回“多重引线样式管理器”对话框，单击“关闭”按钮。在命令行中输入 LA（图层）命令，按【Enter】键确认，弹出“图层特性管理器”面板，双击“文字说明”图层，将“文字说明”图层置为当前层，如下图所示。

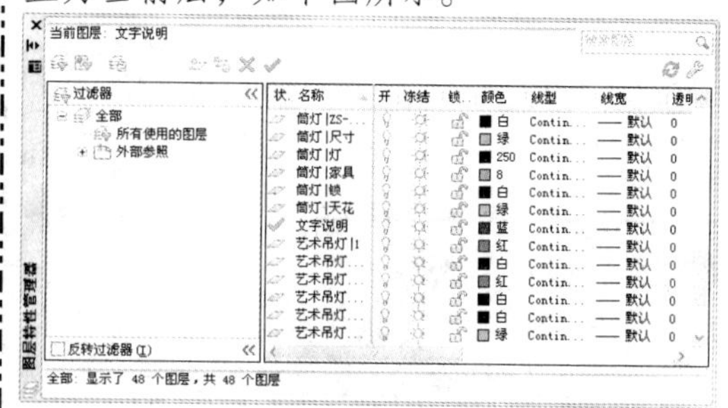

STEP 25　多重引线标注

在命令行中输入 MLD（多重引线）命令，按【Enter】键确认，根据命令行提示进行操作，进行多重引线标注，如下图所示。

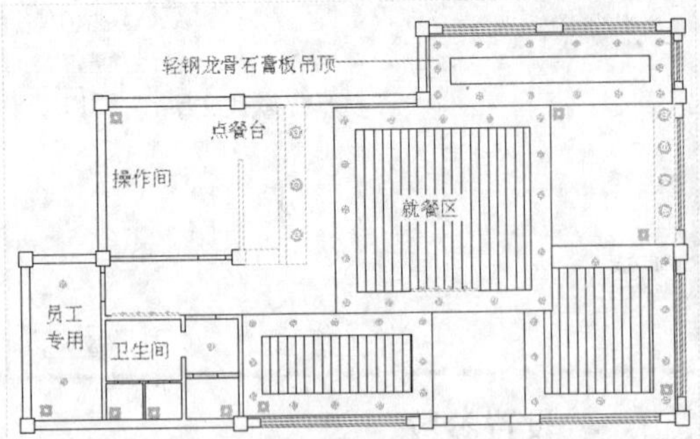

STEP 26 创建其他多重引线标注

采用与上一步相同的方法，创建其他多重引线标注，如下图所示。

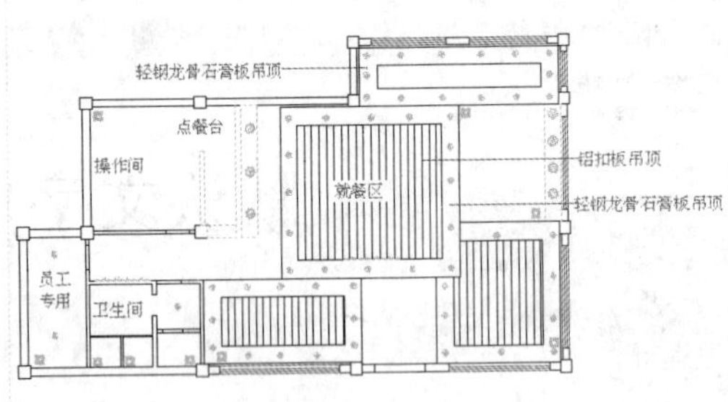

STEP 27 弹出对话框

在命令行中输入 D（标注样式）命令，按【Enter】键确认，弹出“标注样式管理器”对话框，如下图所示。

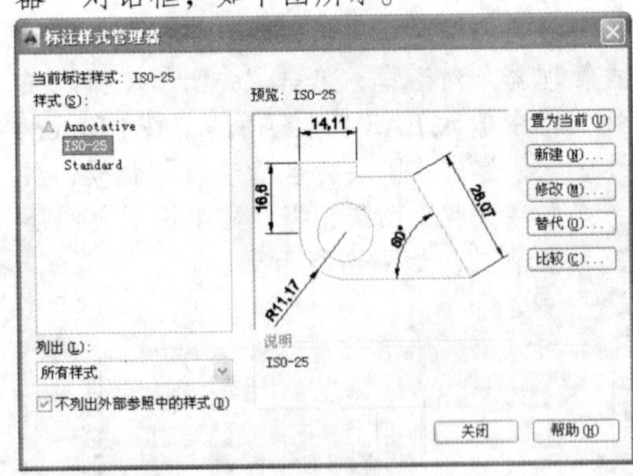

STEP 28 设置参数

单击“修改”按钮，弹出“修改标注样式：ISO-25”对话框，在“符号和箭头”选项卡中，设置“第一个”为“建筑标记”，如下图所示。

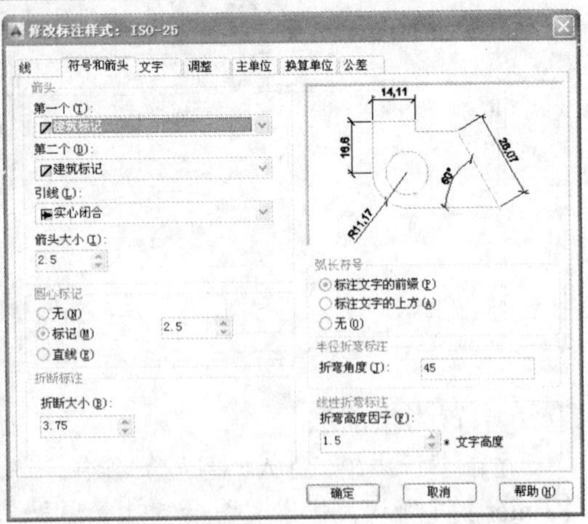

STEP 29 设置参数

在“调整”选项卡中，设置“使用全局比例”为 20，如下图所示。

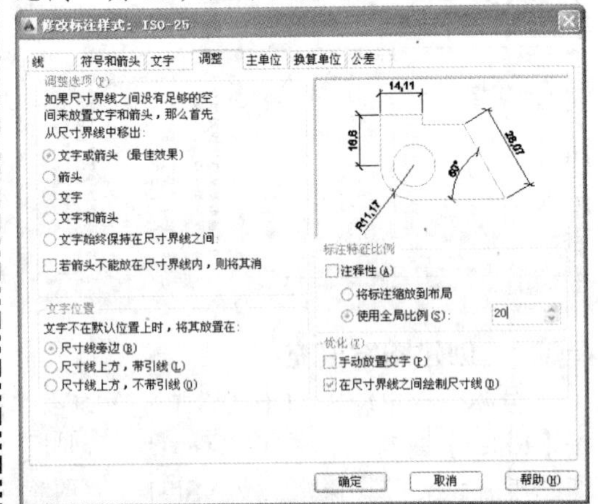

STEP 30 设置参数

在“线”选项卡中，设置“超出尺寸线”为 3、“起点偏移量”为 5，如下图所示。

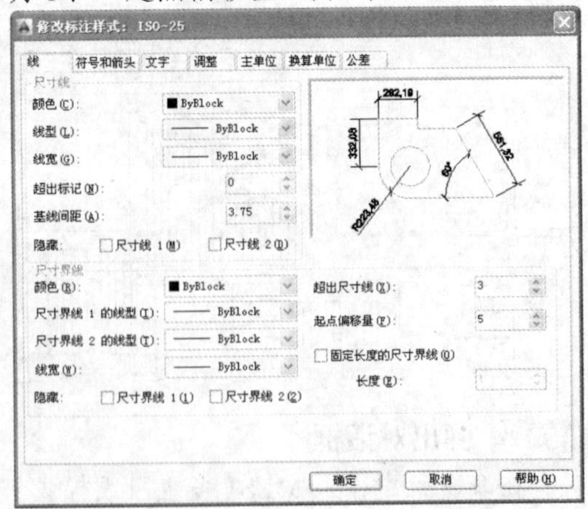

STEP 31 设置参数

在“主单位”选项卡中，设置“精度”为 0，如下图所示。

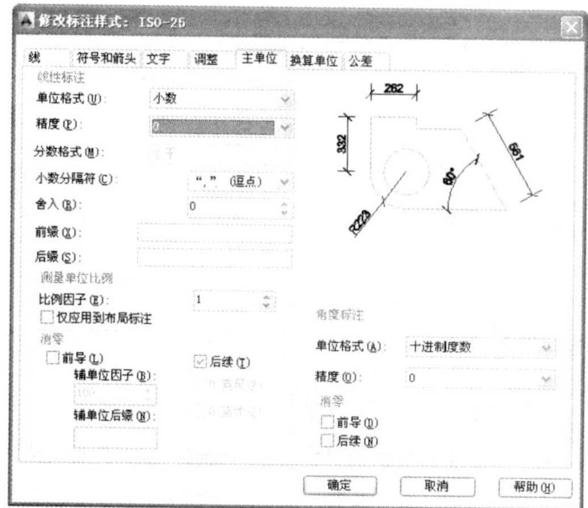

STEP 32　设置参数

在“文字”选项卡中，设置“文字高度”为 20，如下图所示。

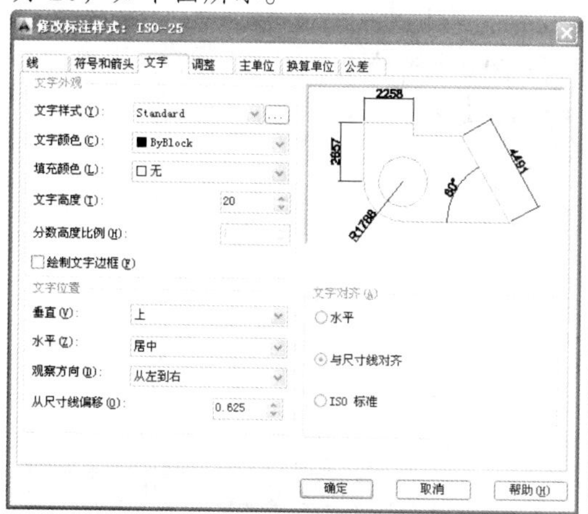

STEP 33　单击“置为当前”按钮

单击“确定”按钮，返回“标注样式管理器”对话框，单击“置为当前”按钮，如下图所示。

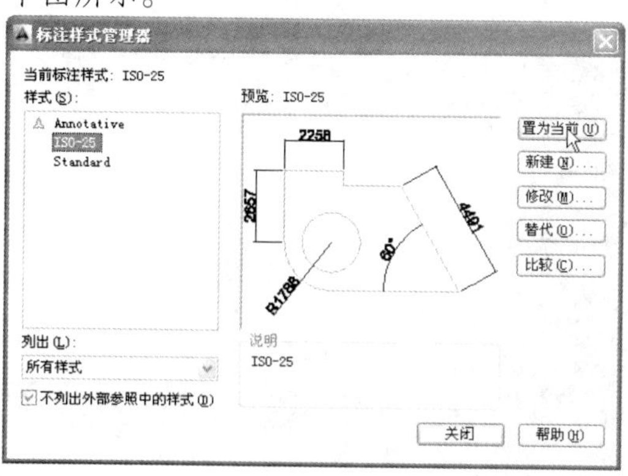

STEP 34　标注尺寸

在命令行中输入 DLI(线性标注)命令，按【Enter】键确认，然后根据命令行提示进行操作，依次捕捉端点，标注尺寸，如下图所示。

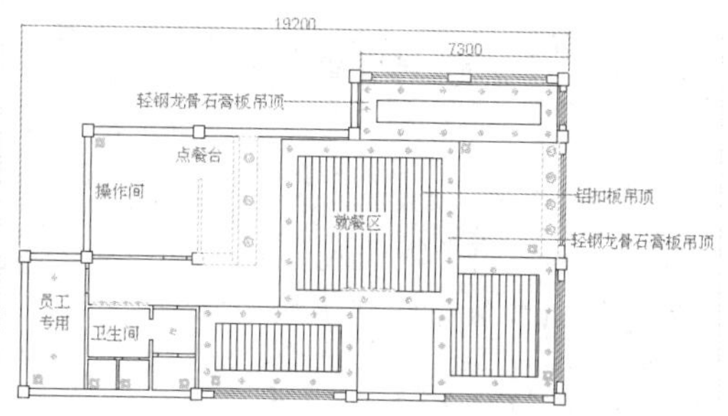

STEP 35　连续尺寸标注

在命令行中输入 DCO（连续标注）命令，按【Enter】键确认，根据命令行提示进行操作，捕捉相应的端点，进行连续尺寸标注，如下图所示。

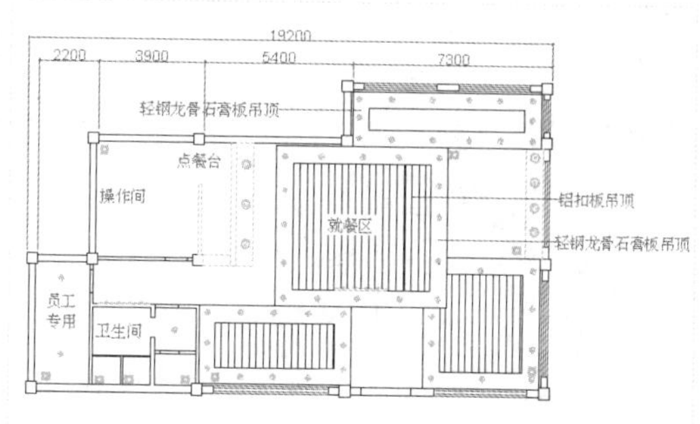

STEP 36　标注尺寸

在命令行中输入 DLI(线性标注)命令，按【Enter】键确认，根据命令行提示进行操作，依次捕捉相应中点，标注尺寸，效果如下图所示。

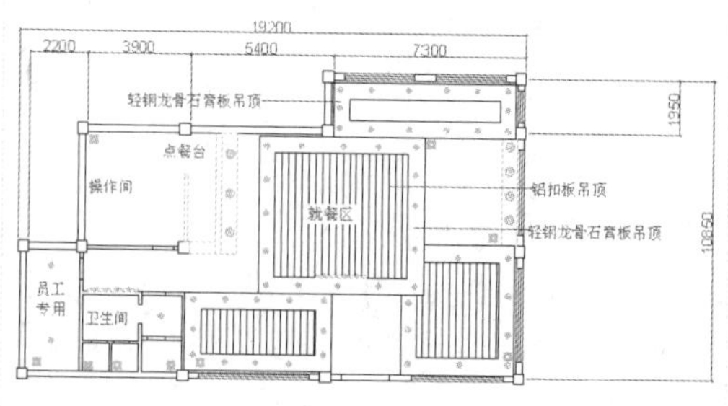

STEP 37　连续尺寸标注

在命令行中输入 DCO（连续标注）命令，按【Enter】键确认，根据命令行提示进行操作，捕捉相应的中点，进行连续尺寸标注，如下图所示。

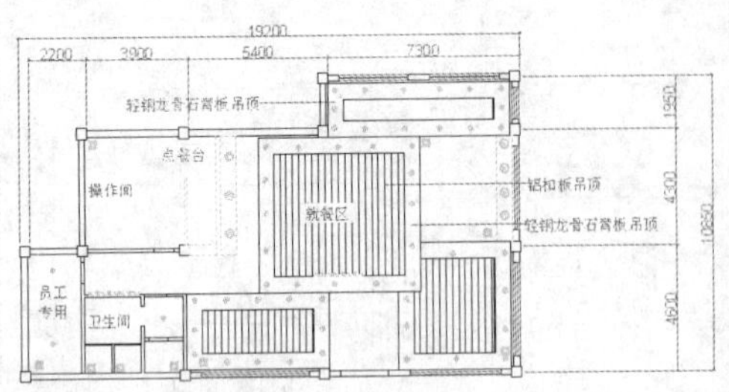

STEP 38 创建多行文字

在命令行中输入 MT（多行文字）命令，按【Enter】键确认，根据命令行提示进行操作，在绘图区的合适位置拖曳鼠标，设置“文字高度”为 400，在文本框中输入“快餐厅天棚设计”，然后单击“关闭文字编辑器”按钮，完成多行文字的创建，如下图所示。

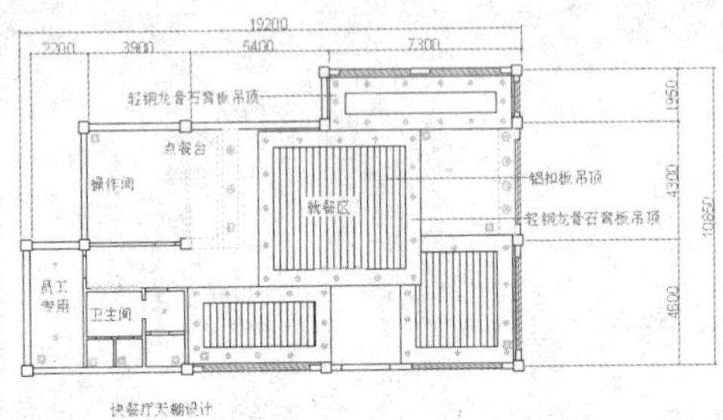

STEP 39 绘制直线

在命令行中输入 PL（多段线）命令，按【Enter】键确认，根据命令行提示进行操作，在文字下方绘制一条宽度为 100、长度为 4000 的多段线。在命令行中输入 L（直线）命令，按【Enter】键确认，根据命令行提示进行操作，在多段线下方绘制一条长度为 4000 的直线，如下图所示。

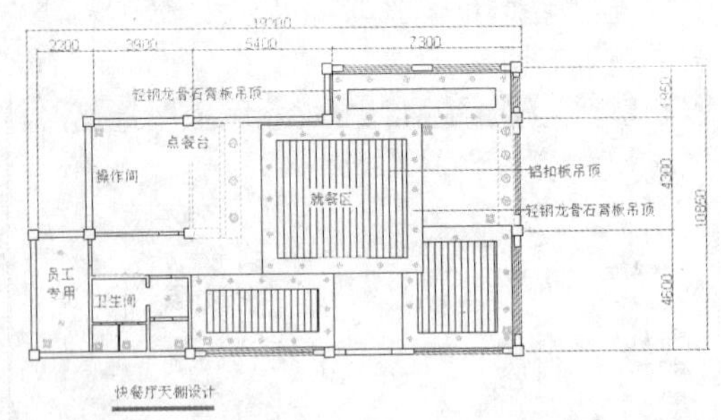

STEP 40 置为当前层

在命令行中输入 LA（图层）命令，按【Enter】键确认，弹出“图层特性管理器”面板，单击“新建图层”按钮，新建“图框”图层，设置“颜色”为“白”，并将“图框”图层置为当前层，如下图所示。

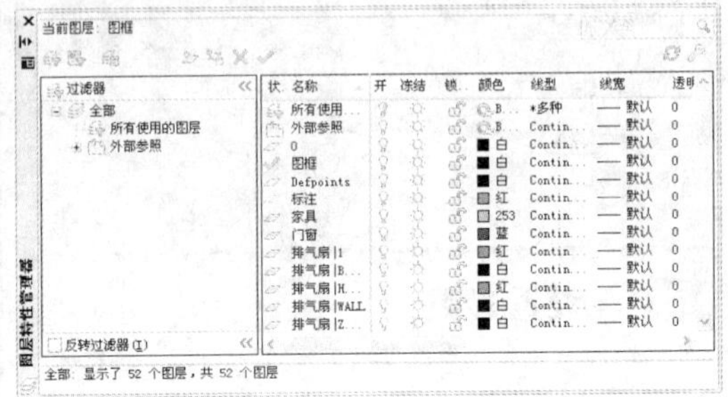

STEP 41 弹出对话框

在命令行中输入 I（插入）命令，按【Enter】键确认，弹出“插入”对话框，如下图所示。

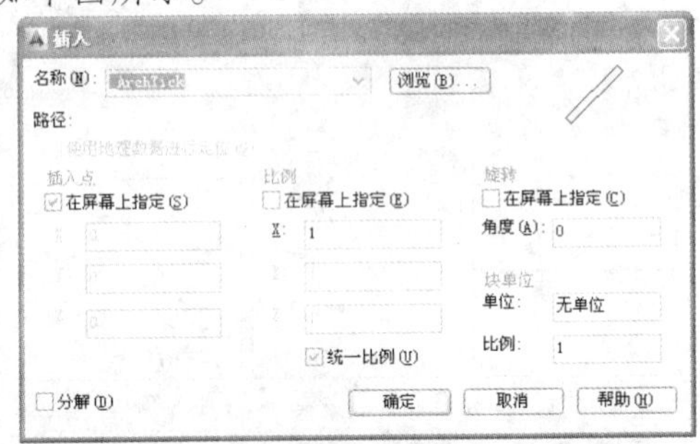

STEP 42 选择图形文件

单击“浏览”按钮，弹出“选择图形文件”对话框，选择“图框”图形文件，如下图所示。

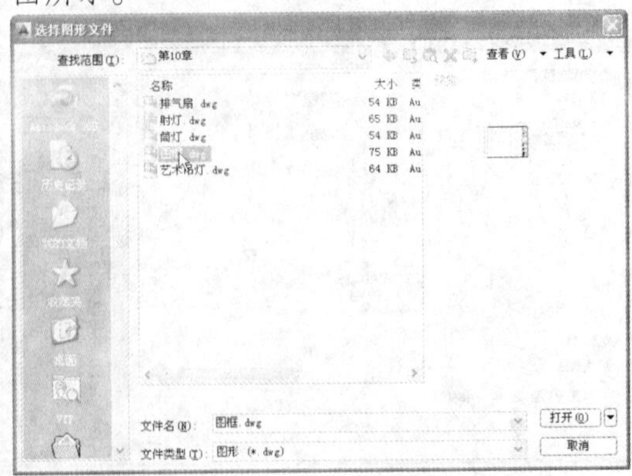

STEP 43 插入图块

单击“打开”按钮，返回“插入”对话框，单击“确定”按钮，设置比例因子为 0.9，插入图块，并将图块移动至合适位置，如下图所示。

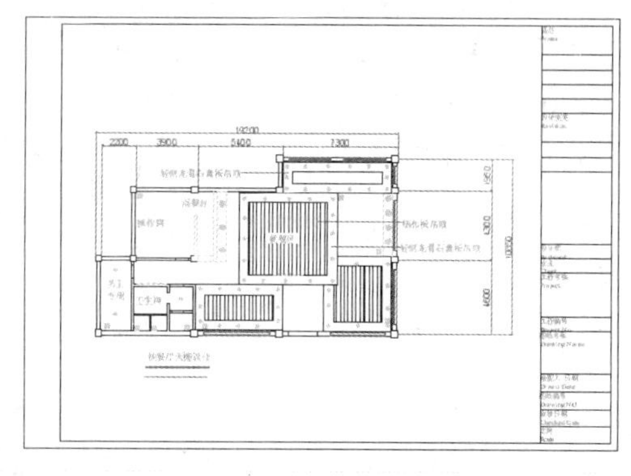

10.2 绘制办公室天棚图

办公室是提供工作办公的场所，不同类型的企业，办公场所也有所不同，其一般由办公设备、办公人员及其他辅助设备组成。下面介绍绘制办公室天棚图的操作方法。

10.2.1 绘制天棚图轮廓

本实例将介绍天棚图轮廓的绘制，首先使用“线型比例”、“直线”等命令绘制轴线，然后使用“多线”、“复制”等命令绘制天棚图轮廓细节，展示了天棚图轮廓的具体绘制方法与技巧，其具体操作步骤如下。

素材文件　无　　　效果文件　第 10 章\轮廓.dwg

STEP 01 新建图层

在命令行中输入 LA（图层）命令，按【Enter】键确认，弹出“图层特性管理器”面板，单击“新建图层”按钮，新建“轴线”图层，设置“颜色”为“红”、“线型”为 CENTER，如下图所示。

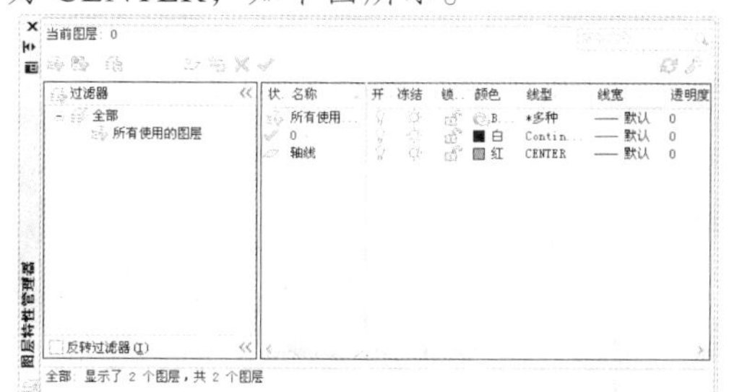

STEP 02 置为当前层

采用与上一步相同的方法，新建其他图层，并将“轴线”图层置为当前层，如下图所示。

STEP 03 绘制直线

在命令行中输入 LTS（线型比例）命令，按【Enter】键确认，根据命令行提示进行操作，设置比例因子为 80。在命令行中输入 L（直线）命令，按【Enter】键确认，根据命令行提示进行操作，在绘图区任意一点单击鼠标左键，按【F8】键，启用正交功能，绘制长度为 42880 的水平直线，如下图所示。

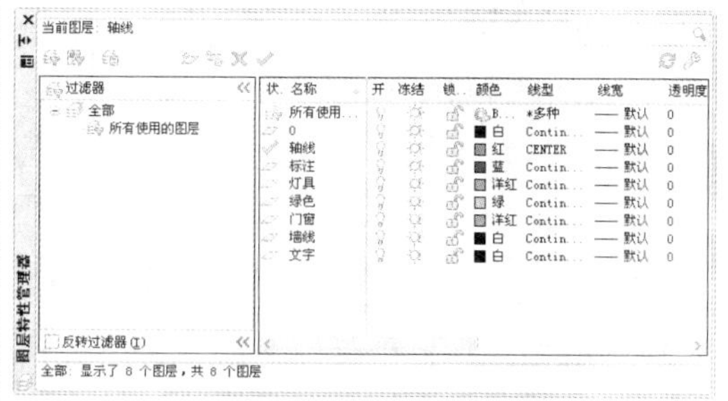

STEP 04 绘制直线

在命令行中输入 L（直线）命令，按【Enter】键确认，根据命令行提示进行操作，输入 FROM 命令并确认，捕捉水平直线的左端点，输入（@996,-2150）、（@0,19500），按【Enter】键确认，绘制直线，如下图所示。

STEP 05 偏移直线

在命令行中输入 O（偏移）命令，按【Enter】键确认，根据命令行提示进行操作，将水平直线向上偏移，偏移距离分别为 4100、1800、2100、1200、750、1800 和 2450，如下图所示。

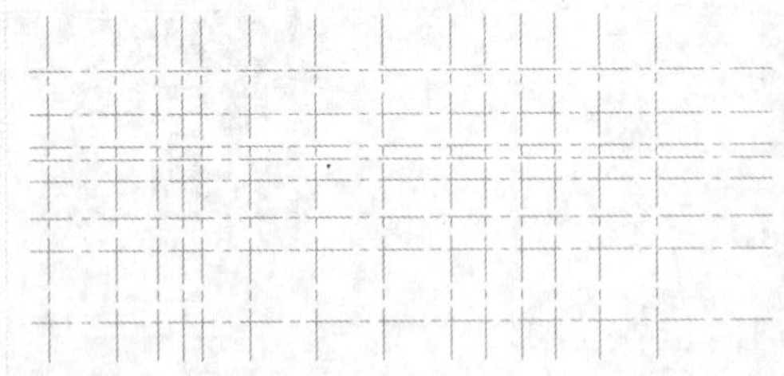

STEP 06 偏移直线

在命令行中输入 O（偏移）命令，按【Enter】键确认，根据命令行提示进行操作，将垂直直线向右偏移，偏移距离分别为 3900、2400、1500、1100、2800、3900、3900、3900、1990、2110、1900、2550 和 3350，如下图所示。

STEP 07 置为当前层

在命令行中输入 LA（图层）命令，按【Enter】键确认，弹出“图层特性管理器”面板，将“墙线”图层置为当前层，如下图所示。

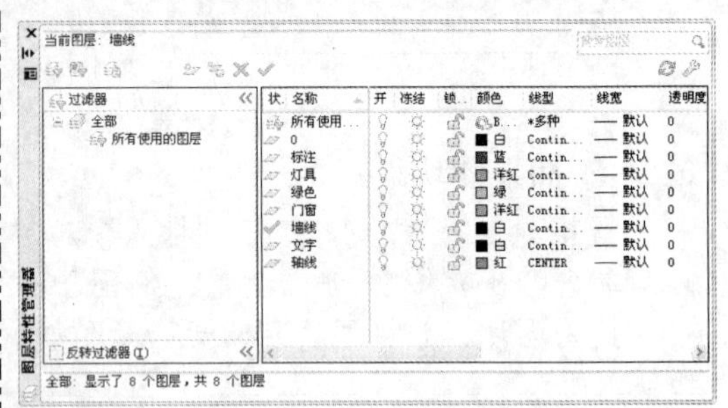

STEP 08 捕捉角点

在命令行中输入 ML（多线）命令，按【Enter】键确认，根据命令行提示进行操作，设置“比例”为 240、“对正”为“无”，捕捉左上角点，如下图所示。

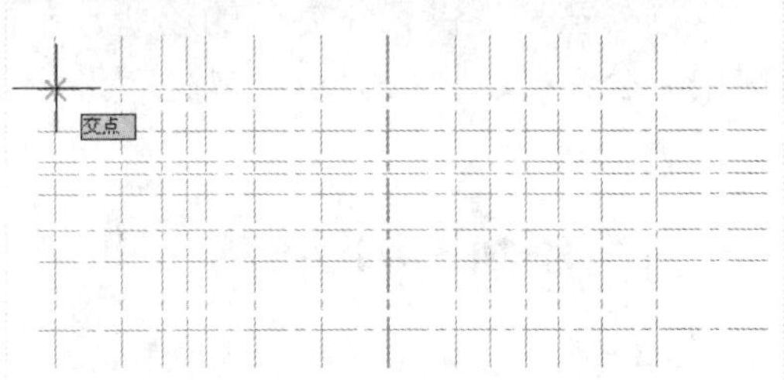

STEP 09 绘制多线

单击鼠标左键确认，输入（@0,-14200）、（@35300,0）、（@0,9950）、（@-78000,0）、（@0,4250）和 C，按【Enter】键确认，绘制多线，如下图所示。

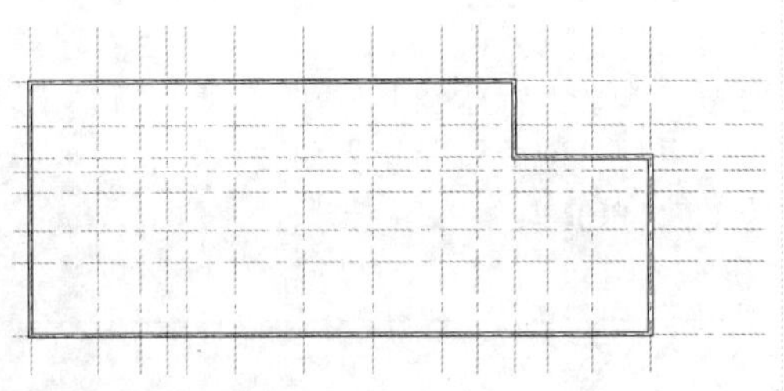

STEP 10 捕捉角点

在命令行中输入 ML（多线）命令，按【Enter】键确认，根据命令行提示进行操作，捕捉相应角点，如下图所示。

STEP 11 绘制多线

单击鼠标左键确认，向下引导光标至合适位置，单击鼠标左键确认，绘制多线，如下图所示。

STEP 12 绘制其他多线

采用与上一步相同的方法，绘制其他多

线，如下图所示。

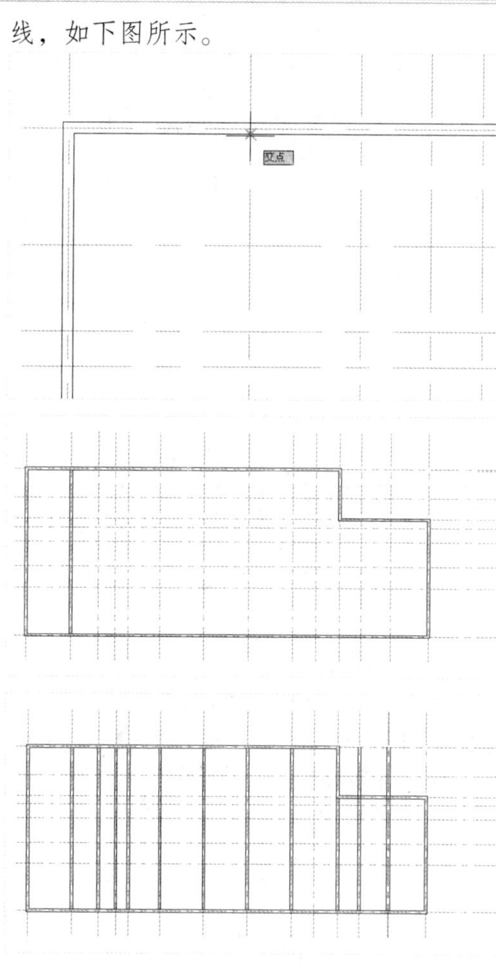

STEP 13　捕捉角点

在命令行中输入 ML（多线）命令，按【Enter】键确认，根据命令行提示进行操作，捕捉相应角点，如下图所示。

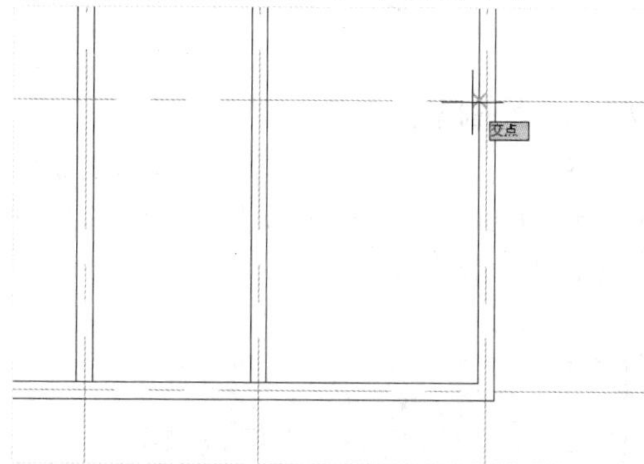

STEP 14　绘制多线

单击鼠标左键确认，向左引导光标至合适位置，单击鼠标左键确认，绘制多线，如下图所示。

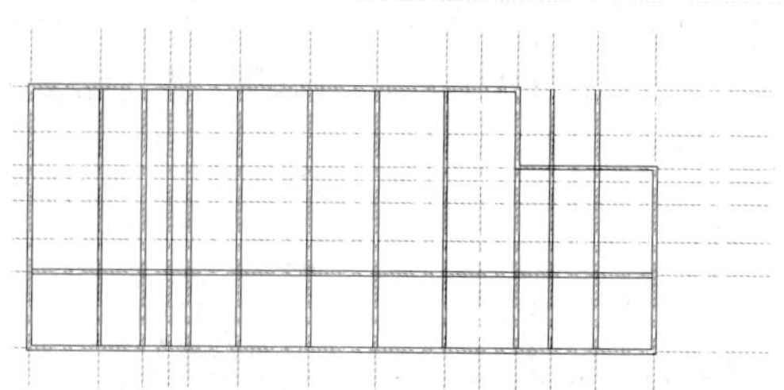

STEP 15　复制图形

在命令行中输入 CO（复制）命令，按【Enter】键确认，根据命令行提示进行操作，选择新绘制的多线，捕捉相应角点，输入（@0,1800）、（@0,3900）和（@0,5100），并按【Enter】键确认，复制图形，如下图所示。

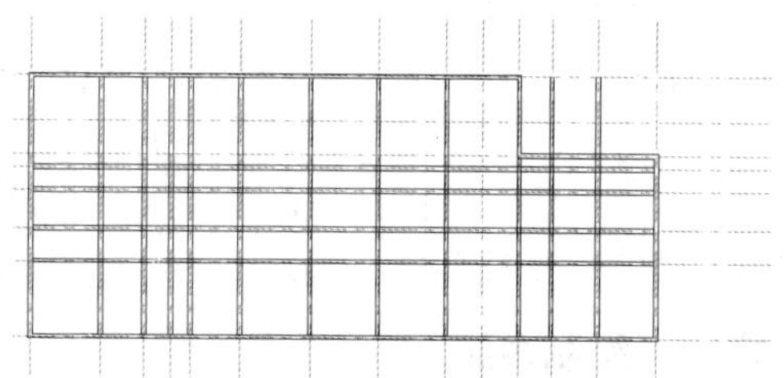

STEP 16　捕捉角点

在命令行中输入 ML（多线）命令，按【Enter】键确认，根据命令行提示进行操作，输入 FROM 命令并确认，捕捉相应角点，如下图所示。

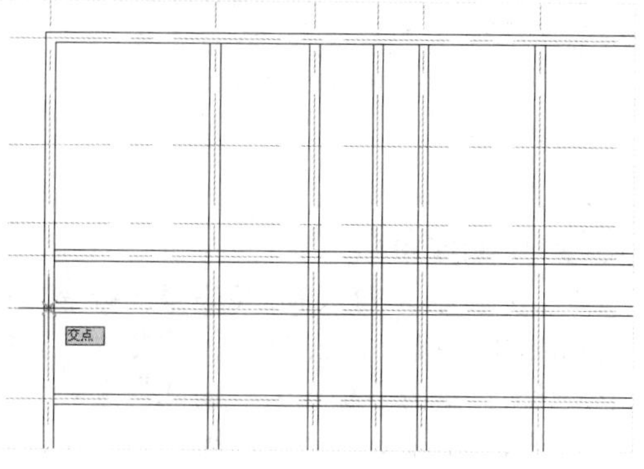

STEP 17　绘制多线

单击鼠标左键确认，输入（@1600,0）、（@0,1500）和（@2180,0），按【Enter】键确认，绘制多线，如下图所示。

STEP 18　捕捉角点

在命令行中输入 ML（多线）命令，按

【Enter】键确认，根据命令行提示进行操作，输入 FROM 命令并确认，捕捉相应角点，如下图所示。

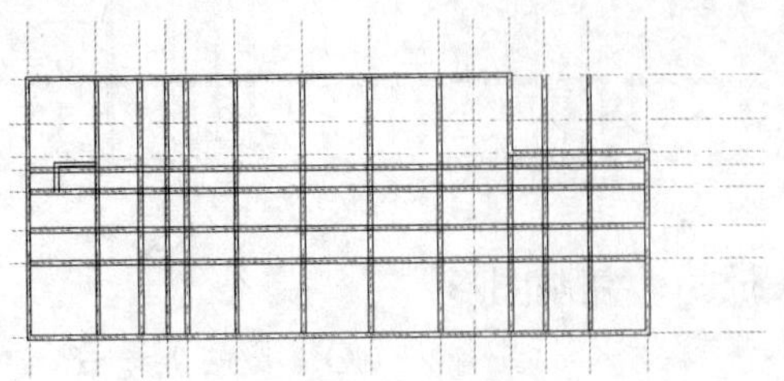

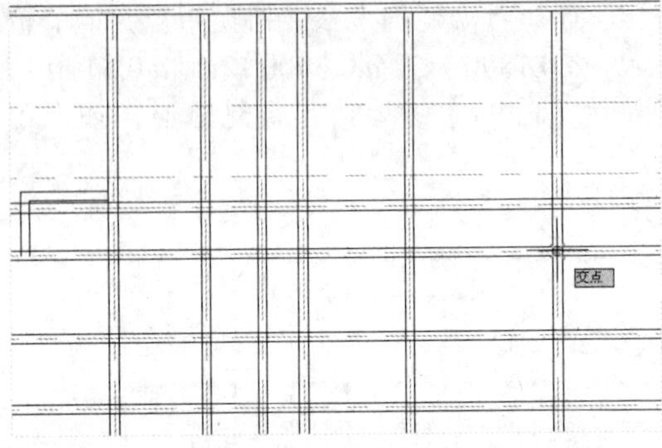

STEP 19 绘制多线

单击鼠标左键确认，输入（@-1600,0）、（@0,1500）和（@-2180,0），按【Enter】键确认，绘制多线，如下图所示。

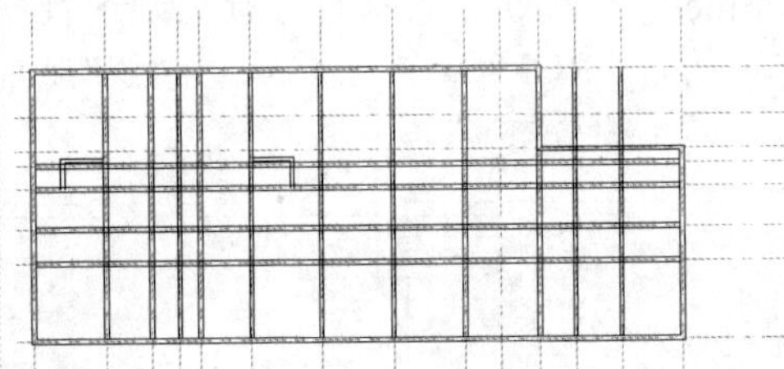

STEP 20 捕捉角点

在命令行中输入 ML（多线）命令，按【Enter】键确认，根据命令行提示进行操作，设置“比例”为 120、“对正”为“无”，输入 FROM 命令并确认，捕捉相应角点，如下图所示。

STEP 21 绘制多线

单击鼠标左键确认，输入（@-2720,0）、（@0,-2150）、（@1200,0）和（@0,-2100），并按【Enter】键确认，绘制多线，如下图所示。

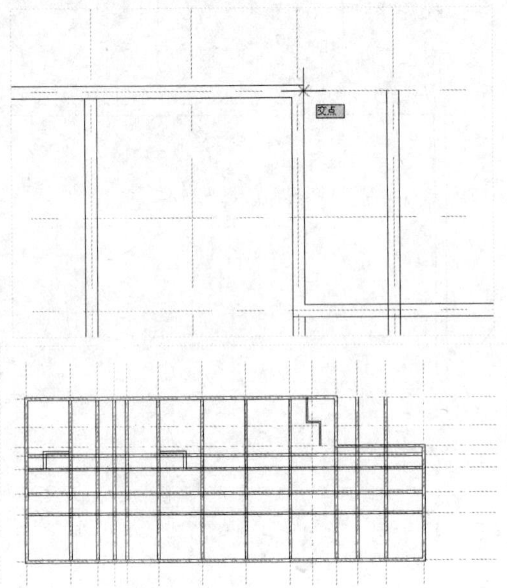

STEP 22 捕捉角点

在命令行中输入 ML（多线）命令，按【Enter】键确认，根据命令行提示进行操作，输入 FROM 命令并确认，捕捉相应角点，如下图所示。

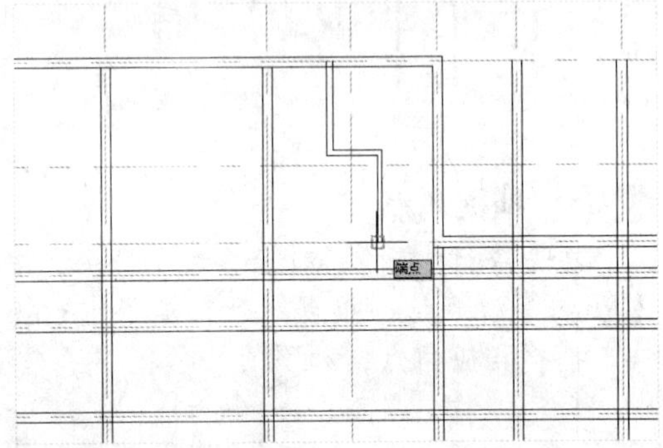

STEP 23 绘制多线

单击鼠标左键确认，输入（@-650,0）、（@0,-1950），按【Enter】键确认，绘制多线，如下图所示。

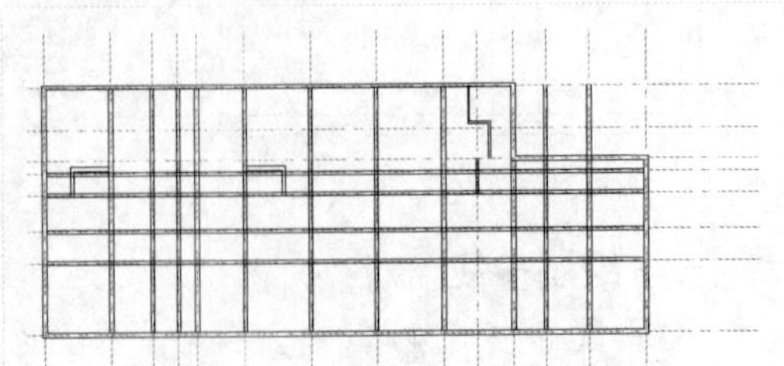

STEP 24 捕捉角点

在命令行中输入 ML（多线）命令，按【Enter】键确认，根据命令行提示进行操作，输入 FROM 命令并确认，捕捉相应角点，如下图所示。

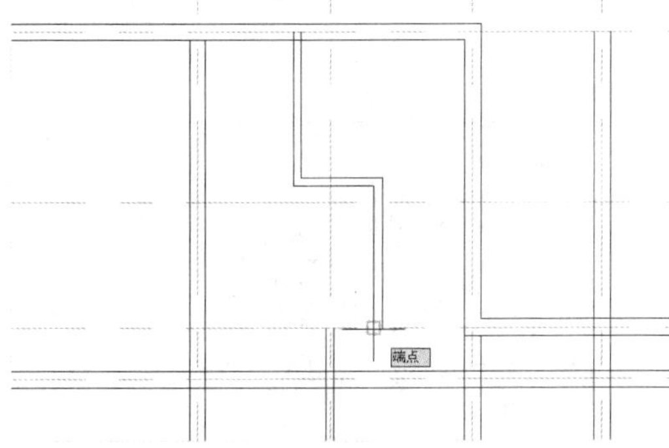

STEP 25 **绘制多线**

单击鼠标左键确认，输入（@1460,0）、（@-4100,0），按【Enter】键确认，绘制多线，如下图所示。

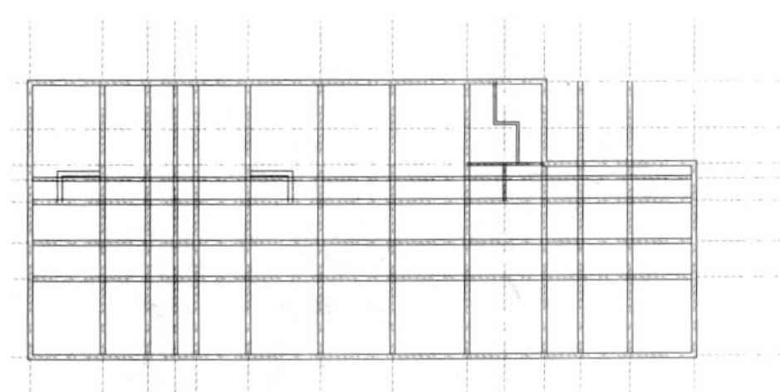

STEP 26 **删除多余的图形**

在命令行中输入 X（分解）命令，按【Enter】键确认，根据命令行提示进行操作，分解所有图形。在命令行中输入 TR（修剪）命令，按【Enter】键确认，根据命令行提示进行操作，修剪多余的图形。在命令行中输入 E（删除）命令，按【Enter】键确认，根据命令行提示进行操作，删除多余的图形，如下图所示。

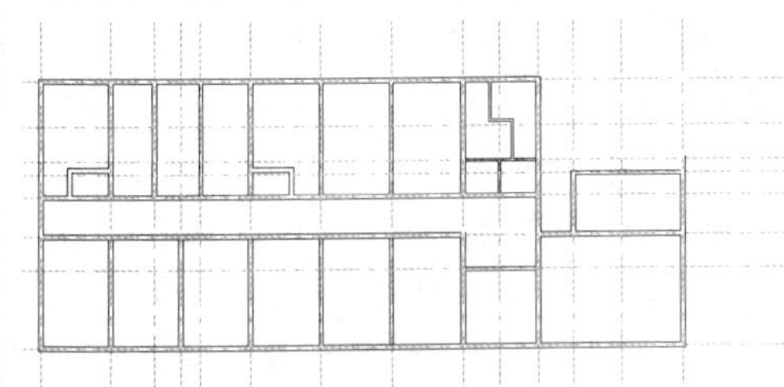

STEP 27 **修剪多余的图形**

在命令行中输入 EX（延伸）命令，按【Enter】键确认，根据命令行提示进行操作，选择相应的直线进行延伸。在命令行中输入 TR（修剪）命令，按【Enter】键确认，根据命令行提示进行操作，修剪多余的图形，如下图所示。

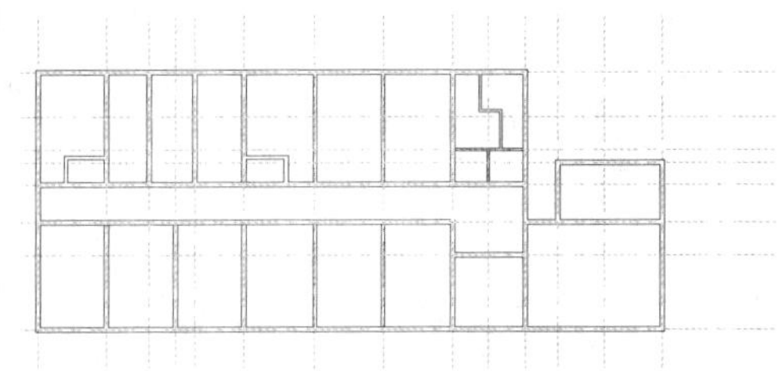

STEP 28 **隐藏图层**

在命令行中输入 LA（图层）命令，按【Enter】键确认，弹出“图层特性管理器”面板，隐藏“轴线”图层，效果如下图所示。

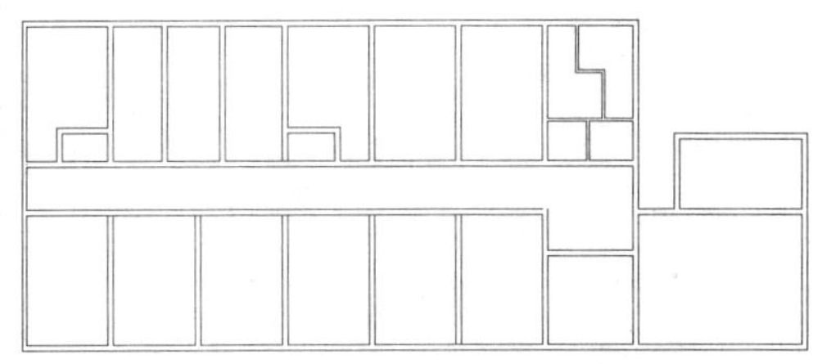

STEP 29 **捕捉角点**

在命令行中输入 L（直线）命令，按【Enter】键确认，根据命令行提示进行操作，输入 FROM 命令并确认，捕捉相应角点，如下图所示。

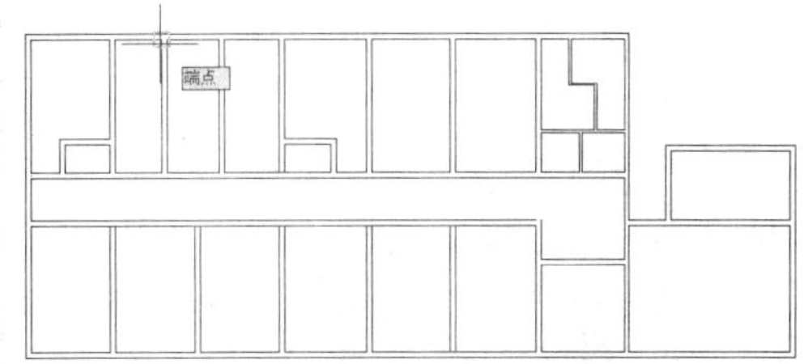

STEP 30 **绘制直线**

单击鼠标左键确认，输入（@0,-2210）、（@-2160,0），按【Enter】键确认，绘制直线，如下图所示。

STEP 31 **偏移直线**

在命令行中输入 O（偏移）命令，按【Enter】键确认，根据命令行提示进行操

作，将新绘制的直线向下偏移，偏移距离分别为 240、2210 和 240，如下图所示。

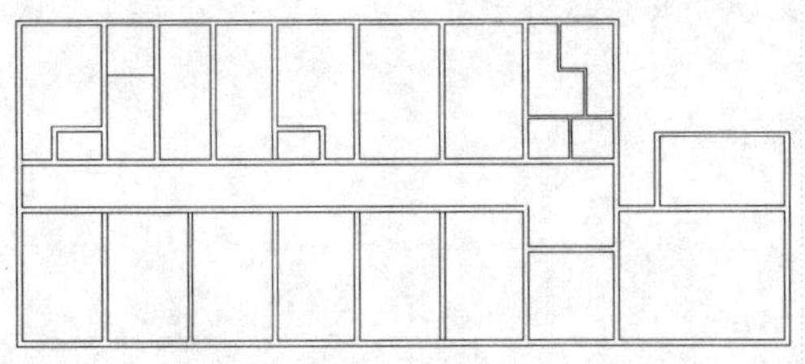

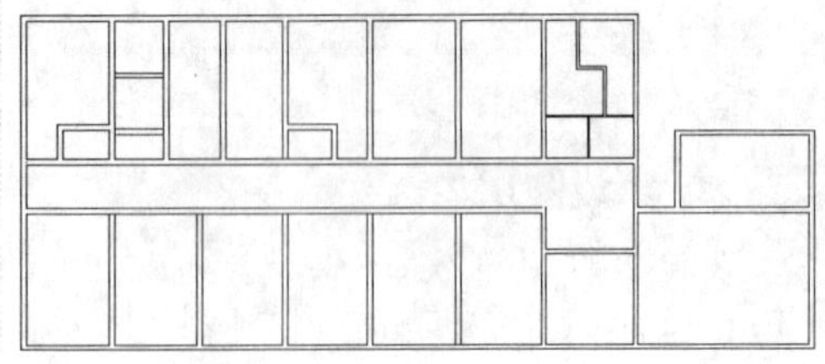

STEP 32 修剪多余的图形

在命令行中输入 TR（修剪）命令，按【Enter】键确认，根据命令行提示进行操作，修剪多余的图形，如下图所示。

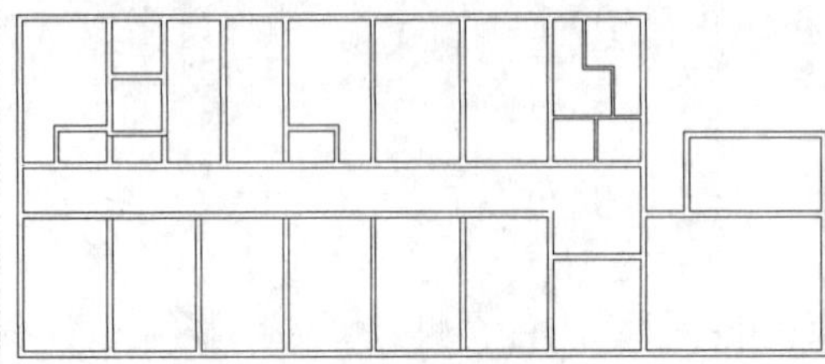

STEP 33 捕捉角点

在命令行中输入 REC（矩形）命令，按【Enter】键确认，根据命令行提示进行操作，输入 FROM 命令并确认，捕捉相应角点，如下图所示。

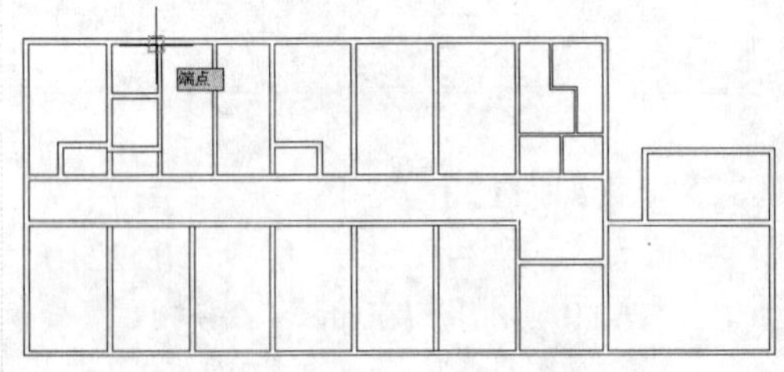

STEP 34 绘制矩形

单击鼠标左键确认，输入（@-265,-180）、（@-1300,-1850），按【Enter】键确认，绘制矩形，如下图所示。

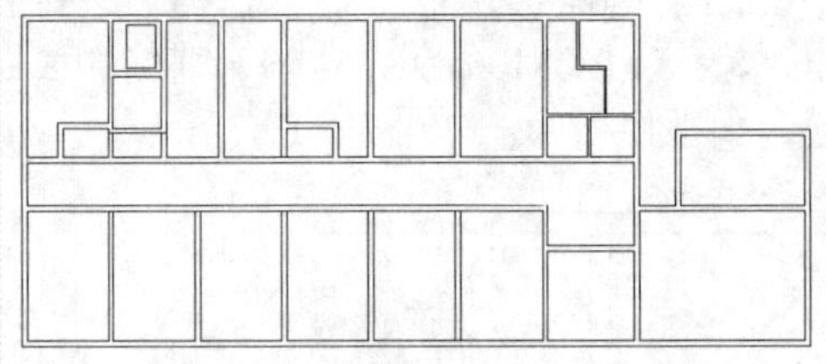

STEP 35 绘制对角线

在命令行中输入 L（直线）命令，按【Enter】键确认，根据命令行提示进行操作，捕捉矩形对角点，在矩形内绘制两条对角线，如下图所示。

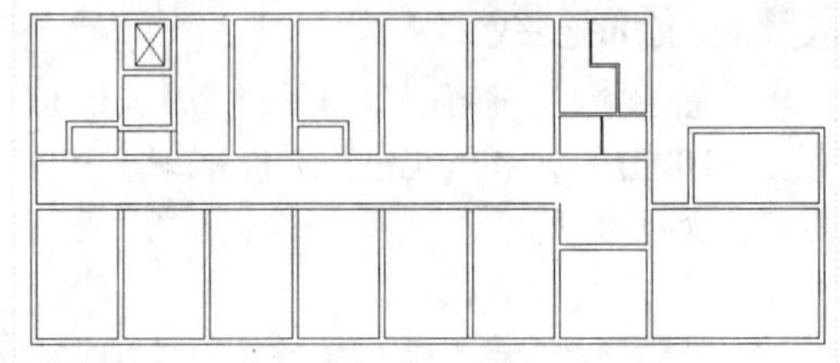

STEP 36 捕捉角点

在命令行中输入 REC（矩形）命令，按【Enter】键确认，根据命令行提示进行操作，输入 FROM 命令并确认，捕捉相应角点，如下图所示。

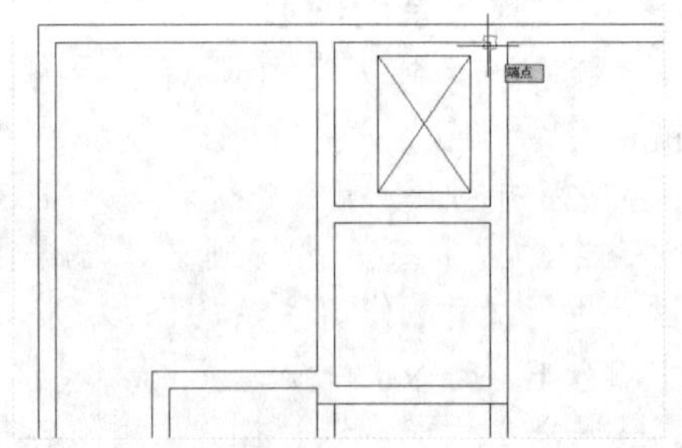

STEP 37 绘制矩形

单击鼠标左键确认，输入（@-1774,-518）、（@-192,-1000），按【Enter】键确认，绘制矩形，如下图所示。

STEP 38 复制图形

在命令行中输入 CO（复制）命令，按【Enter】键确认，根据命令行提示进行操作，选择门图形，捕捉相应角点，输入（@0,-2450），按【Enter】键确认，复制图形，如下图所示。

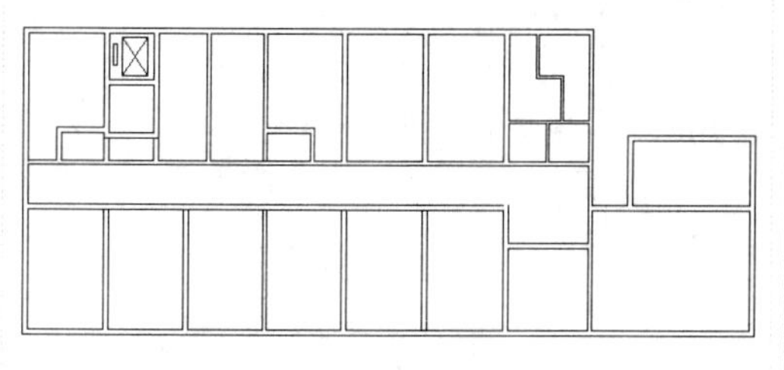

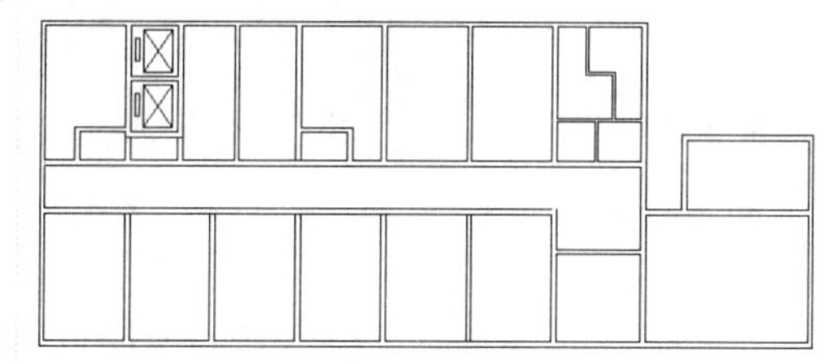

10.2.2 绘制灯具

本实例将介绍灯具的绘制，首先使用“矩形”、“偏移”等命令绘制灯具，然后使用“移动”、“复制”等命令摆设灯具，展示了灯具的具体绘制方法与技巧，其具体操作步骤如下。

素材文件	无	效果文件	第 10 章\灯具.dwg

STEP 01 置为当前层

以上例效果为例，在命令行中输入 LA（图层）命令，按【Enter】键确认，弹出“图层特性管理器”面板，将“灯具”图层置为当前层，如下图所示。

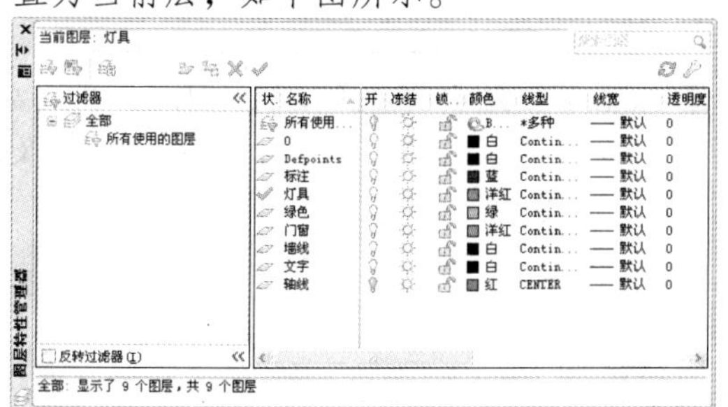

STEP 02 绘制矩形

在命令行中输入 REC（矩形）命令，按【Enter】键确认，根据命令行提示进行操作，在绘图区任意一点单击鼠标左键，输入（@600,600），按【Enter】键确认，绘制矩形，如下图所示。

STEP 03 偏移矩形

在命令行中输入 O（偏移）命令，按【Enter】键确认，根据命令行提示进行操作，设置偏移距离为 40，将矩形向内侧偏移，如下图所示。

STEP 04 更换颜色

选择新绘制的两个矩形，在“功能区”选项板的“默认”选项卡中，单击“特性”面板中的“对象颜色”下拉按钮，在展开的列表框中选择“蓝”选项，按【Esc】键退出，更换颜色，效果如下图所示。

STEP 05 捕捉角点

在命令行中输入 L（直线）命令，按【Enter】键确认，根据命令行提示进行操作，输入 FROM 命令并确认，捕捉内侧矩形左上角点，如下图所示。

STEP 06 **绘制直线**

单击鼠标左键确认，输入（@0,-57）、（@520,0），按【Enter】键确认，绘制直线，如下图所示。

STEP 07 **偏移直线**

在命令行中输入 O（偏移）命令，按【Enter】键确认，根据命令行提示进行操作，设置偏移距离为 10，将新绘制的直线向下偏移，如下图所示。

STEP 08 **阵列图形**

在命令行中输入 AR（阵列）命令，按【Enter】键确认，根据命令行提示进行操作，选择新绘制的两条水平直线，选择 R（矩形）选项，弹出“阵列创建”选项卡，设置“列数”为 1、“行数”为 8、“行”的“介于”为-62，单击“关闭阵列”按钮，阵列图形，如下图所示。

STEP 09 **捕捉角点**

在命令行中输入 L（直线）命令，按【Enter】键确认，根据命令行提示进行操作，输入 FROM 命令并确认，捕捉内侧矩形左上角点，如下图所示。

STEP 10　绘制直线

单击鼠标左键确认，输入（@255,0）、（@0,-520），按【Enter】键确认，绘制直线，如下图所示。

STEP 11　偏移直线

在命令行中输入 O（偏移）命令，按【Enter】键确认，根据命令行提示进行操作，设置偏移距离为 10，将新绘制的直线向右偏移，如下图所示。

STEP 12　“块定义”对话框

在命令行中输入 B（创建块）命令，按【Enter】键确认，弹出“块定义”对话框，设置“名称”为“灯盘”，在“对象”选项区中单击“选择对象”按钮，选择灯盘图形，按【Enter】键确认，返回“块定义”对话框，在“基点”选项区中单击“拾取点”按钮，拾取外侧矩形左上角点，返回“块定义”对话框，如下图所示。

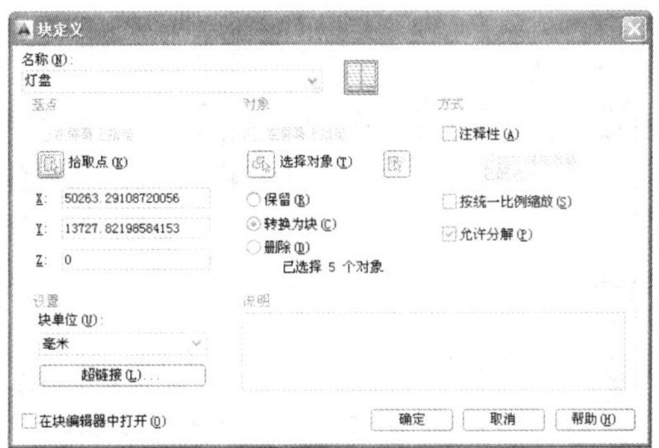

STEP 13　捕捉角点

单击“确定”按钮，完成图块的创建。在命令行中输入 M（移动）命令，按【Enter】键确认，根据命令行提示进行操作，选择“灯盘”图块，捕捉外侧矩形左上角点，输入 FROM 命令并确认，捕捉相应的角点，如下图所示。

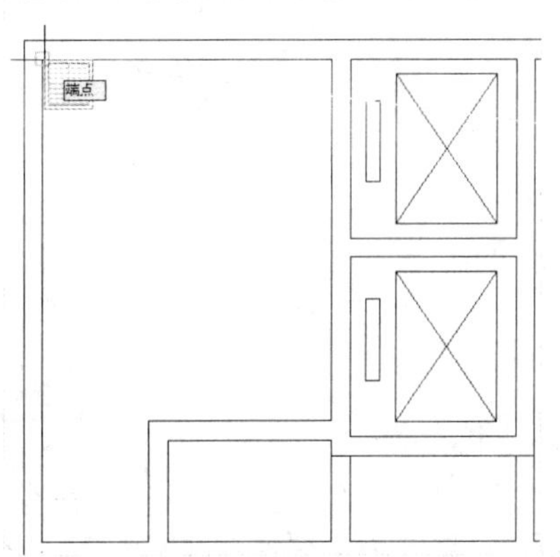

STEP 14 **移动图块**

单击鼠标左键确认，输入（@1809,0），并按【Enter】键确认，移动图块，如下图所示。

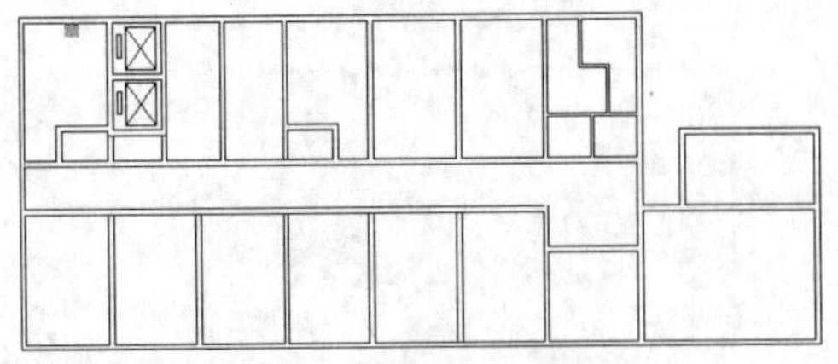

STEP 15 **复制图块**

在命令行中输入 CO（复制）命令，按【Enter】键确认，根据命令行提示进行操作，复制图块至合适位置，如下图所示。

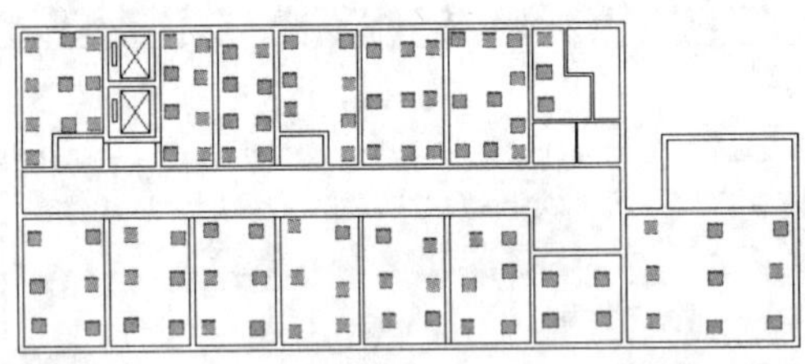

STEP 16 **绘制圆**

在命令行中输入 C(圆)命令，按【Enter】键确认，根据命令行提示进行操作，绘制一个半径为 133 的圆，如下图所示。

STEP 17 **偏移圆**

在命令行中输入 O（偏移）命令，按【Enter】键确认，根据命令行提示进行操作，设置偏移距离为 30，将新绘制的圆向内侧偏移，如下图所示。

STEP 18 **绘制直线**

在命令行中输入 L（直线）命令，按【Enter】键确认，根据命令行提示进行操作，输入 FROM 命令并确认，捕捉圆心，输入（@0,153）、（@0,-306），按【Enter】键确认，绘制直线如下图所示。

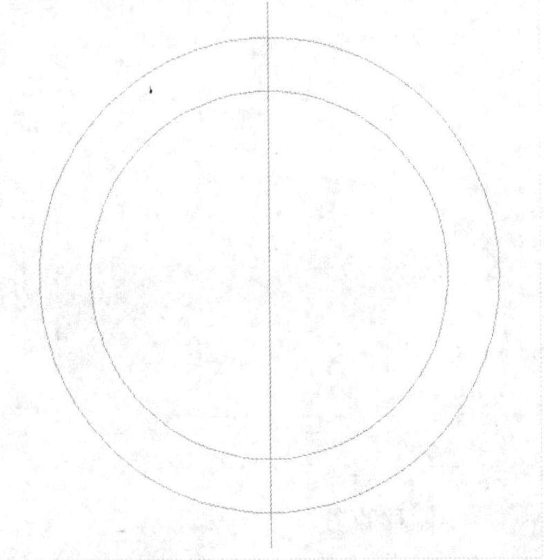

STEP 19 **绘制直线**

在命令行中输入 L（直线）命令，按【Enter】键确认，根据命令行提示进行操作，输入 FROM 命令并确认，捕捉圆心，输入（@-153,0）、（@306,0），按【Enter】键确认，绘制直线，如下图所示。

STEP 20 **“块定义”对话框**

在命令行中输入 B（创建块）命令，按【Enter】键确认，弹出“块定义”对话框，设置“名称”为“吸附灯”，在“对象”选项区中单击“选择对象”按钮，选择吸附灯图形，按【Enter】键确认，返回“块定义”对话框，在“基点”选项区中单击“拾取点”按钮，拾取圆心，返回“块定义”对话框，如下图所示。

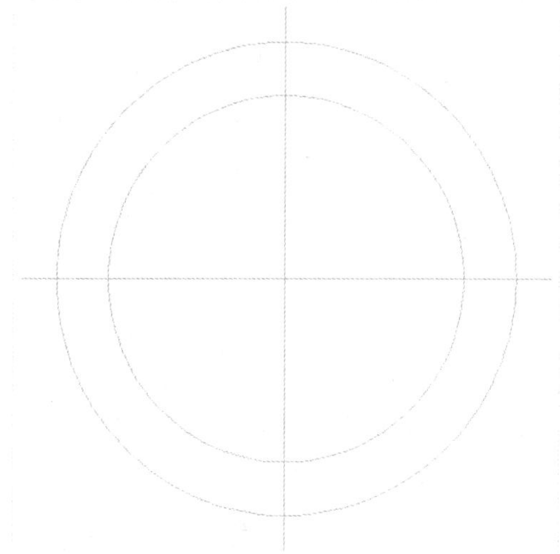

STEP 21　移动图块

单击“确定”按钮，完成图块的创建。在命令行中输入 M（移动）命令，按【Enter】键确认，根据命令行提示进行操作，选择“吸附灯”图块，捕捉圆心，移动图块至合适位置，如下图所示。

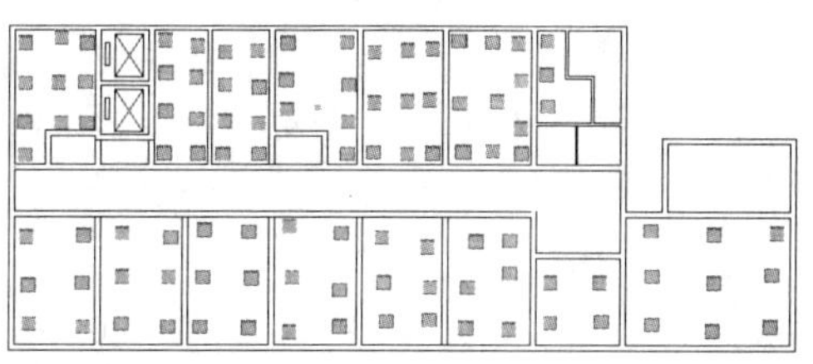

STEP 22　复制图块

在命令行中输入 CO（复制）命令，按【Enter】键确认，根据命令行提示进行操作，复制图块至合适位置，如下图所示。

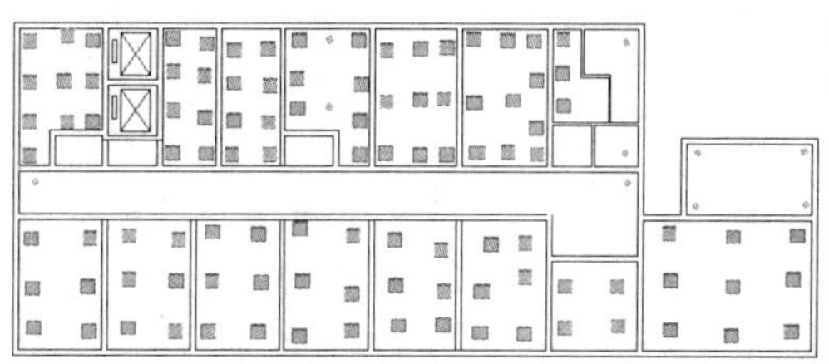

10.2.3　完善办公室天棚图设计

本实例首先使用“标注样式”命令设置标注样式，然后使用“线性标注”、“连续标注”等命令完善办公室天棚图设计，其具体操作步骤如下。

素材文件	无	效果文件	第 10 章\办公室天棚图.dwg

STEP 01　置为当前层

以上例效果为例，在命令行中输入 LA（图层）命令，按【Enter】键确认，弹出“图层特性管理器”面板，将“标注”图层置为当前层，如下图所示。

STEP 02　弹出对话框

在命令行中输入 D（标注样式）命令，按【Enter】键确认，弹出“标注样式管理器”对话框，如下图所示。

STEP 03　设置参数

单击“修改”按钮，弹出“修改标注样式：ISO-25”对话框，在“符号和箭头”选项卡中，设置“第一个”为“建筑标记”，如下图所示。

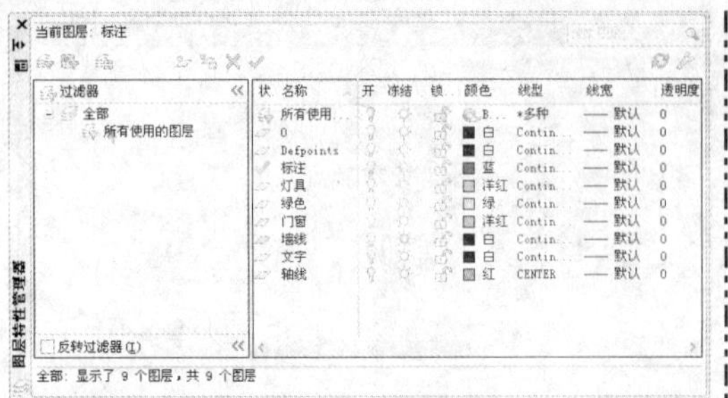

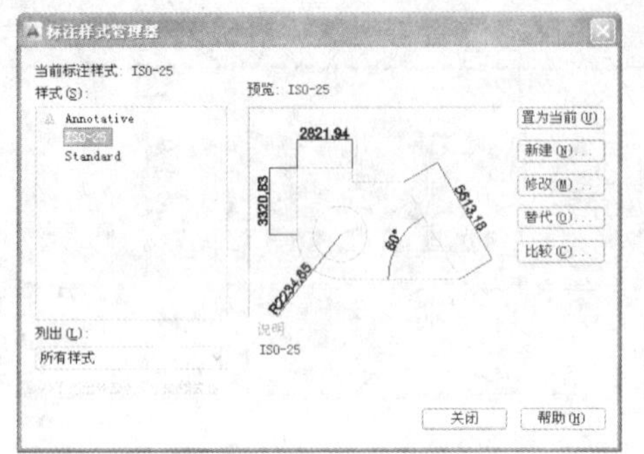

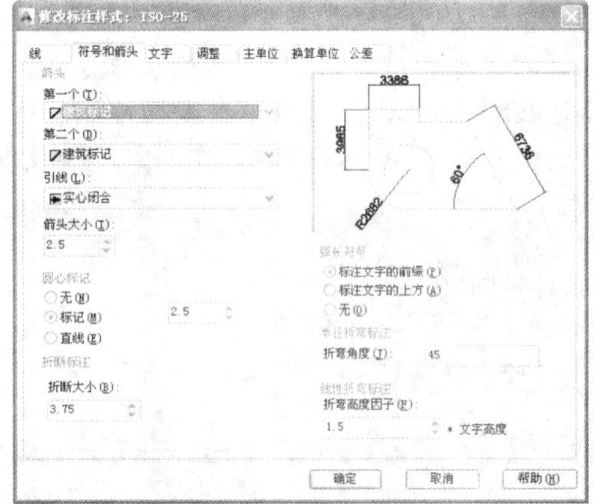

STEP 04 设置参数

在“调整”选项卡中，设置“使用全局比例”为 20，如下图所示。

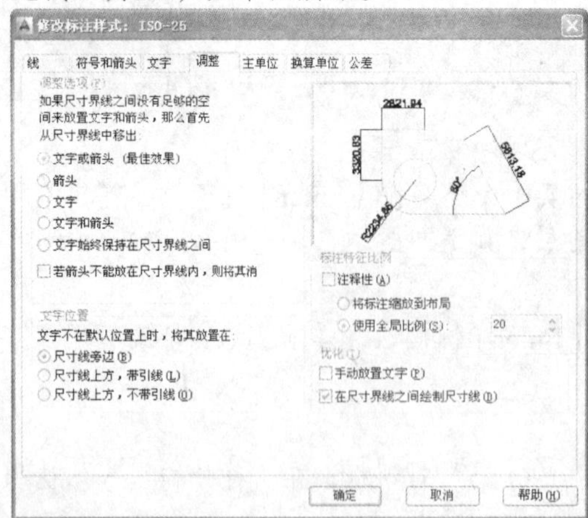

STEP 05 设置参数

在“线”选项卡中，设置“超出尺寸线”为 3、“起点偏移量”为 5，如下图所示。

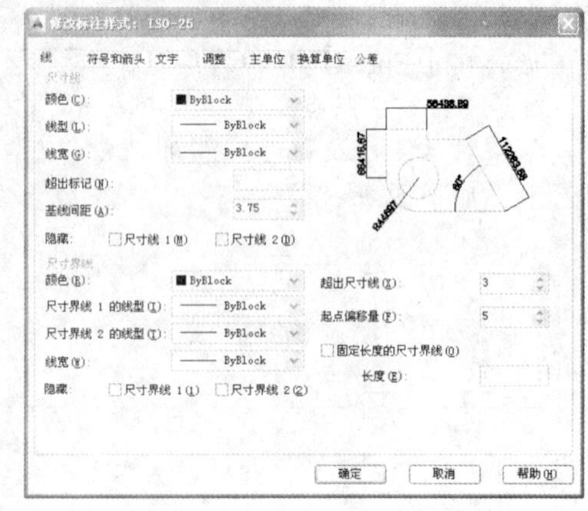

STEP 06 设置参数

在“主单位”选项卡中，设置“精度”为 0，如下图所示。

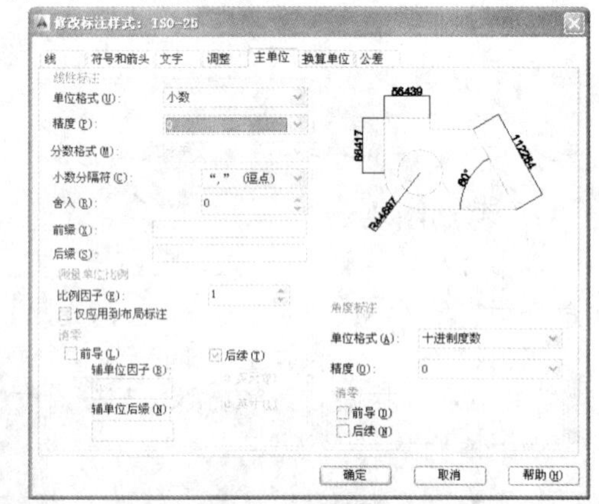

STEP 07 设置参数

在“文字”选项卡中，设置“文字高度”为 30，如下图所示。

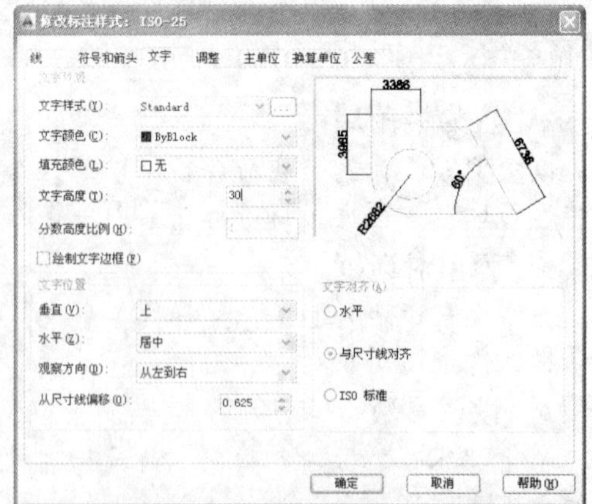

STEP 08 单击“置为当前”按钮

单击“确定”按钮，返回“标注样式管理器”对话框，单击“置为当前”按钮，如下图所示。

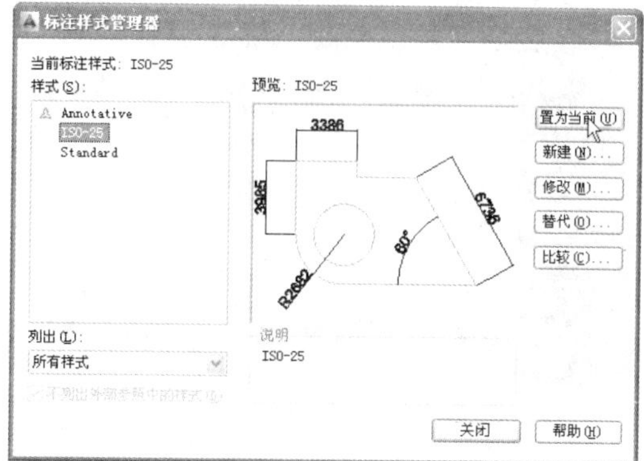

STEP 09 标注尺寸

在命令行中输入 DLI（线性标注）命令，按【Enter】键确认，然后根据命令行提示进行操作，依次捕捉端点，标注尺寸，如下图所示。

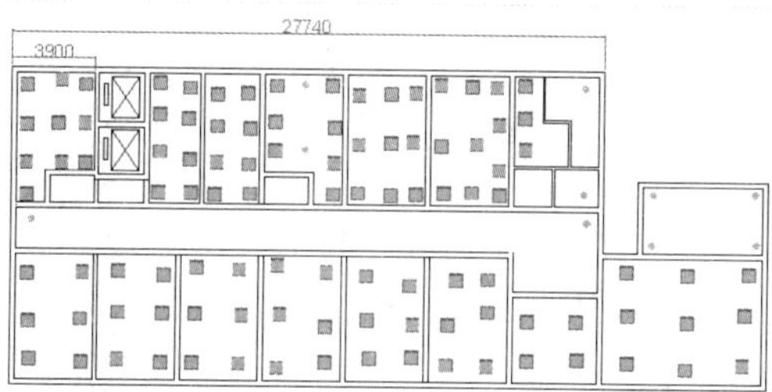

STEP 10 连续尺寸标注

在命令行中输入 DCO（连续标注）命令，按【Enter】键确认，然后根据命令行提示进行操作，捕捉相应的端点，进行连续尺寸标注，如下图所示。

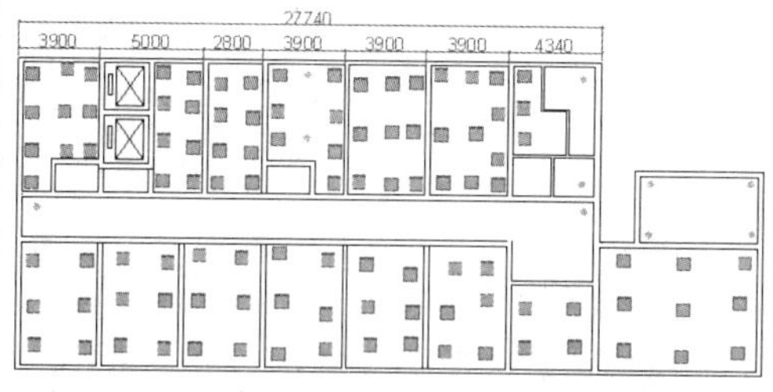

STEP 11 标注尺寸

在命令行中输入 DLI（线性标注）命令，按【Enter】键确认，然后根据命令行提示进行操作，依次捕捉端点，标注尺寸，如下图所示。

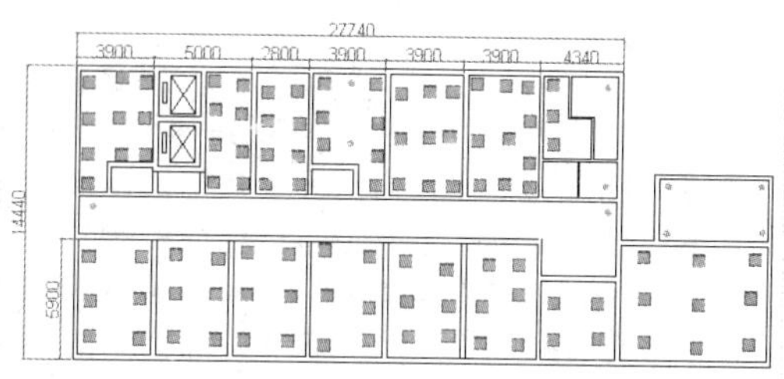

STEP 12 连续尺寸标注

在命令行中输入 DCO（连续标注）命令，按【Enter】键确认，根据命令行提示进行操作，捕捉相应的端点，进行连续尺寸标注，如下图所示。

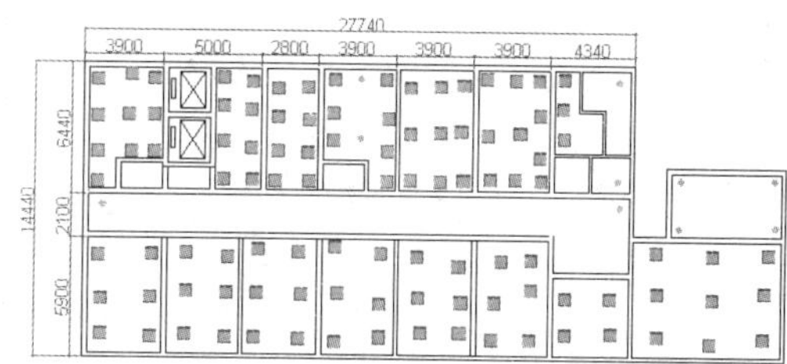

STEP 13 置为当前层

在命令行中输入 LA（图层）命令，按【Enter】键确认，弹出“图层特性管理器”面板，将“文字”图层置为当前层，如下图所示。

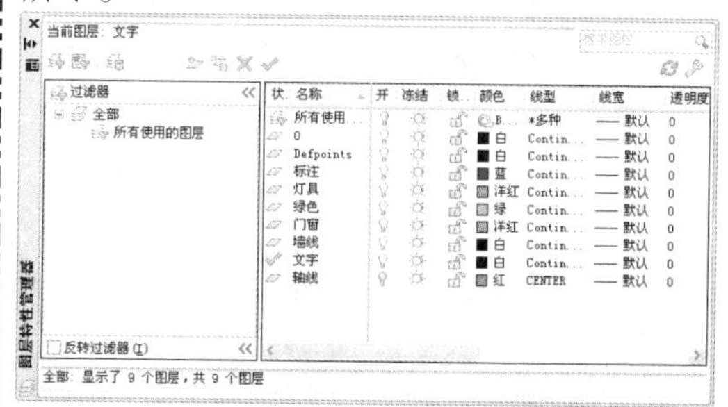

STEP 14 创建多行文字

在命令行中输入 MT（多行文字）命令，按【Enter】键确认，根据命令行提示进行操作，在绘图区的合适位置拖曳鼠标，设置“文字高度”为 200，在文本框中输入“500*500 矿墙板”，单击“关闭文字编辑器”按钮，完成多行文字的创建，如下图所示。

STEP 15 创建其他的多行文字

采用与上一步相同的方法，创建其他的多行文字（参见本案例效果文件），如下图所示。

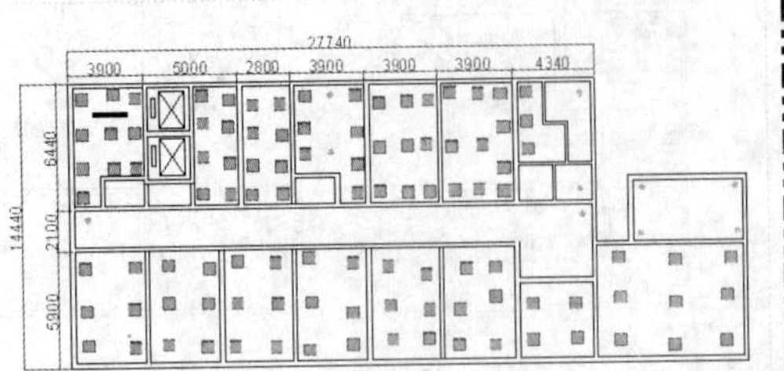

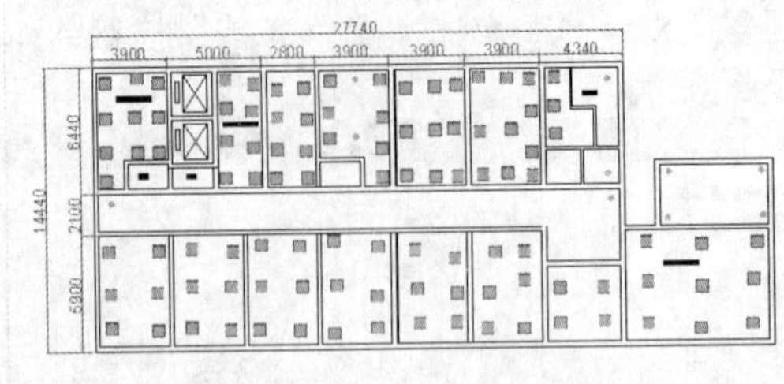

● 读书笔记

Chapter 11

供电给水图的设计

章前知识导读

供电图用来反映室内装潢的配电情况，也包括配电箱的规格、型号、配置、照明以及插座开关等线路的敷设方式和安装说明，给水工程包括水源取水、水质净化、净水输送和配水使用等。

重点知识索引

- 供电施工图绘制
- 给水施工图绘制

效果图片赏析

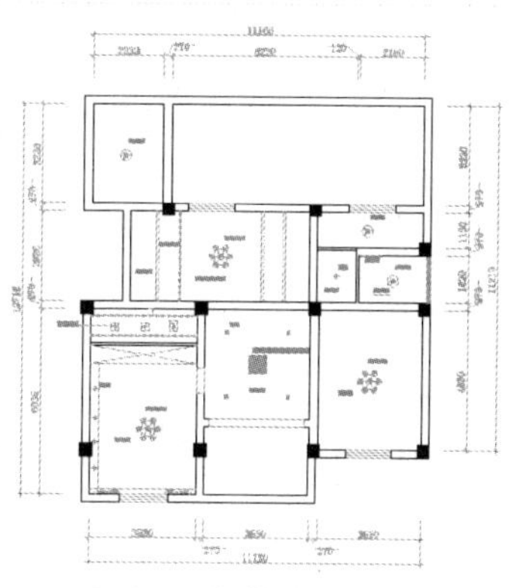

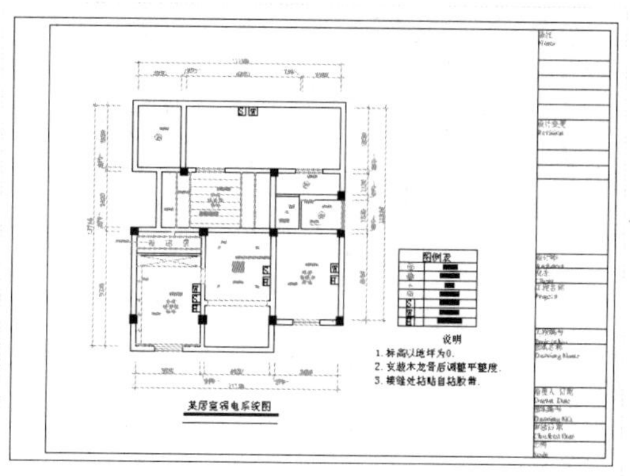

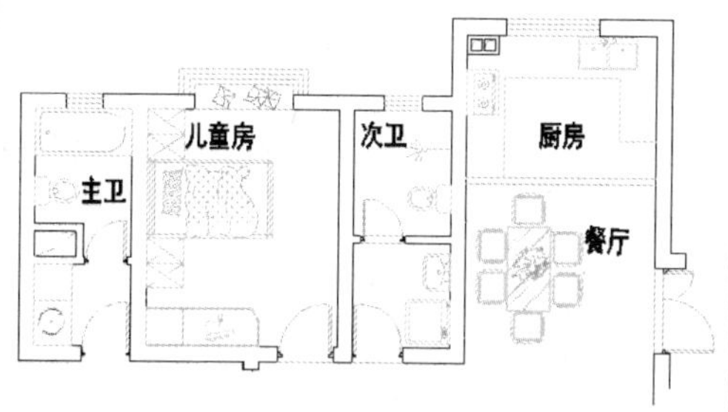

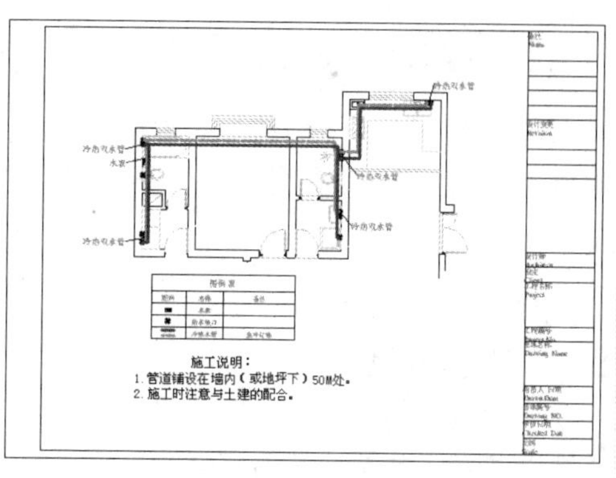

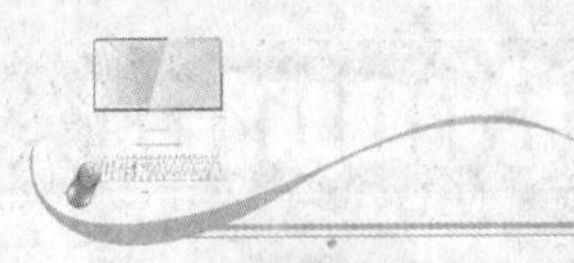

11.1 供电施工图绘制

在室内装潢中，天棚的装饰是不可缺少的一部分，天棚装饰主要是在天棚中布置各种灯具。在布置灯具时，要考虑室内照明的亮度，不同灯具及层高都会对亮度有影响。下面介绍绘制供电施工图的操作方法。

11.1.1 调用并修改灯光天棚图

本实例将介绍灯光天棚图的修改，通过“删除”命令绘制修改灯光天棚图，展示了灯光天棚图的具体修改方法与技巧，其具体操作步骤如下。

素材文件	第 11 章\天棚图.dwg	效果文件	第 11 章\修改天棚图.dwg

STEP 01 打开素材

按【Ctrl+O】组合键，打开一幅素材图形，如下图所示。

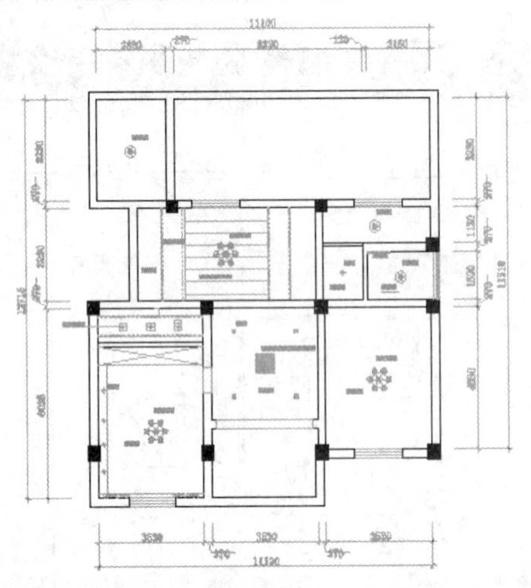

STEP 02 删除多余的图形

在命令行中输入 E（删除）命令，按【Enter】键确认，根据命令行提示进行操作，删除多余的图形，如下图所示。

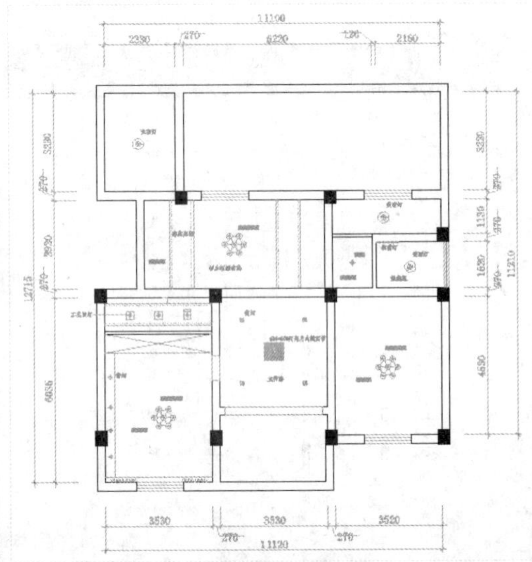

11.1.2 绘制并布置开关

本实例将介绍开关的绘制与布置，首先使用“直线”、“旋转”等命令绘制开关，然后使用“移动”命令布置开关，展示了绘制并布置开关的具体操作方法与技巧，其具体操作步骤如下。

素材文件	无	效果文件	第 11 章\开关.dwg

STEP 01 置为当前层

以上例效果为例，在命令行中输入 LA（图层）命令，按【Enter】键确认，弹出“图层特性管理器”面板，单击“新建图层”按钮，新建“开关”图层，并将“开关”图层置为当前层，如下图所示。

STEP 02 绘制直线

在命令行中输入 L（直线）命令，按【Enter】键确认，根据命令行提示进行操作，在

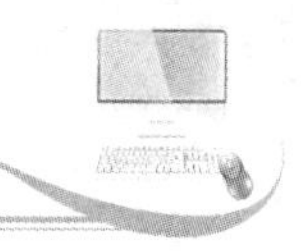

绘图区任意一点单击鼠标左键，输入（@-150,0）、（@0,-500）、（@0,-200）和（@-150,0），按【Enter】键确认，绘制直线，如下图所示。

STEP 03 旋转图形

在命令行中输入 RO（旋转）命令，按【Enter】键确认，根据命令行提示进行操作，将绘制的图形旋转-45°，如下图所示。

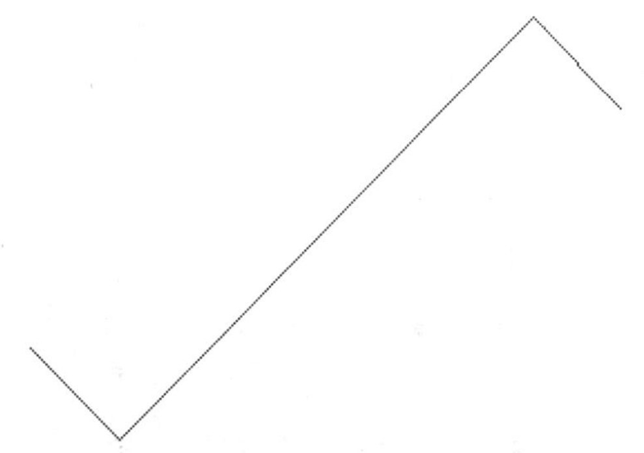

STEP 04 绘制圆环

在命令行中输入 DO（圆环）命令，按【Enter】键确认，根据命令行提示进行操作，设置圆内径为 0、外径为 100，捕捉适当的点，绘制圆环，如下图所示。

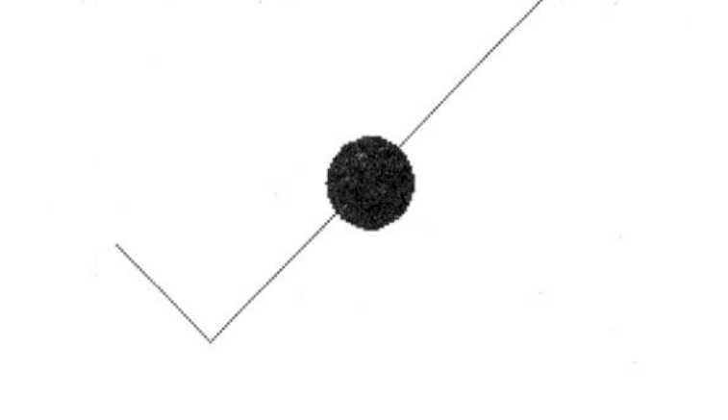

STEP 05 偏移直线

在命令行中输入 CO（复制）命令，按【Enter】键确认，根据命令行提示进行操作，复制图形。在命令行中输入 O（偏移）命令，按【Enter】键确认，然后根据命令行提示进行操作，设置偏移距离为 100，将复制所得开关图形上方直线向下偏移，如下图所示。

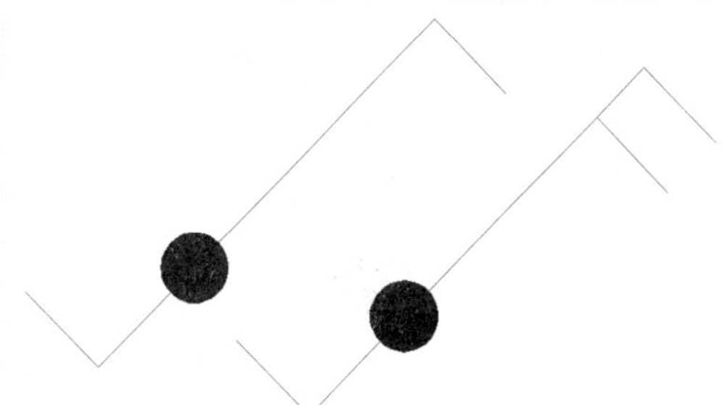

STEP 06 绘制直线

在命令行中输入 L（直线）命令，按【Enter】键确认，根据命令行提示进行操作，在绘图区的任意位置单击鼠标左键，输入（@-150,0）、（@0,-500）、（@0,-500）和（@-150,0），按【Enter】键确认，绘制直线，如下图所示。

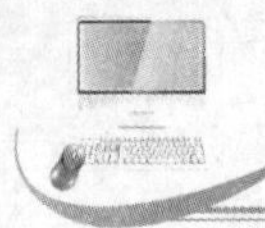

STEP 07 旋转图形

在命令行中输入RO（旋转）命令，按【Enter】键确认，根据命令行提示进行操作，将绘制的图形旋转-45°，如下图所示。

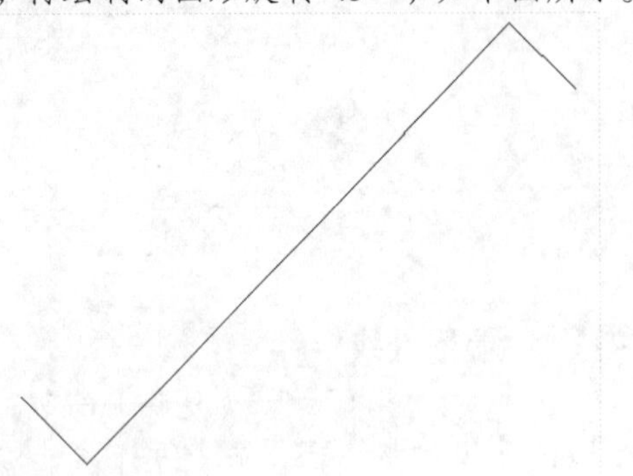

STEP 08 绘制圆环

在命令行中输入DO（圆环）命令，按【Enter】键确认，根据命令行提示进行操作，设置圆内径为0、外径为100，捕捉适当的点，绘制圆环，如下图所示。

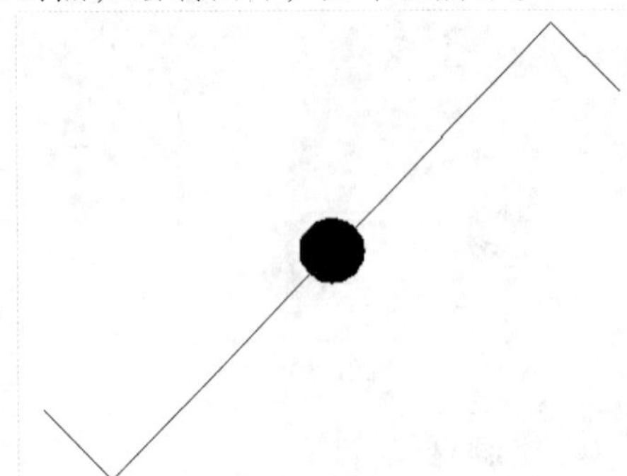

STEP 09 偏移直线

在命令行中输入O（偏移）命令，按【Enter】键确认，根据命令行提示进行操作，设置偏移距离为100，将新绘制的开关图形上方直线向下偏移两次，如下图所示。

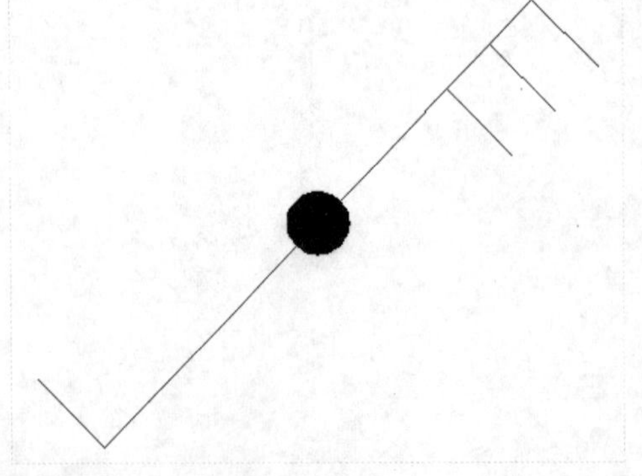

STEP 10 偏移直线

在命令行中输入O（偏移）命令，按【Enter】键确认，根据命令行提示进行操作，设置偏移距离为100，将新绘制的开关图形下方直线向上偏移两次，如下图所示。

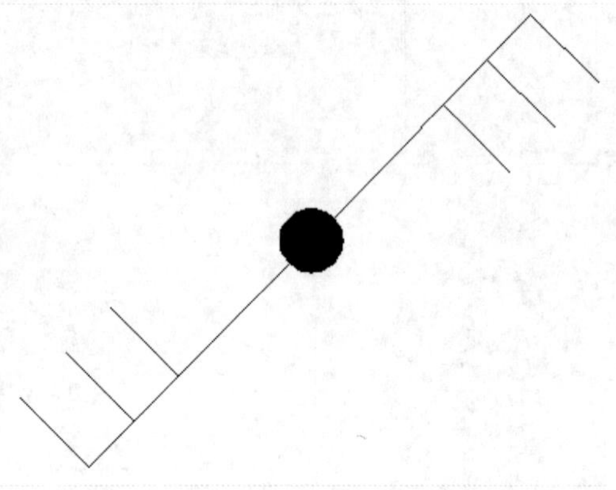

专家指点

由于供电施工图只需指明插座、强和弱电以及各灯具的接线方式，所以可以用天棚图为基础，在其中修改即可。

STEP 11 复制图形

在命令行中输入M（移动）命令，按【Enter】键确认，根据命令行提示进行操作，将开关图形移至合适位置。在命令行中输入CO（复制）命令，按【Enter】键确认，根据命令行提示进行操作，复制开关图形至合适位置，如下图所示。

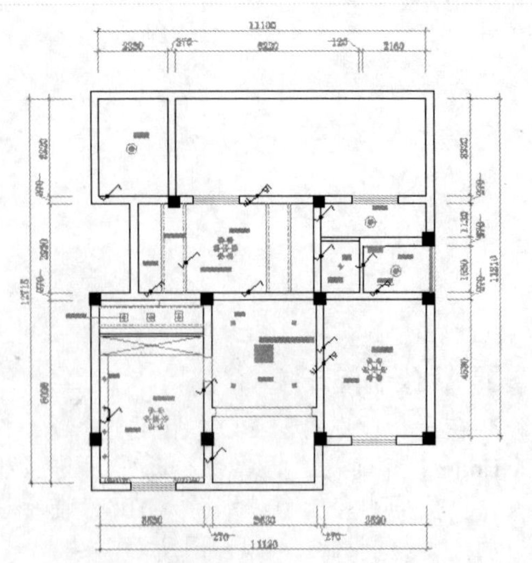

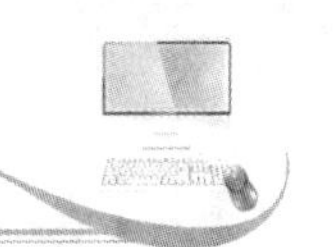

11.1.3 绘制照明电线

本实例将介绍照明电线的绘制，通过“样条曲线”命令绘制电线，展示了照明电线的具体绘制方法与技巧，其具体操作步骤如下。

素材文件	无	效果文件	第 11 章\电线.dwg

STEP 01 置为当前层

以上例效果为例，在命令行中输入 LA（图层）命令，按【Enter】键确认，弹出“图层特性管理器”面板，单击“新建图层”按钮，新建“电线”图层，并将“电线”图层置为当前层，如下图所示。

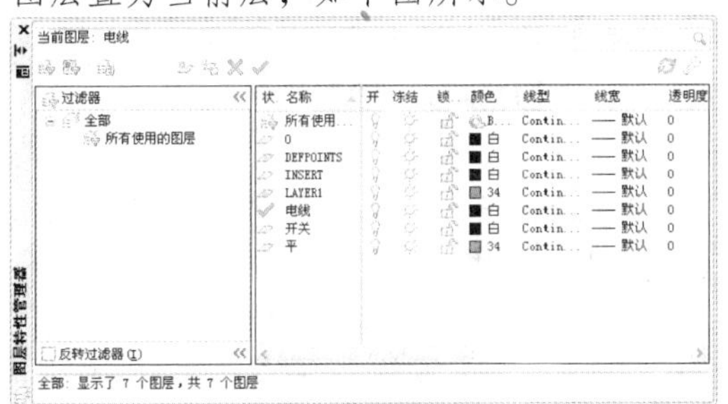

STEP 02 绘制样条曲线

在命令行中输入 SPL（样条曲线）命令，按【Enter】键确认，根据命令行提示进行操作，绘制样条曲线，在开关与灯具之间用样条曲线连接，如下图所示。

STEP 03 绘制其他样条曲线

采用与上一步相同的方法，绘制其他样条曲线，在其他的开关与灯具之间用样条曲线连接，效果如下图所示。

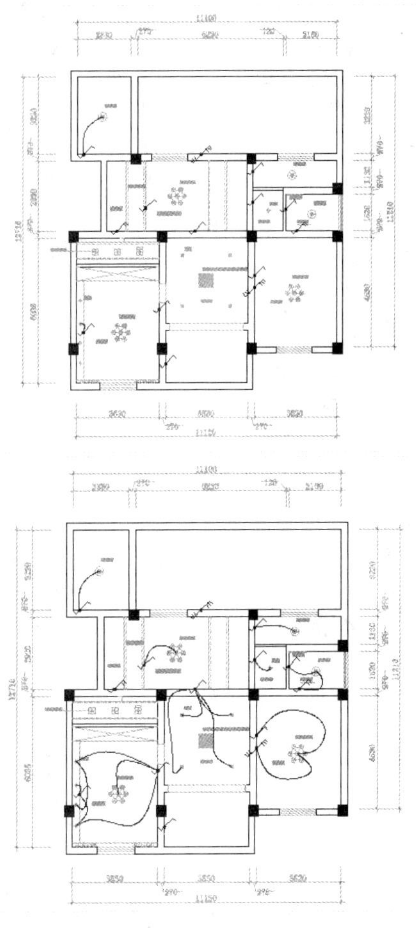

11.1.4 绘制和布置插座

本实例将介绍插座的绘制与布置，首先使用“圆”、“直线”等命令绘制插座，然后使用“移动”、“复制”等命令布置插座，展示了绘制和布置插座的具体操作方法与技巧，其具体操作步骤如下。

素材文件	第 11 章\天棚图.dwg	效果文件	第 11 章\插座.dwg

STEP 01 打开素材

按【Ctrl+O】组合键，打开一幅素材图形，如下图所示。

STEP 02 置为当前层

在命令行中输入 LA（图层）命令，按【Enter】键确认，弹出“图层特性管理器”面板，单击“新建图层”按钮，新建“插座”图层，并将“插座”图层置为当前层，如下图所示。

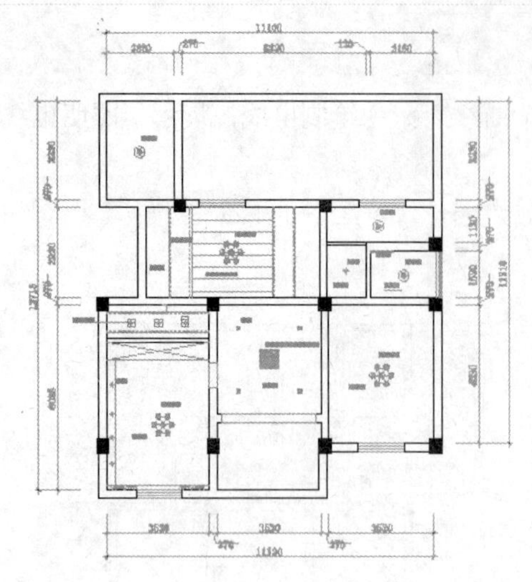

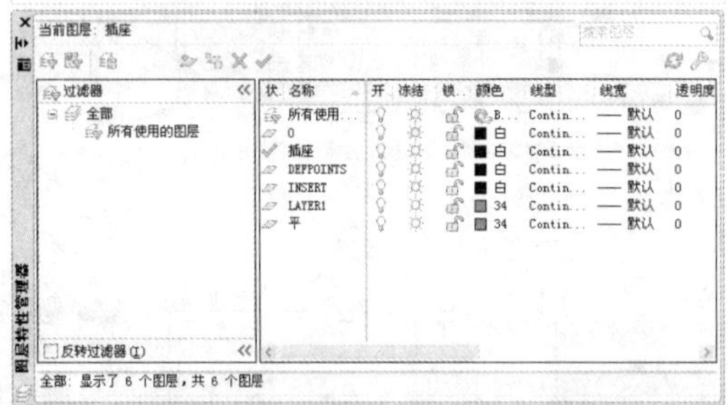

STEP 03 绘制圆

在命令行中输入C(圆)命令，按【Enter】键确认，根据命令行提示进行操作，绘制一个半径为160的圆，如下图所示。

STEP 04 绘制直线

在命令行中输入 L（直线）命令，按【Enter】键确认，根据命令行提示进行操作，过圆心绘制水平直线，如下图所示。

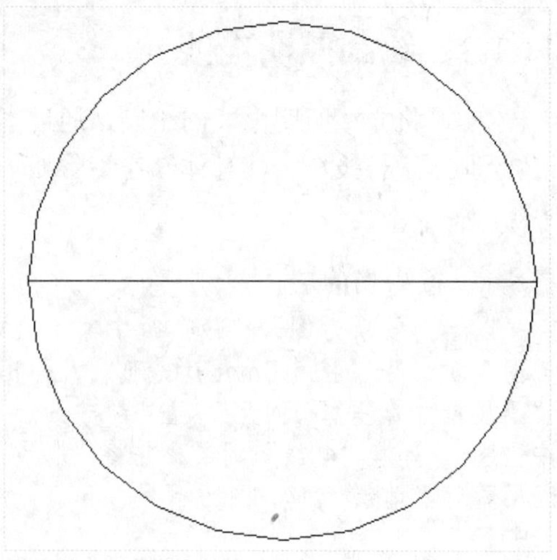

STEP 05 修剪多余的图形

在命令行中输入TR（修剪）命令，按【Enter】键确认，根据命令行提示进行操作，修剪多余的图形，如下图所示。

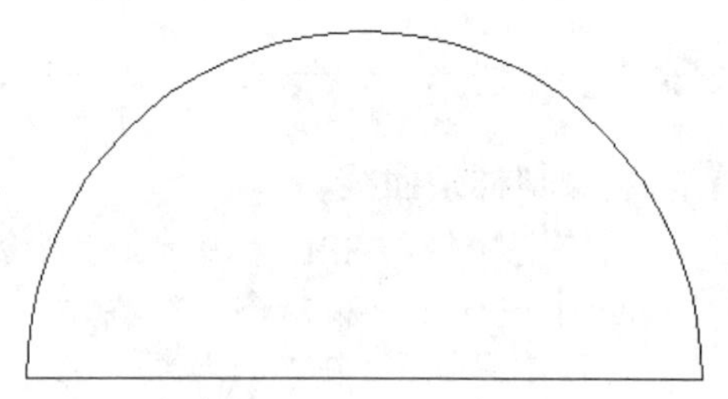

STEP 06 捕捉象限点

在命令行中输入 L（直线）命令，按【Enter】键确认，根据命令行提示进行操作，输入FROM命令并确认，捕捉象限点，如下图所示。

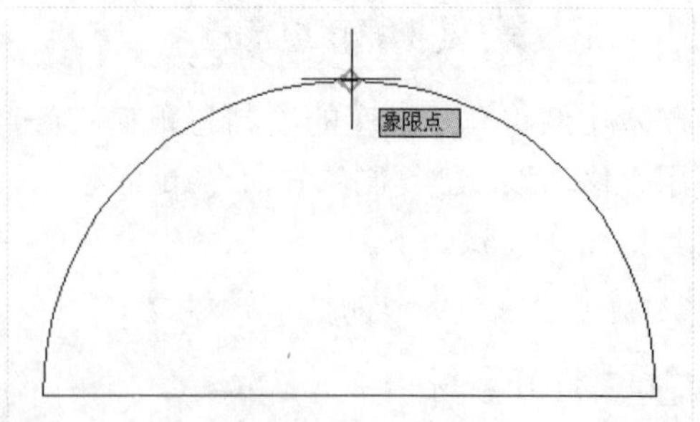

STEP 07 绘制直线

单击鼠标左键确认，输入（@-160,0）、（@320,0），按【Enter】键确认，绘制直线，如下图所示。

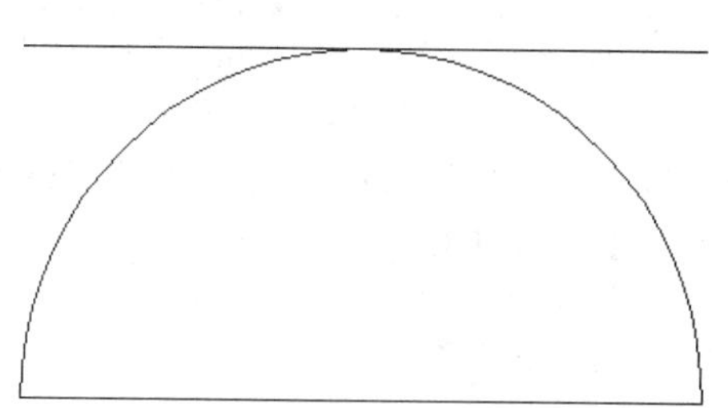

STEP 08 **捕捉象限点**

在命令行中输入 L（直线）命令，按【Enter】键确认，根据命令行提示进行操作，捕捉象限点，如下图所示。

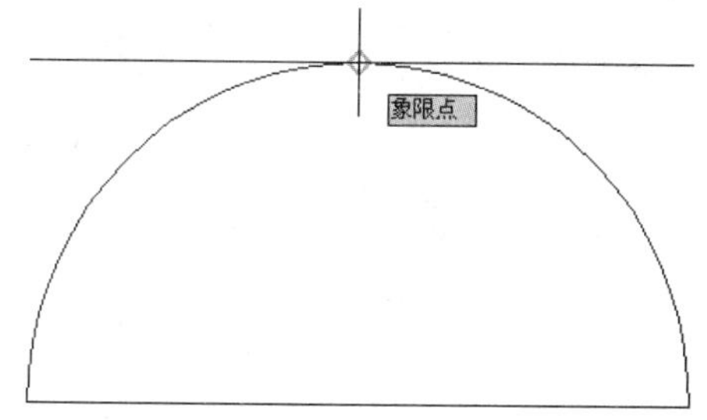

STEP 09 **绘制直线**

单击鼠标左键确认，绘制长度为 160 的垂直直线，如下图所示。

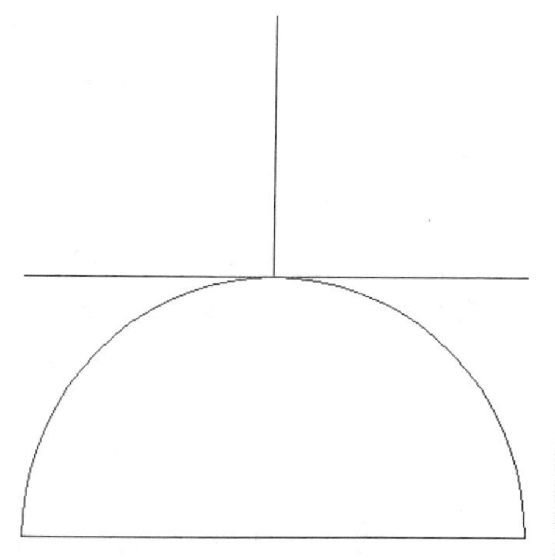

STEP 10 **创建图案填充**

在命令行中输入 H（图案填充）命令，按【Enter】键确认，弹出“图案填充创建”选项卡，设置“图案”为 SOLID，拾取相应位置，单击“关闭图案填充创建”按钮，完成图案填充的创建，效果如下图所示。

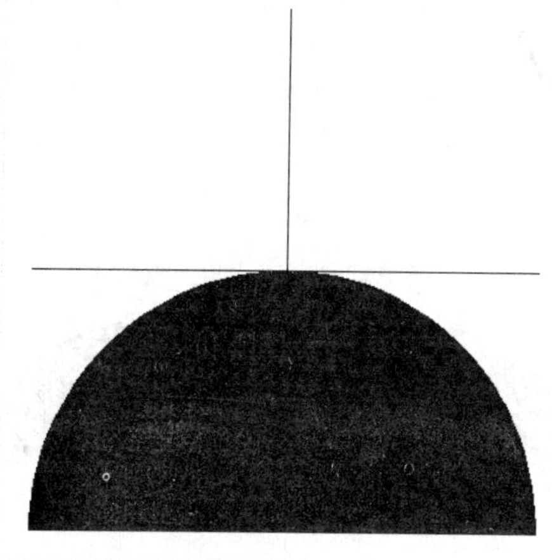

STEP 11 **复制图形**

在命令行中输入 CO（复制）命令，按【Enter】键确认，根据命令行提示进行操作，复制相应的图形至合适位置，如下图所示。

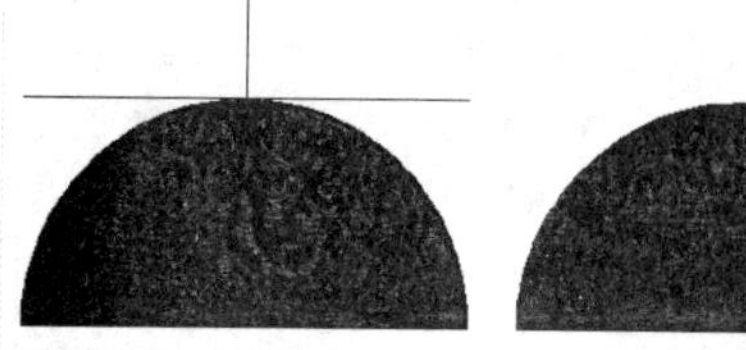

STEP 12 **捕捉象限点**

在命令行中输入 L（直线）命令，按【Enter】键确认，根据命令行提示进行操作，捕捉象限点，如下图所示。

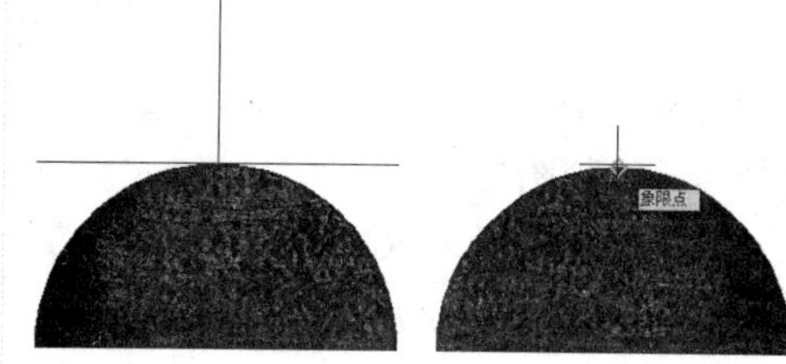

STEP 13 **绘制直线**

单击鼠标左键确认，绘制长度为 160 的垂直直线，如下图所示。

STEP 14 **阵列图形**

在命令行中输入 AR（阵列）命令，按【Enter】键确认，根据命令行提示进行操作，选择新绘制的垂直直线，按【Enter】

键确认，选择PO（极轴）选项，捕捉圆心，弹出“阵列创建”选项卡，设置“项目数”为2、“项介于”为45，单击“关闭阵列”按钮，即可完成图形阵列，如下图所示。

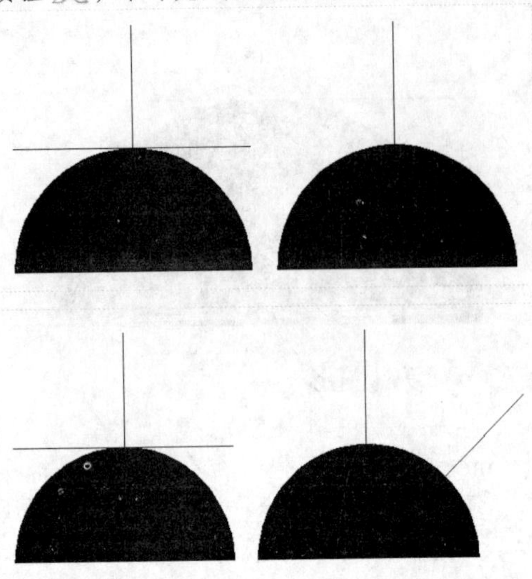

专家指点

客厅是起居活动的中心，主要的家用电器有音响（扩音机、VCD机和混响机）、空调、落地台灯、石英电暖炉、电话、电视、电脑、打印机和传真机等。所以在布置插座时，客厅所需的插座要多一些。

STEP 15 复制图形

在命令行中输入M（移动）命令，按【Enter】键确认，根据命令行提示进行操作，将普通插座图形移至合适位置。在命令行中输入CO（复制）命令，按【Enter】键确认，根据命令行提示进行操作，复制普通插座图形至合适位置，如下图所示。

STEP 16 复制图形

在命令行中输入RO（旋转）命令，按【Enter】键确认，根据命令行提示进行操作，旋转单相普通插座图形。在命令行中输入M（移动）命令，按【Enter】键确认，根据命令行提示进行操作，将单相普通插座图形移至合适位置。在命令行中输入CO（复制）命令，按【Enter】键确认，根据命令行提示进行操作，复制单相普通插座图形至合适位置，如下图所示。

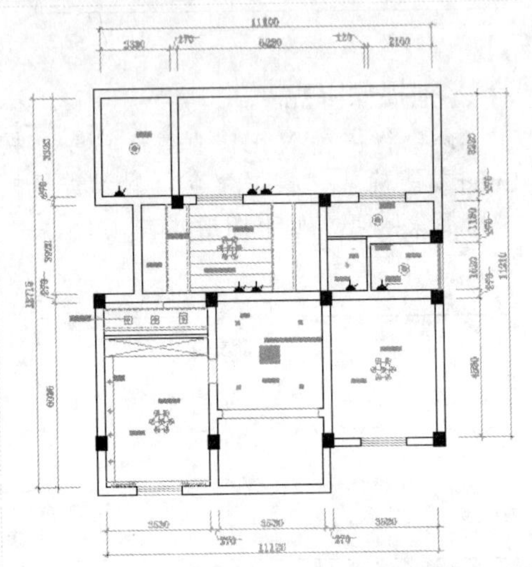

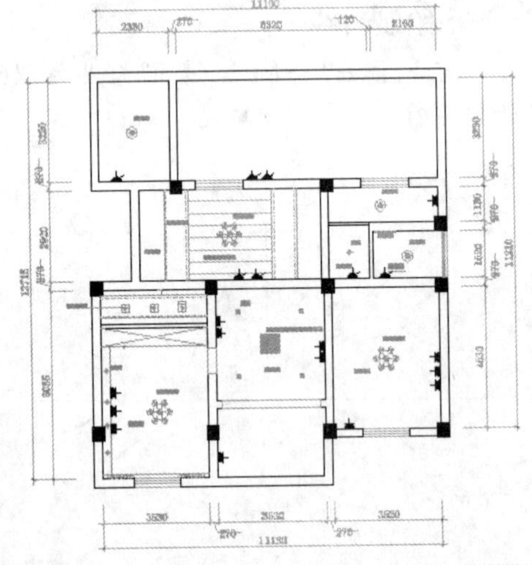

11.1.5 添加插座标识

本实例将介绍插座标识的添加，首先使用“圆”、“多行文字”等命令绘制插座标识，然后使用“移动”、“复制”等命令布置插座标识，展示了插座标识的具体添加方法与技巧，其具体操作步骤如下。

素材文件	无	效果文件	第11章\插座标识.dwg

STEP 01 绘制圆

以上例效果为例，在命令行中输入 C（圆）命令，按【Enter】键确认，根据命令行提示进行操作，绘制一个半径为 300 的圆，如下图所示。

STEP 02 创建多行文字

在命令行中输入 MT（多行文字）命令，按【Enter】键确认，根据命令行提示进行操作，在新绘制的圆内拖曳鼠标，设置“文字高度”为 400，在文本框中输入 A，单击“关闭文字编辑器”按钮，完成多行文字的创建，如下图所示。

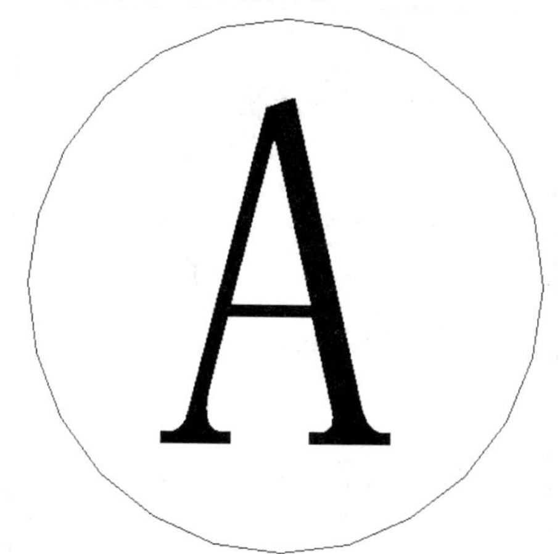

STEP 03 复制图形

在命令行中输入 M（移动）命令，按【Enter】键确认，根据命令行提示进行操作，将新绘制的圆和文本移至插座位置。在命令行中输入 CO（复制）命令，按【Enter】键确认，根据命令行提示进行操作，将新绘制的圆和文本复制到相应的插座位置，如下图所示。

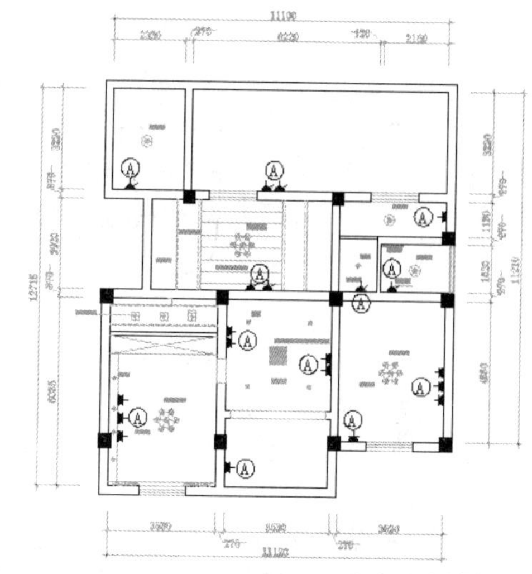

STEP 04 修改文本

依次双击相应的文本，修改文本，如下图所示。

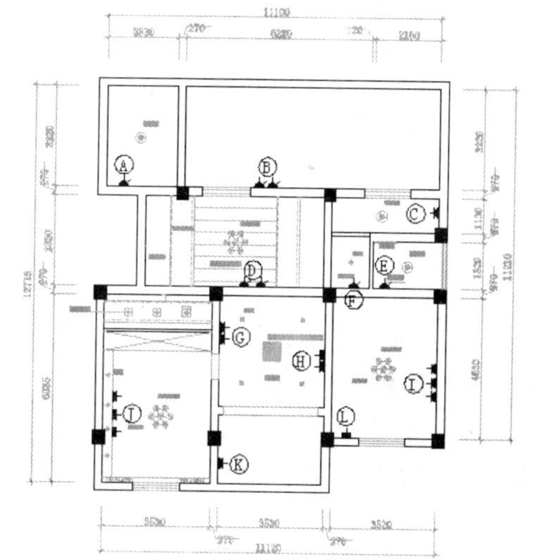

11.1.6 绘制弱电系统图

本实例将介绍弱电系统图的绘制，首先使用“矩形”、“多行文字”等命令绘制弱电系统图，然后使用“移动”、“复制”命令布置弱电系统图，展示了弱电系统图的具体绘制方法与技巧，其具体操作步骤如下。

素材文件	第 11 章\天棚图.dwg	效果文件	第 11 章\弱电系统图.dwg

STEP 01 打开素材

按【Ctrl+O】组合键，打开一幅素材图形，如下图所示。

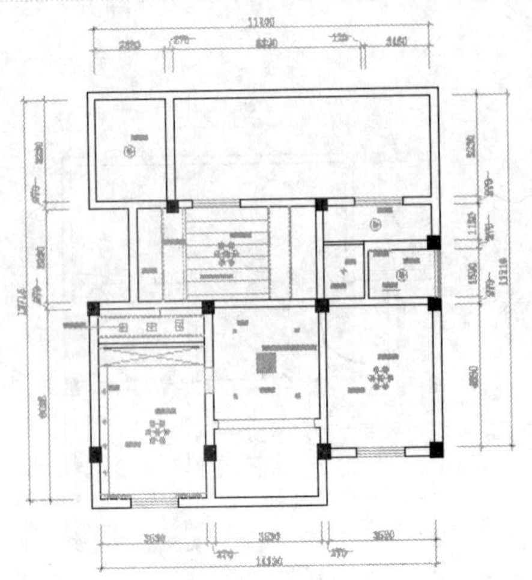

STEP 02 置为当前层

在命令行中输入 LA（图层）命令，按【Enter】键确认，弹出“图层特性管理器”面板，单击“新建图层”按钮，新建“弱电”图层，并将“弱电”图层置为当前层，如下图所示。

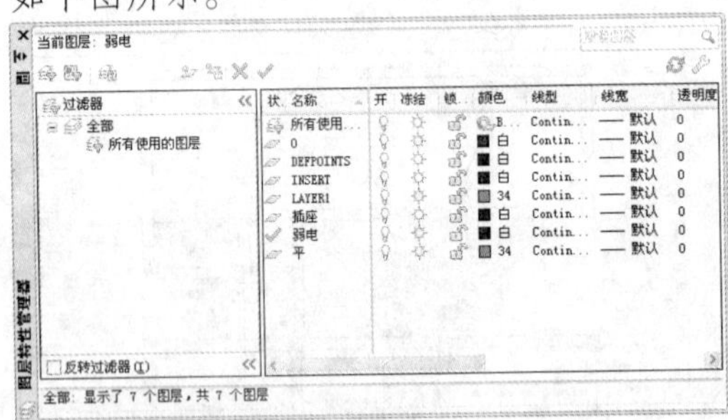

STEP 03 绘制矩形

在命令行中输入 REC（矩形）命令，按【Enter】键确认，根据命令行提示进行操作，在绘图区的任意位置单击鼠标左键，输入（@440,440），按【Enter】键确认，绘制矩形，如下图所示。

STEP 04 创建多行文字

在命令行中输入 MT（多行文字）命令，按【Enter】键确认，根据命令行提示进行操作，在新绘制的矩形内拖曳鼠标，设置“文字高度”为 400，在文本框中输入 S，单击“关闭文字编辑器”按钮，完成多行文字的创建，如下图所示。

STEP 05 绘制矩形

在命令行中输入 REC（矩形）命令，按【Enter】键确认，根据命令行提示进行操作，在绘图区的任意位置单击鼠标左键，输入（@440,440），按【Enter】键确认，绘制矩形，如下图所示。

STEP 06 创建多行文字

在命令行中输入 MT（多行文字）命令，按【Enter】键确认，根据命令行提示进行操作，在新绘制的矩形内拖曳鼠标，设置“文字高度”为 400，在文本框中输入 H，单击“关闭文字编辑器”按钮，完成多行文字的创建，如下图所示。

专家指点

弱电一般是指直流电路或音频、视频线路、网络线路和电话线路，直流电压一般在 32V 以内。家用电器中的电话、电脑和电视机的信号输入（有线电视线路）以及音响设备（输出端线路）等均为弱电电器设备。强电和弱电从概念上讲，一般是容易区别的，主要区别是用途的不同。通常，强电用作动力能源，弱电用于信号传递。

STEP 07 绘制矩形

在命令行中输入 REC（矩形）命令，按【Enter】键确认，根据命令行提示进行操作，在绘图区的任意位置单击鼠标左键，输入（@440,440），按【Enter】键确认，绘制矩形，如下图所示。

STEP 08 创建多行文字

在命令行中输入 MT（多行文字）命令，按【Enter】键确认，根据命令行提示进行操作，在新绘制的矩形内拖曳鼠标，设置“文字高度”为 400，在文本框中输入 W，单击“关闭文字编辑器”按钮，完成多行文字的创建，如下图所示。

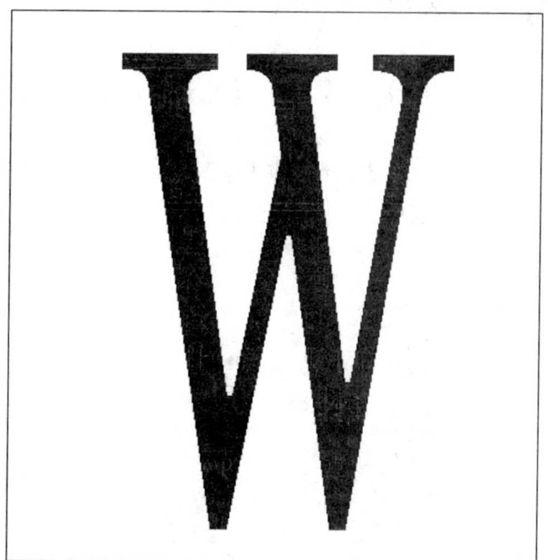

STEP 09 复制图形

在命令行中输入 M（移动）命令，按【Enter】键确认，根据命令行提示进行操作，将新绘制的矩形和文本移至插座位置。在命令行中输入 CO（复制）命令，按【Enter】键确认，根据命令行提示进行操作，将新绘制的矩形和文本复制到相应的插座位置，如下图所示。

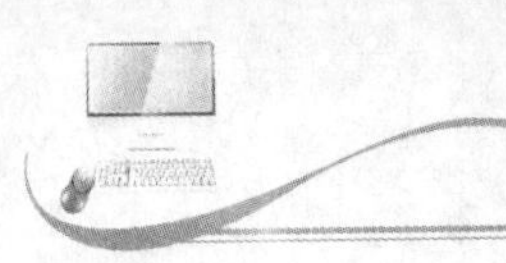

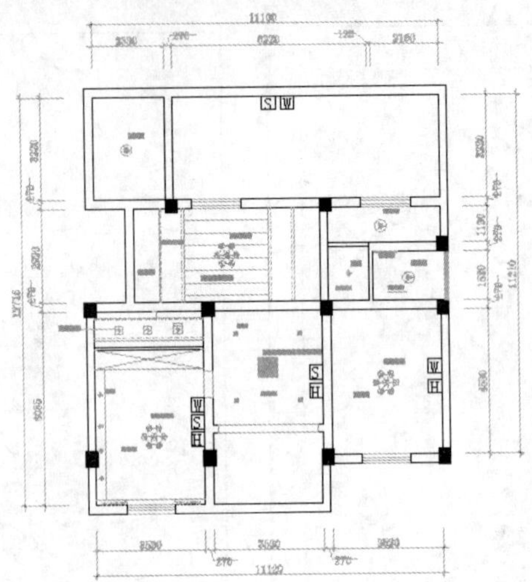

11.1.7 绘制图例表

本实例将介绍图例表的绘制，首先使用“表格”命令绘制表格，然后使用“复制”、“分解”等命令绘制图例表细节，展示了图例表的具体绘制方法与技巧，其具体操作步骤如下。

素材文件	无	效果文件	第 11 章\图例表.dwg

STEP 01 弹出对话框

以上例效果为例，在命令行中输入 TAB（表格）命令，按【Enter】键确认，弹出“插入表格”对话框，如下图所示。

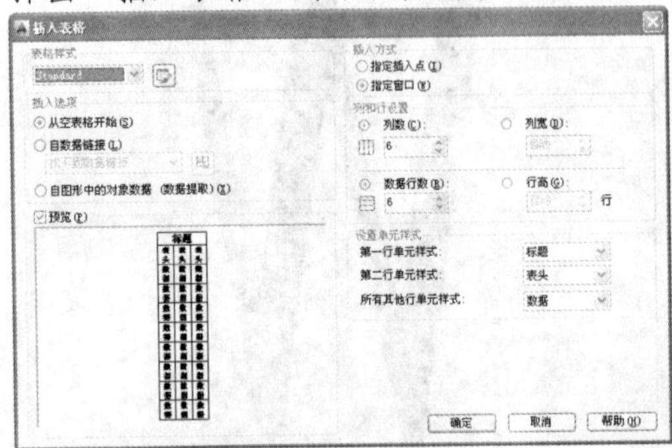

STEP 02 设置参数

在“插入方式”选项区中，选中“指定插入点”单选按钮，在“列和行设置”选项区中，设置“列数”为 2、“列宽”为 4000、“数据行数”为 6、“行高”为 2000，如下图所示。

STEP 03 创建表格

单击“确定”按钮，在绘图区的合适位置指定插入点，单击“关闭文字编辑器”按钮，创建表格，如下图所示。

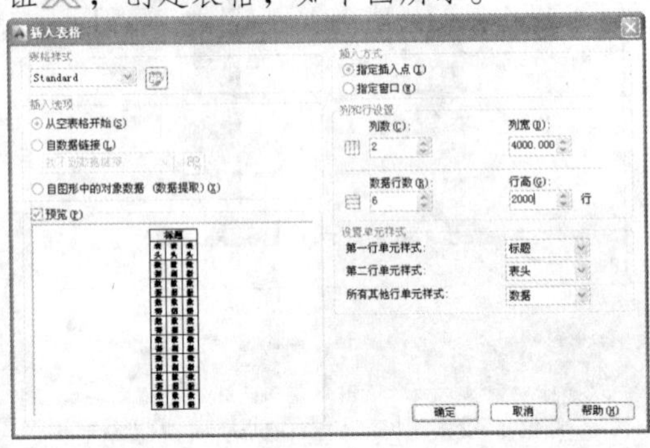

专家指点

表格的外观是由表格样式控制的，使用表格样式，可以保证表格具有标准的字体、颜色、高度和行距。

STEP 04　编辑表格

选择表格，拖曳相应夹点，编辑表格，如下图所示。

STEP 05　编辑单元格

在表格中需要输入文字的单元格内双击鼠标左键，弹出“文字编辑器”选项卡，单元格呈可编辑状态，设置“文字高度”为 400，在其中输入“图例表”，单击“关闭文字编辑器”按钮，效果如下图所示。

图例表	

STEP 06　复制图块

在命令行中输入 CO（复制）命令，按【Enter】键确认，根据命令行提示进行操作，将图形中的灯具图块复制到表格中，如下图所示。

吸顶灯 图例表	

STEP 07　删除多余的图形

在命令行中输入 X（分解）命令，按【Enter】键确认，根据命令行提示进行操作，分解表格中第一行的图块。在命令行中输入 E（删除）命令，按【Enter】键确认，根据命令行提示进行操作，删除多余的图形，如下图所示。

图例表	

STEP 08　缩放图块

在命令行中输入 SC（缩放）命令，按【Enter】键确认，根据命令行提示进行操作，选择表格中第二行的图块，设置缩放比例因子为 0.5，缩放图块，如下图所示。

图例表	

STEP 09　复制图形

在命令行中输入 CO（复制）命令，按【Enter】键确认，根据命令行提示进行操作，将相应图形复制到表格中，如下图所示。

STEP 10　编辑单元格

在表格中需要输入文字的单元格内双

击鼠标左键，弹出“文字编辑器”选项卡，单元格呈可编辑状态，设置“文字高度”为200，在其中输入相应文字，单击“关闭文字编辑器”按钮，效果如下图所示。

STEP 11 移动表格

在命令行中输入M（移动）命令，按【Enter】键确认，根据命令行提示进行操作，将表格移至合适位置，如下图所示。

图例表	
S	
W	
H	

图例表	
	吸顶灯
	豪华吊灯
	筒灯
	工艺吊灯
S	有线接口
W	网络接口
H	电话线接口

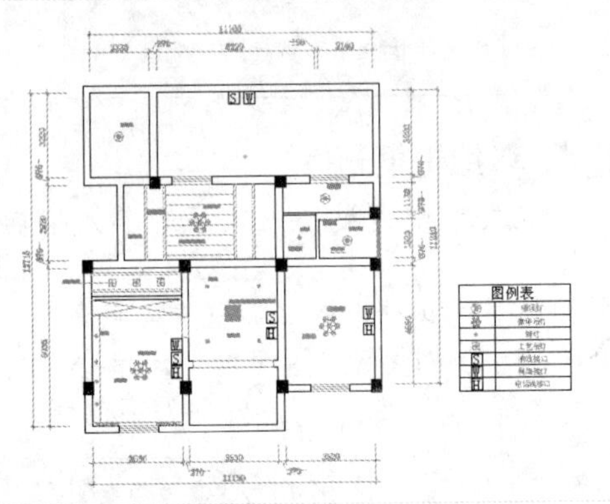

11.1.8 添加说明和图框

本实例将介绍说明和图框的添加，首先使用“多行文字”、“多段线”等命令添加说明，然后使用“插入”命令添加图框，展示了说明和图框的具体添加方法与技巧，其具体操作步骤如下。

素材文件	无	效果文件	第11章\说明和图框.dwg

STEP 01 创建多行文字

以上例效果为例，在命令行中输入MT（多行文字）命令，按【Enter】键确认，根据命令行提示进行操作，在表格下方拖曳鼠标，设置“文字高度”为400，在文本框中输入相应文字，然后单击“关闭文字编辑器”按钮，完成多行文字的创建，如下图所示。

说明

1. 标高以地坪为0.
2. 安装木龙骨后调整平整度.
3. 接缝处粘贴自粘胶带.

STEP 02 创建多行文字

在命令行中输入MT（多行文字）命令，按【Enter】键确认，根据命令行提示进行操作，在图形下方拖曳鼠标，设置“文字高度”为400，在文本框中输入相应文字，单击“关闭文字编辑器”按钮，完成多行文字的创建，如下图所示。

STEP 03 绘制多段线

在命令行中输入PL（多段线）命令，按【Enter】键确认，根据命令行提示进行操作，在文字下方绘制一条宽度为100、长度为5100的多段线，如下图所示。

STEP 04 绘制直线

在命令行中输入L（直线）命令，按【Enter】键确认，根据命令行提示进行操作，在多段线下方绘制一条长度为5100的

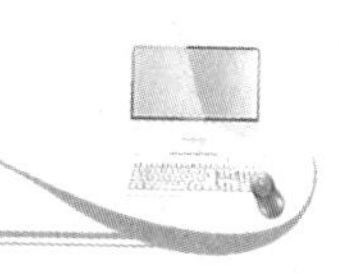

直线，如下图所示。

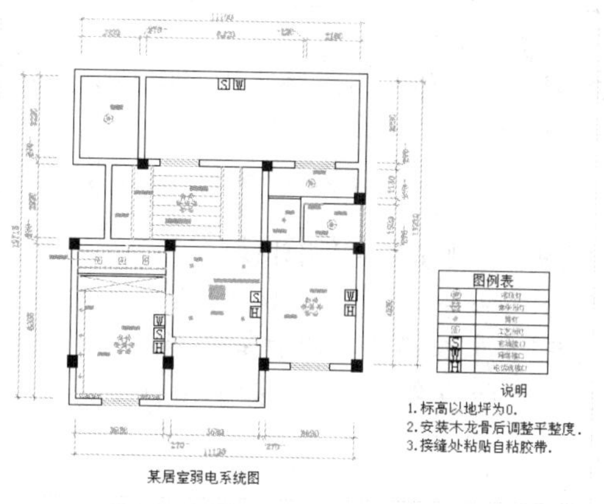

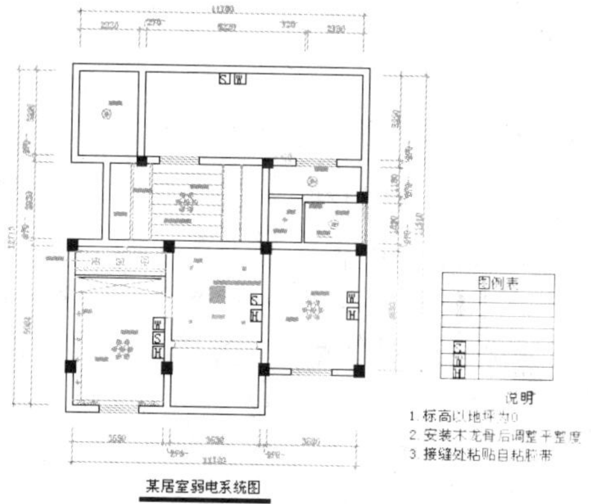

STEP 05　弹出对话框

在命令行中输入 I（插入）命令，按【Enter】键确认，弹出“插入”对话框，如下图所示。

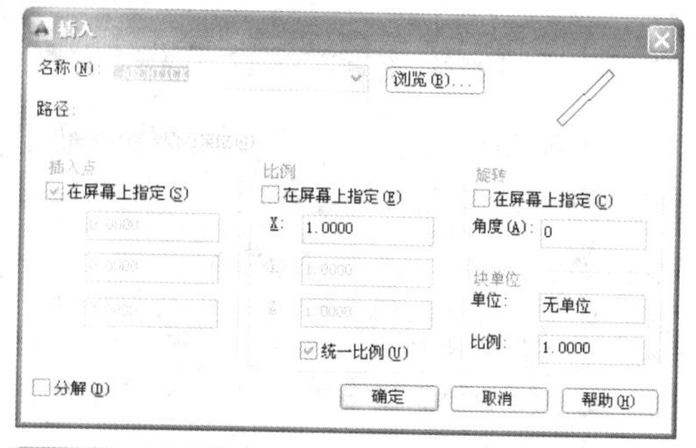

STEP 06　选择图形文件

单击“浏览”按钮，弹出“选择图形文件”对话框，选择“图框”图形文件，如下图所示。

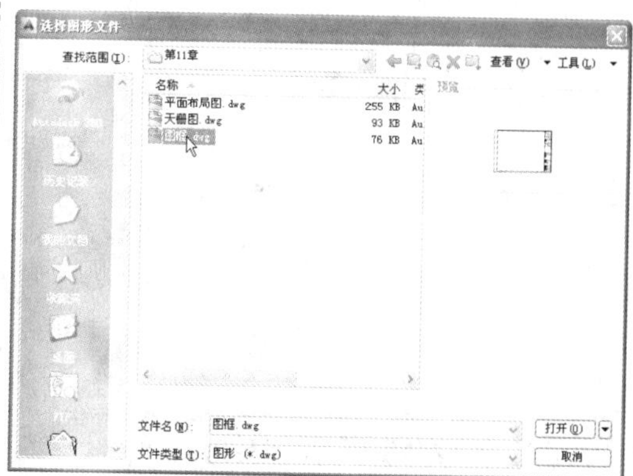

STEP 07　插入图块

单击“打开”按钮，返回“插入”对话框，单击“确定”按钮，设置比例因子为20，插入图块，并将图块移动至合适位置，如下图所示。

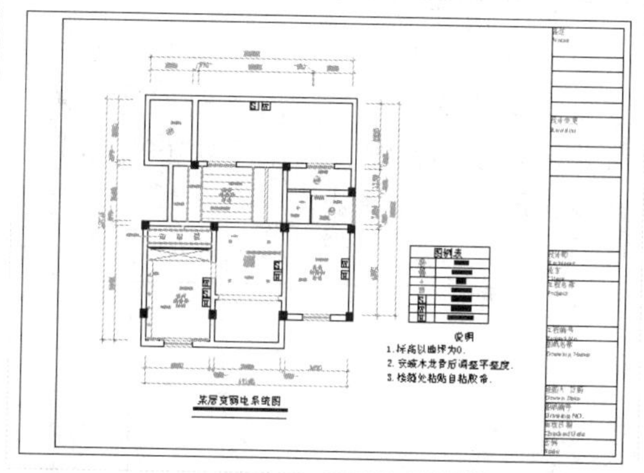

11.2　给水施工图绘制

进行给水施工图绘制时，一般先绘制出给水系统图，在系统图中能够反映出管路在立体空间的布置情况。下面介绍绘制给水施工图的操作方法。

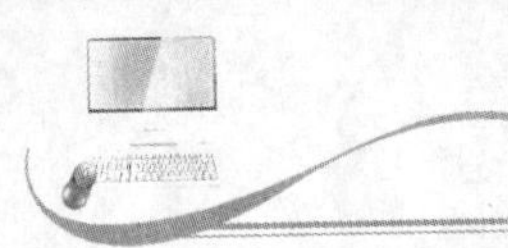

11.2.1 调用并修改平面布局图

本实例将介绍给水施工图的调用，通过“删除”命令修改给水施工图，展示了平面布局图的具体修改方法与技巧，其具体操作步骤如下。

素材文件	第 11 章\平面布局图.dwg	效果文件	第 11 章\修改平面布局图.dwg

STEP 01 打开素材

按【Ctrl+O】组合键，打开一幅素材图形，如下图所示。

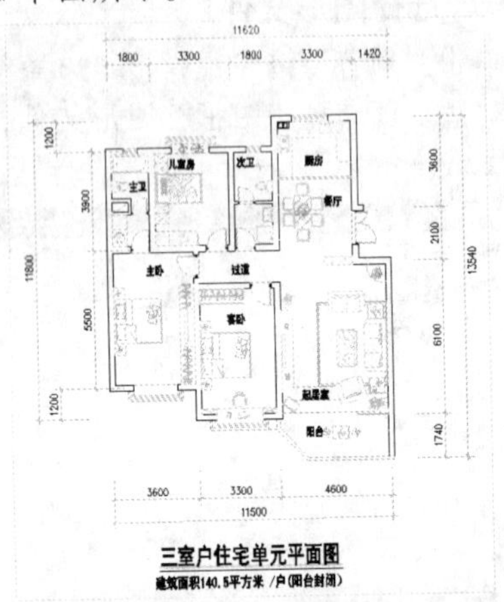

STEP 02 删除多余的图形

在命令行中输入 E（删除）命令，按【Enter】键确认，根据命令行提示进行操作，删除多余的图形，如下图所示。

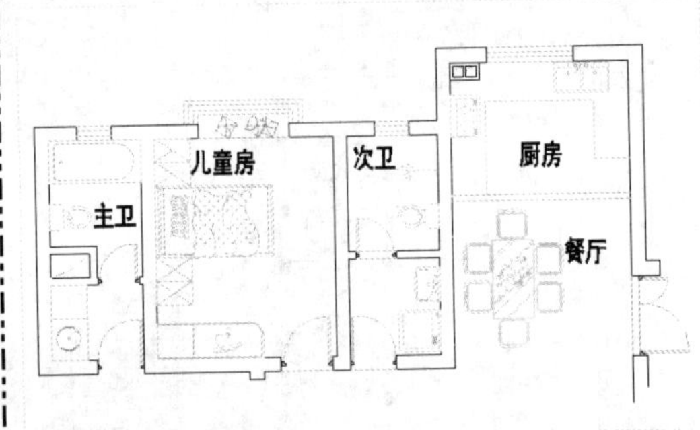

11.2.2 绘制水表图例

本实例将介绍水表图例的绘制，通过“矩形”、“直线”等命令绘制水表图例，展示了水表图例的具体绘制方法与技巧，其具体操作步骤如下。

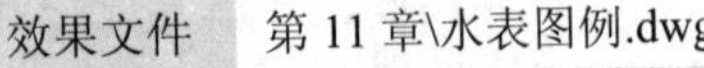

素材文件	无	效果文件	第 11 章\水表图例.dwg

STEP 01 绘制矩形

以上例效果为例，在命令行中输入REC（矩形）命令，按【Enter】键确认，根据命令行提示进行操作，在绘图区的任意位置单击鼠标左键，输入（@100,100），并按【Enter】键确认，绘制矩形，如下图所示。

STEP 02 绘制对角线

在命令行中输入 L（直线）命令，按【Enter】键确认，根据命令行提示进行操作，捕捉矩形对角点，绘制两条对角线，如下图所示。

STEP 03 **设置线宽**

选择新绘制的对角线，在“默认”选项卡中，单击“特性”面板上的“线宽”下拉按钮，打开“线宽”下拉列表框，选择“0.30 毫米”选项，如下图所示。

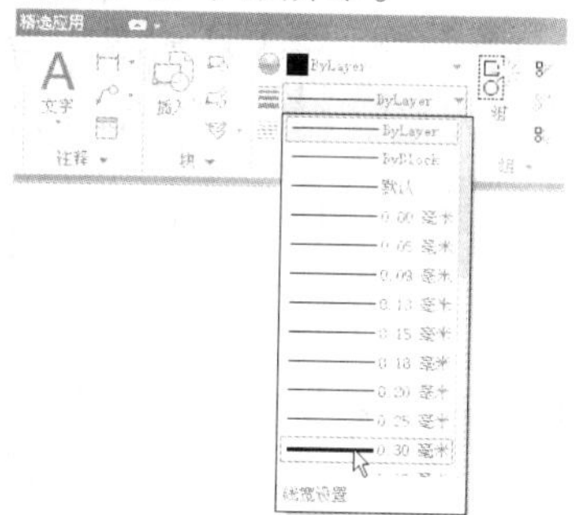

STEP 04 **显示线宽**

在状态栏上单击“显示/隐藏线宽”按钮，显示线宽，如下图所示。

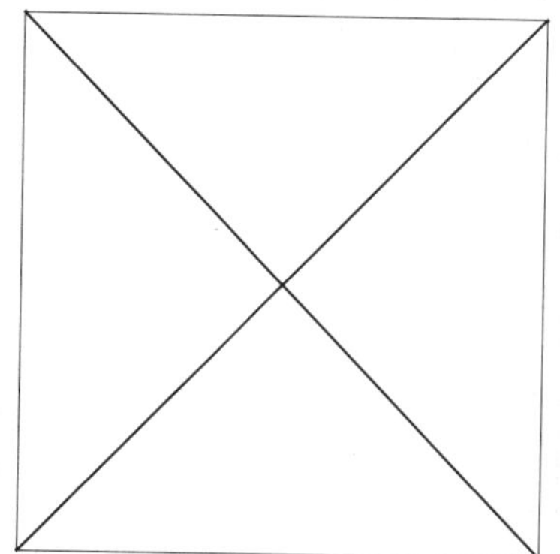

专家指点

在绘制给水施工图时，由于本图主要表现给水管道，因此对原有地上物、地形等做些修正，改变线宽等，避免整体图纸显得杂乱无章。

STEP 05 **绘制矩形**

在命令行中输入 REC（矩形）命令，按【Enter】键确认，根据命令行提示进行操作，在绘图区的任意位置单击鼠标左键，输入（@200,100），按【Enter】键确认，绘制矩形，如下图所示。

绘制直线

在命令行中输入 L（直线）命令，按【Enter】键确认，根据命令行提示进行操作，捕捉矩形端点和中点，绘制直线，效果如下图所示。

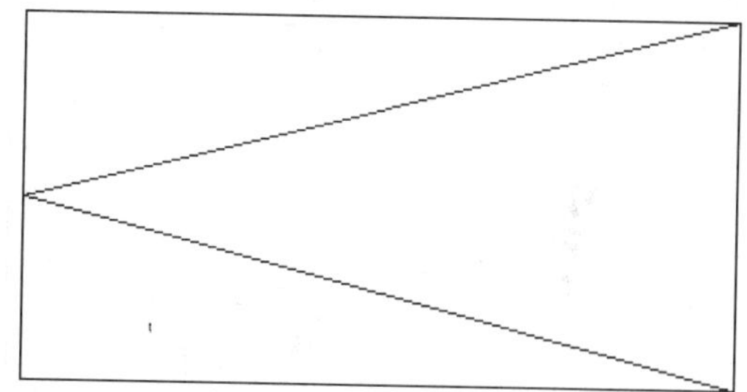

STEP 07 **创建图案填充**

在命令行中输入 H（图案填充）命令，按【Enter】键确认，弹出“图案填充创建”选项卡，设置“图案”为 SOLID，拾取相应位置，单击“关闭图案填充创建”按钮，完成图案填充的创建，效果如下图所示。

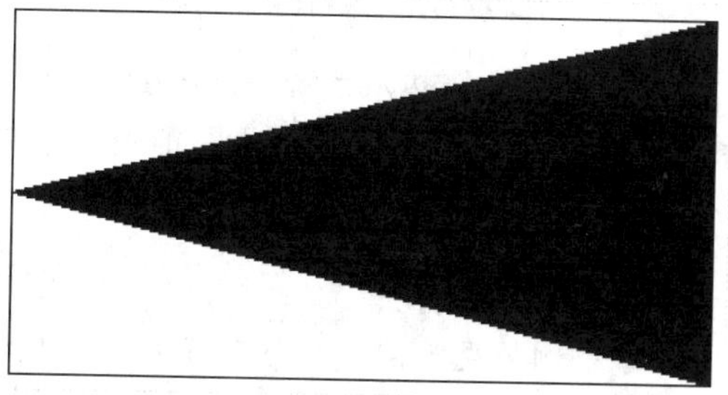

11.2.3 布局给水接口和水表

本实例将介绍给水接口和水表的布局，通过“删除”、“旋转”等命令布局给水接口和水表，展示了给水接口和水表的具体布局方法与技巧，其具体操作步骤如下。

素材文件	无	效果文件	第 11 章\布局图形.dwg

STEP 01 **删除多余的图形**

以上例效果为例，在命令行中输入 E（删除）命令，按【Enter】键确认，根据命令行提示进行操作，删除多余的图形，效果如下图所示。

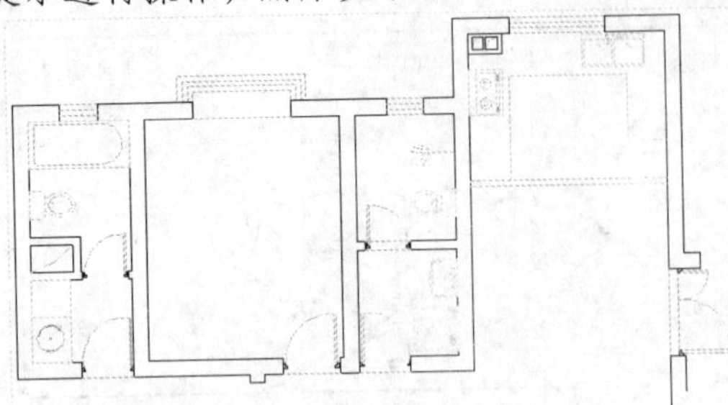

STEP 02 移动图形

在命令行中输入 RO（旋转）命令，按【Enter】键确认，根据命令行提示进行操作，旋转相应图形。在命令行中输入 M（移动）命令，按【Enter】键确认，根据命令行提示进行操作，将相应图形移至合适位置，如下图所示。

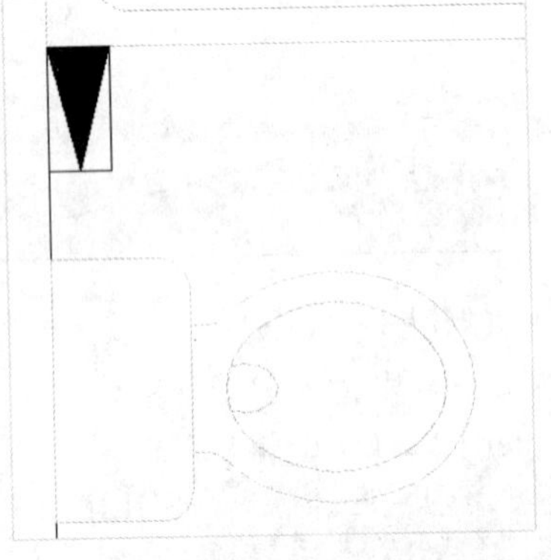

STEP 03 移动图形

在命令行中输入 M（移动）命令，按【Enter】键确认，根据命令行提示进行操作，将相应图形移至合适位置，如下图所示。

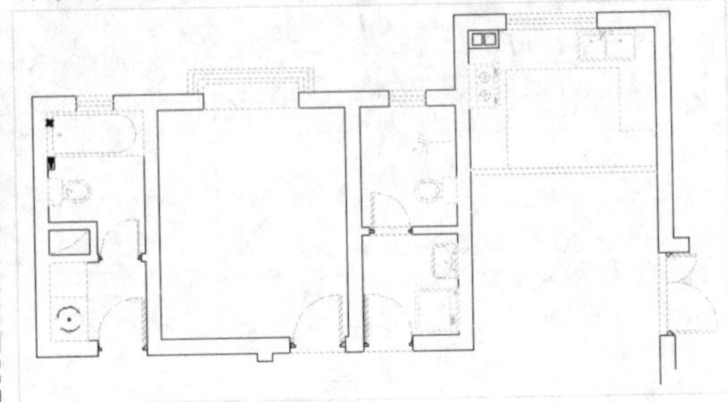

STEP 04 复制图形

在命令行中输入 CO（复制）命令，按【Enter】键确认，然后根据命令行提示进行操作，复制相应图形至合适位置，如下图所示。

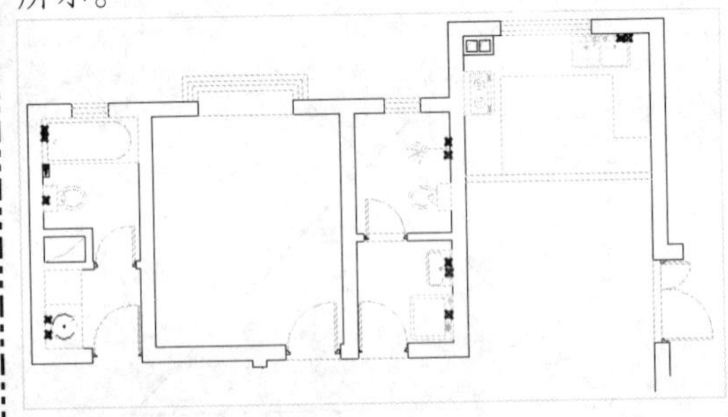

11.2.4 绘制热水系统平面图

本实例将介绍热水系统平面图的绘制，通过“线型比例”、“直线”等命令绘制热水系统平面图，展示了热水系统平面图的具体绘制方法与技巧，其具体操作步骤如下。

素材文件	无	效果文件	第 11 章\热水系统平面图.dwg

STEP 01 置为当前层

以上例效果为例，在命令行中输入 LA（图层）命令，按【Enter】键确认，弹出“图层特性管理器”面板，然后单击“新建图层”按钮，新建“热水管道”图层，设置“颜色”为“红”、“线型”为 CENTER，并将“热水管道”图层置为当前层，如下图所示。

STEP 02 绘制热水管道线

在命令行中输入 LTS（线型比例）命令，按【Enter】键确认，根据命令行提示进行操作，设置比例因子为 100。在命令行中输入 L（直线）命令，按【Enter】键确认，根据命令行提示进行操作，绘制热水管道线，如下图所示。

STEP 03 更改线宽

选择新绘制的热水管道线，在“默认”选项卡中，单击“特性”面板上的“线宽”下拉按钮，打开“线宽”下拉列表框，选择“0.30 毫米”选项，效果如下图所示。

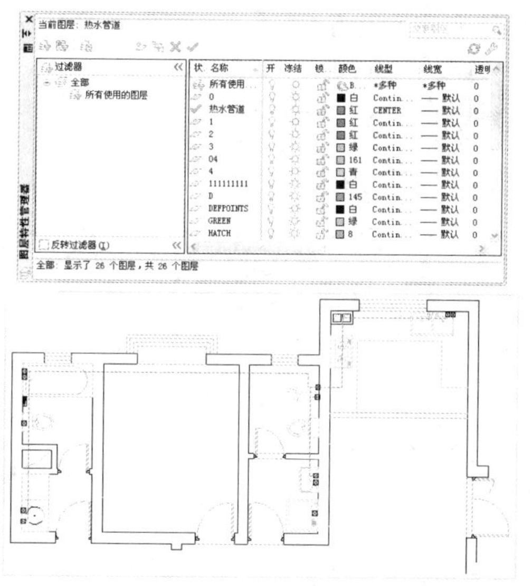

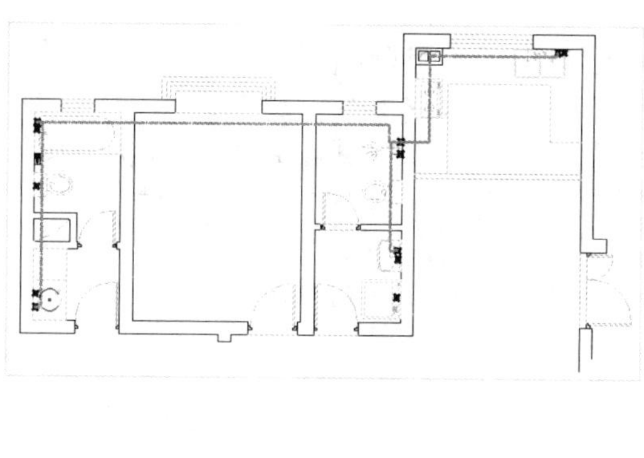

11.2.5 绘制冷水管道图

本实例将介绍冷水管道图的绘制，通过“直线”等命令绘制冷水管道图，展示了冷水管道图的具体绘制方法与技巧，其具体操作步骤如下。

素材文件	无	效果文件	第 11 章\冷水管道图.dwg

STEP 01 置为当前层

以上例效果为例，在命令行中输入 LA（图层）命令，按【Enter】键确认，弹出“图层特性管理器”面板，单击“新建图层”按钮，新建“冷水管道”图层，设置“颜色”为“蓝”，并将“冷水管道”图层置为当前层，如下图所示。

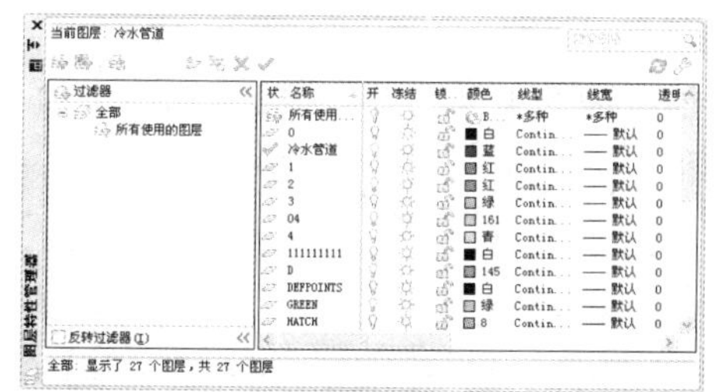

STEP 02 绘制冷水管道线

在命令行中输入 L（直线）命令，按【Enter】键确认，根据命令行提示进行操作，绘制冷水管道线，如下图所示。

STEP 03 更改线宽

选择新绘制的冷水管道线，在“默认”选项卡中，单击“特性”面板上的“线宽”下拉按钮，打开“线宽”下拉列表框，选择“0.30 毫米”选项，效果如下图所示。

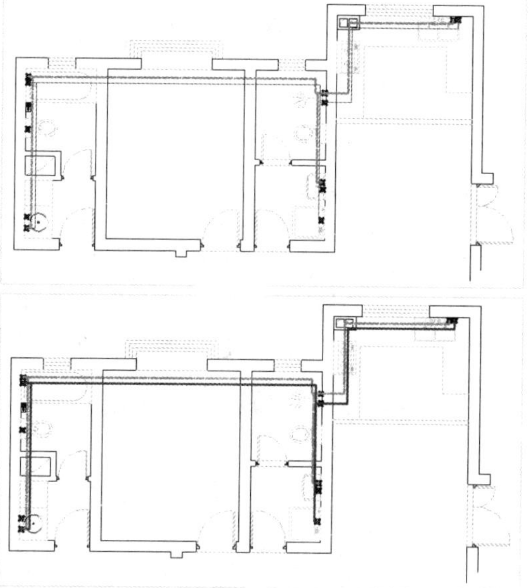

11.2.6 绘制图签和施工说明

本实例将介绍图签和施工说明的绘制，首先使用“表格”命令绘制表格，然后使用“复

制”、“多行文字”等命令绘制细节，展示了图签和施工说明的具体绘制方法与技巧，其具体操作步骤如下。

素材文件	无	效果文件	第 11 章\图签.dwg

STEP 01 置为当前层

以上例效果为例，在命令行中输入LA（图层）命令，按【Enter】键确认，弹出“图层特性管理器”面板，单击“新建图层”按钮，新建“图签”图层，并将“图签”图层置为当前层，如下图所示。

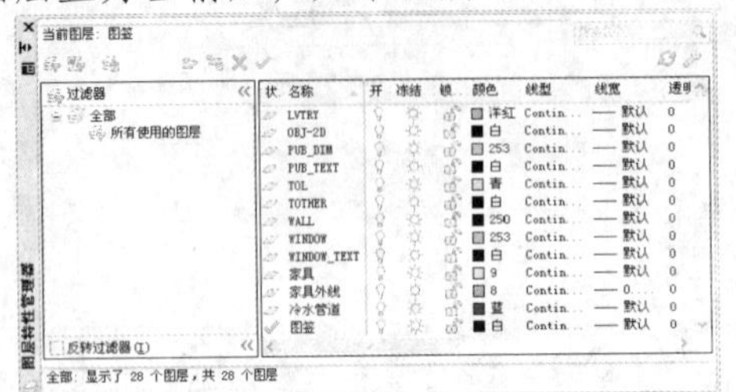

STEP 02 弹出对话框

在命令行中输入 TAB（表格）命令，按【Enter】键确认，弹出“插入表格”对话框，如下图所示。

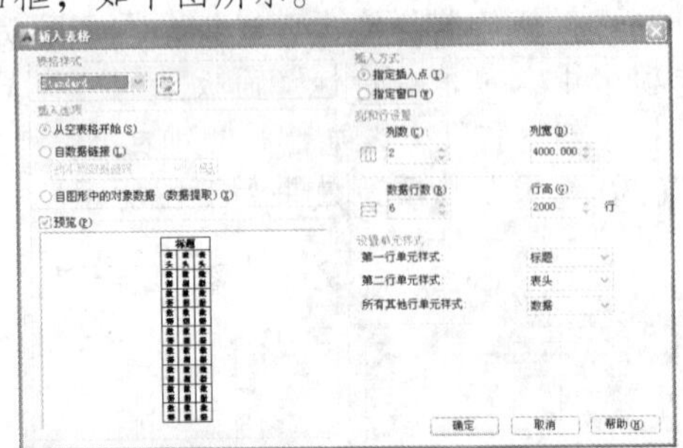

STEP 03 设置参数

在“插入方式”选项区中，选中“指定插入点”单选按钮，在“列和行设置”选项区中，设置“列数”为3、“列宽”为2000、“数据行数”为3、“行高”为1600，如下图所示。

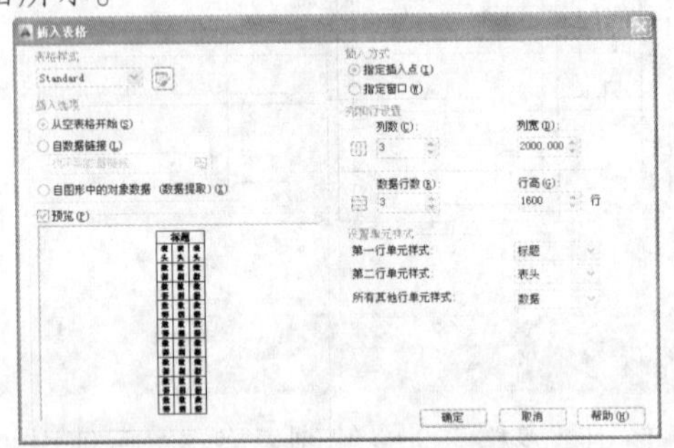

STEP 04 创建表格

单击“确定”按钮，在绘图区中指定插入点，单击“关闭文字编辑器”按钮，创建表格，如下图所示。

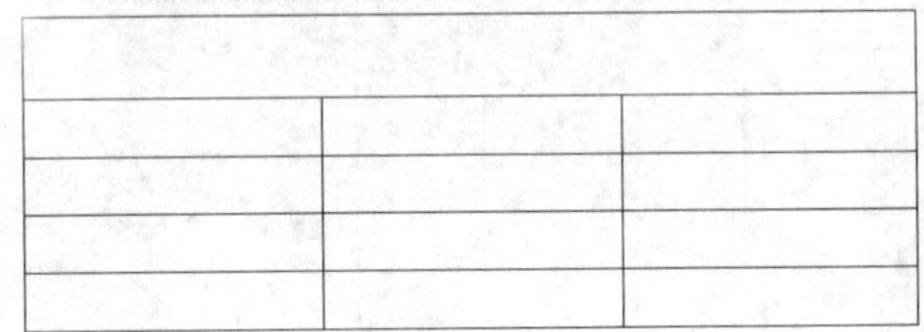

STEP 05 编辑表格

选择表格，拖曳相应夹点，编辑表格，如下图所示。

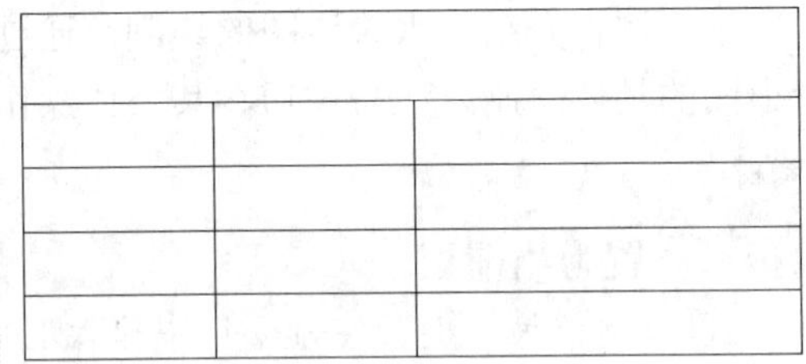

STEP 06 编辑单元格

在表格中需要输入文字的单元格内双击鼠标左键，弹出“文字编辑器”选项卡，单元格呈可编辑状态，设置“文字高度”为200，在其中输入“图例表”，单击“关闭文字编辑器”按钮，效果如下图所示。

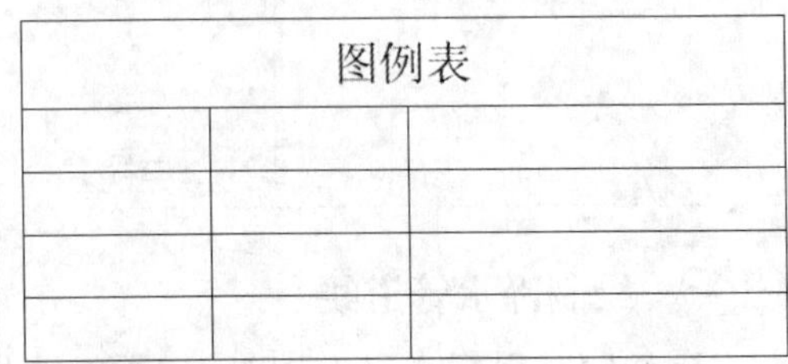

STEP 07 编辑单元格

在表格中需要输入文字的单元格内双击鼠标左键，弹出“文字编辑器”选项卡，单元格呈可编辑状态，设置“文字高度”为150，在其中输入相应文字，单击“关闭文字编辑器”按钮，效果如下图所示。

图例表		
图例	名称	备注

STEP 08 复制图形

在命令行中输入 CO（复制）命令，按【Enter】键确认，根据命令行提示进行操作，将绘图区相应的图形复制到表格中，如下图所示。

图例表		
图例	名称	备注

STEP 09 旋转图形

在命令行中输入 RO（旋转）命令，按【Enter】键确认，根据命令行提示进行操作，旋转相应的图形，如下图所示。

图例表		
图例	名称	备注

STEP 10 编辑单元格

在表格中需要输入文字的单元格内双击鼠标左键，弹出“文字编辑器”选项卡，单元格呈可编辑状态，设置“文字高度”为 150，在其中输入相应文字，单击“关闭文字编辑器”按钮，效果如下图所示。

图例表		
图例	名称	备注
	水表	
	给水接口	
	冷热水管	蓝冷红热

STEP 11 创建多行文字

在命令行中输入 MT（多行文字）命令，按【Enter】键确认，根据命令行提示进行操作，在表格下方拖曳鼠标，设置“文字高度”为 300，在文本框中输入相应文字，单击“关闭文字编辑器”按钮，完成多行文字的创建，效果如下图所示。

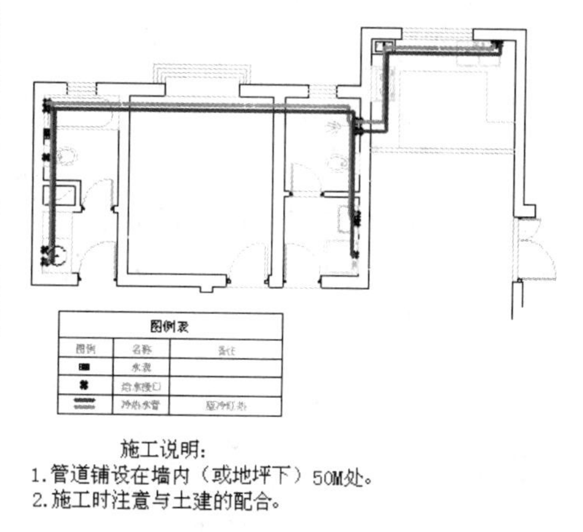

11.2.7 添加文字标注和图框

本实例将介绍文字标注和图框的添加，首先使用“标注样式”、“多重引线”命令标注文字，然后使用“插入”命令添加图框，展示了文字标注和图框的具体添加方法与技巧，其具体操作步骤如下。

素材文件	第 11 章\图框.dwg	效果文件	第 11 章\图框 A.dwg

STEP 01 选择 DIMN 选项

以上例效果为例，在命令行中输入 D（标注样式）命令，按【Enter】键确认，弹出“标注样式管理器”对话框，在“样式”列表框中，选择 DIMN 选项，如下图所示。

STEP 02 多重引线标注

单击“置为当前”按钮，在命令行中输入MLD（多重引线）命令，按【Enter】键确认，然后根据命令行提示进行操作，设置“文字高度”为200，进行多重引线标注，效果如下图所示。

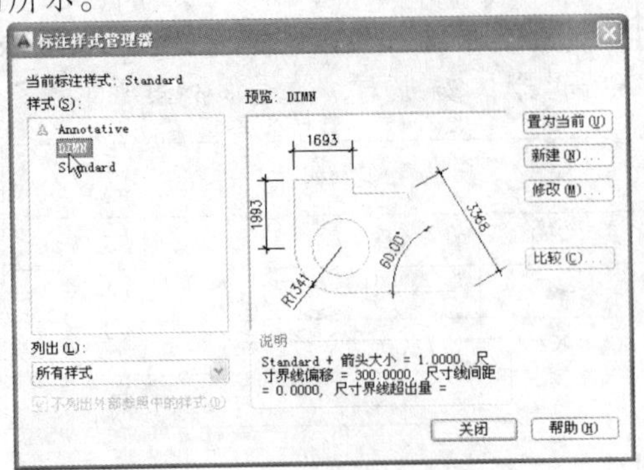

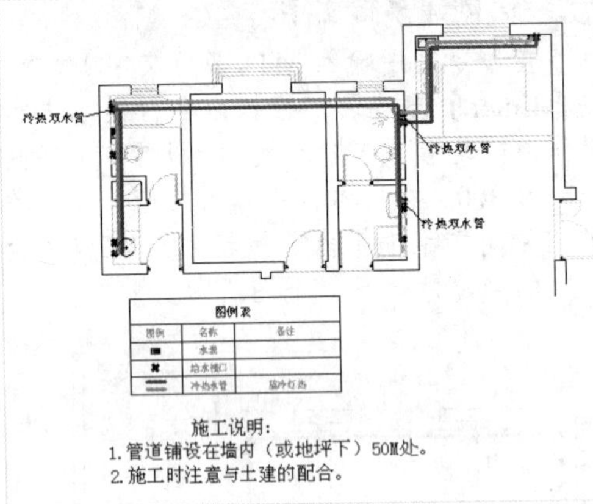

STEP 03 进行其他的多重引线标注

采用与上一步相同的方法，进行其他的多重引线标注，如下图所示。

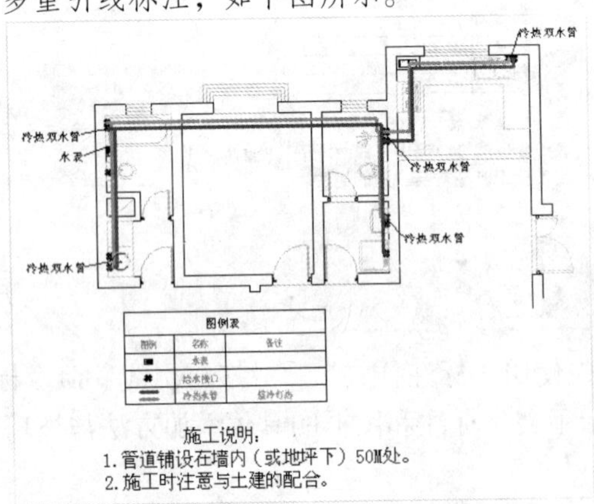

STEP 04 弹出对话框

在命令行中输入I（插入）命令，按【Enter】键确认，弹出“插入”对话框，如下图所示。

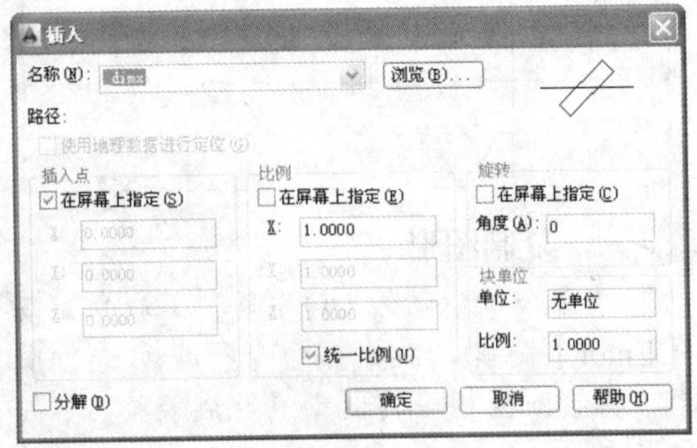

STEP 05 选择图形文件

单击“浏览”按钮，弹出“选择图形文件”对话框，选择“图框”图形文件，如下图所示。

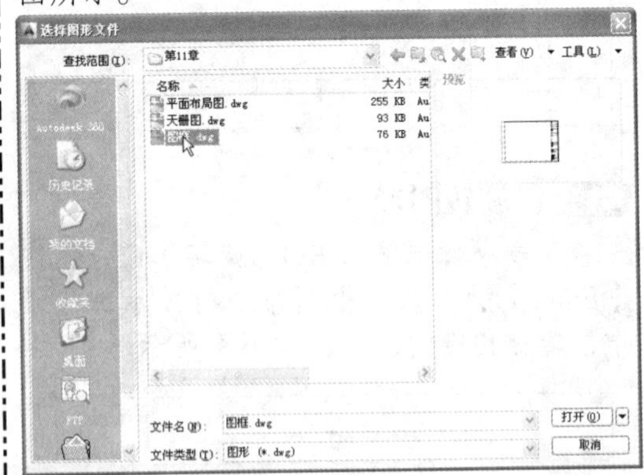

STEP 06 插入图块

单击“打开”按钮，返回“插入”对话框，单击“确定”按钮，设置比例因子为12，插入图块，并将图块移动至合适位置，如下图所示。

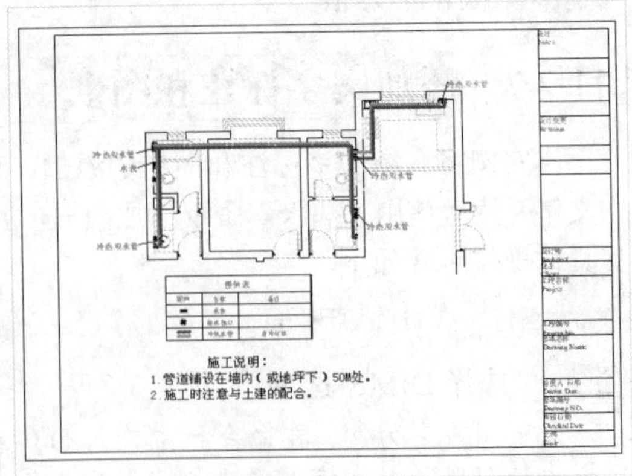

Chapter 12

图书馆公装图设计

章前知识导读

图书馆是搜集、整理及收藏图书资料供人阅览、参考的机构，在全国很多大中型城市和地区已经普遍存在。图书馆是一种健康、高品质生活方式的代表，在对这种多样化、休闲化的空间进行设计时，设计师需要进行充分考察和分析，以便设计得更加完美。

重点知识索引

- 绘制原始结构图
- 绘制平面布局图
- 绘制天棚结构图

效果图片赏析

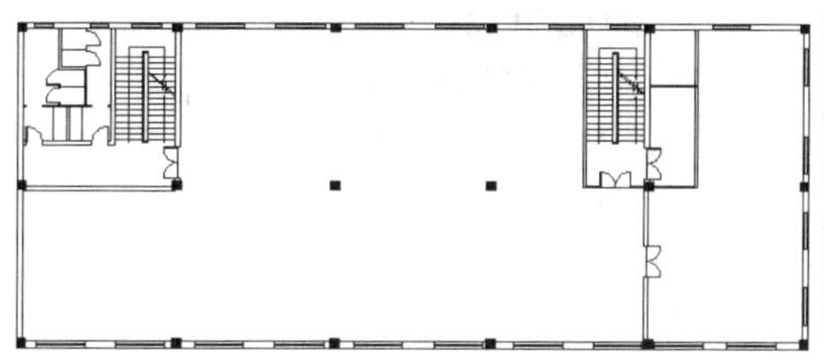

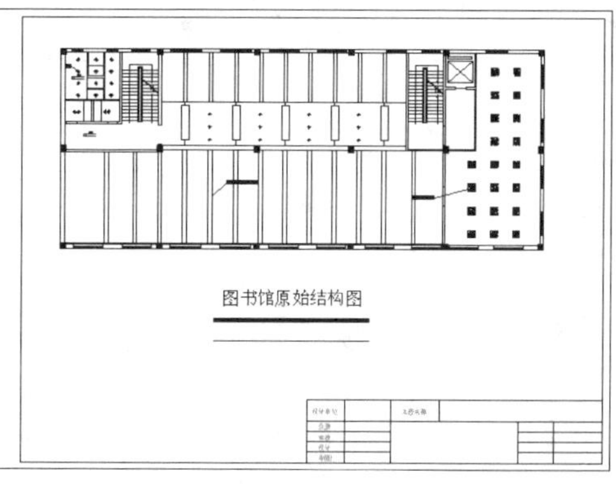

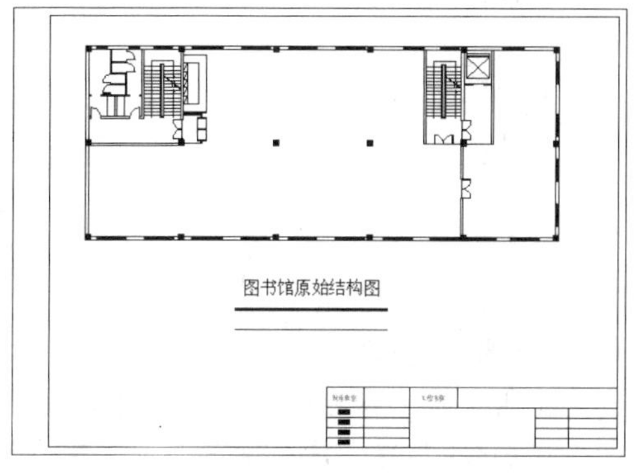

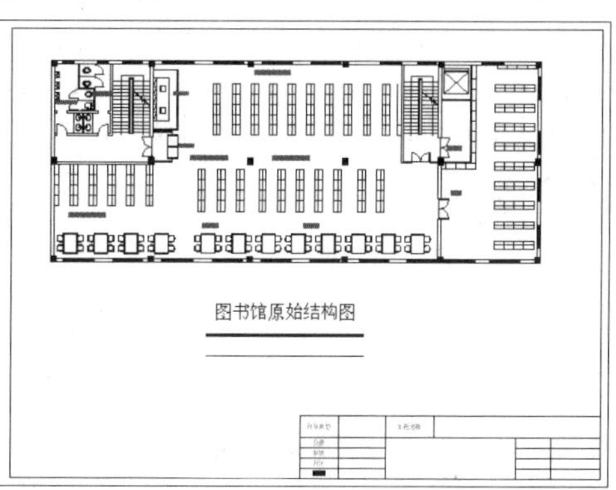

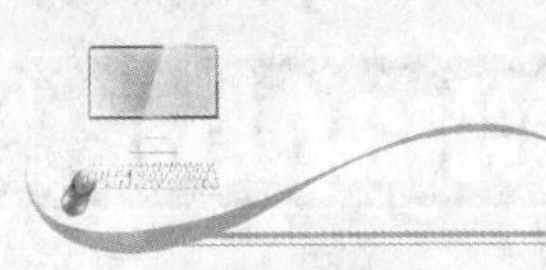

12.1 绘制原始结构图

图书馆是供人借阅书籍，为读者在馆内使用文献而提供的专门场所，图书馆的阅览室一般分为普通阅览室、专门阅览室和参考研究室三种类型。下面介绍绘制原始结构图的操作方法。

12.1.1 绘制墙线

本实例将介绍墙线的绘制，首先使用“线型比例”、“矩形”等命令绘制轮廓，然后使用“修剪”、“图案填充”等命令绘制细节，展示了墙线的具体绘制方法与技巧，其具体操作步骤如下。

素材文件	无	效果文件	第 13 章\墙线.dwg

STEP 01 置为当前层

在命令行中输入 LA（图层）命令，按【Enter】键确认，弹出“图层特性管理器”面板，单击“新建图层”按钮，新建“墙体”图层，并将“墙体”图层置为当前层，如下图所示。

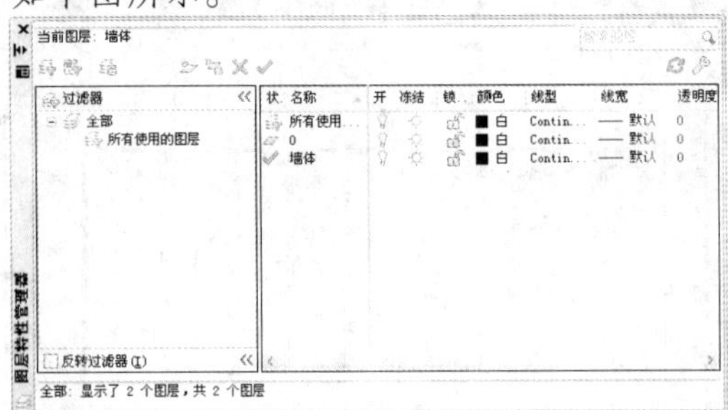

STEP 02 绘制矩形

在命令行中输入 LTS（线型比例）命令，按【Enter】键确认，根据命令行提示进行操作，设置比例因子为 0.4。在命令行中输入 REC（矩形）命令，按【Enter】键确认，根据命令行提示进行操作，在绘图区的任意位置单击鼠标左键，输入（@38902,-15500），并按【Enter】键确认，绘制矩形，如下图所示。

STEP 03 偏移矩形

在命令行中输入 O（偏移）命令，按【Enter】键确认，根据命令行提示进行操作，设置偏移距离为 300，将新绘制的矩形向内偏移，如下图所示。

STEP 04 捕捉角点

在命令行中输入 REC（矩形）命令，按【Enter】键确认，根据命令行提示进行操作，捕捉左下角点，如下图所示。

STEP 05 绘制矩形

单击鼠标左键确认，输入（@450,450），并按【Enter】键确认，绘制矩形，如下图所示。

STEP 06 修剪多余的图形

在命令行中输入 TR（修剪）命令，按【Enter】键确认，根据命令行提示进行操作，修剪多余的图形，如下图所示。

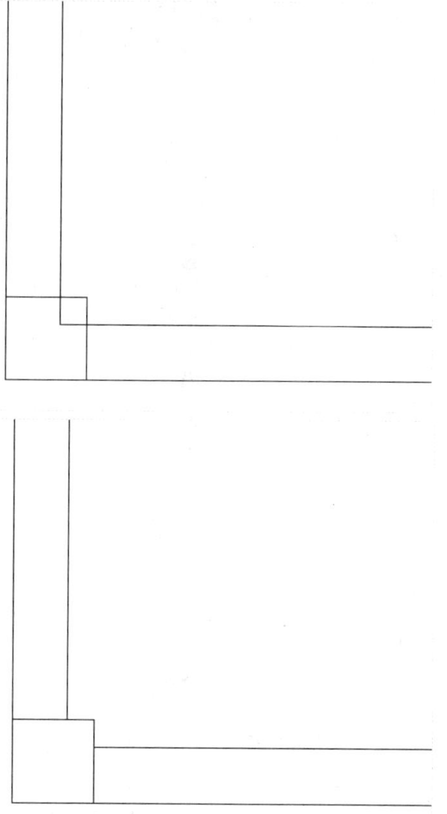

STEP 07　创建图案填充

在命令行中输入 H（图案填充）命令，按【Enter】键确认，弹出“图案填充创建”选项卡，设置“图案”为 SOLID，拾取新绘制的矩形，单击“关闭图案填充创建”按钮，完成图案填充的创建，效果如下图所示。

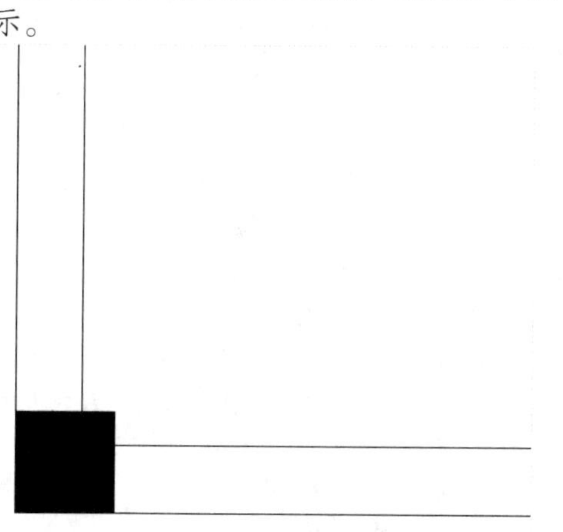

STEP 08　阵列图形

在命令行中输入 AR（阵列）命令，按【Enter】键确认，根据命令行提示进行操作，选择矩形和图案填充，按【Enter】键确认，选择 R（矩形）选项，弹出“阵列创建”选项卡，设置“行数”为 3、“列数”为 6、“行”的“介于”为 7525、“列”的“介于”为 7690，单击“关闭阵列”按钮，即可完成图形阵列，如下图所示。

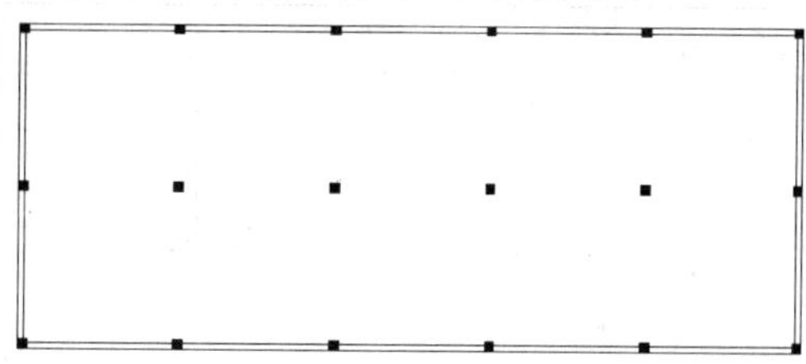

STEP 09　捕捉角点

在命令行中输入 L（直线）命令，按【Enter】键确认，根据命令行提示进行操作，输入 FROM 命令并确认，捕捉右上角点，如下图所示。

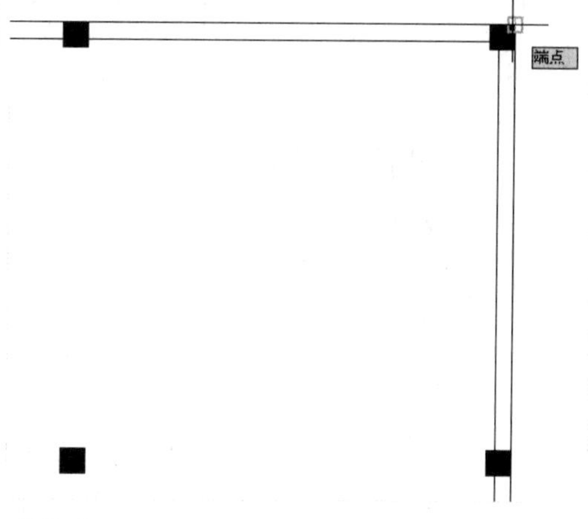

STEP 10　绘制直线

单击鼠标左键确认，输入（@-5500,-300）、（@0,-7526）和（@-5640,0），按【Enter】键确认，绘制直线，如下图所示。

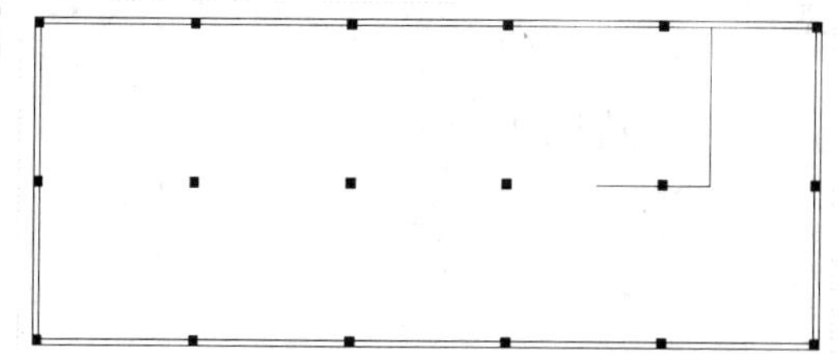

STEP 11 偏移直线

在命令行中输入 O（偏移）命令，按【Enter】键确认，根据命令行提示进行操作，将新绘制的直线向左偏移，偏移距离分别为 120、2280、240、2820 和 180，如下图所示。

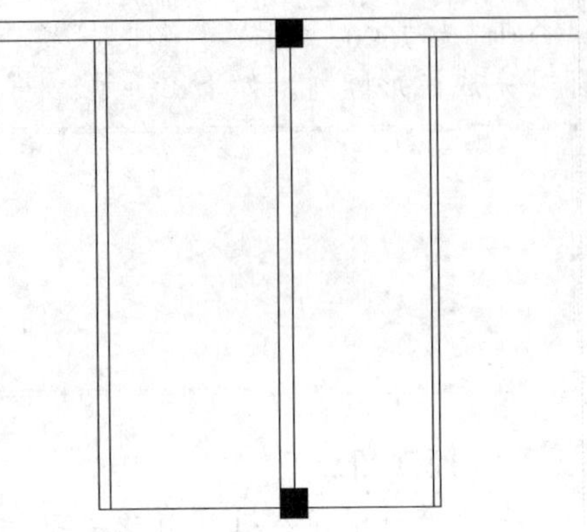

STEP 12 偏移直线

在命令行中输入 O（偏移）命令，按【Enter】键确认，根据命令行提示进行操作，将新绘制的水平直线向上偏移，偏移距离分别为 80、4710 和 120，如下图所示。

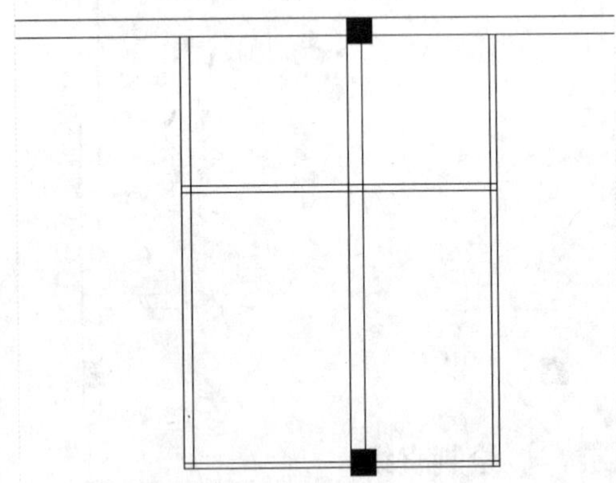

STEP 13 修剪多余的图形

在命令行中输入 TR（修剪）命令，按【Enter】键确认，根据命令行提示进行操作，修剪多余的图形，如下图所示。

STEP 14 捕捉角点

在命令行中输入 L（直线）命令，按【Enter】键确认，根据命令行提示进行操作，输入 FROM 命令并确认，捕捉相应角点，如下图所示。

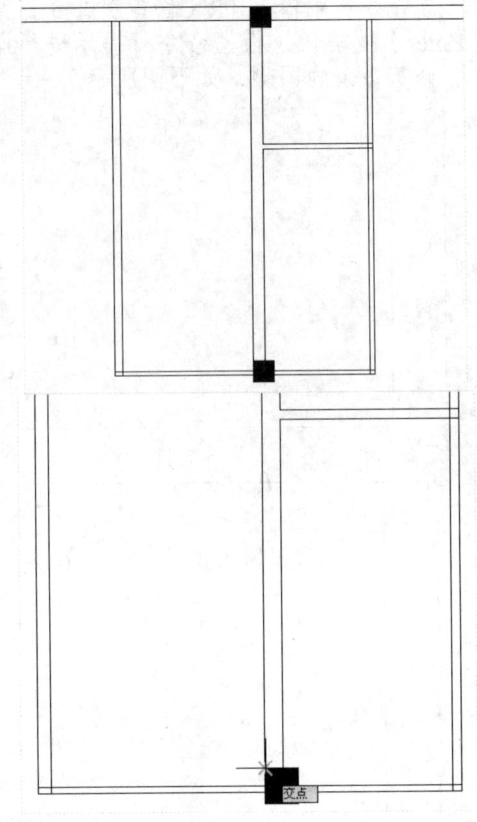

STEP 15 绘制直线

单击鼠标左键确认，输入（@24,-450）、（@0,-7075），按【Enter】键确认，绘制直线，如下图所示。

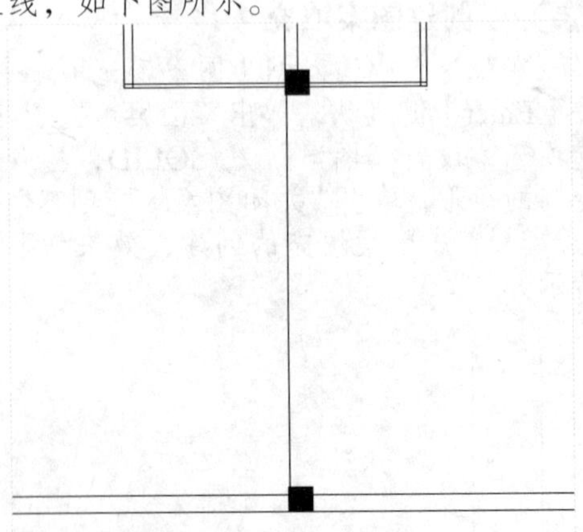

STEP 16 偏移直线

在命令行中输入 O（偏移）命令，按【Enter】键确认，根据命令行提示进行操作，设置偏移距离为 180，将新绘制的直线向右偏移，如下图所示。

STEP 17 偏移直线

在命令行中输入 X（分解）命令，按【Enter】键确认，根据命令行提示进行操作，分解外侧的两个矩形。在命令行中输入 O（偏移）命令，按【Enter】键确认，根据命令行提示进行操作，将最左侧的垂直直线向右偏移，偏移距离分别为 1793、278、100、272、120、650、118、100、1220、180、3000 和 240，如下图所示。

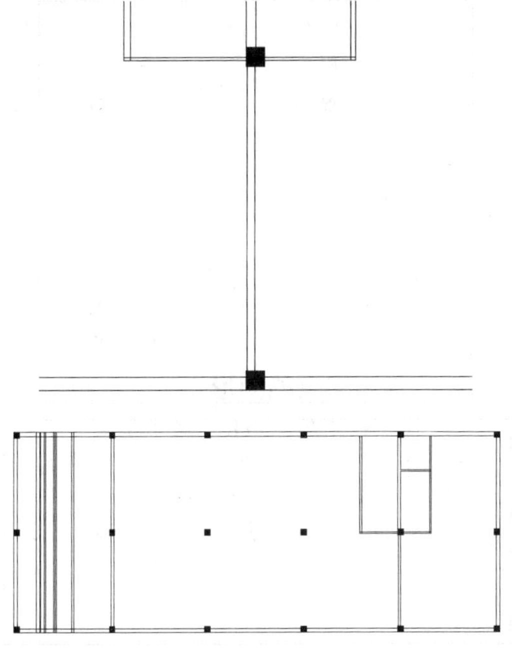

STEP 18　偏移直线

在命令行中输入 O（偏移）命令，按【Enter】键确认，根据命令行提示进行操作，将从上数第二条水平直线向下偏移，偏移距离分别为 1831、100、1695、120、1600、180、2000 和 180，如下图所示。

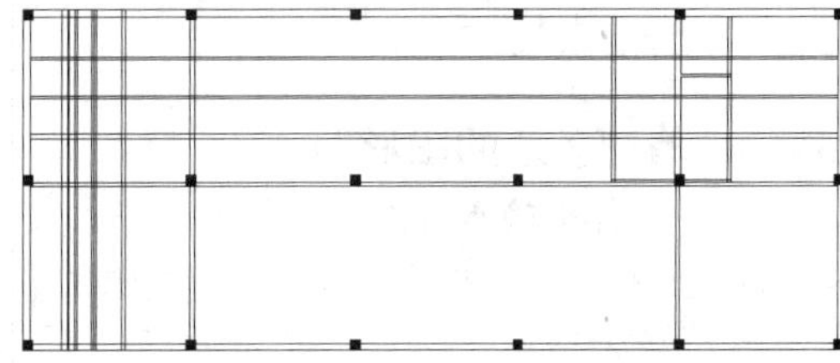

STEP 19　修剪多余的图形

在命令行中输入 TR（修剪）命令，按【Enter】键确认，根据命令行提示进行操作，修剪多余的图形，如下图所示。

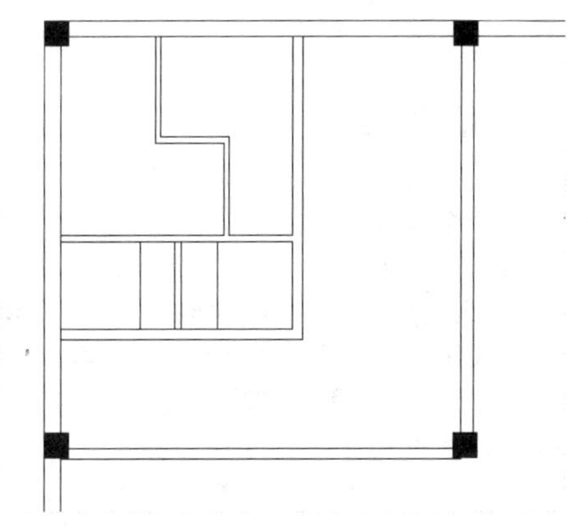

12.1.2　绘制门窗

本实例将介绍门窗的绘制，首先使用“偏移”、“修剪”等命令绘制门洞及窗洞，然后使用“直线”、“圆”等命令绘制门窗，展示了门窗的具体绘制方法与技巧，其具体操作步骤如下。

素材文件	无	效果文件	第 13 章\门窗.dwg

STEP 01　置为当前层

以上例效果为例，在命令行中输入 LA（图层）命令，按【Enter】键确认，弹出“图层特性管理器”面板，单击“新建图层”按钮，新建“门窗”图层，并将“门窗”图层置为当前层，如下图所示。

STEP 02　偏移直线

在命令行中输入 O（偏移）命令，按【Enter】键确认，根据命令行提示进行操作，将最左侧垂直直线向右偏移，偏移距离分别为 1000、2400、1500、2400、1500、2400、1500、2400、1500、2400、1500、2400、1500、2400、1500、2400、605、2400、1196 和 2400，如下图所示。

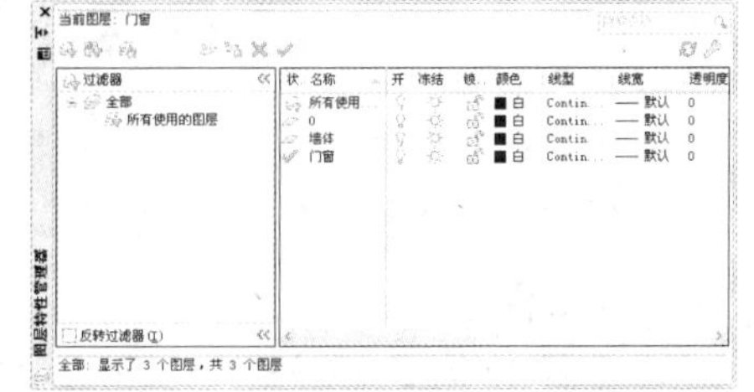

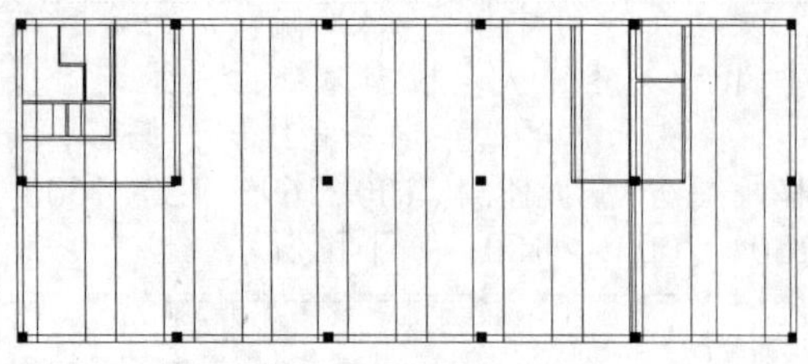

STEP 03 修剪多余的图形

在命令行中输入 TR（修剪）命令，按【Enter】键确认，根据命令行提示进行操作，修剪多余的图形，如下图所示。

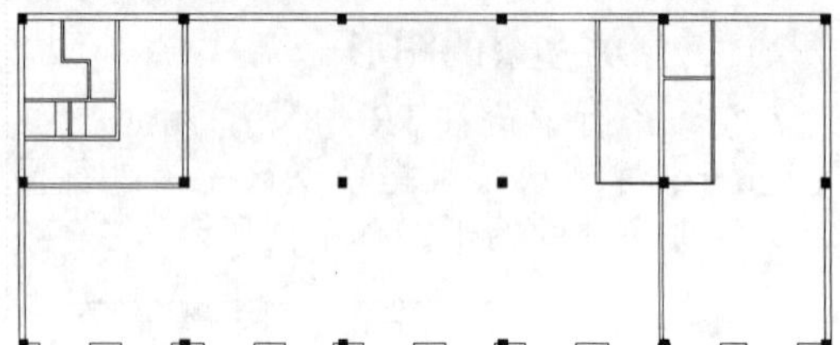

STEP 04 偏移直线

在命令行中输入 O（偏移）命令，按【Enter】键确认，根据命令行提示进行操作，将最左侧垂直直线向右偏移，偏移距离分别为 853、900、1850、900、1150、1500、1650、2400、1500、2400、1500、2400、1500、2400、3150、1709、1291、1500、3600 和 1800，如下图所示。

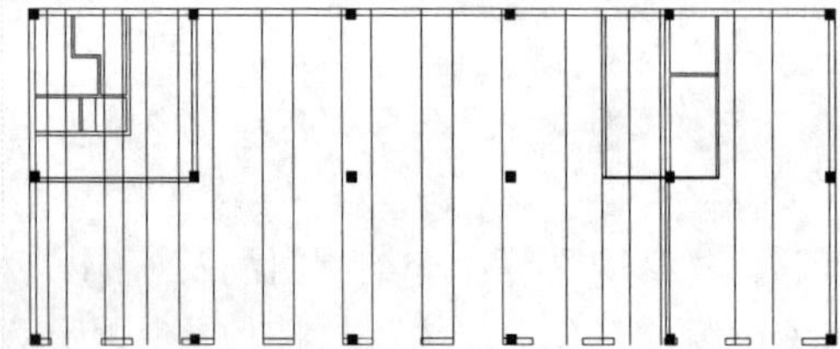

STEP 05 修剪多余的图形

在命令行中输入 TR（修剪）命令，按【Enter】键确认，根据命令行提示进行操作，修剪多余的图形，如下图所示。

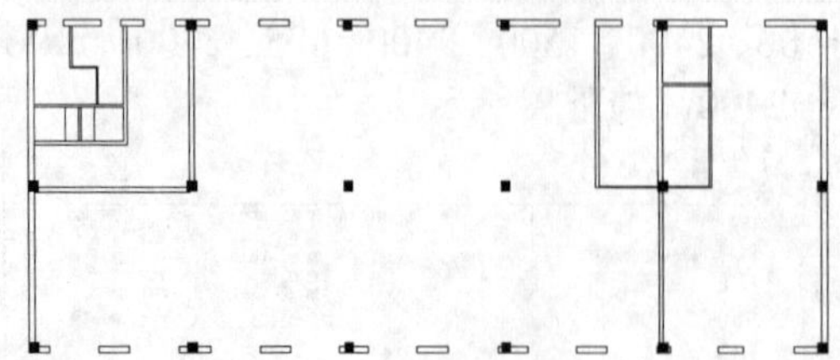

STEP 06 偏移直线

在命令行中输入 O（偏移）命令，按【Enter】键确认，根据命令行提示进行操作，将右下角水平直线向上偏移，偏移距离分别为 1150、1800、1800、1800、1800、1800、2400 和 1800，如下图所示。

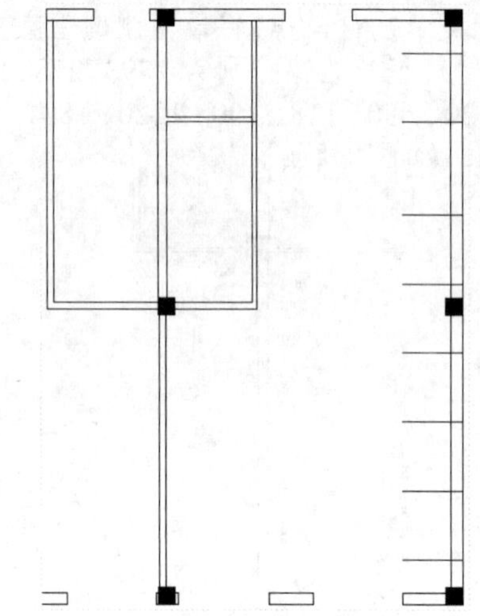

STEP 07 修剪多余的图形

在命令行中输入 TR（修剪）命令，按【Enter】键确认，根据命令行提示进行操作，修剪多余的图形，如下图所示。

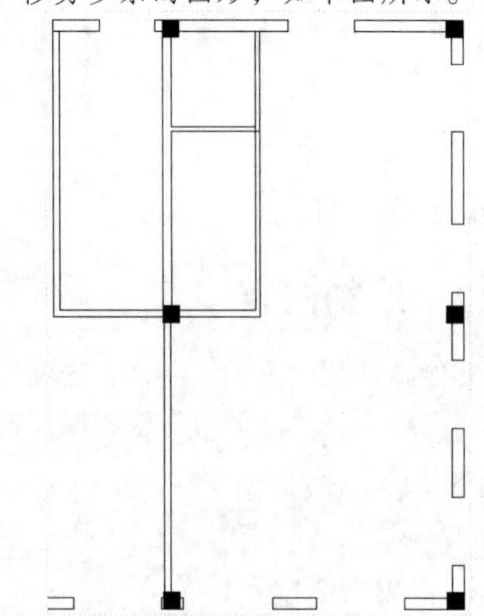

STEP 08 捕捉角点

在命令行中输入 L（直线）命令，按【Enter】键确认，根据命令行提示进行操作，输入 FROM 命令并确认，捕捉左下角点，如下图所示。

STEP 09 绘制直线

单击鼠标左键确认，输入（@1000,0）和（@2400,0），按【Enter】键确认，绘制直线，如下图所示。

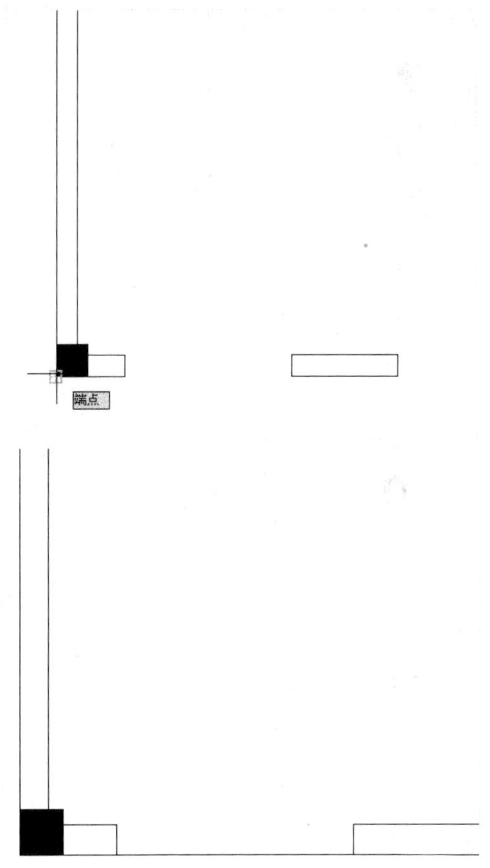

STEP 10 偏移直线

在命令行中输入 O（偏移）命令，按【Enter】键确认，根据命令行提示进行操作，设置偏移距离为 100，将新绘制的直线向上偏移 3 次，如下图所示。

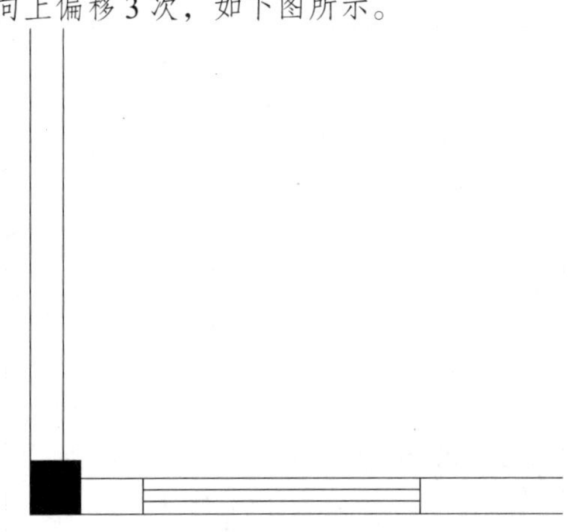

STEP 11 绘制其他窗户图形

采用与上一步相同的方法，绘制其他窗户图形，如下图所示。

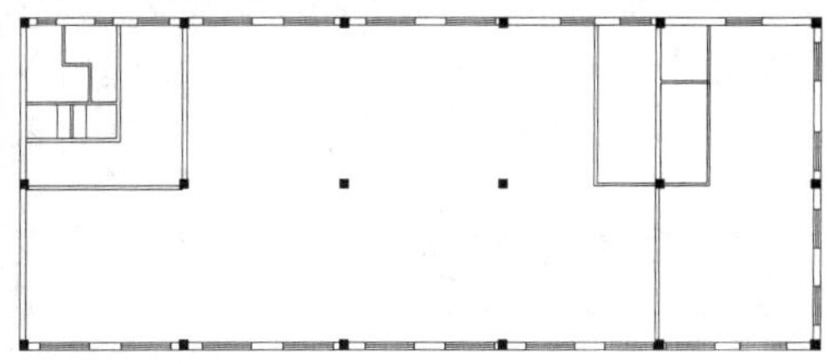

STEP 12 偏移直线

在命令行中输入 O（偏移）命令，按【Enter】键确认，根据命令行提示进行操作，将从左数第二条垂直直线向右偏移，偏移距离分别为 151、800、2445、800、24106 和 1500，如下图所示。

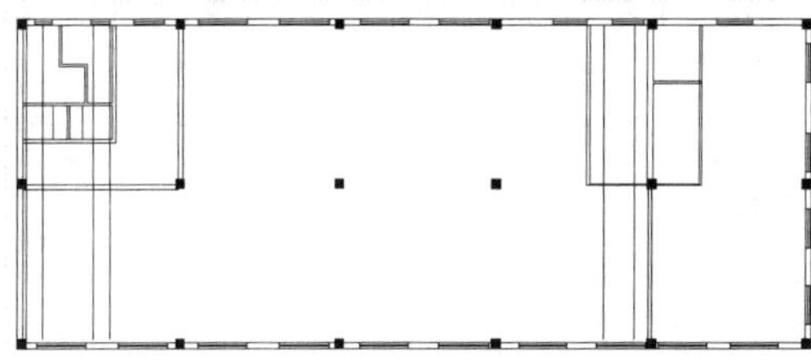

STEP 13 修剪多余的图形

在命令行中输入 TR（修剪）命令，按【Enter】键确认，根据命令行提示进行操作，修剪多余的图形，如下图所示。

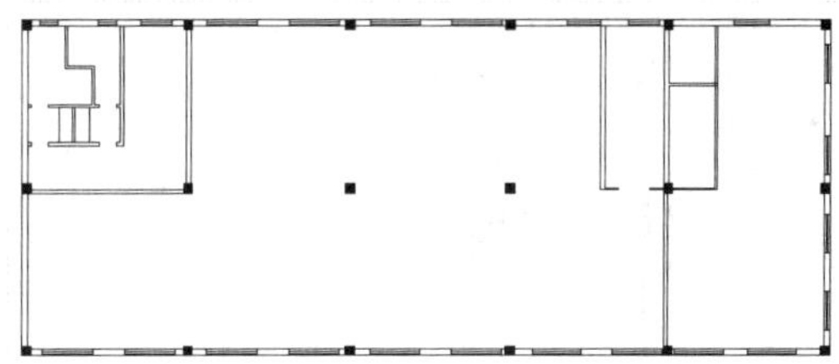

STEP 14 偏移直线

在命令行中输入 O（偏移）命令，按【Enter】键确认，根据命令行提示进行操作，将从上数第二条水平直线向下偏移，偏移距离分别为 122、700、258、700、190、700、150、700、2100、1500、3169 和 1500，如下图所示。

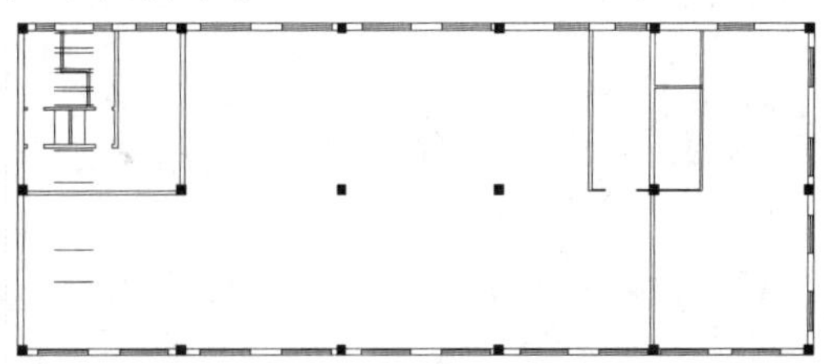

STEP 15 延伸直线

在命令行中输入 EX（延伸）命令，按【Enter】键确认，根据命令行提示进行操作，将偏移所得直线延伸至合适的位置，如下图所示。

STEP 16 修剪多余的图形

在命令行中输入 TR（修剪）命令，按【Enter】键确认，根据命令行提示进行操作，修剪多余的图形，如下图所示。

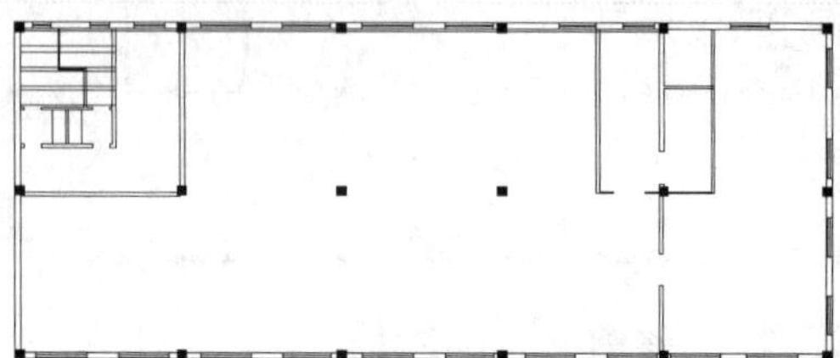

STEP 17 绘制直线

在命令行中输入 L（直线）命令，按【Enter】键确认，根据命令行提示进行操作，捕捉相应的端点和垂足，绘制直线，如下图所示。

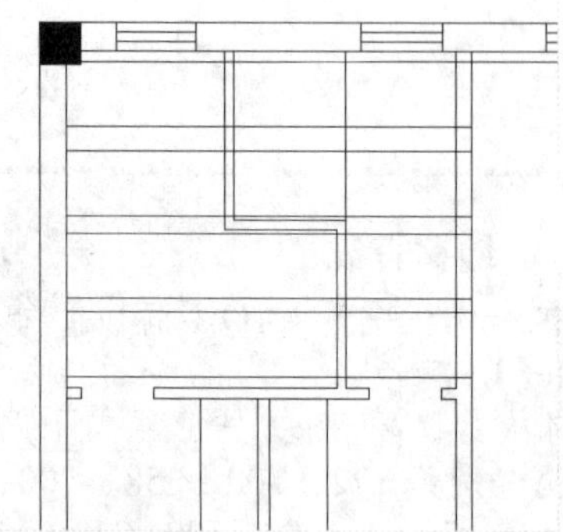

STEP 18 绘制直线

在命令行中输入 L（直线）命令，按【Enter】键确认，根据命令行提示进行操作，捕捉相应的端点和垂足，绘制直线，如下图所示。

STEP 19 偏移直线

在命令行中输入 O（偏移）命令，按【Enter】键确认，根据命令行提示进行操作，设置偏移距离为 30，将新绘制的两条垂直直线向内侧偏移，如下图所示。

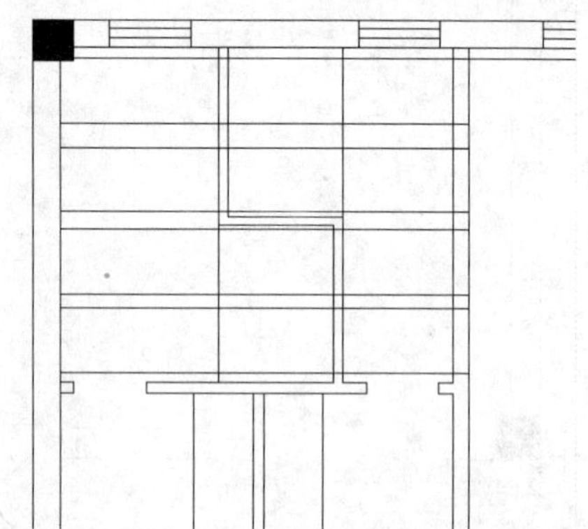

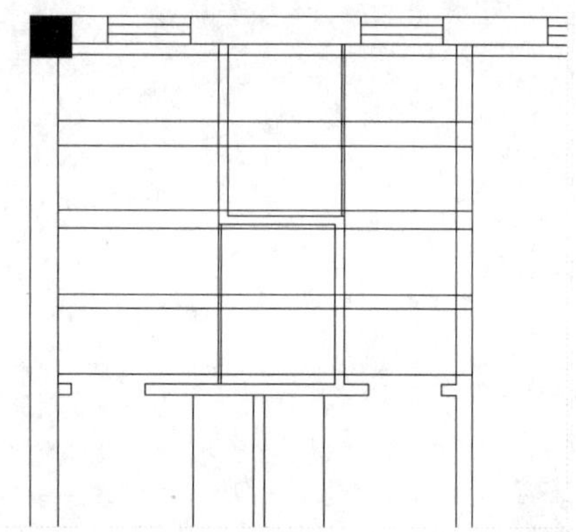

STEP 20 修剪多余的图形

在命令行中输入 TR（修剪）命令，按【Enter】键确认，根据命令行提示进行操作，修剪多余的图形，如下图所示。

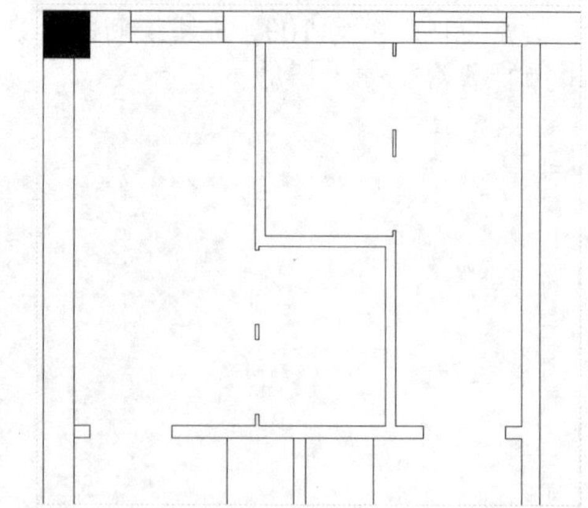

STEP 21 偏移直线

在命令行中输入 O（偏移）命令，按【Enter】键确认，根据命令行提示进行操作，将从上数第二条水平直线向下偏移，偏移距离分别为 978、30、1763 和 30，如下图所示。

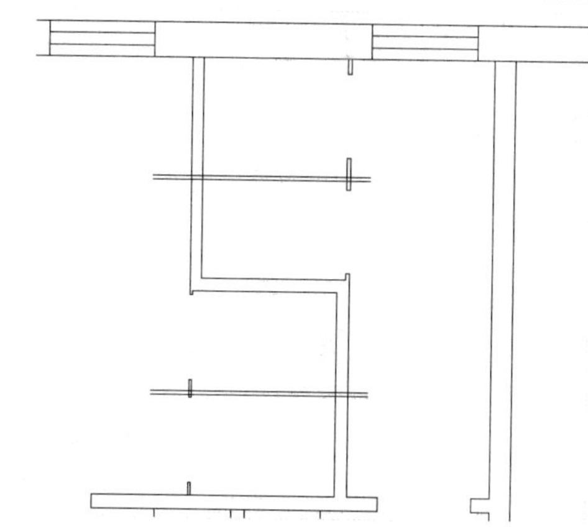

STEP 22 修剪多余的图形

在命令行中输入 TR（修剪）命令，按【Enter】键确认，根据命令行提示进行操作，修剪多余的图形，如下图所示。

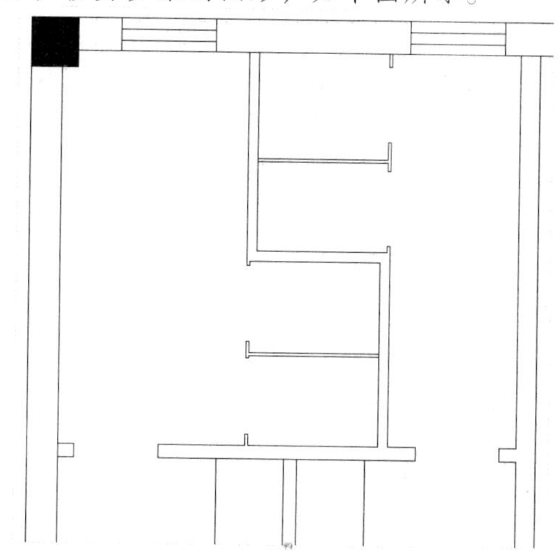

STEP 23 捕捉中点

在命令行中输入 L（直线）命令，按【Enter】键确认，根据命令行提示进行操作，捕捉相应中点，如下图所示。

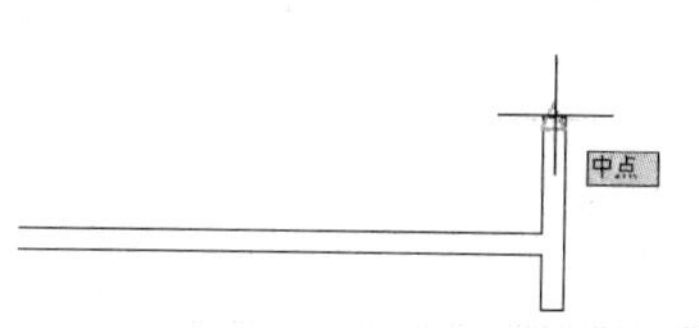

STEP 24 绘制直线

单击鼠标左键确认，依次引导光标，输入 30、670、30 和 670，按【Enter】键确认，绘制直线，如下图所示。

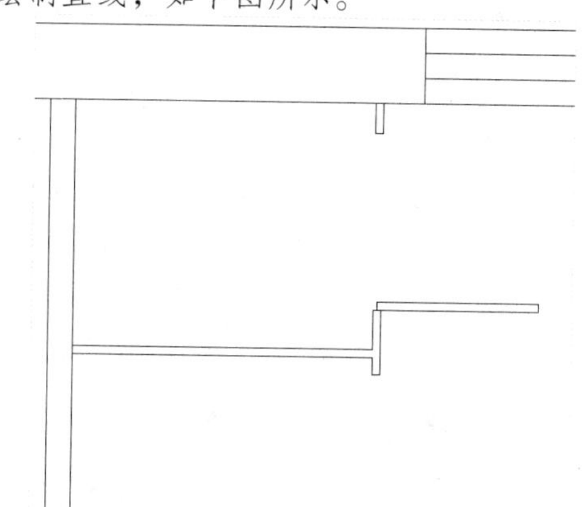

STEP 25 捕捉角点

在命令行中输入 C（圆）命令，按【Enter】键确认，捕捉相应的角点，如下图所示。

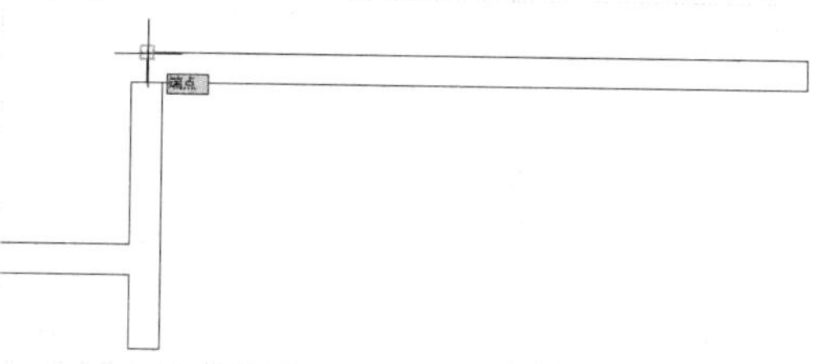

STEP 26 绘制圆

单击鼠标左键确认，根据命令行提示进行操作，捕捉右侧垂直直线的中点，绘制圆，如下图所示。

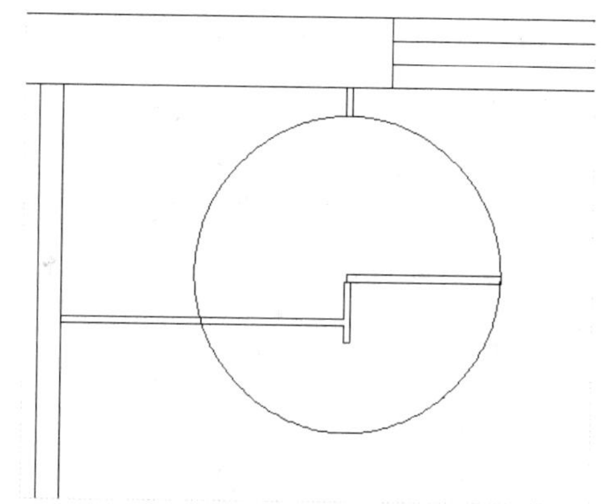

STEP 27 修剪多余的图形

在命令行中输入 TR（修剪）命令，按【Enter】键确认，根据命令行提示进行操作，修剪多余的图形，如下图所示。

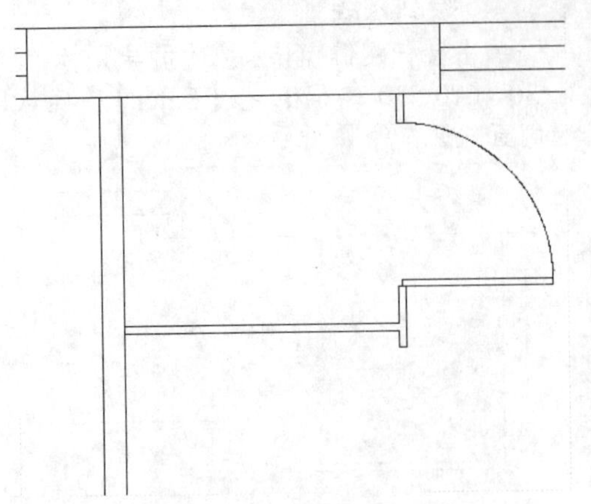

STEP 28 **绘制其他的门图形**

采用与上一步相同的方法，绘制其他的门图形，如下图所示。

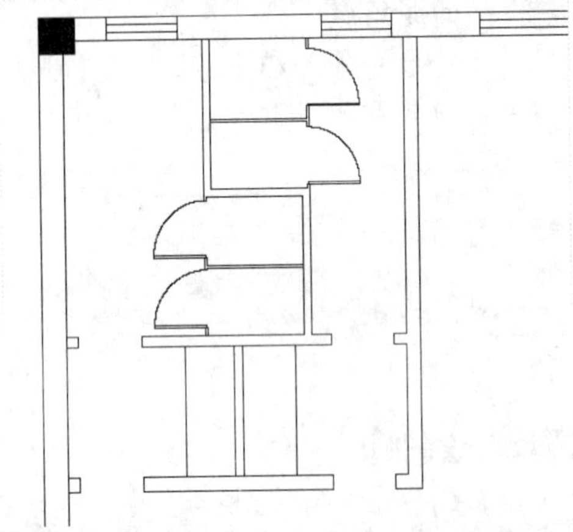

STEP 29 **捕捉中点**

在命令行中输入 L（直线）命令，按【Enter】键确认，根据命令行提示进行操作，捕捉相应中点，如下图所示。

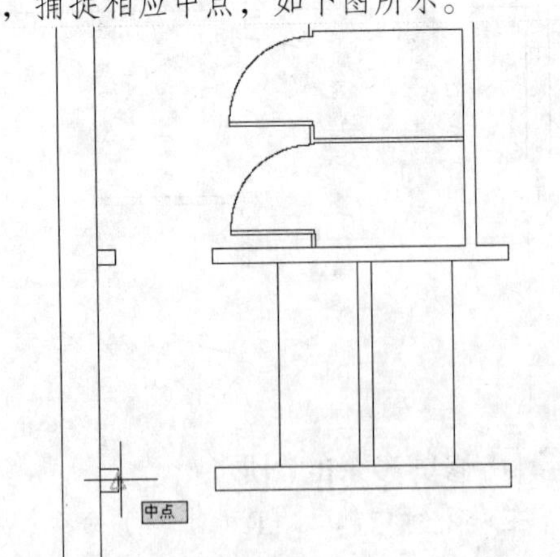

STEP 30 **绘制直线**

单击鼠标左键确认，依次引导光标，输入 30、770、30 和 770，按【Enter】键确认，绘制直线，如下图所示。

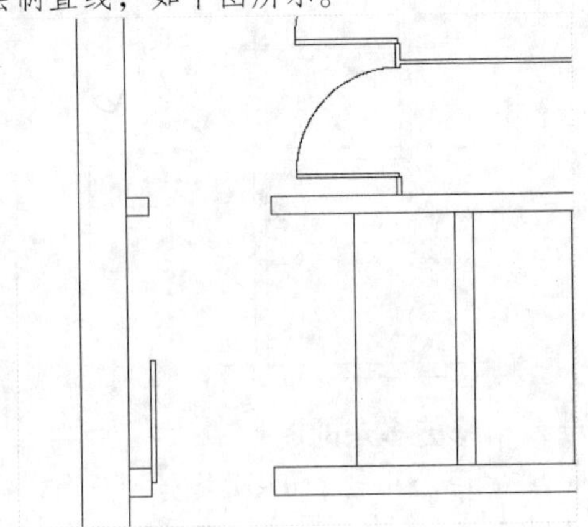

STEP 31 **捕捉角点**

在命令行中输入 C（圆）命令，按【Enter】键确认，根据命令行提示进行操作，捕捉相应的角点，如下图所示。

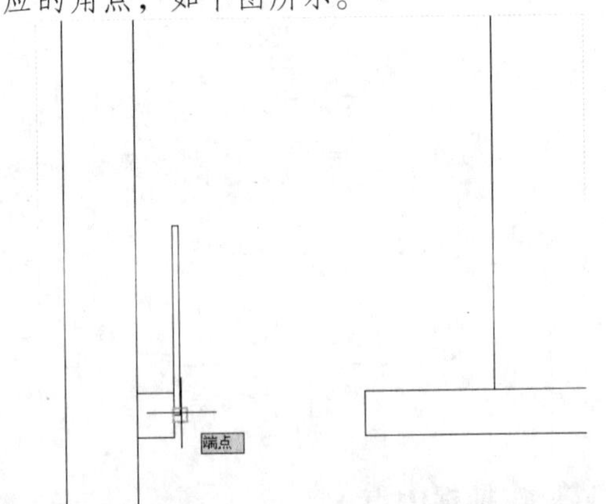

STEP 32 **绘制圆**

单击鼠标左键确认，捕捉上方水平直线的中点，绘制圆，如下图所示。

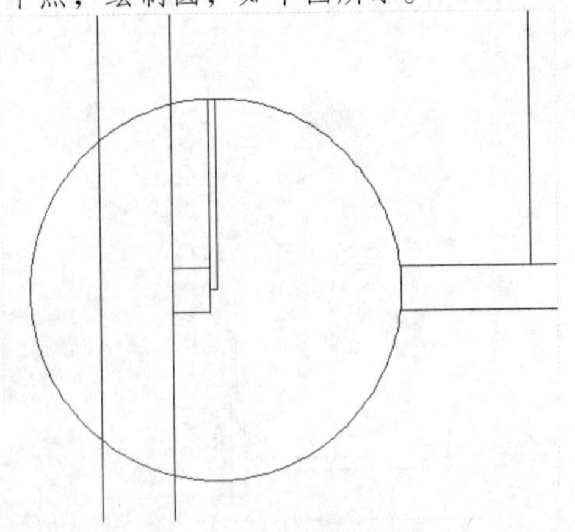

STEP 33 **修剪多余的图形**

在命令行中输入 TR（修剪）命令，按【Enter】键确认，根据命令行提示进行操作，修剪多余的图形，如下图所示。

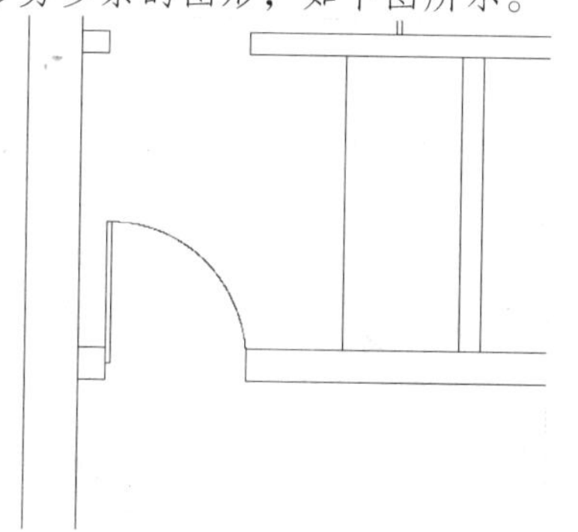

STEP 34 **绘制其他的门图形**

采用与上一步相同的方法，绘制其他的门图形，如下图所示。

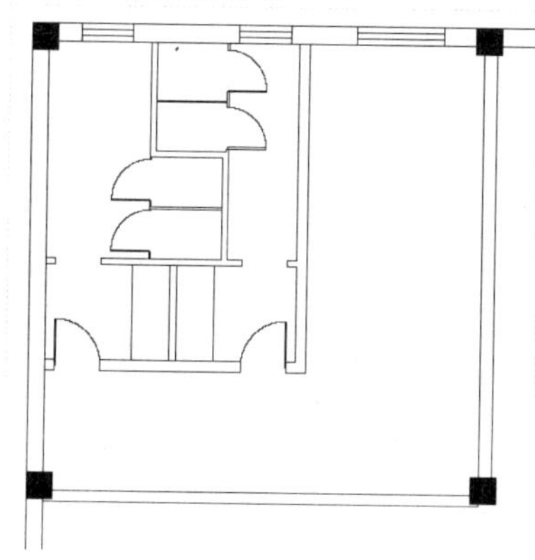

STEP 35 **偏移直线**

在命令行中输入 O（偏移）命令，按【Enter】键确认，根据命令行提示进行操作，将从上数第二条水平直线向下偏移，偏移距离分别为 5620、1500，如下图所示。

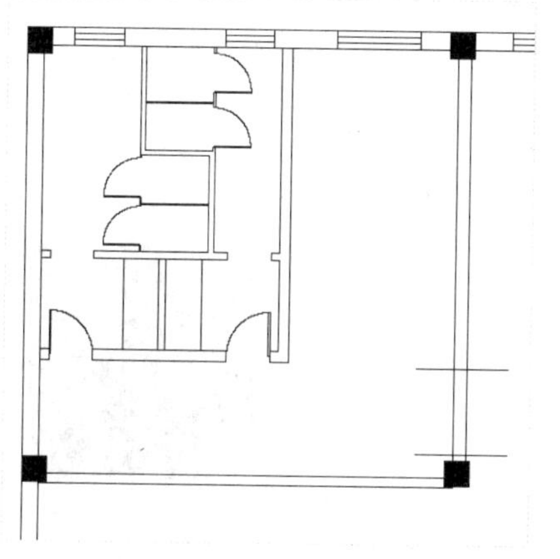

STEP 36 **修剪多余的图形**

在命令行中输入 TR（修剪）命令，按【Enter】键确认，根据命令行提示进行操作，修剪多余的图形，如下图所示。

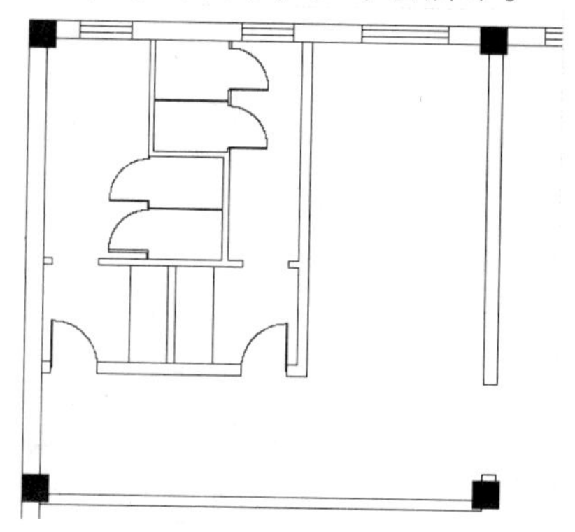

STEP 37 **绘制直线**

在命令行中输入 L（直线）命令，按【Enter】键确认，根据命令行提示进行操作，捕捉相应中点，绘制直线，如下图所示。

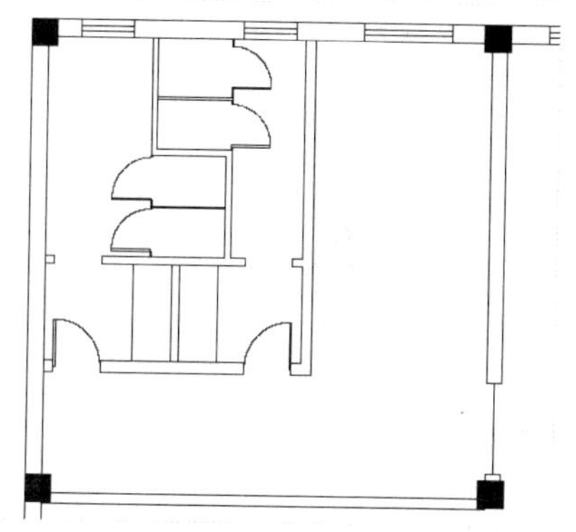

STEP 38 **捕捉中点**

在命令行中输入 L（直线）命令，按【Enter】键确认，根据命令行提示进行操作，捕捉相应中点，如下图所示。

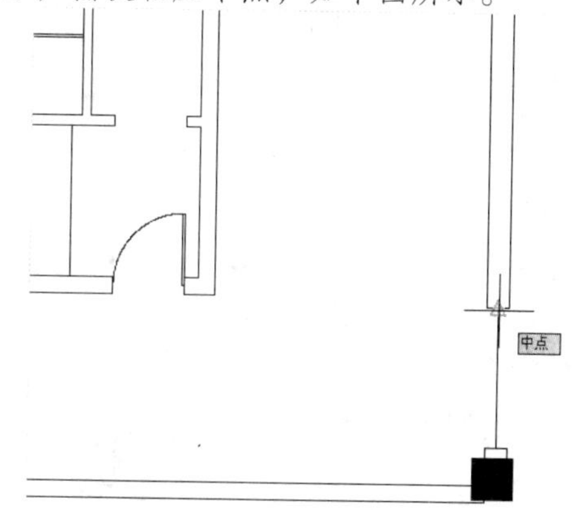

STEP 39 **绘制直线**

单击鼠标左键确认，依次引导光标，输入 30、720、30 和 720，按【Enter】键确认，绘制直线，如下图所示。

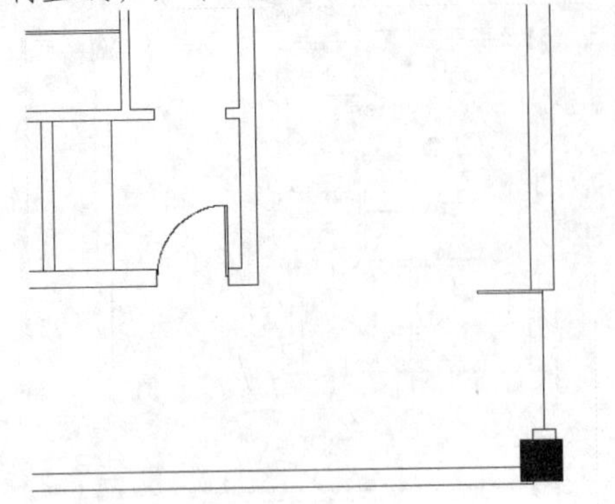

STEP 40 **捕捉中点**

在命令行中输入 L（直线）命令，按【Enter】键确认，根据命令行提示进行操作，捕捉相应中点，如下图所示。

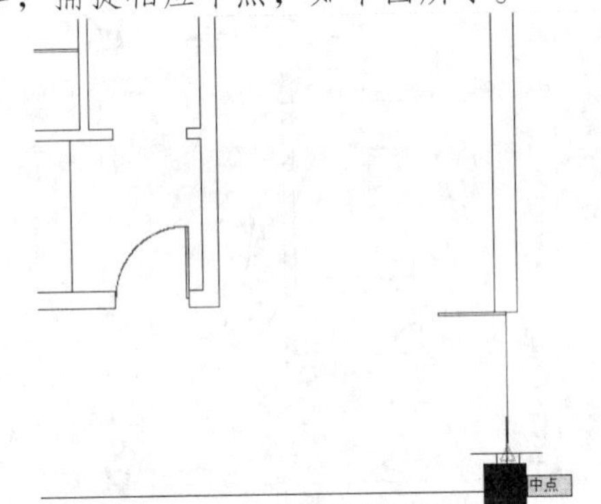

STEP 41 **绘制直线**

单击鼠标左键确认，依次引导光标，输入 30、720、30 和 720，按【Enter】键确认，绘制直线，如下图所示。

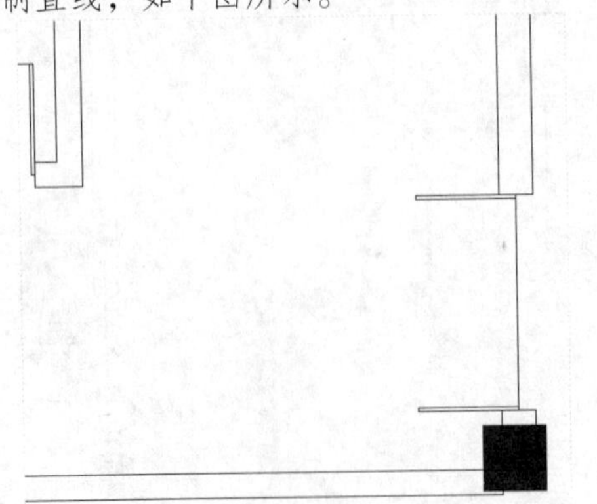

STEP 42 **捕捉角点**

在命令行中输入 C(圆)命令，按【Enter】键确认，根据命令行提示进行操作，捕捉相应的角点，如下图所示。

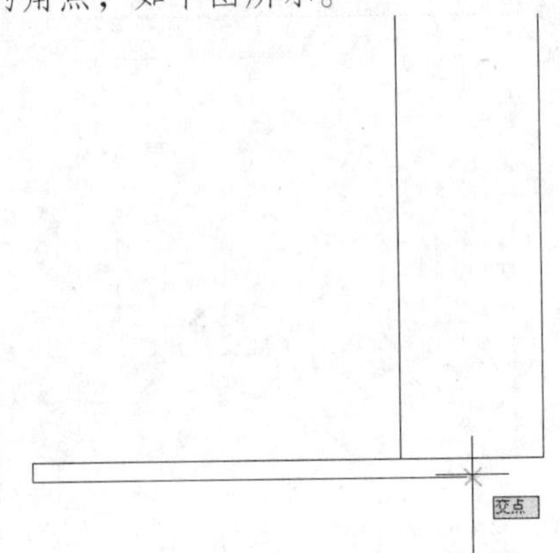

STEP 43 **绘制圆**

单击鼠标左键确认，捕捉左侧垂直直线的中点，绘制圆，如下图所示。

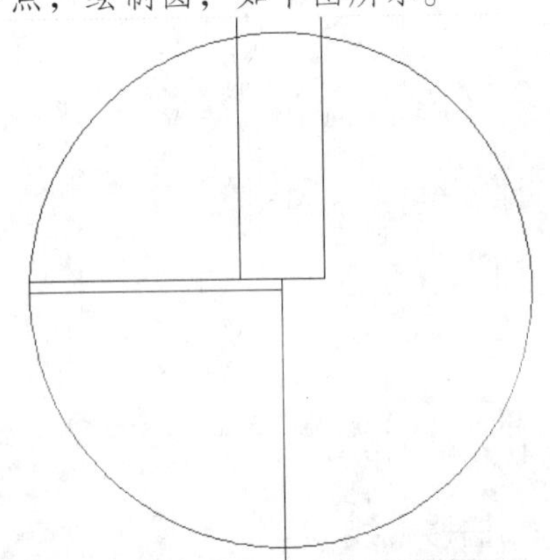

STEP 44 **捕捉角点**

在命令行中输入 C(圆)命令，按【Enter】键确认，根据命令行提示进行操作，捕捉相应的角点，如下图所示。

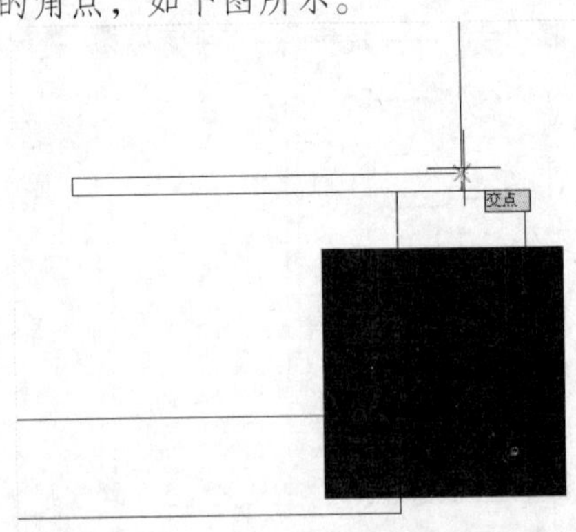

STEP 45 绘制圆

单击鼠标左键确认，捕捉左侧垂直直线的中点，绘制圆，如下图所示。

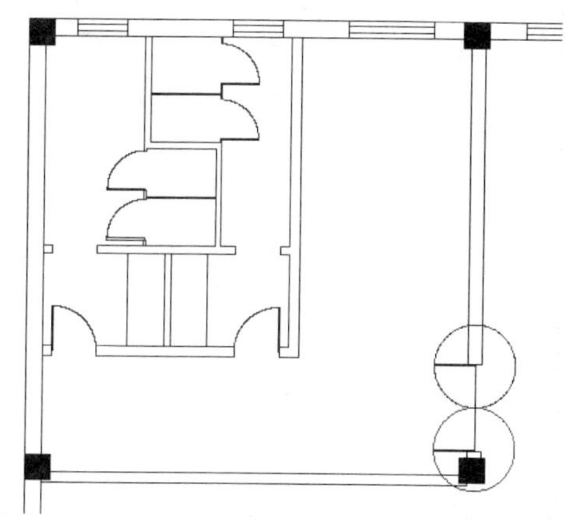

STEP 46 修剪多余的图形

在命令行中输入 TR（修剪）命令，按【Enter】键确认，根据命令行提示进行操作，修剪多余的图形，如下图所示。

STEP 47 绘制其他的门图形

采用与上一步相同的方法，绘制其他的门图形，如下图所示。

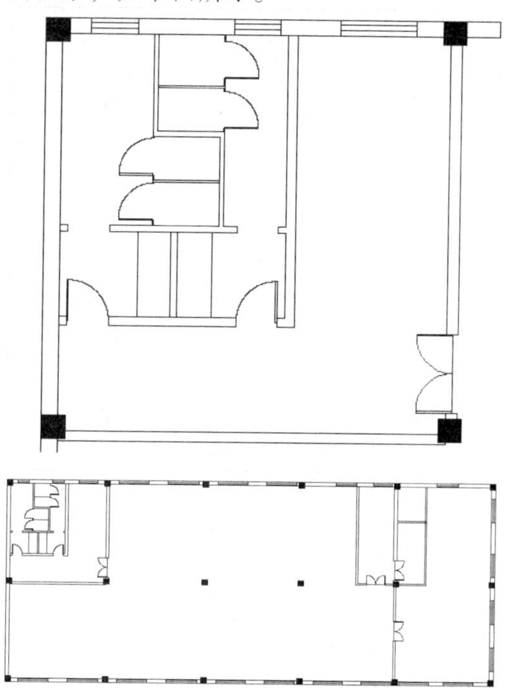

12.1.3 绘制楼梯

本实例将介绍楼梯的绘制，首先使用“直线”、“偏移”等命令绘制轮廓，然后使用“修剪”、“插入”等命令绘制细节部分，展示了楼梯的具体绘制方法与技巧，其具体操作步骤如下。

素材文件	第 13 章\楼梯部分.dwg	效果文件	第 13 章\楼梯.dwg

STEP 01 捕捉角点

以上例效果为例，在命令行中输入 L（直线）命令，按【Enter】键确认，根据命令行提示进行操作，输入 FROM 命令并确认，捕捉左上角点，如下图所示。

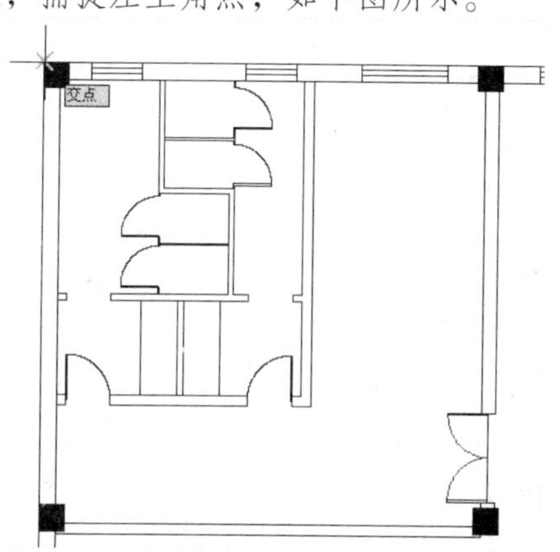

STEP 02 绘制直线

单击鼠标左键确认，输入（@7830,-1654）、（@-3001,0），按【Enter】键确认，绘制直线，如下图所示。

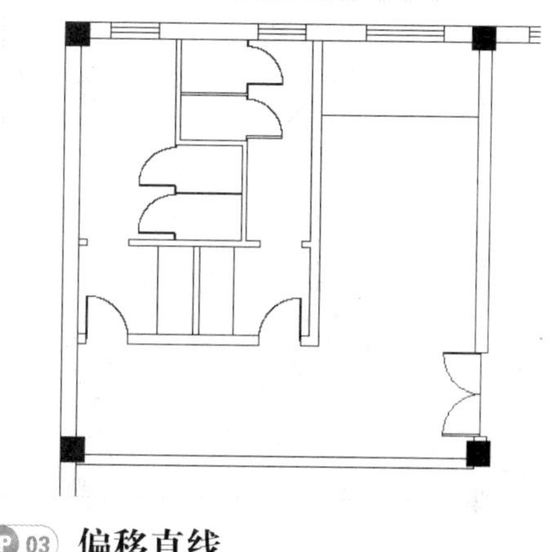

STEP 03 偏移直线

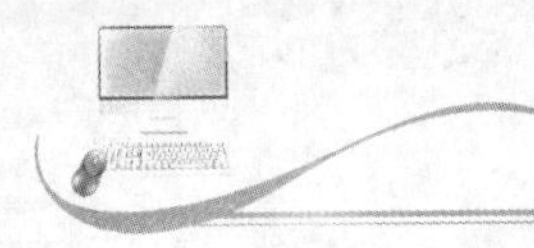

在命令行中输入 O（偏移）命令，按【Enter】键确认，根据命令行提示进行操作，设置偏移距离为 280，将新绘制的直线向下偏移 14 次，如下图所示。

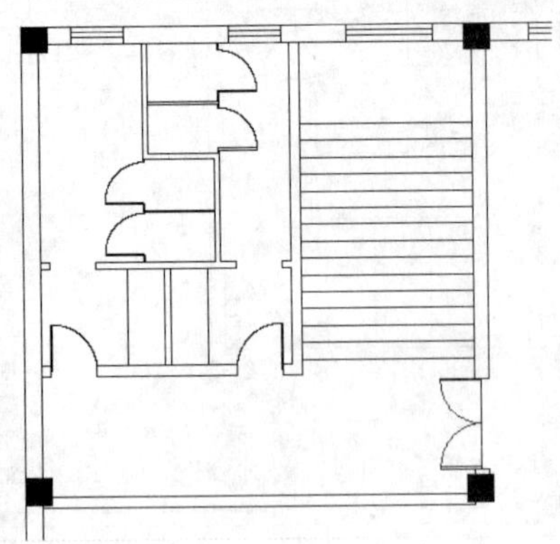

STEP 04 **捕捉角点**

在命令行中输入 REC（矩形）命令，按【Enter】键确认，根据命令行提示进行操作，输入 FROM 命令并确认，捕捉相应角点，如下图所示。

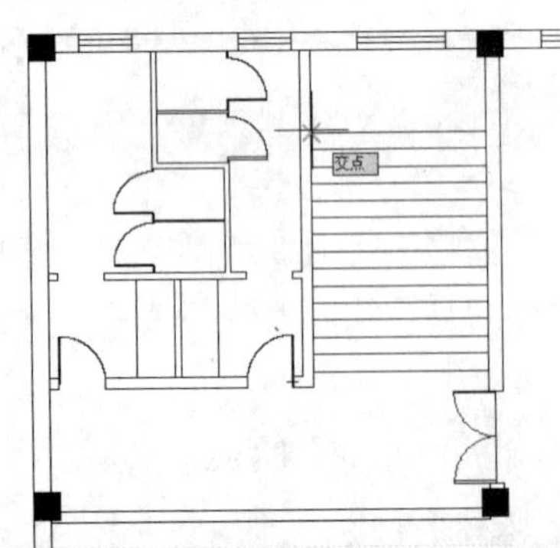

STEP 05 **绘制矩形**

单击鼠标左键确认，输入（@1350,255）、（@300,-4292），按【Enter】键确认，绘制矩形，如下图所示。

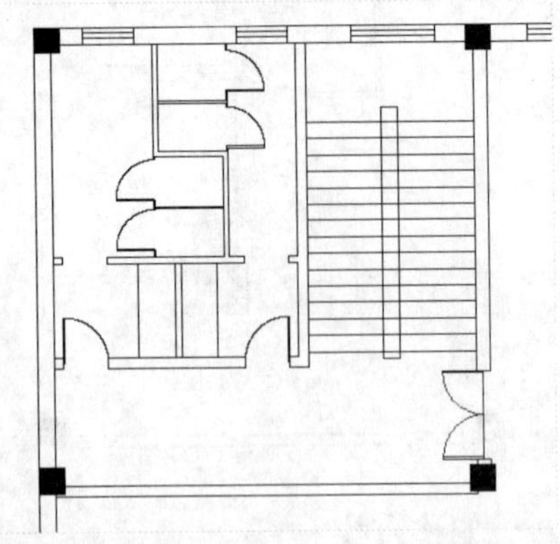

STEP 06 **偏移矩形**

在命令行中输入 O（偏移）命令，按【Enter】键确认，根据命令行提示进行操作，设置偏移距离为 50，将新绘制的矩形向内侧偏移，如下图所示。

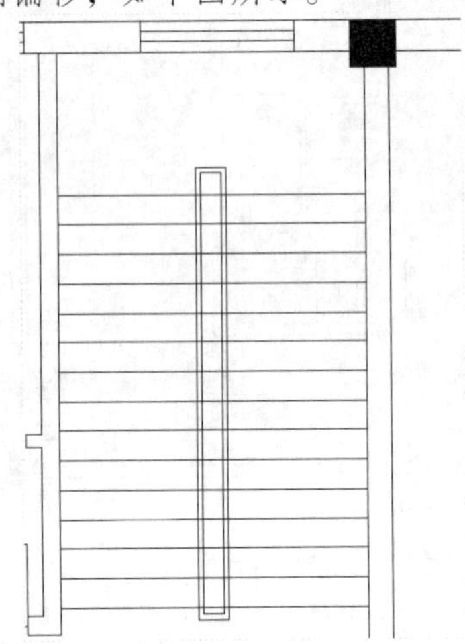

STEP 07 **修剪多余的图形**

在命令行中输入 TR（修剪）命令，按【Enter】键确认，根据命令行提示进行操作，修剪多余的图形，如下图所示。

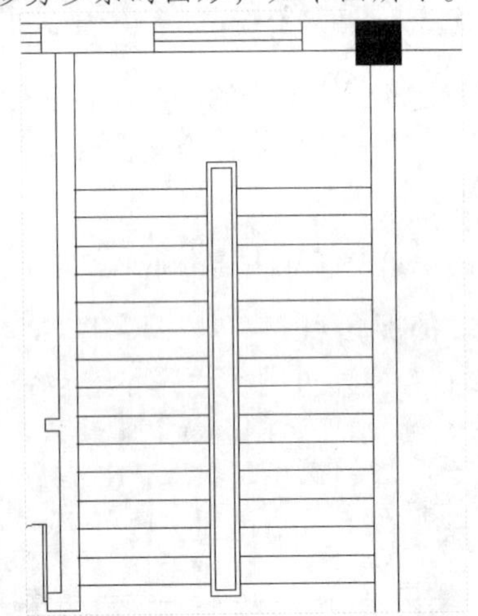

STEP 08 **捕捉角点**

在命令行中输入 L（直线）命令，按【Enter】键确认，根据命令行提示进行操作，输入 FROM 命令并确认，捕捉右上角点，如下图所示。

STEP 09 **绘制直线**

单击鼠标左键确认，输入（@-10960,-1654）、（@2820,0），按【Enter】键确认，绘制直线，如下图所示。

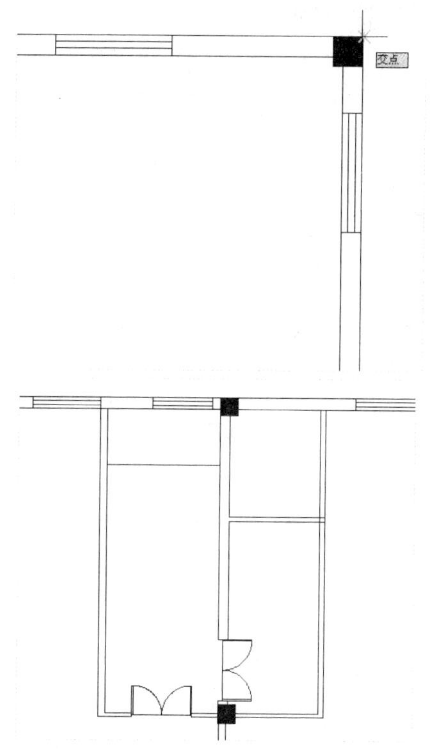

STEP 10 **偏移直线**

在命令行中输入 O（偏移）命令，按【Enter】键确认，根据命令行提示进行操作，设置偏移距离为 280，将新绘制的直线向下偏移 14 次，如下图所示。

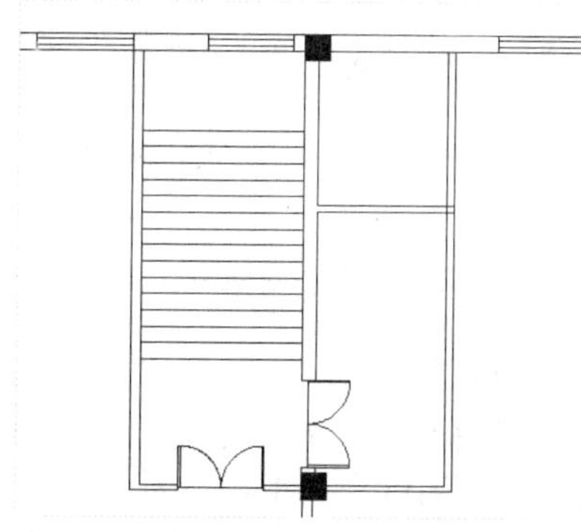

STEP 11 **捕捉角点**

在命令行中输入 REC（矩形）命令，按【Enter】键确认，根据命令行提示进行操作，输入 FROM 命令并确认，捕捉相应角点，如下图所示。

STEP 12 **绘制矩形**

单击鼠标左键确认，输入（@1234,255）、（@300,-4292），按【Enter】键确认，绘制矩形，如下图所示。

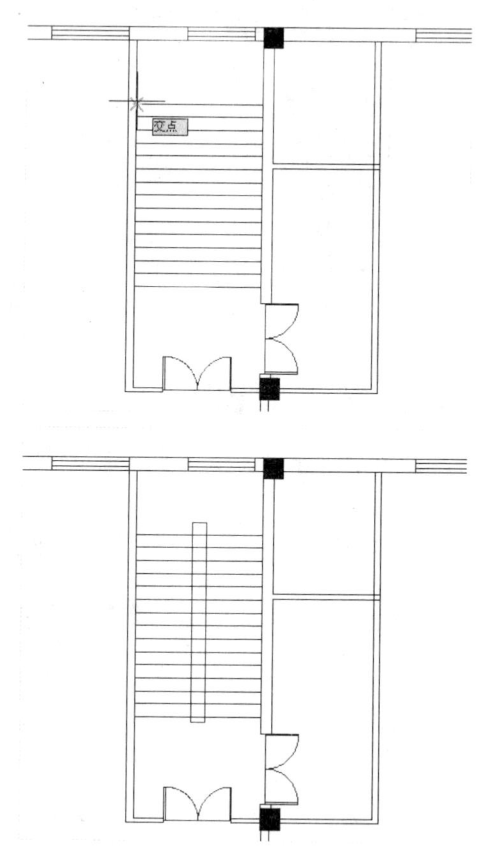

STEP 13 **偏移矩形**

在命令行中输入 O（偏移）命令，按【Enter】键确认，根据命令行提示进行操作，设置偏移距离为 50，将新绘制的矩形向内侧偏移，如下图所示。

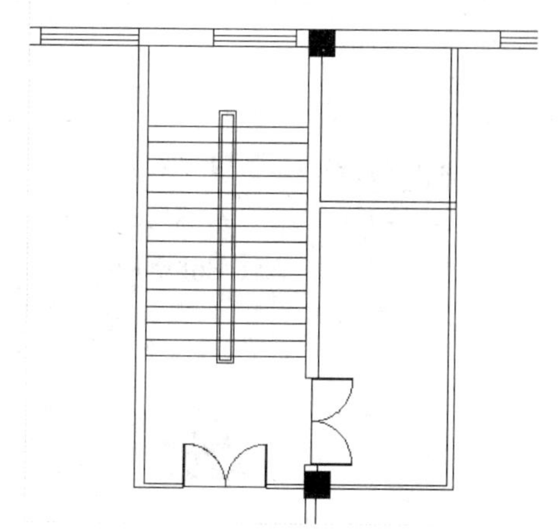

STEP 14 **修剪多余的图形**

在命令行中输入 TR（修剪）命令，按【Enter】键确认，根据命令行提示进行操作，修剪多余的图形，如下图所示。

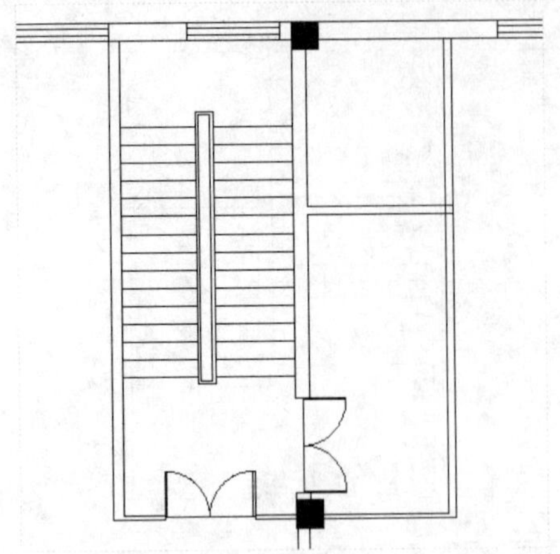

STEP 15 **弹出对话框**

在命令行中输入 I（插入）命令，按【Enter】键确认，弹出“插入”对话框，如下图所示。

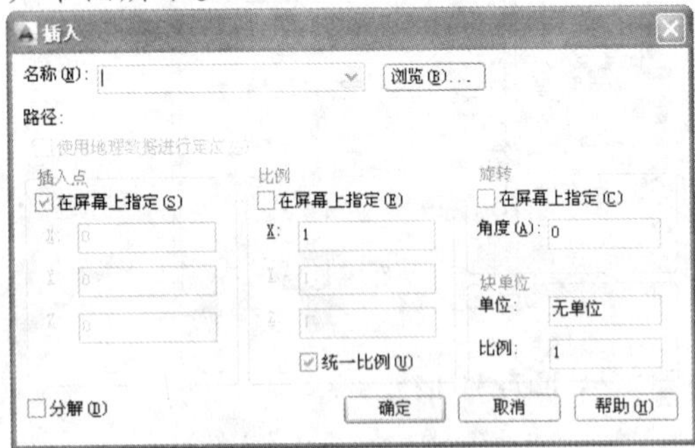

STEP 16 **选择图形文件**

单击“浏览”按钮，弹出“选择图形文件”对话框，选择“楼梯部分”图形文件，如下图所示。

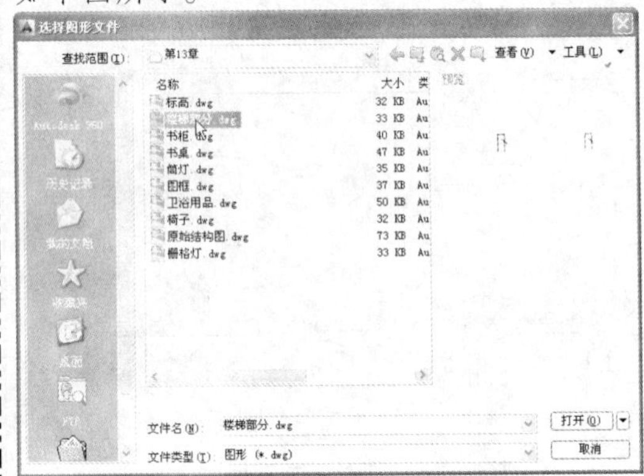

STEP 17 **插入图块**

单击“打开”按钮，返回“插入”对话框，单击“确定”按钮，在合适位置插入图块，如下图所示。

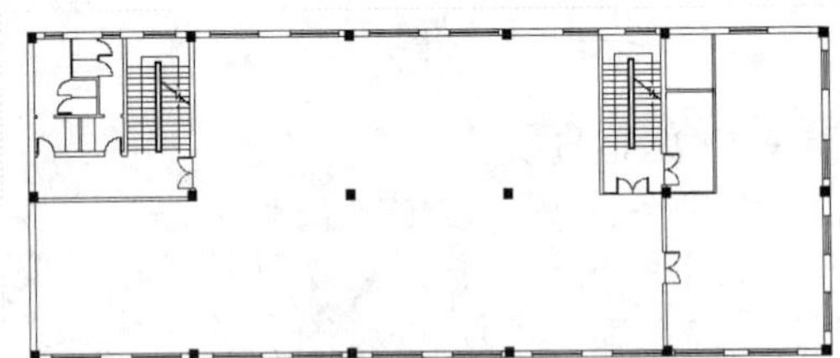

12.1.4 完善原始结构图

本实例将介绍原始结构图的完善，通过“直线”、“插入”等命令完善原始结构图，展示了完善原始结构图的具体操作方法与技巧，其具体操作步骤如下。

素材文件	第 13 章\图框.dwg	效果文件	第 13 章\原始结构图.dwg

STEP 01 **捕捉角点**

以上例效果为例，在命令行中输入 REC（矩形）命令，按【Enter】键确认，根据命令行提示进行操作，输入 FROM 命令并确认，捕捉右上角点，如下图所示。

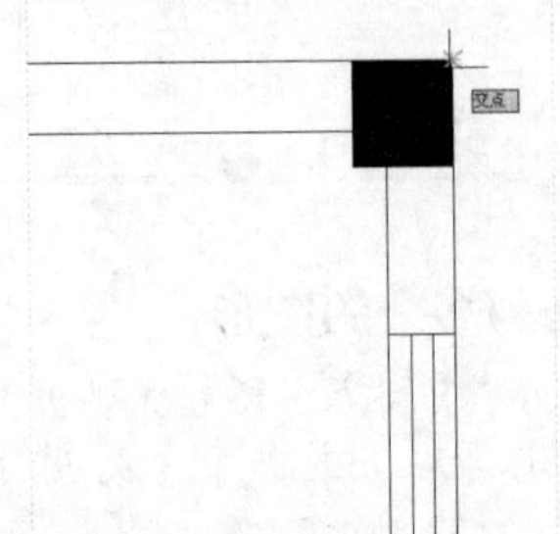

STEP 02 **绘制矩形**

单击鼠标左键确认，输入（@-5806,-553）、（@-1908,-181），按【Enter】键确认，绘制矩形，如下图所示。

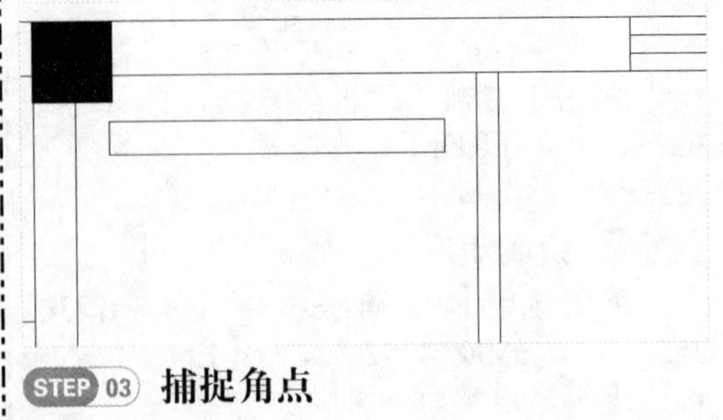

STEP 03 **捕捉角点**

在命令行中输入 REC（矩形）命令，按【Enter】键确认，根据命令行提示进行操作，输入 FROM 命令并确认，捕捉新绘制矩形的左上角点，如下图所示。

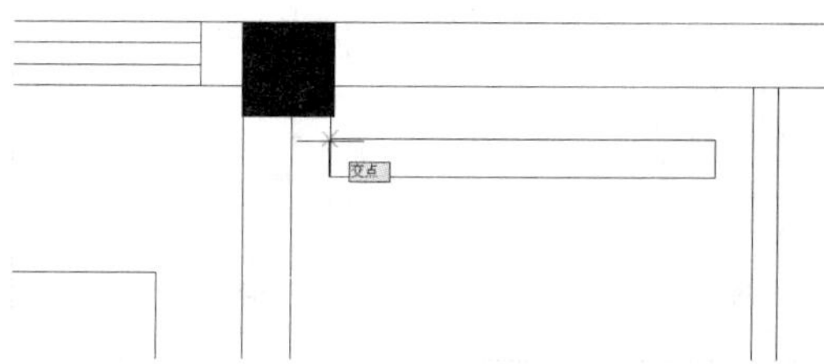

STEP 04 绘制矩形

单击鼠标左键确认，输入（@-12,-302）、（@1933,-1646），按【Enter】键确认，绘制矩形，如下图所示。

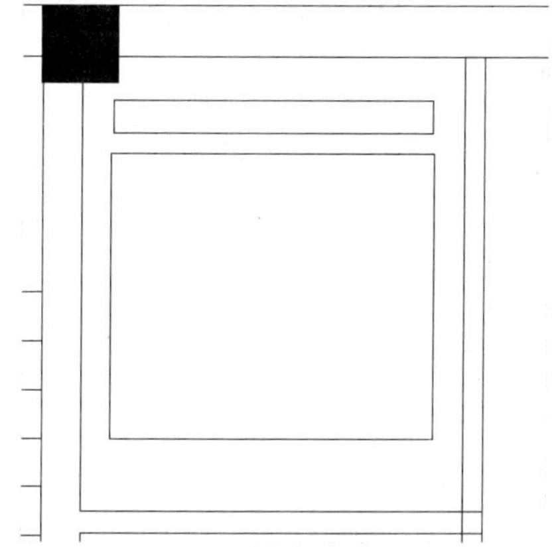

STEP 05 绘制两条对角线

在命令行中输入 L（直线）命令，按【Enter】键确认，根据命令行提示进行操作，捕捉新绘制矩形的对角点，绘制两条对角线，如下图所示。

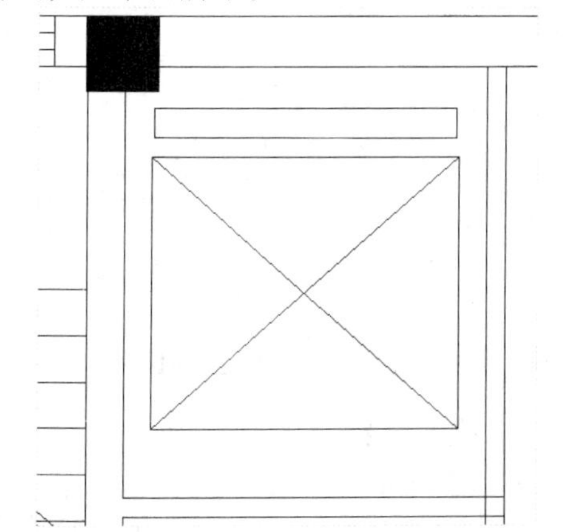

STEP 06 偏移直线

在命令行中输入 X（分解）命令，按【Enter】键确认，根据命令行提示进行操作，分解大矩形。在命令行中输入 O（偏移）命令，按【Enter】键确认，根据命令行提示进行操作，将分解后的矩形下方水平直线向下偏移，偏移距离分别为 450、50，效果如下图所示。

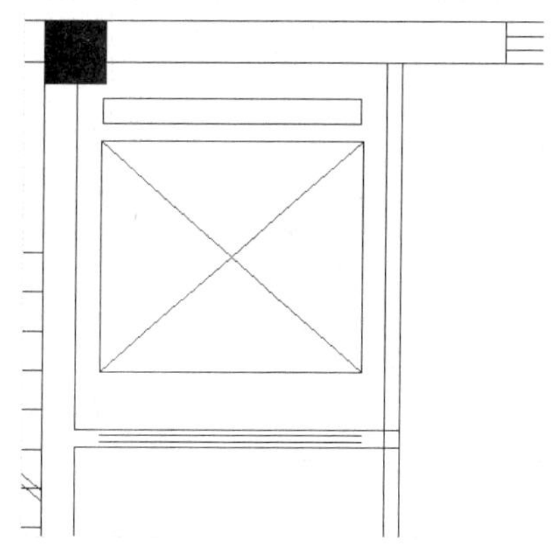

STEP 07 偏移直线

在命令行中输入 O（偏移）命令，按【Enter】键确认，根据命令行提示进行操作，将矩形左侧垂直直线向右偏移，偏移距离分别为 547、900，如下图所示。

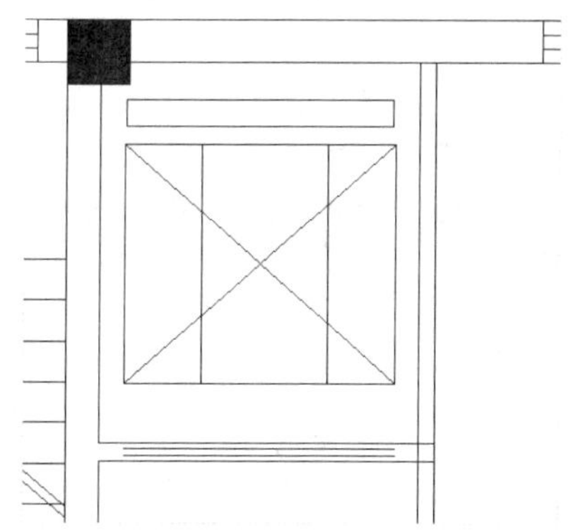

STEP 08 修剪多余的图形

在命令行中输入 EX（延伸）命令，按【Enter】键确认，根据命令行提示进行操作，延伸偏移所得直线至下方水平直线处。在命令行中输入 TR（修剪）命令，按【Enter】键确认，根据命令行提示进行操作，修剪多余的图形，如下图所示。

STEP 09 捕捉角点

在命令行中输入 L（直线）命令，按【Enter】键确认，根据命令行提示进行操作，输入 FROM 命令并确认，捕捉左上角点，如下图所示。

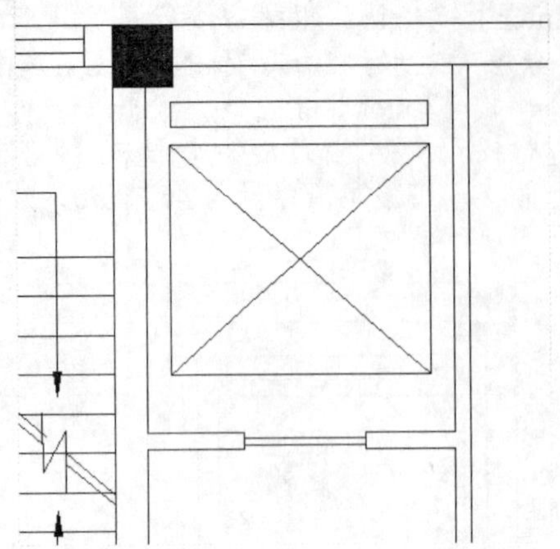

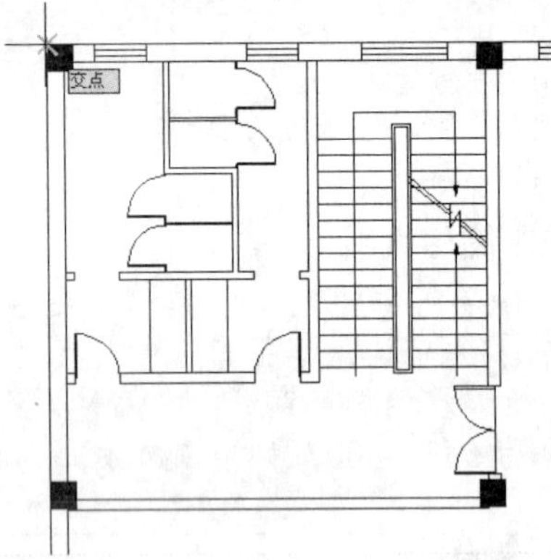

STEP 10 **绘制直线**

单击鼠标左键确认，输入（@8071,-716）、（@1900,0）、（@0,-4629）和（@-1900,0），按【Enter】键确认，绘制直线，如下图所示。

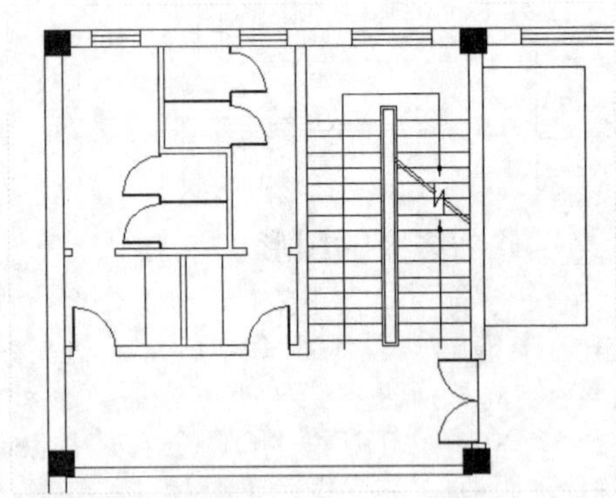

STEP 11 **偏移直线**

在命令行中输入 O（偏移）命令，按【Enter】键确认，根据命令行提示进行操作，将新绘制的最上方水平直线向下偏移，偏移距离分别为 50、600、674、651、646、679、679 和 600，如下图所示。

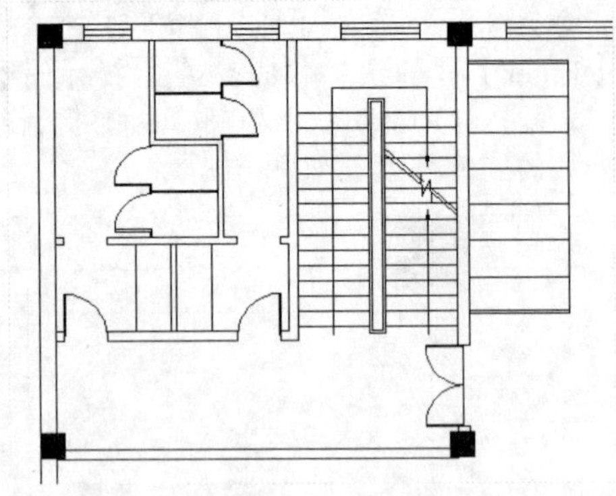

STEP 12 **偏移直线**

在命令行中输入 O（偏移）命令，按【Enter】键确认，根据命令行提示进行操作，将新绘制的右侧垂直直线向左偏移，偏移距离分别为 50、600 和 950，如下图所示。

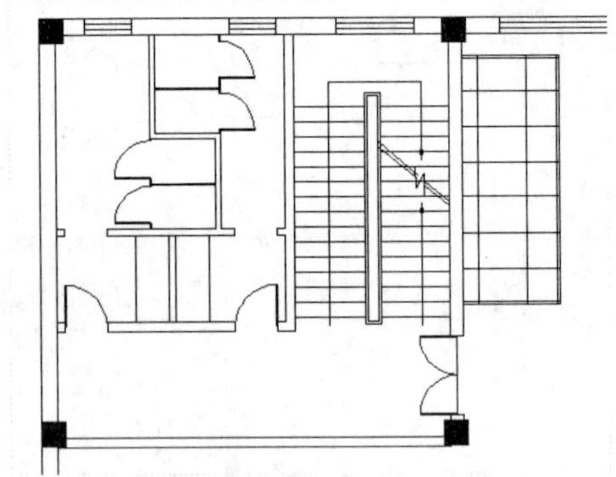

STEP 13 **修剪多余的图形**

在命令行中输入 TR（修剪）命令，按【Enter】键确认，根据命令行提示进行操作，修剪多余的图形，如下图所示。

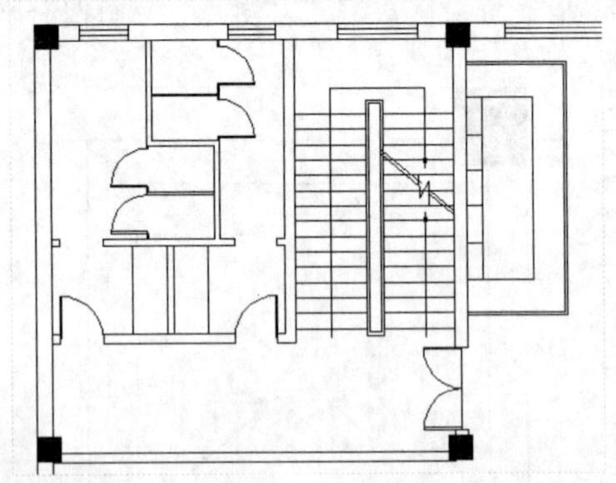

STEP 14 **绘制直线**

在命令行中输入 L（直线）命令，按【Enter】键确认，根据命令行提示进行操作，依次捕捉合适角点，绘制直线，如下图所示。

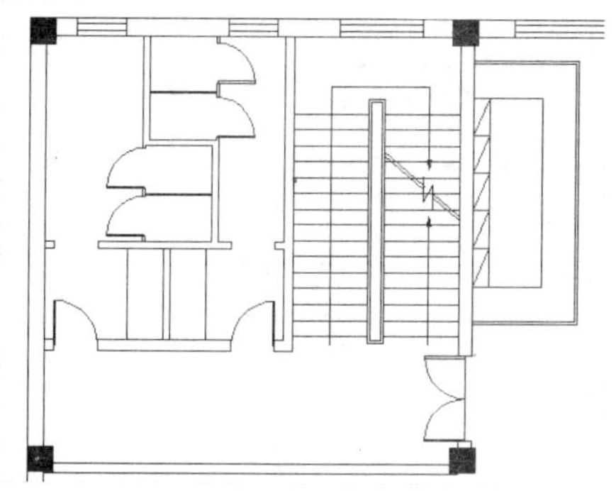

STEP 15　偏移直线

在命令行中输入 O（偏移）命令，按【Enter】键确认，根据命令行提示进行操作，将新绘制直线的右下方水平直线向下偏移，偏移距离分别为 150、60、197、80、800、80、800、80、150 和 60，如下图所示。

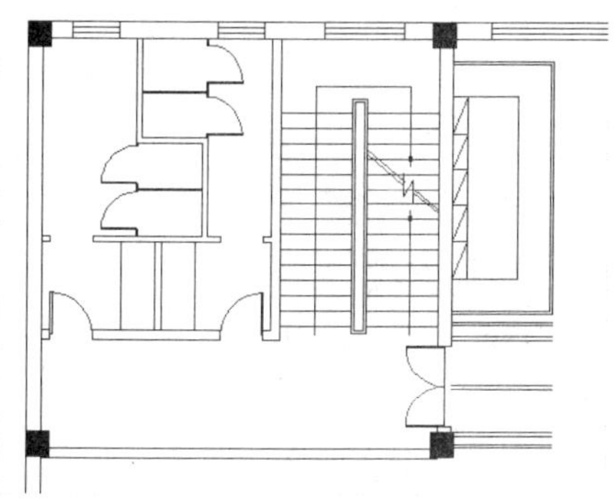

STEP 16　绘制直线

在命令行中输入 L（直线）命令，按【Enter】键确认，根据命令行提示进行操作，捕捉偏移后直线的端点，绘制直线，如下图所示。

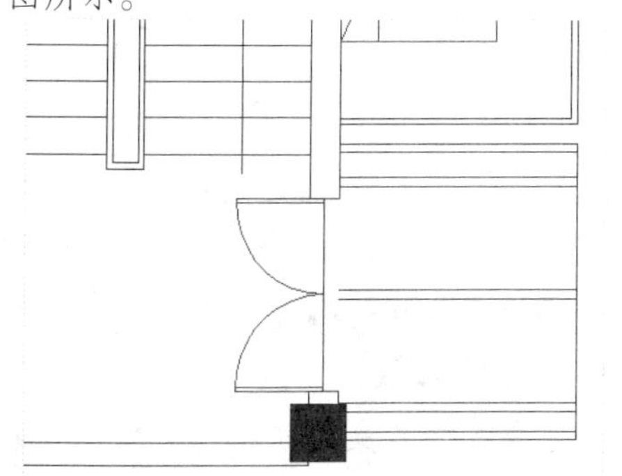

STEP 17　偏移直线

在命令行中输入 O（偏移）命令，按【Enter】键确认，根据命令行提示进行操作，将新绘制的直线向左偏移，偏移距离分别为 400、60 和 340，如下图所示。

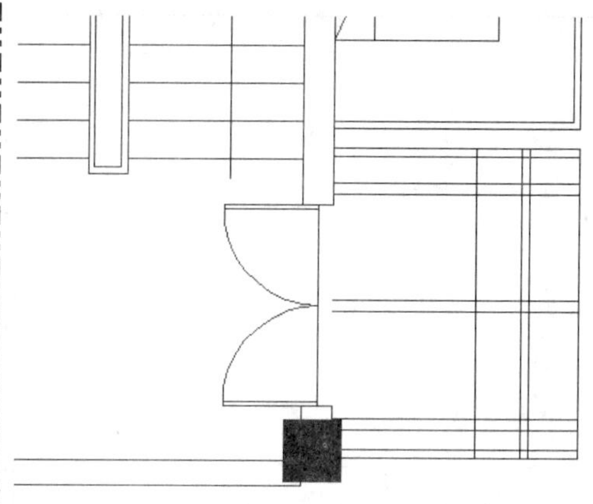

STEP 18　修剪多余的图形

在命令行中输入 TR（修剪）命令，按【Enter】键确认，根据命令行提示进行操作，修剪多余的图形，如下图所示。

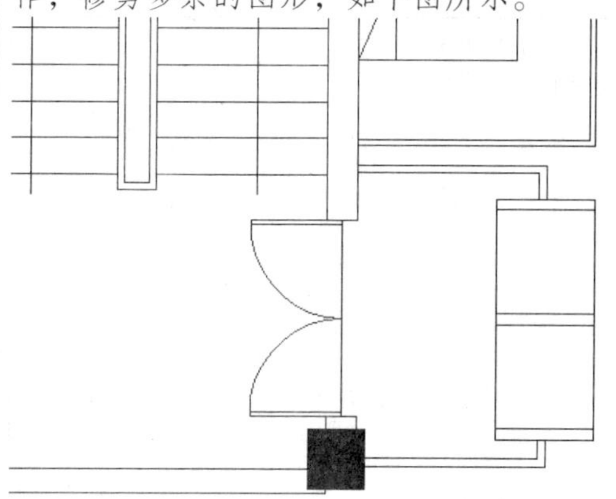

STEP 19　弹出对话框

在命令行中输入 I（插入）命令，按【Enter】键确认，弹出“插入”对话框，如下图所示。

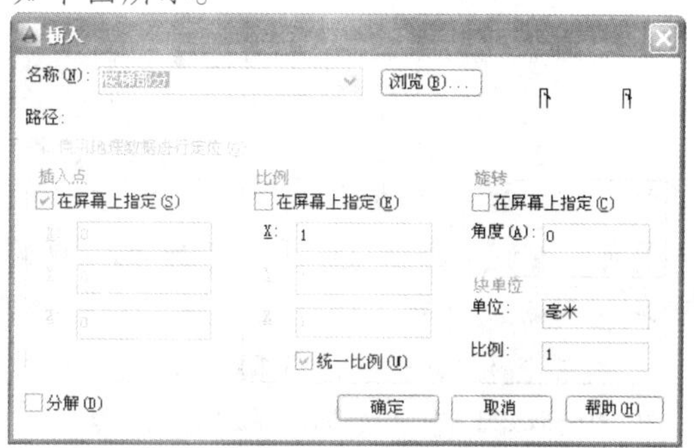

STEP 20　选择图形文件

单击“浏览”按钮，弹出“选择图形文件”对话框，选择“图框”图形文件，如下图所示。

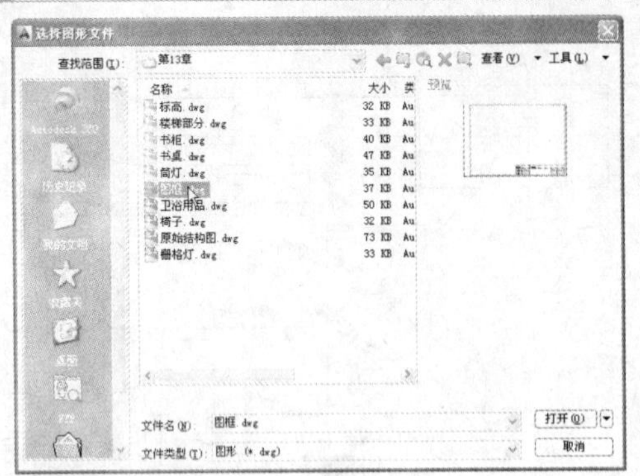

STEP 21 插入图块

单击“打开”按钮，返回“插入”对话框，单击“确定”按钮，设置比例因子为 2，在合适位置插入图块，如下图所示。

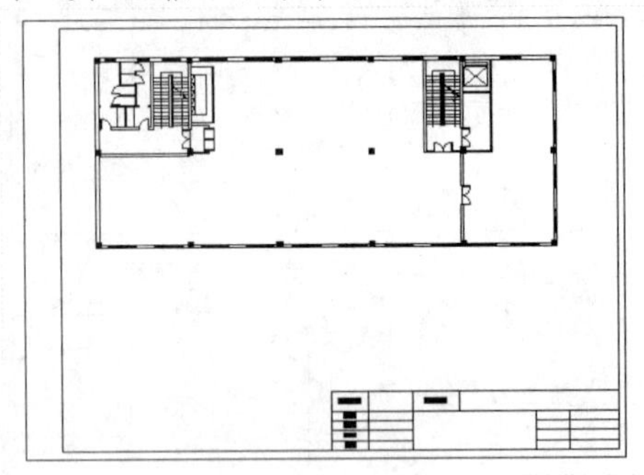

STEP 22 创建多行文字

在命令行中输入 MT（多行文字）命令，按【Enter】键确认，根据命令行提示进行操作，在绘图区的合适位置拖曳鼠标，设置“文字高度”为 1000，在文本框中输入“图书馆原始结构图”，单击“关闭文字编辑器”按钮，完成多行文字的创建，如下图所示。

STEP 23 绘制多段线

在命令行中输入 PL（多段线）命令，按【Enter】键确认，根据命令行提示进行操作，在文字下方绘制一条宽度为 200、长度为 12500 的多段线，如下图所示。

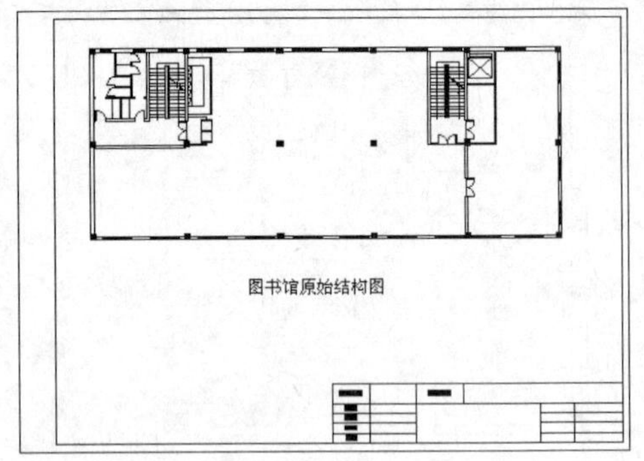

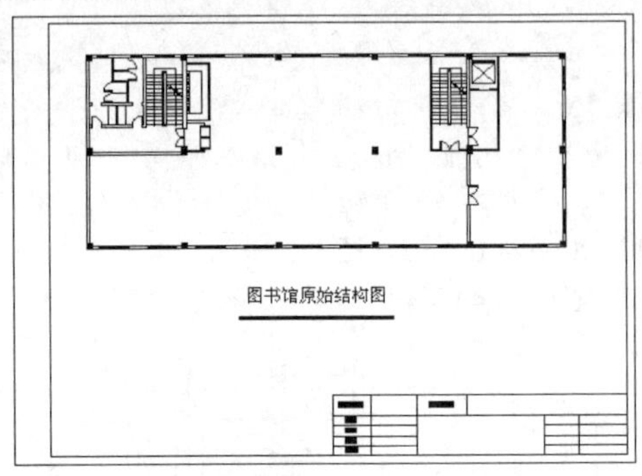

STEP 24 绘制直线

在命令行中输入 L（直线）命令，按【Enter】键确认，根据命令行提示进行操作，在多段线下方绘制一条长度为 12500 的直线，如下图所示。

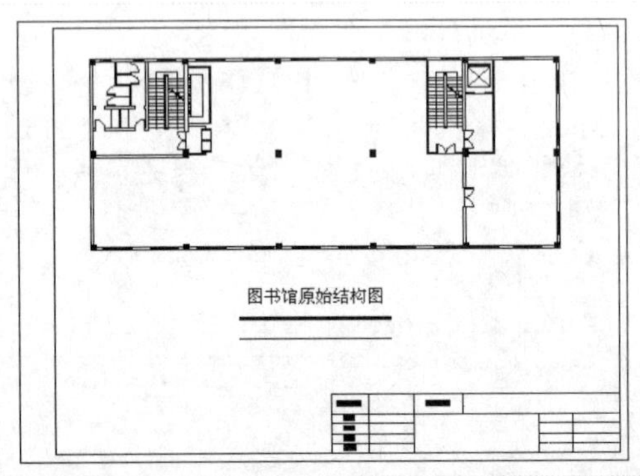

12.2 绘制平面布局图

图书馆的功能就是收集、加工、整理和科学管理珍贵的文献资料，以便人们借阅使用。图书馆是作为保存各民族文化财富的机构而存在的，它担负着保存人类文化典籍的任务，这也是图书馆最初的用处。下面介绍绘制图书馆平面布局图的步骤。

12.2.1 布置图书馆空间

本实例将介绍图书馆空间的布置，通过“插入”等命令布置图书馆空间，展示了图书馆空间的具体布置方法与技巧，其具体操作步骤如下。

素材文件　第 13 章\书桌.dwg、书柜.dwg 等　　效果文件　第 13 章\图书馆空间.dwg

STEP 01 置为当前层

以上例效果为例，在命令行中输入 LA（图层）命令，按【Enter】键确认，弹出“图层特性管理器”面板，单击“新建图层”按钮，新建“家具”图层，并将“家具”图层置为当前层，如下图所示。

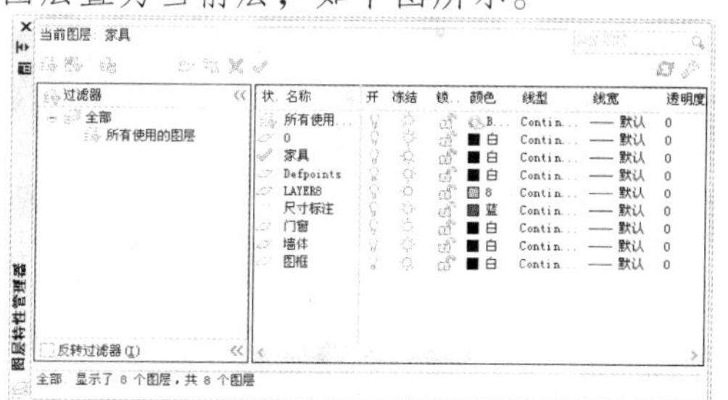

STEP 02 弹出对话框

在命令行中输入 I（插入）命令，按【Enter】键确认，弹出“插入”对话框，如下图所示。

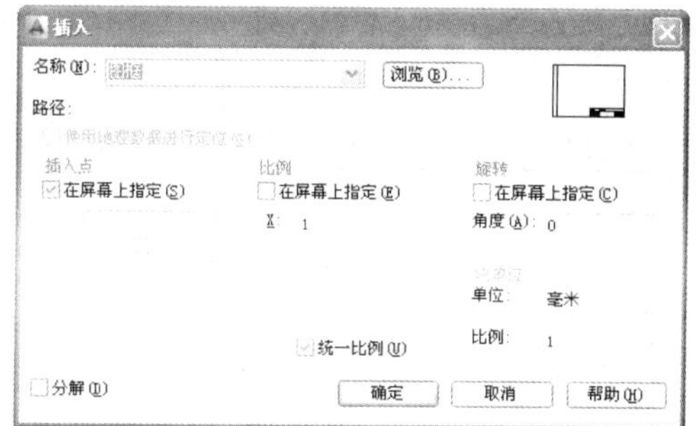

STEP 03 选择图形文件

单击“浏览”按钮，弹出“选择图形文件”对话框，选择“书桌”图形文件，如下图所示。

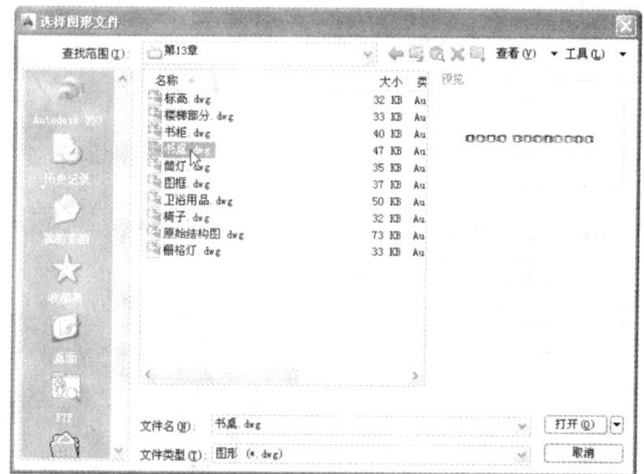

STEP 04 插入图块

单击“打开”按钮，返回“插入”对话框，单击“确定”按钮，在合适位置插入图块，如下图所示。

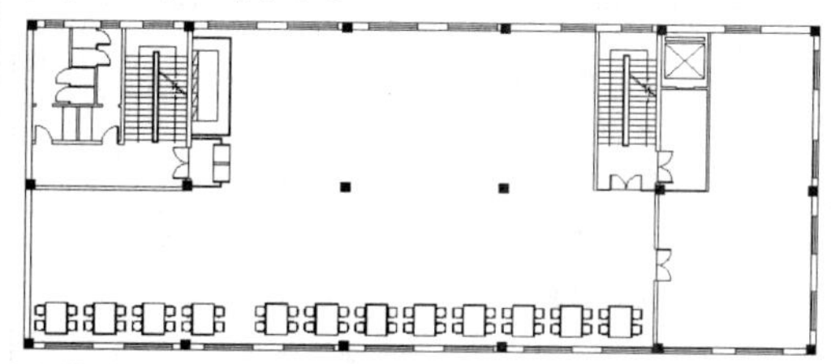

STEP 05 弹出对话框

在命令行中输入 I（插入）命令，按【Enter】键确认，弹出“插入”对话框，如下图所示。

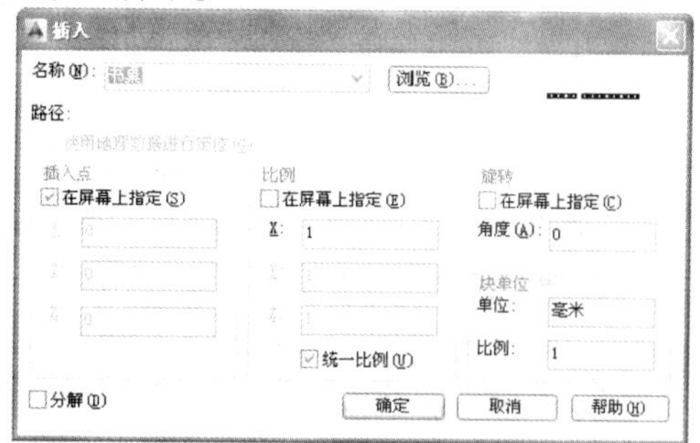

STEP 06 选择图形文件

单击“浏览”按钮，弹出“选择图形文件”对话框，选择“卫浴用品”图形文件，如下图所示。

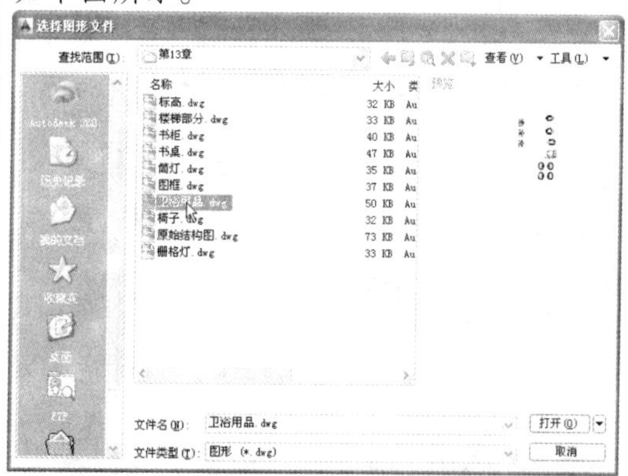

STEP 07 插入图块

单击“打开”按钮，返回“插入”对话框，单击“确定”按钮，在合适位置插入图块，如下图所示。

STEP 08 弹出对话框

在命令行中输入 I（插入）命令，按【Enter】键确认，弹出“插入”对话框，如下图所示。

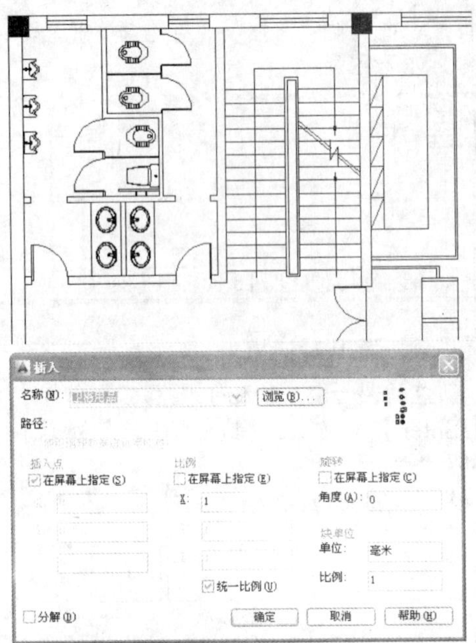

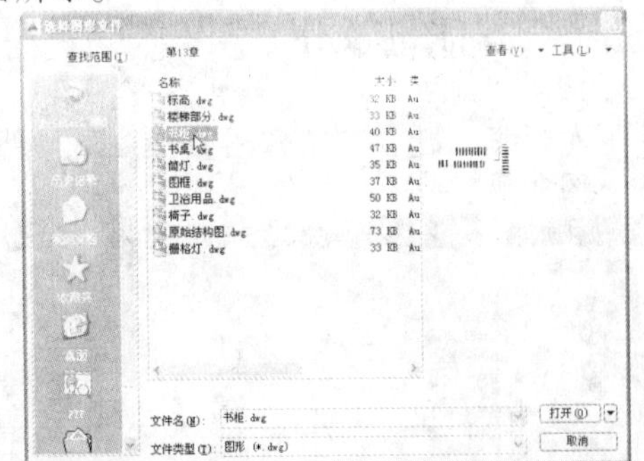

STEP 09 选择图形文件

单击“浏览”按钮，弹出“选择图形文件”对话框，选择“书柜”图形文件，如下图所示。

STEP 10 插入图块

单击“打开”按钮，返回“插入”对话框，单击“确定”按钮，在合适位置插入图块，如下图所示。

STEP 11 弹出对话框

在命令行中输入 I（插入）命令，按【Enter】键确认，弹出“插入”对话框，如下图所示。

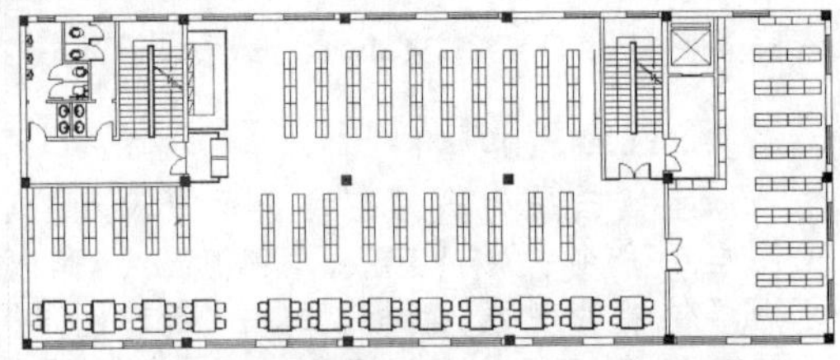

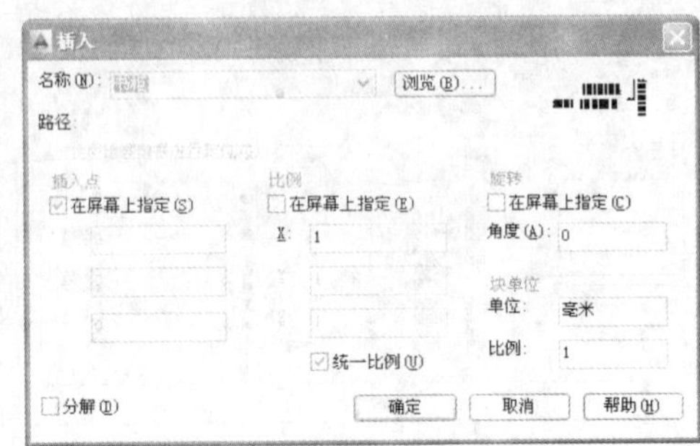

STEP 12 选择图形文件

单击“浏览”按钮，弹出“选择图形文件”对话框，选择“椅子”图形文件，如下图所示。

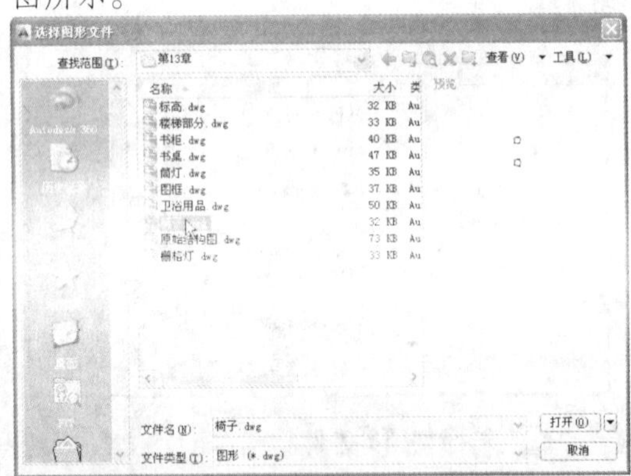

STEP 13 插入图块

单击“打开”按钮，返回“插入”对话框，单击“确定”按钮，在合适位置插入图块，如下图所示。

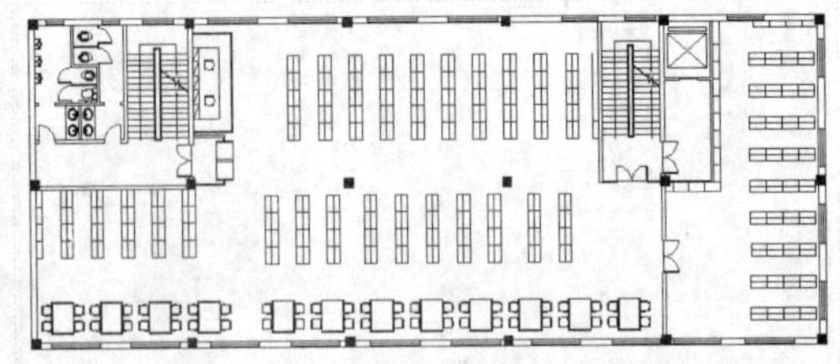

12.2.2 标注文字说明

本实例将介绍文字说明的标注，通过“多行文字”等命令标注文字说明，展示了文字说明的具体标注方法与技巧，其具体操作步骤如下。

素材文件	无	效果文件	第 13 章\文字说明.dwg

STEP 01 置为当前层

以上例效果为例，在命令行中输入 LA（图层）命令，按【Enter】键确认，弹出“图层特性管理器”面板，单击“新建图层”按钮，新建“文字说明”图层，设置“颜色”为“蓝”，并将“文字说明”图层置为当前层，如下图所示。

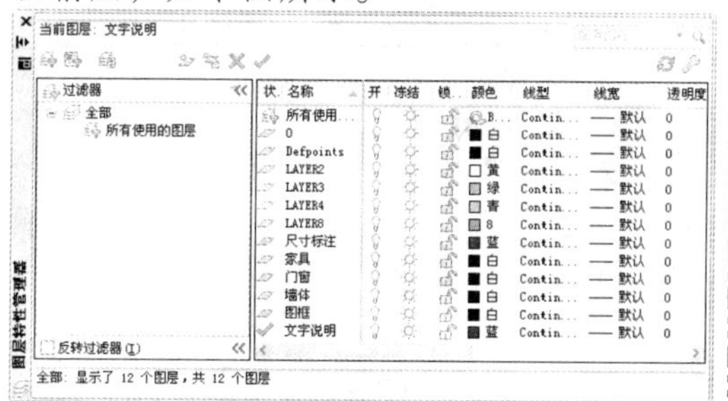

STEP 02 创建多行文字

在命令行中输入 MT（多行文字）命令，按【Enter】键确认，根据命令行提示进行操作，在绘图区的合适位置拖曳鼠标，设置“文字高度”为 300，在文本框中输入“男卫生间”，单击“关闭文字编辑器”按钮，完成多行文字的创建，如下图所示。

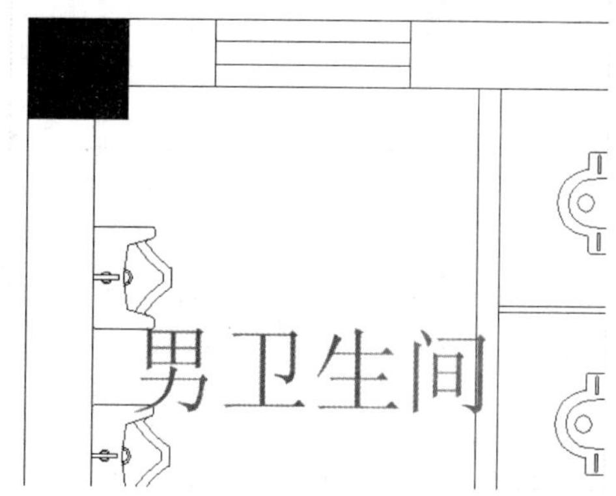

STEP 03 创建其他多行文字

采用与上一步相同的方法，创建其他多行文字，如下图所示。

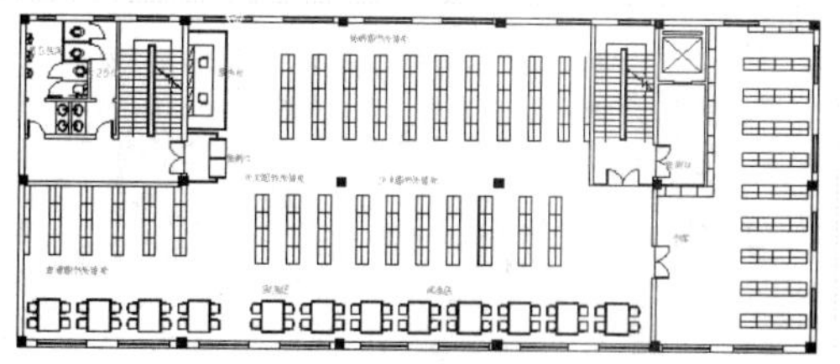

12.3 绘制天棚结构图

图书馆是社会文化生活中心之一，在传播文化、活跃群众业余文化生活方面具有很重要的地位和作用。人们可以从图书馆里借来自己喜爱的图书，回家细细品读，也可以到阅览室里翻阅报纸、观看画报，欣赏美术作品，享受读书之乐。下面介绍天棚结构图的绘制。

12.3.1 绘制天棚造型

本实例将介绍天棚造型的绘制，首先使用“删除”、“直线”等命令绘制天棚造型，然后使用“修剪”、“复制”等命令绘制细节，展示了天棚造型的具体绘制方法与技巧，其具体操作步骤如下。

素材文件	无	效果文件	第 13 章\天棚造型.dwg

STEP 01 打开素材

按【Ctrl+O】组合键，打开一幅素材图形，如下图所示。

STEP 02 置为当前层

在命令行中输入 LA（图层）命令，按【Enter】键确认，弹出“图层特性管理器”面板，双击“墙体”图层，将“墙体”图层置为当前层，如下图所示。

STEP 03 删除多余的图形

在命令行中输入 E（删除）命令，按【Enter】键确认，根据命令行提示进行操作，删除多余的图形，如下图所示。

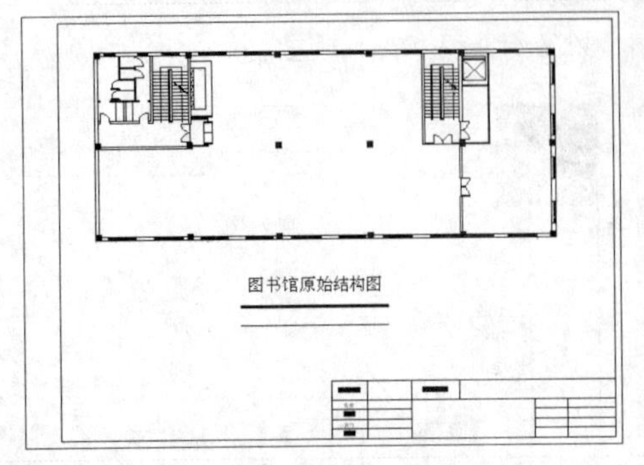

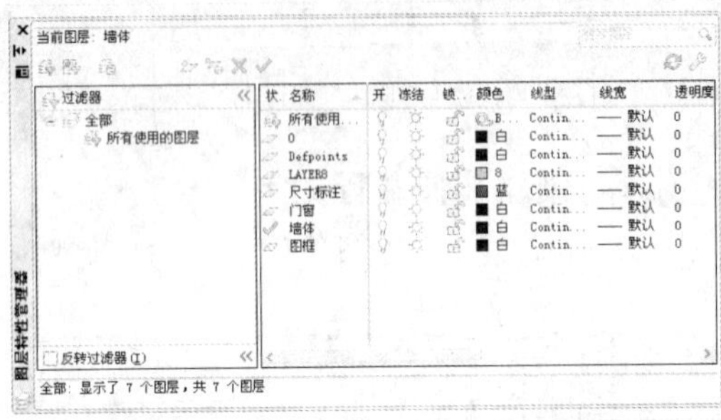

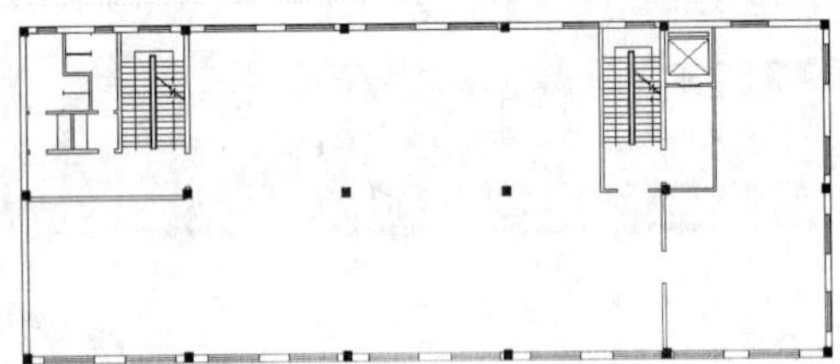

STEP 04 捕捉角点

在命令行中输入 L（直线）命令，按【Enter】键确认，根据命令行提示进行操作，输入 FROM 命令并确认，捕捉左下角点，如下图所示。

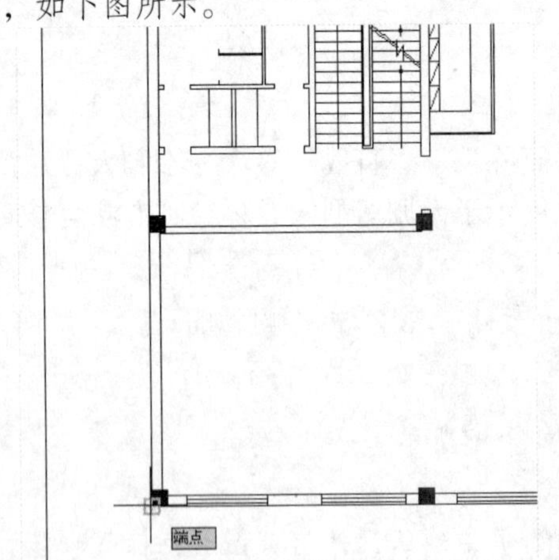

STEP 05 绘制直线

单击鼠标左键确认，输入（@450,450），按【Enter】键确认，向右引导光标，捕捉端点，绘制直线，如下图所示。

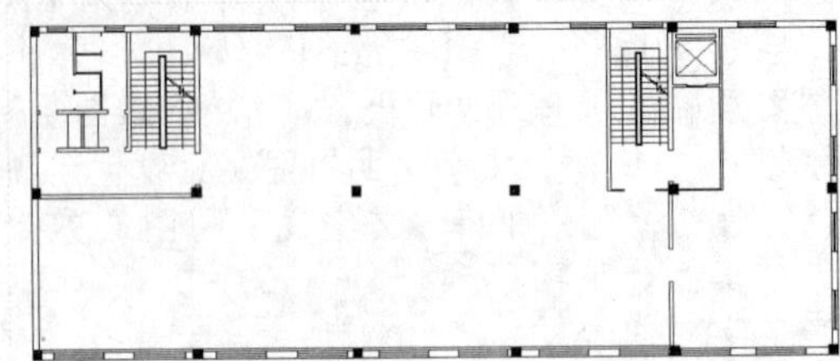

STEP 06 捕捉角点

在命令行中输入 L（直线）命令，按【Enter】键确认，根据命令行提示进行操作，输入 FROM 命令并确认，捕捉左下角点，如下图所示。

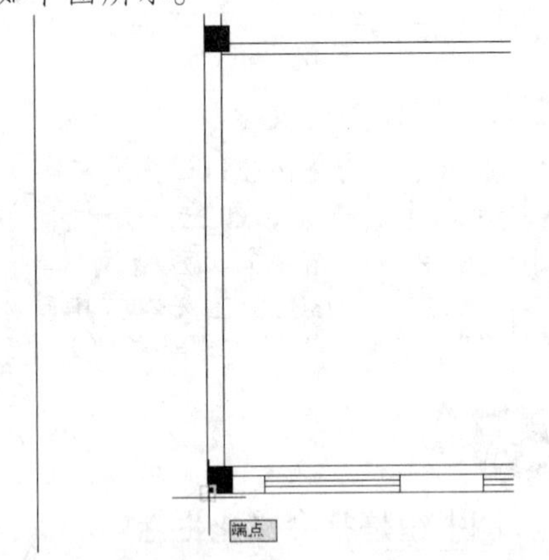

STEP 07 绘制直线

单击鼠标左键确认，输入（@3470,450）、（@0,7045），按【Enter】键确认，绘制直线，如下图所示。

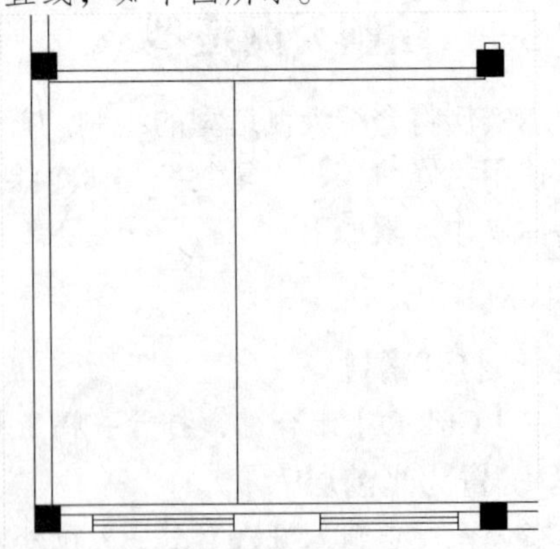

STEP 08 偏移直线

在命令行中输入 O（偏移）命令，按【Enter】键确认，根据命令行提示进行操作，将新绘制的直线向右偏移，偏移距离分别为 300、2000、300、1700、300、1700、300、1700、300、1700、300、1700、300、1700、300、1700、300、1700、300、1700、300、1700、300、2160 和 300，如下图所示。

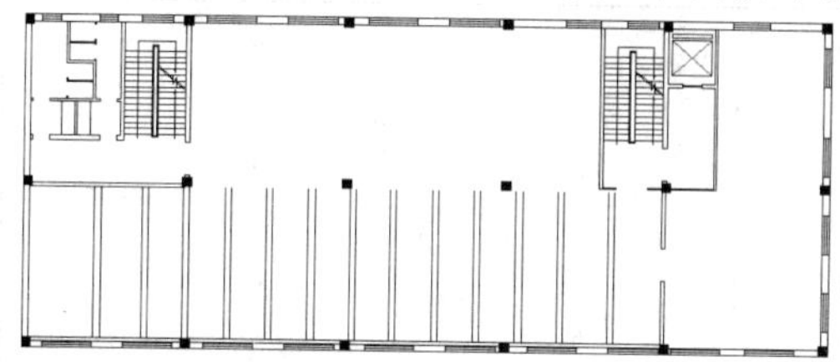

STEP 09 绘制直线

在命令行中输入 L（直线）命令，按【Enter】键确认，根据命令行提示进行操作，依次捕捉合适端点，绘制直线，如下图所示。

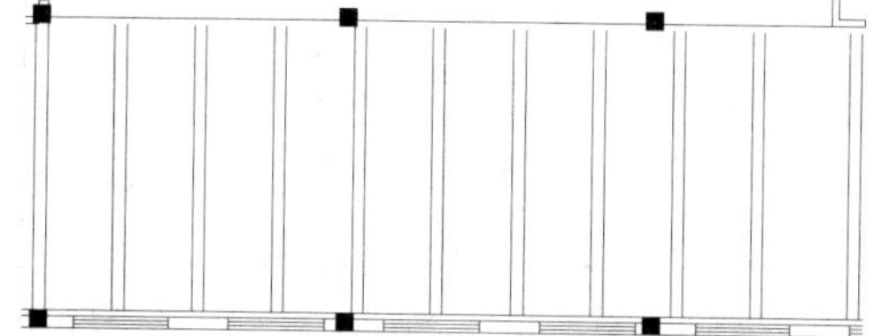

STEP 10 延伸直线

在命令行中输入 EX（延伸）命令，按【Enter】键确认，根据命令行提示进行操作，延伸相应的直线，如下图所示。

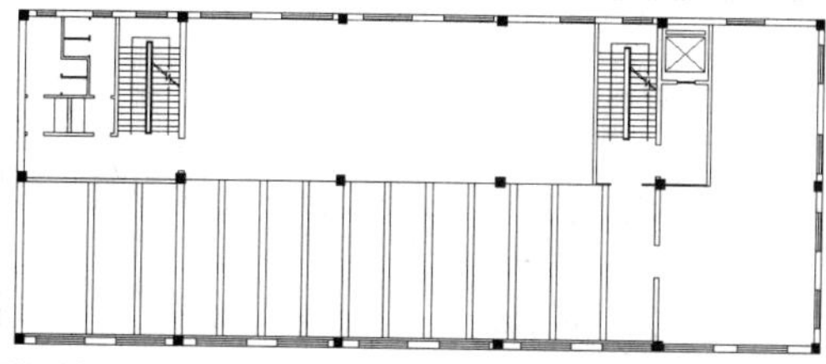

STEP 11 偏移直线

在命令行中输入 O（偏移）命令，按【Enter】键确认，根据命令行提示进行操作，将相应的水平直线向上偏移，偏移距离分别为 301、3408，如下图所示。

STEP 12 捕捉端点

在命令行中输入 L（直线）命令，按【Enter】键确认，根据命令行提示进行操作，输入 FROM 命令并确认，捕捉最上方偏移直线的左端点，如下图所示。

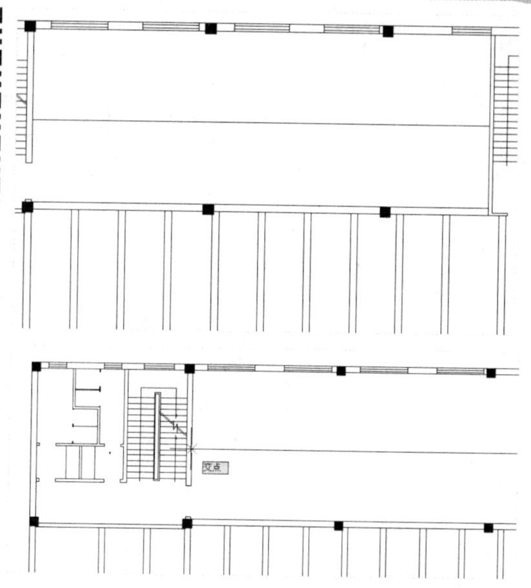

STEP 13 绘制直线

单击鼠标左键确认，输入（@1723,0）、（@0,3817），按【Enter】键确认，绘制直线，如下图所示。

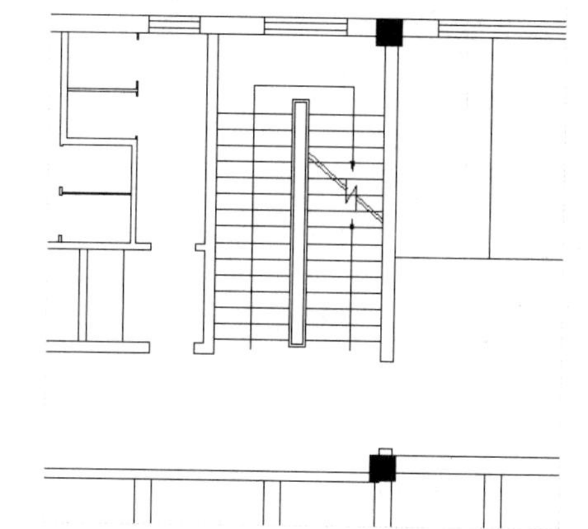

STEP 14 偏移直线

在命令行中输入 O（偏移）命令，按【Enter】键确认，根据命令行提示进行操作，将新绘制的直线向右偏移，偏移距离分别为 300、1700、300、1700、300、1700、300、1700、300、1700、300、1700、300、1700、300、1700 和 300，如下图所示。

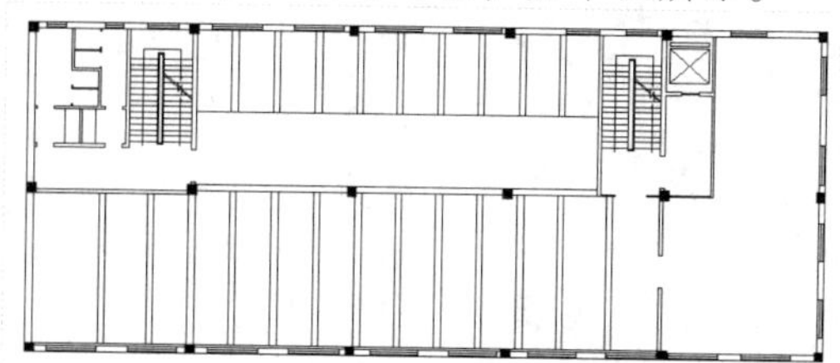

STEP 15 **捕捉端点**

在命令行中输入 L（直线）命令，按【Enter】键确认，根据命令行提示进行操作，输入 FROM 命令并确认，捕捉偏移直线下方水平直线的左端点，如下图所示。

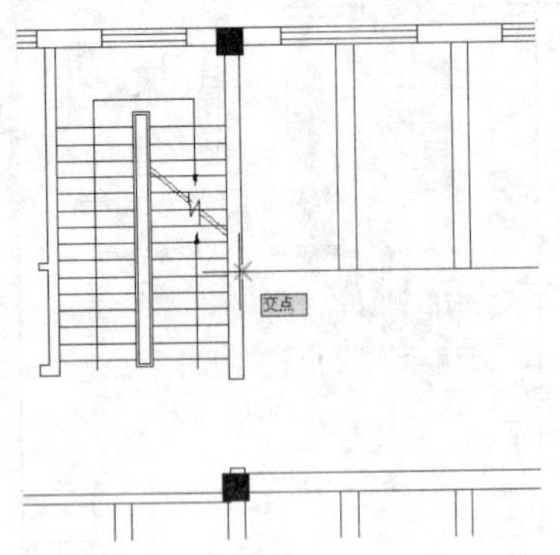

STEP 16 **绘制直线**

单击鼠标左键确认，输入（@1870,0）、（@0,-3408），按【Enter】键确认，绘制直线，如下图所示。

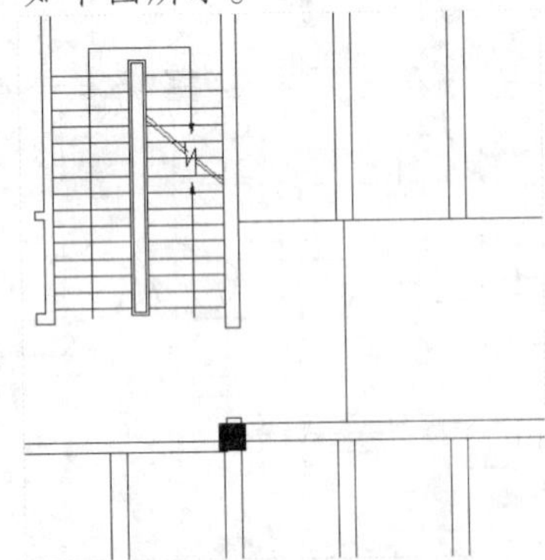

STEP 17 **捕捉端点**

在命令行中输入 REC（矩形）命令，按【Enter】键确认，根据命令行提示进行操作，输入 FROM 命令并确认，捕捉新绘制直线的上端点，如下图所示。

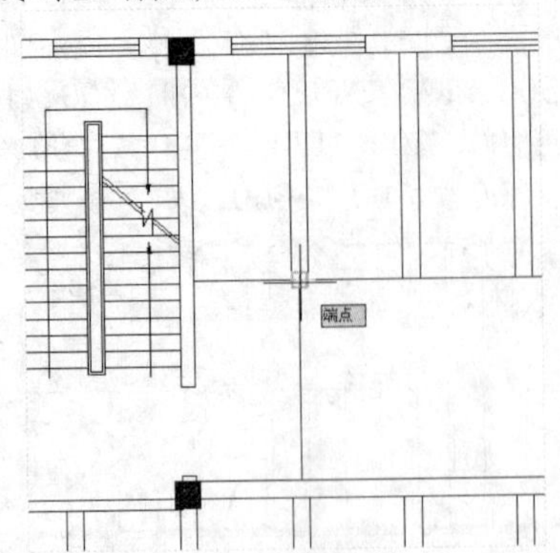

STEP 18 **绘制矩形**

单击鼠标左键确认，输入（@-300,-248）、（@600,-2660），按【Enter】键确认，绘制矩形，如下图所示。

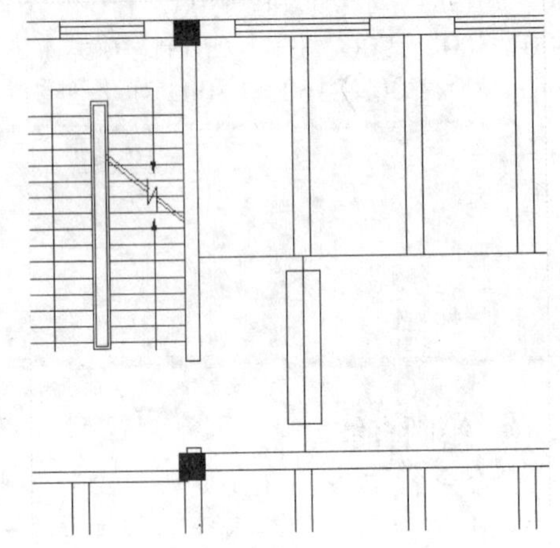

STEP 19 **修剪多余的图形**

在命令行中输入 TR（修剪）命令，按【Enter】键确认，根据命令行提示进行操作，修剪多余的图形，如下图所示。

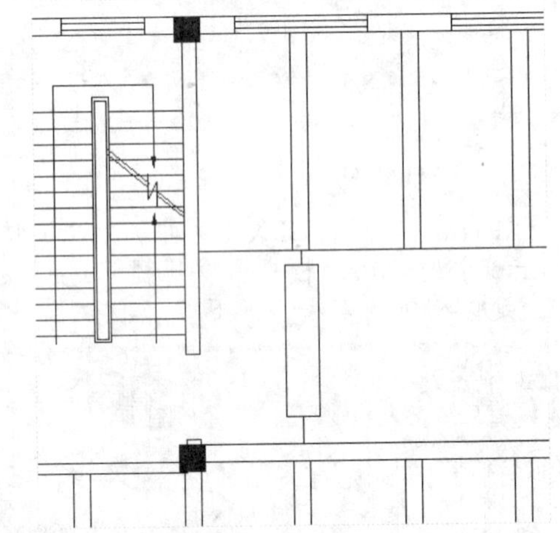

STEP 20 **复制图形**

在命令行中输入 CO（复制）命令，按【Enter】键确认，根据命令行提示进行操作，选择相应的图形，复制到合适位置，如下图所示。

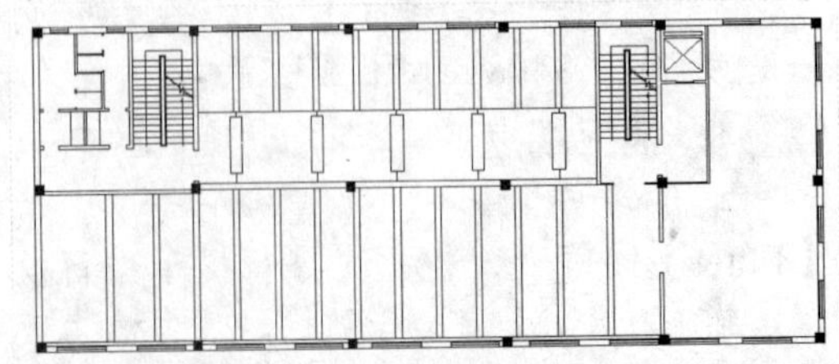

12.3.2 布置灯具对象

本实例将介绍灯具对象的布置，通过“插入”命令布置灯具，展示了灯具的具体布置方法与技巧，其具体操作步骤如下。

素材文件　第 13 章\栅格灯.dwg、筒灯.dwg

效果文件　第 13 章\灯具.dwg

STEP 01 弹出对话框

以上例效果为例，在命令行中输入 I（插入）命令，按【Enter】键确认，弹出“插入”对话框，如下图所示。

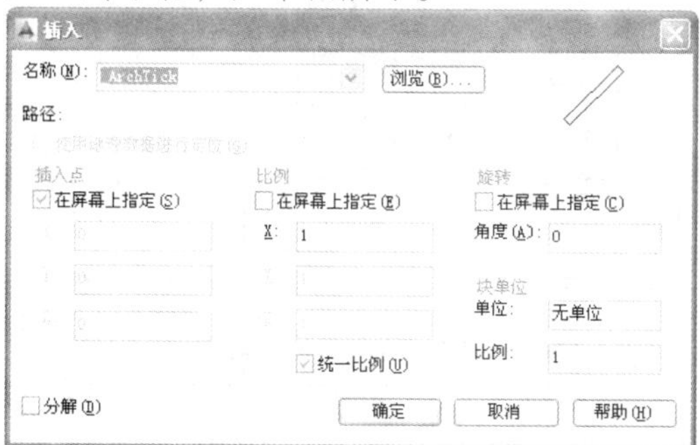

STEP 02 选择图形文件

单击“浏览”按钮，弹出“选择图形文件”对话框，选择“栅格灯”图形文件，如下图所示。

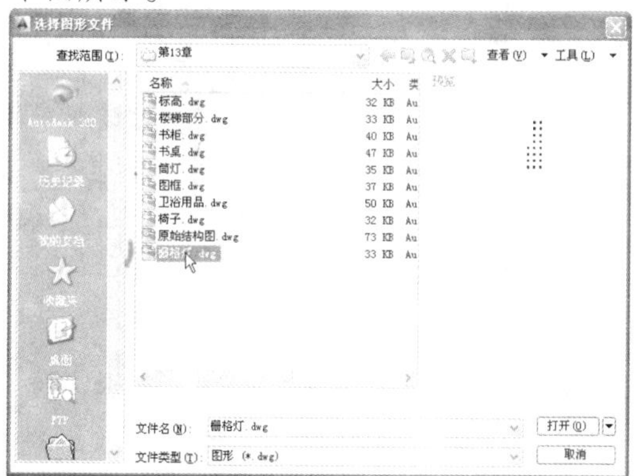

STEP 03 插入图块

单击“打开”按钮，返回“插入”对话框，单击“确定”按钮，在合适位置插入图块，如下图所示。

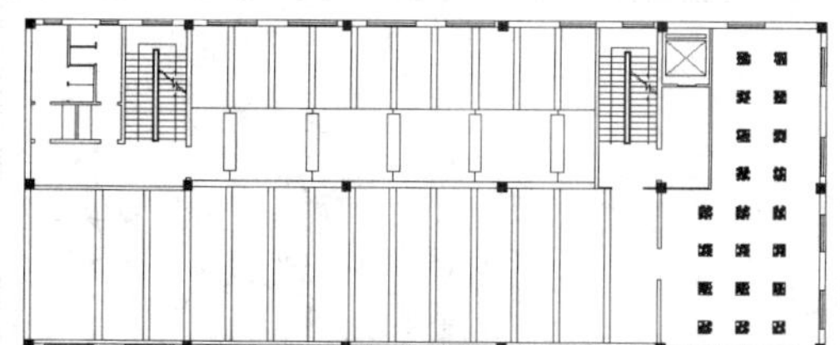

STEP 04 弹出对话框

在命令行中输入 I（插入）命令，按【Enter】键确认，弹出“插入”对话框，如下图所示。

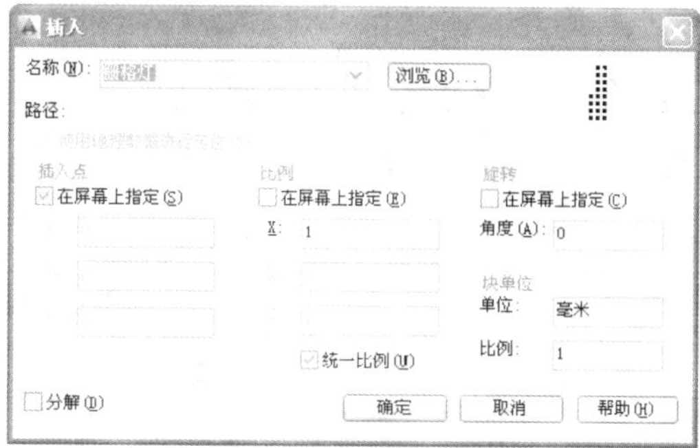

STEP 05 选择图形文件

单击“浏览”按钮，弹出“选择图形文件”对话框，选择“筒灯”图形文件，如下图所示。

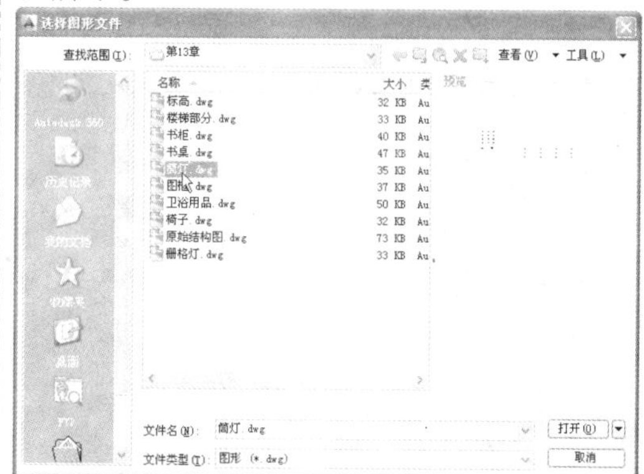

STEP 06 插入图块

单击“打开”按钮，返回“插入”对话框，单击“确定”按钮，在合适位置插入图块，如下图所示。

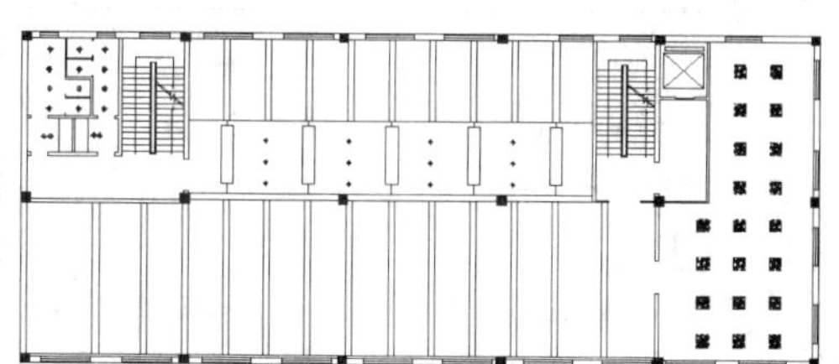

12.3.3 完善天棚结构图

本实例将介绍天棚结构图的绘制，首先使用“插入”、“复制”命令绘制标高，然后使用“多重引线”命令进行多重引线标注，展示了完善天棚结构图的具体操作方法与技巧，其具体操作步骤如下。

素材文件	第 13 章\标高.dwg	效果文件	第 13 章\天棚结构图.dwg

STEP 01 弹出对话框

以上例效果为例，在命令行中输入 I（插入）命令，按【Enter】键确认，弹出“插入”对话框，如下图所示。

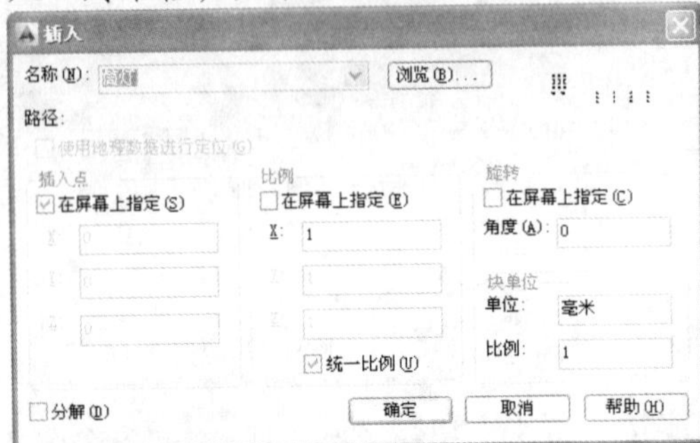

STEP 02 选择图形文件

单击“浏览”按钮，弹出“选择图形文件”对话框，选择“标高”图形文件，如下图所示。

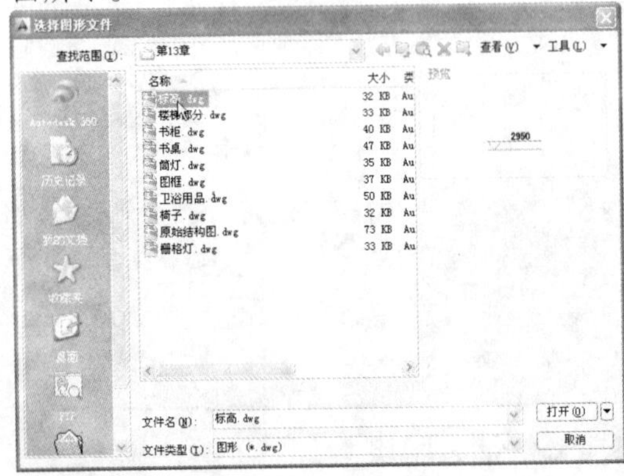

STEP 03 插入图块

单击“打开”按钮，返回“插入”对话框，单击“确定”按钮，在合适位置插入图块，如下图所示。

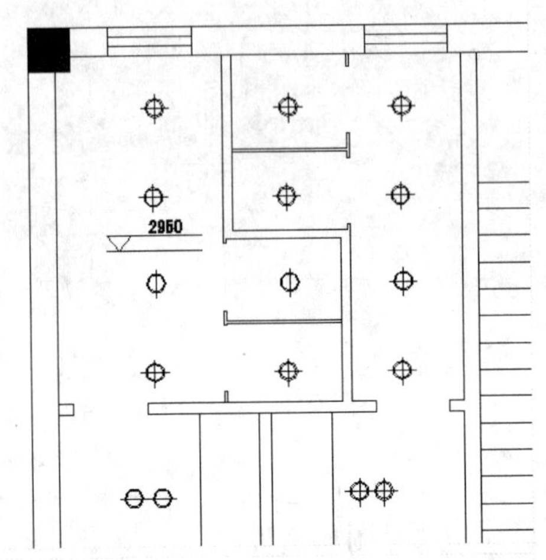

STEP 04 复制图形

在命令行中输入 CO（复制）命令，按【Enter】键确认，然后根据命令行提示进行操作，将标高图形复制到合适位置，如下图所示。

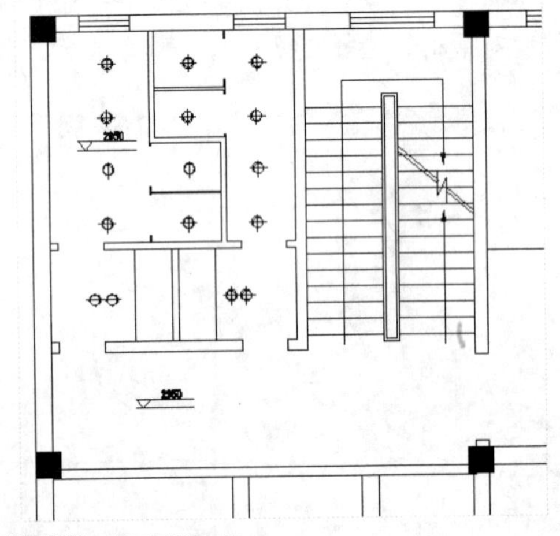

STEP 05 绘制矩形

在命令行中输入 REC（矩形）命令，按【Enter】键确认，根据命令行提示进行操作，捕捉相应的端点，绘制矩形，如下图所示。

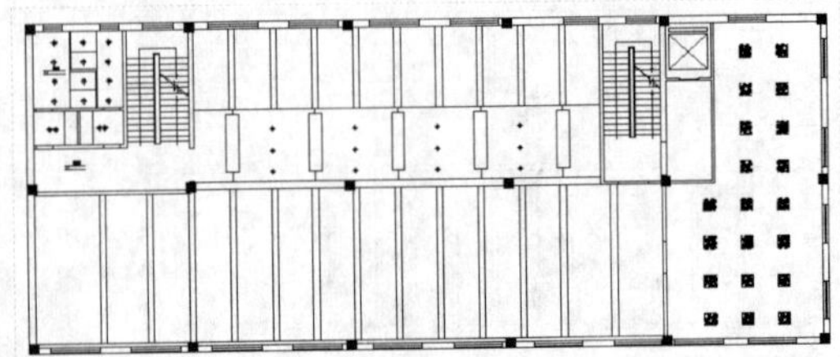

STEP 06 多重引线标注

在命令行中输入 MLD（多重引线）命令，按【Enter】键确认，根据命令行提示进行操作，设置“文字高度”为 200，进行多重引线标注，如下图所示。

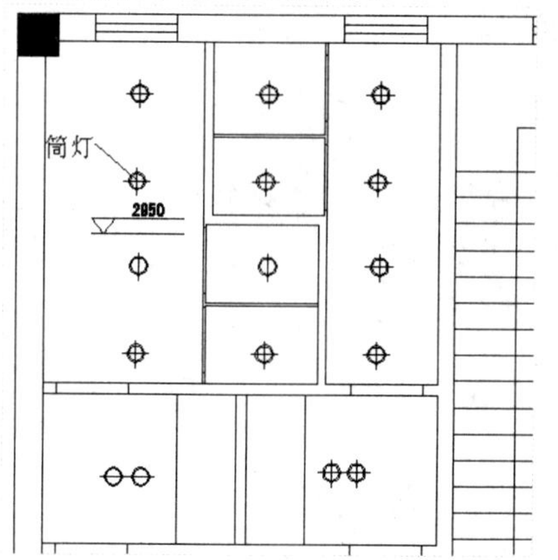

STEP 07 创建其他多重引线标注

采用与上一步相同的方法，创建其他多重引线标注，然后在命令行中输入 MTEDIT（编辑多行文字）命令，按【Enter】键确认，根据命令行提示进行操作，修改编辑相应的文字，效果如下图所示。

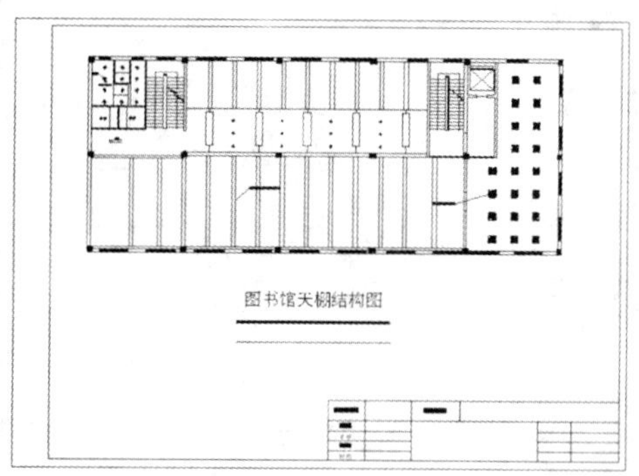

● 读书笔记

读者服务卡

亲爱的读者：

衷心感谢您购买和阅读了我们的图书，为了给您提供更好的服务，帮助我们改进和完善图书出版，请您抽出宝贵时间填写本表，十分感谢。

读者资料

姓名：____________ 性别：☐男 ☐女 年龄：_______ 文化程度：___________

职业：____________ 电话：________________ 电子信箱：____________________

通信地址：______________________________ 邮编：_______________________

调查信息

1. 您是如何得知本书的：

☐网上书店 ☐书店 ☐图书网站 ☐网上搜索

☐报纸/杂志 ☐他人推荐 ☐其他

2. 您对电脑的掌握程度：

☐不懂 ☐基本掌握 ☐熟练应用 ☐专业水平

3. 您想学习哪些电脑知识：

☐基础入门 ☐操作系统 ☐办公软件 ☐图像设计

☐网页设计 ☐三维设计 ☐数码照片 ☐视频处理

☐编程知识 ☐黑客安全 ☐网络技术 ☐硬件维修

4. 您决定购买本书有哪些因素：

☐书名 ☐作者 ☐出版社 ☐定价

☐封面版式 ☐印刷装帧 ☐封面介绍 ☐书店宣传

5. 您认为哪些形式使学习更有效果：

☐图书 ☐上网 ☐语音视频 ☐多媒体光盘 ☐培训班

6. 您认为合理的价格：

☐低于 20 元 ☐20～29 元 ☐30～39 元 ☐40～49 元

☐50～59 元 ☐60～69 元 ☐70～79 元 ☐80～100 元

7. 您对配套光盘的建议：

光盘内容包括：☐实例素材 ☐效果文件 ☐视频教学 ☐多媒体教学

☐实用软件 ☐附赠资源 ☐无需配盘

8. 您对我社图书的宝贵建议：____

您可以通过以下方式联系我们。

邮箱：北京市 2038 信箱 邮编：100026

网址：http://www.china-ebooks.com 电话：010-80127216

E-mail：joybooks@163.com 传真：010-81789962